BIM 工程师专业技能培训教材

# BIM 应用案例分析

人力资源和社会保障部职业技能鉴定中心
工业和信息化部电子行业职业技能鉴定指导中心　组织编写
北京绿色建筑产业联盟BIM技术研究与推广应用委员会

BIM 工程技术人员专业技能培训用书编委会　编

中国建筑工业出版社

**图书在版编目(CIP)数据**

BIM应用案例分析/BIM工程技术人员专业技能培训用书编委会编．—北京：中国建筑工业出版社，2016.1

BIM工程师专业技能培训教材

ISBN 978-7-112-19020-1

Ⅰ.①B… Ⅱ.①B… Ⅲ.①建筑设计-计算机辅助设计-应用软件-技术培训-教材 Ⅳ.①TU201.4

中国版本图书馆CIP数据核字(2016)第010648号

本书为BIM工程师专业技能培训教材，以完整案例的形式讲述了BIM在工程建设中的应用。主要包括建设单位BIM应用案例；勘察、设计单位BIM应用案例；施工及运维BIM应用案例；BIM项目建模案例；国外BIM项目案例；全流程BIM应用综合案例。书中案例均是实际应用中的总结和凝练，覆盖面广，取材新颖，资料翔实，可以帮助BIM工程技术人员更好地掌握BIM在各阶段以及综合应用的相关知识。本书适用于所有BIM领域从业人员及所有有意向学习BIM技术的人员，也可作为高校BIM课程的主教材。

*　　*　　*

责任编辑：封　毅　范业庶　毕凤鸣
责任设计：李志立
责任校对：李欣慰　关　健

BIM工程师专业技能培训教材

**BIM应用案例分析**

人力资源和社会保障部职业技能鉴定中心
工业和信息化部电子行业职业技能鉴定指导中心　组织编写
北京绿色建筑产业联盟BIM技术研究与推广应用委员会

BIM工程技术人员专业技能培训用书编委会　编

*

中国建筑工业出版社出版、发行(北京西郊百万庄)
各地新华书店、建筑书店经销
北京红光制版公司制版
北京缤索印刷有限公司印刷

*

开本：787×1092毫米　1/16　印张：23¼　字数：579千字
2016年1月第一版　2018年4月第八次印刷
定价：**145.00**元

ISBN 978-7-112-19020-1
(28165)

# 丛书编委会

# 《BIM应用案例分析》编写人员名单

**主　　编**：张　正　北京城建集团有限责任公司

**副 主 编**：周　君　中央财经大学

杨永生　北京鸿业同行科技有限公司

**编写人员**：（排名不分先后）

| | |
|---|---|
| 北京城建集团有限责任公司 | 严　巍　张可嘉　刘铸玮　盛　卉<br>马艺彬　祖　建　刘金兴　马彤辉 |
| 北京华筑建筑科学研究院 | 赵雪锋　张敬玮　何永强 |
| 广联达软件股份有限公司 | 黄锰钢　李步康　游　洋 |
| 天津市建筑设计院 | 向　敏 |
| 北京工业大学 | 刘占省 |
| 洛阳鸿业信息科技股份有限公司 | 贾斯民　张永锋　孔凯 |
| 四川剑宏绿色建筑评估咨询有限公司 | 周　健　田东红 |
| 上海全新信息技术有限公司 | 屈福平　王利强　王春洋　丁永发 |
| 北京麦格天宝科技发展集团有限公司 | 关书安　王　媛 |
| 北京市住宅建筑设计研究院有限公司 | 贾　冉　高　洋　陈　辰　纪弘焱 |
| 云南工程勘察设计院有限公司 | 杨华金 |
| 中国建筑西北设计研究院有限公司 | 王　毅 |
| 陕西筑华机电安装工程公司 | 邹　斌 |
| 北京凯顺腾工程咨询有限公司 | 郭伟峰 |
| 中国智慧城市研究院 | 陈　栋　欧阳方 |
| 北京橄榄山软件有限公司 | 叶雄进　苑铖龙 |
| 北京博锐尚格节能技术股份有限公司 | 吴思漩 |
| 中关村长策产业发展战略研究院 | 马仲良 |
| 北京绿色建筑产业联盟 | 张中华 |

# 从 书 总 序

BIM（建筑信息模型）源自于西方发达国家，他们在 BIM 技术领域的研究与实践起步较早，大多建设工程项目均采用 BIM 技术，验证了 BIM 技术的应用潜力。改革开放以来，我国经济高速增长带动了建筑业快速发展，但建筑业同时面临着严峻的市场竞争和可持续发展诸多问题。在这个背景下，国内建筑业与 BIM 技术结缘日趋迫切；2002 年以后我国建筑业开始慢慢接触 BIM 技术，在设计、施工、运维方面很大程度上改变了传统模式和方法。使项目信息共享，协同合作、沟通协调、成本控制、虚拟情境可视化、数据交付信息化、能源合理利用和能耗分析方面更加方便快捷，从而大大提高人力、物料、设备的使用效率和社会经济效益。

当前，我国的建筑业面临着转型升级，BIM 技术将会在这场变革中起到关键作用；也必定成为建筑领域实现技术创新、转型升级的突破口。围绕住房和城乡建设部关于《推进建筑信息模型应用指导意见》，在建设工程项目规划设计、施工项目管理、绿色建筑等方面，更是把推动建筑信息化建设作为行业发展总目标之一。国内各省市行业主管部门已相继出台关于推进 BIM 技术推广应用的指导意见，标志着我国工程项目建设、绿色节能环保、集成住宅、3D 打印房屋、建筑工业化生产等要全面进入信息化时代。

如何高效利用网络化、信息化为建筑业服务，是我们面临的重要问题；尽管 BIM 技术进入我国已经有很长时间，所创造的经济效益和社会效益只是星星之火。不少具有前瞻性与战略眼光的企业领导者，开始思考如何应用 BIM 技术来提升项目管理水平与企业核心竞争力，却面临诸如专业技术人才、数据共享、协同管理、战略分析决策等难以解决的问题。

在“政府有要求，市场有需求”的背景下，如何顺应 BIM 技术在我国运用的发展趋势，是建筑人应该积极参与和认真思考的问题。推进建筑信息模型（BIM）等信息技术在工程设计、施工和运行维护全过程的应用，提高综合效益，是当前建筑人的首要工作任务之一，也是促进绿色建筑发展、提高建筑产业信息化水平、推进智慧城市建设和实现建筑业转型升级的基础性技术。普及和掌握 BIM 技术（建筑信息化技术）在建筑工程技术领域应用的专业技术与技能，实现建筑技术利用信息技术转型升级，同样是现代建筑人职业生涯可持续发展的重要节点。

为此，北京绿色建筑产业联盟应工业和信息化部电子行业职业技能鉴定指导中心的要求，特邀请国际国内 BIM 技术研究、教学、开发、应用等方面的专家，组成 BIM 技术与技能培训教材编委会；针对 BIM 技术应用组织编写了这套 BIM 工程师专业技能培训与考试指导用书。这套丛书阐述了 BIM 技术在建筑全生命周期中相关工作的操作标准、流程、技巧、方法；介绍了相关 BIM 建模软件工具的使用功能和工程项目各阶段、各环节、各系统建模的关键技术。说明了 BIM 技术在项目管理各阶段协同应用关键要素、数据分析、战略决策依据和解决方案。提出了推动 BIM 在设计、施工等阶段应用的关键技术的发展和整体应用策略。

我们将努力使本套丛书成为现代建筑人在日常工作中较为系统、深入、贴近实践的工具型丛书，促进建筑业的施工技术和管理人员、BIM 技术中心的实操建模人员，战略规划和项目管理人员，以及参加 BIM 工程师专业技能考评认证的备考人员等理论知识升级和专业技能提升。本丛书还可以作为高等院校的建筑工程、土木工程、工程管理、建筑信息化等专业教学课程用书。

本套丛书包括四本基础分册，分别为《BIM 技术概论》、《BIM 应用与项目管理》、《BIM 建模应用技术》、《BIM 应用案例分析》，为学员培训和考试指导用书。另外，应广大设计院、施工企业的要求，我们还将陆续推出与本套丛书配套的《BIM 设计施工综合技能与实务（系列）》、《BIM 设计施工综合案例精选》、《BIM 工程师技能训练习题集及应试攻略》等用书。

感谢本丛书参加编写的各位编委们在极其繁忙的日常工作中抽出时间撰写书稿。感谢清华大学、北京建筑大学、北京工业大学、华北电力大学、云南农业大学、四川建筑职业技术学院、黄河科技学院、中国建筑科学研究院、中国建筑设计研究院、中国智慧科学技术研究院、中国铁建电气化局集团、中国建筑西北设计研究院、北京城建集团、北京建工集团、上海建工集团、天津市建筑设计院、上海 BIM 工程中心、鸿业科技公司、广联达软件、橄榄山软件、麦格天宝集团、海航地产集团有限公司、T-Solutions、上海开艺设计集团等单位对本套丛书编写的大力支持和帮助，感谢中国建筑工业出版社为这套丛书的出版所做出的大量的工作。

北京绿色建筑产业联盟执行主席　陆泽荣

2015 年 12 月

# 本 书 前 言

《BIM应用案例分析》作为“BIM工程师专业技能培训教材”的基础分册之一，是根据《全国BIM专业技能测评考试大纲》编写的，用于BIM技术学习应用、培训与考试的指导用书。

本书整理了大量的国内外优秀BIM应用案例，梳理总结了不同参与方、不同建造阶段、不同专业、不同管理模式要求下，应用BIM技术解决实际问题时涉及的策划、流程、方法和效果等。全书共分为六章，具体为：第一章，建设单位BIM应用案例。主要内容为项目方案策划比选内容，以及实施中BIM条件下的项目管理，以期建设单位从业人员利用BIM技术时，从技术和管理两个角度利用BIM价值。第二章，勘察、设计单位BIM应用案例。涉及各类型建筑物的建筑、结构、机电、交通等主要专业勘察和设计BIM应用分析。第三章，施工及运维BIM应用案例。含基于BIM技术的施工招标、投标阶段案例；施工深化设计阶段案例；施工质量、安全应用案例；施工进度控制案例；成本管理案例；BIM项目的综合管理案例等。土建、机电、钢结构、幕墙、交通等专业的基础上，梳理施工阶段各管理层次上的BIM技术应用。第四章，BIM项目建模案例。在前三册已经深入阐述了建模的问题，本书收集的案例分析了基本的建模过程，以及应用鸿业、橄榄山等国内软件及快速插件提高建模速度的内容。第五章，国外BIM项目案例。有助于学员了解国外BIM应用的组织结构、工作流程、应用深度等，以及如何辅助项目管理工作中的进度、成本、质量控制等。第六章，全流程BIM应用综合案例。结合案例策划和实施的基本过程进行分析和叙述。书中的每个案例均大致按照项目背景、应用内容、课后习题三部分结构进行讲解，以便读者更好地把握和总结。

BIM技术的研究和应用在中国蓬勃发展，政府和企业推行力度很大，但在实际应用中也遇到了诸多困难。这些问题涉及基本标准、软件、硬件、法规、运作体制等各方面，在没有得到很好的疏导和解决前，我们期待可以通过这些应用的实例，给BIM技术同行们起一个抛砖引玉的作用。本书除了可以作为BIM专业技术学习和考试用书外，也可作为BIM应用各层面的参考资料。

国内如此规模的收集、整理和总结BIM应用案例是极少的，写作的过程充满艰辛，案例的搜集、分类、甄别、提炼是一项庞杂的工程，市面上可资利用的参考文献和资料也少之又少。在本书的编写过程中，我们得到了众多单位和同行们的支持和帮助，在此一并感谢！各位参编人员花费了大量的心血，力求使内容丰满充实、编排层次清晰、表述符合学习和工作参考的要求，但受限于时间、经验和能力，仍不免存在诸多偏颇和错漏之处，也欢迎各位同行批评指正、沟通交流（24109691@qq.com）。

张　正

2015年12月

# 目　　录

# 第一章　建设单位 BIM 应用案例

## 【案例 1.1】某科研综合楼新建项目 BIM 应用

建筑行业 BIM 是当前世界范围内先进的综合设计施工技术，近几年在我国建筑行业内飞速发展。随着能源与环境问题的日渐突出，节能减排、可持续发展越来越受到重视，当前国内建筑行业能源浪费的现状仍需改善。鉴于绿色建筑的高要求，设计院纷纷结合 BIM 技术将绿色建筑理念落实到设计之中，并借助场地风环境模拟、日照分析、建筑能耗分析等辅助设计。与此同时结合 BIM 技术实现多专业协同，精细化设计施工，结合 BIM 技术优化施工方案。

**1. 项目背景**

某科研综合楼新建项目，是由甲建筑设计院自主设计、自主施工，并持有运营的建筑总承包项目。目标是建造成为一个舒适、低碳的示范性绿色建筑，为研发人员提供舒适、便捷的办公环境，并将绿色建筑的理念恰到好处地贯穿整个设计过程，最大限度地保护环境和节约资源。项目以建成高标准的绿色建筑为目标：国家三星绿色建筑、USA LEED 金奖认证、新加坡 GREEN MARK 白金奖认证。此外，建设项目还具有总成本要求精细化控制、建筑设计要求精细、工期紧张的特点。

此综合楼集办公、研发、接待、会议和设备用房为一体，由两幢建筑组成：科研楼呈“L”形，位于场地南侧；停车楼于 B 座办公楼拆除后兴建，位于场地北侧。科研楼主体地上 10 层，地下 1 层，主体建筑高 45m，为框架—剪力墙结构体系，包括研发部、设计部、接待室、会议室、办公用房等；停车楼地上 4 层，地下 1 层，建筑高度 13m，为钢结构体系，主要功能为地上机动车、非机动车停车，地下平时作为机动车存放，战时五级人防工程。

鉴于绿色建筑的高要求，甲建筑设计院采用 BIM 技术，应用到建筑的规划、设计、施工阶段乃至全生命周期，以期达到优化设计质量、节约成本、提高施工效率、缩短施工时间等结果，同时考虑运营维护阶段的 BIM 应用，预留数据接口以便传递可用的信息。

建筑造型应能良好地适应周围环境，设计追求简约、朴素、大方的现代建筑风格，秉承可持续发展观与环境和谐共生的理念，将绿色建筑和节能环保的理念结合到设计中，实现建筑功能需求与美感的和谐统一。

**2. BIM 应用内容**

（1）概念设计阶段 BIM 应用

在项目的前期规划阶段，利用 BIM 数据模型进行光热分析等，为建筑位置和形体的确定提供可靠的支持。

①场地风环境模拟：利用场地环境数据模型，导入 CFD 软件进行风环境分析。通过计算分析得出，场地风环境满足 Green Building 要求，但场地风速过低，不利于春秋两季

的自然通风（图 1.1-1）。

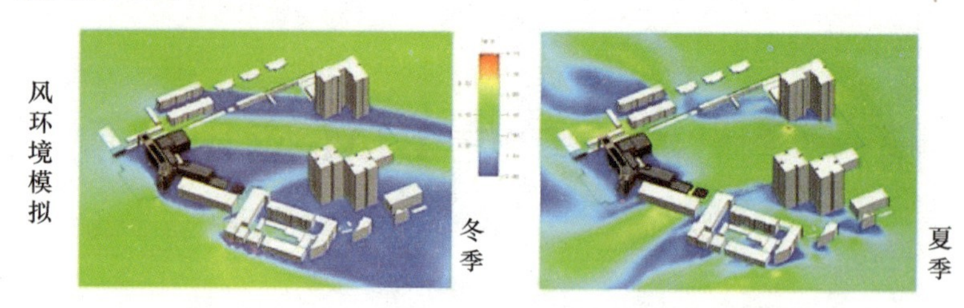


图 1.1-1　结合 BIM 技术的场地风环境模拟

②场地日照分析：利用场地环境的数据模型，通过分析得出，太阳辐射量呈南北梯度分布，冬季最为显著，场地受周围建筑遮挡严重（图 1.1-2）。

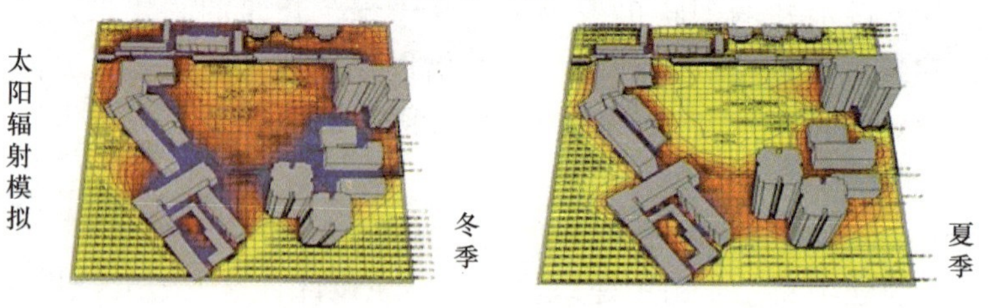


图 1.1-2　结合 BIM 技术的场地日照分析

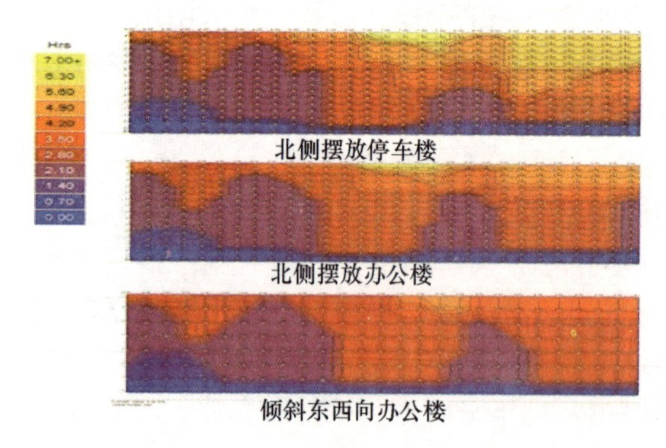


图 1.1-3　结合 BIM 技术的北侧建筑日照分析

③局部日照分析：重点分析了北侧居住建筑的日照遮挡情况，为建筑物的规划布局方案提供建议（图 1.1-3）。

④凭借与 BIM 技术结合的光热分析结果，设计师方便地总结了场地环境的优势与劣势，并综合规划部门要求、分期建设等多方面因素，确定了概念设计阶段较为合理的建筑形体（图 1.1-4）。

（2）方案设计阶段 BIM 应用

项目方案设计阶段，结合 BIM 技术完成了组织空间、优化建筑造型等设计工作。

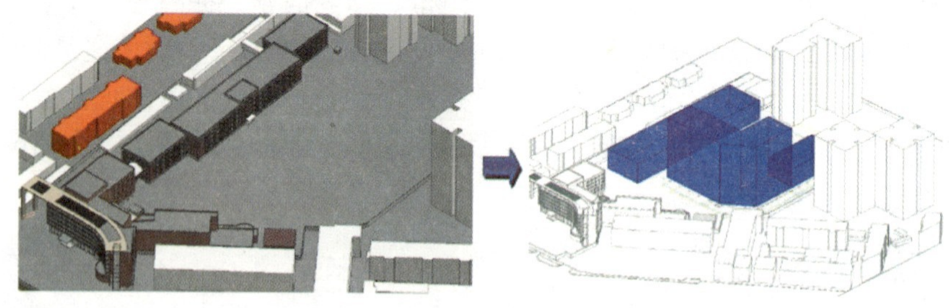

图 1.1-4　综合考虑确定建筑形体

①分配平面空间：建筑空间分配需要适用于部门的构成，以体现其实用性。在方案设计阶段，为了提高设计工作效率和设计质量，设计团队结合 BIM 模型对体块进行推敲，

并在很短的时间内得出平面空间分配数据，通过 BIM 技术实现了数据与模型的实时交互（图 1.1-5）。

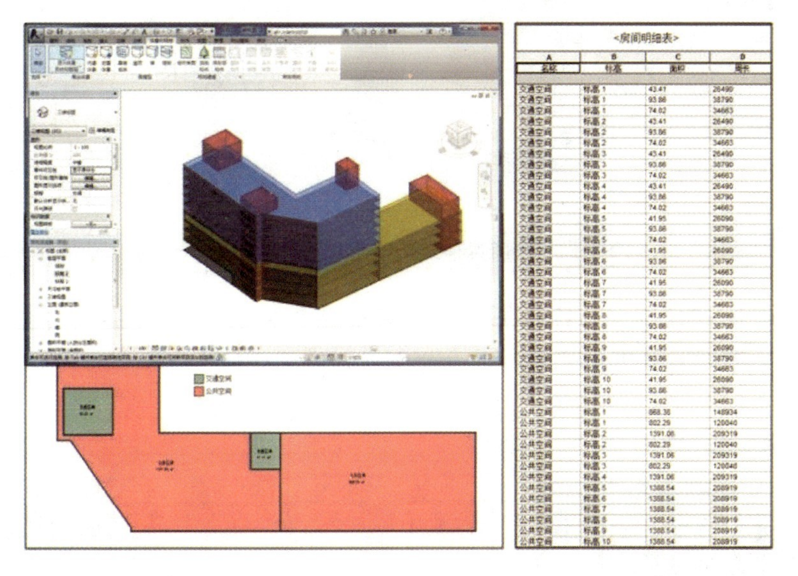

<房间明细表>

| A | B | C | D |
|---|---|---|---|
| 名称 | 标高 | 面积 | 周长 |
| 交通空间 | 标高 1 | 43.41 | 26490 |
| 交通空间 | 标高 1 | 93.86 | 38790 |
| 交通空间 | 标高 1 | 74.02 | 34663 |
| 交通空间 | 标高 2 | 43.41 | 26490 |
| 交通空间 | 标高 2 | 93.86 | 38790 |
| 交通空间 | 标高 2 | 74.02 | 34663 |
| 交通空间 | 标高 3 | 43.41 | 26490 |
| 交通空间 | 标高 3 | 93.86 | 38790 |
| 交通空间 | 标高 3 | 74.02 | 34663 |
| 交通空间 | 标高 4 | 43.41 | 26490 |
| 交通空间 | 标高 4 | 93.86 | 38790 |
| 交通空间 | 标高 4 | 74.02 | 34663 |
| 交通空间 | 标高 5 | 41.95 | 26090 |
| 交通空间 | 标高 5 | 93.86 | 38790 |
| 交通空间 | 标高 5 | 74.02 | 34663 |
| 交通空间 | 标高 6 | 41.95 | 26090 |
| 交通空间 | 标高 6 | 93.86 | 38790 |
| 交通空间 | 标高 6 | 74.02 | 34663 |
| 交通空间 | 标高 7 | 41.95 | 26090 |
| 交通空间 | 标高 7 | 93.86 | 38790 |
| 交通空间 | 标高 7 | 74.02 | 34663 |
| 交通空间 | 标高 8 | 41.95 | 26090 |
| 交通空间 | 标高 8 | 93.86 | 38790 |
| 交通空间 | 标高 8 | 74.02 | 34663 |
| 交通空间 | 标高 9 | 41.95 | 26090 |
| 交通空间 | 标高 9 | 93.86 | 38790 |
| 交通空间 | 标高 9 | 74.02 | 34663 |
| 交通空间 | 标高 10 | 41.95 | 26090 |
| 交通空间 | 标高 10 | 93.86 | 38790 |
| 交通空间 | 标高 10 | 74.02 | 34663 |
| 公共空间 | 标高 1 | 868.38 | 148934 |
| 公共空间 | 标高 1 | 802.29 | 120040 |
| 公共空间 | 标高 2 | 1391.06 | 209319 |
| 公共空间 | 标高 2 | 802.29 | 120040 |
| 公共空间 | 标高 3 | 1391.06 | 209319 |
| 公共空间 | 标高 3 | 802.29 | 120040 |
| 公共空间 | 标高 4 | 1391.06 | 209319 |
| 公共空间 | 标高 5 | 1388.54 | 208919 |
| 公共空间 | 标高 6 | 1388.54 | 208919 |
| 公共空间 | 标高 7 | 1388.54 | 208919 |
| 公共空间 | 标高 8 | 1388.54 | 208919 |
| 公共空间 | 标高 9 | 1388.54 | 208919 |
| 公共空间 | 标高 10 | 1388.54 | 208919 |

图 1.1-5　结合 BIM 技术获取空间分配数据

②能耗分析：为满足高标准的绿色建筑要求，在设计工作进一步开展前，直接将 BIM 数据导入 Autodesk Ecotect 或 IES 等环境分析软件，对初步确定的方案进行能耗分析，并对重点区域进行深化分析，总结方案的优缺点，结合可持续发展要求提出设计指导意见，让设计师能在设计过程中更有针对性地敲定方案。例如：为得到各立面的窗墙比建议值，对体块模型各个立面进行日照分析（图 1.1-6）；进一步模拟地块内风环境，分析不同高度、风速、风压下的情况，以指导方案设计（图 1.1-7）。

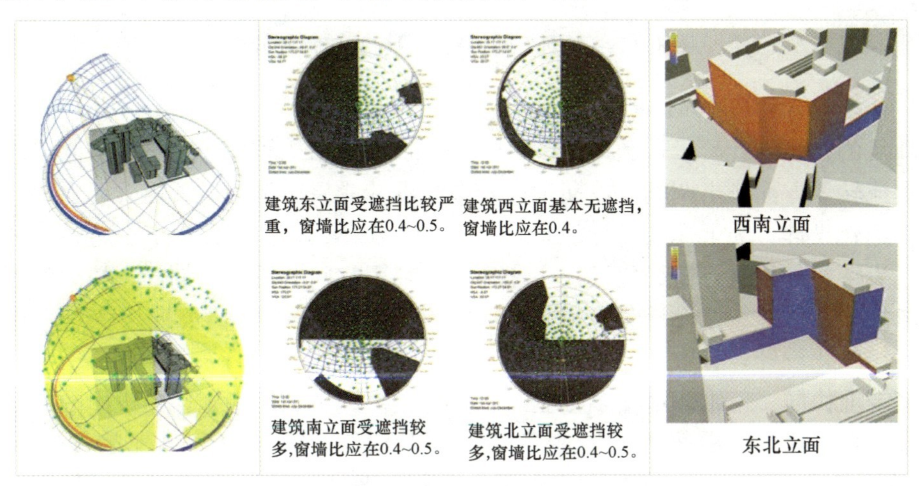


图 1.1-6　利用采光分析数据指导立面窗墙设计

如果在方案设计初期，就通过光热分析，确保方案满足绿色建筑要求，可以避免后期方案设计的重大变更。

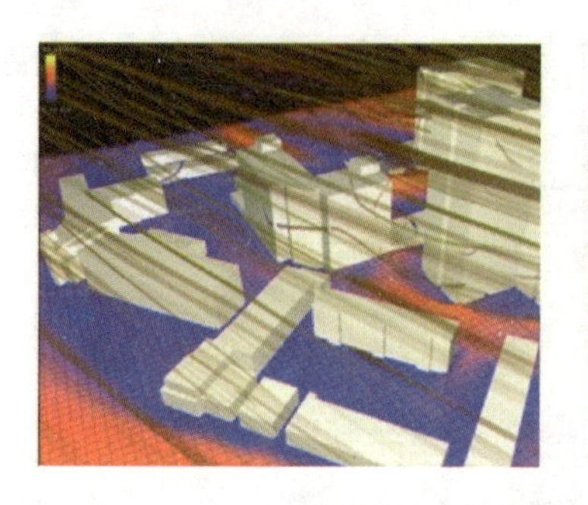
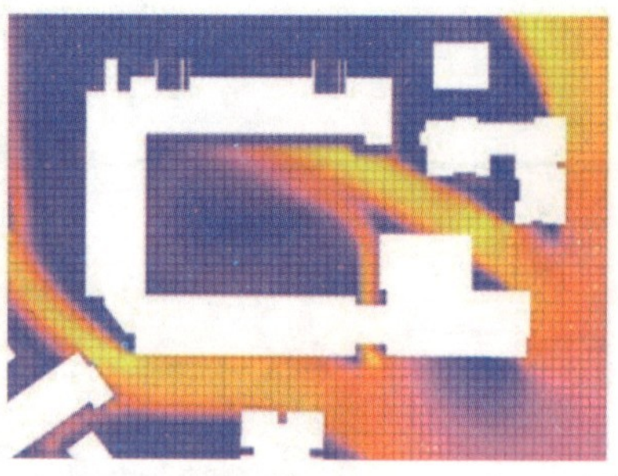

图 1. 1-7　通过地块内风环境分析指导设计

③BIM 用于方案比选：结合 BIM 技术的绿能分析辅助方案比选，设计师可以很轻易地选择出最佳方案，并在可视化的备选方案中寻找亮点，加入方案设计中以达到优化的目的（图 1. 1-8）。

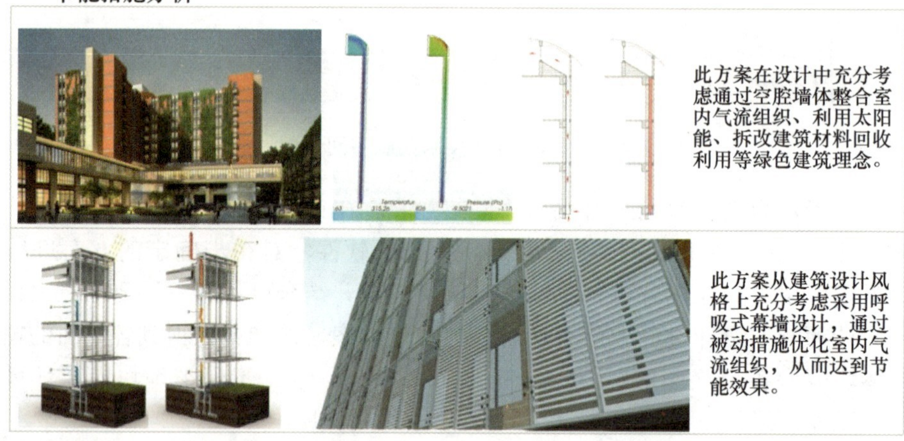


图 1. 1-8　针对不同方案的绿色建筑措施分析

（3）初步设计阶段 BIM 应用

在项目的初步设计阶段，利用 BIM 技术三维可视化的优势进行方案设计，在工作流程和数据流转等方面作出调整，以期设计效率和设计成果质量的显著提升。

①精细化设计：为了提高设计质量，可以利用 BIM 技术三维设计的优势，对二维设计中难以表现的部位进行精细化设计，达到充分利用空间的目的。例如，楼梯间下部空间容易被忽视，在传统二维设计时很难明确空间尺度，结合 BIM 的可视化特点，对这类空间进行了精细化设计，有效提高了空间利用率（图 1. 1-9）。

②多专业协同：三维环境使多专业的协同过程得到优化，将施工图设计的部分工作前移至设计初期，比如：走廊等管线密集部位的管线综合，计算及分配吊顶空间。采用 BIM 技术的三维设计方式，将管线综合工作前移，改变了传统设计流程，有效地实现多专业协同设计，比传统单专业分别检讨节省了大量时间，达到设计阶段就能及时发现碰撞问题的目的，使后期工作量明显减少（图 1. 1-10）。

③建筑深化设计：结合 BIM 技术进行建筑方案的深化设计分析，提出可再生能源利用策略、方法和确定绿色建筑节能措施等。

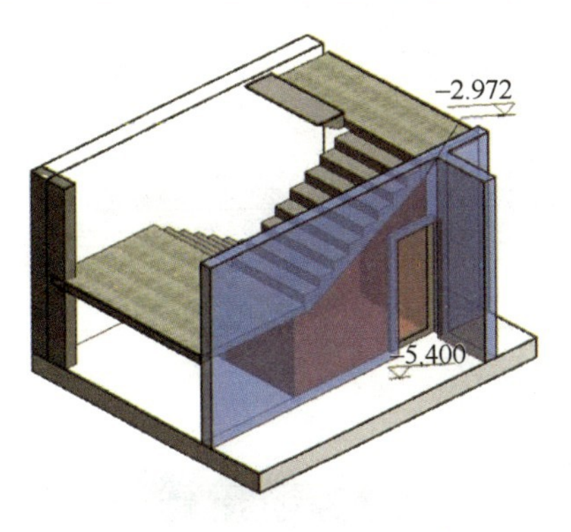


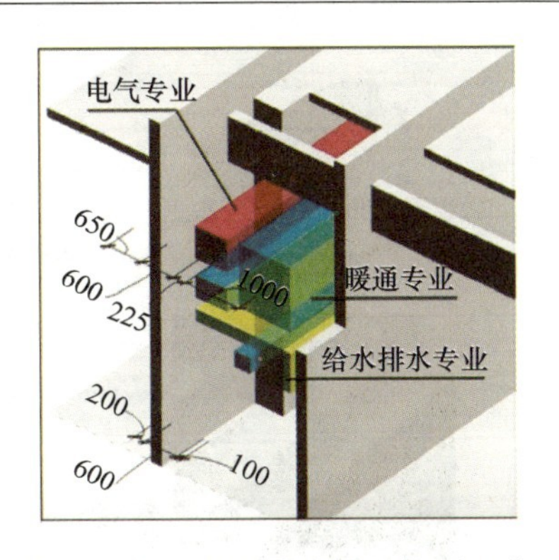

图 1.1-9　三维设计充分利用空间　　　图 1.1-10　优化各专业的协同工作

其中包括：气流组织分析，整体分析此阶段的 BIM 模型，得到地块的自然通风数据，再分析建筑内部气流组织，为设计优化提供指导。根据分析结果增加墙体通风口，使东、西朝向的房间满足自然通风要求，实现了不同朝向房间的通透（图 1.1-11）。

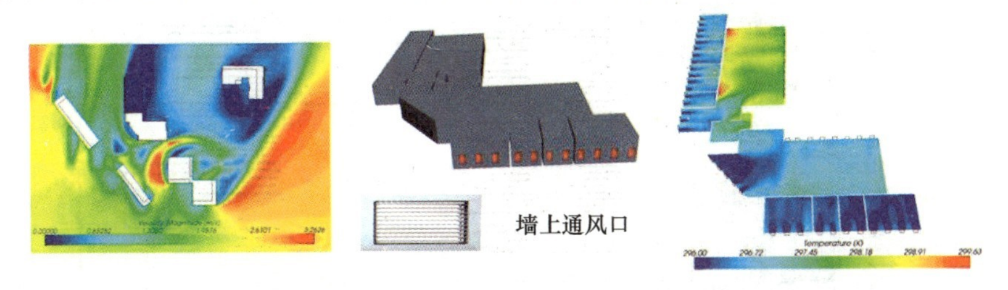


图 1.1-11　气流组织分析

利用环境分析软件结合 BIM 数据计算得出屋顶太阳能辐射量，用来辅助决策，确定采用太阳能集热器方案（图 1.1-12）。甚至在 BIM 模型中建立太阳能集热器族，利用参数化设计，规划平面排布位置，再返回环境分析软件，进行整体太阳能平衡计算（图 1.1-13）。

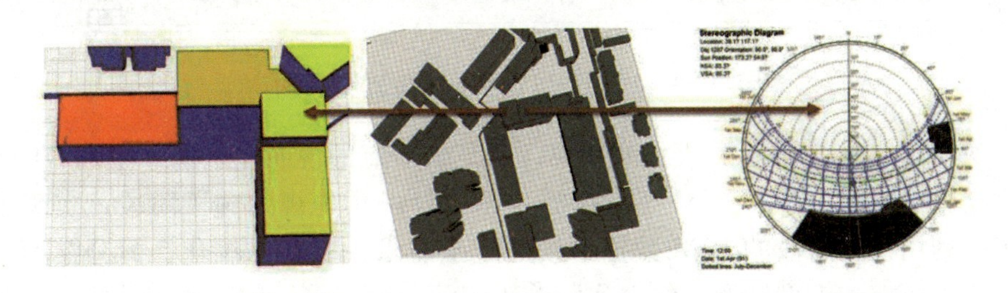


图 1.1-12　通过分析软件对建筑物屋顶的太阳辐射量进行计算

（4）施工图设计 BIM 应用

项目施工图设计阶段，使用 Autodesk Revit 系列软件，结合国家标准规范设定了标高样式、文字样式、尺寸标注样式、线型线宽样式等，制定了甲建筑设计院适合自身的 BIM 企业标准。此项目结合 BIM 技术取得了以下几点突破：

①使用 BIM 软件出图：此项目做到了建筑专业的 100％出图，实现了三维至二维图纸的信息传递，而且其他专业亦能达到部分出图要求，圆满完成了设计任务（图 1.1-14）。由于项目结合了 BIM 技术进行三维设计，对复杂的空间关系可以清晰地展现，总之

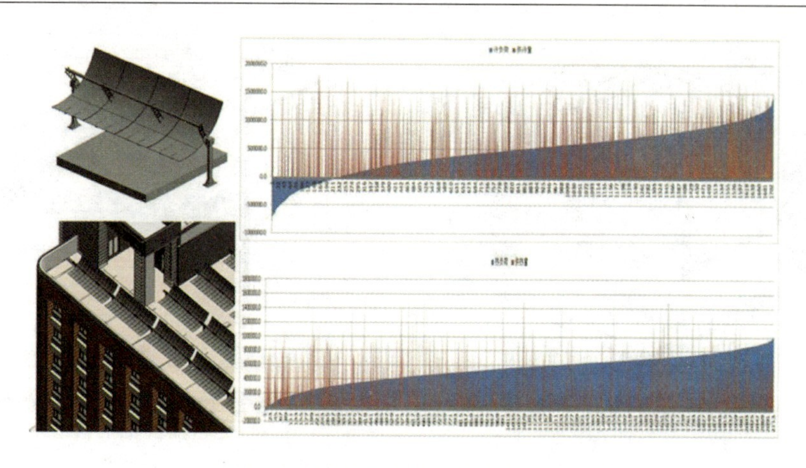

图 1.1-13　利用模型进行太阳能平衡计算

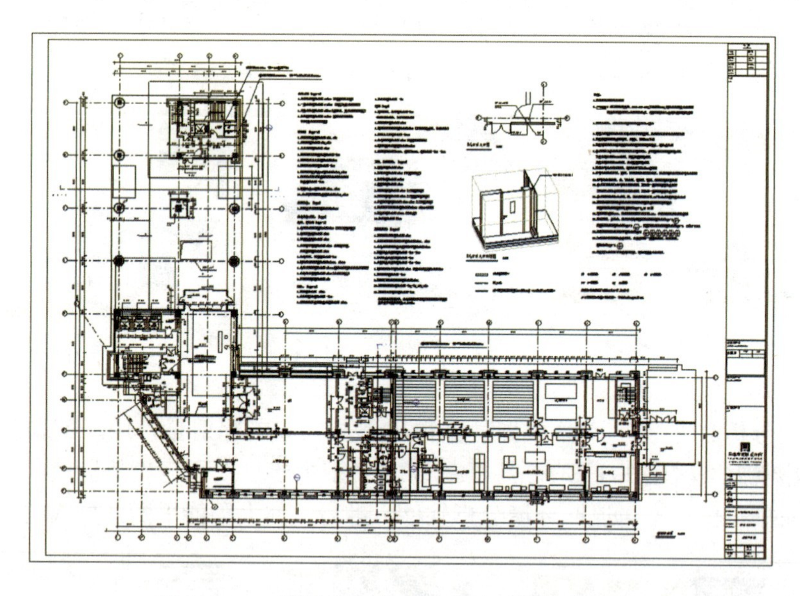

图 1.1-14　利用 BIM 模型直接生成的二维图纸

BIM 技术突破了传统二维绘图模式的局限，使复杂节点的说明更加清晰生动（图1.1-15）。

②优化施工方案：利用 BIM 模型在施工图设计的预先规划施工阶段，实现了施工方案预排布。利用设计阶段的 BIM 数据，按照施工需求去整理、深化、拆分模型，结合施工，形成施工所需的模型资源。结合实际施工工法，预留管线安装空间，进一步优化管线复杂部位，甚至模拟细部施工方案，显著提高了项目的可实施性（图 1.1-16）。

③建模标准：构建规范的设计阶段 BIM 模型标准，以确保建筑全生命周期数据的有效传输。基于设计阶段的 BIM 模型，补充附属构件以满足施工需求，并设置设计模型的编码体系，进一步细分模型，达到算量、排期的需求（图 1.1-17）。

④运营维护需求：规范的设计阶段 BIM 模型标准，是运营维护阶段对 BIM 数据有效利用的前提。例如，机电专业在设计阶段模型搭建过程中，在构建设备族库的时候，需要充分考虑后期运营维护中可能用到的参数，为运维信息更新录入提供接口（图 1.1-18）。建立多个工作集分配不同的设备系统，为后期运维的不同需求提供方便（图 1.1-19）。

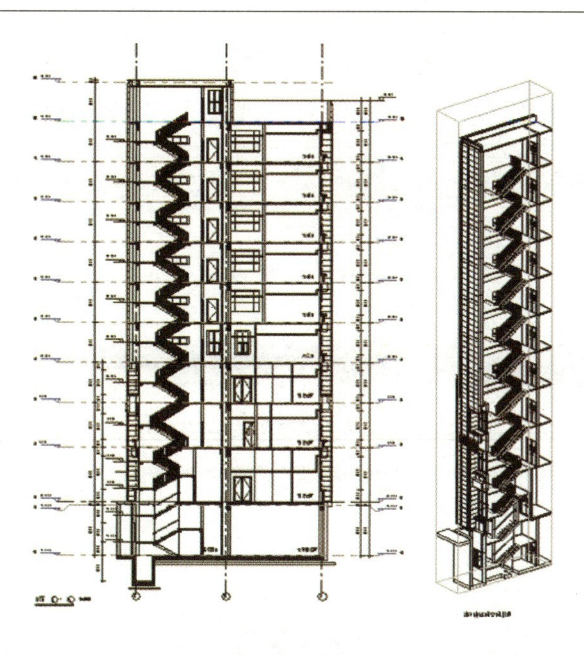

图 1.1-15　更加清晰和生动的图纸表达

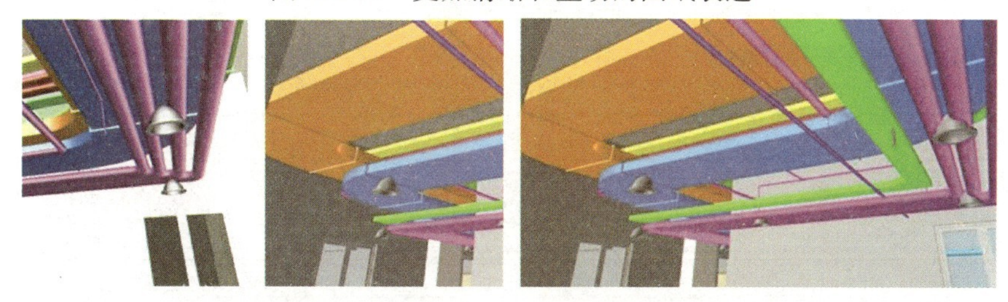

图 1.1-16　结合施工工法进行管线排布优化

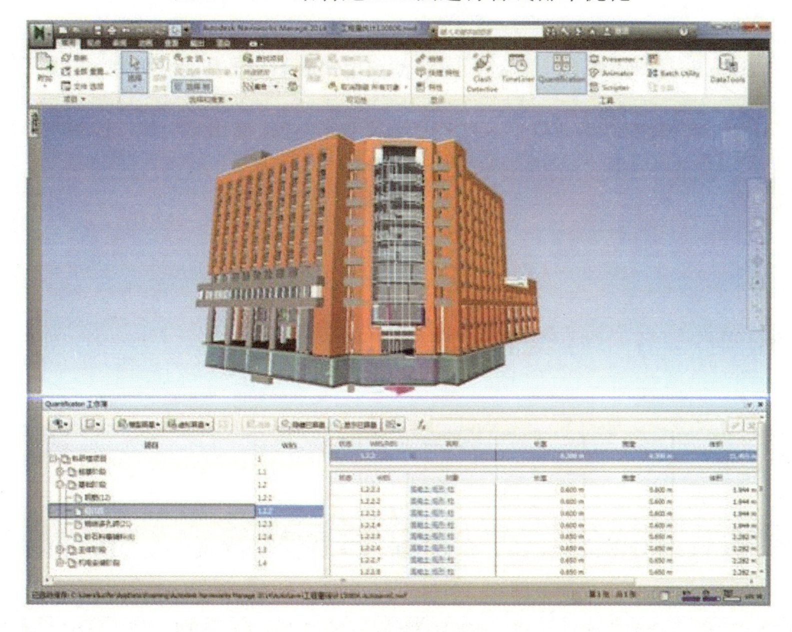

图 1.1-17　针对设计模型进行编码体系设置

图 1.1-18　对于设备族进行信息调取和更新

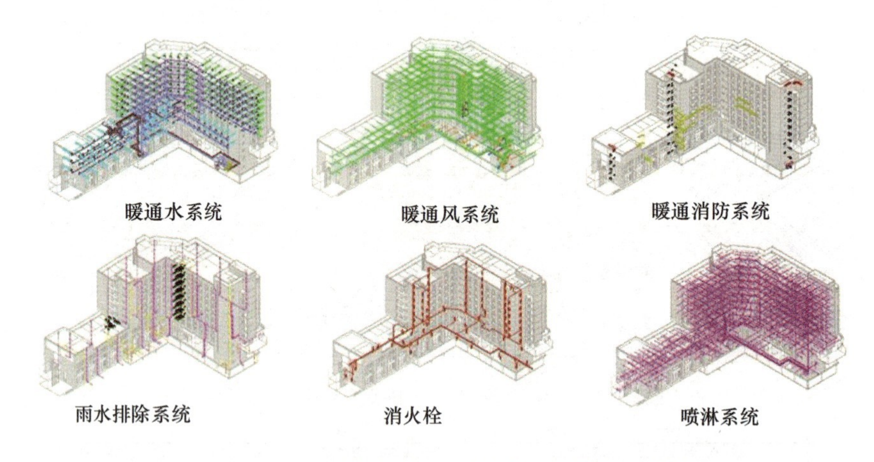


图 1.1-19　针对不同设备系统建立不用的工作集

总之，此科研综合楼新建项目，积极运用 BIM 技术辅助设计，较好地解决了绿色建筑高标准的要求，完成了建筑功能相关的设计任务。

## 课　后　习　题

1. 国内外有哪些知名的绿色建筑认证体系？
2. 为满足绿色建筑标准，如何结合 BIM 技术对建筑进行分析？
3. 机电专业应当怎样为运营维护阶段做准备？

**参考答案：**

1. 中国的《绿色建筑评价标准》，美国的 LEED 评价体系，英国的 BREEAM 评价体系，法国的 HQE 评价体系，新加坡的 GREEN MARK 体系等（答出三个即可）。

2. 利用场地环境数据模型，导入 CFD 软件进行风环境分析；利用场地环境地数据模型，进行场地、局部日照分析；凭借与 BIM 技术结合的光热分析结果，并综合规划部门要求、分期建设等多方面因素，确定建筑形体（答出大意即可）。

3. 规范的设计阶段 BIM 模型标准；在构建设备族库的时候，需要充分考虑后期运营维护中可能用到的参数，为运维信息更新录入提供接口；建立多个工作集分配不同的设备系统，为后期运维的不同需求提供方便（列举出要点即可）。

（案例提供：向敏、马彤辉）

## 【案例 1.2】A 国某 AEC 总部大楼建设项目 BIM 及 IPD 综合应用

美国是较早启动建筑业信息化研究的国家，发展至今，BIM 研究与应用都走在世界前列。某 AEC 总部大楼，采用先进的 IPD 项目管理模式，使用 BIM 工具开展各项工作，取得了非凡成果。借助 BIM 技术可视化优势，协同多专业分包团队，组建了具有良好沟通氛围的组织结构，最终使优质工程建设成为可能。

### 1. 项目背景

某 AEC 总部大楼项目由某公司自建，采用 IPD 项目管理模式，以 LEED 白金认证为设计目标。在公司领导的带领下，设计和施工团队创造了一个热情认真的工作氛围，并使用先进的建筑信息模型（BIM）工具开展各项工作。项目的目标是获得 A 国能源与环境设计先锋奖（LEED）白金认证。为达到绿色环保的要求，此项目团队制定了如下任务目标：水和能源的有效使用，生活用水用电量减小 30%，回收无毒的建筑材料，施工废料的循环使用，工作区域全景 100% 自然采光。

建筑设计方案要能体现公司的使命感，并展示建筑系统，三层空间给游客提供了房屋绿色能源与空间动态展示，开放的工作空间、玻璃会议室提供了视觉化的联系并鼓励协作，开放的顶棚展露了机电系统和结构部件。依据设计初衷，此项目创造性地结合 BIM 技术实现 IPD 项目交付。IPD 是一种先进的协议形式，由业主、设计、建造方共同制定，调动所有人的积极性以确保项目成果，包括设计质量、施工质量、进度表格、预算在内。IPD 协议使业主、设计师、施工人员的高度协作完成优质工程成为可能。

### 2. BIM 应用内容

IPD 协议使项目团队认识到 BIM 工具的巨大潜力，在 IPD 协议框架下，协作团队能克服传统工作流程中所遇到的困境，他们使用最有效的工具并且能从项目整体考虑问题（图 1.2-1）。

图 1.2-1 协作团队

（1）建筑信息模型可视化优势

传统的设计表现手法包括平面图、剖面图、立面图（图 1.2-2），结合 BIM 技术以后，包括三维视图和实时漫游等，设计团队能够传递复杂的想法，并更好地把这些想法交给业主查看，获得决策许可后让建造者实施（图 1.2-3）。

三维可视化视角能体现室内装修细节，在项目还没开始的时候，就能让业主理解这种独特设计的意图，以及结合业主的建议来优化设计方案（图 1.2-4）。

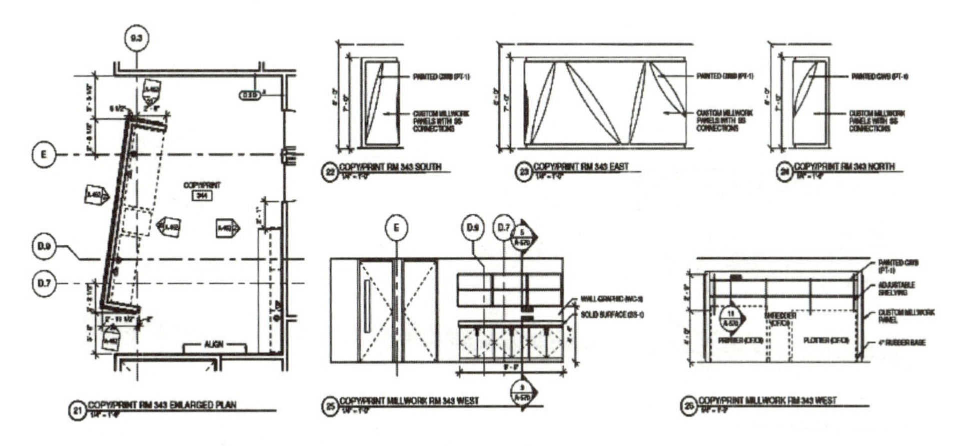


图 1.2-2　传统设计表现手法

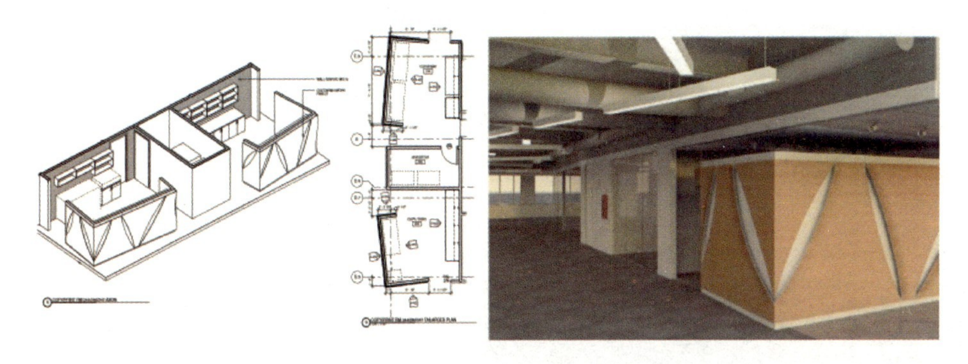

图 1.2-3　三维视图和实时漫游 1

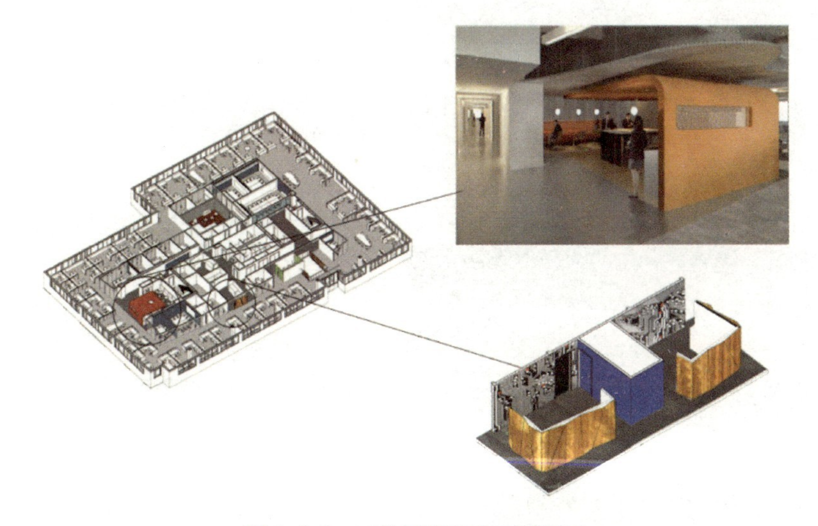

图 1.2-4　三维视图和实时漫游 2

直接由 BIM 模型数据生成的实时漫游，能够让业主获得对建筑的视觉化体验，以便让他们觉得此项目值得额外的投资。先前的建筑平面图并不能很直观地传递这种特殊的空间感，虽然设计师向业主解释了所有内容，直到项目团队展示了实时漫游的“飞行”效果后，业主才决定对某项设计采取改动的措施（图 1.2-5）。

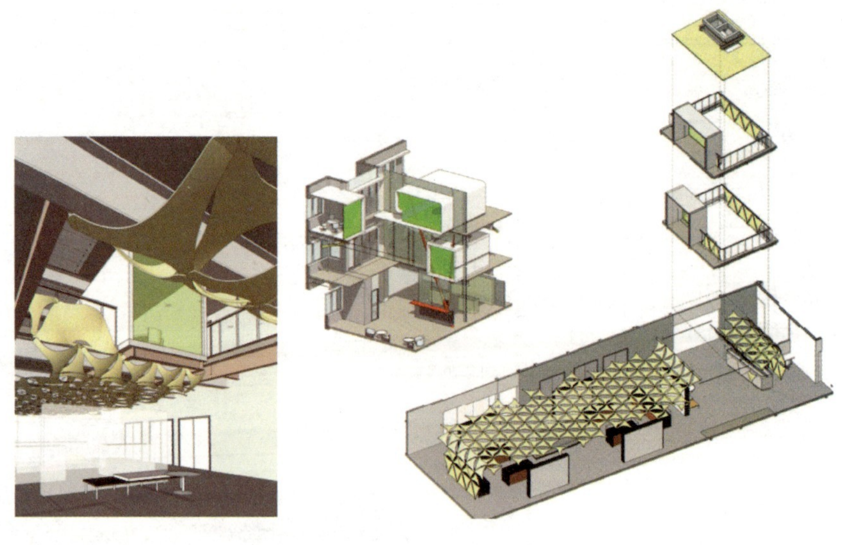

图 1.2-5 三维视图和实时漫游 3

三维可视化在施工现场的应用：三维视角不仅能用于方案设计和与业主交流，而且也能够用来在施工现场展示，施工人员能够在工程开始的时候就看到要建成的样子，降低了读图难度（图 1.2-6）。

图 1.2-6 三维视图在施工现场的应用

（2）建筑信息模型之模拟分析

为满足 LEED 白金认证，结合 BIM 工具，从 BIM 模型数据中提取可用信息，导入日照分析和能耗模拟等软件，为设计团队在短时间内交付设计成果提供有力支持，同时这种图像化的描述也让迭代设计更容易被接受（图 1.2-7～图 1.2-9）。

三维激光扫描：在项目开始的时候，使用三维激光扫描记录场地信息，包括那些不会被传统“记录文件”记下的细节。激光扫描的成果可作为 BIM 场地模型的参照，能事先发现施工隐患，避免之后可能发生的协调问题（图 1.2-10）。

机电专业 BIM 应用：机电团队使用 BIM 数据来检核管网尺寸并且与建筑师协调空间问题。例如，此图中主管网用红色表示，有最低噪声要求的管网用黄色表示，开放式的工作空间的管网用橘色表示，有噪声最高要求的会议空间用紫色表示（图 1.2-11）。

施工单位利用 BIM 数据来测试、归档、传递施工进度和序列信息（图 1.2-12）。

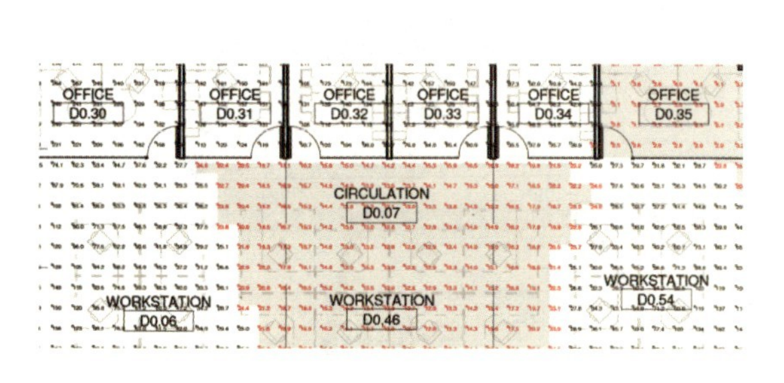


图1.2-7　传统方式下的建筑物理分析

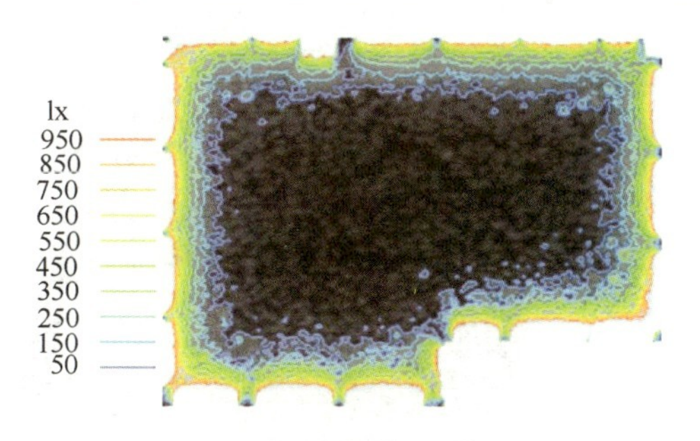


图1.2-8　结合BIM技术的照度模拟

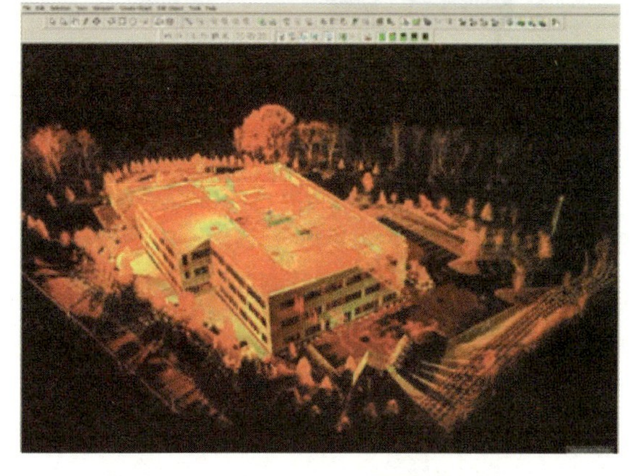

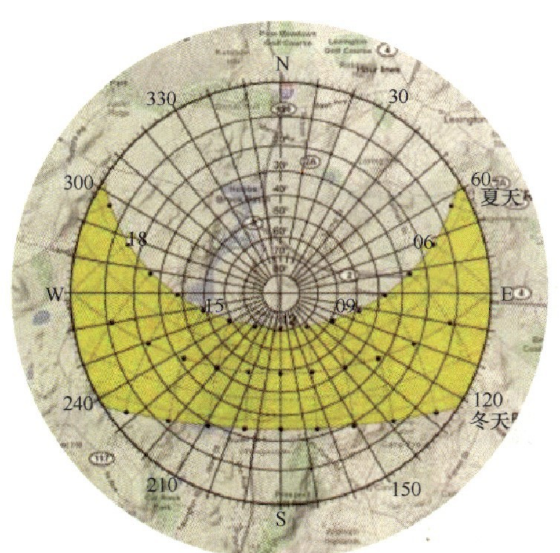


图1.2-9　结合BIM技术的日照分析

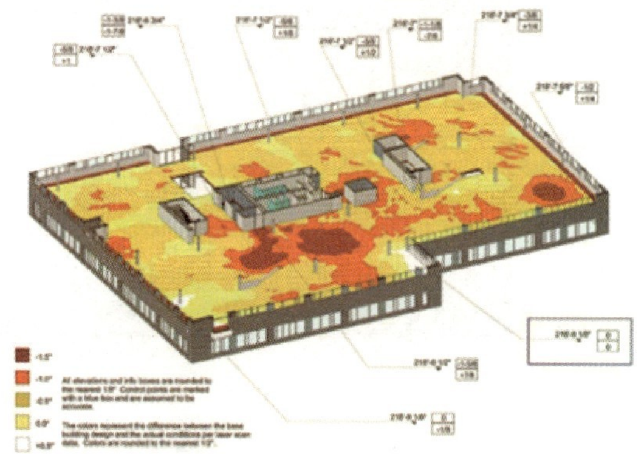

图1.2-10　三维激光扫描场地

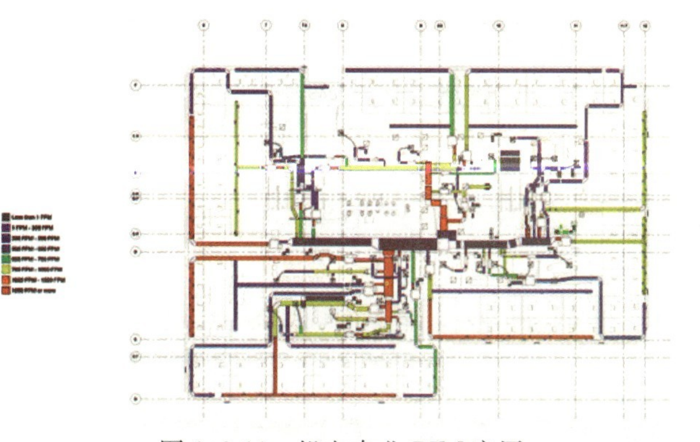

图1.2-11　机电专业BIM应用

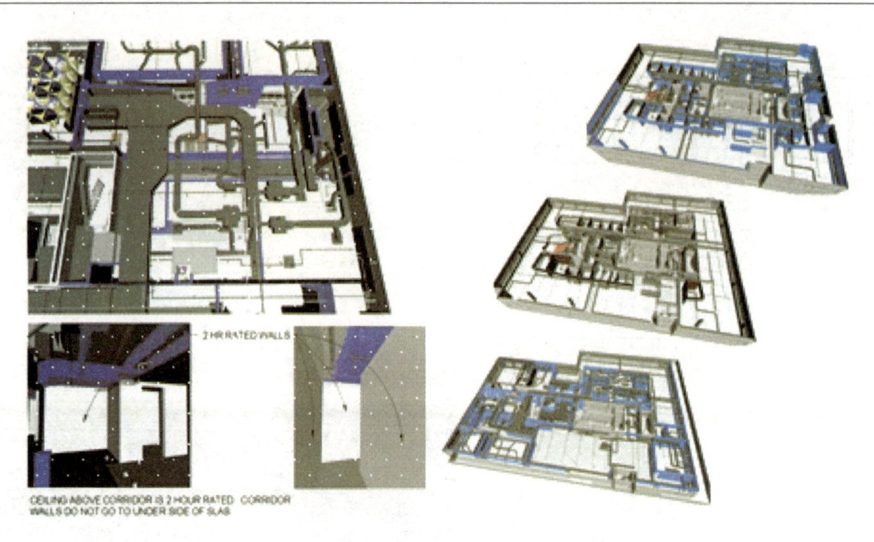


图 1.2-12　结合 BIM 技术的施工模拟

（3）建筑信息模型与文档管理

传统的纸质文档，比如设计图纸和规范等（图 1.2-13），被可共享的数据模型所代替。在设计师和施工人员的共同维护下，可共享的数据库记录了项目的信息，从项目起始的概念设计到预算、协调、记录疑义、施工设备管理等（图 1.2-14）。

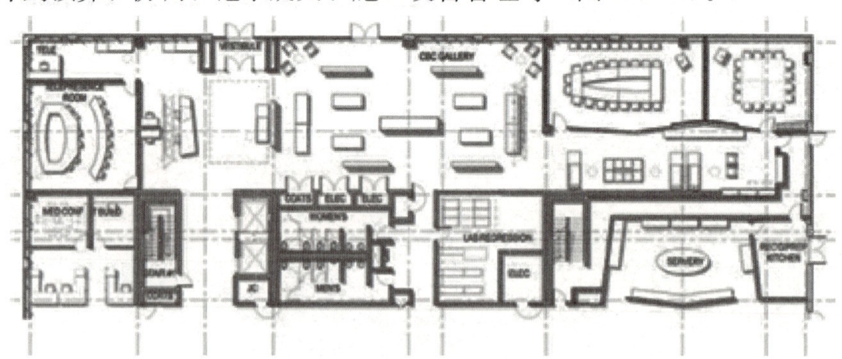


图 1.2-13　传统的纸质文档

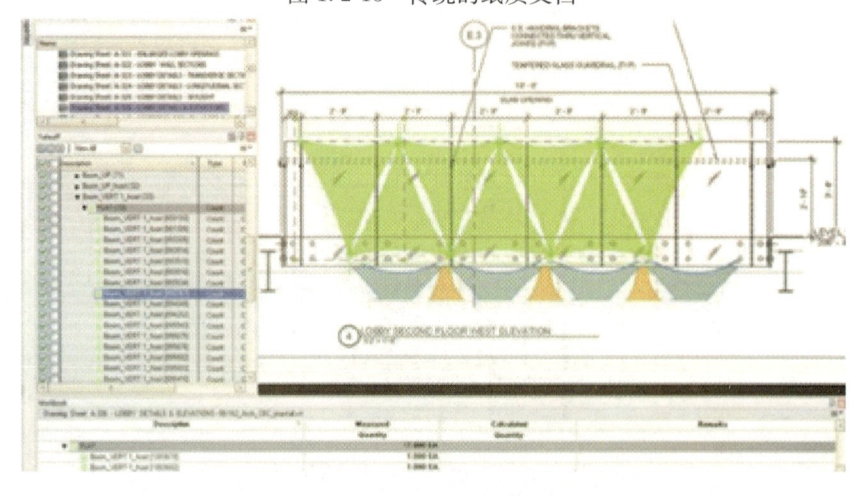


图 1.2-14　结合 BIM 技术储存的文档

制定 BIM 数据组织架构：在项目开始的时候，项目团队一起制订了 BIM 实施方案，记录了 BIM 数据的需求，设定了 BIM 数据组织规则，确保 BIM 数据能在项目全生命周期持续有用（图 1.2-15）。

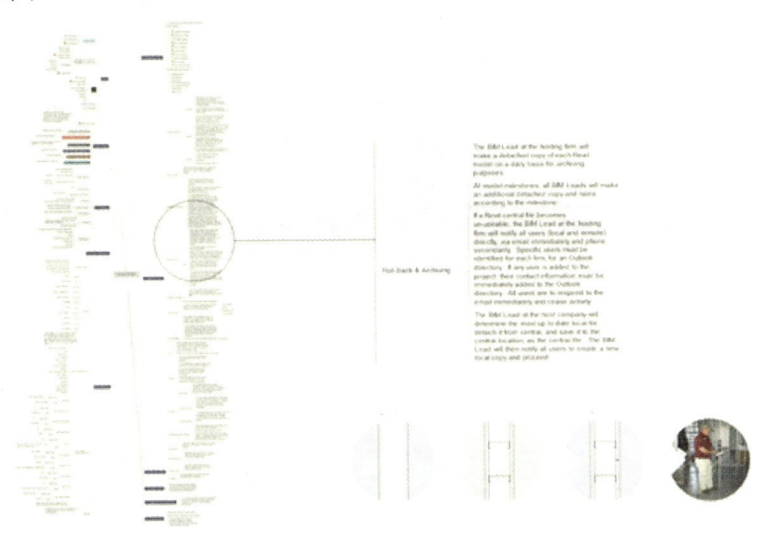

图 1.2-15　项目团队协同制定 BIM 组织架构

处理与分包商的关系：IPD 协议允许项目团队在开始的时候将工程下分给不同专业的分包商，分包商凭借其专业经验为整个项目提供价值。设计师和施工人员在同一个 BIM 模型下协作，协作的方式既可以是现场开会也可以是基于网络的视频会议（图 1.2-16）。

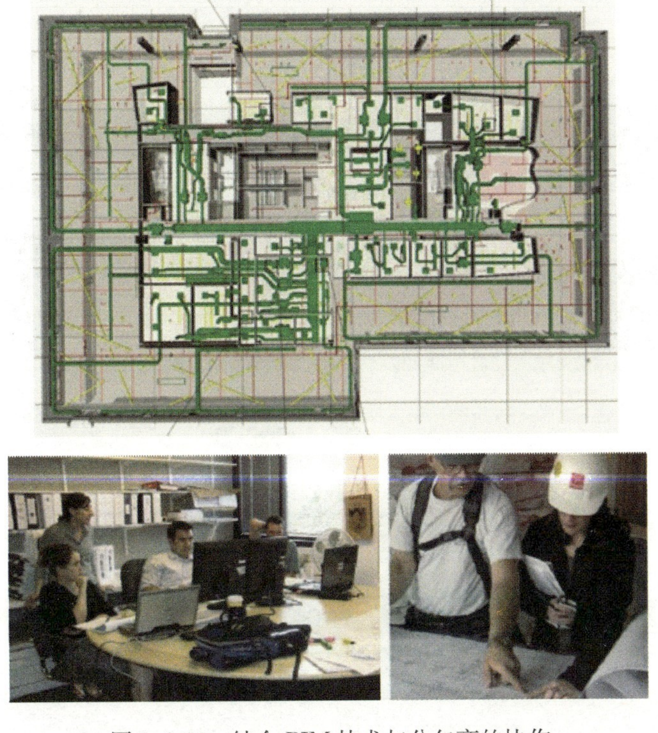

图 1.2-16　结合 BIM 技术与分包商的协作

BIM数据库提供了可持续的量化成本检查和质量等级确认（图1.2-17）。经过充分协同管理下的BIM模型，具有可参照的施工精度，比如在放置机电设备的时候，可以基于顶棚相对高度放样，而不必拘泥于楼层标高（图1.2-18）。借助BIM模型数据的优势，项目团队优化拼装预制构件的安装过程（图1.2-19）。

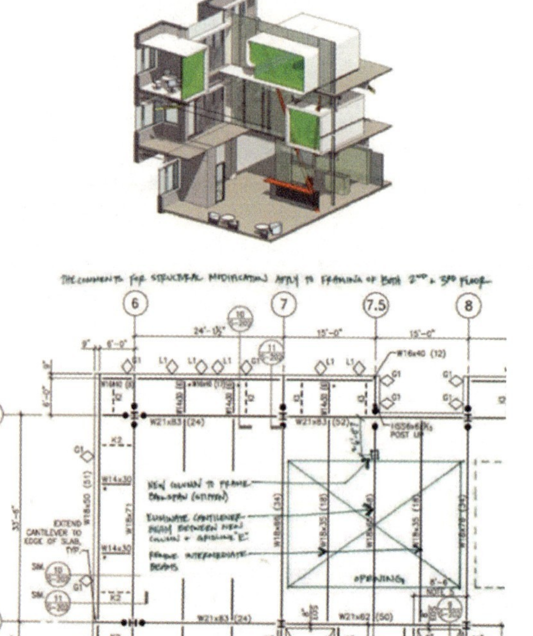

图1.2-17　结合BIM技术的成本检查

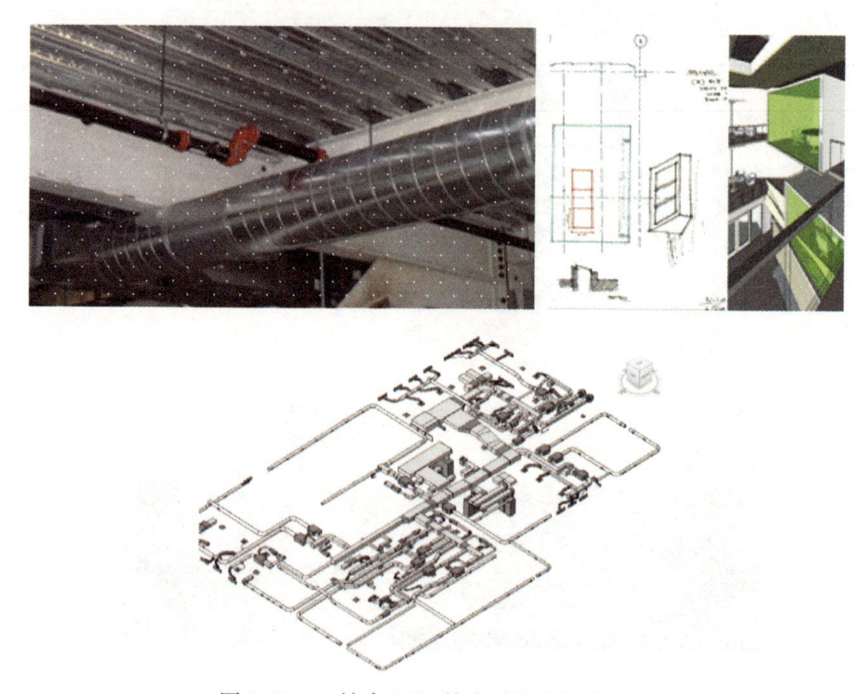

图1.2-18　结合BIM技术的机电设备安装

图 1.2-19　结合 BIM 技术的预制件优化

（4）建筑信息模型的实施应用

传统的建造过程把困难都留给施工方，施工单位必须首先弄清图纸，确认无误后才能施工，现在借助预先建立好的 BIM 模型，优化工序、排除图纸错误等，为精细化施工提升建造品质打下基础（图 1.2-20）。

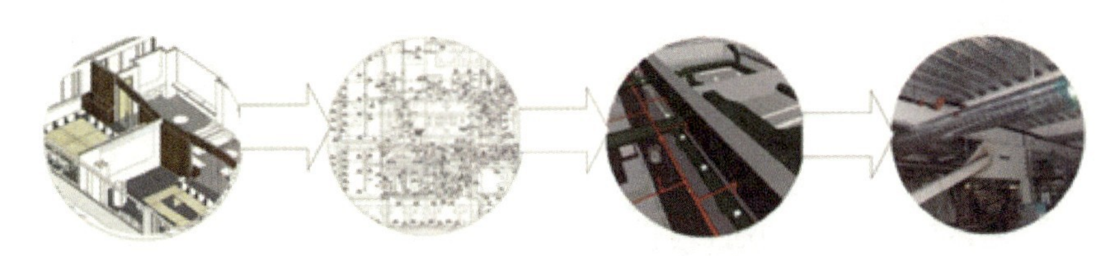

图 1.2-20　结合 BIM 技术的施工优化

与分包商的关系：项目团队把专业性的复杂任务交给分包商，同专业分包商协同考虑预算、材料供应、施工能力等方面的问题（图 1.2-21）。

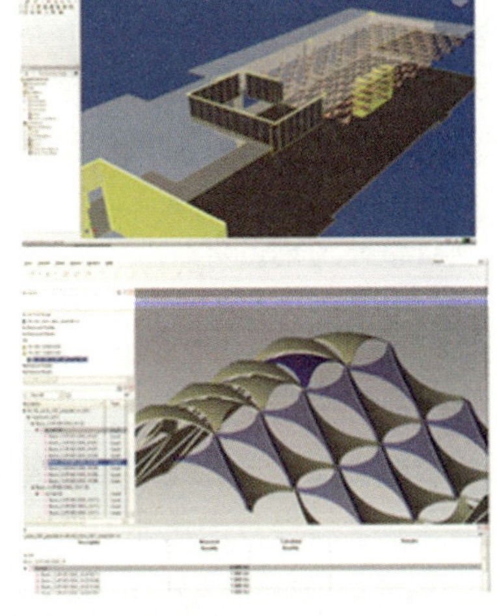

图 1.2-21　结合 BIM 技术的分包协同

BIM 数据库应贯穿项目的整个生命周期，从设计的初始数据，不同专业持续协同交流，到利用 BIM 模型数据交付成果，直至运营维护阶段。施工人员基于 BIM 数据，使用数字全站仪施工放样（图 1.2-22）。

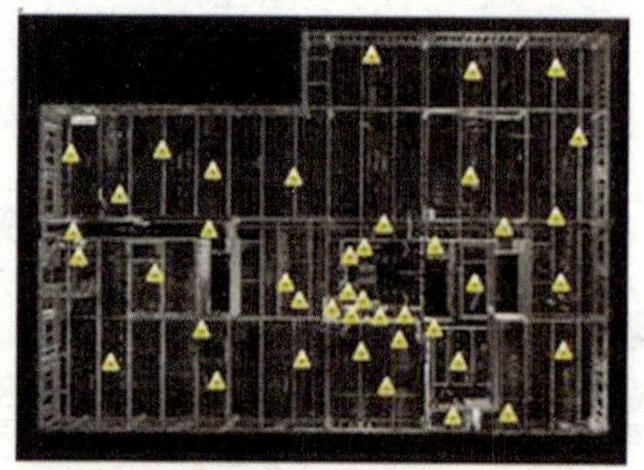

图 1.2-22 使用 BIM 数据现场放样

## 课 后 习 题

1. 现场施工如何结合 BIM 技术进行测量放样？
2. 如何结合 BIM 技术实现 IPD 项目管理模式？
3. 机电专业 BIM 应用时，为什么要将管网用不同颜色表示？

**参考答案：**

1. 由测量工程师制订测量方案，将具有足够精细度的 BIM 模型数据导入数字全站仪中，结合现场需要进行施工放样。

2. 结合 BIM 技术实现团队协同：结合 BIM 技术制定组织架构，确定与分包商间的协作模式，借助三维环境和视频会议等实现协同工作；结合 BIM 技术实现数字化的档案管理，包括图纸、规范、合同等；结合 BIM 技术实现数据传递，辅助建筑师、工程师优化设计，辅助现场施工人员优化施工过程。总之，项目团队应结合 BIM 技术方便地实现协同工作，从项目整体考虑问题。

3. 机电专业 BIM 应用：机电团队使用 BIM 数据来检核管网尺寸并且与建筑师协调空间问题。例如，图 1.2-11 中主管网用红色表示，有最低噪声要求的管网用黄色表示，开放式的工作空间的管网用橘色表示，有噪声最高要求的会议空间用紫色表示。因为机电管网相对复杂，根据功能、系统等对管网进行分类，结合 BIM 工具用颜色加以区分，减小错误产生的概率，最终提升建筑品质。

（案例提供：马彤辉、盛 卉）

# 第二章 勘察、设计单位 BIM 应用案例

## 【案例 2.1】某地综合楼结构专业设计中的 BIM 应用

近年来各种工程项目结构形式越来越复杂，设计难度也随之增加，专业间的协调、配合显得很重要。结构工程师应积极借助 BIM 技术，在项目设计的过程中发挥 BIM 在专业配合上的优势，有效地提升设计的品质，也为全生命周期的 BIM 应用提供最基础的和准确的数据模型。

目前 BIM 软件对于建筑专业能较好地应用，能够相对顺利地完成施工图设计。但对于结构专业有一定难度，一方面结构需要建立计算分析模型；另一方面结构施工图要通过“平法”表达，结构专业有其特殊的制图标准和图形表达方式。因此，如何将 BIM 应用到项目设计中，并且保证工作效率，让大多数的结构工程师快速掌握，本案例将就此作探讨和分析。

通过本案例的学习应该对 BIM 在结构专业设计中的应用有一定的了解；应能理解结构专业项目样板、视图样板，以及结构设计模型内容；掌握结构专业 BIM 应用流程、常用应用软件、模型创建方法以及施工图绘制方法。

**1. 项目背景**

某地综合楼，总建筑面积为 1582.06m$^2$，建筑高度 14.85m，地上三层，局部四层，框架结构，条形基础设计，使用年限 50 年，结构安全等级二级，基础设计等级丙级，框架抗震等级三级，抗震设防烈度 7 度（图 2.1-1）。

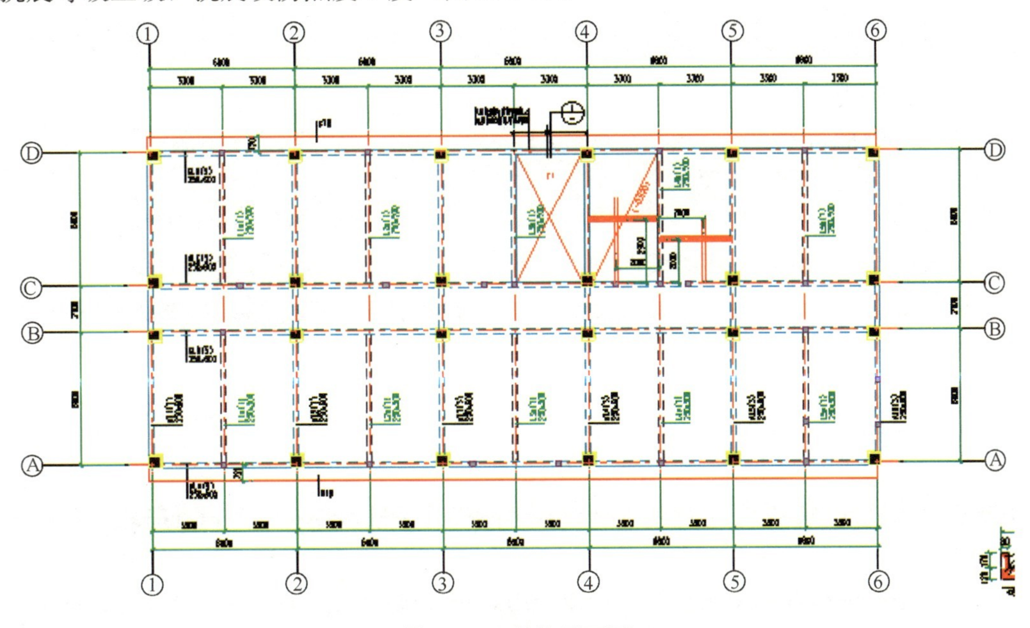


图 2.1-1 结构平面图

该工程结构设计比较常规，主要是尝试采用BIM方法进行结构设计，采用Autodesk Revit、YJK、PKPM、TSSD等软件。

**2. BIM应用内容**

（1）BIM基本工作流程

传统的结构设计是一种基于二维图纸的工作模式。首先，结构设计人员参照建筑设计图纸和机电专业交给的资料建立结构分析与设计模型，在结构设计软件中进行结构内力分析、构件设计；然后，将结构设计结果反馈给建筑设计人员，建筑设计人员调整建筑设计，再反馈给结构设计人员进行修改调整，直到满足设计要求；最后，根据结构设计结果绘制结构施工图，进行交付、归档。虽然随着CAD技术应用的深入，在建立结构分析模型的过程中已经可以利用图层识别技术自动导入轴网、构件定位等少量信息，但大量结构计算分析模型信息需要手工重建。在结构施工图绘制过程中，某些CAD系统具备了二维图档的自动生成功能，但这些图档不具备信息的完整性、关联性，难以保证信息的一致性。

基于BIM的结构设计在设计流程上不同于传统的结构设计，弱化了传统设计流程中的设计准备环节，产生了基于模型的综合协调环节，增加了新的二维视图生成环节。基本流程如下：

①从已有BIM建筑设计模型提取BIM结构设计模型或者使用BIM软件直接创建BIM结构设计模型；

②对提取的或者创建的BIM结构模型进行一定的修改、整理，使之符合结构计算分析软件的数据格式要求；

③将BIM结构模型导入结构计算软件；

④将经过结构计算分析软件计算分析后的结构模型导入BIM软件中；

⑤链接建筑、机电等专业的BIM模型，对结构专业的BIM模型进行校审；

⑥修改、调整结构计算模型，利用相关技术对BIM结构模型进行同步修改，使BIM结构模型与结构计算模型保持一致；

⑦经过调整后完成最终结构模型；

⑧提取结构构件工程量；

⑨绘制结构平面图，梁、板、柱配筋图，构件详图，以及局部三维节点图。

（2）BIM从工作流程角度的变化

基于BIM的设计流程与传统设计流程相比，在工作流程和信息交换方面会有明显的改变。从工作流程的角度，主要发生以下变化：

①在传统的方案设计阶段，结构专业仅对建筑专业提出的资料进行确认并反馈意见，并提出本专业的设计说明要求，不参与实际的设计制图工作。而基于BIM，结构专业在方案阶段可以实质性地提前介入，开展设计工作，建立自己专业的BIM模型，并参与到后续审批交付过程。

②基于BIM的结构初步设计流程，施工图阶段的大量工作前移到了初步设计阶段。传统流程中的设计准备环节可提前实现，在方案设计阶段后期及初步设计阶段初期，各专业就开始依据方案模型展开工作。

③综合协调工作将贯穿于整个设计流程中，可以随时进行协调，在设计过程中可以避免或解决大量的设计冲突问题。

④基于 BIM 的结构施工图设计流程与传统结构施工图设计模式相比，结构设计结果可以反馈到 BIM 模型，进行必要调整，形成完整的结构施工图设计 BIM 模型。基于 BIM 模型的结构施工图设计，最大的优势在于：工程设计过程中存在完整的信息模型，支持模型与图档的关联修改与自动更新，基于开放的 BIM 标准可以实现相关软件之间模型信息的自动转换。

⑤基于 BIM 模型生成二维视图的过程替代了传统的二维制图，使得设计人员只需重点专注 BIM 模型的建立，而无须为绘制二维图纸耗费过多的时间和精力。

（3）BIM 从信息交换角度的变化

从信息交换的角度，主要发生如下变化：

①结构方案设计可以集成建筑模型，完成主要结构构件布置；

②也可以在结构专业软件中完成方案设计，然后输出结构 BIM 模型。

（4）创建结构项目样板

结构项目样板是搭建 BIM 结构模型的基础，采用合适的项目样板，能够减少重复的工作并加快设计速度。虽然 Revit Structure 工具软件提供了符合中国习惯的结构标准项目样板文件，但它是针对所有用户的，对个体用户一般要调整较多的设置才能适合。其中主要设定的内容有：

自定义项目浏览器中的项目视图组织结构（图 2.1-2），层次清晰的视图结构便于视图组织与管理，提高工作效率。

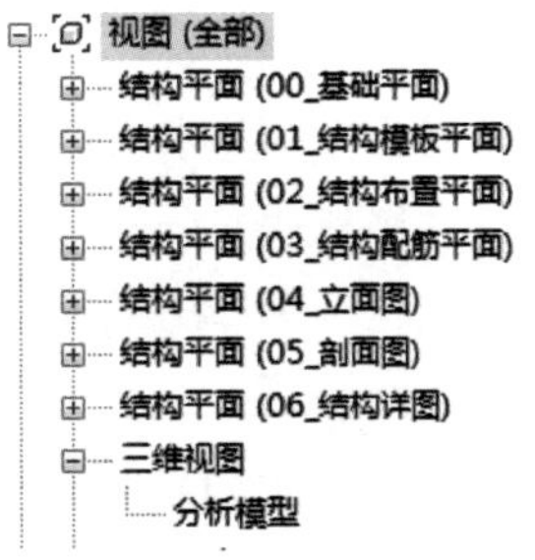

图 2.1-2　项目视图组织结构

（5）设置视图样板

即设定视图属性中的各项参数值，使得各种平面视图符合绘图标准和自己的习惯。比如在结构布置平面视图样板中，显示模式要设成“隐藏线”，而结构模板平面视图样板为了建模时直观，建议设成“带边框着色”。总之，视图样板是根据项目使用目的，采用改变视图属性参数值的方法来显示需要的内容，而隐藏项目不需要的内容。

本项目设置的视图样板包括以下几种：

①结构基础平面：用于结构基础图、桩布置图；

②结构模板平面：用于结构建模，即搭建 BIM 模型的操作主要就是在结构模板平面视图中进行，而 3D 视图用于检查搭建的模型是否正确；

③结构布置平面：用于标注结构构件定位、构件尺寸和编号、索引和注释等内容；

④结构配筋平面：用于绘制结构梁板柱之钢筋、标注钢筋代号和布筋范围、钢筋量注释等内容；

⑤结构剖面：用于绘制结构细部剖面和大样图及相关标注和注释等内容；

⑥结构立面：用于表示斜撑布置、结构桁架和转换结构。

（6）增加系统族和构件族的构件类型

由于软件的初始族种类较少，为了提高 BIM 结构建模效率，补充结构墙的类型包括：150、180、200、250、300、400、500、800mm 等厚度的墙；补充结构楼板的类型包括：120、150、180、200、220、250、300mm 等；补充基础底板的类型包括：500、800、1000、1500、2000、2500mm 等；补充普通混凝土结构梁的类型包括：200mm×400mm、

300mm×500mm、400mm×600mm、500mm×600mm 等。然后，设计中梁的类型可能会变化多样，应根据需要来增加类型；混凝土柱也作同样的设置。

（7）设置明细表

结构专业常用的明细表主要包括以下几种：

①构件尺寸明细表，包括：梁尺寸表、墙和柱尺寸表；

②楼梯表；

③结构层高表；

④材料表明细等。

创建注释符号和详图项目：

①注释符号：构件编号标记、构件连接符号、剖面标头、详图索引标头、标高标头、注释标记、修订标记、中心线、平面法标注等。

②详图项目：2D 板上/下铁、2D 洞口、钢构截面、填充区域等。

③结构钢筋：钢筋标记、钢筋弯钩和钢筋形状等。

提示：注释符号和二维详图项目族的形式繁多，可供参考的现有族文件也很多，建议在项目样板中仅保留自己常用的。

（8）创建图框

在 Revit 中，图框是二维注释可载入族。创建图框的步骤是：以相应图幅的公制标题栏为样板，在族编辑器中载入 2D 的 CAD 图框，将载入的 CAD 图框移动到标题栏样板框的位置，并将其“部分炸开”，然后增加文本标签：业主名称、工程名称、项目编号、图名、设计阶段、比例、图纸编号、设计签名、修订版本、修订日期等。标签加完后，另名保存。

需要注意，当创建的图框族被载入到项目后，在图框族中添加的标签有些与系统变量自动链接和更新；有些可以在项目中的每一张图纸中独立修改其文本内容；有些在一张图纸上改了，其他的图纸均同时修改。

（9）结构设计模型内容

①结构方案设计模型

根据建筑专业的建筑整体设计方案模型，以及内部空间功能规划来确定结构方案设计模型，模型内容主要包括确定好的结构受力体系和相应主要受力构件的位置、形式以及尺寸，还可以包含一些基本的荷载信息等内容（表 2.1-1）。

**结构方案设计模型内容** **表 2.1-1**

| 模型内容 | 模 型 信 息 | 备注 |
|---|---|---|
| 主要框架柱、框架梁 | （1）项目结构基本信息：设计使用年限，抗震设防烈度，抗震等级，设计地震分组，场地类别，结构安全等级等。<br>（2）结构材质信息：混凝土强度等级。<br>（3）结构荷载信息：风荷载、雪荷载、温度荷载、楼面恒载、楼面活载等 | 针对结构布置方案 |

②结构初步设计模型

根据其他专业的方案设计模型提请对方案阶段的结构模型进行调整，确定最终的结构布置形式、构件尺寸和相关的设计信息（表 2.1-2）。此阶段模型导入结构计算分析软件中进行相应的结构整体力学性能分析工作，计算分析完成后确定的模型就可以作为结构初步设计阶段的模型。

结构初步设计模型内容　　表 2.1-2

| 模型内容 | 模型信息 | 备注 |
| --- | --- | --- |
| （1）基础：类型及尺寸<br>（2）结构楼板、挑梁、结构楼梯<br>（3）主要结构洞定位、尺寸 | （1）构件配筋信息：配筋构造要求信息，如钢筋锚固、截断要求等平法钢筋标注信息。<br>（2）挠度、裂缝的控制信息，配筋率信息。<br>（3）对采用新技术、新材料的做法说明及构造要求，如耐久性要求、保护层厚度等。<br>（4）初步计算后，结构设计规范中要求的结构整体控制指标完成情况，例如结构周期比、位移比、位移角等 | 针对结构初步设计、专业协调 |

③结构施工图设计模型

施工图设计模型是在初步设计模型的基础上，经过多专业协同设计，进行碰撞检查后，确立的最终结构设计模型，不仅包含方案阶段和初步设计阶段的设计成果，还包含了模型关联、管理信息（表 2.1-3）。结构物理模型信息包括构件信息、节点信息、截面信息、轴网信息以及约束信息等；属性信息包括荷载信息、材料信息、内力信息、设计结果信息等；关联信息包括构件直接的关联关系、模型与信息的关联关系、模型与视图的关联关系等；管理信息包括模型所有者信息、模型版本信息、用户权限信息等。本阶段模型还可以作为其他分析设计的应用模型，如施工模拟模型、后期经营管理模型等。

结构施工图设计模型内容　　表 2.1-3

| 模型内容 | 模型信息 | 备注 |
| --- | --- | --- |
| （1）节点钢筋模型，所有未提及的结构设计模型。<br>（2）次要结构构件：楼梯、坡道、排水沟、集水坑等。<br>（3）建筑围护体系：构件布置 | （1）抗震构造措施说明。<br>（2）结构设计说明等 | 针对结构施工图设计、专业协调、结构展示 |

（10）结构模型创建方法

①使用 YJK 结构计算分析软件创建结构模型，进行计算、分析后，调整模型，通过 YJK 中的转换接口，生产中间数据文件，再应用 Revit 软件中安装的 YJK 接口导入 YJK 数据，重新生成 Revit 模型。可以分阶段分别生产结构方案模型、初步设计结构模型、施工图结构模型。

②使用 PKPM 软件创建结构模型，然后利用 TSSD 软件从 PKPM 中导出结构模型数据形成中间数据，再应用 Revit 软件中安装的 TSSD 插件导入结构模型。可以分阶段分别生产结构方案模型、初步设计结构模型、施工图结构模型。

③应用 Revit 进行结构建模，通过 TSSD 软件从 Revit 建筑模型中提取结构模型或者链接建筑模型或图纸创建结构模型。建完模型后，应用 Revit 自身的碰撞检测功能，查找模型碰撞冲突，完善模型。然后将 Revit 结构模型通过相应插件、接口导入结构计算分析软件 YJK 或 PKPM，进行计算分析。将计算分析完成后的结构分析模型重新导入 Revit 中，计算分析模型如果有改动、调整，Revit 模型进行同步更新（图 2.1-3）。

（11）提取材料、构件工程量

通过某些软件可以提取单个构件的工程量，也可以提取某一类型结构构件某一层的工程量，还可以提取总的工程量，方便提取预知工程结构部分的工程量（图 2.1-4、图 2.1-5）。

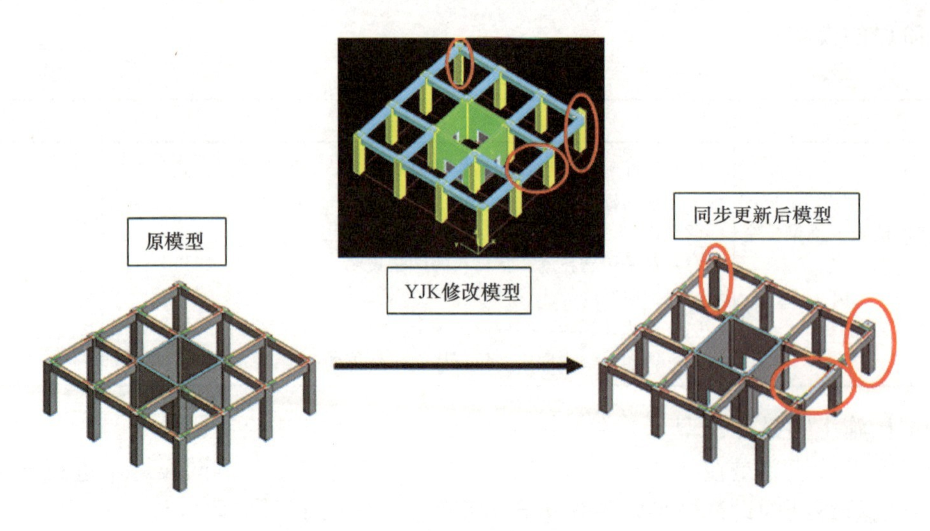


图 2.1-3　BIM 模型同步更新

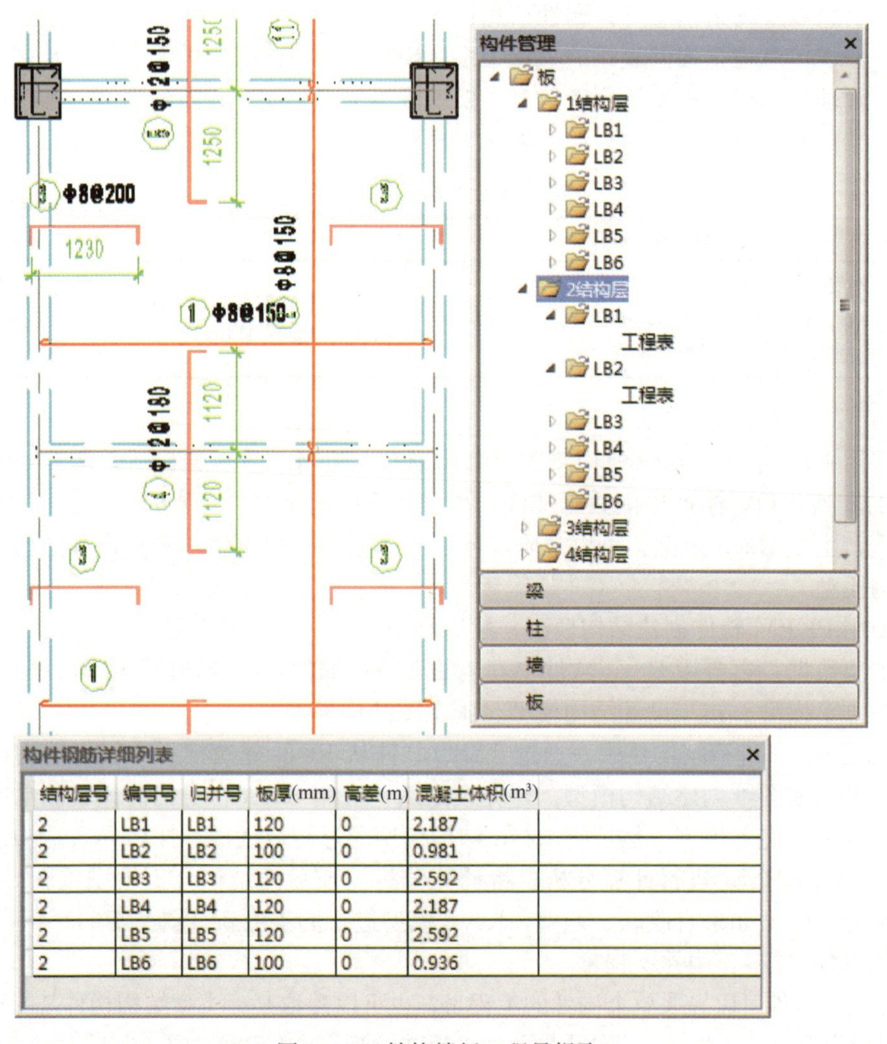


| 结构层号 | 编号号 | 归并号 | 板厚(mm) | 高差(m) | 混凝土体积(m³) |
|---|---|---|---|---|---|
| 2 | LB1 | LB1 | 120 | 0 | 2.187 |
| 2 | LB2 | LB2 | 100 | 0 | 0.981 |
| 2 | LB3 | LB3 | 120 | 0 | 2.592 |
| 2 | LB4 | LB4 | 120 | 0 | 2.187 |
| 2 | LB5 | LB5 | 120 | 0 | 2.592 |
| 2 | LB6 | LB6 | 100 | 0 | 0.936 |

图 2.1-4　结构楼板工程量提取

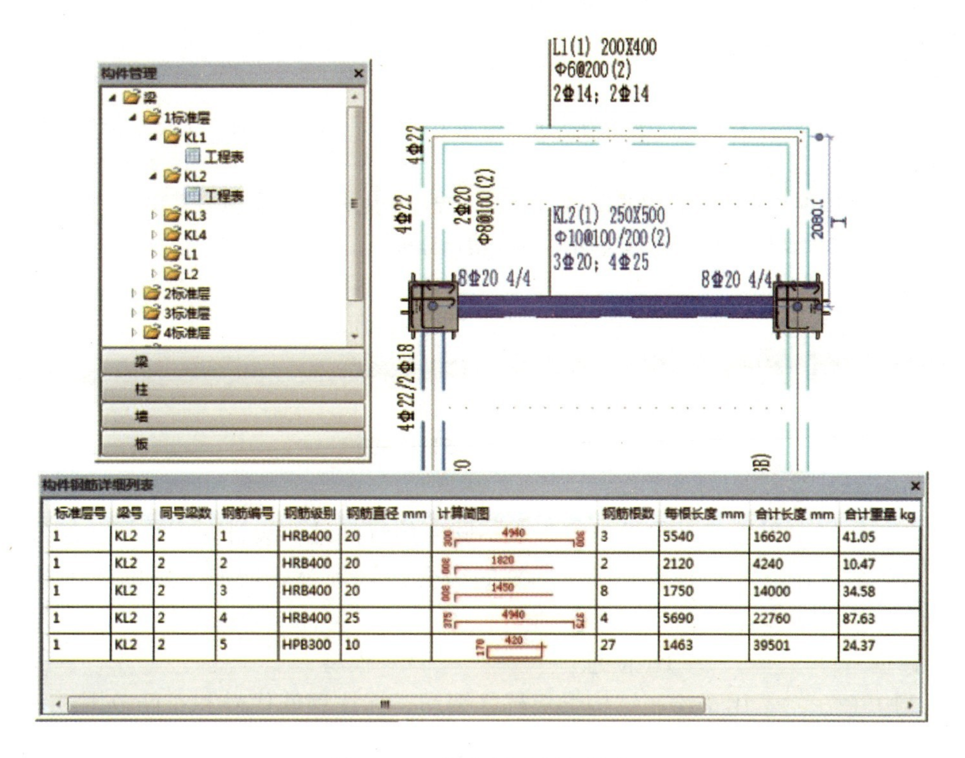


| 标准层号 | 梁号 | 同号梁数 | 钢筋编号 | 钢筋级别 | 钢筋直径 mm | 计算简图 | 钢筋根数 | 每根长度 mm | 合计长度 mm | 合计重量 kg |
|---|---|---|---|---|---|---|---|---|---|---|
| 1 | KL2 | 2 | 1 | HRB400 | 20 | 300 4940 300 | 3 | 5540 | 16620 | 41.05 |
| 1 | KL2 | 2 | 2 | HRB400 | 20 | 300 1820 | 2 | 2120 | 4240 | 10.47 |
| 1 | KL2 | 2 | 3 | HRB400 | 20 | 300 1450 | 8 | 1750 | 14000 | 34.58 |
| 1 | KL2 | 2 | 4 | HRB400 | 25 | 375 4940 375 | 4 | 5690 | 22760 | 87.63 |
| 1 | KL2 | 2 | 5 | HPB300 | 10 | 170 420 | 27 | 1463 | 39501 | 24.37 |

图 2.1-5 结构梁工程量提取

（12）出施工图

在当前建筑行业条件下，仍需将模型转换成二维图纸（图 2.1-6）。未来审批、存档等各项环节彻底改革后，有望直接通过三维模型交付，从而省去大量打印图纸而耗费的资源。

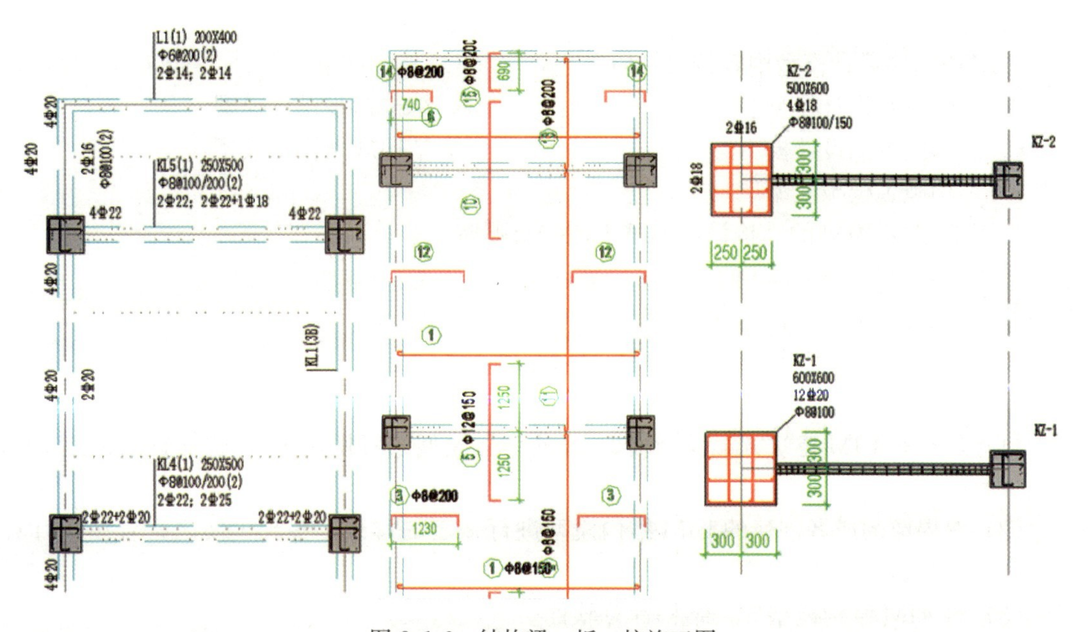


图 2.1-6 结构梁、板、柱施工图

## 参考文献

[1] 王勇，张建平. 基于建筑信息模型的建筑结构施工图设计[J]. 华南理工大学学报(自然科学版)，2013，41(3)：76-82.
[2] 龙辉元. 结构施工图平法与BIM[J]. 土木建筑工程信息技术，2011，3(1)：26-30.
[3] 阳舒华. BIM在结构施工图设计阶段的应用及案例分析[J]. 土木建筑工程信息技术，2013，5(2)：64-68.
[4] 中建《建筑工程施工BIM应用指南》编委. 建筑工程施工BIM应用指南[M]. 北京：中国建筑工业出版社，2014：72-78.

## 课　后　习　题

1. 基于BIM的结构设计在设计流程上不同于传统的结构设计，弱化了传统设计流程中的设计准备环节，产生了基于（　　）的综合协调环节，增加了新的二维视图生成环节。

A. 数据　　B. 信息　　C. 模型　　D. 平台

2. 结构（　　），用于绘制结构梁板柱之钢筋、标注钢筋代号和布筋范围、钢筋量注释等。

A. 布置平面　　B. 配筋平面
C. 模板平面　　D. 基础平面

3. 结构专业常用的明细表主要包括（　　）

A. 构件尺寸明细表　　B. 楼梯表
C. 结构层高表　　D. 材料明细表
E. 门窗表

4. BIM结构设计模型内容按设计阶段包含（　　）。

A. 结构方案设计模型　　B. 结构初步设计模型
C. 结构施工图设计模型　　D. 结构规划设计模型
E. 结构施工模拟模型

5. 简述基于BIM的结构设计的基本流程有哪些？

**参考答案：**

1. C　2. B　3. ABCD　4. ABC

5. 基本流程：

（1）从已有BIM建筑方案模型提取BIM结构模型或者使用BIM软件直接创建BIM结构方案模型；

（2）对提取的或者创建的BIM结构模型进行一定的修改、整理，使之符合结构计算分析软件的数据格式要求；

（3）将BIM结构模型导入结构计算软件；

（4）将经过结构计算分析软件计算分析后的结构模型导入BIM软件中；

（5）链接建筑、机电等专业的 BIM 模型，对结构专业的 BIM 模型进行校审；

（6）修改、调整结构计算模型，利用相关技术对 BIM 结构模型进行同步修改，使 BIM 结构模型与结构计算模型保持一致；

（7）经过调整后完成最终结构模型；

（8）提取结构构件工程量；

（9）绘制结构平面图，梁、板、柱配筋图，构件详图，以及局部三维节点图。

（案例提供：王毅）

## 【案例 2.2】某文体中心项目 BIM 应用

建筑信息模型（BIM），被誉为建筑业变革的革命性力量，自 2002 年引入国内，已有十多年的发展历史，目前已在业界得到广泛认可。某文体中心项目顺应时代潮流，勇于实践，将 BIM 技术应用到设计施工的各个阶段。建筑师结合地形数据建立场地模型，借助 BIM 可视化优势辅助设计；导入 Ecotect 等环境分析软件，实现数据的共享与传递；结合 BIM 模型进行建筑形体方案比选、深化设计，并采用协同工作模式。各专业人员结合 BIM 技术取得一系列成果，最终圆满完成了设计任务。

**1. 项目背景**

某文体中心项目，总建筑面积 11660m²，地下部分建筑面积 960m²，地上部分建筑面积 10700m²。区域占地面积 17km²，根据“十二五”规划要求：此区域应建设成为绿色生态的宜居社区，成为位于中心城区人口密集区内的绿色宜居区域，所有新建建筑全部达到国家绿色建筑标准。设计目标为：国家绿色评价三星、低碳零能耗、美国 LEED 铂金认证。

此文体中心项目是这一区域规划建造的第一个服务性的公共建筑，服务范围涵盖本区及邻近的建成区，为周围居民提供休闲交流、文化娱乐、健身活动等场所，完善居住区配套功能，同时起到为社会展示绿色建筑理念的作用，且应降低实际运营成本。为实现建筑零能耗的目标，综合节能的措施提前到设计规划阶段，寻求最佳解决方案：首先考虑气候条件，此项目位于北方寒冷地区，经研究决定选择被动节能为主的措施，结合建筑造型进行综合研究；然后基于被动节能措施和其他影响条件，采取主动节能措施补充优化的方案。根据建筑绿色环保的高要求，为满足整合分析的需要，设计方决定结合 BIM 技术完成设计任务。

**2. BIM 应用内容**

（1）概念设计阶段 BIM 应用

在项目的前期规划阶段，建筑师结合 BIM 技术进行场地分析，并逐步深化分析，根据成果数据来辅助设计。

①为迅速了解建设用地周边城市环境，结合 BIM 技术，读取地形数据并建立场地模型。借助 BIM 可视化优势，让设计师直观地了解场地环境以明确规划意图，进一步利用场地模型分析场地环境（图 2.2-1）。在此步骤中提取地形数据的方式有两种：a. 没有勘察测绘的地形数据，利用 Autodesk Civil 3D 与 Google Map 自带的数据，首先进行简单的分析；b. 具备勘察测绘数据时，使用软件的图层工具等，可以很方便地读取相应信息。

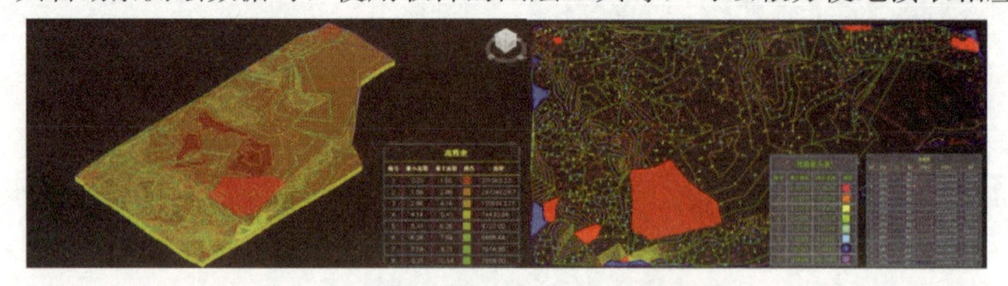

图 2.2-1　结合 BIM 技术建立场地模型

②从 BIM 数据库中调取场地及周围环境数据，导入 Ecotect 等环境分析软件，对场地进行日照、风环境模拟，用于指导建筑形体创作（图 2.2-2）。

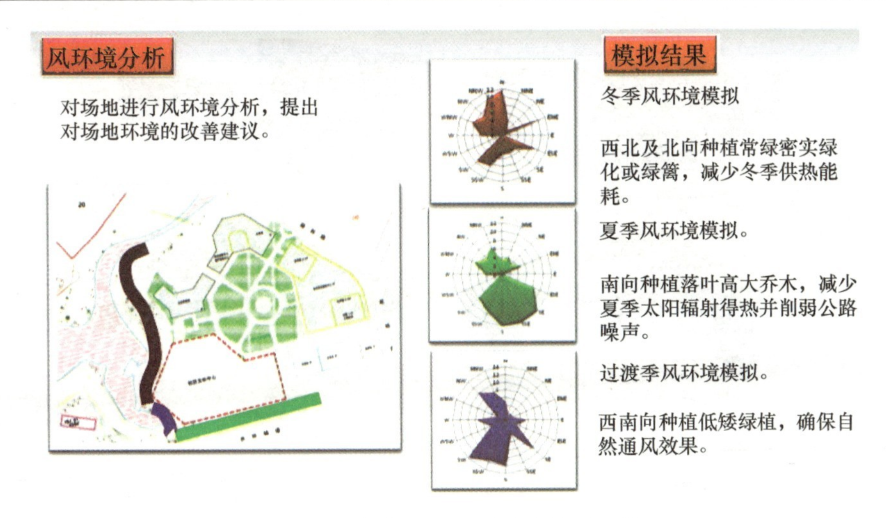


图 2.2-2 结合 BIM 技术分析场地环境

③建筑师基于环境分析数据设计的多个建筑形体，都满足环境规划要求，是进行建筑方案设计的基础，此阶段结合 BIM 技术初步建立的模型称为“体量模型”。从多个建筑形体方案中，经推敲选择四个最优的建筑形体方案（图 2.2-3）。

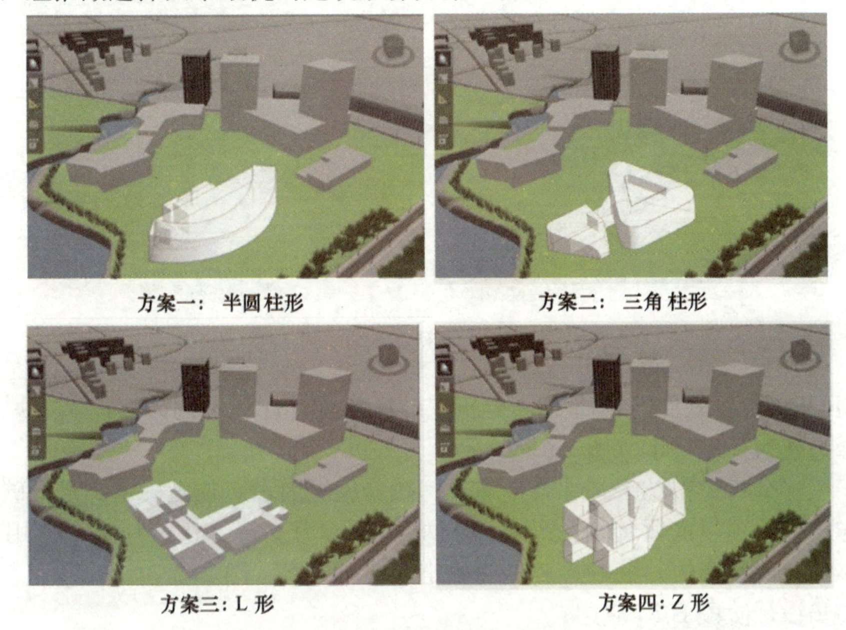


图 2.2-3 根据分析数据推敲建筑形体

（2）方案设计阶段 BIM 应用

在方案设计阶段，结合 BIM 数据能很快地建立分析模型，借助 BIM 平台软件与环境分析软件接口工具实现数据传递，提高了方案比选阶段的数据使用效率，缩短了不同方案比较分析的时间，为得到最佳设计方案提供了便利。

①使用 Ecotect 分析围护结构的得热量，评估不同方案的建筑能耗情况（图 2.2-4）。

②使用 Autodesk Simulation 模拟计算各个方案的立面风压，根据分析结果评估不同

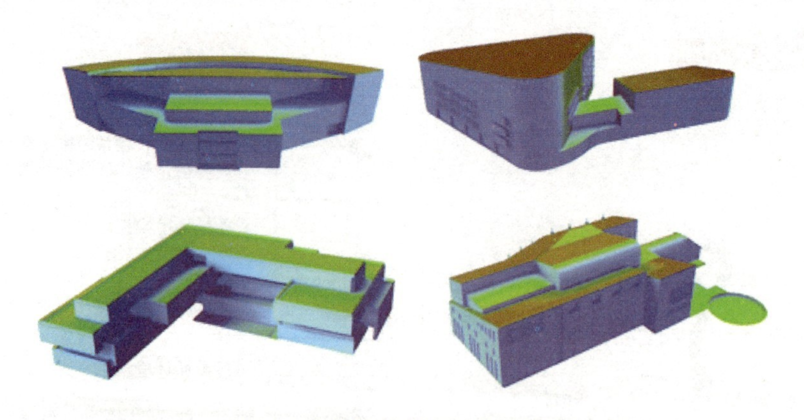

图 2.2-4 围护结构得热量分析

方案的自然通风效果（图 2.2-5）。

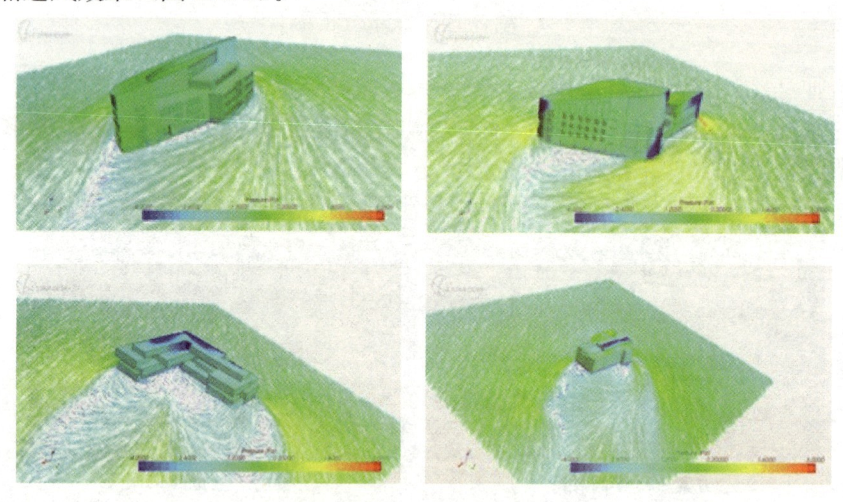

图 2.2-5 室内自然通风利用率分析

③使用 CFD 专业软件 StarCCM＋分析室外风环境，评估不同方案的室外风速，检验是否符合绿色建筑标准要求（图 2.2-6）。

④基于上述分析模拟结果，综合考虑光、热、风等因素，首先确定满足低碳节能要求的最佳形体，为此项目的零能耗建筑设计目标提供有力支持。建筑师结合使用功能的需要，进一步优化建筑形体，通过调整最终确定了建筑方案（图 2.2-7）。

（3）初步设计阶段 BIM 应用

为达到低碳零能耗的设计目标，设计师结合 BIM 技术应用于节能措施的选择和优化过程。使用 Ecotect、StarCCM＋、IES 等分析软件辅助决策，让设计师方便地选择适宜的节能措施，基于 BIM 数据的共享性，利用 BIM 模型数据来验证满足节能与舒适度的要求。此阶段分析数据有以下用途：被动节能措施的判定依据，包括采光、遮阳、自然通风、外围护结构设计等；主动节能措施的判定依据，包括暖通设备空调、照明设备等，整合深入优化；为可再生能源利用提供量化数据，提供给决策者参考。同时在方案设计阶段，基于绿色建筑要求不断完善 BIM 模型，加入项目全部措施信息，最终获得详细可用的模型。

图 2.2-6　室外风环境分析

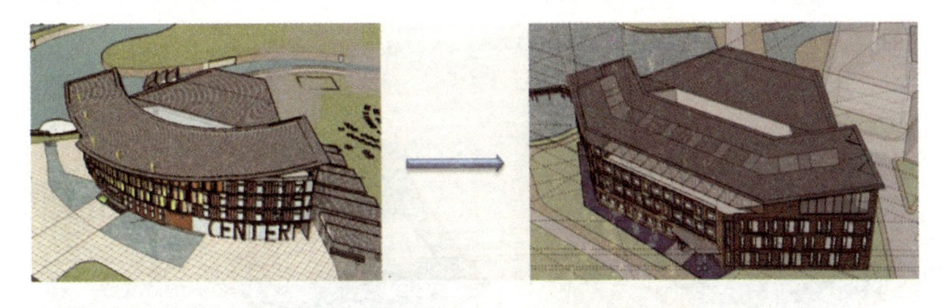

图 2.2-7　对于最佳形体进行调整得出最终方案

①使用 IES 软件进行能耗模拟，优化建筑外围护结构 $K$ 值，结合材料造价等要求进行权衡判断，确定外墙保温和窗户材质，以及其传热系数等，平衡考虑建筑能耗与建筑造价的关系（图 2.2-8）。

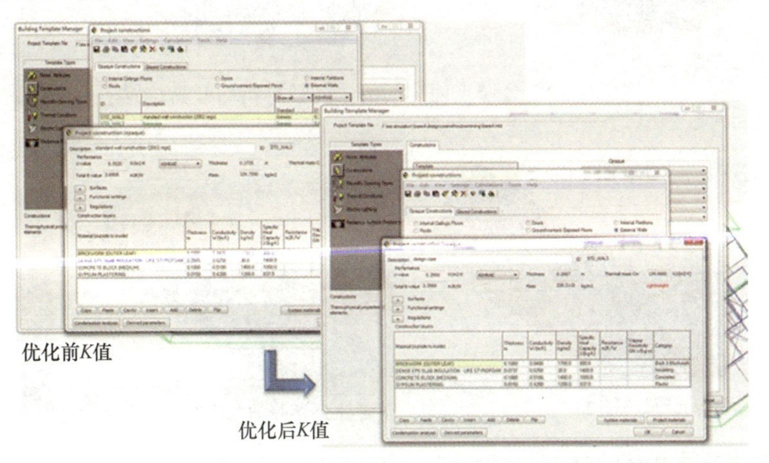


图 2.2-8　优化建筑外围护结构 $K$ 值

②使用IES计算分析照明和暖通能耗内容，控制变量法改变窗墙比设计值，查看能耗情况，得到能耗叠加曲线的最小区间，确定窗墙比的合理范围（图2.2-9）。

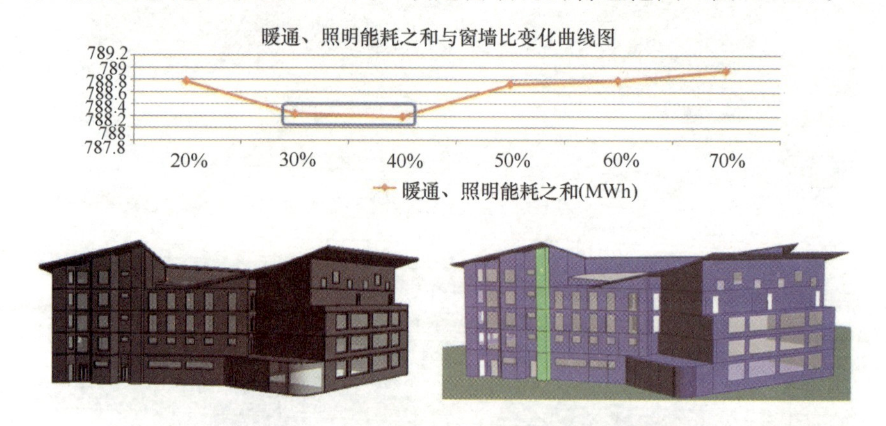


图2.2-9　结合分析数据确定窗墙比的合理范围

③将Revit模型导入IES分析软件，整体分析建筑物采光，先设定场地气候数据，然后模拟计算各层平面房间采光情况，根据各房间采光数据，增设中庭天窗，优化房间开窗位置，使建筑物房间内采光满足要求（图2.2-10）。同时参考Ecotect分析结果，获取需要补充光照的范围和强度，辅助电气专业设计（图2.2-11）。

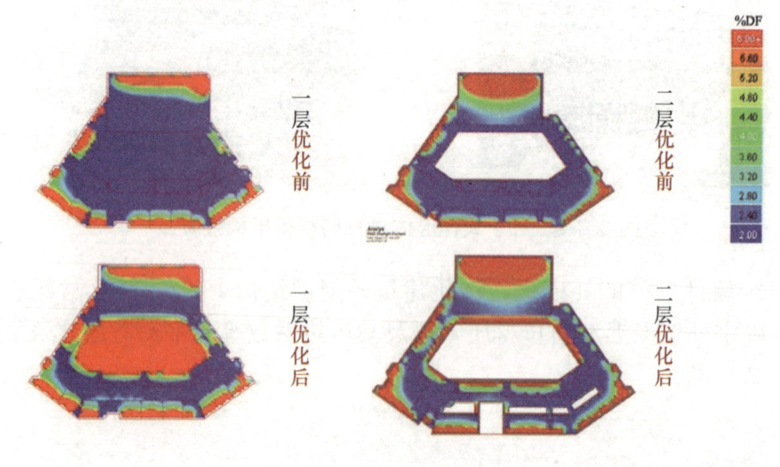


图2.2-10　各层平面房间的采光数据指导开窗位置

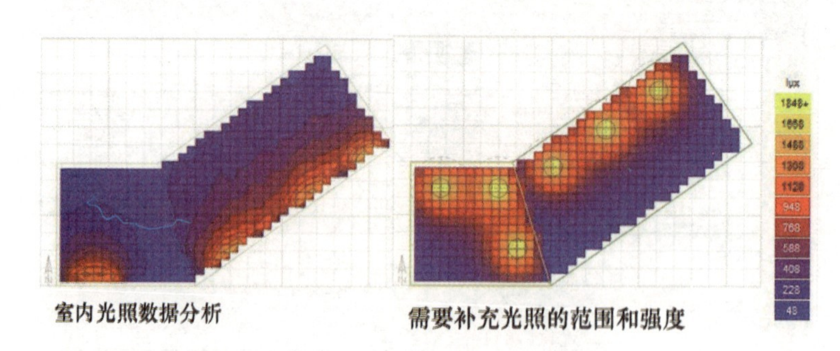


图2.2-11　结合分析数据指导室内照明补光范围和强度

④坑道风系统适用于被动式绿色建筑，充分利用自然风环境优化建筑内部环境，作为主动空调系统的补充，实现了低碳环保的目的。使用StarCCM+分析室内风环境，指导室内自然导风井设置与室内中庭设计，有效改善了室内风环境（图2.2-12）。

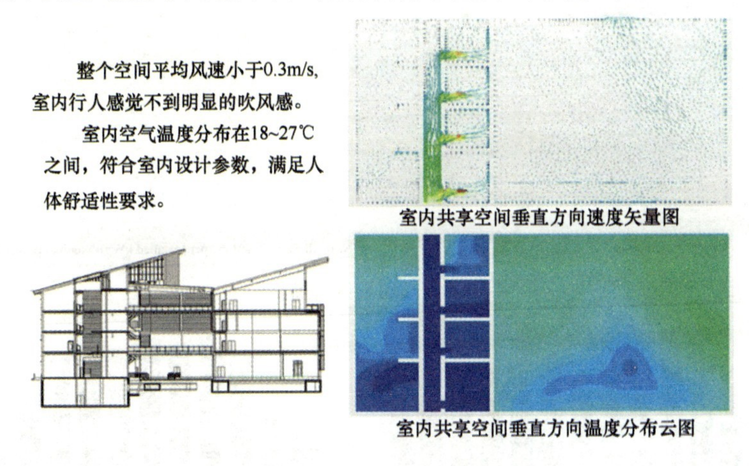


图2.2-12　结合分析数据指导验证室内风环境

⑤使用Ecotect模拟建筑物遮阳板光照情况，可以清晰地判断出不同遮阳板的优缺点，辅助决策适合建筑的遮阳板方案（图2.2-13）。

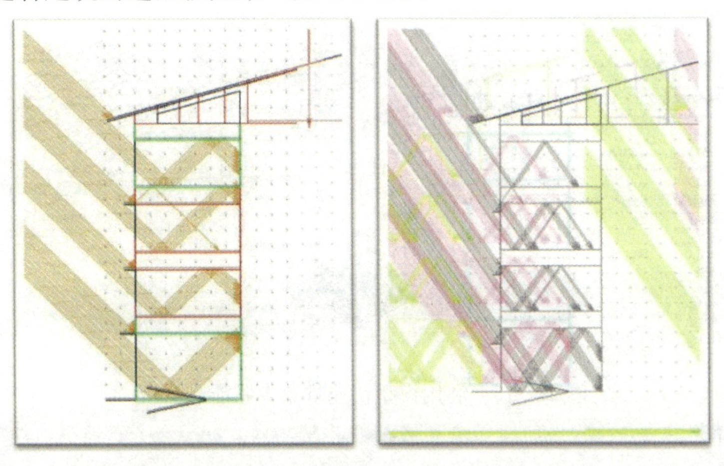

图2.2-13　不同位置的遮阳板产生的遮阳效果比较

⑥深化分析：针对不同角度坡屋顶建立详细的模型，使用PVsyst光伏模拟软件，导入当地气候条件，经分析计算得出光伏组件初始发电量和考虑损耗后的全年发电量（图2.2-14）。模块化建立太阳能光伏板单位的模型，结合BIM技术辅助太阳能光伏板排布决策，以确定最终光伏板排布方案（图2.2-15）。

（4）施工图设计BIM应用

使用Autodesk Revit系列软件，采用协同工作模式，为不同专业提供了协同交流平台，以便发现问题并解决问题，提交具备全专业成果的BIM模型（图2.2-16）。

为实现低碳环保的建筑设计要求，设计师利用可提交的BIM技术成果模型模拟了热舒适度和项目总体能耗情况，使闭合的可持续设计过程成为可能（图2.2-17）。

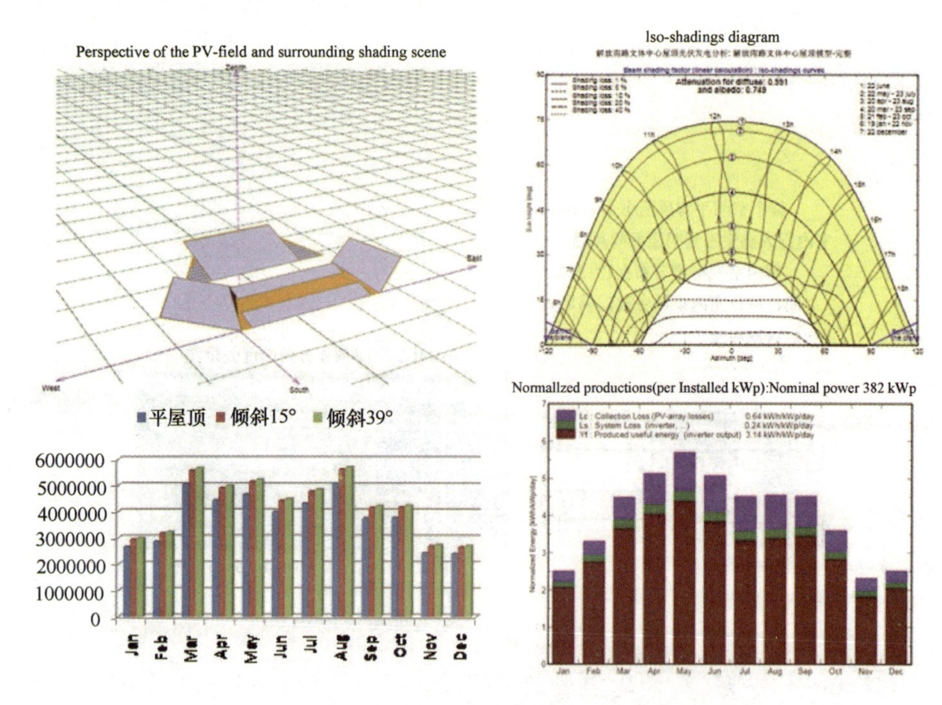


图 2.2-14　针对不同角度屋顶计算对比光伏组件发电量

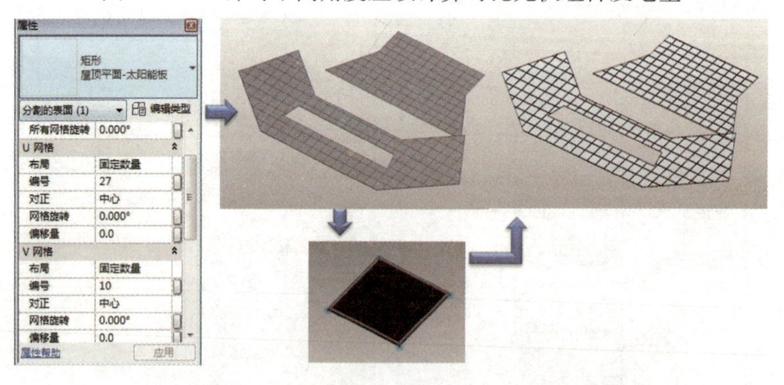

图 2.2-15　利用模型快速排布太阳能光伏板

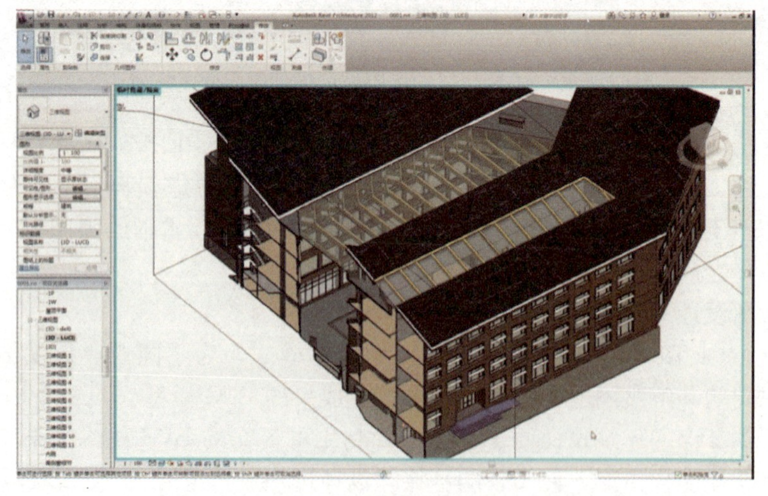

图 2.2-16　使用 Autodesk Revit 进行协同设计

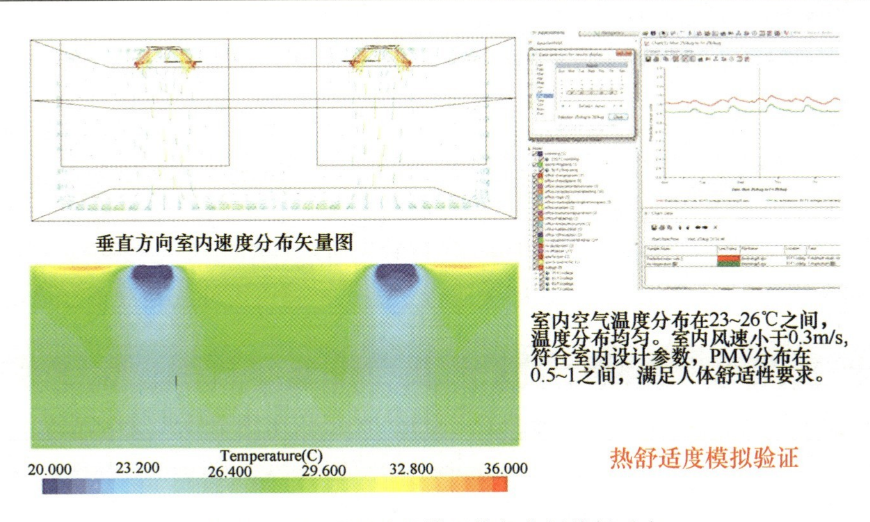


图 2.2-17 利用成果模型模拟分析热舒适度

## 课 后 习 题

1. 结合 BIM 技术辅助规划设计阶段的优势有哪些？
2. 初步设计阶段可以使用哪些绿色建筑分析软件？此阶段的分析数据有什么用途？
3. 绿色建筑分析软件通过什么格式传递数据？

**参考答案：**

1. 可视化，让建筑师或业主都能方便地了解场地环境；数据共享，BIM 数据可导入场地分析软件，省去了建模时间；协同辅助决策，通过 BIM 协同平台，让设计师可以综合考虑光、热、风等因素，使决策更加合理（开放性问题，答出主要内容即可）。

2. Ecotect、StarCCM+、IES、PVsyst、Autodesk Simulation；被动节能措施的判定依据，包括采光、遮阳、自然通风、外围护结构设计等；主动节能措施的判定依据，包括暖通设备空调、照明设备等，整合深入优化；为可再生能源利用提供量化数据，提供给决策者参考。

3. Green Building XML（gbXML）。

（案例提供：向敏、马彤辉）

## 【案例 2.3】某海洋博物馆项目 BIM 应用

随着我国社会和经济的蓬勃发展，建筑行业进入了快速发展的阶段，在目前的建筑工程中，项目设计的复杂性越来越大，且设计周期短，工期紧张，用传统的设计方式很难达到理想的成果。结合 BIM 技术有效提高设计品质，某项目团队应用建筑参数化设计完成了多项设计任务，基于团队自身多年 BIM 经验的积累，总结出 I. A. O 体系工作模式；在设计过程中，既保留了建筑设计形体的美感，又满足了建筑设计的功能和舒适要求。

**1. 项目背景**

某海洋博物馆项目总建筑面积 8 万 $m^2$，其中陈列展区 39275$m^2$，公众服务区 11396$m^2$，教育交流区 5157$m^2$，业务办公区 3921$m^2$，文保技术与业务研究区 3586$m^2$，附属配套区 3466$m^2$，藏品库房区 13199$m^2$。同时建造的还包括陆地展场和海上展场，以及海洋文化广场、停车场、道路、园林景观等室外工程。

该项目以展示海洋人文历史和自然历史为主要任务，建成后将成为集展示教育、收藏保护、旅游观光、交流传播等功能于一体的标志性文化设施，海洋科技交流平台和爱国主义教育基地；成为国际一流的文化遗产和海洋自然研究、展示和收藏中心。

**2. BIM 应用内容**

项目团队结合多年 BIM 应用经验，总结出一套 BIM 项目应用体系 I. A. O，通过收集梳理设计问题和需求信息，分析选择解决问题的方法，根据分析成果指导设计。在非线性建筑设计中，为使 BIM 模型在设计过程中不断完善，将 I. A. O 体系与模型发展深化的过程有机地结合在一起。此海洋博物馆项目 BIM 应用，应用建筑参数化设计完成了以下任务：

非线性建筑设计中的BIM应用

图 2.3-1　模型生长阶段

a. 非线性建筑形体与结构体系的交互设计；

b. 非线性建筑形体内外空间的结合；

c. 非线性建筑表皮参数化、模数化；

d. 建筑设备管线与内部空间的集成。

(1) 概念设计阶段 BIM 应用

Base Data 生长为 Level 1（图 2.3-1）。海洋博物馆项目此阶段的 BIM 应用：首先建立三维地形模型，基础信息从已有地形图获取，并将建筑的规划条件、建筑功能、自然气候信息以及经济技术指标汇总到模型中，以数据信息的方式储存，辅助建筑创意方案设计。以大江中的游船、停泊的船只给人的形体感受作为建筑体块布置和场地规划的基础概念，以游动的鲤鱼给人的感受作为表皮纹理和建筑形体构成的基础概念。根据项目不同展厅的功能划分要求，提取其中的曲线作为母体，形成某海洋博物馆最初方案的灵感来源。结合 BIM 技术提取相应数据，整合建筑和场地信息，综合设计灵感形成概念方案。

得益于近年来计算机技术的快速发展，其强大的计算性能被应用于建筑设计领域。建筑设计的“性能”并不是单一的概念——针对设计师感兴趣的某一设计属性，如果计算机可以通过计算向设计师提供可重复的设计结果，并用于设计评价，那么这种属性可被认为是该设计的一种“性能”。它既可以是借助图像或视频表达的视觉性能，如用图像表达的光环境性能，也可以是用数值来表达的物理性能，如结构受力性能。在计算机的辅助下，解放了建筑师的自身脑力限制，使更优秀的设计方案评价成为可能。

通过方案室外的风环境分析及日照分析，室内的功能流线分析，建筑设计师通过动态感受、综合确定方案的合理性，从中发现方案存在的不足（图 2.3-2）。借助 BIM 可视化的优势，业主在此过程中对建筑规模提出了变更要求，然后建筑师综合考虑方案中的不足和业主的要求，对方案进行修改和深化。

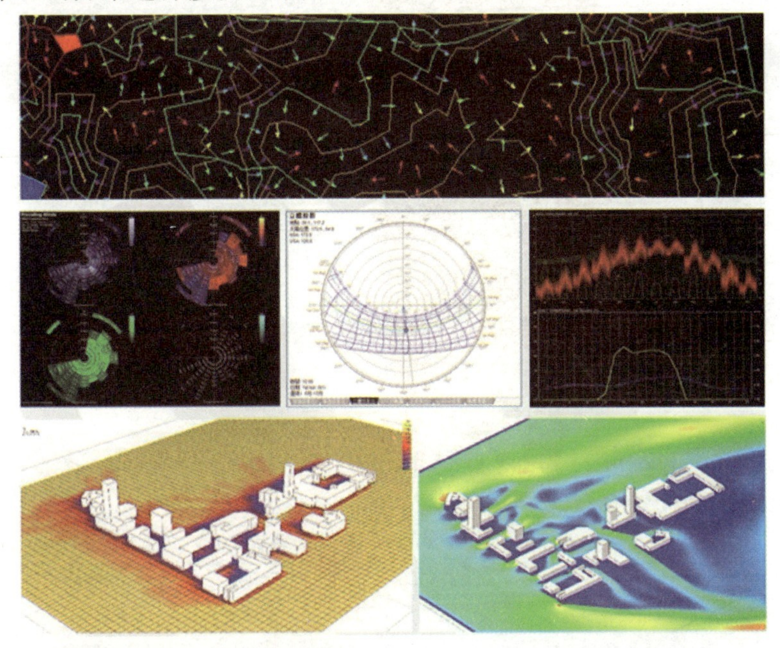

图 2.3-2　分析场地环境

依据模拟分析数据针对具体问题进行优化研究，验证了对原有优点的继承性能，新方案满足各项需求（图 2.3-3）。新一轮的规划布局方案中加入了海星、手掌，与原有的来自“在港口中的船舶”的感受相配合，作为建筑体块布局与场地规划概念，以海葵、鱼类、白色的珊瑚壳表皮肌理和形体元素加入到建筑形体中，使建筑参观入口与景观主轴对应，整合海洋公园游览流线，应用到规划设计布局中（图 2.3-4）。

设计者不仅运用计算机的优越计算能力模拟评价了各项设计性能，而且以参数模型为载体，很方便地修改不同参数组合，自动生成大量可备选设计方案，从中发现新的设计可能，称这种方法为“计算机生成方案的设计方法”。这种方法可以作为人脑思考的补充，具有一定的创造力，并实际应用到设计循环中。

（2）方案设计阶段 BIM 应用

Level 1 生长为 Level 2（图 2.3-5）。建筑师通过学习了解计算机几何的知识，发现了许多有趣的造型途径，为设计创作提供了帮助。计算几何主要研究几何形体与算法之间的关系，属于计算机科学与数学的交叉领域，而与建筑设计相关的内容可分为两类：几何体静态生成与几何体动态生成。几何体静态生成，通过调节几何形体的参数值，可以生成一系列具有相似特征的几何体。几何体动态生成，控制迭代计算次数的参数，生成不同深度

**Base Data 生长为 Level 1**

**Optimization:**

**优化方案信息整合及提取**

| 序号 | 项目 | 单位 | 指标 |
|---|---|---|---|
| 1 | 规划可用地面积 | $m^2$ | 150000 |
| 2 | 总建筑面积 | $m^2$ | 80000 |
| 其中 | 公众服务区 | $m^2$ | 11396 |
| | 教育交流区 | $m^2$ | 5157 |
| | 陈列展览区 | $m^2$ | 39275 |
| | 文保技术与业务研究区 | $m^2$ | 3586 |
| | 藏品库房区 | $m^2$ | 13199 |
| | 业务办公区 | $m^2$ | 3921 |
| | 附属配套区 | $m^2$ | 3466 |
| 3 | 容积率 | — | 0.53 |
| 4 | 建筑密度 | % | 19.96 |
| 5 | 绿地率 | % | 40.4 |
| 6 | 绿地面积 | $m^2$ | 60600 |
| 7 | 道路广场面积 | $m^2$ | 59460 |
| 8 | 机动车停车位 | 个 | 462 |
| 9 | 非机动车停车位 | 个 | 1728 |
| 10 | 卸货泊位 | 个 | 3 |
| 11 | 大巴车停车位 | 个 | 24 |

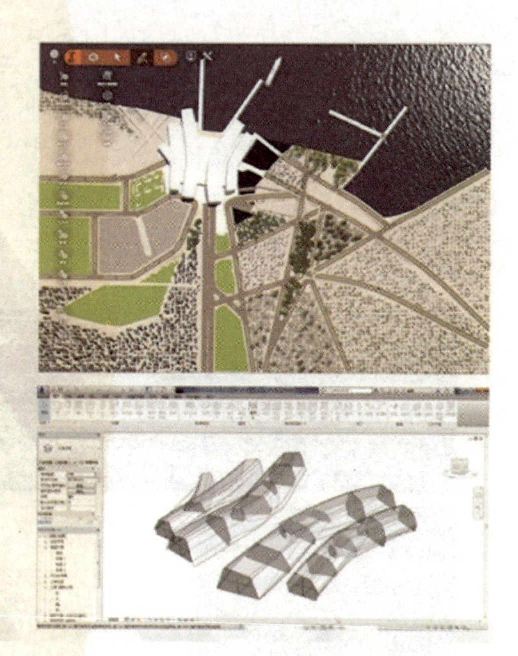

**Base Data 生长为 Level 1**

**Optimization:**

结合业主对建筑规模需求的变化，对方案进行调整和深化。

- 规模及面积构成调整

| | 总规模($m^2$) | 展览用房 ($m^2$) | 藏品库 ($m^2$) | 办公用房 ($m^2$) |
|---|---|---|---|---|
| 调整前 | 11.5万 | 59000 | 26000 | 30000 |
| 调整后 | 8万 | 37800 | 10200 | 32000 |
| 增减 | –3.5万 | –21200 | –15800 | +200 |

- 分期调整

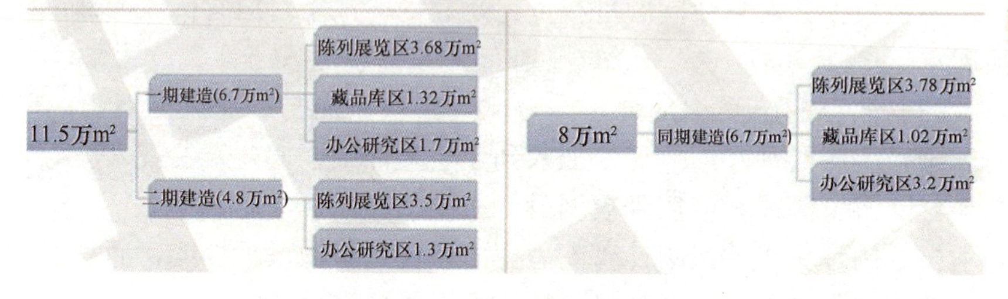


图 2.3-3　提取分析数据

的几何体，生成某种几何体需要遵循一定的数学公式，其生成的过程需要经过多次迭代计算。无论是静态还是动态的方式，设定参数后应能生成确定且唯一的结果。在此阶段，以上一阶段的信息模型为基础，有理化建筑形体（图 2.3-6）。

先分析原有的模型形体，求出放样截面转角处的半径变化，并通过有理化形体截面，统一截面控制线的转角半径。依照优化后的截面控制线，生成新的建筑形体模型，结合初步的结构体系概念，运用参数化手段将形体截面控制线扇形排布，实现非线性元素与形体曲率的联系加强，形成 Level 2 模型（图 2.3-7～图 2.3-9）。

## Base Data 生长为 Level 1

**Optimization:**

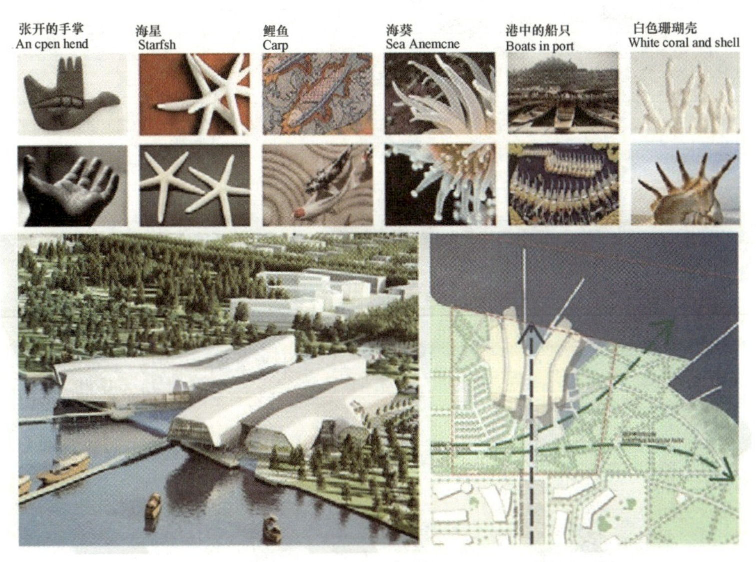


以方案1的概念为基础，结合提出的问题对方案进行优化设计，得出方案2。

图 2.3-4　建筑创意

非线性建筑设计中的BIM应用

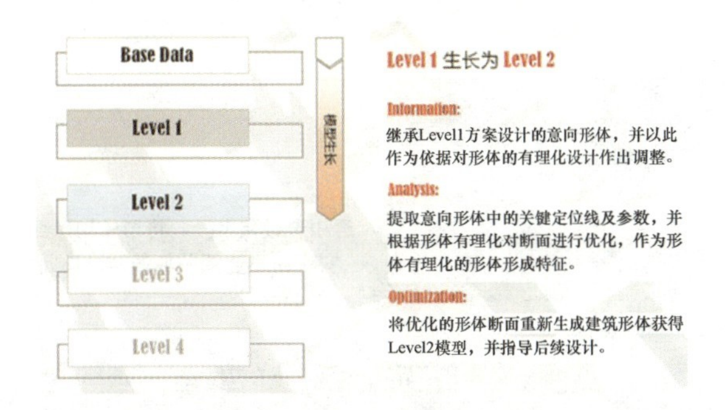


图 2.3-5　方案设计阶段

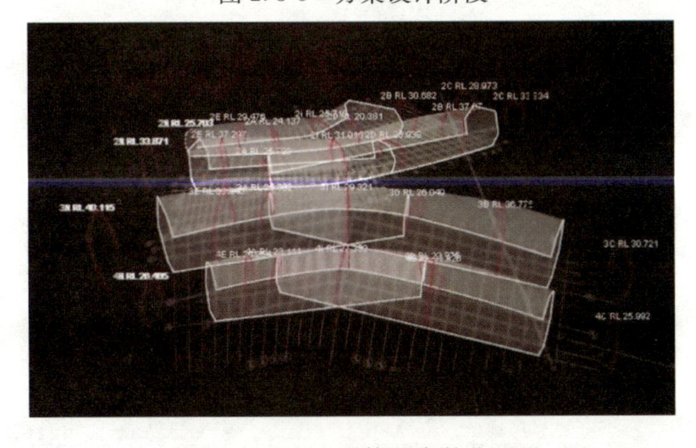

图 2.3-6　自由形体的参数化过程

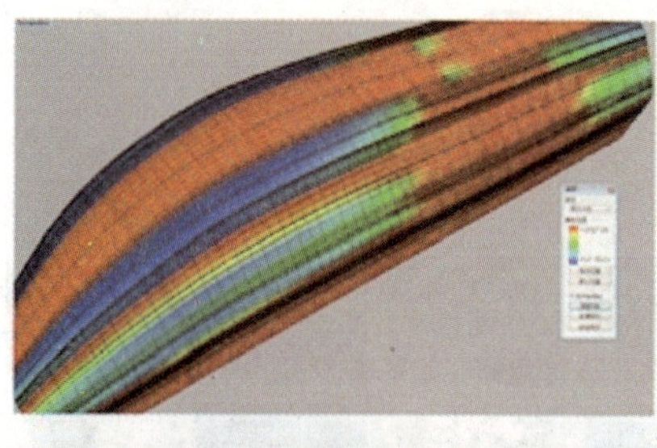

分析放样截面转角处半径变化

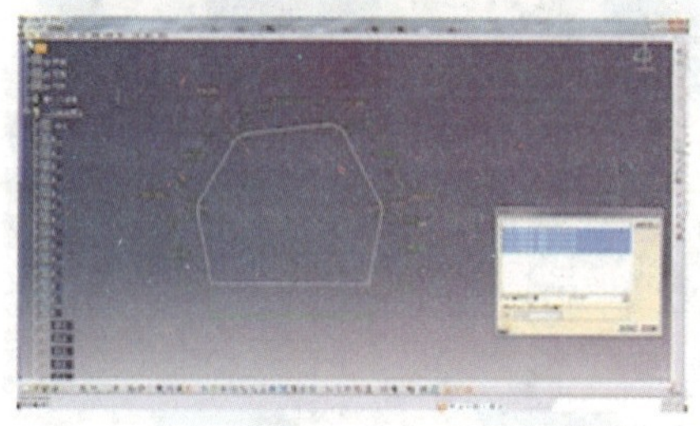

将形体截面有理化，保证每条曲线均有参数驱动

图 2.3-7　表面的有理化

对放样生成形体进行曲率分析，发现形体中G0级别连续

运用参数化手段，将形体切片截面扇形排布，实现曲率连续并加强非线性元素

图 2.3-8　定位控制线的生成

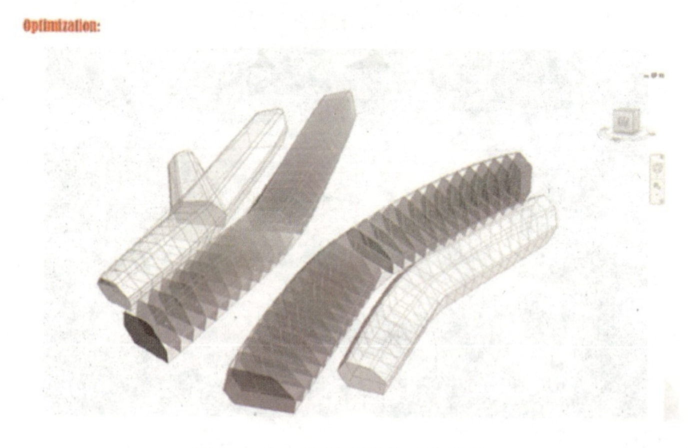


图 2.3-9　定位控制面的形状

Level 2 模型深化，此步骤的主要任务是深化有理化后的形体，进行表皮有理化处理（图 2.3-10）。建筑师借助计算机强大的计算能力，从产品设计领域借鉴参数化建模技术，从性能评价环节切入，逐渐消除与其他专业的知识壁垒，发展自身设计的快速修改与创新生成能力。制定了设计的目标性能后，将设计过程与计算机科学领域的机器智能概念相结合，计算机可以自动开始生成和评价的循环，辅助找出符合目标性能的设计方案（图 2.3-11）。

非线性建筑设计中的BIM应用

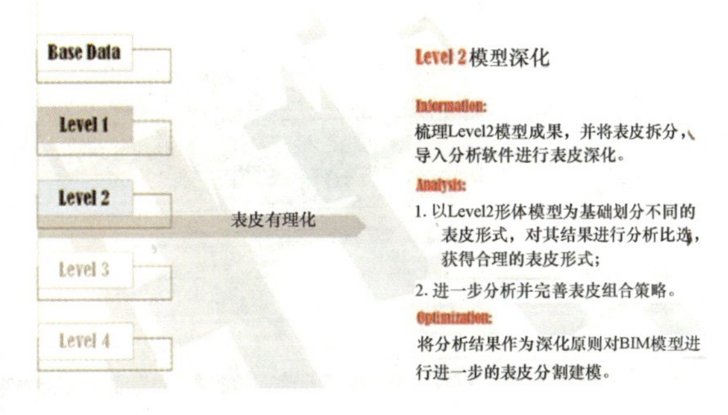


图 2.3-10　模型深化

Level 2 模型深化

Analysis:

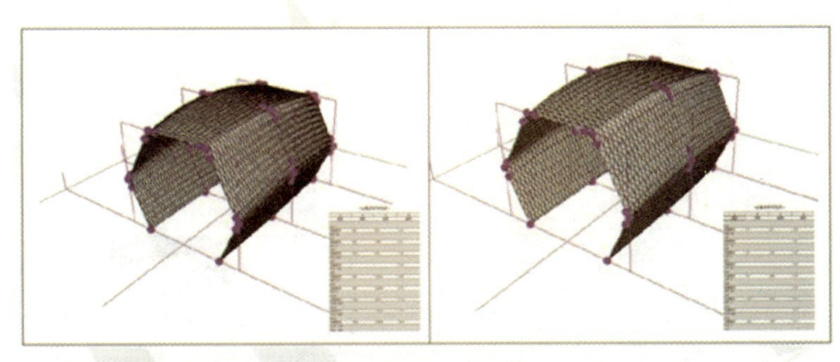

根据结构斜撑位置，确定菱形及错缝三角形两种表皮划分形式，统计后得出，菱形嵌板规格少于错缝三角形嵌板，故而对菱形嵌板划分进一步深化。

图 2.3-11　表皮肌理比选

提取 Level 2 模型信息，参照初步结构体系概念执行模型分析。参照创意概念几何中，鱼鳞纹理结构概念的斜撑走向，形体表皮划分采用铺设了二分之一错缝三角和菱形的形式，从模型数据中快速提取嵌板规格，结合需要来计算内角差方并分组。结果显示二分之一错缝三角形远多于菱形嵌板的规格，则需进一步深化菱形嵌板。具体采用参数化手段拆分表皮，将建筑表皮嵌板规格数量控制在合理范围之内（图 2.3-12）。

通过若干条舒展的曲线延伸，使用相似的柔和形态截面，得到了建筑最终形态。

Level 2 生长为 Level 3。在项目建筑形体方案确定以后，结构专业开始作精确的结构分析计算，结构深化部分基于上一步的模型成果，进一步优化设计方案（图 2.3-13）。

基于 Level 2 模型数据，提取形体路径、定位、控制线信息，导入结构有限元分析软件中。对导入的路径、定位进行核准，赋予控制线结构构件定义，进行结构受力分析。根据分析结果，优化结构体系，将结果返回导入 BIM 平台软件中，形成 Level 3 模型（图 2.3-14）。

进一步深化 Level 3 模型，考虑建筑的使用空间和复杂形体需求，采用钢、混凝土混

**Level 2 模型深化**

**Analysis:**

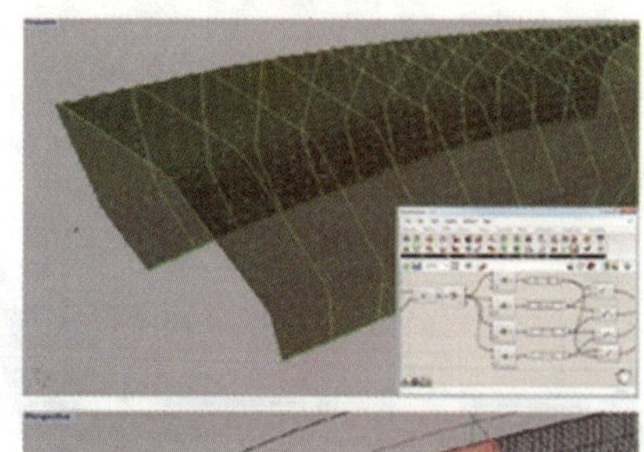

运用参数化手段，减少嵌板规格

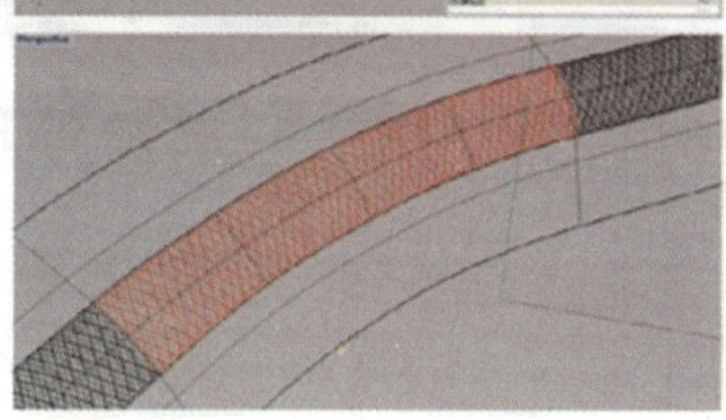

细部拐点处网格划分

**Level 2 模型深化**

**Optimization:**

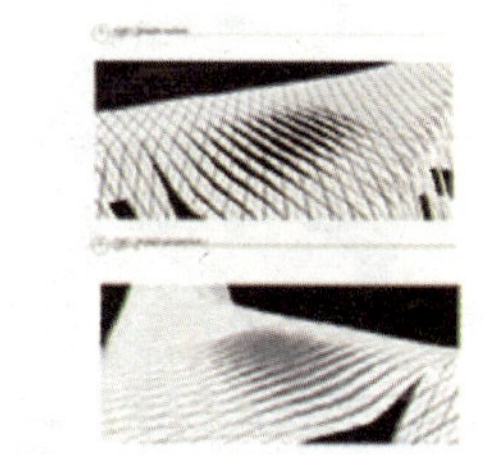

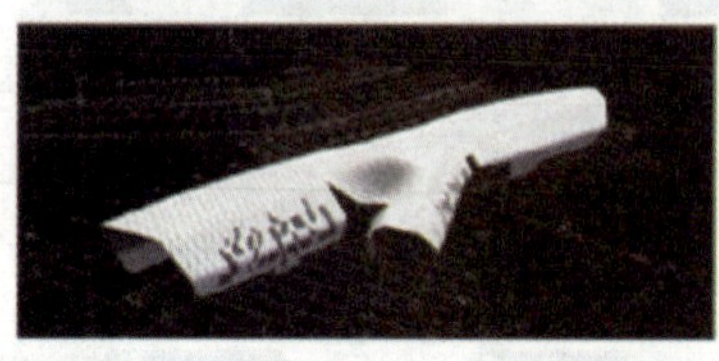

依据参数确定嵌板规格

图 2.3-12 模型表皮的有理化

非线性建筑设计中的BIM应用

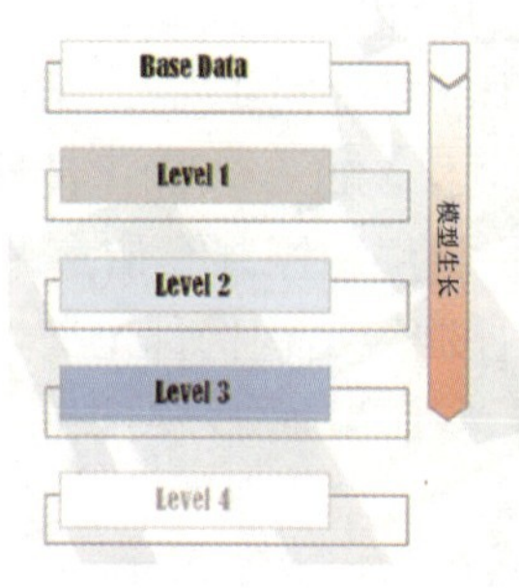


**Level 2生长为 Level 3**

**Information:**

继承Level 2形体有理化结果，提取形体定位、路径、控制线输入汇总到结构力学分析平台中。

**Analysis:**

对导入的形体定位、路径进行核准，并赋予控制线结构构件意义，对其进行结构分析。

**Optimization:**

以结构分析结果指导结构体系的优化，并将优化结果以IFC格式整合到Revit模型中，获得Level 3模型。

图 2.3-13 模型生长

Level 2 生长为 Level 3

Analysis:

通过BIM提取三维定位线，导入分析软件，并对所有图元赋予构件属性。

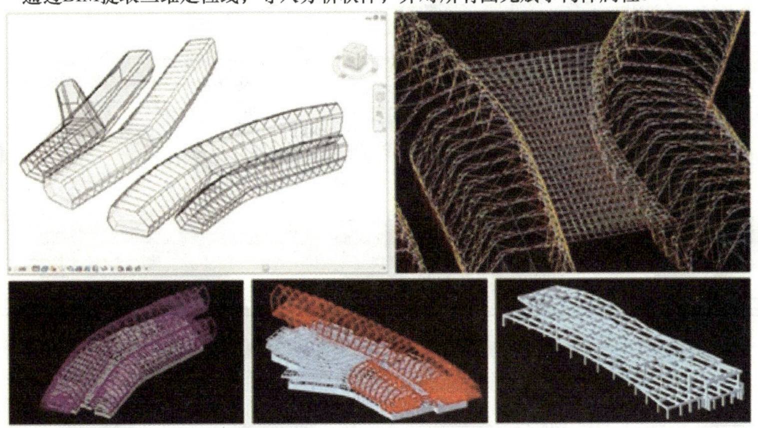

图 2.3-14　结构体系的优化

合结构形式。搭建结构分析模型时，从 BIM 平台软件提取三维定位线，使用 API 导入结构有限元软件，将构件信息和截面属性与图元准确对应，为精确合理的结构计算分析提供支持。施加荷载并设定相关参数，分析计算得到结果，通过各荷载组合下的位移图、内力图、周期阵形图等，分析判断结构的受力特性，优化支撑体系布置方式。

根据此步的设计优化结果，进一步深化 BIM 数据模型，形成 Level 3 模型（图 2.3-15）。

（3）初步设计阶段 BIM 应用

Level 3 生长为 Level 4。在之前的阶段已确定了项目的建筑形体、功能划分、结构体系（图 2.3-16）。接下来进入机电专业设计过程，机电工程师会根据建筑形体及功能需求进行机电设计。而由上一步确定的 Level 3 模型信息同样可作为此步骤的重要参照，包括室内功能划分、面积统计信息等辅助机电设计决策。

将模型数据导入 Navisworks 中，生成初步碰撞报告，经过归类筛选，最终形成机电综合分析报告，并以此为依据优化建筑内部管线设计（图 2.3-17）。

基于 Level 4 模型数据，深化讨论若干重点问题。首先充分发挥 BIM 平台环境的三维视觉化优势，在剧场设计中，为确保设计的舒适性和合理性，对每个座位视点进行分析，根据功能要求优化设计（图 2.3-18）。

结合 BIM 技术模型数据，进行消防专业的疏散模拟，为建筑消防性能分析提供依据（图 2.3-19）。

（4）典型空间 BIM 应用展示

典型空间 BIM 应用综合展示，以海洋博物馆入口大厅为例，介绍典型空间 BIM 技术的应用（图 2.3-20）。展现结合 BIM 的技术应用：满足功能需求的非线性建筑设计，满足室内空间舒适度的可持续设计理念等方面。

结合 BIM 技术的应用方法：以建筑专业为主线，从 BIM 平台软件模型数据中提取信息，导入日照分析软件，制订遮阳板和光伏设备排布方案；然后将确定的建筑形体方案数据传递给结构专业，结构设计师对非线性建筑形体进行节点分析，从结构专业角度优化设

**Level 2**生长为**Level 3**

**Optimization:**

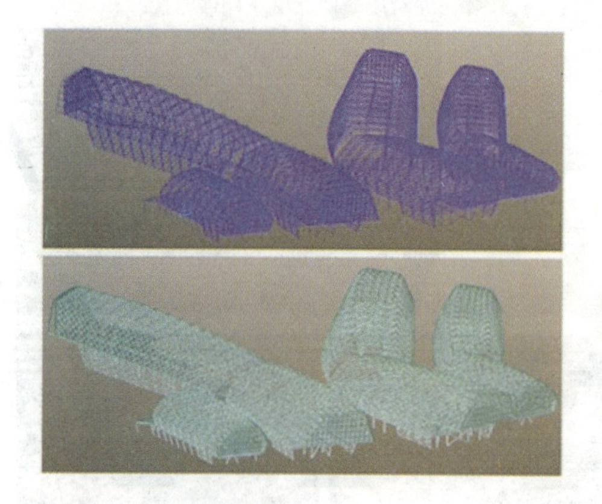

根据结构分析优化结果指导Revit模型深化，形成Level 3模型。同时指导建筑表皮有理化。

**Level 2**生长为**Level 3**

**Analysis:**

结构分析并进行优化

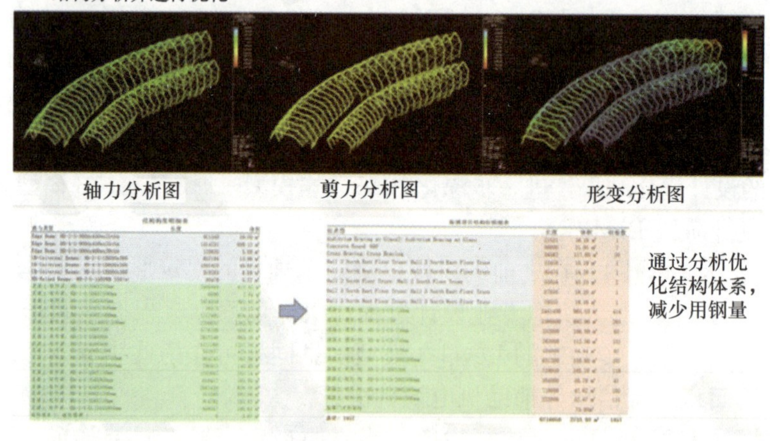


图 2.3-15　进一步模型深化

非线性建筑设计中的BIM应用

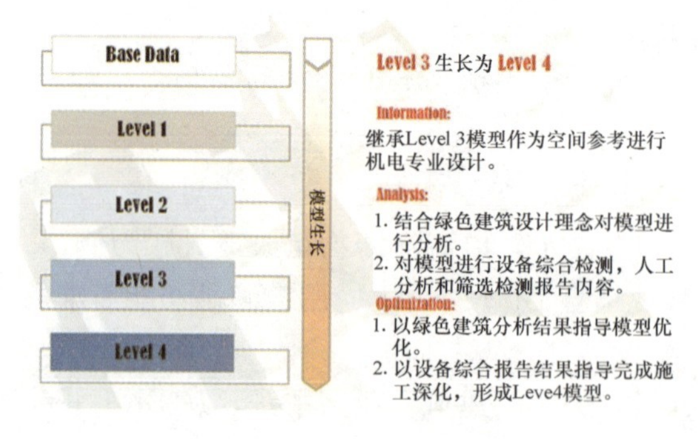


图 2.3-16　初步设计阶段

## Level 3 生长为 Level 4

**Analysis:**

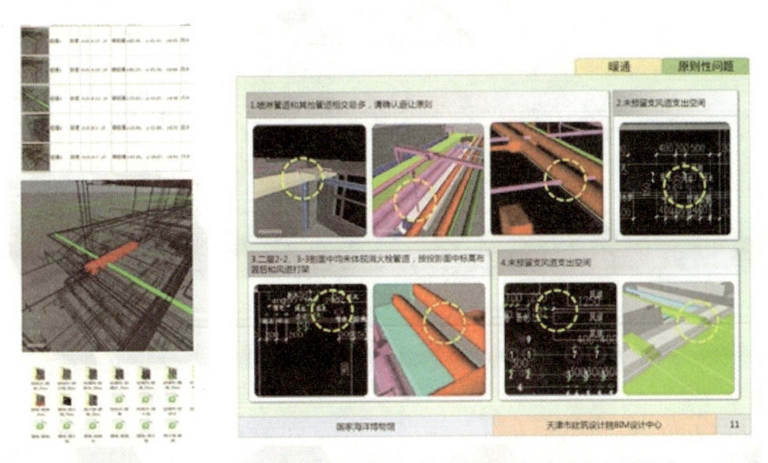


由Navisworks直接生成碰撞表单，对其进行筛选归类，归纳形成分析结果。

图 2.3-17　管线优化

## BIM应用亮点

剧场视点分析

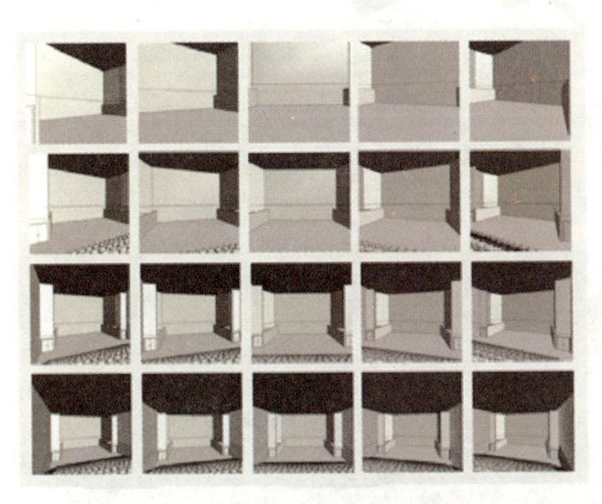

在剧场中利用Revit型进行多座位视点分析，保障剧场设计合理性。

图 2.3-18　功能性空间的可视化分析

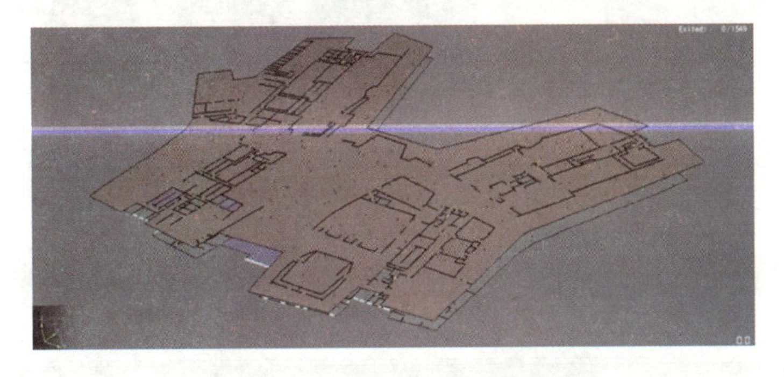

图 2.3-19　建筑平面的轴测表示

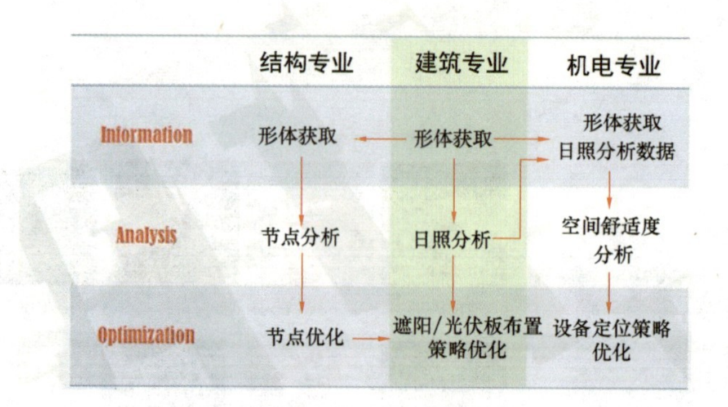


图 2.3-20　关键节点

计方案；机电设计方面，以建筑结构专业提交的空间信息、形体数据、日照分析等为基础，进行室内舒适度分析，辅助机电设计方案决策（图 2.3-21）。

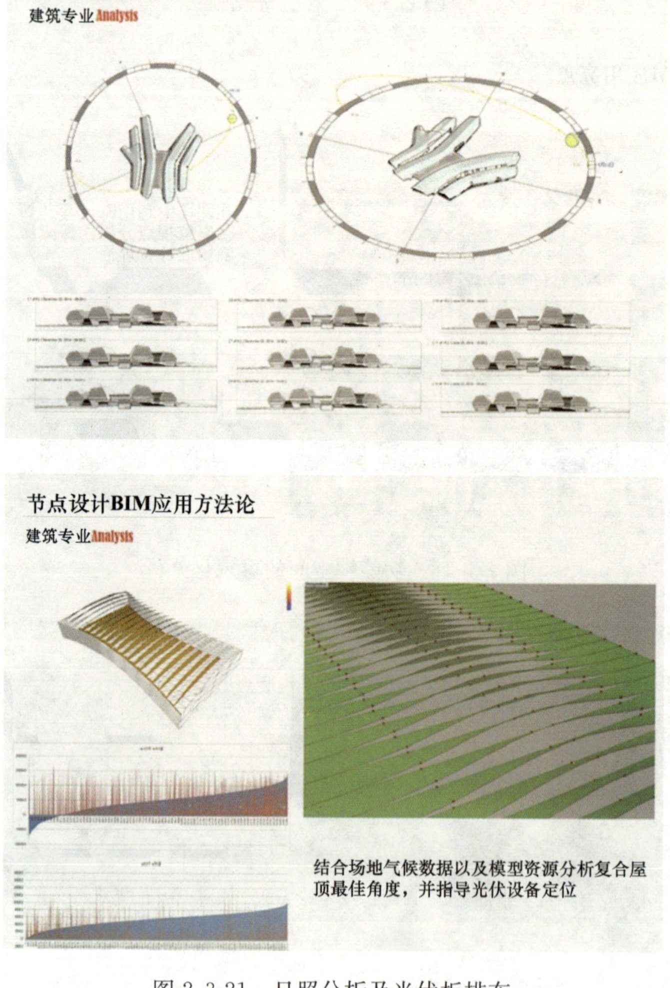

节点设计BIM应用方法论
建筑专业Analysis
节点设计BIM应用方法论
建筑专业Analysis
结合场地气候数据以及模型资源分析复合屋
顶最佳角度，并指导光伏设备定位


图 2.3-21　日照分析及光伏板排布

建筑专业从 BIM 平台软件模型提取信息作为节点分析依据，设定场地气候数据导入分析软件：分析建筑阴影自遮挡情况，指导建筑遮阳策略；分析复合屋顶最佳角度，指导光伏设备定位。

结构专业把建筑定位线导入有限元分析软件，赋予准确的构件信息和截面属性，设定荷载组合等，经分析得到合理的受力布置结构。深化设计立面大面积幕墙体系的结构形式，结合有限元分析软件分析计算，根据分析结果数据，优化入口大厅处钢结构设计（图 2.3-22、图 2.3-23）。

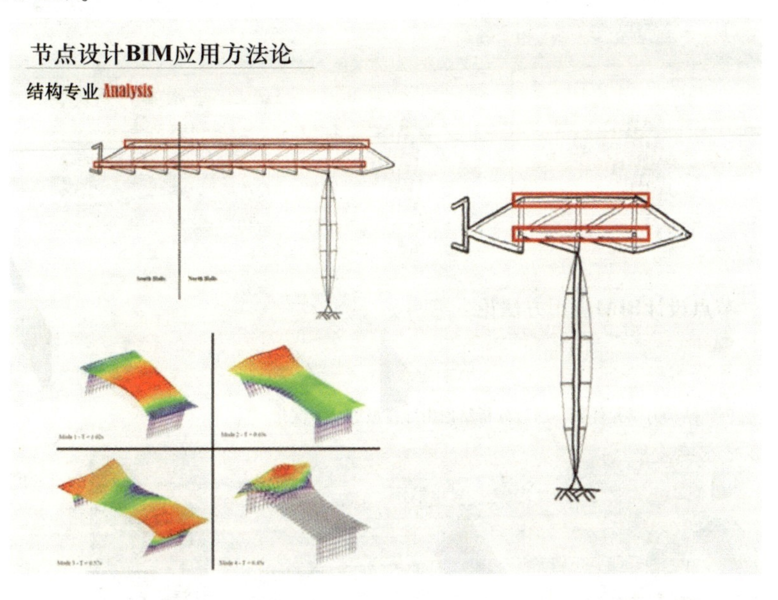


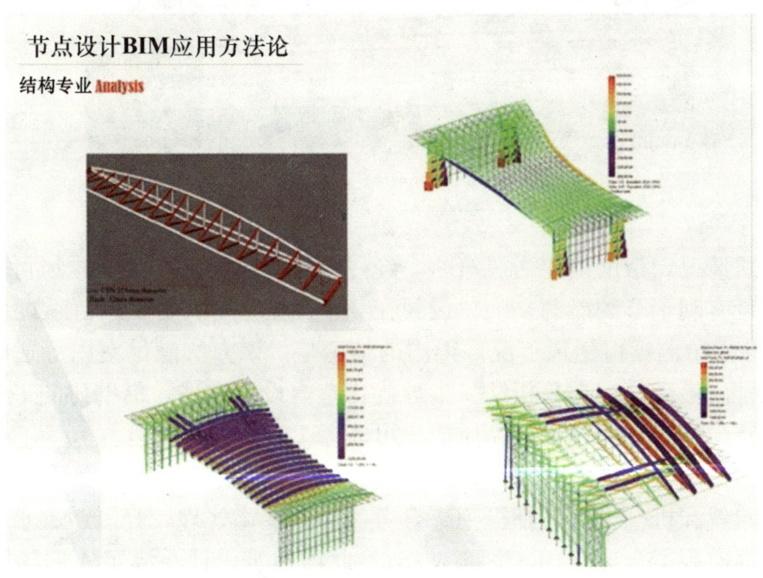


图 2.3-22　二次结构的优化 1

室内工况分析：机电专业以建筑结构专业提交的空间信息、形体数据、日照分析等作为参考依据，由 Revit 模型数据导出 STL 格式，导入 CFD 软件分析（图 2.3-24）。分析

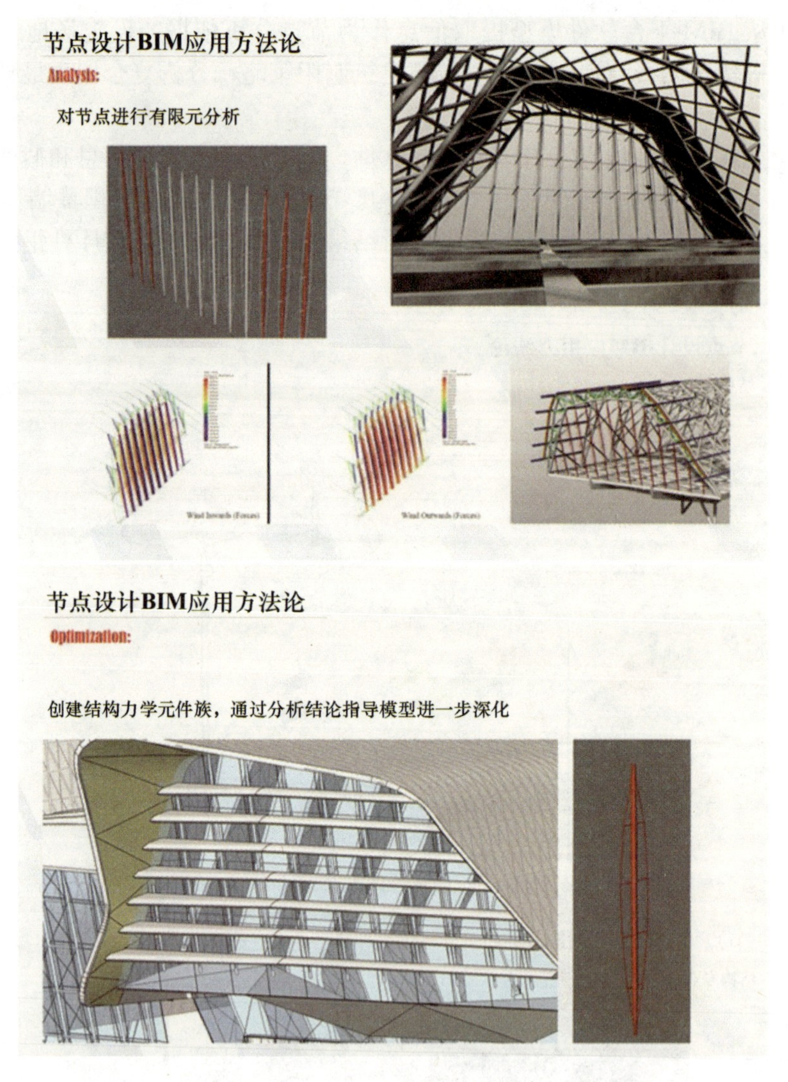


图 2.3-23　二次结构的优化 2

不同的通风模式情况，帮助确定送风策略。经过分析得出：单侧喷口送风可以满足室内舒适度要求，而且有利于节约能源；喷口设置在 5m 高度时能满足室内舒适度要求。然后重点分析 5m 高穿插单侧喷口送风工况，得出的结论是：该方法满足室内舒适度要求，而且有利于节能减排。最后，根据分析结果指导优化室内设备定位，借助协同平台与装修设计协同考虑，使减少返工和提升建筑品质成为可能。

某海洋博物馆项目创新运用 Level 体系，结合 BIM 技术将各专业整合到一起，从外观设计到结构布置和机电设计，都得到综合考量和系统化处理，光、声、水、电、暖等各项设计内容也都实现了合理布置（图 2.3-25）。此项建筑设计在满足人们功能与审美的需求外，将技术创新融入其中，建筑外观做到了与自身功能和周边环境的完美融合，而建筑外层细节设计也成功诠释了此建筑的精美而宏大，实现了人与自然的和谐统一。在设计之初就把绿色建筑理念视为重点，从项目外部体量、内部采光、保温等各个方面的设计都考虑节能减排，满足低碳、环保的设计标准，打造出真正的绿色建筑。

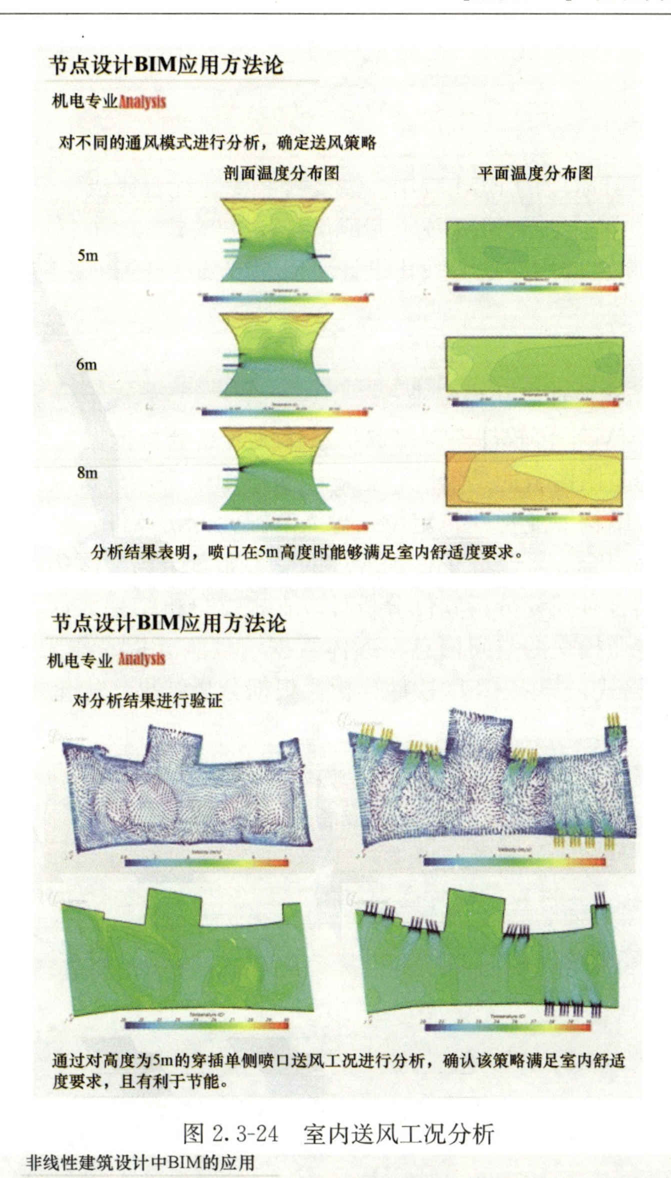


图 2.3-24　室内送风工况分析

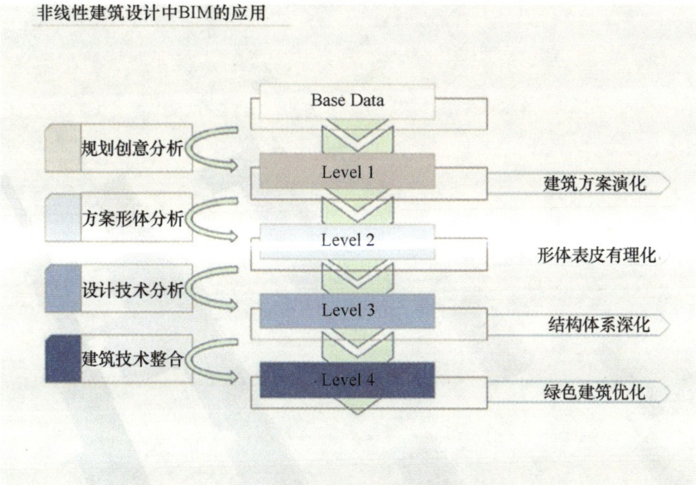

非线性建筑设计中BIM的应用

Base Data

规划创意分析 → Level 1 → 建筑方案演化

方案形体分析 → Level 2 → 形体表皮有理化

设计技术分析 → Level 3 → 结构体系深化

建筑技术整合 → Level 4 → 绿色建筑优化

图 2.3-25　各 Level 的互动关系图示

## 课 后 习 题

1. 在项目规划设计阶段的BIM应用，需要哪些专业配合完成？
2. 这些专业人员如何结合BIM技术完成设计任务？
3. 结合BIM技术，应用建筑参数化设计可以完成哪些任务？

**参考答案：**

1. 建筑专业、结构专业、机电专业等。

2. 建筑专业从BIM平台软件模型提取信息作为节点分析依据，设定场地气候数据导入分析软件：分析建筑阴影自遮挡情况，指导建筑遮阳策略；分析复合屋顶最佳角度，指导光伏设备定位等。结构专业把建筑定位线导入有限元分析软件，赋予准确的构件信息和截面属性，设定荷载组合等，经分析得到合理的受力布置结构。深化设计立面大面积幕墙体系的结构形式，结合有限元分析软件分析计算，根据分析结果数据，优化结构设计。机电专业以建筑结构专业提交的空间信息、形体数据、日照分析等作为参考依据，由Revit模型数据导出STL格式，导入CFD软件分析。根据分析结果，优化机电设计（答出大意即可）。

3. （非线性）建筑形体与结构体系的交互设计，（非线性）建筑形体内外空间的结合，（非线性）建筑表皮参数化、模数化，建筑设备管线与内部空间的集成。

（案例提供：向敏、马彤辉、张可嘉）

# 【案例 2.4】某生物技术与制药工程研究中心项目 BIM 应用

本案例主要内容是利用 BIM 技术对地质勘察模型与各层地质土方量进行模拟计算、分析、判断决策。读者应了解地质分析软件在 BIM 中协同的应用；理解在地质模型中的深度要求；同时掌握相应软件的操作知识。

**1. 项目背景**

云南省某生物技术与制药工程研究中心项目场地位于昆明市石林县鹿阜镇大乐台旧村南侧石林工业园区内。勘察范围约 16.27hm$^2$（244.05 亩），拟建建筑物层数及结构形式待定。利用 BIM 技术，解决项目的地形高差大、地质复杂、地表裸露岩石较多的问题，从而降低工程造价。为此，需要计算该地块的各层地质挖方量，尤其是地层中岩石层的挖方量。而传统二维软件不能满足设计要求，需要三维地质软件进行分析。

**2. BIM 应用内容**

地质勘察模型与各层地质土方量计算（图 2.4-1～图 2.4-6）。

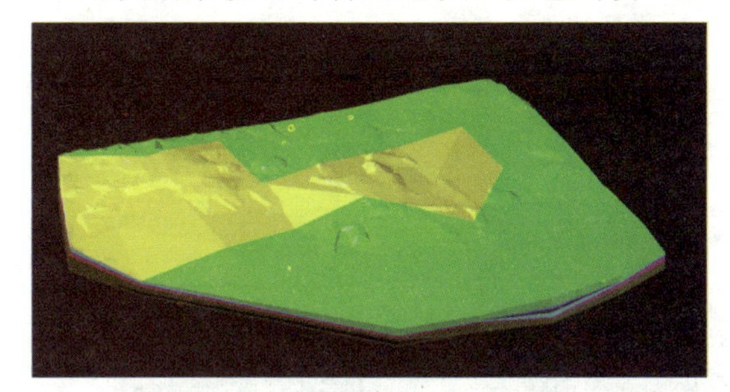

图 2.4-1　地质勘察模型

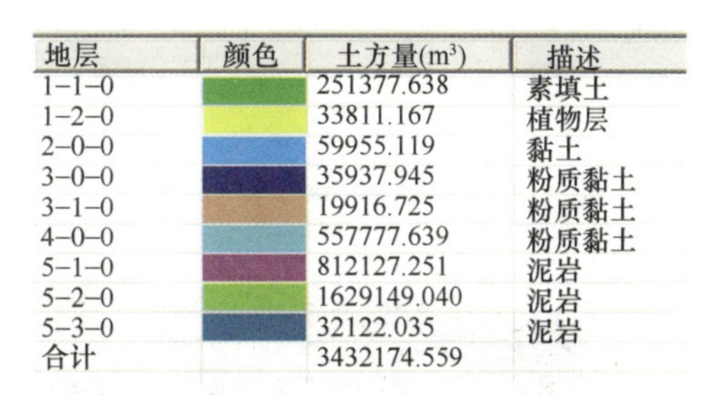

| 地层 | 颜色 | 土方量(m³) | 描述 |
|---|---|---|---|
| 1-1-0 | | 251377.638 | 素填土 |
| 1-2-0 | | 33811.167 | 植物层 |
| 2-0-0 | | 59955.119 | 黏土 |
| 3-0-0 | | 35937.945 | 粉质黏土 |
| 3-1-0 | | 19916.725 | 粉质黏土 |
| 4-0-0 | | 557777.639 | 粉质黏土 |
| 5-1-0 | | 812127.251 | 泥岩 |
| 5-2-0 | | 1629149.040 | 泥岩 |
| 5-3-0 | | 32122.035 | 泥岩 |
| 合计 | | 3432174.559 | |

图 2.4-2　各层地质土方量

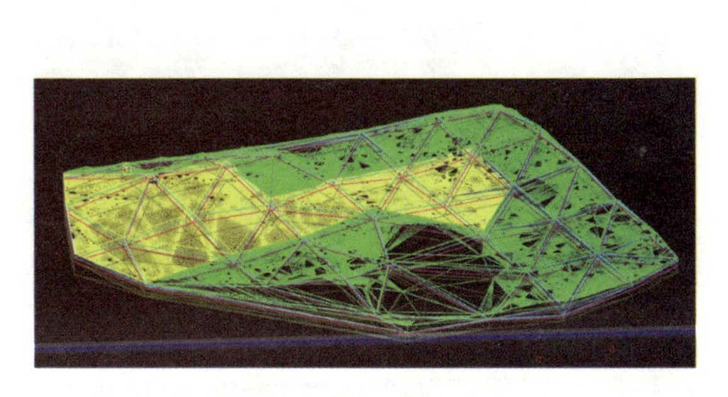

图 2.4-3　三维线框图

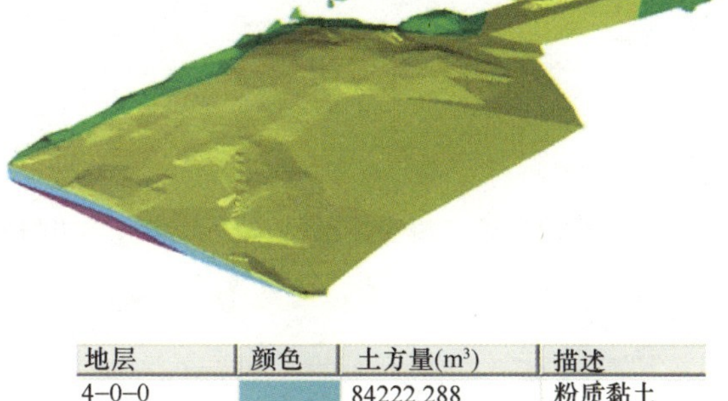

| 地层 | 颜色 | 土方量(m³) | 描述 |
|---|---|---|---|
| 4-0-0 | | 84222.288 | 粉质黏土 |
| 5-1-0 | | 56576.025 | 泥岩 |
| 5-2-0 | | 8739.101 | 泥岩 |
| 合计 | | 149537.414 | |

图 2.4-4　标高为 1705 平切的土石方

组织流程及实施要求：现场调研、勘察方法以钻探为主，结合现场工程地质调查、原位测试（重型圆锥动力触探试验、标准贯入试验及钻孔波速试验）及室内土工试验成果进行综合评价。

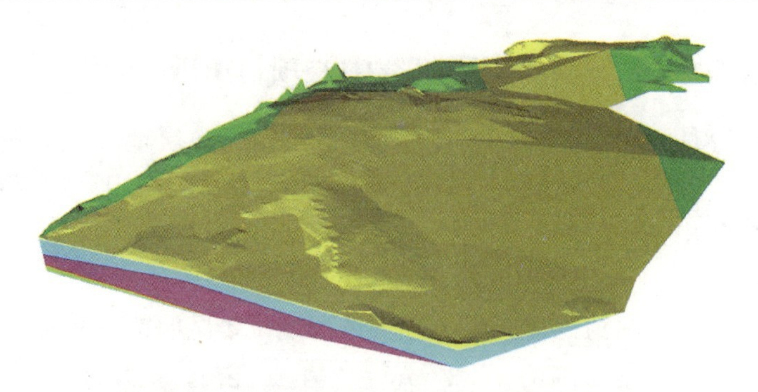

| 地层 | 颜色 | 土方量(m³) | 描述 |
|---|---|---|---|
| 2-0-0 | | 79.521 | 黏土 |
| 3-0-0 | | 27.596 | 粉质黏土 |
| 3-1-0 | | 13.923 | 粉质黏土 |
| 4-0-0 | | 183550.913 | 粉质黏土 |
| 5-1-0 | | 114015.625 | 泥岩 |
| 5-2-0 | | 43306.488 | 泥岩 |
| 合计 | | 340994.066 | |

图 2.4-5　标高为 1700 平切的土石方量

图 2.4-6　竖向切图地质层大样

## 课　后　习　题

在 3D 勘察三维地质软件中，钻孔数据较少对土方量的计算有影响吗？

**参考答案：**

有影响，钻孔数据较少，和叠加的地形精度，都对土方计算有一定的影响，它根据钻孔与钻孔之间的连层剖面生成三维模型，钻孔数据越少，误差就越大。

（案例提供：杨华金）

## 【案例 2.5】某科研综合楼 BIM 应用

**1. 项目背景**

该工程占地面积 1.71hm²，总规划建筑面积 47230m²。设计内容以办公场所为主，包含科研设计区、会议室、讨论区、专用办公室、职工餐厅、地下车库等。

**2. BIM 应用内容**

（1）BIM 设计具体应用

①BIM 方案设计

Autodesk Project Vasari 是一款简单易用、专注于概念设计的应用程序，可以自由创建和编辑形体，并快速获得分析数据，从而得到最优、最有效的方案设计。Vasari 采用和 Autodesk Revit 相同的 BIM 引擎及工作界面，创建的体量模型可无损地导入 Autodesk Revit 进行深化设计，同时集成了基于云计算的分析工具，无须打断工作流即可在云端进行绿色设计分析，查看丰富的、可视化的能耗分析。在方案设计之初，利用该软件可以快速创建多个不同思路的参考模型，以便进行深入比对（图 2.5-1）。

②BIM 绿色计算

使用 Autodesk Project Vasari 中的 BIM 模型进行绿色计算，对建筑所在地的气象数据、太阳辐射、干湿球温度、建筑舒适度、被动技术应用、采光、能耗、声环境及热环境等进行分析。分析结果可以为绿色节能设计提供有力的支持和参考依据，并根据分析结果对 BIM 模型进行进一步修改整理，实时调整设计方案，使得方案的设计过程相较过去更加理性、科学。

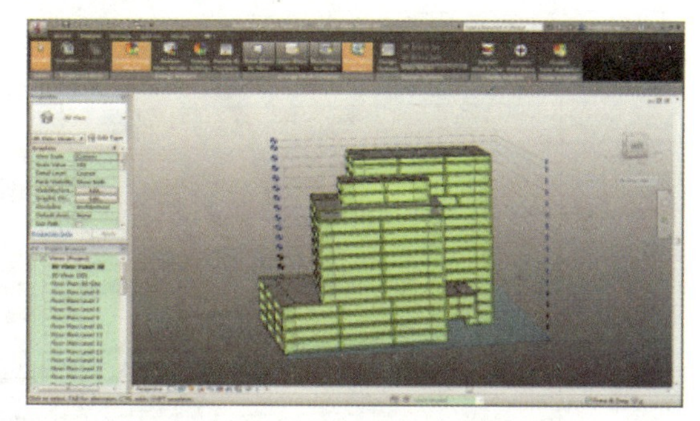

图 2.5-1　模型分析

③BIM 节能分析

采用 Autodesk Simulation CFD 技术可以对办公楼屏蔽机房进行温度分布分析和风环境分析、热舒适性模拟，通过改进建筑外窗的位置、大小、室内空间分隔等，保证住户在室外气象条件满足自然通风的时间段能够利用自然通风来满足室内的热舒适性要求，以达到节约能源和提高人体舒适性的目的，最终得出最优方案（图 2.5-2）。

（2）BIM 扩展应用

① 施工模拟

通过 Autodesk Navisworks，并结合 Autodesk Project Vasari 软件可以对 BIM 项目增加时间属性这一 4D 指标，按月、日、时进行施工方案的分析优化和进度模拟，预演整个施工过程，把握施工安装过程中的难点和要点，改善施工效率与安全性，提高计划的可行性及高复杂度、建筑项目的可建造性。

② 疏散模拟

根据数学模型可以方便地计算出人员疏散的时间，每个人逃生的路径（图 2.5-3）。

③ 倒车模拟

在科研楼地下层，我们通过模拟不同参数，通过同一个模型，导出不同的文件格式，

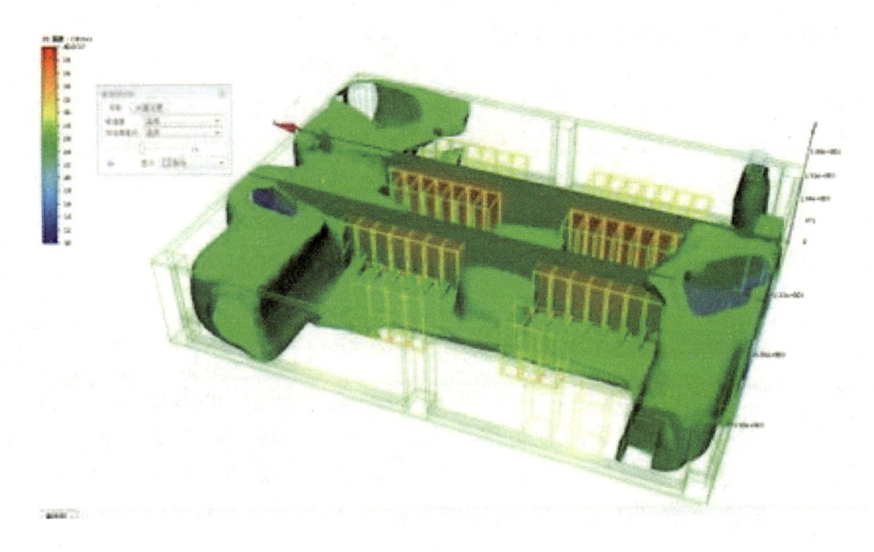

图 2.5-2　机房环境温度

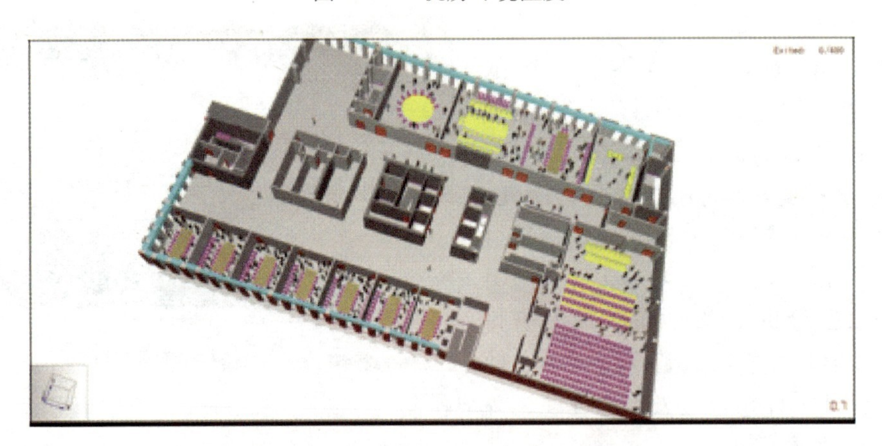

图 2.5-3　疏散模拟

在不同的软件中应用，实现模型信息的传递（图 2.5-4）。

④ 5D

利用 ITWO 软件，对科研办公楼的 Autodesk Revit 模型进行施工模拟，直观地体现了在整个施工过程中的成本及时间（图 2.5-5）。

（3）基于 BIM 施工图设计

① 协同设计

本项目各专业间同时在一个中心文件中建立模型、完成施工图设计。实时更新模型，同步修改，同时完成，以实时协同的方式取代了过去落后的阶段式协同方式（每隔一段时间各专业相互对图），极大地减少了对图、改图的工作量，避免了大量的重复性劳动，减少了许多制图过程中容易出现的低级错误，并且能够提前暴露大量实际施工中会遇到的各类问题，减少了施工及现场配合的难度，在建筑的全生命周期中节省了大量的时间和人力成本。但单纯考核设计周期时，随着项目的复杂程度提高，相应的设计时间必然会成比例增加，一般条件下应适当延长项目周期。

图 2.5-4　倒车模拟

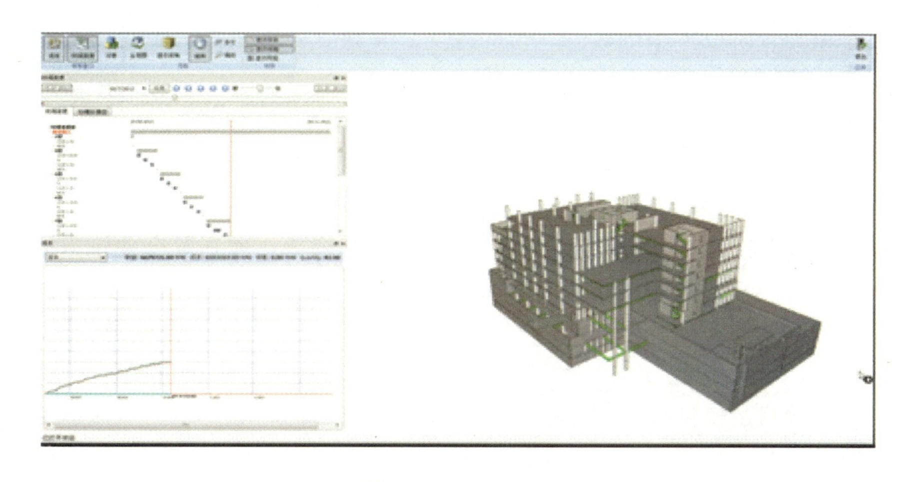

图 2.5-5　5D 展示

② 模型联动

在 Autodesk Revit 模型中一处改动，平、立、剖面处处即时更新，图纸页码、详图索引编号均可自动生成，为图纸的修改提供了很大的方便，使得工作效率及制图的准确度显著提升。应用三维的可视化设计，使得建筑师和各专业工程师能够从之前二维抽象的平、立、剖中解放出来，转换思路，用三维的思考模式完成建筑设计，让项目的每位参与者都能够站在更加宏观的角度理解、掌控建筑。

③ 管线综合

随着建筑物规模、造型和使用功能的日趋复杂，管线综合及碰撞检测在设计过程中也变得越来越重要。利用 Autodesk Revit 搭建 BIM 模型并进行碰撞检测，能够很方便地在三维环境下发现设计中的各种碰撞冲突，及时排除过去只有在项目施工过程中才会遇到的问题，显著减少后期图纸的修改量以及现场施工配合的成本，并有利于控制及保证施工进度。本项目本身管线内容并不多，虽然完全使用 Autodesk Revit 建立了模型，但遇到的问题也只能算冰山一角，还需要今后进一步的实践积累。

④ 分工变化

在 Autodesk Revit 中采用工作集的工作模式，各专业都在同一个中心文件中工作，这种方式势必打破了原先以图纸内容划分工作范围的工作模式，根据实践经验可以初步按模型与节点详图分工，模型部分又可以按构件类型分工，或按建筑的不同分区分工替代之前的分工方式。在新的模式下，每个人不再管中窥豹似地局限于平面或是剖面，而是放眼整个建筑，每处操作或修改都会对其他人的工作带来实质上的影响，使得项目参与者在完成自己工作的同时，也在为他人检查设计错误。

⑤ 文件管理

设计文件由之前分散在各设计师手中转变为集中整合在中心文件内，同时中心文件也会在各个项目参与者的电脑内留存有文件备份，将数据风险降到最低。项目总工程师和专业负责人可以随时查看整个项目的设计条件与完成程度，检查错误，并可根据工作集立刻确定责任人。在Autodesk Revit中大量的工作集中在如何按照实际施工的成果在计算机中建立BIM模型，而不是过去单纯地绘制图纸，出图只是最终建模过程结束后的附加工作而已，在建模过程中不可能随时随地输出满足校对深度的图纸，这种新的工作及管理方式必然改变了原先分阶段审图的模式，也对校对、审核、专业负责人及总工程师提出了新的要求，他们的管理工作原则上也应该在模型中完成。

⑥ 标准族库

在本次项目中，建筑专业定制了部分族文件，并最大可能地在Autodesk Revit上完成了施工图纸，基本能够满足要求；水电专业为符合现在的制图标准定制了大量的族文件，因项目本身涉及问题的覆盖面较小，尚能满足基本要求，但在复杂建筑方面还有许多工作要做。

⑦ 统计数据

在Autodesk Revit中建立的BIM模型包含了各种工程信息数据，借助BIM平台强大的统计能力，可以自动生成图纸目录、门窗表、防火分区面积表、材料做法表，并且能够实时更新，使设计师不再被这些枯燥耗时的数据统计束缚手脚，节省了大量时间。同时，利用BIM模型可以精确统计工程中各种材料的用量，配合市场价格可以得到比以往更加准确的造价结果，节约投资，为业主提供更高水平的服务。

（4）BIM组织流程及实施要求

① 硬件设备要求

该项目采用终端服务模式，BIM项目和BIM软件都在中央服务器上运行，并通过客户端与工作站相连。通过高性能计算技术提升硬件性能并深度应用。

② 软件平台建设

核心建模软件平台：Autodesk Revit、ArchCAD等。

仿真模拟与性能分析类软件：Ecotect、IES、Vasari、Airpark、CFD等。

计算类软件：PKPM、SAP2000、Midas等。

算量分析软件：广联达、鲁班等。

CG表现类软件：3D Max、MAYA等。

③ 实施团队建设

a. 成立项目实施团队，负责：公司内BIM试点项目三维建模技术支持；公司内复杂项目三维建模内包工作；参与竞标国内大型BIM项目；承接公司外BIM项目。

b. 成立软件开发团队，负责：增强、补充个性化软件工具的功能；软件工具的集成开发；建立三维设计协同系统并融入大协同管理平台。

c. 成立参数化设计团队，负责：通过参数化设计为异形项目提供解决方案；承接公司内外参数化辅助设计项目。

d. 成立模拟仿真团队，负责：通过疏散、空间、垂直运输、施工模拟等帮助项目进行可行性论证；普及项目可视化仿真模拟；承接公司内外仿真模拟项目。

## 课 后 习 题

1. 采用三维建模平台进行设计时缺少相应的标准，只能沿用二维施工图的制定标准，这使得三维模型的建立不规范，同时模型的信息未被全部使用。目前阶段如何保证三维设计的质量？

2. 数据转换和传输问题。要达到不同的效果，取得所需的不同信息，模型必须从一个软件导入其他软件，从一个平台导入其他平台。模型在不同软件、平台之间转换不仅耗费时间和资源，而且容易造成模型信息的丢失。如何解决模型在交互过程中的丢失问题？

**参考答案：**

1. 各设计院先建立企业级标准，以保证模型的规范性；同时，为正在编写的规范提供参照，促进新规范的发布与实施。

2. 首先是尽量避免出现平台之间的转换；其次是对常用的平台（软件）进行开发，增强其接收数据的能力，拓展其数据接口范围；再次，尽量使用全球统一标准的文件格式（如IFC），尽可能地减少信息的丢失。

（案例提供：陈栋、欧阳方）

## 【案例 2.6】某大桥项目 BIM 应用

国内的三维设计技术起步较晚，对于桥梁 BIM 尤其如此。信息化的手段在桥梁设计施工过程中的仿真不断地深入应用，产生了很多传统手段不具备的新的理念，如 3D、4D、5D，还有 BIM 理念和产品全生命周期的理念如何在设计前期使用三维的手段更好地优化设计和沟通交流，提升设计品质和质量，是设计院尤为关注的话题。本案例就某市政院在设计某大桥时如何将三维技术应用到设计当中，进行了深入的分析，旨在帮助我们理解 BIM 技术在桥梁设计中的应用。

**1. 项目背景**

（1）项目特点

该大桥全长约 1750m，其中特大桥长 1310m，东西连杆引道长 440m。如图 2.6-1 所示，主桥采用 110m＋110m 独塔双索面预应力混凝土斜拉桥，钻孔灌注桩桥型，主梁采用预应力混凝土双肋式断面；塔柱采用钢-混凝土组合结构，锚固区及以上部分塔柱为钢结构，锚固区以下塔柱为钢筋混凝土结构。

图 2.6-1 某大桥三维模型和效果图

（2）BIM 期望应用效果

独塔斜拉桥形式在当地比较新颖，桥塔造型景观作用明显；塔柱采用钢-混凝土组合结构，结构复杂，设计难度大。为了解决塔柱关键结构设计，我院采用 BIM 技术进行优化设计。

塔柱钢结构部分：如图 2.6-2 所示，塔柱钢结构节段模型，采用参数化建模，直观形

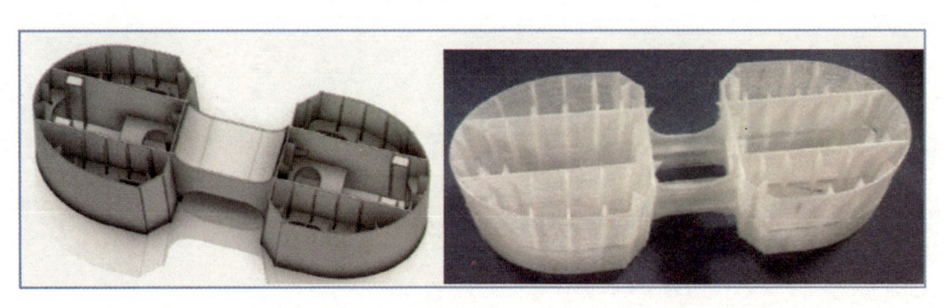

图 2.6-2 塔柱钢结构节段模型和三维打印效果

象，便于业主与施工单位理解，增强设计与施工交接沟通的效果，为施工建造提供方便。

该项目的主要应用目标和期望达到的效果：首要的目标是采用 BIM 设计理念，对于构造中的复杂结构设计起到了关键辅助与优化设计的作用，并对与业主及施工单位的交流联系提供非常有效的手段与方式，减少常规沟通交接中的误解，同时采用三维打印技术辅助交流和理解。

建立基于协同环境下的项目管理和数据审核标准流程的 BIM 三维设计体系。学习制造业并向制造业产品全生命周期管理方法靠拢，实现设计问题可追溯，设计结果可视化，设计变更可管控，设计成果可传递至下游施工乃至运维阶段应用。

关键节点的深化设计。如钢结构部分的深化和工程量统计应用，为工程招标和造价提供依据。

施工方案的模拟演示。施工单位更加有效地统筹整体项目，保证了施工进度和项目质量，主要体现为如下几点：

a. 对于施工单位理解设计意图起到辅助作用；

b. 对于制造加工起到一定的指导作用；

c. 有利于优化施工工期与工艺方法；

d. 三维打印为施工人员的理解提供了一种新的手段。

**2. BIM 应用内容**

（1）BIM 建设概况及实施路线

目前在建筑工程行业 BIM 软件应用比较广泛的主要为 Autodesk 公司的 Revit、Inventor 以及 Bentley Systems 公司的 Microstation 等 BIM 软件，在很大程度上能满足行业内企业的三维建模及相关应用的需求。而达索系统 BIM 软件系统——3D Exprience 作为后起之秀，其参数化协同设计、大数据装配、知识工程、有限元分析以及项目管理等强大功能是对其他 BIM 系列软件的有力补充。特别是铁路、公路等大市政系统对大数据、大装配以及协同设计的强烈需求，客观上要求在软件选择上进行多种形式的搭配，各自发挥优势。

在 2011 年，上海市政总院与达索系统公司合作成立了 SMEDI-DS 应用软件研发中心，在达索系统平台上研发适合土木工程专业的软件包，作为桥梁和道路市政工程的 BIM 平台软件，重点解决市政工程 BIM 应用的核心问题：设计意图表达交流，协同设计问题，参数化知识库，大尺寸大体量模型装配建模，节点深化三维设计，项目管理，数据审查和性能分析等：

a. 搭建基于达索系统的协同设计平台，实现协同设计；

b. 建立适合市政工程的专业参数化模型知识库，并可以不断完善；

c. 基于建立参数化，基于骨架驱动技术的三维模型标准设计方法；

d. 实现在协同设计平台的大数据装配；

e. 实现协同设计项目的协同管理和数据审查。

根据桥梁专业特点、工程经验并结合 CATIA 三维建模方法，桥梁专业内容范围可以分类如下：

a. 一般内容：基本设计流程、部分桥梁设备和部分标志标线属于一般内容范围。一般内容应根据相应的设计标准和规范使用基本零件方法进行定制，须考虑跨工程项目的通用性。

b. 特殊内容：所有桥梁的总体布置、上部结构、下部结构、附属结构以及其他设计内容均属于特殊内容范围。特殊内容应仅针对具体工程使用文档模板方法进行专门定制，不考虑跨工程项目的通用性。

这里面主要的实施业务内容如下：

a. 软硬件配置；

b. 3D Experience 平台培训；

c. 桥梁拆分方法实践；

d. 构件建模方法实施。

根据项目实例的建模体会，在大型桥梁中定义一般构件的意义不大。现阶段也已完成了标识、标线、路灯、钢防撞栏杆等，这些构件做在单个构件里面，对今后使用的意义并不大，也不太方便。在装配过程中，构件文件定位烦琐，装配中的阵列操作也不方便且容易出错。

一般构件方法（零件+装配）适用于机械制造等其他专业，而在桥梁专业则存在一定的水土不服。主要原因有以下三点：

a. 不同工程→不同桥梁：现代桥梁工程通常在某种意义上也是景观工程，使得桥梁往往成为该地区的地标建筑物之一。这样就对桥梁的外观要求比较高，导致在不同桥梁工程中即使同一类桥梁也差别很大。

b. 不同桥梁→不同模型：在桥梁工程设计中，受到不同工程设计条件、景观要求等限制，要做到跨工程间的重复利用很困难。因此我们更应该关注的是一个特定桥梁工程中，如何提高数量庞大的、彼此各不相同又有一定设计规律的分部分项设计效率。

c. 零件装配→模板实例化：在一个特定桥梁工程中，通常有数量庞大的、彼此各不相同又有一定变化规律的分部分项设计单元。这些单元形式和尺寸变化很大，不适合做成零件（即一般构件）进行装配；同时这些单元又具有相同的设计变化规则，可以定制成一定类型的模板（即特殊构件）进行实例化。

（2）BIM 应用内容及实施成果

① 设计阶段

本工程 BIM 设计内容涵盖整个工程全部桥梁上下部结构，种类丰富。其中钢混组合桥塔由于结构极其复杂，涉及钢板、钢筋、混凝土等多种材料，结构造型为曲面（图 2.6-3）。

a. 主桥钢混组合桥塔结构复杂，通过三维设计模型，可以检查钢板、钢筋以及混凝土构件之间的相互关系，复核设计图纸，验证施工时的可操作性；

b. 工程变更与协同，满足工程设计过程中道路线形、塔形、墩位等变化要求；

c. 提高效率，构件库的定义，详细设计库模板快速实例化。

整个设计阶段流程如图 2.6-4 所示。

② 参数化构件库

构建完备、高效、规范的构件库，是建立桥梁三维模型的基础。构件库的拆分可以依据不同桥梁类型进行分门别类。

大型桥梁工程中常用的桥型有梁桥、拱桥、斜拉桥和悬索桥等。每种桥型包括的主要

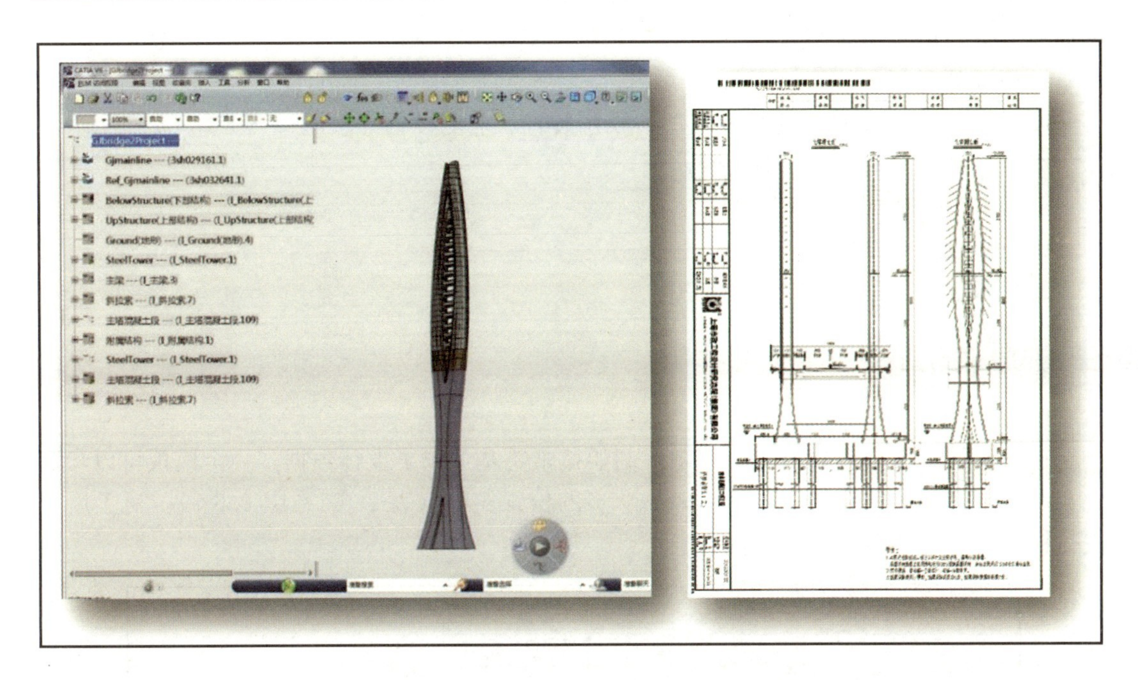

图 2.6-3　大桥主桥钢混组合桥塔

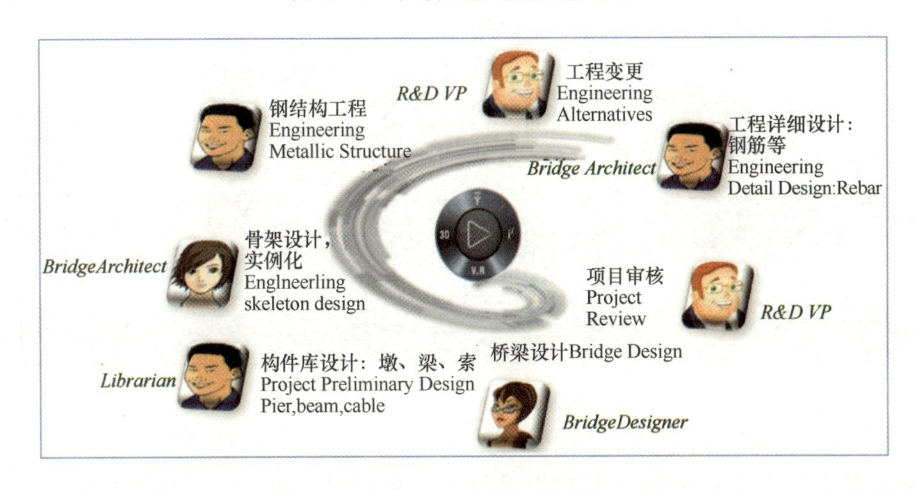


图 2.6-4　桥梁三维 BIM 模型结构工作分解

构件具有一定的共性，但也有所不同区别。主要构件可抽象为七大类：主梁、支撑、基础、连接构件、连接节点、桥面系、附属设备等。其中每种构件的形状、采用的材料均是多样的，形式较复杂的主要是主梁、支撑、连接节点三类。

a. 主梁是直接承载车辆、行人的构件，包括：钢桁梁、钢箱梁、钢板梁、钢-混凝土叠合梁、预应力混凝土梁（大箱梁、小箱梁、板梁）、钢筋混凝土箱梁等。而各种梁形的横断面形式种类繁多，纵向应考虑宽度、高度、板厚的变化。

b. 支撑包括：桥墩、桥塔、拱。

c. 基础包括：桩基、沉井、扩大基础等。

d. 连接构件包括：吊杆、拉索、悬索等。

e. 连接节点包括：承台、桥台、锚碇、鞍座、锚固节点、索夹、梁拱连接节点、塔梁连接节点、桁架节点等。

f. 桥面系包括：栏杆、人行道、铺装、管线、排水设施、照明设施等。

g. 附属设备包括：支座、伸缩缝、限位装置、监测设备等。

本项目共建立有 26 个构件模板：

a. 钢塔：1 个；

b. 小箱梁：8 个；

c. 附属：2 个；

d. 主梁：6 个；

e. 拉索加锚具：1 个；

f. 下部结构：8 个。

这里面使用了参数化设计的理念，例如拉索是基于以下设计数据，一个模板可以参数化驱动方法进行灵活变化，表达出如下众多的拉索实例（表 2.6-1、图 2.6-5）。对于后期进行修改，具有非常灵活的特性。

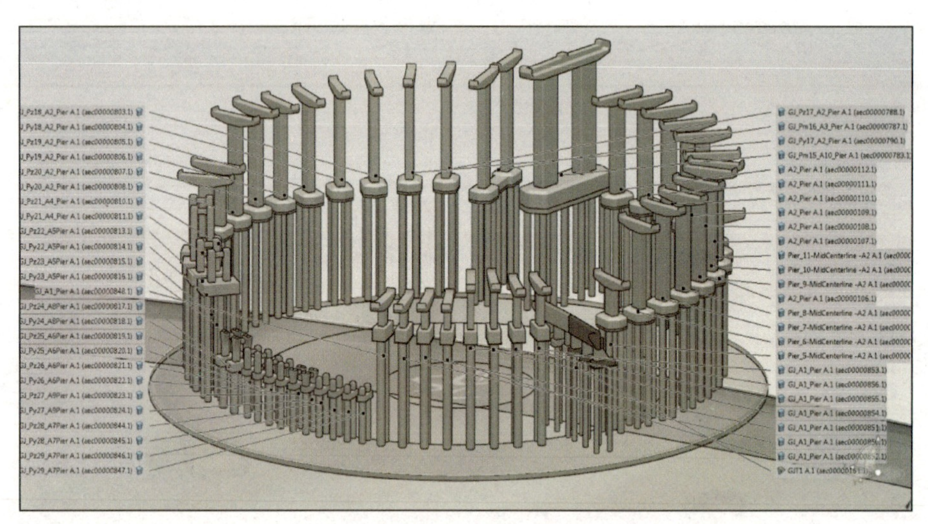

图 2.6-5　桥梁构件库

③ 协同设计管理

协同设计在于在 Enovia 统一平台上进行数据源协同，基于同一骨架模型进行设计协同（图 2.6-6）。Enovia 提供全面的协同创新、在线创建和协同、一个用于 IP 管理的 PLM

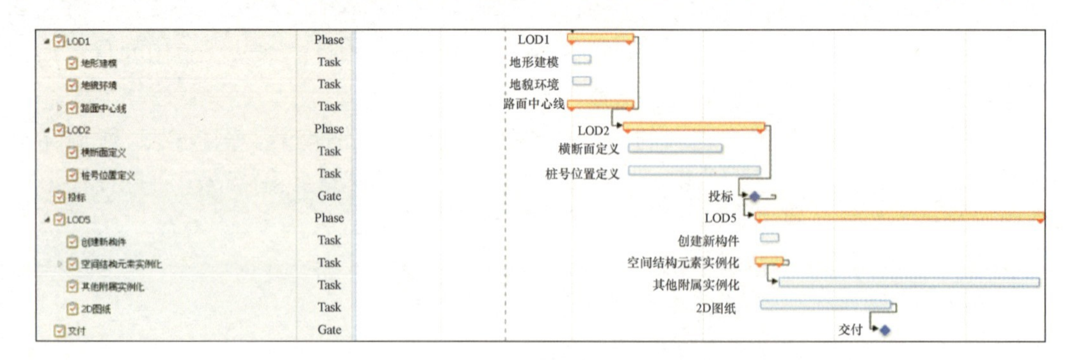


图 2.6-6　标准项目协同交付

**拉索参数化表** 　　　　**表 2.6-1**

| 拉索编号 | 拉索规格 | 锚具规格 | 成桥索力 | 拉索钢丝面积 | 锚固点坐标 | | | | 拉索倾角 | | 理论锚点距离 | 拉索垂度修正 | 拉索弹性伸长 | 锚具参数 | | | | | 加工索长 | 拉索单位重 | 单根拉索重量 | 拉索指数 | 拉索总重 |
|---|---|---|---|---|---|---|---|---|---|---|---|---|---|---|---|---|---|---|---|---|---|---|---|
| | | | | | 主梁 | | 主塔 | | | | | | | 锚杯外径 | 固定端锚杯长度 | 张拉端锚杯长度 | 锚圈外径 | 锚圈高度 | | | | | |
| | | | | | $X$ | $Z$ | $X$ | $Z$ | $\alpha$ | $\beta$ | $l_0$ | | | | | | | | | | | | |
| | | | (kN) | ($cm^2$) | (m) | (m) | (m) | (m) | (%%d) | (%%d) | (m) | (mm) | (mm) | (mm) | (mm) | (mm) | (mm) | (mm) | (m) | (kg/m) | (kg) | (根) | (t) |
| S1 | PES(C)7-151 | PESM7-151 | 2614 | 58.11 | 11.500 | 62.664 | 2.650 | 87.703 | 19.4186 | 70.4860 | 26.557 | 0 | 63 | 265 | 355 | 480 | 340 | 135 | 27.109 | 49.2 | 1334 | 4 | 5.335 |
| S2 | PES(C)7-151 | PESM7-152 | 2371 | 58.11 | 17.000 | 62.655 | 2.900 | 90.270 | 26.9646 | 62.8677 | 31.007 | 0 | 67 | 265 | 355 | 480 | 340 | 135 | 31.555 | 49.2 | 1553 | 4 | 6.210 |
| S3 | PES(C)7-151 | PESM7-153 | 2934 | 58.11 | 22.500 | 62.643 | 3.400 | 92.487 | 32.5271 | 57.2894 | 35.433 | 0 | 94 | 265 | 355 | 480 | 340 | 135 | 35.954 | 49.2 | 1769 | 4 | 7.076 |
| S4 | PES(C)7-151 | PESM7-154 | 3311 | 58.11 | 28.000 | 62.628 | 3.400 | 95.286 | 36.8846 | 52.9060 | 40.887 | 0 | 123 | 265 | 355 | 480 | 340 | 135 | 41.379 | 49.2 | 2036 | 4 | 8.143 |
| S5 | PES(C)7-187 | PESM7-155 | 3374 | 71.97 | 33.500 | 62.609 | 3.400 | 97.822 | 40.3684 | 49.3208 | 46.325 | 0 | 114 | 285 | 375 | 520 | 375 | 155 | 46.886 | 60.8 | 2851 | 4 | 11.403 |
| S6 | PES(C)7-187 | PESM-156 | 3437 | 71.97 | 39.000 | 62.587 | 3.300 | 100.313 | 43.2392 | 46.3990 | 51.940 | 0 | 131 | 285 | 375 | 520 | 375 | 155 | 52.484 | 60.8 | 3191 | 4 | 12.764 |
| S7 | PES(C)7-187 | PESM7-157 | 3549 | 71.97 | 44.500 | 62.561 | 3.100 | 102.788 | 45.6207 | 43.9730 | 57.725 | 0 | 150 | 285 | 375 | 520 | 375 | 155 | 58.250 | 60.8 | 3542 | 4 | 14.166 |
| S8 | PES(C)7-223 | PESM7-158 | 4237 | 85.82 | 50.000 | 62.532 | 3.000 | 105.084 | 47.6134 | 41.9252 | 63.401 | 0 | 165 | 315 | 410 | 575 | 405 | 180 | 63.991 | 72.6 | 4646 | 4 | 18.583 |
| S9 | PES(C)7-223 | PESM7-159 | 4648 | 85.82 | 55.500 | 62.500 | 2.800 | 107.414 | 49.3254 | 40.2030 | 69.243 | 0 | 197 | 315 | 410 | 575 | 405 | 180 | 69.800 | 72.6 | 5068 | 4 | 20.270 |
| S10 | PES(C)7-223 | PESM7-160 | 4818 | 85.82 | 61.000 | 62.464 | 2.700 | 109.616 | 50.7835 | 38.7132 | 74.982 | 0 | 222 | 315 | 410 | 575 | 405 | 180 | 75.515 | 72.6 | 5482 | 4 | 21.930 |
| S11 | PES(C)7-223 | PESM7-161 | 5051 | 85.82 | 66.500 | 62.425 | 2.500 | 111.869 | 52.0490 | 37.4240 | 80.874 | 0 | 251 | 315 | 410 | 575 | 405 | 180 | 81.379 | 72.6 | 5908 | 4 | 23.633 |
| S12 | PES(C)7-283 | PESM7-162 | 5302 | 108.91 | 72.000 | 62.383 | 2.300 | 114.094 | 53.0854 | 36.2270 | 86.788 | 1 | 222 | 345 | 445 | 635 | 450 | 200 | 87.401 | 91.3 | 7980 | 4 | 31.919 |
| S13 | PES(C)7-283 | PESM7-163 | 5446 | 108.91 | 77.500 | 62.337 | 2.100 | 116.297 | 54.0495 | 35.2263 | 92.719 | 1 | 244 | 345 | 445 | 635 | 450 | 200 | 93.311 | 91.3 | 8519 | 4 | 34.077 |
| S14 | PES(C)7-283 | PESM7-164 | 5627 | 108.91 | 83.000 | 62.288 | 1.800 | 118.553 | 54.9050 | 34.3401 | 98.788 | 1 | 269 | 345 | 445 | 635 | 450 | 200 | 99.356 | 91.3 | 9071 | 4 | 36.285 |
| S15 | PES(C)7-283 | PESM7-165 | 6001 | 108.91 | 88.500 | 62.236 | 1.600 | 120.723 | 55.6802 | 33.5622 | 104.749 | 1 | 304 | 345 | 445 | 635 | 450 | 200 | 105.281 | 91.3 | 9612 | 4 | 38.449 |
| S16 | PES(C)7-283 | PESM7-166 | 6372 | 108.91 | 94.000 | 62.180 | 1.400 | 122.882 | 56.3749 | 32.8649 | 110.723 | 1 | 341 | 345 | 445 | 635 | 450 | 200 | 111.218 | 91.3 | 10154 | 4 | 40.617 |
| S17 | PES(C)7-379 | PESM7-167 | 8437 | 145.86 | 99.500 | 62.121 | 1.100 | 125.096 | 56.9748 | 32.2100 | 116.826 | 1 | 356 | 400 | 510 | 725 | 520 | 220 | 117.417 | 122.0 | 14325 | 4 | 57.299 |
| 合计 | | | | | | | | | | | | | | | | | | | | | | 68 | 388.2 |

平台、真实感体验、安装即用的 PLM 业务流程。

通过项目管理 WBS，可以在 BIM 平台上统一定义工作计划和时间节点，由项目经理统一分派任务，在统一的 Catia 平台上进行协同建模和模型审查，一起协同工作。在 Catia 设计阶段，可以基于 Catia 线路中心线进行协同，在统一的坐标系下进行协同设计。

④ 总体骨架建模

总体骨架模型从 EICAD 中提取道路设计中心线的（$x$，$y$，$z$）坐标 txt 文件，导入 Catia 设计平台，拟合生成道路中心线（图 2.6-7）。

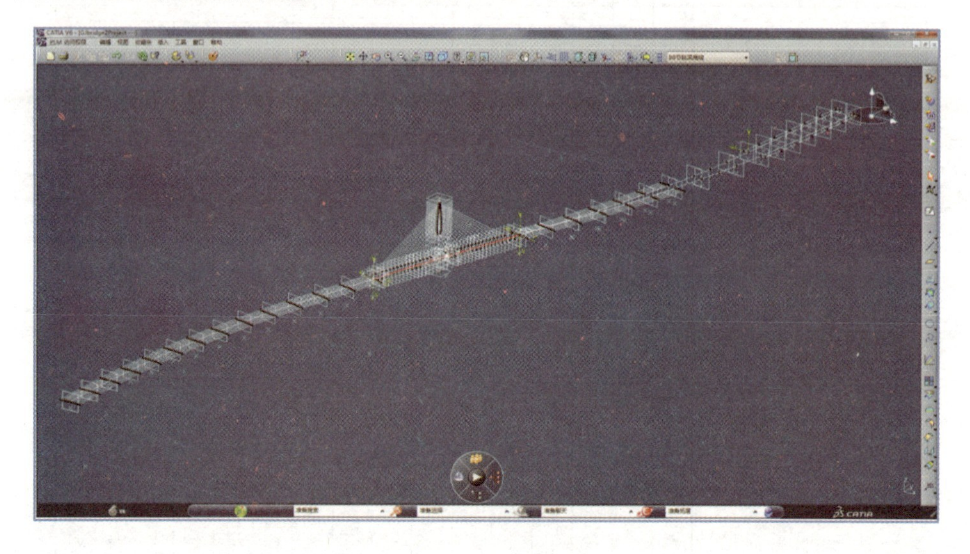

图 2.6-7　大桥骨架模型

⑤ 桥梁实例化建模

通过调用构件库，可以快速进行桥梁实例化建模，迅速形成桥梁模型（图 2.6-8、图 2.6-9）。

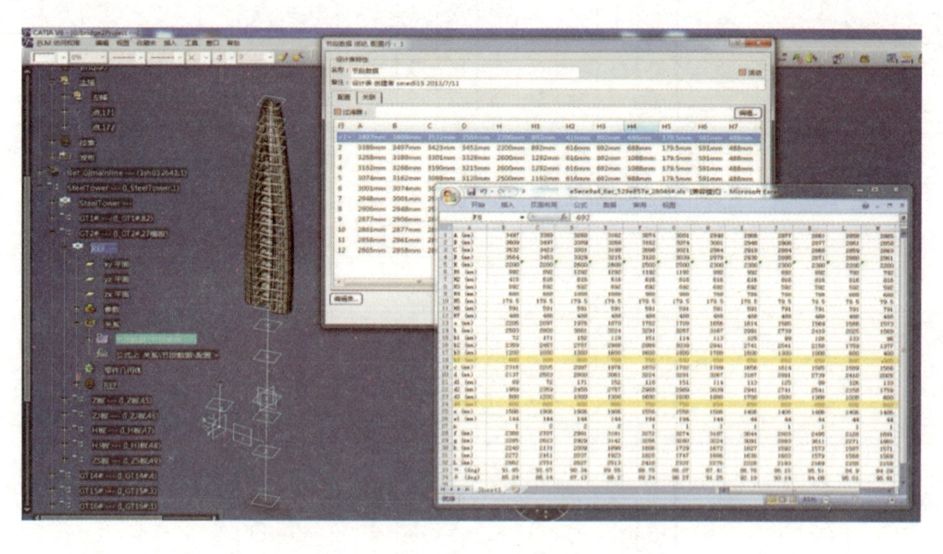

图 2.6-8　构件库调用

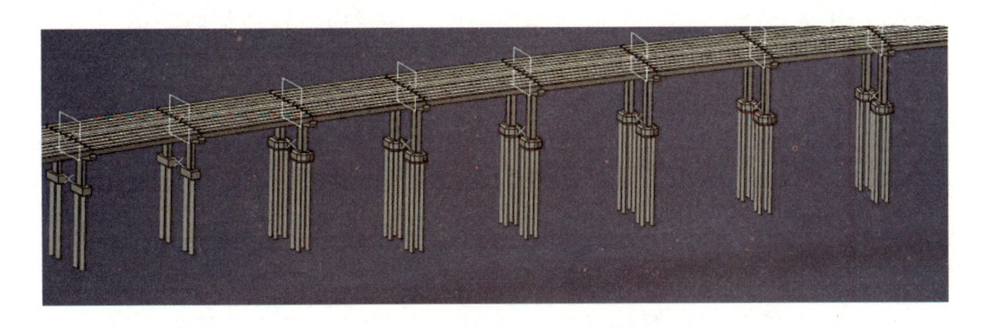

图 2.6-9　桥梁实例化快速建模

⑥ 工程变更管理

工程变更设计改变非常多，如发生构件碰撞时，或者设计意图的微小变化，都会产生变更，变更设计时只需要修改模型参数，三维模型就会随之发生改变。图 2.6-10 所示是设计过程中主塔内部发生构件干涉时，通过参数改变能快速实现构件的修改，非常方便。

(3) 实施经验总结

① 设计项目协同

实现同一平台上的设计管理和协同设计，所有三维数据都会在平台上沉淀，并行设计的思路可以加快设计进度，达到专业间协同，三维参数化建模协同，软件之间协同，除了应用达索系统系列软件外，还使用其他软件协同工作。

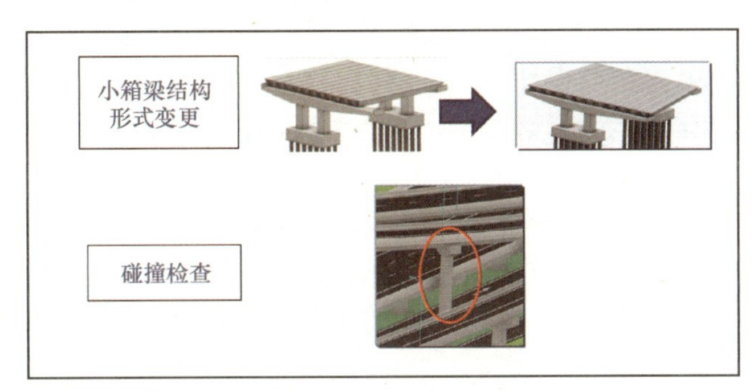


图 2.6-10　设计变更管理

同时，标准化的项目管理流程利于设计质量的管控和进度的控制。同时积累的项目经验形成知识库，可以供其他类似的项目重用，形成企业可重读利用的智力资产(图2.6-11)。

② 项目变更管理

项目变更管理在于把项目的变更流程固化在系统中，形成企业的标准。当发生设计冲

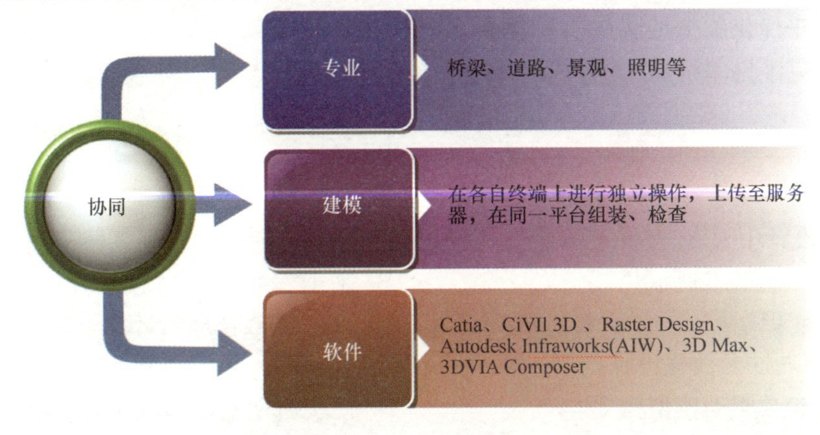


图 2.6-11　设计协同管理

突和设计意图发生变化时，Catia中设计变化，在于骨架加模板快速修改模型的方法，能够非常便捷地实现变更。

在Catia中骨架驱动的方法就避免了相互之间组装的步骤，事先就把相互之间的关键位置关系用简单的元素（点、线、面等）来确定，各个部件只需要参考这些元素来建模，到最后就组合成整个结构。这其中的骨架就是这些关键的简单元素，它起到了枢纽的作用，既体现了构件之间的相对位置关系，也为各个构件的建模提供了一定的参考。

例如道路中心线可以作为主梁结构建模的骨架，确定道路中心线的位置，主梁的位置也就确定了；给定了桥墩的顶底标高和其纵向和横向的位置，桥墩布置的位置也就确定了。

同时，道路中心线可以作为主梁结构的设计建模参考，桥墩也可以依据其顶底标高和其纵向和横向的位置进行单独设计。这样桥梁各个构件的设计人员就可以比较相对独立地设计建模，没有必要再考虑其他构件的位置；对于总体组合的结构，也比较容易检查不一致的地方，出现了问题只需要相关的构件设计人员进行修改。

总之从这次建模实践来看，骨架的应用已成为现阶段最方便且最实际的建模方法。

③ 参数化设计

Catia的设计环境中，具有强大的参数化设计能力。通过参数化的骨架线定义，实现快速的设计协同以及变更修改。同时，建立标准的设计流程及模板库，并通过数据库平台进行管理，形成企业自身的体系，如构建编码、颜色区分、分类管理等，建立可以重复利用的项目模板。这次项目丰富了企业的桥梁参数化模板库（建立了26个构件模板），为下次项目重用提供了非常便捷的工具。参数化的精髓就在于此，利用参数和参数之间的关系，快速实现修改。

## 课 后 习 题

1. BIM在市政桥梁设计中的重要作用？（　　）

A. 用于复杂节点的深化设计，并指导后期的加工制造，特点是钢结构桥梁

B. 对于施工单位理解设计意图起到辅助作用

C. 对于制造加工起到一定的指导作用

D. 有利于优化施工工期与工艺方法

E. 实现三维打印桥梁

2. 下面哪些不是特指桥梁BIM构件库模板构件的分类？（　　）

A. 桥墩　　B. 承台

C. 基础　　D. 桥面

3. 桥梁设计中BIM发挥了哪些作用？（　　）

A. 设计理念三维展示　　B. 基于三维的BIM模型分析

C. 设计变更　　D. 高效项目管理

4. 对于Catia参数化设计的描述哪些是不正确的？（　　）

A. 实现参数驱动模型变更　　B. 便于后期基于参数统计工程量

C. 变更方便快捷　　D. 自由设计

5. 如何不断完善市政桥梁的BIM构件库?
6. BIM在设计中的重要作用?
7. BIM针对桥梁骨架的绘制方法。
8. 桥梁模板构件如何分类?

**参考答案:**

1. ABCD　2. C　3. ABD　4. D

5. 首先根据桥梁项目的结构特点进行划分,并确定桥梁构件库的分类和内容,然后在Catia中对已有的构件库进行比较,如果已有构件库不满足设计要求,可以对该构件库中进行内容增加和完善,从而形成企业完善的知识库。

6. 设计中的BIM运用,首要的目标是采用BIM设计理念,对于构造中的复杂结构设计起到了关键辅助与优化设计的作用,并对与业主及施工单位的交流联系提供非常有效的手段与方式,减少常规沟通交接中的误解。

关键节点的深化设计。如钢结构部分的深化和工程量统计应用,为工程招标和造价提供依据,传统的二维图表达困难。

7. 骨架+模板是达索系统Catia独有的设计方法论,对于桥梁骨架的绘制,根据线路设计CAD软件输入的平曲线和纵曲线在Catia中拟合出桥梁中心线,作为桥梁的总骨架线,再根据总骨架分出桥塔和桥墩等构件的定位平面和相关信息,作为二级骨架,用于设计相关的构件。

8. 桥梁模板是根据桥梁的结构特点进行划分的,旨在后期能够重复使用,搭建桥梁模型。

① 主梁是直接承载车辆、行人的构件,包括:钢桁梁、钢箱梁、钢板梁、钢-混凝土叠合梁、预应力混凝土梁(大箱梁、小箱梁、板梁)、钢筋混凝土箱梁等。而各种梁型的横断面形式种类繁多,纵向应考虑宽度、高度、板厚的变化。

② 支撑包括:桥墩、桥塔、拱。

③ 基础包括:桩基、沉井、扩大基础等。

④ 连接构件包括:吊杆、拉索、悬索等。

⑤ 连接节点包括:承台、桥台、锚碇、鞍座、锚固节点、索夹、梁拱连接节点、塔梁连接节点、桁架节点等。

⑥ 桥面系包括:栏杆、人行道、铺装、管线、排水设施、照明设施等。

⑦ 附属设备包括:支座、伸缩缝、限位装置、监测设备等。

(案例提供:屈福平、王利强)

## 【案例 2.7】Revit 施工图设计综合案例

BIM 施工图设计的应用不仅从根本上改变了设计师目前采用的设计方式和手段，而且改变了整个设计理念，设计阶段不再割裂成一个个阶段，而是贯穿于整个建筑生命期。在模型设计的过程中，业主、设计、施工、运营等各个行业所有相关参与者都能够通过 BIM 技术紧密结合，为施工图设计提供前所未有的广阔平台。

**1. 项目背景**

本项目从 BIM 施工图设计和各专业配合两个方向入手，在建筑设计阶段，利用 Autodesk Revit 系列软件进行协同设计，完成建筑、结构、设备、电气施工图模型设计以及后续的出图工作，并从中总结出一套优化的四个专业基于 BIM 设计的施工图设计流程。最后，对在设计过程中出现的问题进行分析研究，以期可以应用推广到其他的设计项目中。

但应注意，在协同设计的过程中，各专业应尽量避免频繁的模型更新同步，应根据设计进度设置更新节点，在建模时使用其他专业提供的条件模型，而不是用其设计模型，避免模型更新过于频繁。模型设计的目标是能够直接指导施工，所以设计深度会大于传统施工图设计深度，部分内容向施工延伸，工作量加大，但同时会为施工环节提升效率减少浪费。

**2. BIM 应用内容**

（1）模型加工出图

施工图设计全流程全专业使用 Revit 软件，不使用二维设计软件辅助。在完成模型设计后，在模型的基础上添加标注等附加信息，完成制图工作。图纸深度基本达到 CAD 施工图纸深度要求，表示方法没有必要与传统的二维 CAD 图纸画法完全一致，但必须表达明了到位，使专业人员能够看懂，能够符合内审外审要求。最终输出全套施工图纸。

（2）建筑专业工作流程

建立方案初设阶段模型，确定轴网、标高及墙体和保温等大致位置，建立模型，完善平面（主要包括确定门窗洞口尺寸位置、房间名称及用途）。

完成初设阶段模型，提供给结构专业进行建筑主体配筋受力计算。电气与设备专业用初步模型进行初步设计，排线排管。

经过结构专业软件计算、模型生成、调整模型，反提给建筑专业进行深化。在模型深化中遇到问题需要和各专业协调，其中包括结构体系模型部分构件错位、尺寸不对，设备专业管线反提，电气专业电箱位置共同商榷。在设备、电气专业模型基本搭建完成后，建筑专业需从两专业处链接 Revit 文件，并进行确认，经过多次实验最终确定条件。施工图设计建模阶段的模型深度需满足施工图设计要求，各专业综合深度应达到北京市《民用建筑设计信息模型设计标准》BIM 模型深度要求 3.0 级模型深度。

结束与各专业之间的深入模型设计后，建筑专业还需对其他各种类图纸进行绘制，其中包括立面图、剖面图、楼梯详图、墙身图等。这一阶段主要为建筑专业独立完成，结构专业配合完成。在这一过程中还需要建筑专业补充建筑结构体系外的建筑构件，其中包括楼面层、保温层、隔墙板等。最终完成模型制作，调整出图模板里的线型等问题，完成整个 BIM 设计项目。

(3) 结构专业工作流程

参照计算模型，把建筑模型进行拆分，拆出结构构件并修改命名和属性。

剖切模型生成对应视图，并调整图元显示，制作各类型图纸的视图样板，调整全部视图。

按 CAD 图面，使用专用标注族标注出所需的尺寸、配筋等信息，并沿用 CAD 中的设计方法，通过标注为模型的各个构件配筋。

制作连梁明细表，补全各字段信息，过滤出相应楼层的参数，并放入图纸中。

使用专用负筋详图构件，绘制板负筋（分为板边和跨中两种），使用负筋标记标注钢筋。

使用图例视图绘制暗柱详图，在图例视图中拖入暗柱族，显示平面选择低于参照标高。在图例中，族无法旋转，所以绘制暗柱时注意方向的正确性，以保证符合出图要求。用专用墙线标记标注墙的位置，手动填写配筋信息。使用专用钢筋详图构件绘制暗柱钢筋。

图纸说明可以在图纸视图中画，也可以做成图例插入。

(4) 设备专业工作流程

设备和电气图纸与建筑结构图纸的一个很大差异就是建筑结构图纸的图面中构件的尺寸定位等与实际是一致的，但设备和电气图纸中存在大量的示意性内容。管线位置、标高、管件等都存在着大量的示意内容，导致了设备、电气图纸的图面和模型存在着大量的冲突，同时按实际情况建模也导致了巨大的建模工作量和图面整理工作量。

和建筑专业遇到的问题一样，BIM 通过模型把原来离散的各个专业、各个设计师都紧密连接在一起，反复地修改、调整建模的顺序、深化的顺序等原来不是问题的事情通通变成了问题。同时，设备、电气专业还有一个建筑底图的问题，这意味着影响设备、电气图面的不只是设备、电气自己的图元，还有建筑的图元，这就需要综合统筹全部专业的出图需求，然后制定对应的建模标准，从而保证各个专业图面表达的正确性。

工作流程如下。

① 建中心文件

根据建筑专业提供的条件模型建立设备专业中心文件。

② 搭建模型

分离本地文件后，绘制模型。

模型深度要求：北京 BIM 标准综合深度 3.0 级。

③ 提收条件

提条件：针对各专业要求，制作条件模型，存放在服务器中的指定位置，方便其他专业查找。

收条件：建筑结构专业综合各专业条件，重新调整模型，提给各专业。设备专业注意结构的连梁暗柱避让问题。

④ 平面视图管理

为避免重复出相同的平面图，首先选择要出平面图的楼层；其次用“带细节复制”楼层平面视口，通过过滤器功能，使平面楼层的信息按系统表示。

⑤ 末端设备的二维表示

在“详细程度”为“中等”，“图形显示样式”为“隐藏线”的设置下，末端设备的表示方法没有必要与 CAD 图纸的表达方法完全一致，但必须表达明了到位，使专业人员能够看懂。且末端设备族中应该输入基本信息，如：设备编号、规格及型号、基本性能参数等，以备标注时读取。

⑥ 添加图纸

平面图：在图纸浏览器中添加图纸，以“图纸编号＋图名”命名。添加图框，在“视图”选项里添加相应的视图，添加图名及比例。

剖面图：添加图框后，用同样的方法添加剖面。双击添加的视图，进入剖面视口，添加相应的标注，右键点击“取消激活视图”退出，最后添加图名及比例。

（5）电气专业工作流程

根据建筑 Revit 模型建立电气模型，在建筑模型下，根据房间要求和家具摆放，设计照明灯具、电视插座、电话网络接线插座、火灾自动报警及电气箱体的摆放。根据点位设计，设计电气模型。

从电气中心文件分离出一个文件筛选出标准层给建筑专业。建筑专业通过筛选告知只需要强弱电箱点位，从给建筑专业的文件中筛选出强弱电箱，提给建筑专业。

从设备中心文件中提取出需要电量的设备原件点位，设备专业通过 Revit 出的图纸，圈出点位。

接收设备原件点位，进族修改设备原件图例，改为电气图例。为了避免算量重复计算，设备原件用 86 接线盒代替。

在模型内，各电气图纸加标注，其中照明标注导线根数、导线回路。弱电标注管线型号。火灾自动报警系统，用标注族在电气线管上标注，区分各线管型号。

（6）设计成果展示

设计成果展示见图 2.7-1～图 2.7-6。

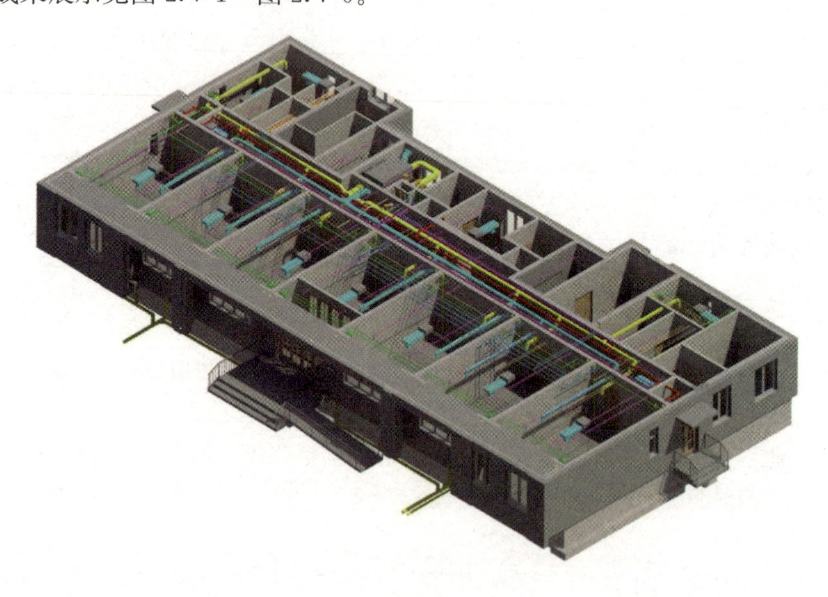

图 2.7-1　首层综合模型

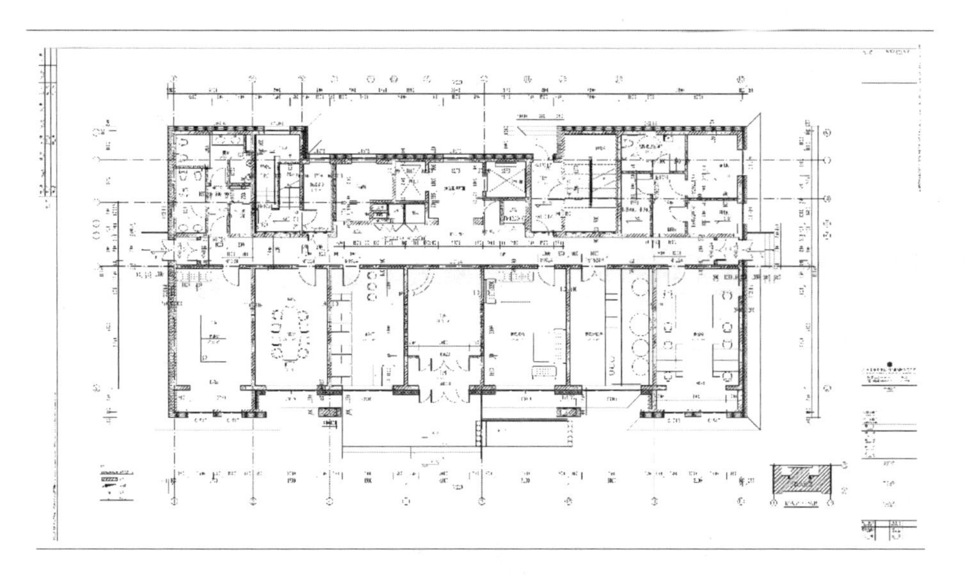

图 2.7-2　首层建筑平面图

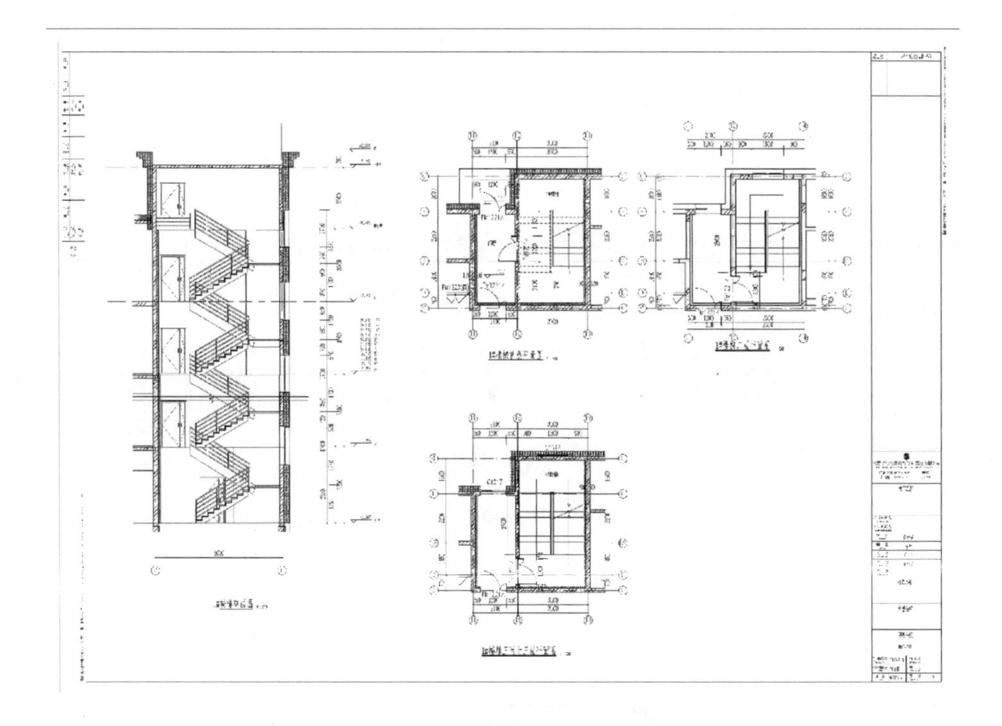

图 2.7-3　建筑楼梯详图

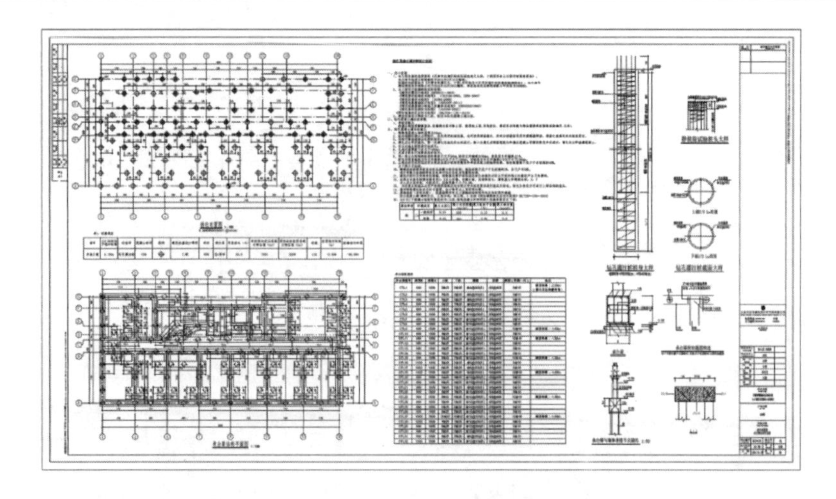

图 2.7-4 桩位布置图、承台梁结构平面图

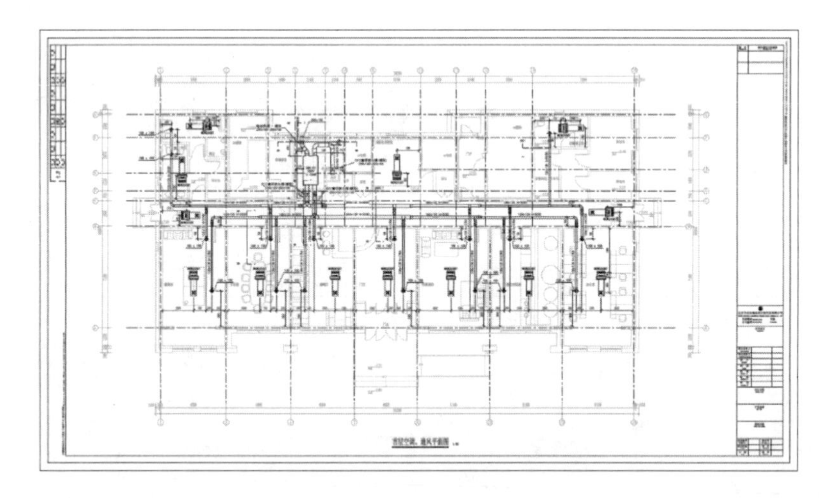

图 2.7-5 首层空调通风平面图

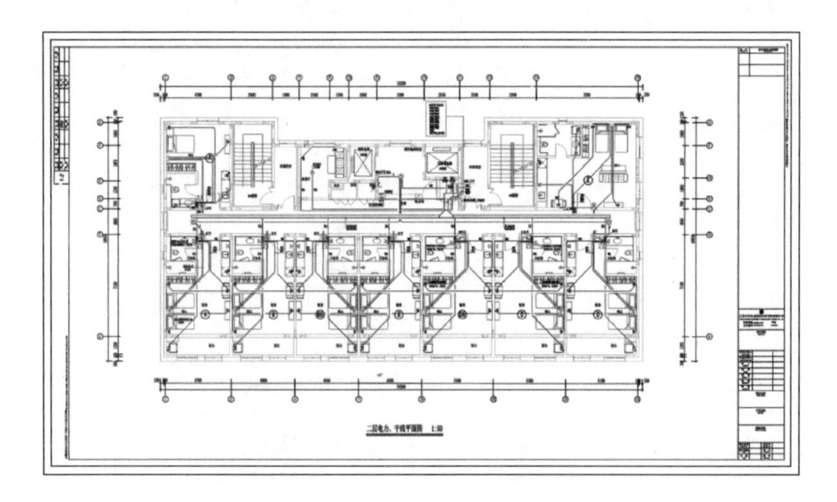

图 2.7-6 二层电力、干线平面图

# 课 后 习 题

1. Revit 施工图设计主要工作可按工作类型分为哪两个阶段？（　　）

A. 建筑设计＋结构设计　　　　B. 模型设计＋标注出图

C. 模型设计＋模型计算　　　　D. 建筑设计＋机电设计

2. Revit 施工图设计的模型深度应基本达到（　　）。

A. 北京 BIM 标准综合深度 1.0 级　　　　B. 北京 BIM 标准综合深度 2.0 级

C. 北京 BIM 标准综合深度 3.0 级　　　　D. 北京 BIM 标准综合深度 4.0 级

3. Revit 施工图设计过程中各专业间模型的同步方式为（　　）。

A. 直接链接工作模型随时同步　　　　B. 完成模型设计后同步

C. 完成外审后同步　　　　D. 建立专用条件模型按需同步

4. 如何看待模型设计带来的工作量和工期的增加？

**参考答案：**

1. B　　2. C　　3. D

4. 模型设计结果力求真实有效，所以设计深度已大于传统施工图设计深度，部分内容向施工延伸，将很多施工环节遇到的问题都在设计过程中提前考虑，所以工作量加大。但同时会大量节省施工过程中的返工变更量。

（案例提供：高洋、陈辰）

## 【案例2.8】昆明某私家别墅庭院景观设计

本案例主要内容是建设方利用软件对环境景观的设计，读者应了解不同软件在BIM各阶段的应用；理解在方案阶段的模型深度要求；同时掌握相应软件的操作这些知识点。

**1. 项目背景**

该项目位于昆明金殿片区某业主的私家庭院内，庭院面积为251m²。本次景观设计的目的是：建设方希望打造一个舒适、安静的室外庭院环境。在设计中充分考虑到现有资源条件进行构思立意，尤其是利用3D软件进行方案设计比对，使设计工作效率和成果质量得到很大提升。

**2. BIM应用内容**

由于是设计方案阶段，模型深度要求低，因此，选用SketchUp软件进行场地建模。其中树木从图库中提取，景墙建出高度和造型，贴上材质。水池建出深度和高度，花池利用软件拉伸选型功能拉升出不同高度。座椅和阳伞选用模型库里的素材。通过软件地形营造、小品建模，建出花园的三维模型（图2.8-1～图2.8-4）。

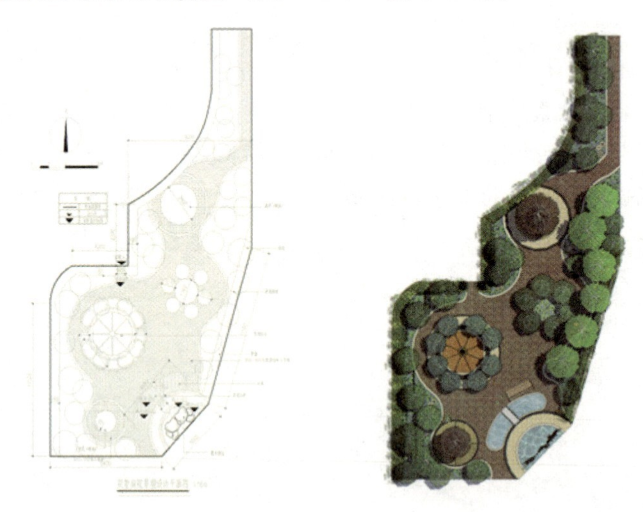

图2.8-1 二维CAD及效果图

图2.8-2 二维线框图

组织流程：前期业主提供的地形图作为基础资料，业主的基本要求和想法作为设计的依据，由设计师进行构思，同时利用软件表现，反复修改、讨论，得到设计成果。实施要求：

图 2.8-3　二维效果图

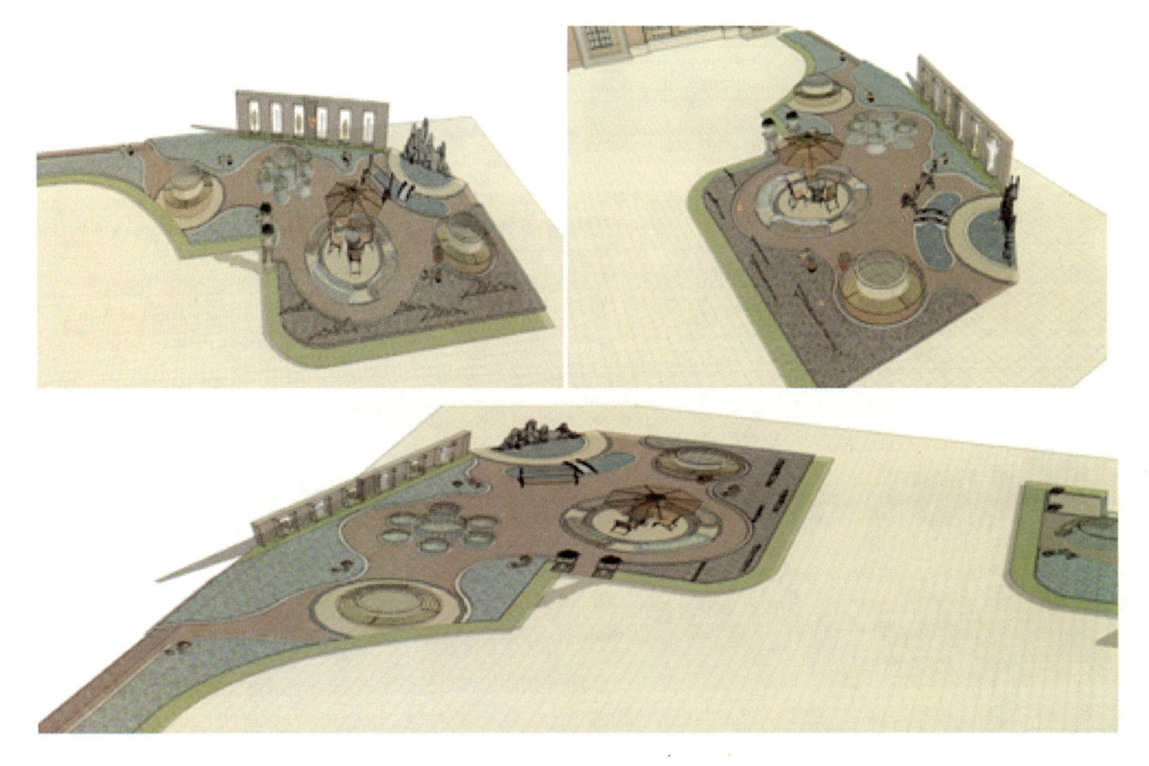

图 2.8-4　三维模型图

（1）甲方对项目的要求

（2）设计师对项目图示及参数化的体现

（3）SketchUp 的应用：

① 对图库的了解；

② 对建模功能键的使用；

③ 了解软件的特点；

④ 组件与组件的关系、群组与群的关系。

## 课　后　习　题

SketchUp 软件的特点及适合应用在景观设计的哪个阶段?

**参考答案:**

SketchUp 软件同时可以进行环境模拟、空间分析、设计草图表达，快速、操作简单，易表现出效果。软件能够快速生成任何位置的剖面，使设计者清楚地了解建筑的内部结构，可以随意生成二维剖面图。所以，SketchUp 软件适合前期设计方案阶段的推敲、对比及表现设计意图。

(案例提供：杨华金)

## 【案例 2.9】某特大桥项目 BIM 应用

BIM 是目前全世界建筑业最为关注的信息化技术，欧美发达国家正在强力推动 BIM 研究和应用，但与国外相比现在中国建筑业尤其是铁路行业 BIM 发展相对较缓慢。相对于建筑、水电行业，中国铁路行业的 BIM 应用还处于起步阶段，各铁路设计院、施工单位开展了部分 BIM 技术研究和试点工作，如中铁二院研发了基于数字地球的铁路三维空间选线系统及二、三维结合的测绘数据集成共享平台，重点开展隧道专业 BIM 建模及交付标准研究，结合北盘江大桥开展了桥梁 BIM 三维设计应用研究，已实现部分桥梁类型的三维设计，结合西成线开展路基勘测、设计及施工全过程 BIM 应用研究，重点开展基于 BIM 模型的铁路路基施工工艺研究，取得了一定的成果。本案例就某铁路桥项目展开，讨论了如何使用 BIM 技术解决其项目设计和施工中的难题，如何利用三维手段解决工程中的实际问题，提升工程质量，节约成本。

**1. 项目背景**

（1）项目特点

该项目是××铁路扩能改造工程的关键控制性环节，是×市铁路枢纽货运列车线和客车线的过江通道，同时大桥预留双线客运专线，作为××至××铁路的过江通道。大桥为（81＋162＋432＋162＋81）m 双层六线铁路钢桁梁斜拉桥，四线铁路客运专线，设计时速 200km；下层是双线货车线，设计时速 120km。同时，预留了小南海水利枢纽满足投入运营后库区 5000t 船舶通行净空、净高的要求并能承担船舶的意外撞击。

（2）BIM 期望应用效果

该项目是前所未有的铁路桥项目，为跨度大、荷载重的六线铁路钢桁梁斜拉桥。该桥施工河段河床地形条件复杂、主河槽流速大、六线双层铁路桥安装精度高等因素都会增加施工难度。设计和施工难度非常大，希望采用 BIM 技术解决复杂设计及施工现场的管理问题和优化施工工艺，保证按时交付。

**2. BIM 应用内容**

（1）BIM 应用概况及实施路线

① BIM 平台建设总体框架

该项目采用了达索系统 3D Experience Catia 和 Delmia 作为整个设计方和施工方使用的 BIM 软件。该大桥由设计院完成设计后将 BIM 模型提交给施工方，施工方在该模型基础上深化设计，并进行后期的施工方案模拟，对关键性的施工工法进行针对性的模拟和优化（图 2.9-1）。

② 实施路线流程

随着项目的开展，项目参与人员经历了 3D Eexperience Ccatia 和 Delmia 软件相关模块的培训，深入掌握 Catia 参数化设计和 Delmia 精细化施工模拟方法。通过该项目的实施，实现了所有的桥梁构件参数化，积累了具有企业特色的桥梁参数化构件库，实施的基本路线如下：

a. 地质和环境水文 GIS 信息采集和线路输入；

b. 桥梁方案设计和论证，确定设计方案；

c. 桥梁骨架模型建立，同时建立参数化构件模型；

图 2.9-1 整体桥梁模型

d. 桥梁设计模型建立；

e. 施工方进行深化设计；

f. 四维施工方案模拟优化；

g. 现场施工管理指导和交流。

(2) BIM 应用内容及实施成果

① 设计模型深化阶段

该项目设计在考虑规划、地形、通航、行洪、环保、桥位等多方面的因素后，最终确定主桥布置为(81＋162＋432＋162＋81)m 钢桁梁斜拉桥，全长 920.4m。主桥采用两片主桁、直桁结构、双塔双索面、半漂浮体系，塔墩固结，塔梁分离。钢桁梁桁宽 24.5m、桁高 15.2m，上层桥面为正交异形板整体桥面，下层为纵横梁体系，上搁混凝土道砟槽板。基于设计院提交的三维 Catia BIM 模型，施工单位的勘察设计院进行深化设计，完善钢桁梁设计、索塔设计、斜拉索设计、基础设计以及相关的钢筋和施工方法说明等。Catia用于深化最具有代表性的特点在于：

a. 二维和三维的参数化设计功能；

b. 模板的超级副本、特征模板和文档模板，特征模板的白盒和黑盒功能；

c. 知识功能模块；

d. 高速缓存读取轻量化模型；

e. 复杂实体的精确造型。

② 参数化构件库

参数化构件库是进行桥梁建模的关键，该项目一共建立了钢桁梁、桥墩、拉索等相关的参数化构件，便于后期智能化地调用，构建参数化大桥模型。搭建参数化构件库的思路如下：

a. 分析桥梁构件特点，建立通用性构件骨架（图 2.9-2）。

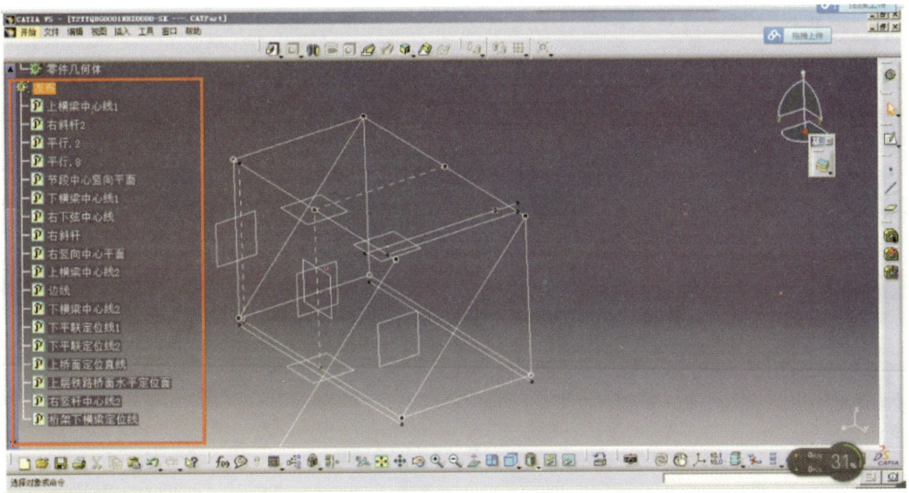

图 2.9-2　智能化桥梁构件骨架

b. 基于骨架和设置构件参数化，建立图 2.9-3 所示的智能化构件。

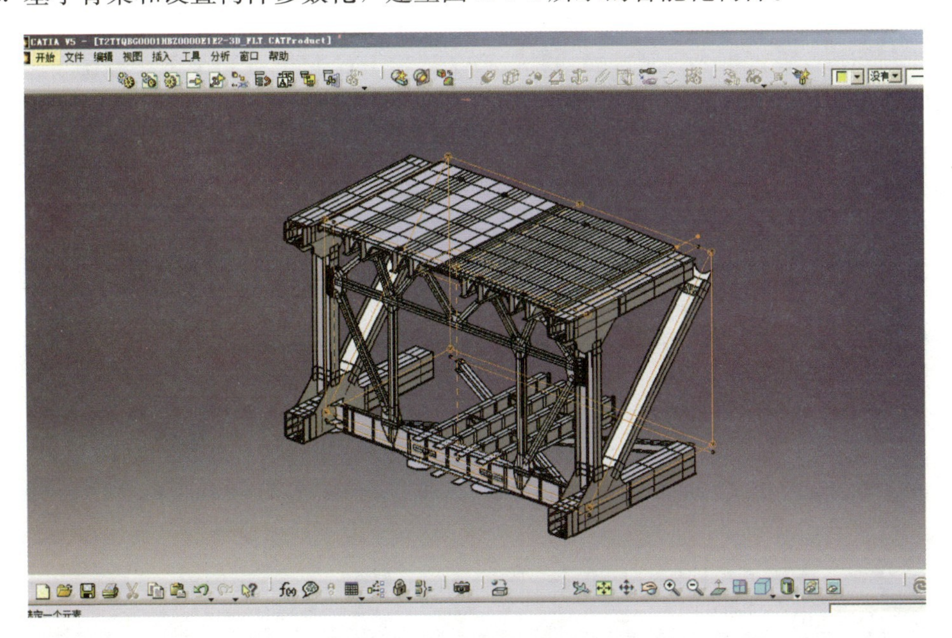


图 2.9-3　智能化桥梁构件

c. 构件入库，保存在相关的服务器目录中，便于其他设计人员调用（图 2.9-4）。

③ 协同设计管理

协同设计在于 Catia 和 Delmia 提供基于数据库服务器的操作方法，能够基于同一模型，实时进行多专业和骨架模板的设计方法。例如：搭建桥梁骨架工程师和桥梁构件设计工程师可以同时工作的平台，桥梁构件设计利用骨架可以实时进行桥梁快速设计，骨架工程师一旦更改了骨架，桥梁模型会发生关联变化。协同设计管理的特性是能够加快桥梁设计速度，便于精细化的管理和应用，同时提高了设计效率和质量。

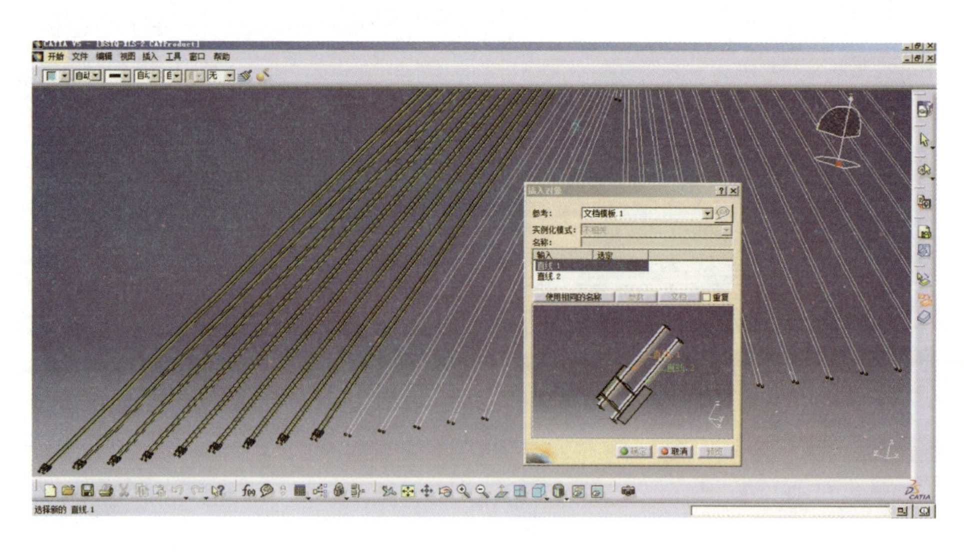


图 2.9-4 斜拉索模板

④ 施工资源建模

施工资源建模，就是将施工所需的资源进行参数化建模，如：2 号墩架梁起重机站位支架，3 号墩墩旁托架和 2 号墩运输栈桥以及 3 号提升站起重机和主塔爬模施工模型，用于后期的施工模拟（图 2.9-5、图 2.9-6）。

图 2.9-5 运输栈桥建模

⑤ 施工工期模拟

该大桥的全桥钢梁建设施工周期约为 804d，包括施工准备、重庆侧钢梁架设、贵阳侧钢梁架设、轨道道砟槽板安装和全桥索力调整，施工周期如表 2.9-1 所示。

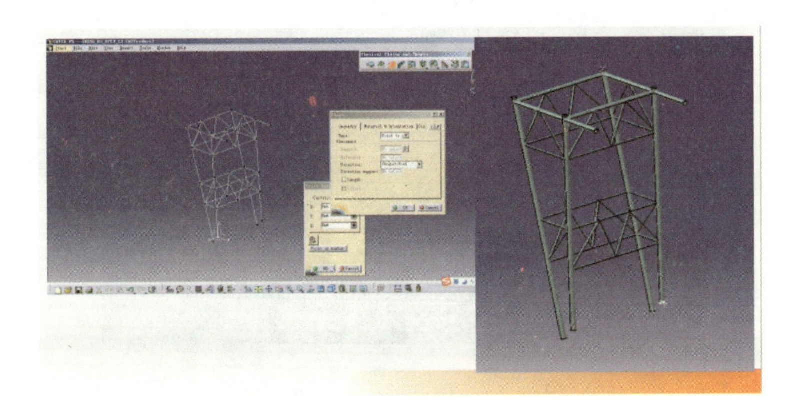

图 2.9-6　架梁起重机站位支架

**施工周期说明**　　表 2.9-1

| 施工周期 | 工作日 |
|---|---|
| ◢ 一、施工准备 | 274个工作日 |
| 1.重庆侧墩顶区钢梁拼装支架施工 | 120个工作日 |
| 2.重庆侧临近既有线防护设施施工 | 60个工作日 |
| 3.重庆侧边跨钢梁辅助支架施工 | 60个工作日 |
| 4.贵阳侧墩旁托架施工 | 60个工作日 |
| ◢ 二、重庆侧钢梁架设 | 478个工作日 |
| 1.架梁起重机安装及试吊 | 45个工作日 |
| ▷ 2.钢梁顶推施工 | 167个工作日 |
| ▷ 3.边跨侧钢梁散拼施工 | 135个工作日 |
| ▷ 4.主跨侧钢梁悬臂架设 | 100个工作日 |
| ◢ 三、贵阳侧钢梁架设 | 380个工作日 |
| ▷ 1.墩顶区钢梁架设 | 190个工作日 |
| ▷ 2.主跨侧钢梁架设 | 160个工作日 |
| ▷ 3.边跨侧钢梁架设 | 190个工作日 |
| 四、轨道道砟槽板安装 | 120个工作日 |
| 五、全桥索力调整 | 30个工作日 |

在 Delmia 施工模拟中默认以秒为标准模拟时间单位，仿真过程中重点模拟了钢梁的吊装和顶推过程（图 2.9-7、图 2.9-8）。

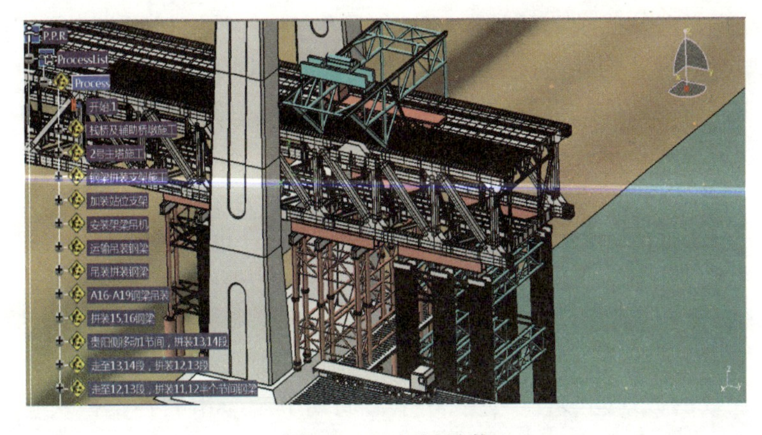


图 2.9-7　钢梁吊装

图 2.9-8　桥梁钢梁的顶推过程

仿真过程主要分为四个阶段：

a. 施工准备阶段：模拟该阶段的栈桥施工、辅助桥墩建造和辅助支架施工，观察施工顺序及工序情况，优化施工工序；

b. 重庆侧钢梁架设：模拟该段钢箱梁的吊装、拼装及顶推过程，观察拼装过程中是否有干涉、碰撞发生，优化施工顺序及工艺，达到减少干涉、碰撞发生几率的目的；

c. 贵阳侧钢梁架设：同重庆侧；

d. 道砟槽板安装及拉锁调整：模拟钢梁桥上铺设槽板及拉锁安装调整。

⑥ 重点施工场景模拟

施工模拟中的重点是钢梁的架设，由于该施工工艺复杂且具有风险性，因此在施工前可用 DELMIA 来模拟钢构的吊装、拼装等工序，及时发现施工过程中可能存在的风险，通过优化施工工艺来减少、规避可能存在的问题。钢梁的架设区域包括重庆段和贵州段，以重庆段为例，其施工工艺包括 13 道，涉及钢梁的吊装、拼接、节段的顶推移动、起重机的移动等，通过这些施工工艺的模拟，完整地展现了该钢梁的施工工艺，指导现场施工。

（3）项目实施经验总结

① 模型设计深化

通过对于 BIM 模型的深化设计，完成整个的深化设计工程，主要依赖于 Catia 设计软件的运用：

自顶向下的设计理念。在 Catia 的设计流程中，采取“骨架线＋模板”的设计模式。首先通过骨架线定义建筑或结构的基本形态，再通过把构件模板附着到骨架线来创建实体建筑或结构模型。通过对构件模板的不断细化，就能实现 LOD 逐渐深化的设计过程。而一旦调整骨架线，所有构件的尺寸可自动重新计算生成，极大地提高了设计效率。

强大的参数化建模技术。在 Catia 的设计环境中，具有强大的参数化设计能力。设计师只需要决定基本造型特征，并描述构件之间的逻辑关系，然后软件可以自动根据逻辑关系生成参数化的模型细节。当造型特征发生变化时，软件也将自动根据逻辑关系去更新参数化的模型。因此，Catia 具有在整个项目周期内的强大修改能力，即使是在设计的最后阶段进行重大的修改。

与生命周期下游应用模块的集成性。由于 Catia 和 Delmia、Enovia 等产品都基于统一的数据平台，Catia 的数据能够直接进入到生命周期下游应用的各个模块。三维模型的修改，能完全体现在有限元分析、虚拟施工、项目管理等流程中。

② 施工方案模拟

通过施工方案的模拟，借助 Delmia 施工仿真软件的强大施工模拟优化功能，施工方能够直观地观察到整个施工工艺流程，及早发现施工过程中可能存在着的风险和缺陷，从而优化施工工艺来达到减少风险的发生、缩短施工工期、提高安全防范意识、减少施工成本的目的，能够虚拟建造技术解决方案行之有效地解决以下问题：

a. 何时、何地该如何部署诸如起重机和人力等此类的资源？

b. 施工顺序是否正确？

c. 在规定时间内我是否有充足的时间来完成施工任务？

d. 在执行施工操作时是否存在冲突或违反安全规范的问题？

e. 施工机械等资源的使用是否最大化？

f. 是否使用了最短的时间来完成规划的项目进度？

g. 项目规划是否用以实现成本和风险的最小化？

该项目的实施也提高了客户技术人员的业务水平，积累了仿真项目的经验水平，为以后其他项目的开展积累了知识经验。

## 课 后 习 题

1. 参数化构件库对于企业 BIM 技术的应用有什么意义？（　　）

A. BIM 应用的基础　　B. 可重复使用的智力资产

C. 便于统计工程量　　D. 累赘复杂

2. 虚拟建造技术解决方案能够解决哪些施工的问题？（　　）

A. 何时、何地该如何部署诸如起重机和人力此类的资源

B. 施工顺序是否正确

C. 在规定时间内我是否有充足的时间来完成施工任务

D. 在执行施工操作时是否存在冲突或违反安全规范的问题

3. 下面哪一项不是达索系统 BIM 软件 Catia 的功能？（　　）

A. 参数化设计　　B. 工程量统计

C. 曲面及创意设计　　D. 四维仿真

4. 下面哪一项不是三维协同设计的优势？（　　）

A. 设计效率增加　　B. 多专业协同

C. 便于变更设计　　D. 增加设计成本

5. 施工阶段应用 BIM 技术的核心在哪里？

**参考答案：**

1. ABC　　2. ABCD　　3. D　　4. D

5. 施工深化设计和施工工艺优化，通过软件实时真实地模拟和计算优化，利于在项目施工之前把握整个施工过程中存在的问题，便于项目周期的控制和施工安全，保证项目按时交付。

（案例提供：王春洋）

# 第三章　施工及运维 BIM 应用案例

## 第一节　施工招标投标阶段案例

### 【案例 3.1】某研发中心施工投标阶段 BIM 应用

招标投标，最早起源于英国，作为一种“公共采购”的手段出现，是一种商品交易行为。招标和投标是交易过程的两个方面，具有程序规范、透明度高、公平竞争、一次成交的特点，有利于节约资金和采购效益的最大化，杜绝腐败和滥用职权。采购人事先提出货物、工程或服务采购的条件的要求，邀请众多投标人参加投标并按照规定程序从中选择交易对象，其实是以较低的价格获得最优的货物、工程和服务。掌握招标投标的含义、特点；了解 BIM 深化设计协调管理流程；熟悉 BIM 在本项目的应用点；熟悉模型构件的拆分原则及要求；掌握 BIM 系统实施保障。

**1. 项目背景**

(1) BIM 应用的必要性

在招标控制环节，准确和全面的工程量清单是核心环节。而工程量计算是招标投标阶段耗费时间和精力最多的重要工作。而 BIM 是一个富含工程信息的数据库，可以真实地提供工程量计算所需要的物理和空间信息。借助这些信息，计算机可以快速对各种构件进行统计分析，从而大大减少根据图纸统计工程量带来的烦琐的人工操作和潜在错误，在效率和准确性上得到显著提高。

(2) 本项目 BIM 应用重点

本章节是根据项目的实际考察情况，提出重点难点并进行分析与解答。

重难点：总承包管理要求高，组织协调难。

解决方式：

BIM 深化设计协调管理流程：

① 建立规范文件存储体系；

② 定制统一的标准；

③ 深化设计变更管理；

④ 竣工模型管理。

重难点：占地面积大、单体建筑集中，交通组织、总平面管理。

解决方式：

通过已经建立好的一段与两段实验楼模型对施工平面组织、材料堆场、现场临时建筑及运输通道进行模拟，调整建筑机械（塔式起重机、施工电梯）等安排；利用 BIM 模型分阶段统计工程量的功能，按照施工进度分阶段统计工程量，计算体积，再和建筑人工和建筑机械的使用安排结合，实现施工平面、设备材料进场的组织安排。具体应用组织如下：

临时建筑：对现场临时建筑进行模拟，分阶段备工备料，计算出该建筑占地面积，科学计划施工时间和空间。

场地堆放的布置：通过 BIM 模型分析各建筑以及机械等之间的关系，分阶段统计出现场材料的工程量，合理安排该阶段材料堆放的位置和堆放所需的空间。利于现场施工流水段顺利进行。

机械运输（包括塔式起重机、施工电梯）等安排：塔式起重机安排，在施工平面中，以塔式起重机半径展开，确定塔式起重机吊装范围。通过四维系统模拟施工进度，显示整个施工进度中塔式起重机的安装及拆除过程，和现场塔式起重机的位置及高度变化进行对比。施工电梯安排，结合施工进度，利用 BIM 模型分阶段备工备料，统计出该阶段材料的量，加上该阶段的人员数量，与电梯运载能力对比，科学计算完成的工作量。

**2. BIM 应用内容**

充分考虑 BIM 技术与项目施工管理的密切结合，同时注重 BIM 模型在施工过程中的变更、更新以及信息添加、信息分析应用，以保证 BIM 竣工模型在未来的运营维护管理中发挥作用。

应用本项目的 BIM 标准，在工程量的统计上，不仅可以把 BIM 模型直接导出到广联达软件中实现与定额标准的结合，直接算量计价，还可以直接用 Revit 模型实现按照施工进度要求实时地进行阶段算量，出具的清单分部分项与概预算专业的分部分项的项目编码和分类规则相一致。另外，通过制定统一的信息添加标准和规则，利用 Revit 软件的共享参数和族参数的统一设置，使得 BIM 模型的信息能够随意添加到建筑构件上，并被自由地被查询、检索、统计。

（1）概念设计阶段 BIM 应用

1）冲突检测

冲突检测是指通过建立 BIM 三维空间几何模型，在数字模型中提前预警工程项目中各不同专业（建筑、结构、暖通、消防、给水排水、电气桥架、设备、幕墙等）在空间上的冲突、碰撞问题。通过预先发现和解决这些问题，提高工程项目的设计质量并减少对施工过程的不利影响。

通过 BIM 建筑结构水暖电模型的建立，导出到 Navisworks 里检查施工图的错漏碰缺，出具碰撞检查报告，并提交设计院，协商进行设计优化，使施工图设计实现零错误设计。同时可以根据项目需要直接从 BIM 模型输出无错 2D 施工图或设计变更。也可以根据项目需要进行净高检查，并与设计、施工规范要求、业主需求作对比检查。

2）模型构件的拆分

鉴于目前计算机软硬件的性能限制，整个项目都使用单一模型文件进行工作是不太可能实现的，必须对模型进行拆分。不同的建模软件和硬件环境对于模型的处理能力会有所不同，模型拆分也没有硬性的标准和规则，需根据实际情况灵活处理。

① 一般模型拆分原则

a. 按专业拆分，如土建模型、机电模型、幕墙模型等。

b. 按建筑防火分区拆分。

c. 按楼号拆分。

d. 按施工缝拆分。

e. 按楼层拆分。

② 拆分要求

根据一般电脑配置情况分析，单专业模型，面积控制在 10000$m^2$ 以内，多专业模型（土建模型包含建筑与结构或者机电模型，包含水、暖、电等情况），面积控制在 6000$m^2$ 以内，单个文件大小不大于 100MB。

（2）团队分工职责（表 3.1-1）

**团队分工职责**　　　　**表 3.1-1**

<table>
<tr><th colspan="2">岗　位</th><th>职　责</th></tr>
<tr><td colspan="2">BIM 项目经理</td><td>确保在整个项目实施中信息的统一和 BIM 团队潜力的充分发挥</td></tr>
<tr><td colspan="2">BIM 技术总监</td><td>参与项目实施过程中的 BIM 决策，制订 BIM 工作计划。<br>对 BIM 实施项目进行考核、评价和奖惩。<br>负责 BIM 实施环境的保障监督，协调并监督 IT 人员为各项目建立软硬件及网络环境</td></tr>
<tr><td colspan="2">BIM 高级顾问</td><td>为团队成员在项目实施过程中遇到的各种问题提供技术指导</td></tr>
<tr><td colspan="2">BIM 商务主管</td><td>负责在项目实施过程中与项目各参与方的商务对接</td></tr>
<tr><td rowspan="5">BIM 专业负责人</td><td>土建负责人</td><td rowspan="5">负责本专业内部的任务分工及协调。<br>将工程项目中每天的进程和遇到的问题准确反映在 BIM 模型之中，提供给项目经理作管理决策。<br>BIM 专业负责人在项目管理中是最直接的操作者和信息的提供者</td></tr>
<tr><td>机电负责人</td></tr>
<tr><td>造价负责人</td></tr>
<tr><td>钢结构负责人</td></tr>
<tr><td>幕墙负责人</td></tr>
<tr><td rowspan="5">BIM 高级工程师</td><td>土建</td><td rowspan="10">工程师根据设计单位提供的图纸与模型创建与修改，生成施工管理所需要的 BIM 模型。<br>编写各自专业在项目实施过程中的问题报告、汇报文件、制作视频等</td></tr>
<tr><td>机电</td></tr>
<tr><td>钢结构</td></tr>
<tr><td>幕墙</td></tr>
<tr><td>造价</td></tr>
<tr><td rowspan="5">BIM 工程师</td><td>土建</td></tr>
<tr><td>机电</td></tr>
<tr><td>钢结构</td></tr>
<tr><td>幕墙</td></tr>
<tr><td>造价</td></tr>
</table>

（3）BIM 深化设计的协调管理

图 3.1-1 中表现出了相关的步骤流程和相关团队的职责。

（4）BIM 系统实施保障

1）前提保障：

① 保证在实施前各项准备工作能按时完成；

② 高层领导强有力的推进、保证人员的到位；

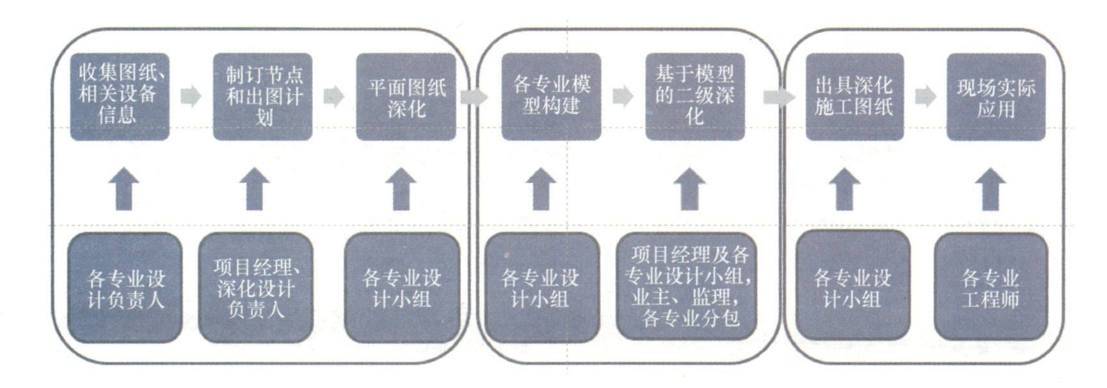


图 3.1-1 BIM 深化设计的协调管理图

③ 必须按正常渠道反馈实施中出现的问题；

④ 严格保证培训效果。

2）建立系统运行保障体系。

3）编制 BIM 系统运行工作计划。

4）建立 BIM 系统运行例会制度。

5）建立系统运行检查机制。

（5）项目进度计划（表 3.1-2）

**项目进度计划** **表 3.1-2**

| 成果描述 | 完工时间 |
|---|---|
| BIM 组织架构表，组建本项目 BIM 团队 | 合同签订后的 15d 内 |
| BIM 执行计划书，包括 BIM 实施标准，实施规划的确定 | 合同签订后的 30d 内 |
| 基础模型的搭建，包括场地，园林景观，市政道路及管线，建筑，结构，水暖电施工图模型 | 合同签订后收到相关施工图纸的 60d 内 |
| CSD、CBWD 等施工深化图纸 | 与图纸一起递交 BIM 模型 |
| 施工变更引起的模型修改 | 在收到变更单后的 7d 内 |
| 精装修模型搭建，幕墙、钢结构深化设计模型 | 在相应部门施工前的一个月内 |
| 碰撞检测报告及解决碰撞 | 在相应部门施工前的一个月内 |
| 4D 施工模拟及进度优化 | 在相应部门施工前的一个月内 |
| BIM 竣工模型 | 在出具完工证明以前 |

BIM 对于建设项目生命周期内的管理水平提升和生产效率提高具有不可比拟的优势。利用 BIM 技术可以提高招标投标的质量和效率，有力地保障工程量清单的全面和精确，促进投标报价的科学、合理，加强招标投标管理的精细化水平，减少风险，进一步促进招标投标市场的规范化、市场化、标准化的发展。可以说 BIM 技术的全面应用，将为建筑行业的科技进步产生无可估量的影响，大大提高建筑工程的集成化程度和参建各方的工作效率。

# 课　后　习　题

## 一、单项选择题

1. 不属于按照工程建设程序分类的招标方式有（　　）。

A. 建设项目前期咨询招标投标　　B. 勘察设计招标

C. 材料设备采购招标　　D. 专项工程承包招标

2. 该项目中 BIM 深化设计协调管理流程的第一步是（　　）。

A. 建立规范文件存储体系　　B. 定制统一的标准

C. 深化设计变更管理　　D. 竣工模型管理

3. 公开招标是指招标人以公开发布招标公告的方式邀请（　　）的，具备资格的投标人参加投标，并按《中华人民共和国招标投标法》和有关招标投标法规、规章的规定，择优选定中标人。

A. 特定　　B. 全国范围内

C. 专业　　D. 不特定

4. 不属于施工投标文件的内容有（　　）。

A. 投标函　　B. 投标报价

C. 拟签订合同的主要条款　　D. 施工方案

5. 工程项目的投标报价在总报价基本确定后，调整内部各个项目的报价，既不提高总价，又不影响中标，同时能在结算时得到更理想的经济效益的报价方式是（　　）。

A. 不平衡报价法　　B. 清单报价

C. 定额报价　　D. 固定总价报价

**参考答案：**

1. D　2. A　3. D　4. C　5. A

## 二、多项选择题

1. 建设工程招标按工程承发包模式分类的种类有（　　）。

A. 工程咨询承包模式　　B. 交钥匙工程承包模式

C. 设计施工承包模式　　D. 设计管理承包模式

E. BOT 工程模式　　F. CM 模式

2. 在招标控制中应用的 BIM 模型的建立途径有（　　）。

A. 直接按照施工图纸重新建立 BIM 模型

B. 得到 AutoCAD 格式的电子文件，识图转图将 dwg 二维图转成 BIM 模型

C. 复用和导入设计软件提供的 BIM 模型，生成 BIM 算量模型

D. 利用概念设计方案生成概念模型

3. BIM 在投标过程中的应用有（　　）。

A. 基于 BIM 的方案设计

B. 基于 BIM 的施工方案模拟

C. 基于 BIM 的 4D 进度模拟
D. 基于 BIM 的资源优化与资金计划

**参考答案：**

1. ABCDEF　　2. ABC　　3. ABC

**三、简述题**

1. 一般模型拆分原则。
2. BIM 系统实施保障。

**参考答案：**

1. ① 按专业拆分，如土建模型、机电模型、幕墙模型等；
② 按建筑防火分区拆分；
③ 按楼号拆分；
④ 按施工缝拆分；
⑤ 按楼层拆分。
2. ① 前提保障：
a. 保证在实施前各项准备工作能按时完成；
b. 高层领导强有力的推进、保证人员到位；
c. 必须按正常渠道反馈实施中出现的问题；
d. 严格保证培训效果。
② 建立系统运行保障体系。
③ 编制 BIM 系统运行工作计划。
④ 建立 BIM 系统运行例会制度。
⑤ 建立系统运行检查机制。

（案例提供：赵雪锋　张敬玮）

## 【案例 3.2】某机场土护降工程施工投标阶段 BIM 技术应用策划

BIM 应用能力作为体现企业创新能力和管理实力的重要标志，其效果在投标阶段也凸显出来。清单工程量的核对、询价、技术标的编制等都是投标中工作量比较大的管理工作。而 BIM 技术能够实现精准算量，从而辅助控制平衡投标价，而其使施工组织更加可视化，以及可视化展示技术方案的主要疑难内容，可以使技术标更加让招标人认可。熟练掌握 BIM 技术应用的投标队伍可极大地减少传统大量人员重复算量、二维图纸沟通不畅等诸多不便，把问题快速地排查清楚，能极大地减少投标参与人员，而且效率更高。本案例就土护降工程投标阶段，如何在方案策划上综合应用 BIM 技术展开。

**1. 项目背景**

航站楼的中心区基坑及基础桩工程，其基坑面积达 19 万 $m^2$、基坑周长约 2100m，土方量约 200 万 $m^3$，护坡桩 1900 根，预应力锚杆约 80000 延米，降水井约 270 眼，基础桩 8400 根约 22 万 $m^3$ 混凝土，桩间土开挖和 8400 根基础桩的桩头凿除和检测也包含在施工招标范围内，施工工程量非常大。基坑及基础桩工程要求 2014 年 9 月开工，2015 年 2 月（农历正月）竣工，工期 150 日历天，施工大部分时间处于冬季。工程有规模大、工序多、工期紧等特点。BIM 应用需要针对造价的准确性和工程管理的重点及难点展开。

**2. BIM 应用内容**

（1）策划

根据机场基坑面积大、深度大，基坑开槽标高多，支护形式多样，基坑排水面积大等特点，基坑工程施工信息技术应用如表 3.2-1 所示，基坑施工 BIM 技术整体应用方案示意图如图 3.2-1 所示。

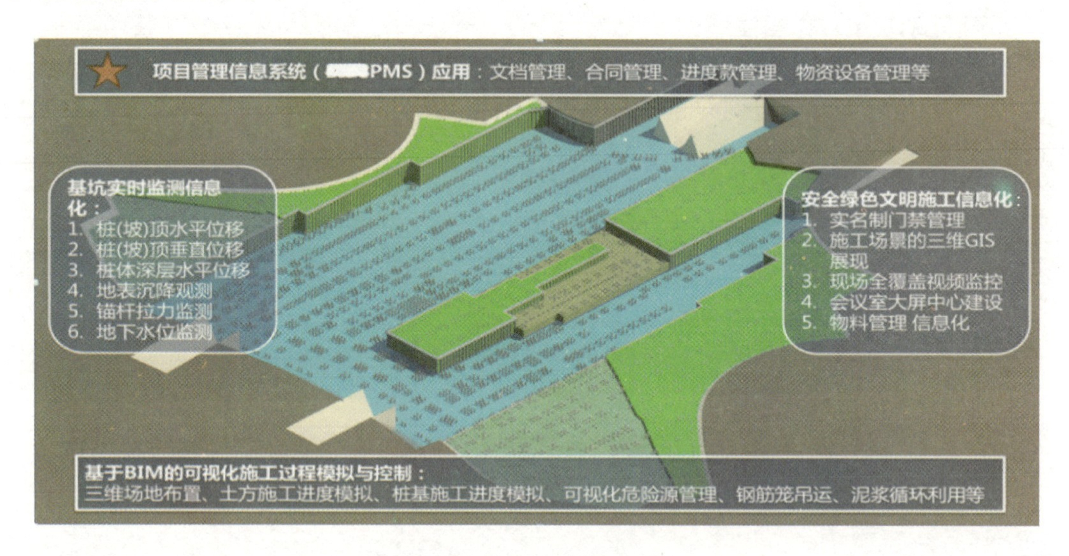


图 3.2-1　基坑施工 BIM 整体方案示意图

**基坑工程施工信息技术应用表**　　**表 3.2-1**

| 序号 | 信息化系统 | 信息化应用内容 |
|---|---|---|
| 1 | 某机场工程项目管理信息系统 | 合同管理、文档管理、进度款管理、物资设备管理 |

续表

| 序号 | 信息化系统 | 信息化应用内容 |
| --- | --- | --- |
| 2 | 基坑工程实时监测信息化应用系统 | 桩（坡）顶水平位移、桩（坡）顶垂直位移、地表沉降观测、锚杆拉力监测、地下水位监测 |
| 3 | BIM 可视化管理系统 | 三维场地布置、土方施工进度模拟、桩基 4D 施工进度模拟、可视化进度管理、桩基精细化控制 |
| 4 | 安全绿色文明施工信息化应用 | 实名制门禁管理、视频监控、施工场景三维 GIS 展现、会议室大屏中心建设、物料管理信息化 |

基于上述方案设计，策划施工过程拟采用 BIM 系列软件，以及位移监测、地表沉降监测、锚杆拉力监测、地下水位监测、大屏中心、门禁系统等硬件设备。同时，本工程将在施工现场布置如图 3.2-2 所示的硬件环境。

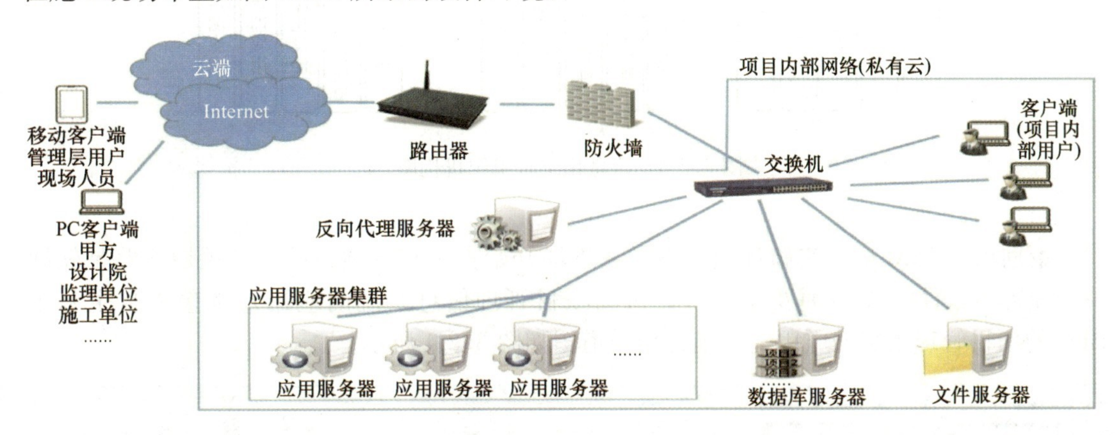


图 3.2-2 施工现场信息化硬件环境方案

（2）投标阶段 BIM 技术综合应用表述（表 3.2-2）

投标阶段 BIM 技术综合应用解决的主要问题　　表 3.2-2

| 序号 | 解决的问题 | 采取的信息技术 |
| --- | --- | --- |
| 1 | 施工进度及工况模拟 | 4D-BIM 平台或 Navisworks 等 |
| 2 | 施工机械管理 | GIS+GPS+BIM+视频监控 |
| 3 | 土方开挖工程量控制 | 利用地表模型、进度模型、激光扫描、视频监控、机械计划、4D-BIM |
|  | 土方外运控制 | 利用地表模型、最终场控标高模型平衡土方外运 |
| 4 | 护坡桩检测 | 信息平台+GIS，实现报警信息 |

（3）组织机构

为保证投标后 BIM 技术应用的质量和效果，选择具有 BIM 管理经验的人员，建立以投标项目经理为负责人的组织机构，将施工管理 BIM 应用落实到岗位职责和每个参与的管理人员。投标期间组建 BIM 团队，在投标组织机构中，由企业的 BIM 中心经理负责牵头 BIM 团队，对整个项目投标期间 BIM 工作的开展负责。团队参与组织、监督和协调项目投标全方向及全过程，参与支持重大事件决策，配置包括顾问、建模、算量、三维可视化模拟、深化设计、管理应用、服务支持、项目协调、技术支持等岗位成员，明晰岗位职责。组织机构图如图 3.2-3 所示。

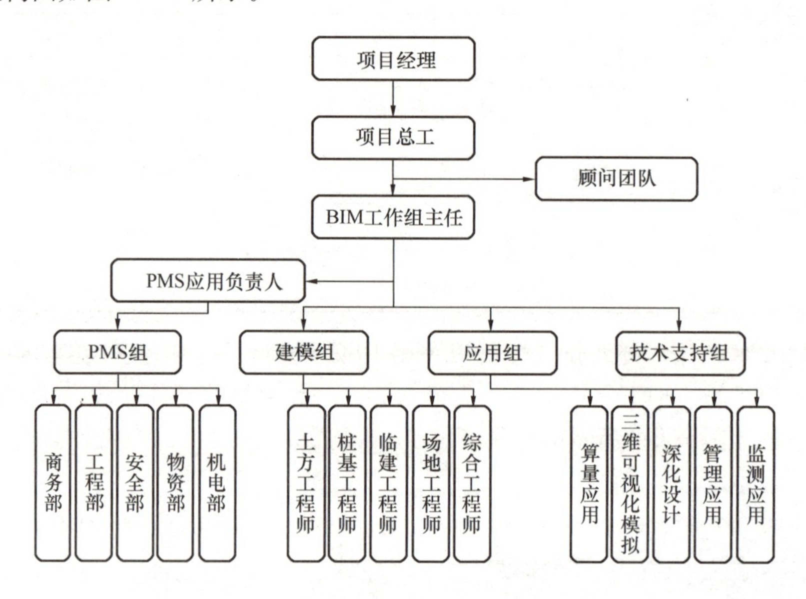


图 3.2-3　信息化实施组织机构图

（4）制订实施计划

策划项目 BIM 应用实施计划，满足从进场开始直至基坑项目竣工，关键线路是软硬件的配置、软件操作培训及试运行、机场项目管理信息系统的应用及承包人自主基于 BIM 的项目管理系统的应用。实施计划横道图如图 3.2-4 所示。

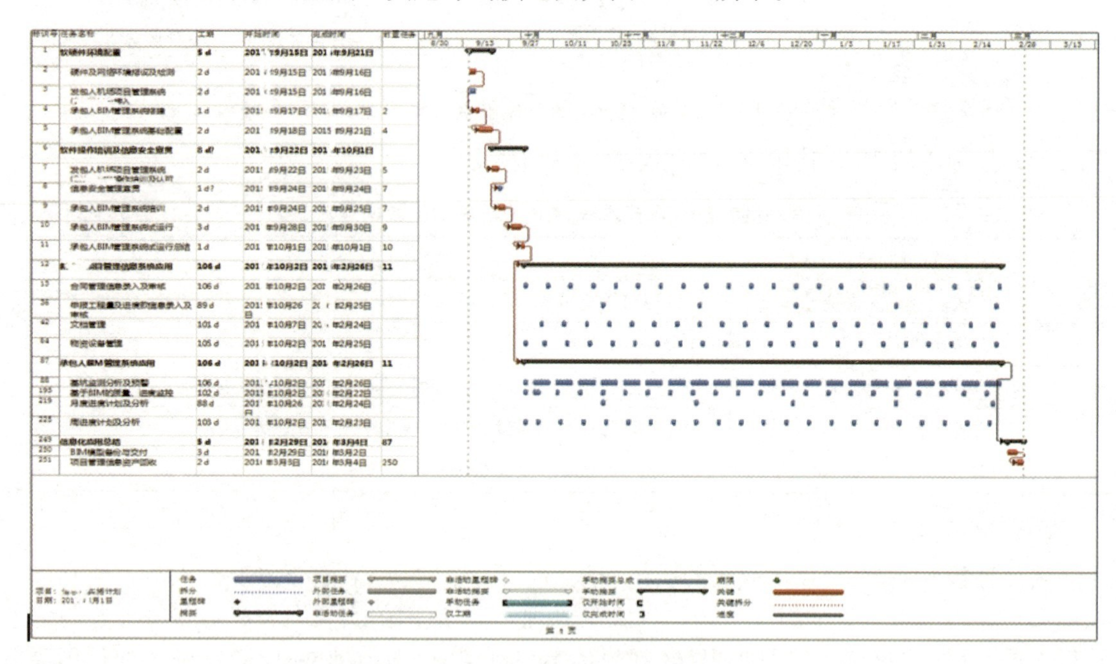

图 3.2-4　实施计划横道图

（5）BIM 建模、模型整合及施工模拟

① 各类模型的创建及整合

应用建模软件建立基坑施工的 BIM 模型、地表模型、现场临时设施、施工场地布置的模型，并且为土方施工、护坡施工、桩基施工、降排水等分项工程建立施工 BIM 模型（图 3.2-5～图 3.2-7）。

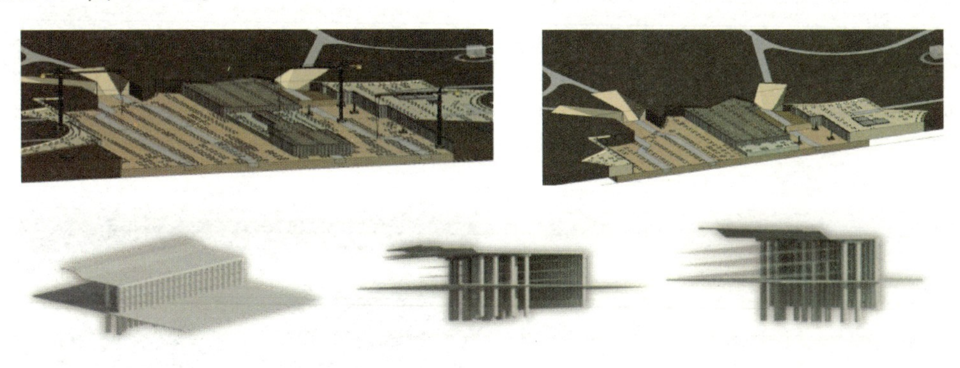

图 3.2-5　边坡模型

图 3.2-6　桩基模型

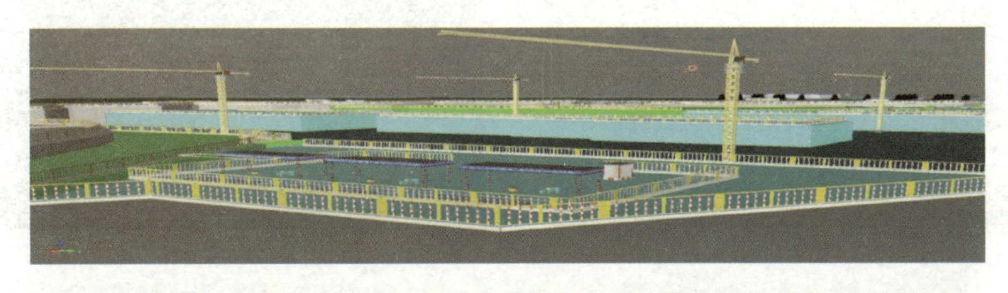

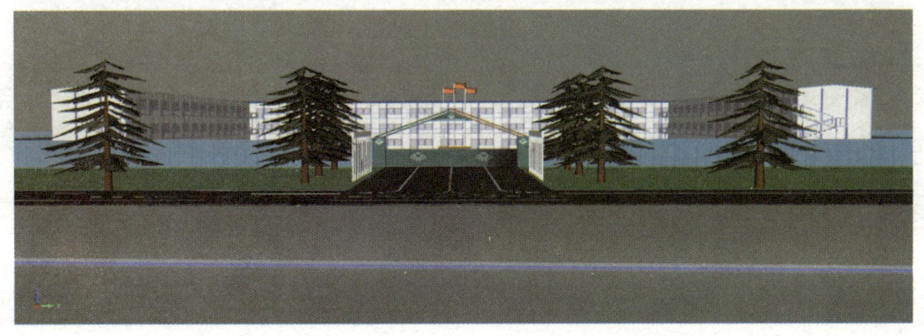

图 3.2-7　场地模型

再结合施工项目管理技术，尤其是进度管理、成本管理的综合应用，形成基于 BIM5D 技术的施工项目管理信息化管理应用（图 3.2-8）。

② 施工模拟

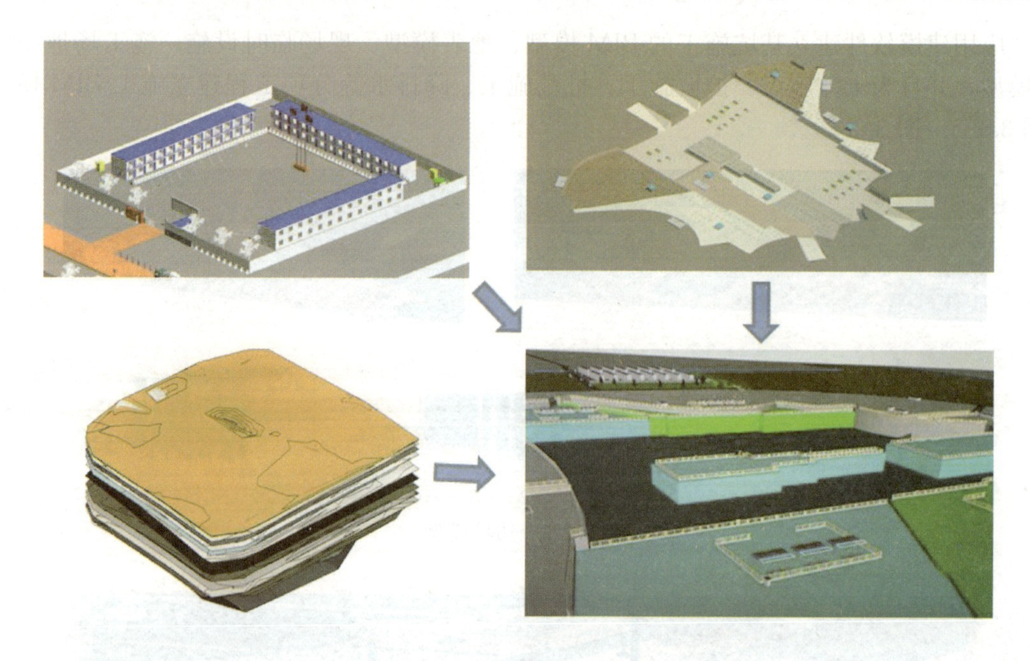

图 3.2-8　模型整合示意图

进行施工技术方案中关键工序、施工场地建模后的动态模拟，包括：场地布置、打桩流程、泥浆制备、钢筋笼吊运、施工阶段终态模拟等（图 3.2-9～图 3.2-13）。

图 3.2-9　施工场地布置模拟

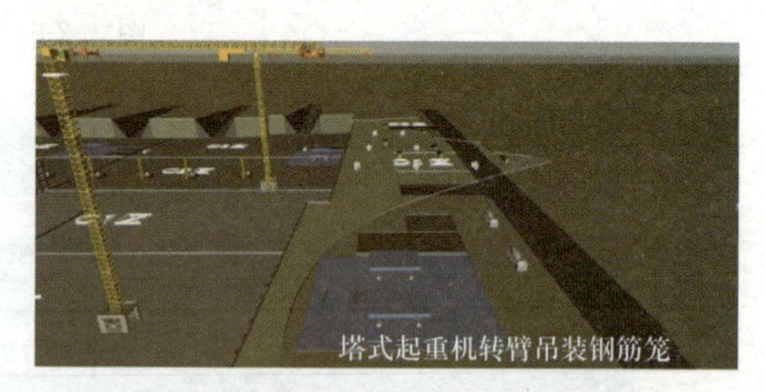


图 3.2-10　钢筋笼吊运

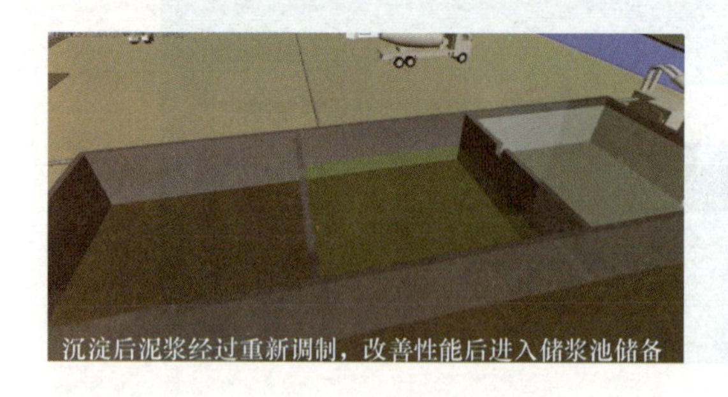


图 3.2-11　桩基施工流程模拟

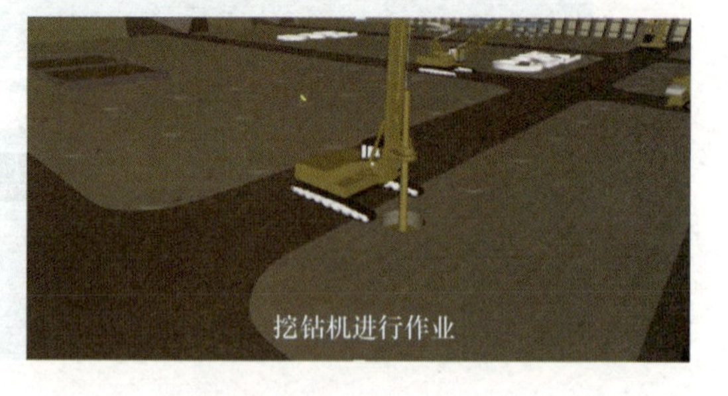


图 3.2-12　泥浆制备模拟

（6）土方工程中的BIM应用

1）土方施工进度模拟

通过土方工程施工部署的动态模拟，通过可视化的方式优化土方施工方案及施工部

图 3.2-13　施工阶段终态模拟

署，提高方案的合理性、科学性。在施工过程中，通过施工进度模拟提高施工项目各方之间协调管理工作的质量和效率。土方施工工况见图 3.2-14～图 3.2-16）。

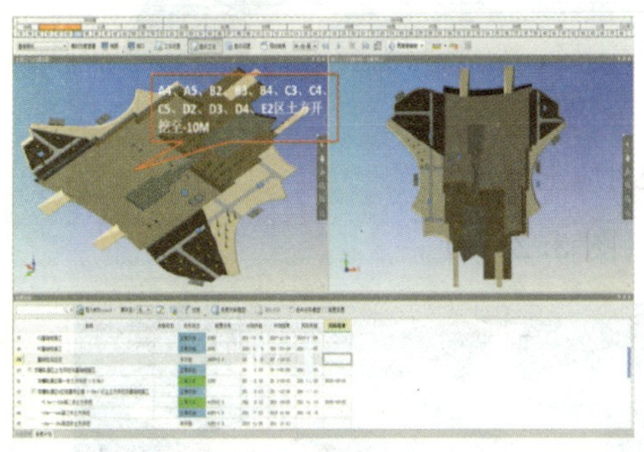

图 3.2-14　土方施工工况 1

图 3.2-15　土方施工工况 2

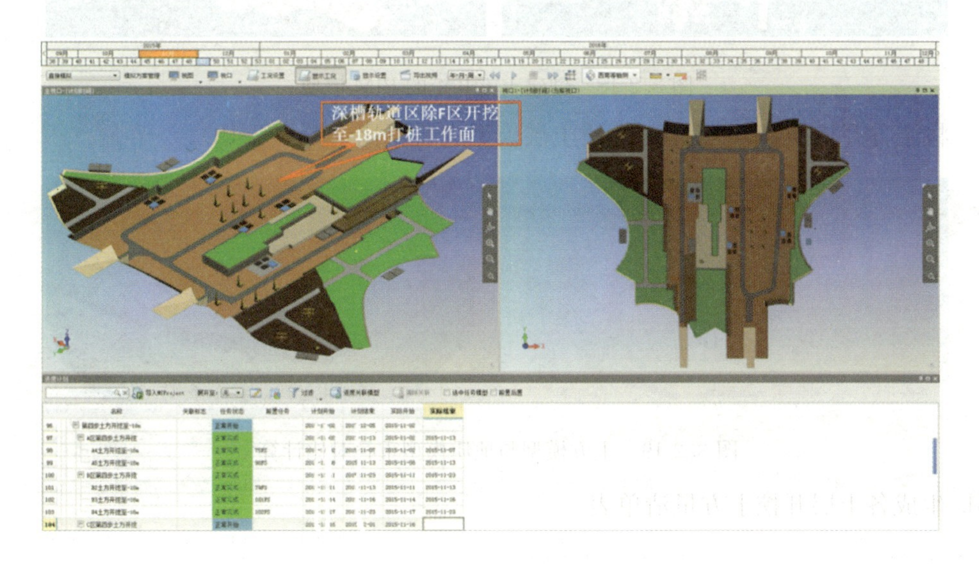


图 3.2-16　土方施工工况 3

2）土方开挖工程量控制

运用 BIM 技术生成原始地形数字模型并在此基础上进行土方量计算，不但计算结果更加准确，时间上也仅仅需要几天即可完成。各种土方量计算结果能够以表格或报表方式输出。

① 土方开挖工程量的计算流程

a. 依据地质勘察报告，创建地下土层模型，真实反映地下土层状况（图 3.2-17）。

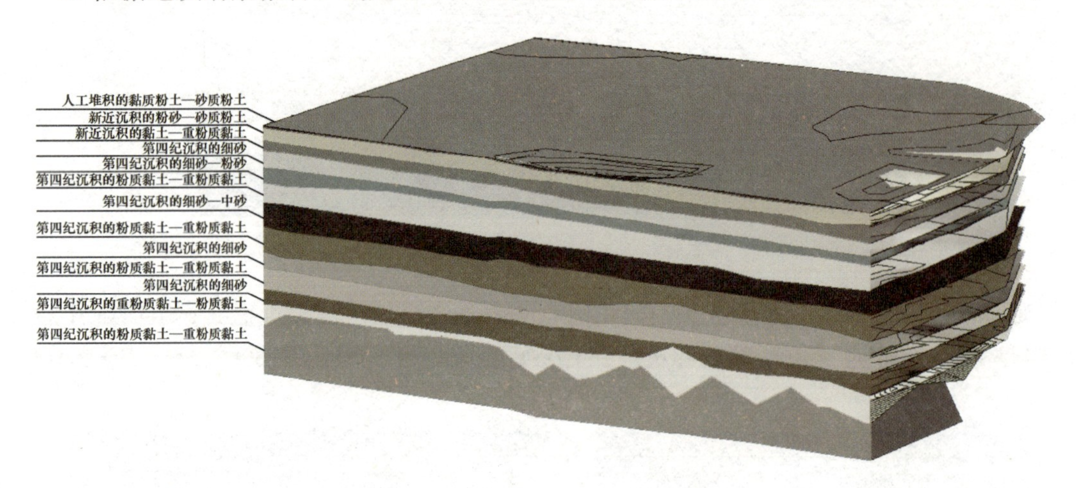


图 3.2-17　土层模型及对应土层列表

b. 根据施工方案建立土方开挖的 BIM 模型（图 3.2-18）。

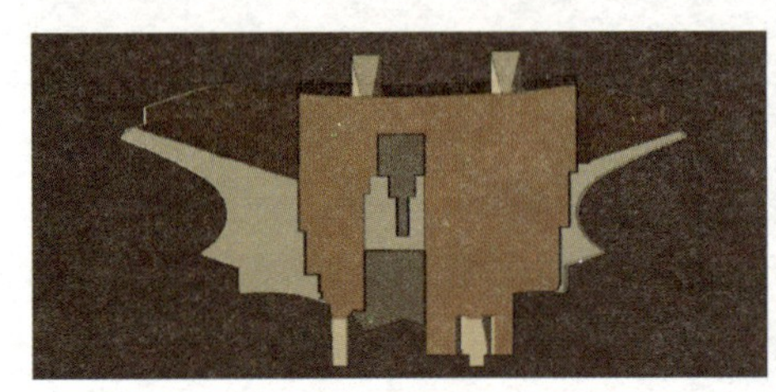
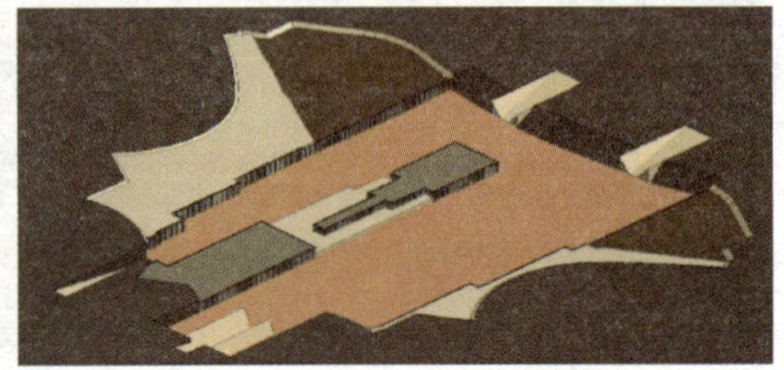

图 3.2-18　创建土方开挖的 BIM 模型

c. 将土方开挖的 BIM 模型与地质土层模型进行对比（图 3.2-19）。

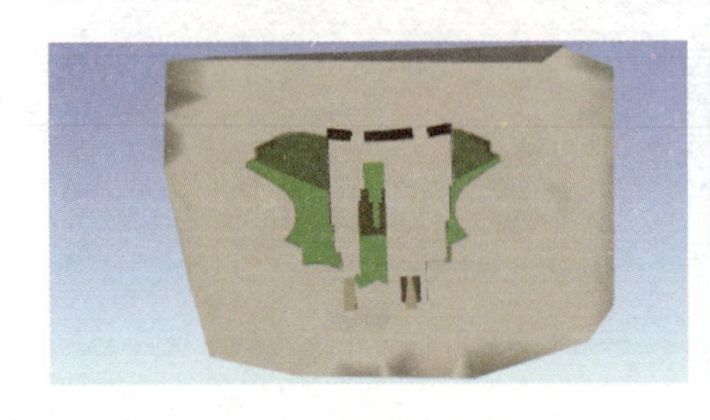
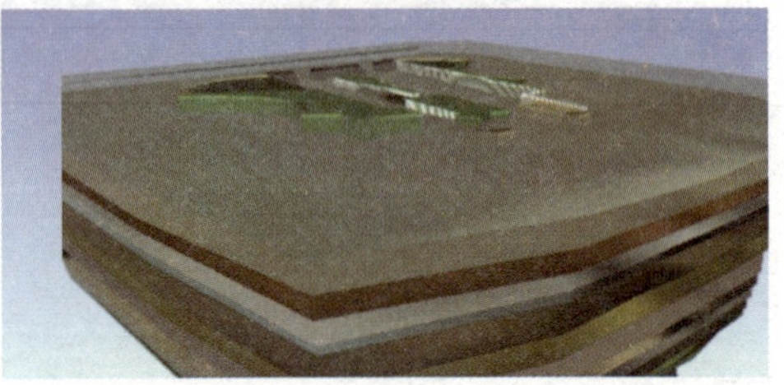

图 3.2-19　土方模型与地质模型重叠对比计算

d. 生成各土层开挖土方量清单表

通过结合 BIM 技术和三维激光扫描技术，用三维激光扫描现场的施工状态建立实测实量的模型，基于该模型与 BIM 施工模型的对比，可以分析挖方与施工方案的一致性，可以直观地显示问题和偏差，方便对潜在的问题进行及时的监控和解决。

② 检测土方施工误差的过程

a. 根据施工方案建立土方开挖的 BIM 模型（图 3.2-20）。

b. 使用三维激光扫描仪，扫描现场的土方施工状态，形成点云模型（图 3.2-21）。

c. 使用 Revit 软件的导入点云数据的插件，根据点云模型自动生产施工现状模型。

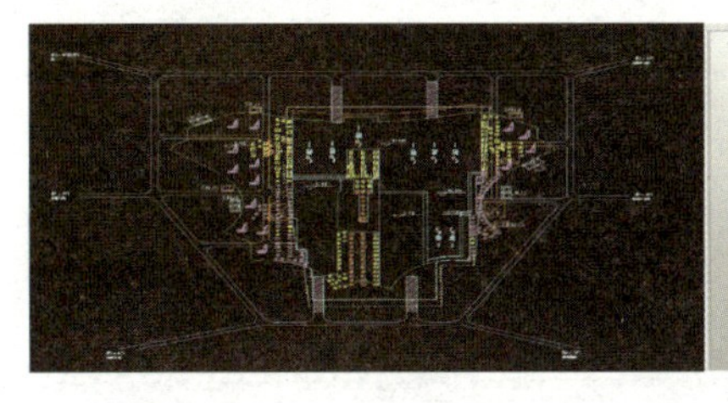
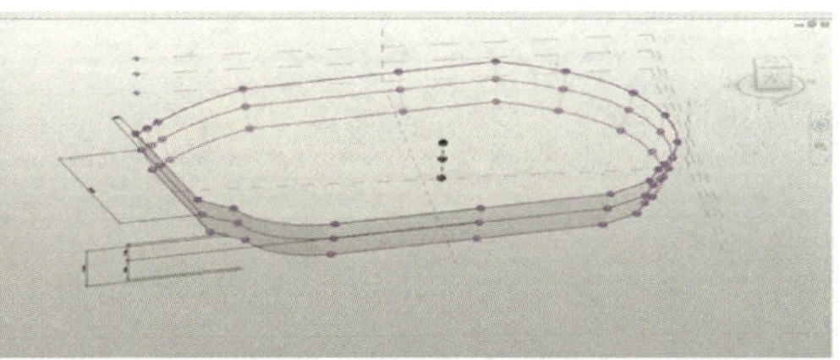

图 3.2-20 建立 BIM 模型

d. 通过模型的对比，直观地显示出现场施工状态与设计方案的对比情况（图3.2-22）。

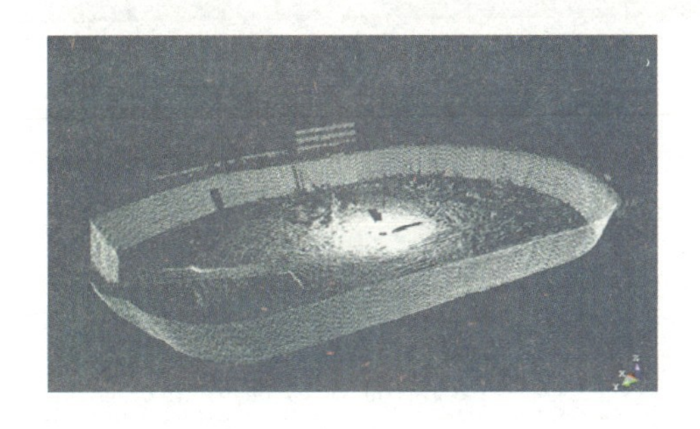

图 3.2-21 点云模型

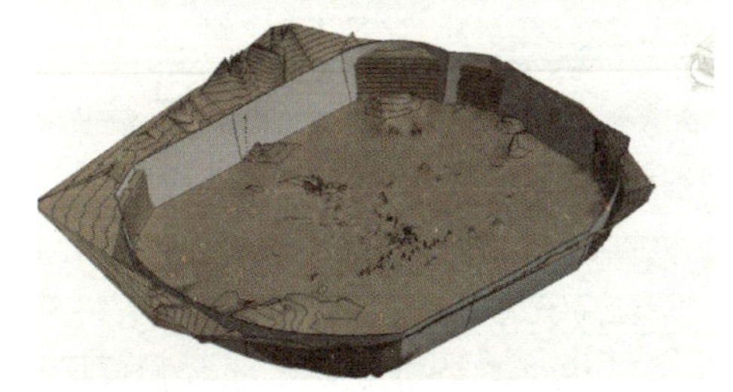

图 3.2-22 BIM 模型与点云模型对比分析

（7）桩基工程的 BIM 应用

1）桩基施工进度模拟

通过桩基工程施工部署的动态模拟，通过可视化的方式优化桩基施工方案及施工部署，提高方案的合理性、科学性。在施工过程中，通过施工进度模拟提高施工项目各方之间协调管理工作的质量和效率，桩基施工工况如图 3.2-23～图 3.2-25 所示。

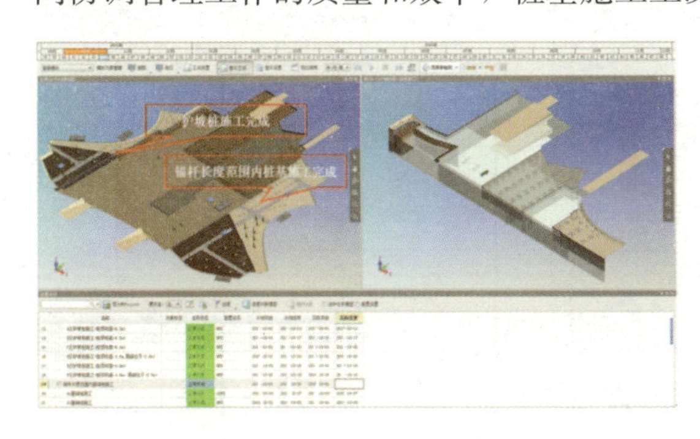


图 3.2-23 桩基施工工况 1

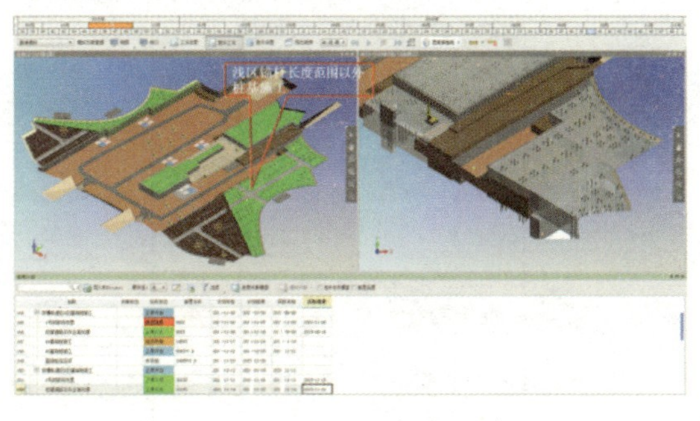

图 3.2-24 桩基施工工况 2

2）桩施工精细化控制

建立基坑施工 BIM 模型，对 BIM 模型中的桩构件按照区域划分，为每根基础桩、护坡桩建立施工进度、质量信息库，通过移动端设备采集现场施工进展和质量验收情况，通过基于 BIM 大数据的统计和分析，实现桩施工过程中的精细控制和管理。

按照桩施工工艺过程，选择五个关键的控制节点，即测量放线、成孔、钢筋笼验收、灌注混凝土和后压浆。对每个节点的进度、质量验收信息进行及时、准确的跟踪，建立施工过程大数据模型。

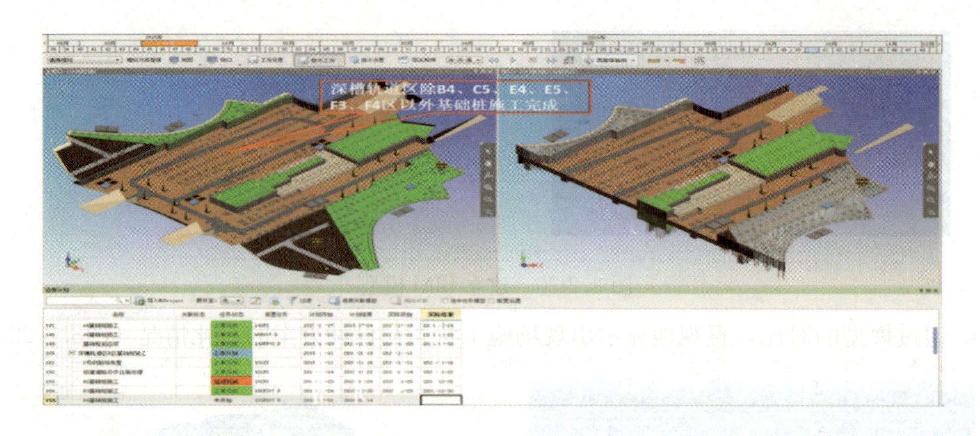


图 3.2-25 桩基施工工况 3

精细化桩基施工过程的应用过程如下：

① 根据建模规则，建立桩基工程 BIM 模型，每个基础桩、护坡桩，具有唯一的编码，根据该编码可以查询桩施工过程中关键进度、质量的数据。

② BIM 模型支持按照施工部署和现场协调安排进行区域划分，方便进行进度计划与 BIM 模型的关联。

③ 通过移动端设备，跟踪每根桩的施工开始、施工完成时间。在施工过程中可以按照施工工序录入该节点的完成时间，施工班组、施工设备和质量验收的信息。当每根桩施工完成时，需要点击完成按钮，如果有关键工序没有通过验收或者未点击完成，系统会给出提示，如图 3.2-26 所示。

图 3.2-26 控制点进度、质量信息移动端收集

④ 桩基进度查看：通过 BIM 模型查看各区域的施工状态、质量过程的检验信息。基于桩基施工过程中关键进度、质量控制点的大数据收集，系统统计各工序的进度完成情况，统计各工序的质量完成情况。在各控制节点支持进行实际工程量统计，如钢筋笼数量

的统计。桩基进度查看界面如图 3.2-27 所示。

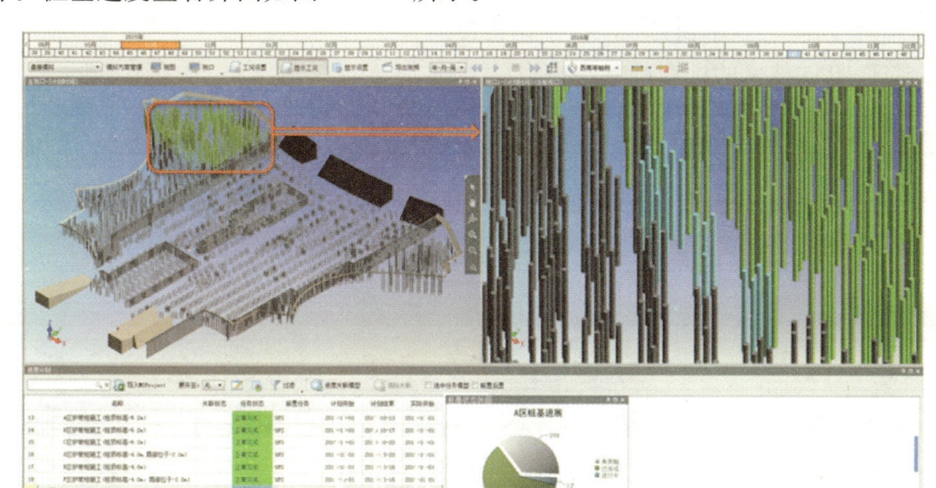

图 3.2-27　桩基进度查看

⑤ 施工提醒及预警：当施工进展和计划出现偏差时，根据内置的提醒和预警规则，系统进行自动的预警，并将预警通知发送到相关责任人的手机上。对现场施工计划和质量管理工作，系统通过提醒的方式提示管理人员，避免因工作忙乱导致的遗漏。

(8) 降水工程的 BIM 应用

基于机场航站楼核心区基坑施工面积大、基坑开挖深、开槽标高多、排水范围广、支护形式多样等特点，迫切需要在降水施工前，利用数值分析和 BIM 手段对降水方案进行监测、仿真和预测，以及时掌控基坑核心区、基坑周边在施工过程中的降水面和降水井抽水量。

1) 渗透系数的数值分析与反演

由于土的性质、土层厚度等复杂的地质情况，造成很难取得渗透系数的实际值。本项目在通用数值分析软件的基础上，建立降水的数值分析模型，对基坑降水设计方案进行数值仿真模拟。在施工过程中，根据实际降水监测数据与模拟效果对比，反演和修正渗透系数等降水关键参数。图 3.2-28 给出了模拟单井降水工况下地下水位下降过程的示意，施工过程中按照实际基坑和降水方案建模进行仿真模拟和反演计算。

2) 地下水施工的动态预测与超前控制

降水施工过程中，建立数值计算模型，依据反演修正后的渗透系数等参数，对设计中的降水方案进行模拟分析，对于可能存在诸如由承压水导致的坑底隆起和暴雨等异常工况，通过数值模拟进行事先预测。这个分析过程随着降水过程多次进行，以实现降水过程

图 3.2-28　单井降水后基坑地下水位变化示意图

中的动态分析，提前采取有效措施，指导后续降水。

（9）基于 BIM 技术的进度 4D 可视化管理

1）基于 BIM 技术的计划编制与模拟

通过建立基坑施工的 BIM 模型，以 BIM 模型提供的工程量作为参考，辅助进行进度计划的编制（图 3.2-29）。通过建立进度计划与模型的关联，按照进度计划的进程用 BIM 模型展现施工进展。通过 BIM 进度模拟可以检查进度计划的时间参数是否合理，工作之间的逻辑关系是否准确，各工序的工程量及劳动力的安排是否合理等。

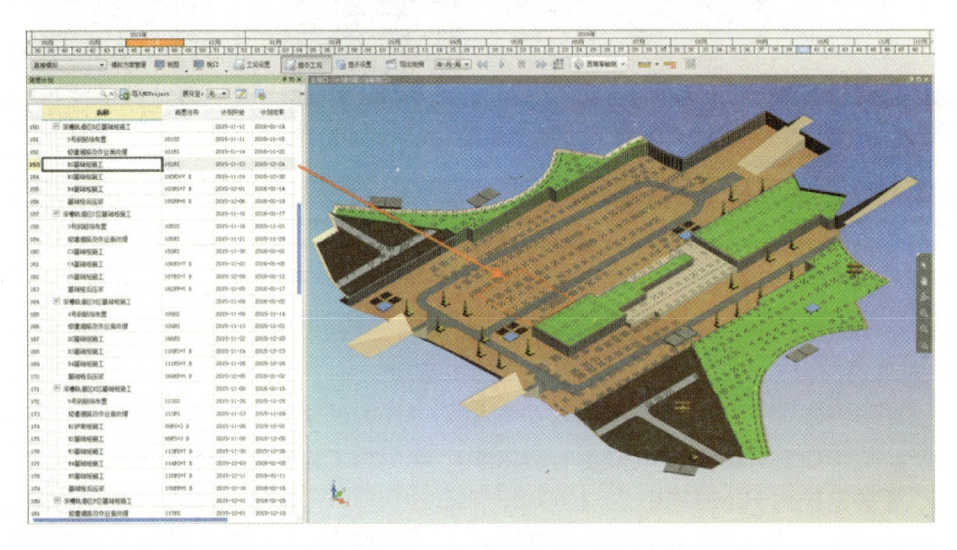

图 3.2-29　基于 BIM 的进度计划

2）施工日报

通过项目管理平台，现场管理人员对施工进度进行日常检查报告，随时检查实际工程进度（图 3.2-30）。

3）施工进度监控

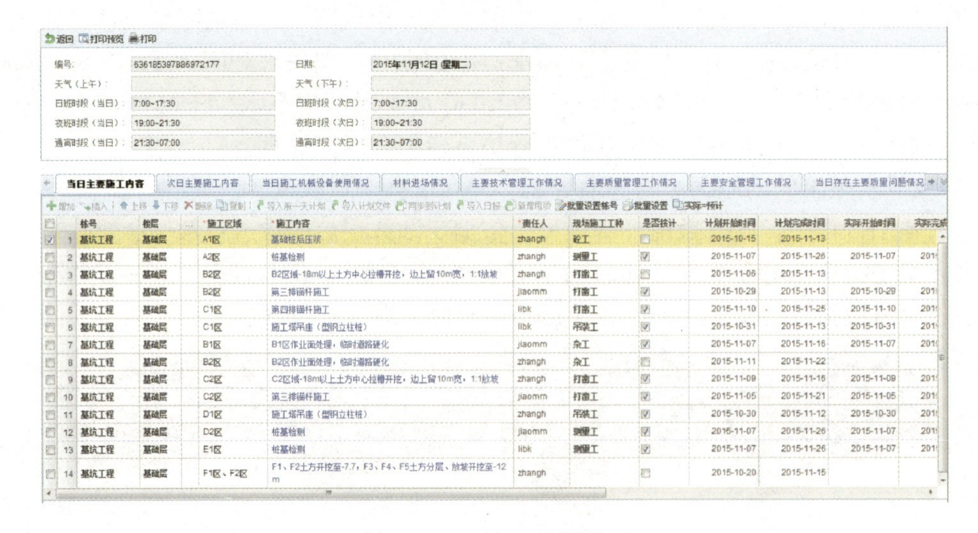

图 3.2-30　施工日报界面

通过工作面任务的进展状态（未开始、进行中、已经完成）显示出的不同颜色，帮助项目管理人员掌握现场实际施工情况。对于现场的进度偏差问题，通过系统的预警机制进行预警消息的推送（图3.2-31）。

图3.2-31 进度监控系统示意图

4）基于BIM的进度计划分析

通过在BIM模型上集成进度计划和施工日报的信息后，可以通过模型直观地分析项目的进展情况，直观地显示处于不同施工状态的工作面。此外，通过查看分析图表，可以直观地查看计划进度和实际进度的对比，工程量的对比，包括各区的工程量的对比等（图3.2-32）。

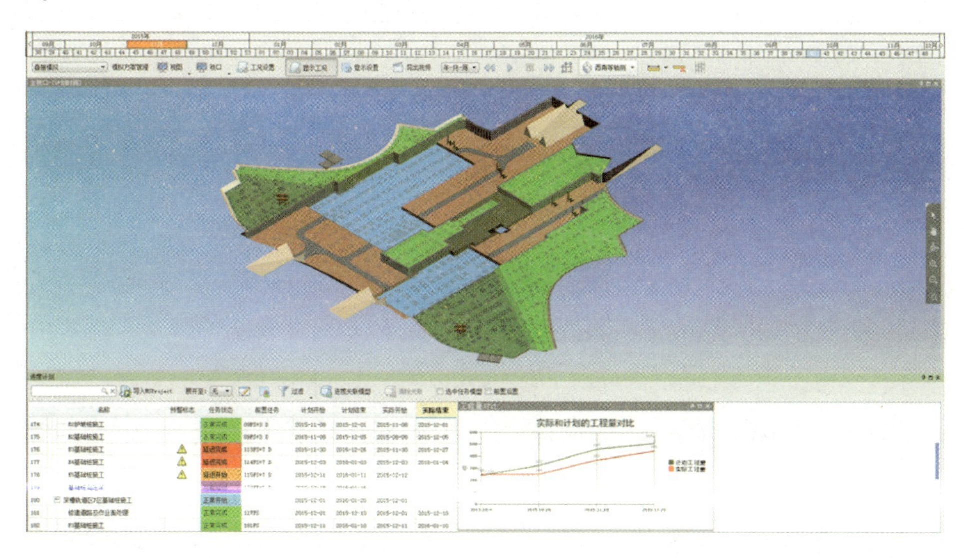


图3.2-32 进度计划分析图

（10）其他综合应用

1）会议室大屏中心建设

在现场会议室设立大屏监控中心，根据会议室墙面实际尺寸，大屏由若干块拼接屏组成，并在会议室侧面设置大屏控制室，控制监控画面。大屏左右两侧可分别显示监控画面和 BIM 模型，将 BIM 模型与现场监控进行对比，形象展现施工进度。

大屏监控中心平时主要用于现场安全监控、召开现场协调会等；在进度例会上可以在大屏上显示基于 BIM 模型的进展与现场监控图片的对比分析，显示进度的偏差和预警信息，支持对现场施工进展的分析和控制；当突发应急事件时，可作为临时应急指挥中心，通过多屏、多画面的实时影像，及时掌控现场情况，调动现场人员展开有序、高效的应急工作（图 3.2-33)。

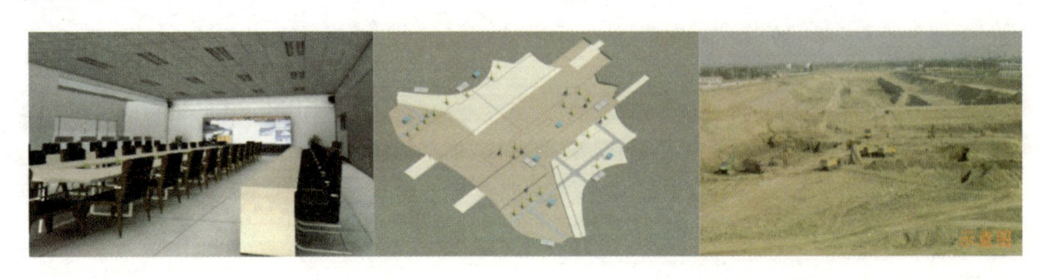

图 3.2-33　会议室大屏中心示意图

2）基于二维码技术的混凝土量统计

施工阶段拟采用在混凝土的运送料单上打印载有混凝土运送信息的二维码，主要信息有：混凝土的方量、强度等级、坍落度、使用位置、浇筑时间、生产单位等。同时开发二维码扫描 APP，混凝土罐车进入现场浇筑时，现场管理人员利用手机 APP 扫描二维码，“物联网混凝土统计系统”将自动读取混凝土的运送信息。根据混凝土浇筑位置、强度等级和方量，系统自动计算各区的混凝土累计浇筑完成总量、各强度等级完成总量、剩余完成量、完成比率等信息，同时，当出现浇筑缺陷时，根据浇筑时间，可查询该部位该车混凝土的运送信息，保证责任明晰，实现混凝土用量的精细化管理。混凝土完成量统计页面示意如图 3.2-34 所示。

混凝土 »　　　　混凝土详细表

| 序号 | 浇筑位置 | 总方量 | 剩余量 | 完成量 | 完成% |
|---|---|---|---|---|---|
| 1 | 5区 | 44851.97 | 7557.5 | 37294.47 | 17% |
| 2 | 6区 | 44345.11 | 11393.5 | 32951.61 | 26% |
| 3 | 7区 | 44491.31 | 11667 | 32824.31 | 26% |
| 4 | 8区 | 44852.17 | 9866 | 34986.17 | 22% |
| 5 | 9区 | 17033 | 9866 | 7167 | 37.20% |
| 6 | 10区 | 48074.49 | 25767.6 | 22306.89 | 54% |
| 7 | 11区 | 411552 | 77051.36 | 334500.64 | 19% |
| 8 | 12区 | 4154.74 | 2383.26 | 1771.48 | 57% |
| 9 | 13区 | 19419.87 | 10147.87 | 9272 | 37.7% |
| 10 | 14区 | 3330.16 | 2112.16 | 1218 | 36.6% |

10　第1　共2页　　显示1到10共

图 3.2-34　混凝土完成量统计页面示意图

二维码技术的应用有效减少了现场管理人员手工统计混凝土浇筑量的工作量，提高了工作效率，节约了人力成本。

3）基于 GPS 技术的机械设备管理

建立“施工机械设备 GPS 定位管理系统”，对现场主要的移动式机械设备进行 GPS 定位和跟踪管理，机械设备主要包括：长螺旋钻机、旋挖钻机、履带式起重机、汽车式起重机、混凝土泵车、混凝土车载泵、挖掘机、推土机、装载机、自卸汽车等。在机械设备进场时，将设备名称、型号、编号、负责人、联系方式、检测时间、所属单位等全部信息登记到系统中，并为其发放一个小型的 GPS 定位器，将此设备固定在机械设备上，即可记录、跟踪机械设备的具体位置。登录“施工机械设备 GPS 定位管理系统”，输入该机械 GPS 定位器内置的卡号，即可查询此设备的当前位置和每天的行走路径。机械出场登记时，将定位器收回，以便下次使用（图 3.2-35）。

管理系统根据机械设备进出场登记情况，自动统计出当天场区内的机械设备数量、每种类型及型号的设备数量、每台设备当前及某段时间所处位置、每台设备的进出场时间等信息。

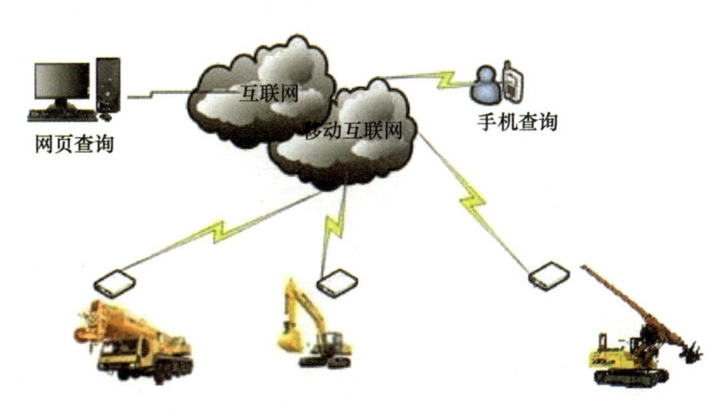


图 3.2-35　机械设备 GPS 定位管理示意图

4）项目文档管理

应用云文档平台管理对内的资料文档，如技术方案、会议记录、图纸及其他的文件。

## 课　后　习　题

1. 本案例中投标阶段投标单位是拟如何综合应用 BIM 技术实现精准算量控制平衡土方投标价的？

2. 投标单位在本案例中，拟在施工阶段采用哪些 BIM 技术，又分别想解决哪几类问题？

3. 下列技术中是 BIM 技术的有（　　）。

A. GIS　　B. 二维码

C. 4D 进度管理系统　　D. 三维激光扫描成像

E. 会议室大屏中心

4. 下列技术中，在案例中与 BIM 技术综合应用的是（　　）。

A. 施工场景三维 GIS 展现

B. 二维码物料管理

C. 4D 进度管理控制打桩进度

D. 三维激光扫描成像后，复建实际工况信息模型，对比方案 BIM 模型控制土方开挖

E. 利用会议室大屏和视频监控系统，利用 BIM 模型，进行施工交底

**参考答案：**

1. 土方量控制拟采用地表模型、三维激光扫描成像模型与 BIM 模型对比，结合现场实测实量。

2. 参见图 3.2-2 投标阶段 BIM 技术综合应用解决的主要问题。

3. C

4. ACDE

（案例提供：张　正）

# 第二节 施工深化设计阶段案例分析

## 【案例3.3】某工程制冷机房机电深化设计阶段BIM应用

本案例分析以某国家重点建设项目的制冷机房为例，分析了针对机房机电安装工程的特点，如何采用BIM技术手段提高机房机电安装工程深化设计的准确性和效率，以及机房机电安装工程BIM深化设计的具体流程和步骤。通过本案例分析，需要了解和掌握主要设备新建族及编辑族的方法，碰撞检查的分类及各自的定义，协同绘图的具体实施方法和其优缺点。

**1. 项目背景**

该项目为某国家重点建设项目的制冷机房，位于地下二层，建筑面积288m²。机房层高5m，梁底标高4.2m。内含制冷机组、循环水泵、分集水器、综合式水处理器、软化水箱、各类桥架及配电箱柜等机电设备。设备数量较多，机电管线复杂，综合排布难度大。

**2. BIM应用内容**

该项目BIM深化设计使用的建模软件是：Autodesk Revit2014。

机房机电安装工程BIM深化设计的主要内容：①机电设备建模——创建符合产品参数的族；②设备基础建模；③机电管线建模及碰撞检查；④综合排布。

（1）主要设备深化设计

1）主要设备建族类别统计

在设备建族前，先根据施工图纸，将需要建族的设备按照类别列出详细的清单，如表3.3-1所示。

**建族的设备统计表** **表3.3-1**

| 设备名称 | 设备种类 | 主要参数 | 设备外形尺寸 | 生产厂家 |
|---|---|---|---|---|
| | | | | |

2）主要设备建族

通过使用预定义的族和在Revit MEP中创建新族，可以将标准图元和自定义图元添加到模型中。通过族，可以对用法和行为类似的图元进行某种级别的控制，以便绘图人员可以轻松地修改设计和更高效地管理项目。

主要设备建族尽量采用在Revit自有族的基础上进行编辑修改，编辑项目中的族可以通过以下三种方法：

方法一：在项目浏览器中，选择要编辑的设备族名，然后单击鼠标右键，在弹出的快捷菜单中选择“编辑”命令，如图3.3-1、图3.3-2所示，此操作将打开“族编辑器”。在“族编辑器”中编辑族文件，再将其重新载入

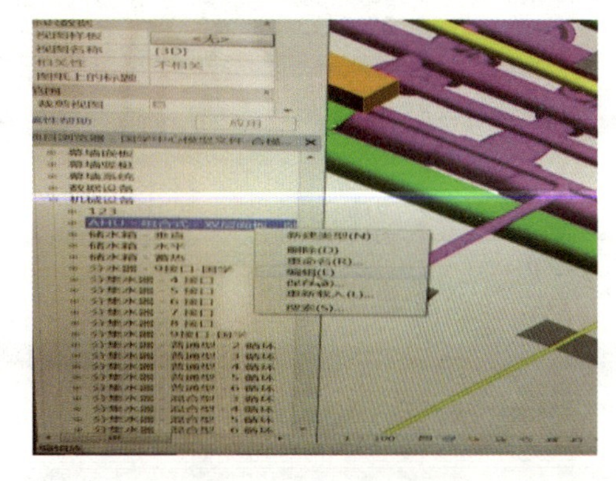

图3.3-1 族编辑器

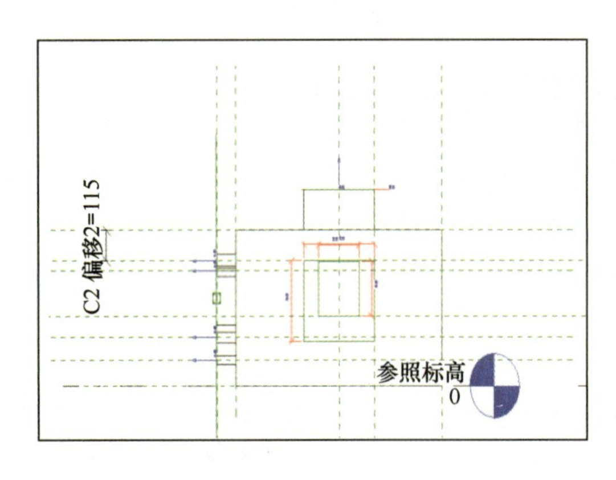


图 3.3-2　族编辑器

到项目文件中，覆盖原来的族。也可另存为一个新的族，然后载入到项目文件中，通过使用“插入族”的方法，在项目中使用。

方法二：在右键快捷菜单中可以对设备族进行“新建类型”、“删除”、“重命名”、“保存”、“搜索”和“重新载入”的操作。如果族已经放置在项目绘图区域中，可以单击该设备族，然后在功能区中单击“编辑族”按钮，如图 3.3-3 所示，打开“族编辑器”。

方法三：同样对于已放置在绘图区域中的设备族，用鼠标右键单击该设备族，在弹出的快捷菜单中选择“编辑族”命令，如图 3.3-4 所示，也可以打开“族编辑器”。

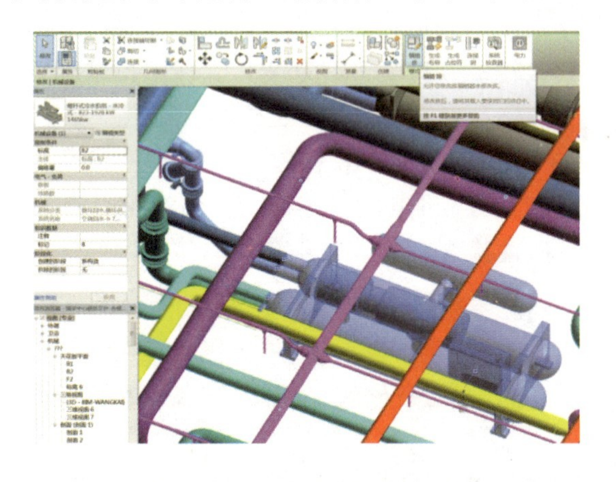

图 3.3-3　功能区打开族编辑器

图 3.3-4　单击右键图示

设备的外形尺寸和接管管径须按照产品供应商提供的详细参数如实绘制，以避免产品到场后安装位置有误或接管产生偏差（图 3.3-5）。

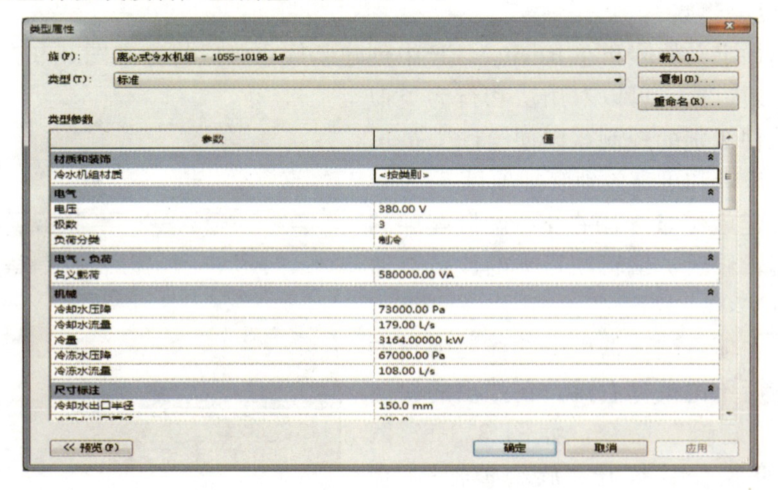


图 3.3-5　编辑族属性

如果采用自建族的方式，可以建立“构件族”或者“内部族”。“构件族”可以被载入到不同项目文件中使用，而“内部族”只能存储在当前的项目文件中，不能在别的项目中使用。在建立设备族的过程中需要注意的是，将族的插入点设在设备底部中心点上，便于后期构件的放置和布置。

3）主要设备基础建族

根据生产厂家提供的设备基础参数，建立设备基础族，族类型为“构件族”。族参数主要包括：材质和装饰、结构、高度、长度、宽度、直径等。需要注意的是，矩形设备基础族在长度和宽度值上的变化，是以长度和宽度方向的中轴线为基准变化的。族的插入点设置为构件底部中心点上（图 3.3-6～图 3.3-8）。

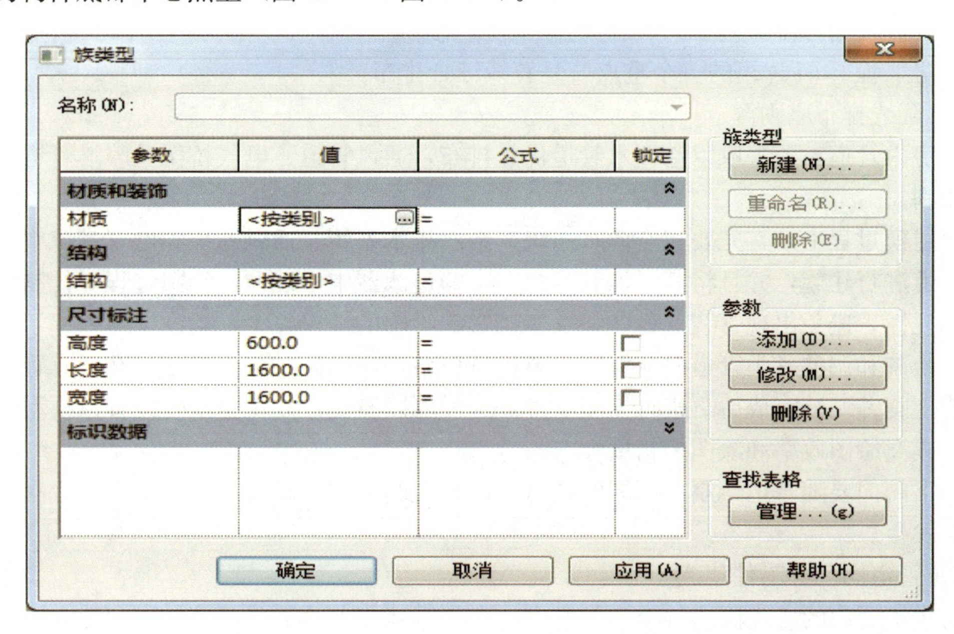


图 3.3-6　建立设备基础族 1

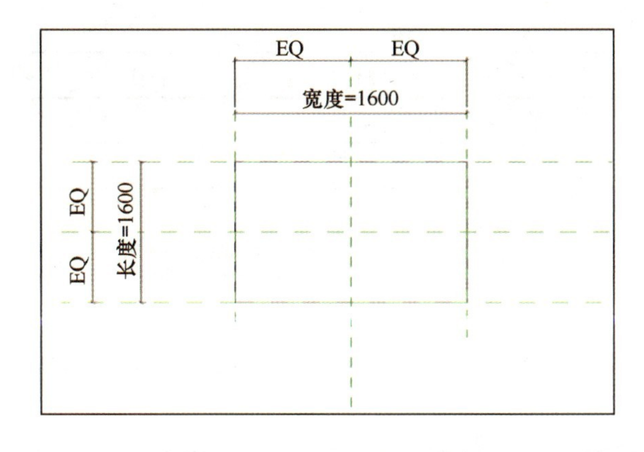


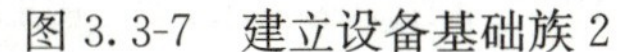
图 3.3-7　建立设备基础族 2

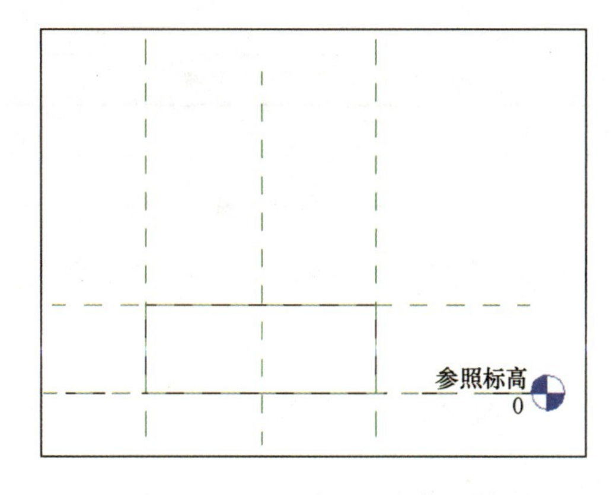


图 3.3-8　建立设备基础族 3

4）优化设备布置位置

以机房空间大小和原设计图纸为依据，结合设备模型的尺寸，布置设备模型的放置位置。在此过程中需要注意以下几个要点：

① 设备接口方向要正确。

② 预留出设备接口处管线弯头、三通、阀件、桥架连接件等构件的模型放置空间。

③ 设备接口位置避免布置在结构梁下部、柱边、下沉降板上部等部位，还应注意到机房门的布置位置和开启方向，避免管线与之发生冲突。

④ 与多系统连接的设备布置时应考虑到成排管道的走向和接管时的管道交叉问题。

⑤ 各类配电柜（箱）应尽量成组布置且便于电气桥架和缆线连接。靠近设备布置的配电柜（箱）应注意柜（箱）门的开启方向及所需空间，避免与设备、管线或支架发生冲突。同样也需要考虑到配电柜（箱）内安装电子器件时所需要的安装空间。

（2）管线综合排布

机房工程BIM建模的一个重点就是管线综合排布。

1）管线排布原则

机房内管道布置采取以空调水管道优先排布，通风管道、电气桥架及喷淋管道配合调整的原则。

在建模过程中，首先要将空调水系统、给水排水系统、通风系统和电气系统中不同种类的管道进行建族，并且将其添加到各视图中的过滤器中，以便在绘图过程中控制各类管道的可视性，避免出现管线、设备相互遮挡影响绘图的情况发生，提高绘图效率。

在绘制和调整各类管道时，暂时不要进行设备进出口处的接管连接。在所有管道进行完碰撞检查并调整完成后再进行该项工作。这样可以避免重复调整设备或管道模型的情况发生，提高绘图效率和绘图的精度。

各类阀门要随管道绘制过程同时进行，以避免阀门构件缺失或者无空间放置阀门构件的情况发生。

2）管道阀门等附件建族

机房工程内的各类阀门种类型号繁多，在进行建模前将需要建族的阀门建立清单（表3.3-2）。阀门等附件建族尽量采用在Revit自有族的基础上进行编辑修改（图3.3-9）。

**阀门建族统计表**　　**表3.3-2**

| 名称 | 系统 | 公称直径 | 阀体材质 | 备注 |
|---|---|---|---|---|
| | | | | |
| | | | | |

3）碰撞检查

在机电管线设计和建模过程中，为了确保各系统间管线、设备间无干涉、碰撞，必须对管道各系统间以及管道与梁、柱等土建模型间进行碰撞检测。

碰撞检查分为两类，即：项目内图元之间碰撞检查及项目图元与项目链接模型之间碰撞检查。

项目内图元碰撞检查，指检测当前项目中图元与图元之间的碰撞关系，可按照图元分类进行图元整体的碰撞检查，同时也可以执行指定图元的碰撞检查。

项目图元与项目链接模型之间碰撞检查，指对当前项目中图元与链接模型中的图元进行碰撞检测。

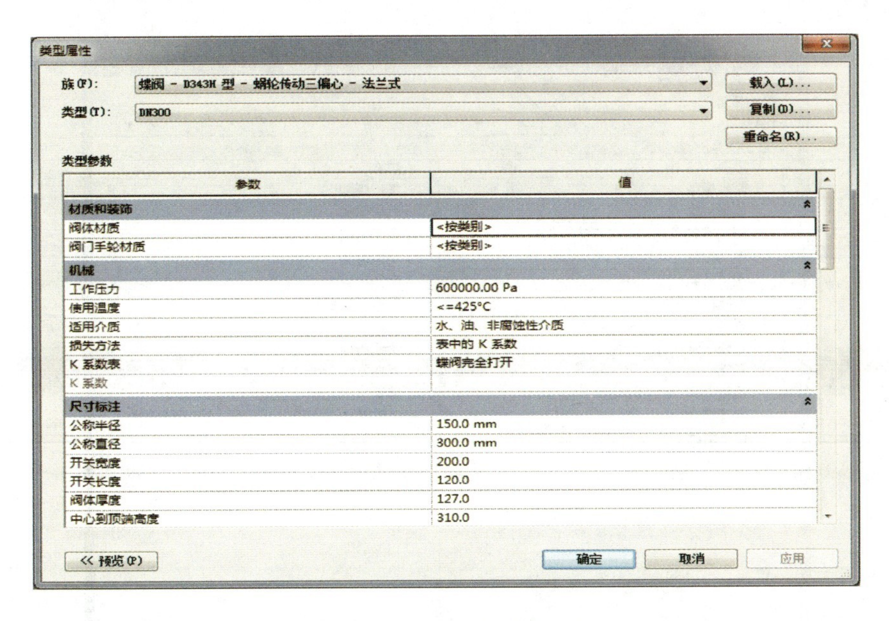


图 3.3-9　阀门族编辑器

碰撞检查的具体操作方法如下。

① 选择图元

如果要对项目中的部分图元进行碰撞检查，应先选择需要检查的图元。如果要检查整个项目中的图元，可以不选择任何图元，直接进入运行碰撞检查。

② 运行碰撞检查

选择所需进行的碰撞检查的图元后，单击“协作”选项卡→“坐标”→“碰撞检查”下拉列表→“运行碰撞检查”按钮，弹出“碰撞检查”对话框（图 3.3-10、图 3.3-11），如果在视图中选择了几类图元，则该对话框将进行过滤，可根据图元类别进行选择；如果未选择任何图元，则对话框将显示当前项目中的所有类别。

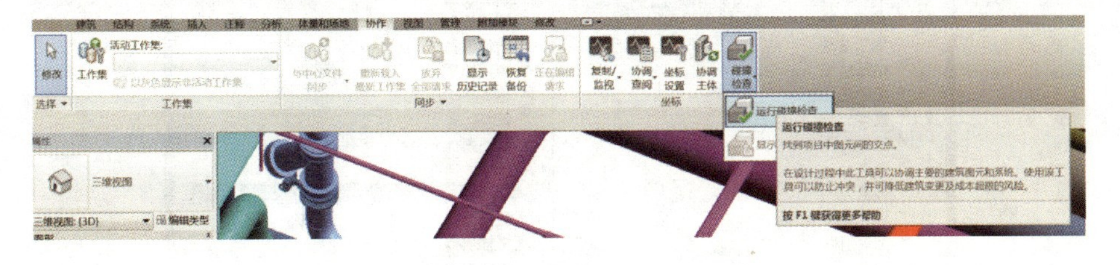


图 3.3-10　进行碰撞检查

③ 选择“类别来自”

在“碰撞检查”对话框中，分别从左侧的第一个“类别来自”和右侧的第二个“类别来自”下拉列表中选择一个值，这个值可以是“当前选择”、“当前项目”，也可以是链接的 Revit MEP 2014 模型，软件将检查类别 1 中图元和类别 2 中图元的碰撞（图 3.3-12）。

在检查和“链接模型”之间的碰撞时应注意以下几点：

能检查“当前选择”和“链接模型”（包括其中的嵌套链接模型）之间的碰撞。

能检查“当前项目”和“链接模型”（包括其中的嵌套链接模型）之间的碰撞。

图 3.3-11　碰撞检查内容

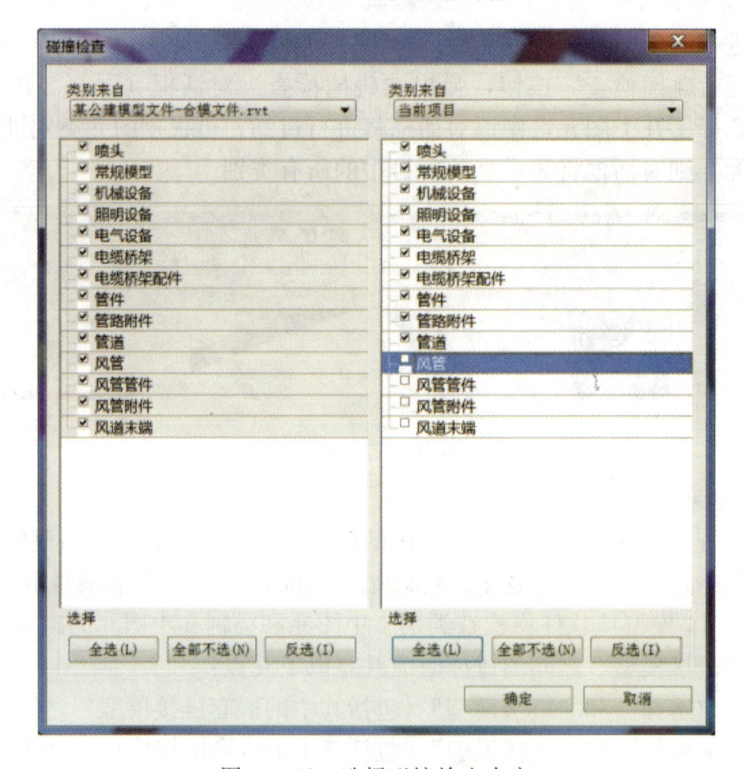


图 3.3-12　选择碰撞检查内容

不能检查项目中两个“链接模型”之间的碰撞。一个类别选择了“链接模型”后，另一个类别就无法再选择其他“链接模型”了。

④ 选择图元类别

分别在类别 1 和类别 2 下勾选所需要检查的图元类别（图 3.3-13）。

图 3.3-13 选择图元类别

⑤ 检查冲突报告

完成以上步骤后，单击“碰撞检查”对话框右下角的“确定”按钮，软件会给出碰撞检查结果（图 3.3-14）。

（3）协同绘图

机房工程项目建模工作都需要建筑、结构、给水排水、设备等方面的专业人员共同参与协作完成。如何在三维模式下实现各专业间协同工作和协同设计，是机房三维建模应用时要实现的最终目标。

1）协同绘图的两种主要方式

可以使用链接或者工作集的方式完成各专业间或专业内部协同工作。

2）协同绘图的工作流程

使用链接方式的工作流程：

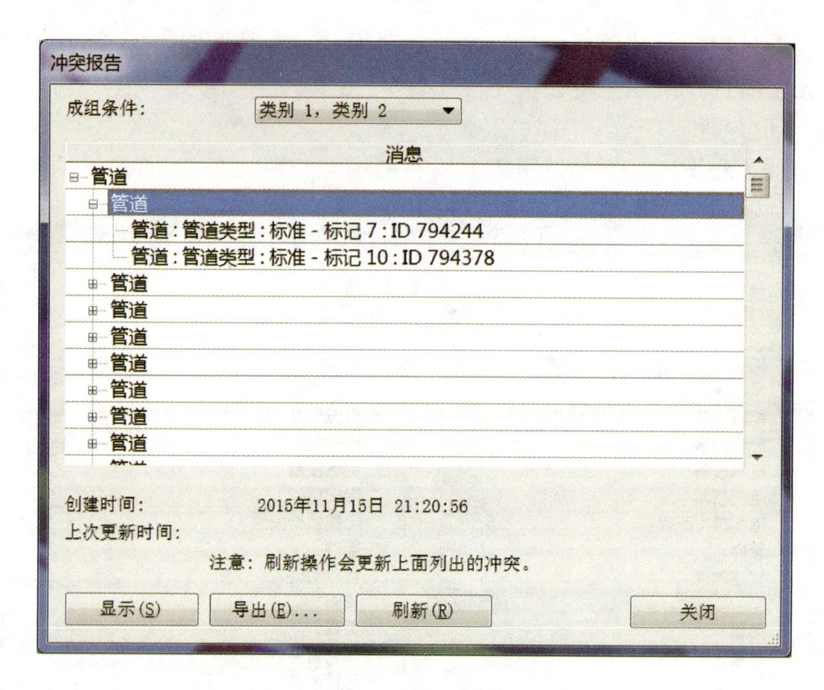


图 3.3-14 碰撞检查结果

建筑专业建立轴网模型→机电专业建立样板文件→各专业建立专业样板文件→链接入建筑轴网模型→复制轴网到各专业项目文件→各专业建模→链接建筑模型及结构模型→碰撞检查→调整模型→确定最终模型。链接文件如图 3.3-15、图 3.3-16 所示。

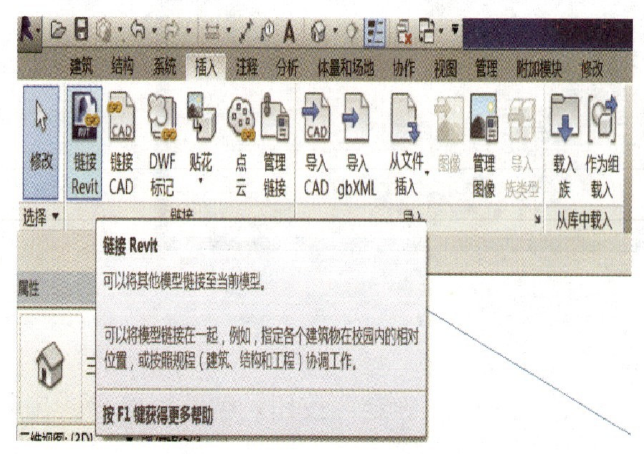


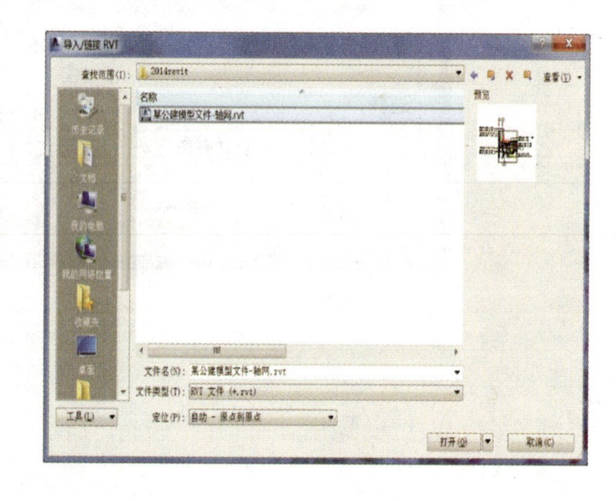

图 3.3-15 插入链接文件 1

图 3.3-16 插入链接文件 2

在链接图元时，可以将链接的项目中轴网、标高等图元复制到当前项目中，以方便在当前项目中编辑修改。但为了当前项目中的轴网、标高等图元保持与链接项目中的一致，可以使用“复制/监视”工具将链接项目中的图元对象复制到主体项目中，用于追踪链接模型中图元的变更和修改情况，可及时协调和修改当前主项目模型中的对应图元，如图 3.3-17、图 3.3-18 所示。

工作集协作模式：

工作集将所有人的修改成果通过网络共享文件夹的方式保存在中央服务器上，并将他

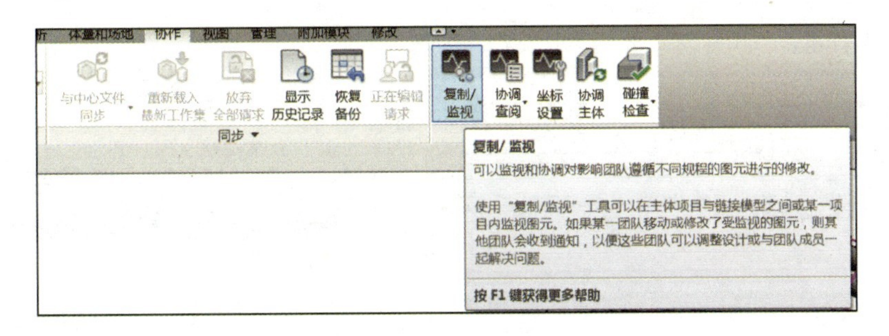


图3.3-17　点击“复制/监视”

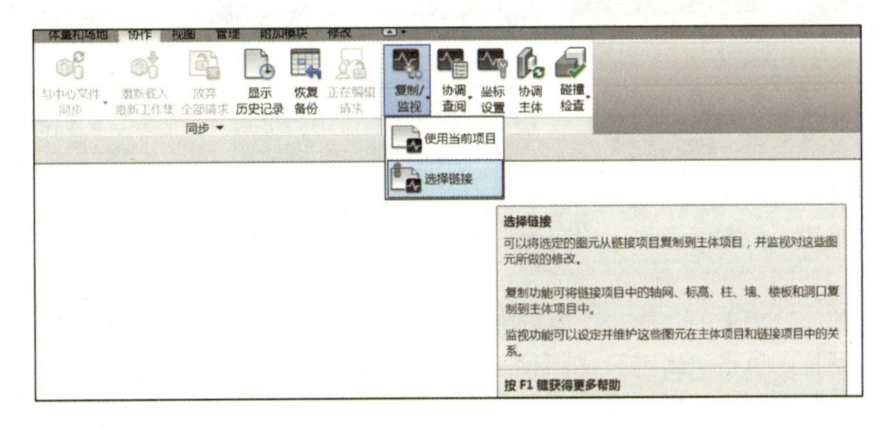


图3.3-18　选择链接文件

人修改的成果实时反馈给参与设计的用户，以便在设计时可以及时了解他人的修改和变更成果。要启用工作集，必须由项目负责人在开始协作前建立和设置工作集，并指定共享存储中心文件的位置，且定义所有参与项目工作的人员权限。

工作集协作模式的流程：项目管理者对项目文件初步设置工作集→保存于服务器共享文件夹中→建立该项目的“中心文件”→各专业人员将“中心文件”复制至本人电脑磁盘→各专业人员设置专业工作集→建立专业模型→与中心文件同步→碰撞检查→调整模型→确定最终模型。

建立中心文件的步骤：

建立工作集，如图3.3-19、图3.3-20所示。

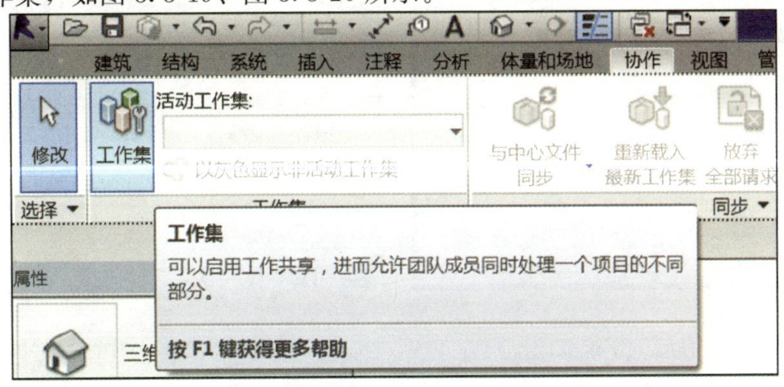


图3.3-19　建立工作集

添加各专业工作集，如图 3.3-21 所示。

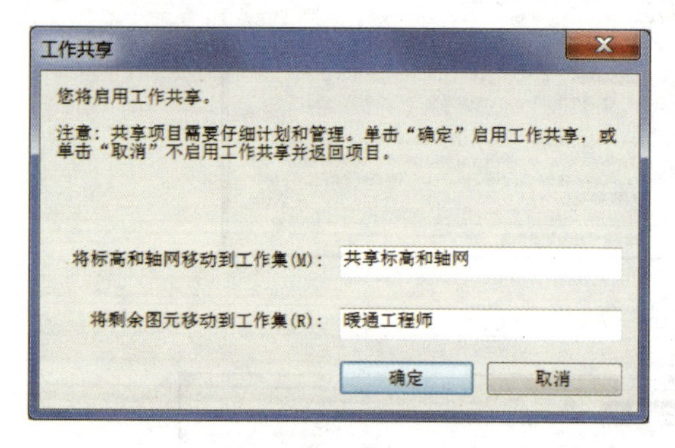


图 3.3-20　建立工作集

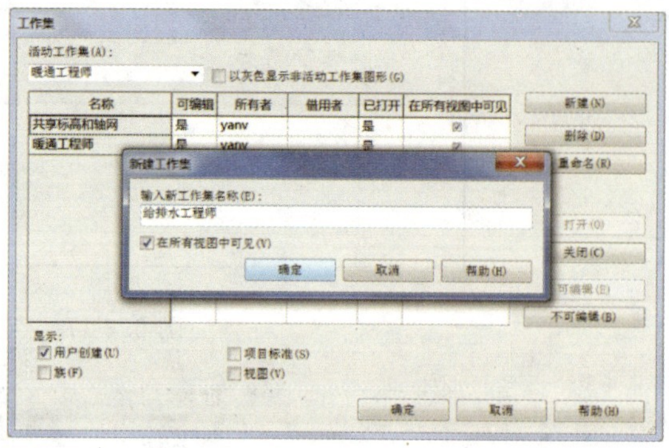


图 3.3-21　添加各专业工作集

再次打开“工作集”对话框，设置所有工作集的“可编辑”选项均为“否”，即对于项目管理者来说，所有的工作集均变为不可编辑，完成后单击“确定”按钮，退出“工作集”对话框，如图 3.3-22 所示。

在“协作”选项卡的“同步”面板中单击“与中心文件同步”工具，弹出“与中心文件同步”对话框，单击“确定”，将工作集设置为与中心文件同步。完成后关闭软件，至此项目管理者完成了工作集的设置工作。

需要说明的是，项目管理者设置完成工作集后，由于其不会直接参与项目的修改与变更，因此设置完成工作集后，需要将所有工作集的权限释放，即设置所有工作集不可编辑，如果项目管理者需要参与中心文件的修改工作，或者需要保留部分工作集为其他用户不能修改，则可以将该工作集的可编辑特性设置为“是”，这样在中心文件同步后，其他用户将无法修改被项目管理者占用的工作集图元。

在各专业工程师全部或者阶段性完成各自绘制内容后，可以通过单击“协作”选项卡中的“与中心文件同步”工具，同步当前工作集的设置和绘制内容，如图 3.3-23、图 3.3-24 所示。

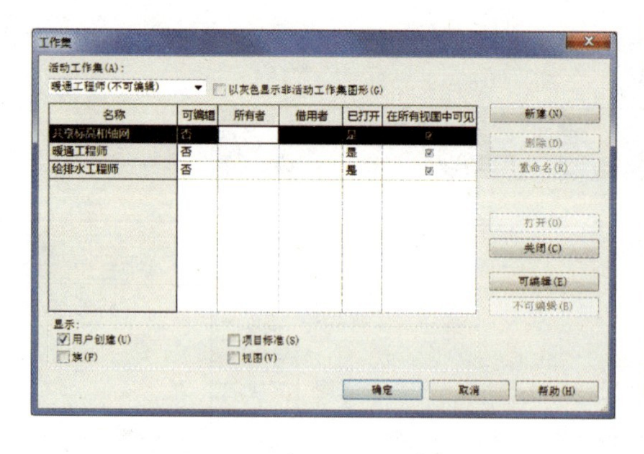


图 3.3-22　释放工作集权限

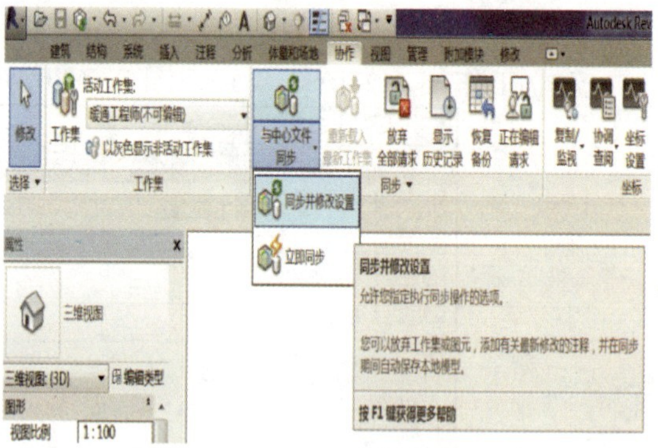


图 3.3-23　与中心文件同步 1

3）两种协同绘图方式的使用条件

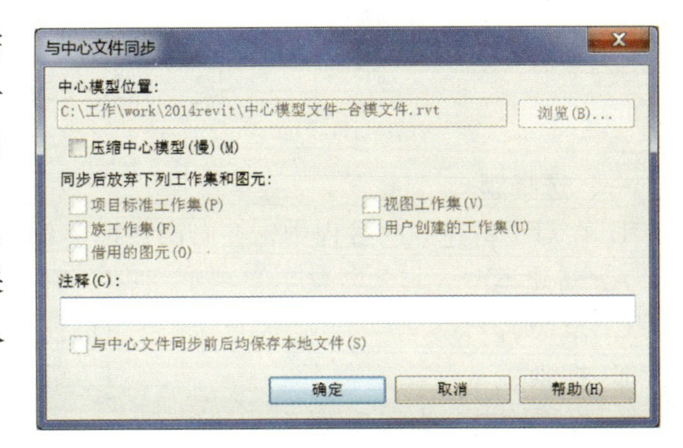


图3.3-24 与中心文件同步2

① 使用链接方式的使用条件：需要采用相同版本的建模软件，建立统一的标高轴网文件，各专业工程师建立自己的项目文件。

② 工作集协作模式的使用条件：需要有服务器存储设备及同一网络，采用相同版本的建模软件，由项目负责人统一建立和管理工作集的设置。

4）两种协同绘图方式的优缺点

采用链接方式的优点是，可不受建模人员所在地点和使用设备的限制，各专业人员可随时随地独立完成负责范围内的模型文件的建立和修改，建立完成的模型文件还可存储于便携式设备或通过网络传输，建模地点不受限制，较为灵活。还可通过“复制监视”等方法实现链接文件部分或全部转换为本项目图元，选择性强，亦可减少项目文件的内容，减小对建模设备内存的占用。

其缺点是各专业构建模型调整信息的实时性不强，由于建模协调工作不及时而造成模型的反复调整。

采用工作集协调方式的优点是：多专业可对同一项目模型进行编辑，通过实时更新的方法，各专业人员可随时了解整个项目模型的构建情况和细节，实时对模型进行调整和优化。该模式还可通过提出修改申请的方式，允许其他专业人员提出调整模型方案，不仅达到了信息实时沟通，而且提供了模型修改多人协作和采用授权管理的途径，使得建模过程中各种资源集中使用，减少了反复调整模型的工作量，提高了构建模型的效率。

其缺点是各专业人员必须使用链接同一台服务器的唯一设备进行工作，约束了建模人员的工作时间和工作地点。且中心文件不能通过网络传输或者拷贝等方式在另外的建模设备上编辑。只有采用与中心文件分离的方式后才可以，但分离后的文件又失去了与中心文件的关联，无法实时更新。

（4）工作计划编制及组织

1）工作计划编制

在机房工程进行BIM深化设计前，需要对工作计划进行编制。编制的依据是建模的工作需要完成的时间及工作量、建模人员的数量及能力、建模设备硬件配置等。

2）人员组织配置

人员组织配置的原则是按照所需专业和工作量进行人员配置。在配置过程中应重视主要专业的工作量。建立由项目负责人为管理人的组织机构，项目负责人负责该项目的整体分工和协调工作，各专业人员负分工范围内的模型建立和深化设计工作。各专业人员对分工范围内的深化设计成果向项目负责人负责，项目负责人对整个项目交付的深化设计成果对甲方负责。

# 课 后 习 题

## 一、选择题

1. 在对设备建族的过程中，在右键快捷菜单中可以对设备族进行哪些操作（　　）？

A. 新建类型　　B. 删除

C. 重命名　　D. 保存

E. 搜索　　F. 重新载入

2. 碰撞检查分为那几类（　　）？

A. 项目内图元之间碰撞检查

B. 项目图元与项目链接模型之间碰撞检查

C. 两个项目内图元之间的碰撞检查

D. 项目链接模型之间的碰撞检查

3. 协同绘图的两种主要方式是（　　）？

A. 使用链接　　B. 通过拷贝方式

C. 工作集的方式　　D. 多专业在同一文件中依次绘图方式

4. 工作集协同绘图方式是将所有人的修改成果通过（　　）的方式保存在中央服务器上。

A. 本地文件　　B. 移动存储设备

C. 云端存储　　D. 网络共享文件夹

5. 工作集协同绘图方式是将所有人的修改成果通过网络共享文件夹的方式保存（　　）上。

A. 在中央服务器　　B. 移动存储设备

C. 云端存储　　D. 本地硬盘存储器

**参考答案：**

1. ABCDEF　2. AB　3. AC　4. D　5. A

## 二、问答题

1. 对主要设备建族的编辑，可以通过哪几种方法？
2. 设备自建族分为哪种类型？其不同点是什么？
3. 碰撞检查分为哪两种类型？其各自的定义是什么？
4. 协同绘图的两种主要方式是什么？其各自的优缺点是什么？

**参考答案：**

1. 方法一：在项目浏览器中，选择要编辑的设备族名，然后单击鼠标右键，在弹出的快捷菜单中选择“编辑”命令，此操作将打开“族编辑器”。在“族编辑器”中编辑族文件，再将其重新载入到项目文件中，覆盖原来的族。也可另存为一个新的族，然后载入到项目文件中，通过使用“插入族”的方法，在项目中使用。

方法二：在右键快捷菜单中可以对设备族进行“新建类型”、“删除”、“重命名”、“保存”、“搜索”、和“重新载入”的操作。如果族已经放置在项目绘图区域中，可以单击该设备族，然后在功能区中单击“编辑族”按钮，打开“族编辑器”。

方法三：同样对于已放置在绘图区域中的设备族，用鼠标右键单击该设备族，在弹出的快捷菜单中选择“编辑族”命令，也可以打开“族编辑器”。

2. 设备自建族可分为“构件族”和“内部族”。“构件族”可以被载入到不同项目文件中使用，而“内部族”只能存储在当前的项目文件中，不能在别的项目中使用。

3. 碰撞检查分为两类，即：项目内图元之间碰撞检查及项目图元与项目链接模型之间碰撞检查。

项目内图元碰撞检查，指检测当前项目中图元与图元之间的碰撞关系，可按照图元分类进行图元整体的碰撞检查，同时也可以执行指定图元的碰撞检查。

项目图元与项目链接模型之间碰撞检查，指对当前项目中图元与链接模型中的图元进行碰撞检测。

4.（1）协同绘图主要有使用链接方式和工作集的方式。

（2）两种协同绘图方式的优缺点如下：

①采用链接方式的优点是，可不受建模人员所在地点和使用设备的限制，各专业人员可随时随地独立完成负责范围内的模型文件的建立和修改，建立完成的模型文件还可存储于便携式设备或通过网络传输，建模地点不受限制，较为灵活。还可通过“复制监视”等方法实现链接文件部分或全部转换为本项目图元，选择性强，亦可减少项目文件的内容，减小对建模设备内存的占用。

其缺点是各专业构建模型调整信息的实时性不强，由于建模协调工作不及时而造成模型的反复调整。

②采用工作集协调方式的优点是：多专业可对同一项目模型进行编辑，通过实时更新的方法，各专业人员可随时了解整个项目模型的构建情况和细节，实时对模型进行调整和优化。该模式还可通过提出修改申请的方式，允许其他专业人员提出调整模型方案，不仅达到了信息实时沟通，而且提供了模型修改多人协作和采用授权管理的途径，使得建模过程中各种资源集中使用，减少了反复调整模型的工作量，提高了构建模型的效率。

其缺点是各专业人员必须使用链接同一台服务器的唯一设备进行工作，约束了建模人员的工作时间和工作地点。且中心文件不能通过网络传输或者拷贝等方式在另外的建模设备上编辑。只有采用与中心文件分离的方式后才可以，但分离后的文件又失去了与中心文件的关联，无法实时更新。

（案例提供：严巍　祖建）

## 【案例 3.4】××港××期储煤筒仓工程钢结构深化设计及工厂制造案例

进入 2000 年以后，我国国民经济显著增长，国力明显增强，钢产量居于世界各国前列，在建筑中提出了要“积极、合理地用钢”，从此甩掉了“限制用钢”的束缚，钢结构建筑在经济发达地区逐渐增多。特别是 2008 年前后，在奥运会的推动下，出现了钢结构建筑热潮，强劲的市场需求，推动钢结构建筑迅猛发展，建成了一大批钢结构场馆、机场、车站和高层建筑。通过本案例，学员要熟悉钢结构的特点，了解采用 BIM 技术的原因，了解保证项目质量的审核制度，熟悉 BIM 模型搭建的步骤，掌握该项目中 BIM 的深化设计步骤。

**1. 项目背景**

××港××工程建设 24 座筒仓，单仓容量 3 万 t，内径 40m，高度 43.4m。基础采用桩端桩侧复式后压浆钻孔灌注桩，桩径 1000mm，桩长 50m，桩身混凝土强度等级为 C40，单仓桩数为 117 根，单桩竖向抗压极限承载力标准值不小于 14000kN。与前一期工程一样，该期工程的筒仓项目采用圆形现浇混凝土结构，共建设 24 座筒仓，每个筒仓内径 40m、高 43m、容量 3 万 t。至此，该煤炭港区已有筒仓 48 座，规模在国内沿海港口中居于首位。筒仓的建设，将为煤炭港区彻底摆脱煤炭堆存粉尘飞扬、污染环境的困境提供可能。集团工程部联合集团某钢构公司于 2014 年年初中标的××港××期储煤筒仓工程，是集团成立以来施工难度最高的项目之一，所有的钢构和围护施工都要在数十米高的水泥筒仓上面进行，无论对技术、机械、安全，还是管理人员和施工人员的素质，都有着极高的要求。经过半年多的紧张施工，××港××期储煤筒仓工程以高质量、零事故顺利竣工，获得了甲方的高度评价，获得钢结构金奖，可谓实至名归（图 3.4-1）。

图 3.4-1　筒仓竖向钢结构架

**2. BIM 应用内容**

传统的建筑设计手法及工具难以满足本项目复杂形体的深化控制要求，采用 BIM 技术及软件可以进行可视化：即所见即所得。利用 Revit、Naviswork、Tekla 进行工程建筑过程，碰撞检测分析及精确控制进行专业协调，实现全新的工作模式“三维协同”。可进行参数化设计，解决信息不通畅及“信息孤岛”现象，减少施工过程中的返工现象。

（1）模型前期准备

① 在综合排布过程中，首先将设计院的简易图纸通过 CAD 软件初步深化，制作重要

部位剖面图，初步排布之后的专业图。

② 然后将 CAD 底图导入到 Revit 软件中，制图人员根据底图搭建初步模型。同时，可以将建筑、结构模型通过“链接”功能链接过来，在绘制过程中及时避让梁、柱等结构。

③ 模型建立完成后，通过可视化的三维模型及模型碰撞检测功能，对一些平面图中反馈不到的信息，进行可视化体现并且进行修改。

④ 案例硬件配置（图 3.4-2）。

图 3.4-2 硬件配置

（2）深化设计概况及总体思路

本工程深化设计部分将以业主提供的招标文件、答疑补充文件、技术要求及图纸为依据，结合制作单位工厂制作条件、运输条件，考虑现场拼装、安装方案及土建条件，同时在针对本工程所作的计算、分析结果基础上进行编制。本工程深化设计作为指导本工程的工厂加工制作和现场拼装、安装的施工详图。

1）深化设计概况

本工程结构体系可能为钢结构和钢筋混凝土的复合结构体系。钢结构部分主要为 H 型钢梁、型钢柱、钢梁间隅撑、柱间钢支撑、钢桁架、钢网架和压型钢板等。钢柱主要截面形式为工字形、圆形和十字形。钢结构耐火极限为 1～3h（图 3.4-3）。

图 3.4-3 筒仓上部钢结构

2）深化设计总体思路

① 深化设计遵循的原则

以原施工设计图纸和技术要求为依据，负责完成钢结构的深化设计，并完成钢结构加工详图的编制。根据设计文件、钢结构加工详图、吊装施工要求，并结合制作厂的条件，编制制作工艺书，包括：制作工艺流程图、每个零部件的加工工艺及涂装方案。

加工详图及制作工艺书在开工前经详图设计单位设计人、复核人及审核人签名盖章，报原设计单位审核同意，招标人盖章确认后才开始正式实施。

原设计单位仅就深化设计有没有改变原设计意图和设计原则进行确认，投标单位对深化设计的构件尺寸和现场安装定位等设计结果负责。

② 深化设计流程（图 3.4-4）

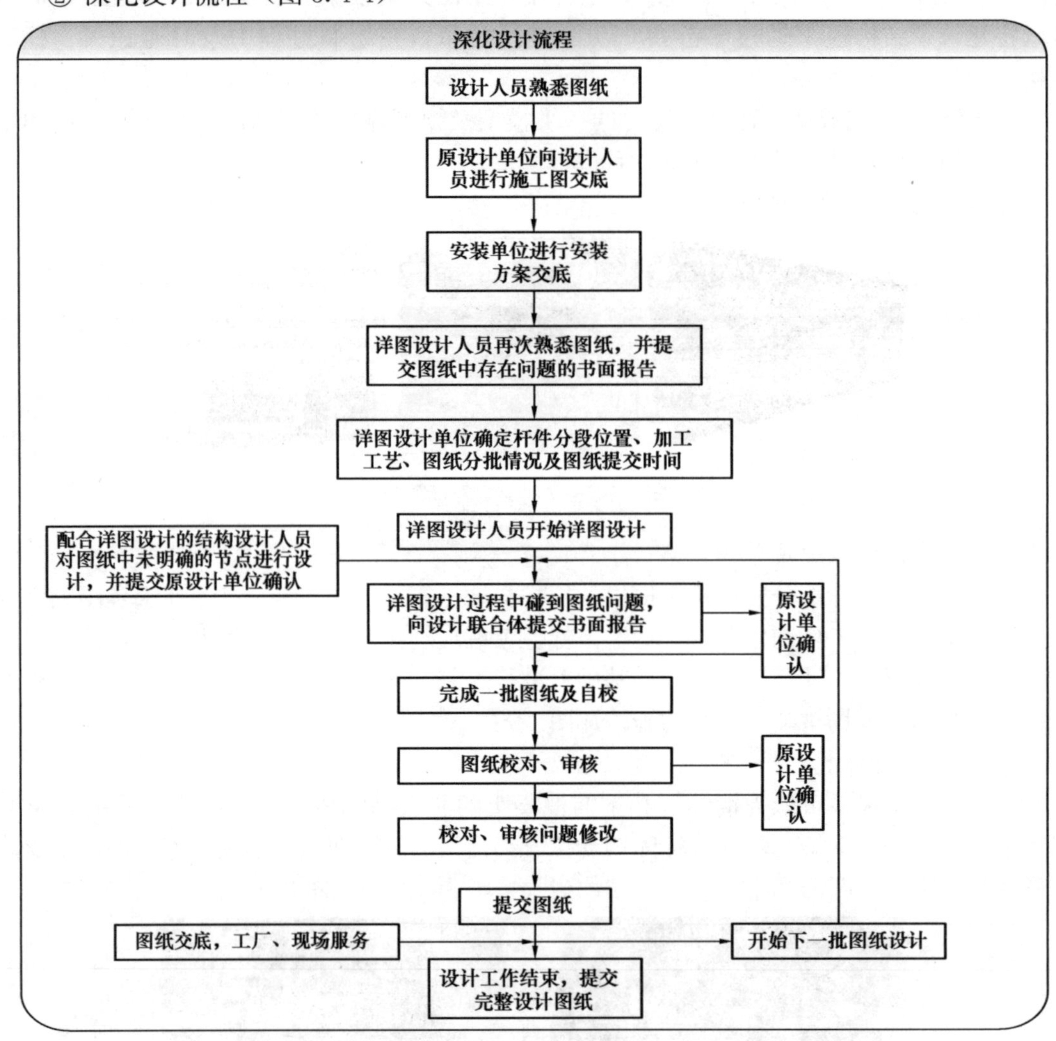


图 3.4-4　深化设计软件

结合团队已有的深化工程设计经验，对于本次钢结构项目的深化设计，主要采用芬兰 Tekla 公司的软件 Xsteel16.1 进行各楼层钢结构的详图设计；采用 CAD 绘图软件进行主桁架及典型节点的详图设计。

③ 深化设计步骤

深化设计图纸的设计思路：建立结构整体模型→现场拼装分段（运输分段）→加工制作分段→分解为构件与节点→结合工艺、材料、焊缝、结构设计说明等→深化设计详图。具体步骤如下：

a. 初步整体建模：按图纸要求在模型中建立统一的轴网；根据构件规格在软件中建立规格库；定义构件前缀号（如一层主钢梁定义为：1－GL＊，一节柱定义为：1－GZ＊），以便软件在自动编号时能合理地区分各构件，使工厂加工和现场安装更合理方便，更省时省工；校核轴网、钢柱及钢梁间的相互位置关系。

b. 精确建模：根据施工图、构件运输条件、现场安装条件及工艺等方面对各构件进行合理分段，对节点进行人工装配。

c. 模型校核：由专人对模型的准确性、节点的合理性及加工工艺等各方面进行校核；运用软件中的校核功能对整体模型进行校核，防止各钢构件间相碰。

d. 构件编号：模型校核后，运用软件中的编号功能对模型中的构件进行编号，软件将根据预先设置的构件名称进行编号归并，把同一种规格的构件编号统一编为同一类，把相同的构件合并编为同一编号，编号的归类和合并更有利于工厂对构件的批量加工，从而减少工厂的加工时间。

e. 构件出图：应用软件的出图功能，对建好的模型中的构件、节点自动生成初步的深化图纸（构件的组装图及板件的下料图）；然后对图纸在尺寸标注、焊缝标注、构件方向定位及图纸排版等方面进行修改调整，力求深化图纸准确、简洁、清楚及美观。

f. 校对及审核：深化图纸调好后，应由专人对图纸进行校核及审核，确保深化图合理、准确。

④ 深化设计内容

深化设计内容包括制作深化设计、安装深化设计，制作深化设计主要由加工制作厂完成，包括：详图设计、加工及焊接工艺设计、质量标准和验收标准设计。主要以深化设计详图为主，其他的内容将融入深化设计详图中，以图纸和说明的形式体现。

3）深化设计图纸包括两部分：

① 根据设计图对钢结构的构造、节点构造、特殊的构件（如铸钢、球形支座）进行完善。

② 钢结构施工详图设计。

4）结构完善部分：

① 国外标准与中国标准的转化；

② 大型复杂节点（带状桁架节点、外伸桁架节点）设计与工艺相协调要求的完善；

③ 连接节点螺栓数量、排布，连接板、节点板尺寸规格的完善；

④ 构件、节点组装焊缝类型、等级要求的完善；

⑤ 考虑施工变形及结构受力变形，对结构的预变形处理。

5）施工详图的内容

深化设计总说明：按照原设计图纸的要求进行，包括工程概况；规范、标准、规程和特殊的规定；主材、辅材等的型号、规格及建议；焊接坡口形式、焊接工艺、焊缝质量等级及检测要求；构件的几何尺寸及允许偏差；防腐、防火方案；施工技术要求等。

整体轴测图：反映工程整体三维关系、主要控制坐标等宏观信息。

6）预埋结构定位及详图：

构件的平面布置和立面图：注名构件的位置和编号，构件的清单和图例。

7）构件图：主要用于工厂装配和现场组装，需要标明：

① 构件的编号、构件的几何尺寸和截面形式、定位尺寸。

② 确定分段点、节点位置和几何尺寸，连接件形式和位置。

③ 焊缝形式、坡口等焊接信息，螺栓数量、连接形式等信息。

④ 构件的长度、重量、材料等信息。

8）零件图：主要用于材料采购、工厂排料和下料切割。

① 所有组件的编号、几何尺寸。

② 开孔、斜角、坡口等详细尺寸。

③ 材料的材质、规格、数量、重量等材料表。

9）其他内容

① 制作工艺、焊接工艺设计

制作工艺设计包括：原材料检验工艺设计、下料工艺设计、装配方案设计、装配胎具设计、焊接工艺设计、涂装工艺设计。

② 拼装、安装深化设计

施工方法的选择和经济性比较、施工过程的仿真分析、施工支撑体系等措施的设计与计算分析、现场焊接工艺的设计等。

③ 构件分段

深化设计中对构件进行分段需要综合考虑加工制作、运输分段、安装方案、节点划分、制作工艺、焊接收缩及变形、结构预起拱等因素。

加工制作分段（运输分段）的拆分原则：构件分段设计应该是在充分考虑并结合了原材料规格、运输的各种限制以及最终确定的安装方案的基础上进行。

**3. 深化设计质量保证措施**

（1）组织机构

为了做好本工程钢结构深化设计工作，结合我公司丰富的钢结构工程制作施工经验，确保迅捷高效地完成各项设计深化任务，专门成立深化设计项目组（图3.4-5）。

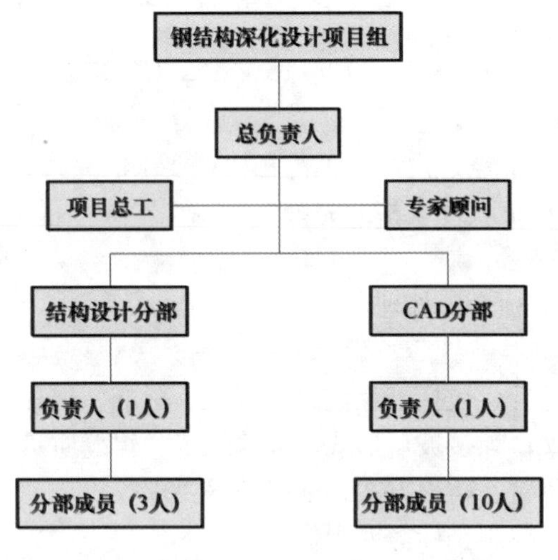


图3.4-5 深化设计组织机构图

（2）审核制度

我公司为本工程的深化设计组织了强大的队伍，为图纸深化设计的质量提供了人力方面的保证。除了个人能力，对深化设计来说严格合理的工作流程、体制和控制程序是保证深化设计质量的关键因素。我公司根据中国钢结构行业的具体情况，制定了符合住房和城乡建设部颁布的各项制图标准和设计规范的本公司的深化设计标准，建立起了完善的三级审核制度。

① 自检过程：深化设计人员将完成的图纸有针对性地进行检查，并对结果予以记录，以便校核人员参考。

② 校核过程：校核人员的检查内容和方法同自检时基本相同，检查完成后将二次审图单交深化设计人员进行修改并打印底图，必要时要向具体的深化设计人员将错误处逐条指出，但对以下内容要进行进一步审核：深化设计制图是否遵照公司的深化设计的有关标准；对特殊的构造处理审图；结构体系中各构件间的总体尺寸是否冲突。

③ 审核过程：以深化设计图的底图和二次审图单为依据，对图纸的加工适用性和图

纸的表达方法进行重点审核。对于不妥处，根据情况决定重复从审图人员开始或深化设计人员开始的上述工作。当深化设计出现质量问题，在生产放样阶段被发现时，及时通知设计院。

## 课　后　习　题

### 一、单项选择题

1. 钢结构的主要缺点是（　　）。

A. 结构的重量大　　　　B. 造价高

C. 易腐蚀、不耐火　　　　D. 施工困难多

2. 该项目中，钢框架柱的计算长度与下列哪个因素无关（　　）。

A. 框架在荷载作用下侧移的大小　　　　B. 框架柱与基础的连接情况

C. 荷载的大小　　　　D. 框架梁柱线刚度比的大小

3. 同类钢种的钢板，厚度越大，（　　）。

A. 强度越低　　　　B. 塑性越好

C. 韧性越好　　　　D. 内部构造缺陷越少

4. 结构用钢材，按含碳量分应属于（　　）。

A. 各种含碳量的钢材　　　　B. 高碳钢

C. 低碳钢　　　　D. 中碳钢

5. 在钢材的力学性能指标中，既能反映钢材塑性又能反映钢材冶金缺陷的指标是（　　）。

A. 屈服强度　　　　B. 冲击韧性

C. 冷弯性能　　　　D. 伸长率

**参考答案：**

1. B　2. C　3. A　4. C　5. C

### 二、多项选择题

1. 钢结构具有的特点包括（　　）。

A. 钢材强度高，结构重量轻

B. 钢材内部组织比较均匀，有良好的塑性和韧性

C. 钢结构装配化程度高，施工周期短

D. 钢材能制造密闭性要求较高的结构

E. 钢结构耐热，但不耐火

F. 钢结构易锈蚀，维护费用大

2. 选择钢材时应考虑哪些因素？（　　）

A. 结构或构件的重要性　　　　B. 荷载性质

C. 连接方法　　　　D. 土质

3. 该项目中深化设计包括（　　）。

A. 制作深化设计　　B. 功能深化设计

C. 安装深化设计　　D. 造型深化设计

**参考答案：**

1. ABCDEF　　2. ABC　　3. AC

**三、问答题**

1. 钢结构模型搭建步骤包括哪些？

2. 简述该项目中 BIM 的深化设计步骤。

**参考答案：**

1. ① 在综合排布过程中，首先将设计院的简易图纸通过 CAD 软件初步深化，制作重要部位剖面图，初步排布之后的专业图。

② 然后将 CAD 底图导入到 Revit 软件中，制图人员根据底图搭建初步模型。同时，可以将建筑、结构模型通过“链接”功能链接过来，在绘制过程中及时避让梁、柱等结构。

③ 模型建立完成后，通过可视化的三维模型及模型碰撞检测功能，对一些平面图中反馈不到的信息，进行可视化体现并且进行修改。

2. 深化设计图纸的设计思路：建立结构整体模型→现场拼装分段（运输分段）→加工制作分段→分解为构件与节点→结合工艺、材料、焊缝、结构设计说明等→深化设计详图。

（案例提供：赵雪锋　张敬玮）

## 【案例 3.5】某酒店机电项目机电深化阶段 BIM 应用案例

建筑机电工程是建筑工程中的重要组成部分，主要包括给水排水系统、供电系统、空调通风系统、弱电系统、消防系统、智能建筑系统等六大方面。机电工程质量直接影响着建筑工程的整体性能质量，包含运行效果节能与否，以及建筑物真正投入使用中时是否实用。通过本案例学员要熟悉机电深化的设计要求，熟悉设计技术规范要求统一的内容，了解机电深化的具体步骤，了解基于 BIM 深化设计的准则，用以指导机电安装成为真正可实施的方案，使 BIM 深化设计技术达到施工项目管理要求。

**1. 项目背景**

工程地点位于××省××市市政府正对面；项目是集商业、酒店、办公、居住为一体的大型城市综合体，占地 418 亩，总建筑面积达 118 万 $m^2$。该工程总建筑面积为 112014.2$m^2$；地下 3 层，建筑面积为 35059.92$m^2$；地上 35 层，总建筑面积为 76954.28$m^2$。

**2. BIM 应用内容**

Revit MEP 软件借助真实管线进行准确建模，可以实现智能、直观的设计流程。Revit MEP 采用整体设计理念，从整座建筑物的角度来处理信息，将给水排水、暖通和电气系统与建筑模型关联起来，为工程师提供更佳的决策参考和建筑性能分析，借助它工程师可以优化建筑设备及管道系统的设计，进行更好的建筑性能分析，充分发挥 BIM 的竞争优势，促进可持续性设计，同时，利用 Revit 与建筑师和其他工程师协同，还可即时获得来自建筑信息模型的设计反馈。实现数据驱动设计所带来的巨大优势，轻松跟踪项目的范围、进度和工程量统计、造价分析。深化设计作为设计与施工之间的重要枢纽，立足于协调配合其他专业保证项目的可实施性，最终能够实现业主及设计师所期望的设计目标。机电深化设计是将施工图设计阶段完成的机电管线进一步综合排布，根据不同管线的不同的性质、不同的功能和不同的施工要求，结合建筑、结构、装修的要求进行的统筹管线位置排布。

（1）机电专业实用 BIM 技术内容

1）精度准确 LOD

每个系统由一种或几种不同功能的构件组成，并完整表达该系统的建筑功能。而对于精度要求，构件必须表达其自身的几何信息，如形状、尺寸、坐标等。要求满足该管线综合设计阶段的精度信息，正确反映模型空间位置即可；除此之外，还要有正确标识建筑构件的材质信息，以 LOD（Level of Development，在此译为发展程度）来指称 BIM 模型中的模型原件在建筑生命周期的不同阶段中所预期的“完整度”（level of completeness)，并定义了从 100 到 500 的五种 LOD，见表 3.5-1、表 3.5-2。

给水排水专业　　表 3.5-1

| 详细等级（LOD） | 100 | 200 | 300 | 400 | 500 |
|---|---|---|---|---|---|
| 管道 | 只有管道类型、管径、主管标高 | 有支管标高 | 加保温层、管道进设备机房 1m | 按实际管道类型及材质参数绘制管道（出产厂家、型号、规格等） | 运营信息、物业管理所有详细信息 |

续表

| 详细等级（LOD） | 100 | 200 | 300 | 400 | 500 |
| --- | --- | --- | --- | --- | --- |
| 阀门 | 不表示 | 绘制统一的阀门 | 按阀门的分类绘制 | 按实际阀门的参数绘制（出产厂家、型号、规格等） | 运营信息、物业管理所有详细信息 |
| 附件 | 不表示 | 统一形状 | 按类别绘制 | 按实际项目中要求的参数绘制（出产厂家、型号、规格等） | 运营信息、物业管理所有详细信息 |
| 仪表 | 不表示 | 统一规格的仪表 | 按类别绘制 | 按实际项目中要求的参数绘制（出产厂家、型号、规格等） | 运营信息、物业管理所有详细信息 |
| 卫生器具 | 不表示 | 简单的体量 | 具体的类别形状及尺寸 | 将产品的参数添加到元素当中（出产厂家、型号、规格等） | 运营信息、物业管理所有详细信息 |
| 设备 | 不表示 | 有长、宽、高的体量 | 具体点形状及尺寸 | 将产品的参数添加到元素当中（出产厂家、型号、规格等） | 运营信息、物业管理所有详细信息 |
| 暖通水管道 | 不表示 | 按照系统只绘主管线，标高可自行定义；按照系统添加不同的颜色 | 按照系统绘制支管线，管线有准确的标高、管径尺寸。添加保温、坡度数据 | 添加技术参数、说明及厂家信息、材质 | 运营信息与物业管理所有详细信息 |
| 管件 | 不表示 | 绘制主管线上的管件 | 绘制支管线上的管件 | 添加技术参数、说明及厂家信息、材质 | 运营信息与物业管理所有详细信息 |
| 桥架 | 不建模 | 基本路由 | 基本路由、尺寸标高 | 具体路由、尺寸标高、支吊架安装、所属系统 | 具体路由、尺寸标高、支吊架安装、所属系统、生产厂家、参数 |
| 电线电缆 | 不建模 | 基本路由、导线根数 | 基本路由、导线根数、所属系统 | 基本路由、导线根数、所属系统、导线材质类型 | 基本路由、导线根数、所属系统、导线材质类型、生产厂家、参数 |

**精度等级详细等级表** **表 3.5-2**

| 给水排水专业 | | | | | |
| --- | --- | --- | --- | --- | --- |
| 水管道 | 100 | 200 | 300 | 300 | 300 |
| 风管道 | 100 | 200 | 300 | 300 | 300 |
| 阀门 | 100 | 200 | 300 | 300 | 300 |
| 附件 | 100 | 200 | 300 | 300 | 300 |

续表

| 给水排水专业 | | | | | |
|---|---|---|---|---|---|
| 桥架 | 100 | 200 | 300 | 400 | 400 |
| 仪表 | 100 | 200 | 300 | 300 | 300 |
| 卫生器具 | 100 | 200 | 300 | 400 | 400 |
| 机械设备 | 100 | 200 | 300 | 400 | 500 |
| 配电箱 | 100 | 200 | 300 | 400 | 400 |

2）××酒店机电模型（图 3.5-1）

3）碰撞点位置和数量统计（图 3.5-2、图 3.5-3）

图 3.5-1　××酒店机电模型

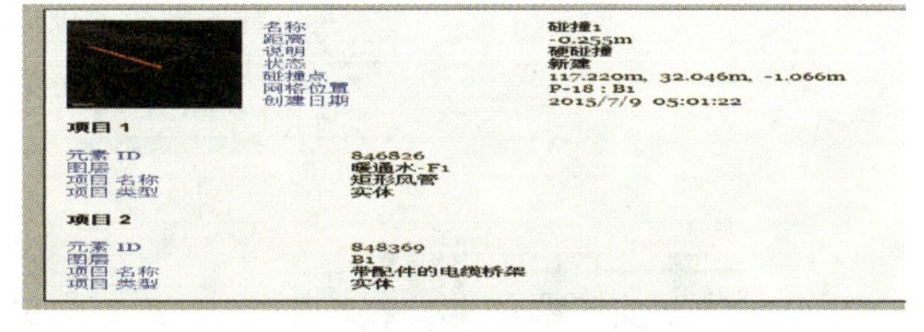


图 3.5-2　碰撞点位置报告

| | |
|---|---|
| 715 | 电缆桥架 ： 带配件的电缆桥架 ： 强电系统（槽式电缆桥架） － 标记 39 ： ID 848367 |
| 716 | 电缆桥架 ： 带配件的电缆桥架 ： 强电系统（槽式电缆桥架） － 标记 39 ： ID 848367 |
| 717 | 电缆桥架配件 ： 槽式电缆桥架水平弯通 ： 强电系统 － 标记 396 ： ID 848370 |
| 718 | 电缆桥架 ： 带配件的电缆桥架 ： 强电系统（槽式电缆桥架） － 标记 44 ： ID 848375 |
| 719 | 电缆桥架 ： 带配件的电缆桥架 ： 强电系统（槽式电缆桥架） － 标记 44 ： ID 848375 |
| 720 | 电缆桥架配件 ： 槽式电缆桥架水平弯通 ： 强电系统 － 标记 443 ： ID 848377 |
| 721 | 电缆桥架配件 ： 槽式电缆桥架水平弯通 ： 强电系统 － 标记 443 ： ID 848377 |
| 722 | 电缆桥架 ： 带配件的电缆桥架 ： 强电系统（槽式电缆桥架） － 标记 46 ： ID 848378 |
| 723 | 电缆桥架 ： 带配件的电缆桥架 ： 强电系统（槽式电缆桥架） － 标记 46 ： ID 848378 |
| 724 | 电缆桥架 ： 带配件的电缆桥架 ： 强电系统（槽式电缆桥架） － 标记 46 ： ID 848378 |
| 725 | 电缆桥架 ： 带配件的电缆桥架 ： 强电系统（槽式电缆桥架） － 标记 46 ： ID 848378 |
| 726 | 电缆桥架 ： 带配件的电缆桥架 ： 强电系统（槽式电缆桥架） － 标记 47 ： ID 848379 |
| 727 | 电缆桥架 ： 带配件的电缆桥架 ： 强电系统（槽式电缆桥架） － 标记 52 ： ID 848387 |
| 728 | 电缆桥架 ： 带配件的电缆桥架 ： 强电系统（槽式电缆桥架） － 标记 52 ： ID 848387 |
| 729 | 电缆桥架 ： 带配件的电缆桥架 ： 强电系统（槽式电缆桥架） － 标记 52 ： ID 848387 |
| 730 | 电缆桥架 ： 带配件的电缆桥架 ： 强电系统（槽式电缆桥架） － 标记 57 ： ID 848396 |
| 731 | 电缆桥架配件 ： 槽式电缆桥架水平弯通 ： 强电系统 － 标记 621 ： ID 848419 |
| 732 | 电缆桥架配件 ： 槽式电缆桥架水平弯通 ： 强电系统 － 标记 630 ： ID 848421 |
| 733 | 电缆桥架配件 ： 槽式电缆桥架水平弯通 ： 强电系统 － 标记 642 ： ID 848428 |

图 3.5-3　碰撞个数

4）参照机电模型进行 CAD 施工图纸核对，对设计问题进行补缺补漏

设计图纸在各专业协调时易出现问题，在建模过程中发现这种情况，需要甲方和设计单位对问题区域进行确认和审核，审核完毕才能继续建模（图 3.5-4）。

5）管线综合前后管线布置对比（图 3.5-5）

6）碰撞报告及解决方案

碰撞报告用于体现设计中被忽略的专业交叉（图 3.5-6）。

7）深化设计后管道密集区域管线排布对比（图 3.5-7）

8）施工现场排布后图片（见图 3.5-7）

9）安装区域净高分析

可以更好地对空间进行合理协调（图 3.5-8、图 3.5-9）。

10）机电专业风管及设备附件明细表

| 序号 | 位置 | 问题描述 | 解答 |
|---|---|---|---|
| 1 | 给水排水B1 | 平面图上有很多HYL系列雨水立管，且未标明管径，例如“HYL-1”，但是在系统图上找不到该系列立管，管径无法查明 | |
| | 给水排水B1 | “ZPL-5”平面图上未标明管径，系统图上有两根“ZPL-5”立管，且管径均未标明 | |
| | 给水排水B1 | “ZPL-4”、“ZPL-6”、“ZPL-7”平面图上未标明管径，系统图上找不到该立管 | |
| | 给水排水B1 | YL-1（DN100）、YL-2（DN100）和YL-3（DN100）会合之后的水平管道管径DN150，墙上预留套管也是DN150，是否应改为DN200套管 | |
| | 给水排水B1 | YL-4（DN100）和YL-7（DN100）会合之后的水平管道管径DN150，墙上预留套管也是DN150，是否应改为DN200套管 | |
| | 给水排水B1 | YL-26管径DN150，墙上预留套管也是DN150，是否应改为DN200套管 | |
| | 给水排水B1 | YWL-20、YWL-24、YWL-25管径DN150，墙上预留套管也是DN150，是否应改为DN200套管 | |

图 3.5-4 给水排水疑问单

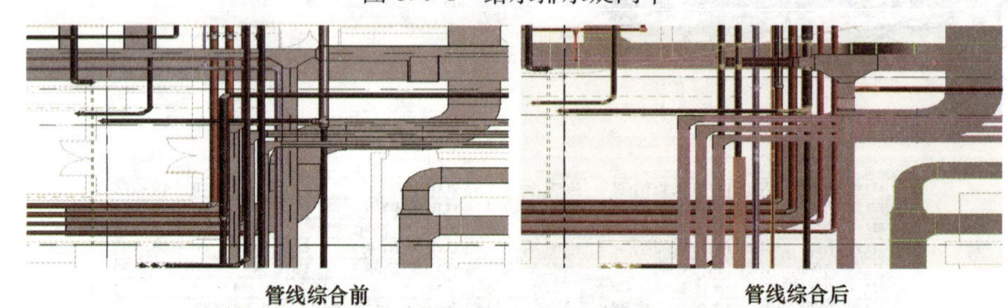


图 3.5-5 管线综合前后管线布置对比

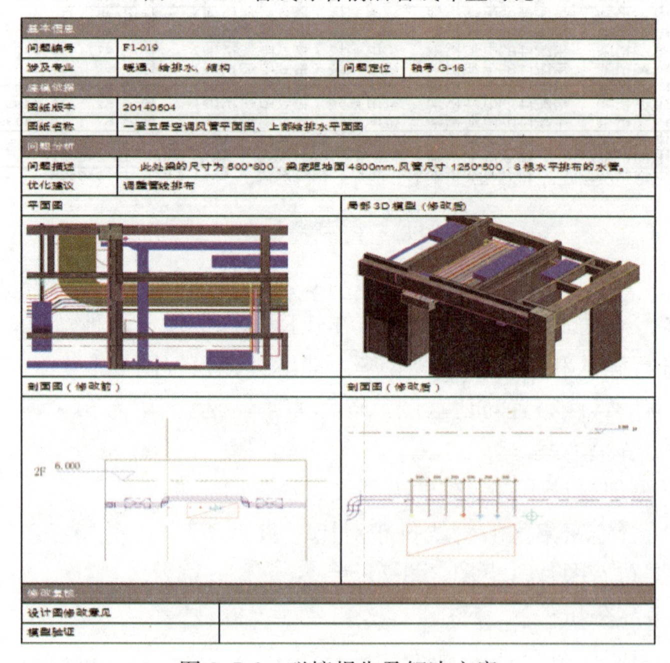

| 基本信息 | | | |
|---|---|---|---|
| 问题编号 | F1-019 | | |
| 涉及专业 | 暖通、给排水、结构 | 问题定位 | 轴号 G-16 |
| 图纸版本 | 20140504 | | |
| 图纸名称 | 一至五层空调风管平面图、上部给排水平面图 | | |
| 问题分析 | | | |
| 问题描述 | 此处梁的尺寸为 600*800，梁底距地面 4800mm，风管尺寸 1250*500，8 根水平排布的水管。 | | |
| 优化建议 | 调整管线排布 | | |
| 平面图 | | 局部 3D 模型（修改后） | |
| 剖面图（修改前） | | 剖面图（修改后） | |
| 设计图修改意见 | | | |
| 模型验证 | | | |



图 3.5-6 碰撞报告及解决方案

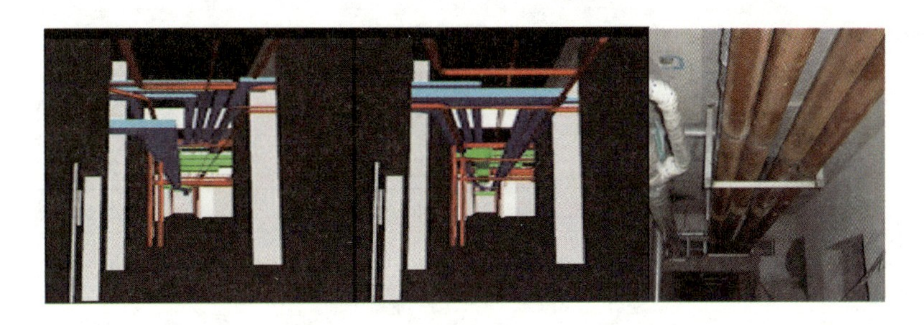

图 3.5-7　深化设计前后管道密集区域管线排布对比

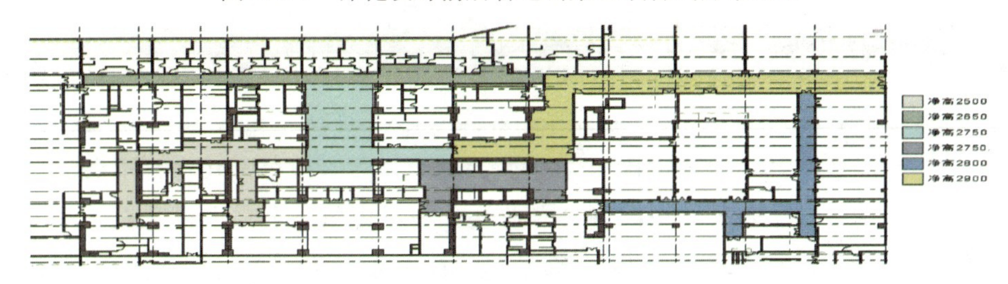


图 3.5-8　综合前区域净高分析

图 3.5-9　综合后区域净高分析

便于设备及材料数量的统计（图 3.5-10）。

矩形风管：加压送风系统（半径弯头/接头）
矩形风管：加压送风系统（半径弯头/接头）：21
矩形风管：排烟系统（半径弯头/T 形三通）
矩形风管：排烟系统（半径弯头/T 形三通）：8
矩形风管：排烟系统（半径弯头/接头）
矩形风管：排烟系统（半径弯头/接头）：107
矩形风管：排烟系统（斜接弯头/接头）
矩形风管：排烟系统（斜接弯头/接头）：81
矩形风管：排风系统（半径弯头/T 形三通）
矩形风管：排风系统（半径弯头/T 形三通）：44
矩形风管：排风系统（半径弯头/接头）
矩形风管：排风系统（半径弯头/接头）：25
矩形风管：排风系统（斜接弯头/接头）
矩形风管：排风系统（斜接弯头/接头）：27
矩形风管：送风/补风系统（半径弯头/T 形三通）
矩形风管：送风/补风系统（半径弯头/T 形三通）：86
矩形风管：送风/补风系统（半径弯头/接头）
矩形风管：送风/补风系统（半径弯头/接头）：28
矩形风管：送风/补风系统（斜接弯头/T 形三通）
矩形风管：送风/补风系统（斜接弯头/T 形三通）：20
矩形风管：送风/补风系统（斜接弯头/接头）
矩形风管：送风/补风系统（斜接弯头/接头）：48

〈风道末端明细表〉

| A | B | C | D | E |
|---|---|---|---|---|
| 尺寸 | 族与类型 | 最大流量 | 流量 | 合计 |
| 210x60 | 送风口 - 单层 | 945.0 m³/h | 90.0 m³/h | 37 |
| 250x250 | 排风格栅 - 矩 | 1245.0 m³/h | 1245.0 m³/h | 39 |
| 320x320 | 排风格栅 - 矩 | 1245.0 m³/h | 2520.0 m³/h | 32 |
| 360x240 | 送风散流器 - | 1945.0 m³/h | 624.0 m³/h | 80 |
| 410x210 | 送风口 - 单层 | 540.0 m³/h | 741.6 m³/h | 20 |
| 420x240 | 送风散流器 - | 1945.0 m³/h | 1092.0 m³/h | 50 |
| 420x300 | 送风散流器 - | 2800.0 m³/h | 1931.8 m³/h | 57 |
| 480x240 | 送风散流器 - | 2800.0 m³/h | 1766.2 m³/h | 51 |
| 480x300 | 送风散流器 - | 3810.0 m³/h | 2591.8 m³/h | 50 |
| 480x360 | 送风散流器 - | 3810.0 m³/h | 3732.2 m³/h | 57 |
| 600x300 | 回风口 - 矩形 | 2700.0 m³/h | 2599.2 m³/h | 63 |
| 总计：536 | | | | |

图 3.5-10　机电专业风管及设备附件明细表

11）高级族库的制作（图 3.5-11）

图 3.5-11　高级族库的制作

（2）机电专业深化设计（传统深化设计和 BIM 深化设计比较）

1）传统机电深化设计步骤

成立深化设计小组→明确设计思路→设计参数的收集（熟悉建筑图、精装图以及功能区划分，领会业主方的技术要求，对比国家设计及施工规范标准、不违背国家强制性标准，了解关键设备及材料的型号规格、安装工艺要求等）→提出深化设计大纲→各专业互相提供设计参数并提出配合条件→绘制各专业深化设计图纸→各专业深化图纸送业主和顾问审批→ 审批通过后绘制机电综合图→机电综合图与精装修核对无误后送业主和顾问审核→原设计单位批准→审批通过后打印施工图并分发各专业施工班组→ 对现场施工人员进行设计和施工交底→配合施工及对施工过程中发现的问题及时反馈和修改图纸→绘制竣工图。

2）BIM 机电深化设计步骤

成立深化设计小组→ 明确设计思路→设计参数的收集（熟悉建筑图、精装图以及功能区划分，领会业主方的技术要求，对比国家设计及施工规范标准、不违背国家强制性标准，了解关键设备及材料的型号规格、安装工艺要求等）→明确及统一各专业的绘图标准和图层、颜色及深化程度→提出深化设计大纲→各专业互相提供设计参数并提出配合条件→绘制各专业深化设计模型→将各专业深化模型出具的碰撞报告及安装所需的区域净高分析送业主和顾问审批→ 审批通过后修改机电综合模型→机电综合模型与精装修（土建、结构模型）核对无误后送业主和顾问审核→原设计单位批准→审批通过后生成施工模型并分发各相关专业施工班组→ 对现场施工人员进行机电深化设计模型展示和施工工艺技术交底→配合施工及对施工过程中发现的问题及时反馈并修改模型→绘制竣工模型。

（3）BIM 机电深化设计在施工阶段的应用

1）机电深化施工模型安装区域净高分析以及机电各个专业与土建碰撞报告；

2）现场设备管线查缺补漏；

3）通过对机电的深化设计，对设计方案的构造方式、工艺做法和工序安排进行优化，使深化设计后出具的模型完全具备可实施性，满足施工单位能按模型施工的严格要求；

4）通过对机电的深化设计，充分详细地对复杂节点、剖面进行优化补充，对工程量清单中未包括的施工内容进行补漏拾遗，准确调整施工预算；

5）通过对机电的深化设计，补充、完善及优化，进一步明确机电与装饰、土建和幕墙等其他专业各自的工作面，明确彼此可能交叉施工的内容，为各专业顺利配合施工创造有利条件。

（4）机电深化设计项目难点（针对××项目）

1）本项目层数为地上 35 层，地下 3 层，管线模型多（图 3.5-12）。解决方法：分层建立机电模型，然后汇总进行碰撞数量统计（图 3.5-13）。

图 3.5-12　项目机电模型

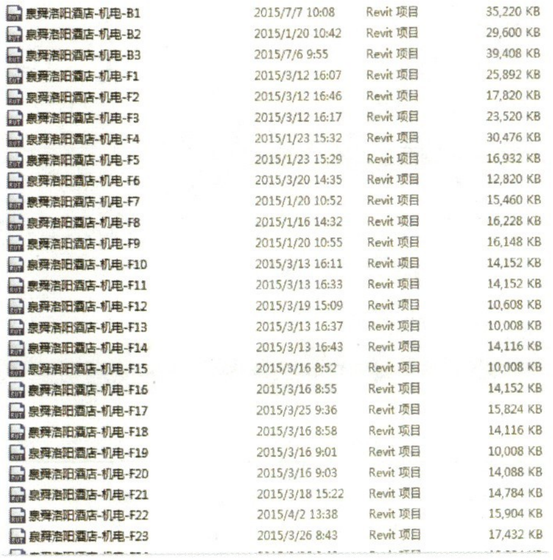

| 名称 | 修改日期 | 类型 | 大小 |
|---|---|---|---|
| 泉舜洛阳酒店-机电-B1 | 2015/7/7 10:08 | Revit 项目 | 35,220 KB |
| 泉舜洛阳酒店-机电-B2 | 2015/1/20 10:42 | Revit 项目 | 29,600 KB |
| 泉舜洛阳酒店-机电-B3 | 2015/7/6 9:55 | Revit 项目 | 39,408 KB |
| 泉舜洛阳酒店-机电-F1 | 2015/3/12 16:07 | Revit 项目 | 25,892 KB |
| 泉舜洛阳酒店-机电-F2 | 2015/3/12 16:46 | Revit 项目 | 17,820 KB |
| 泉舜洛阳酒店-机电-F3 | 2015/3/12 16:17 | Revit 项目 | 23,520 KB |
| 泉舜洛阳酒店-机电-F4 | 2015/1/23 15:32 | Revit 项目 | 30,476 KB |
| 泉舜洛阳酒店-机电-F5 | 2015/1/23 15:29 | Revit 项目 | 16,932 KB |
| 泉舜洛阳酒店-机电-F6 | 2015/3/20 14:35 | Revit 项目 | 12,820 KB |
| 泉舜洛阳酒店-机电-F7 | 2015/1/20 10:52 | Revit 项目 | 15,460 KB |
| 泉舜洛阳酒店-机电-F8 | 2015/1/16 14:32 | Revit 项目 | 16,228 KB |
| 泉舜洛阳酒店-机电-F9 | 2015/1/20 10:55 | Revit 项目 | 16,148 KB |
| 泉舜洛阳酒店-机电-F10 | 2015/3/13 16:11 | Revit 项目 | 14,152 KB |
| 泉舜洛阳酒店-机电-F11 | 2015/3/13 16:33 | Revit 项目 | 14,152 KB |
| 泉舜洛阳酒店-机电-F12 | 2015/3/19 15:09 | Revit 项目 | 10,608 KB |
| 泉舜洛阳酒店-机电-F13 | 2015/3/13 16:37 | Revit 项目 | 10,008 KB |
| 泉舜洛阳酒店-机电-F14 | 2015/3/13 16:43 | Revit 项目 | 14,116 KB |
| 泉舜洛阳酒店-机电-F15 | 2015/3/16 8:52 | Revit 项目 | 10,008 KB |
| 泉舜洛阳酒店-机电-F16 | 2015/3/16 8:55 | Revit 项目 | 14,152 KB |
| 泉舜洛阳酒店-机电-F17 | 2015/3/25 9:36 | Revit 项目 | 15,824 KB |
| 泉舜洛阳酒店-机电-F18 | 2015/3/16 8:58 | Revit 项目 | 14,116 KB |
| 泉舜洛阳酒店-机电-F19 | 2015/3/16 9:01 | Revit 项目 | 10,008 KB |
| 泉舜洛阳酒店-机电-F20 | 2015/3/16 9:03 | Revit 项目 | 14,088 KB |
| 泉舜洛阳酒店-机电-F21 | 2015/3/18 15:22 | Revit 项目 | 14,784 KB |
| 泉舜洛阳酒店-机电-F22 | 2015/4/2 13:38 | Revit 项目 | 15,904 KB |
| 泉舜洛阳酒店-机电-F23 | 2015/3/26 8:43 | Revit 项目 | 17,432 KB |

图 3.5-13　项目碰撞数量统计

2）机房设备多需要各类不同型号族（图 3.5-14）。解决方法：建立参数化族，一族多用，简化修改族的过程（图 3.5-15）。

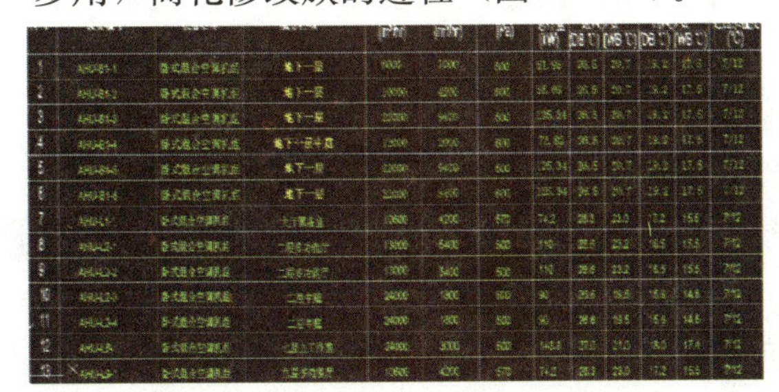

图 3.5-14　项目机电模型型号族

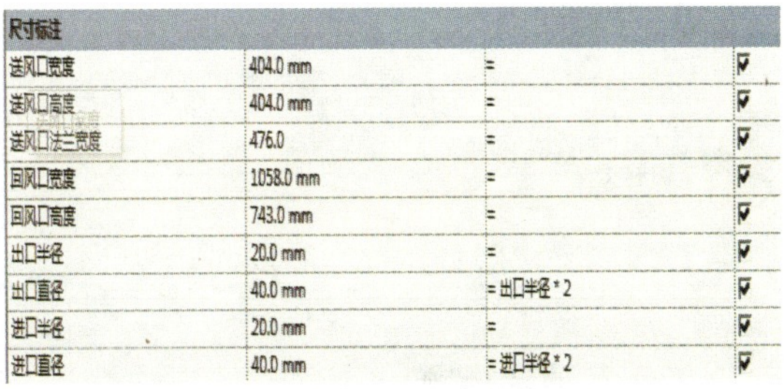

| 尺寸标注 | | | |
|---|---|---|---|
| 送风口宽度 | 404.0 mm | = | ☑ |
| 送风口高度 | 404.0 mm | = | ☑ |
| 送风口法兰宽度 | 476.0 | = | ☑ |
| 回风口宽度 | 1058.0 mm | = | ☑ |
| 回风口高度 | 743.0 mm | = | ☑ |
| 出口半径 | 20.0 mm | = | ☑ |
| 出口直径 | 40.0 mm | = 出口半径 * 2 | ☑ |
| 进口半径 | 20.0 mm | = | ☑ |
| 进口直径 | 40.0 mm | = 进口半径 * 2 | ☑ |

图 3.5-15　项目机电模型型号族

3）管线碰撞多，单层多达 1000 多个碰撞（图 3.5-16）。

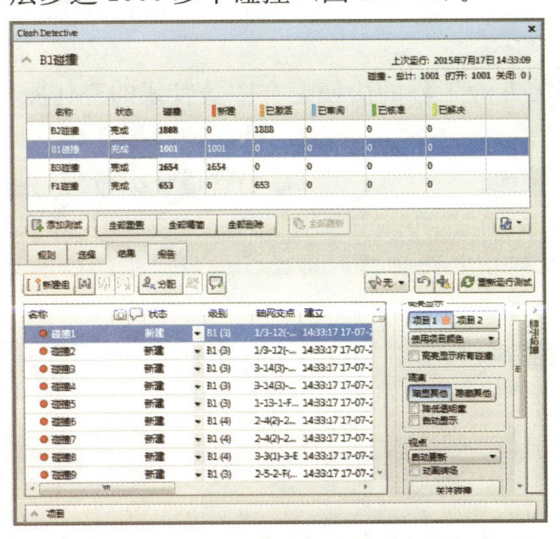


图 3.5-16　项目机电模型管线碰撞

解决方法：利用剖面框进行局部区域框选，增加机器运行速度，提高管线综合效率。

## 课　后　习　题

### 一、单项选样题

1. 下列措施项目中，应参阅施工技术方案进行列项的是（　　）。

A. 施工排水降水　　B. 文明安全施工

C. 材料二次搬运　　D. 环境保护

2. 工程量材料单应由（　　）提供。

A. 政府部门　　B. 施工单位

C. 投标人　　D. 监理单位

3. 通风与空调系统经平衡调整后，各风口的总风量与设计风量的允许偏差不应大于（　　）。

A. 5%　　B. 10%

C. 15%　　D. 20%

4. 母线的支持固定要使母线产生发热胀伸时能沿本身的（　　）方向自由移动。

A. 侧面　　B. 中心

C. 上部　　D. 下部

**参考答案：**

1. A　　2. B　　3. B　　4. B

### 二、多项选择题

1. 风管安装的程序通常为（　　）。

A. 先上层后下层　　B. 先支管后干管

C. 先干管后支管　　D. 先主管后水平管

E. 先水平管后主管

2. 施工现场机电安装专业工程的协调配合中，管线的避让原则是（　　）。

A. 外层让里层　　B. 低层让高层

C. 有压管道让无压管道　　D. 小管道让大管道

E. 水管让风管

3. 《钢结构工程施工质量验收规范》规定：钢材、钢铸件的品种、规格、性能等应符合（　　）和设计要求。

A. 现行国家产品标准　　B. 设计要求

C. 安装要求　　D. 业主要求

E. 监理要求

**参考答案：**

1. ACD　　2. CD　　3. AB

## 三、简答题

1. 简述BIM机电深化设计步骤。

2. 简述BIM在机电领域的应用。

**参考答案：**

1. 按照以下步骤完成：①成立深化设计小组；②明确设计思路；③设计参数的收集（熟悉建筑图、精装图以及功能区划分，领会业主方的技术要求，对比国家设计及施工规范标准、不违背国家强制性标准，了解关键设备及材料的型号规格、安装工艺要求等）；④明确及统一各专业的绘图标准和图层、颜色及深化程度；⑤提出深化设计大纲；⑥各专业互相提供设计参数并提出配合条件；⑦绘制各专业深化设计模型；⑧将各专业深化模型出具的碰撞报告及安装所需的区域净高分析送业主和顾问审批；⑨审批通过后修改机电综合模型；⑩机电综合模型与精装修（土建、结构模型）核对无误后送业主和顾问审核；⑪原设计单位批准；⑫审批通过后生成施工模型并分发各相关专业施工班组；⑬对现场施工人员进行机电深化设计模型展示和施工工艺技术交底；⑭配合施工及对施工过程中发现的问题及时反馈并修改模型；⑮绘制竣工模型。

2. ① 机电深化施工模型安装区域净高分析以及机电各个专业与土建碰撞报告；

②现场设备管线查缺补漏；

③通过对机电的深化设计，对设计方案的构造方式、工艺做法和工序安排进行优化，使深化设计后出具的模型完全具备可实施性，满足施工单位能按模型施工的严格要求；

④通过对机电的深化设计，充分详细地对复杂节点、剖面进行优化补充，对工程量清单中未包括的施工内容进行补漏拾遗，准确调整施工预算；

⑤通过对机电动深化设计，补充、完善及优化，进一步明确机电与装饰、土建和幕墙等其他专业各自的工作面，明确彼此可能交叉施工的内容，为各专业顺利配合施工创造有利条件。

（案例提供：赵雪锋　张敬玮）

## 【案例 3.6】某公共建筑项目机电专业深化设计

建筑信息模型（BIM）作为一项新的信息技术，逐渐在业界得到认可并发展，通过 BIM 技术的应用可以促进建筑业的技术升级和生产方式的转变。对于施工阶段的机电安装工程，往往涉及多专业的管线安装、设备安装以及后期设备调试。实际安装过程当中，机电施工往往由多家分包单位完成，不同的分包单位之间在安装过程中经常会出现各专业间的管线交叉碰撞，对此造成的拆改返工现象引起各分包之间的互相扯皮，给工程管理带来较多不便，使用 BIM 技术不仅可以得到由真实产品建立的模型，还可以利用模型解决施工过程的管线综合，对于最终的模型，还可以进行工程量的精确统计，利用产品真实参数进行系统校核计算等深入应用。为了达到提升技术、管理，节约成本的目的，某项目采用机电 BIM 软件进行机电专业深化设计，并且效果显著。

**1. 项目背景**

某公共建筑项目，建筑高度 100m，总建筑面积 100000$m^2$，地上 50 层，地下 2 层。项目整个工程机电安装专业涵盖电气工程、通风与空调工程、给水排水与消防工程、消防弱电工程等，其中，为了满足室内净空净高要求，各层吊顶内专业管线排布密集。另外，该工程地下二层为主要设备机房布置区，建筑面积近 10 万 $m^2$。给水排水与消防工程专业包含有 2 个生活水泵房（共有 50 台水泵）和 1 个消防泵房（含 4 台水泵，4 台加压泵组），共有 1 万多个喷淋头，200 多个消火栓箱；通风工程专业含有 30 台风机设备，1 万 $m^2$ 防排烟风管等。

项目机电工程重点难点：

（1）进度管理要求高：施工环境复杂、制约因素多、工期紧，专业分包多、工作协调多。

（2）施工管理难度高：项目工期紧，施工界面复杂，交叉作业多，质量要求高，总包管理难度大。

（3）施工质量标准高：本项目创优目标为鲁班奖，施工质量要求高。

基于上述原因，在开工之初，本项目就制订创优策划方案，确定在项目建设中采用 BIM 技术进行管理，合理进行机电管线综合平衡排布，确保室内净空高度的控制要求。项目部努力优化系统，调整工序，多专业协同，力求节省施工材料，提高经济效益，并且提升施工效率，降低管理成本，提高施工管理水平，达到提高施工管理的精细化程度，提高建筑质量，实现绿色科技与建筑融合的目标。

**2. BIM 技术内容和应用**

（1）机电 BIM 应用目标

本项目机电 BIM 应用包括三个阶段，实现从基本到中级，再到深入的逐级应用（图 3.6-1），具体描述如下：

1）基本应用：模型快速、准确搭建，碰撞检测、管线综合。

2）中级应用：

① 在管线综合基础上进行系统优化，出指导施工所需的平面图、指导施工的剖面图。

② 实现真实产品模型，进行阶段性材料统计。

③ 总包、分包配合预留孔洞。

3）深入应用：

① 预制件加工：从部分到整体，从特定项目到多数项目（比如，支吊架的应用）。

② 为了达到进一步提高安装施工质量及效率的目的进行系统校核，包括初调试应用及噪声分析应用。

③ 实现与项目的BIM施工管理软件配合，机电模型进入管理平台软件进行进度模拟与成本控制应用。

④ 最终模型为后期运维管理提供依据。

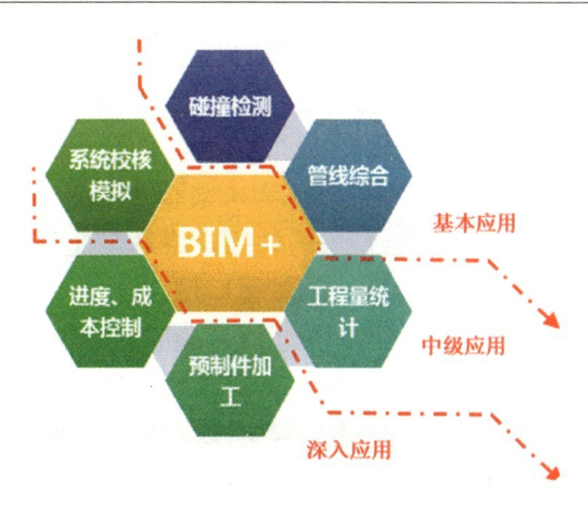

图3.6-1　BIM在施工过程中的应用

（2）机电专业BIM应用中的关键点（图3.6-2）

在机电BIM应用过程中有以下几点需要注意：

1）BIM介入的时间点

基于BIM的深化设计，和传统深化设计一样，需要在项目开始初期就进行三维模型的搭建，在大规模机电安装开始的时候完成模型的深化设计调整，在施工过程中直接指导施工。

2）BIM软件平台的选择

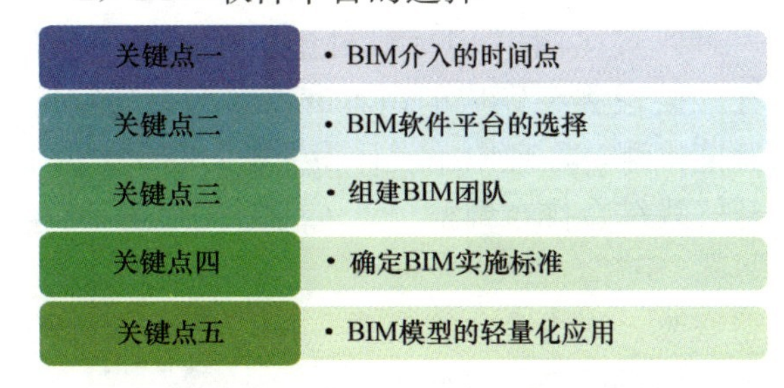

图3.6-2　机电专业BIM应用中的关键点

进行BIM深化设计，首先要选用BIM软件，对于机电专业的BIM软件目前可供参考的有Revit、MagiCAD、Rebro、Tfas等。怎样选择一款适合企业自身的软件是企业使用BIM技术成功与否的关键所在。

企业选择BIM软件时可以参考以下几点：

① 能够支持多种格式的输出输入，可以多专业配合的软件。

② 软件功能是否能够满足企业要求。

③ 软件操作是否简单，修改是否方便快捷。因为机电管线深化设计过程中需要对管线和设备进行调整修改，所以一款操作简单、修改便捷的软件在深化设计过程中尤为重要。

④ 软件是否能够提供机电专业中涉及的设备构件，是否有足够的产品族库支撑。

⑤ 软件的学习难易程度。一款好的软件，除了可以提供强大的功能以外还需要能够让初学者在短期内快速学会并掌握。

3）组建BIM团队

进行BIM深化设计还需要组建专业的BIM实施团队，初期可从企业内部挑选一部分具有一定施工经验的专业人员，经过专业的培训后，即可进行BIM深化设计的实施。

4）确定BIM实施标准

在利用软件搭建 BIM 模型的时候，企业内部需要根据企业自身的需求及特点制定初步的 BIM 深化设计标准要求，以此来指导项目实施人员进行深化设计，标准里面需要包含的内容有建模的流程、人员间的配合方式、模型的交付等。另外，经过初期试点项目的 BIM 经验积累，可以作为未来企业 BIM 实施的依据和参考。另外，如果能够选择一款可以进行项目模板积累的软件，将对企业 BIM 的实施之路添加助力。

5）BIM 模型的轻量化应用

选用 BIM 软件搭建 BIM 模型的时候，除了要注重软件操作的便捷性外，还需要考虑模型搭建完毕后的应用。对于大中型项目来说，BIM 模型体量往往也比较大，对 BIM 硬件配置要求也相对较高，所以，怎么能够使模型轻量化应用也是需要优先考虑的，在硬件设施相对薄弱的情况下，可以从软件入手，挑选一款轻量化应用的 BIM 软件，包含模型的轻量化和设备构件的轻量化。

（3）机电 BIM 技术的应用内容

BIM 技术在本项目的应用主要分布在施工准备阶段、施工阶段、竣工验收交付阶段，每个阶段都有各自不同的侧重点。

1）施工准备阶段

施工准备阶段为 BIM 的初始使用阶段，该阶段的主要工作是 BIM 模型的搭建。在搭建模型的时候，除了依据设定的标准流程进行建模外，还需要在二维平面中进行初步的二维平面管线的综合排布，尽量避免建模过程中主管道的碰撞，减少后期模型调整的工作量。在建模过程中，除了搭建管道的模型外，可以直接调用 BIM 软件中提供的产品构件库中的设备模型进行布置，提高建模效率。在该阶段需要完成的内容有：模型搭建完毕，将各专业模型综合完毕后开始进行多专业的碰撞检测，发现原始设计图纸中的问题，并利用模型进行图纸会审。确定初步调整方案进行管线综合排布调整。

2）施工阶段

在施工阶段应用的重点主要为模型的调整修改、管线综合的完善。主要应用点有如下几点。

① 管线综合

本项目将各专业模型综合到一起，查看各专业模型的管线综合排布情况（图 3.6-3）。

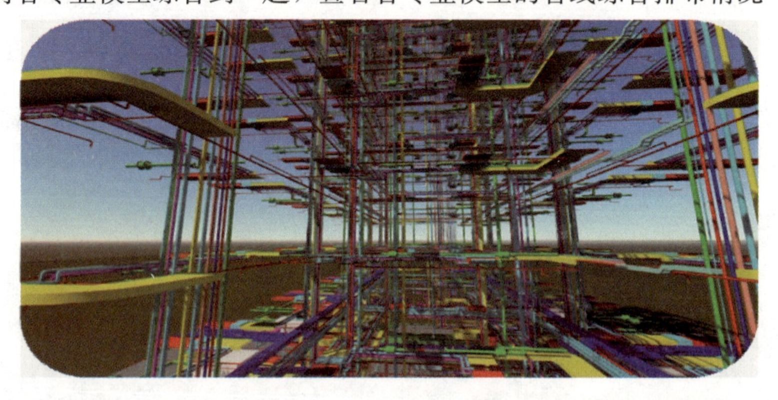

图 3.6-3 管线综合

② 碰撞检测

检测各专业模型间的交叉碰撞位置点，发现图纸中存在的问题（图3.6-4）。

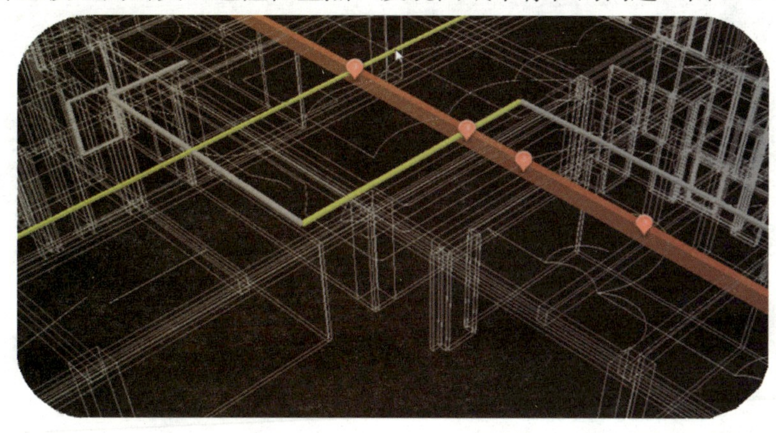

图3.6-4　碰撞检测

③ 预留孔洞

通过机电模型和建筑模型的配合，进行孔洞预留的设置，完成和建筑专业的配合。同时依据真实设备尺寸可以进行设备吊装、安装的孔洞预留（图3.6-5）。

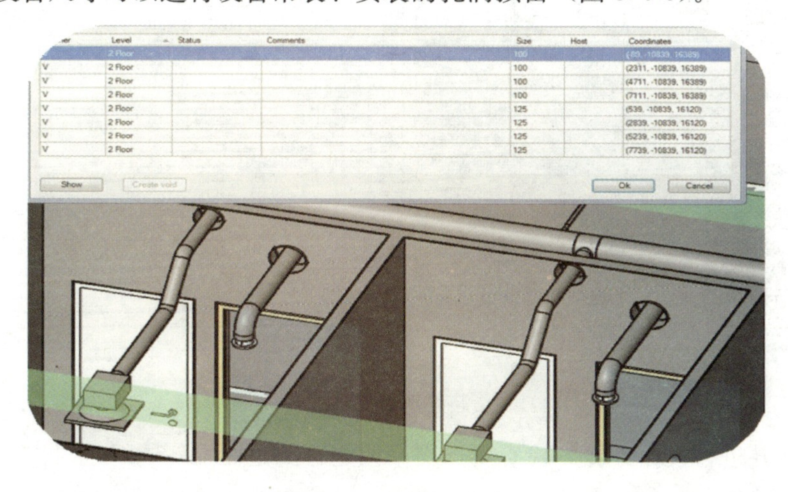


图3.6-5　孔洞预留

④ 出施工图

调整完毕的综合管线图可以二、三维结合出图指导施工，使图纸表达更明确（图3.6-6）。避免实际施工过程中出现的专业间拆改返工的发生，杜绝分包单位间的责任不清、相互扯皮现象。

⑤ 材料统计

利用调整完毕的模型直接出项目工程量清单，可为现场预算人员、材料人员提供依据（图3.6-7）。

⑥ 支吊架的布置

管道支吊架布置完以后怎么确保支吊架的选型能够符合管道受力要求，又如何避免支吊架的选型过大造成不必要的浪费？在BIM模型调整完毕后可以对综合管线模型直接布

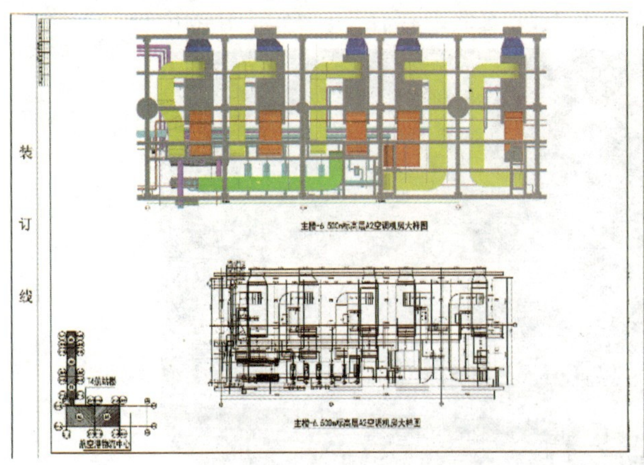

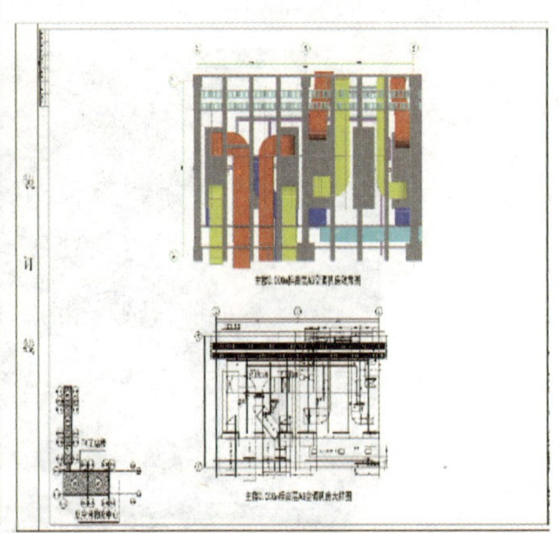

图 3.6-6　出施工图

深化后强电专业材料清单

| Product group | Product | Width (mm) | Height (mm) | Amount | Length (m) | 弯头延长米 (m) | 变径延长米 (m) | 三通延长米 (m) | 合计 (m) |
|---|---|---|---|---|---|---|---|---|---|
| 桥架 | Cable Tray, plate | 50 | 50 | 124 | 885.4 | 93 | 7.5 | 35.25 | 1021.15 |
| 桥架 | Cable Tray, plate | 100 | 100 | 105 | 773.2 | 108 | 4.5 | 24.75 | 910.45 |
| 桥架 | Cable Tray, plate | 200 | 100 | 30 | 274.6 | 21 | 4.5 | 12 | 312.1 |
| 桥架 | Cable Tray, plate | 300 | 100 | 50 | 440.2 | 25.5 | 11.25 | 22.5 | 499.45 |
| 桥架 | Cable Tray, plate | 400 | 100 | 41 | 410.9 | 28.5 | 4.75 | 21.75 | 465.9 |
| 桥架 | Cable Tray, plate | 500 | 100 | 15 | 138.7 | 7.5 | 0.75 | 12.75 | 159.7 |
| 桥架 | Cable Tray, plate | 600 | 100 | 7 | 37 | 1.5 | 0.75 | 7.5 | 46.75 |
| 弯头 (45 deg 弯头) | Cable Tray, plate | 50 | 50 | 36 | 54 | | | | |
| 弯头 (90 deg 弯头) | Cable Tray, plate | 50 | 50 | 24 | 36 | | | | |
| 弯头 (90 deg 弯头) | Cable Tray, plate | 50 | 50 | 1 | 1.5 | | | | |
| 弯头 (45 deg 弯头) | Cable Tray, plate | 50 | 50 | 1 | 1.5 | | | | |
| 弯头 (45 deg 弯头) | Cable Tray, plate | 100 | 100 | 41 | 61.5 | | | | |
| 弯头 (90 deg 弯头) | Cable Tray, plate | 100 | 100 | 3 | 4.5 | | | | |
| 弯头 (45 deg 弯头) | Cable Tray, plate | 100 | 100 | 1 | 1.5 | | | | |
| 弯头 (45 deg 弯头) | Cable Tray, plate | 100 | 100 | 1 | 1.5 | | | | |
| 弯头 (45 deg 弯头) | Cable Tray, plate | 100 | 100 | 3 | 4.5 | | | | |
| 弯头 (90 deg 弯头) | Cable Tray, plate | 100 | 100 | 21 | 31.5 | | | | |
| 弯头 (60 deg 上翻弯头) | Cable Tray, plate | 100 | 200 | 2 | 3 | | | | |
| 弯头 (60 deg 上翻弯头) | Cable Tray, plate | 100 | 400 | 4 | 6 | | | | |
| 弯头 (90 deg 弯头) | Cable Tray, plate | 100 | 100 | 2 | 3 | | | | |
| 弯头 (60 deg 弯头) | Cable Tray, plate | 200 | 100 | 2 | 3 | | | | |
| 弯头 (90 deg 弯头) | Cable Tray, plate | 200 | 100 | 1 | 1.5 | | | | |
| 弯头 (90 deg 弯头) | Cable Tray, plate | 200 | 100 | 6 | 9 | | | | |
| 弯头 (45 deg 弯头) | Cable Tray, plate | 200 | 100 | 1 | 1.5 | | | | |
| 弯头 (60 deg 弯头) | Cable Tray, plate | 200 | 100 | 2 | 3 | | | | |
| 弯头 (90 deg 弯头) | Cable Tray, plate | 300 | 100 | 1 | 1.5 | | | | |
| 弯头 (45 deg 弯头) | Cable Tray, plate | 300 | 100 | 5 | 7.5 | | | | |

图 3.6-7　材料统计（以强电为例）

置支吊架模型并进行校核计算。检查所选支吊架是否满足要求，同时也可出支吊架的受力计算书（图 3.6-8）。

⑦ 预制件加工

利用调整完毕的模型可以直接指导工场的预制件加工，如管段的预制、支吊架的预制，甚至设备的预订等（图 3.6-9）。

⑧ BIM 模型的管理

可以把 BIM 模型导入 BIM 管理平台进行深入的应用，如通过 BIM 模型对施工过程中的质量把控、进度模拟把控、成本管理把控等（图 3.6-10）。

除以上应用点以外，在管线复杂的部位（如机房、地下车库等）还可以在模型中检查净空高度的排布影响，通过模型可以按时间、按区域进行材料统计，加大对现场材料的控制管理，减少材料的浪费。应用 BIM 技术方便了施工现场的管理，也为施工单位节约了成本和时间。

3）竣工验收交付阶段

图 3.6-8　支吊架的布置

图 3.6-9　根据模型预制加工

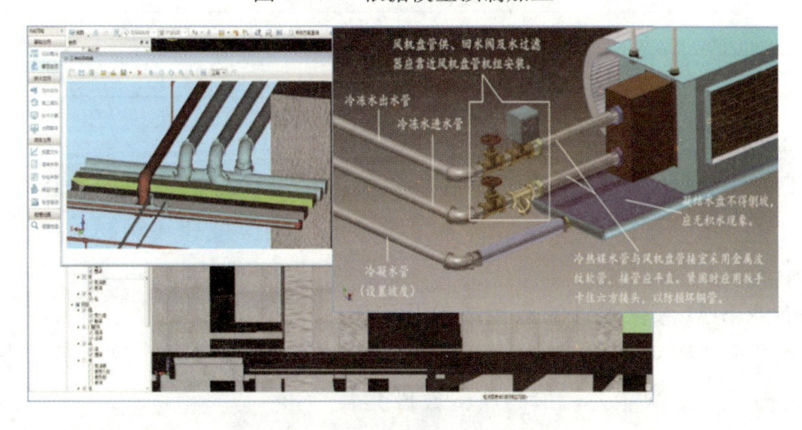


图 3.6-10　BIM 管理平台深入应用

对于竣工验收交付阶段的应用主要体现在利用模型对现场施工完毕的管网的系统调试的指导作用。在实际施工过程中由于管线间的交叉碰撞，施工中往往会对这些部位进行深化设计即交叉翻弯等，这些处理完以后的管线往往会由于交叉翻弯的原因加大管道系统的阻力，对于这些修改后的管道系统是否还能够完全满足原始设计要求可以通过软件的计算来获得。

在本项目搭建机电 BIM 模型的过程中，模型中涉及的机电设备构件施工单位直接调用软件构件库中的产品，并且在布置设备的时候赋予了设备相应的原始设计数据参数，最终，竣工风系统联动调试的时候，施工单位通过利用软件对风系统模型进行模拟校核计算得到了各位置风阀的开度参数，根据软件计算出的阀门开度参数直接指导联动调试，相比传统的依靠经验法调试节省了 7d 的时间（图 3.6-11）。

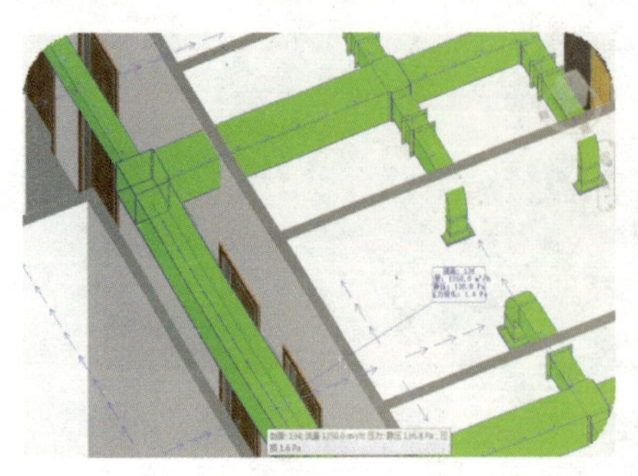
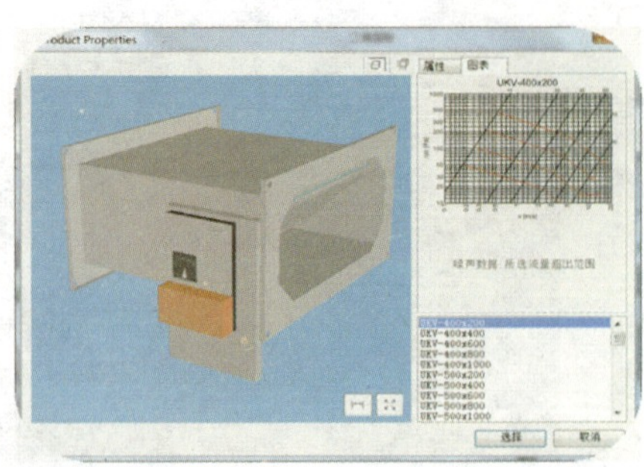

图 3.6-11　系统校核及调节阀开度模拟

在对风系统模型进行校核计算的时候，施工单位对比了软件计算出的风系统末端机外余压值和设计院给出的设备提供的余压值（表 3.6-1）后，认为某些设备设计院的原始选型已经偏小，无法满足系统的正常运行，并找设计院进行了最终确认。

**风系统模型校核**　　　　**表 3.6-1**

| 序号 | 设备编号 | 系统风量 ($m^3/h$) | 设计院选型机组提供余压（Pa） | 深化设计调整前计算阻力（Pa） | 深化设计调整后计算阻力（Pa） |
|---|---|---|---|---|---|
| 1 | X-1 | 2790 | 350 | 289 | 348 |
| 2 | X-2 | 2810 | 350 | 319 | 316 |
| 3 | X-3 | 2970 | 350 | 240 | 236 |
| 4 | X-4 | 3340 | 400 | 323 | 400 |

（4）项目交付运维阶段的 BIM 应用

对于施工单位交付的包含建筑工程信息的竣工模型，可以为后期的运维管理提供依据，物业管理部门可以直接导入物业运维管理系统中将模型和建筑物关联进行整体管理管控。

**3. 机电专业 BIM 深化设计的应用成效及价值**

（1）技术提升：BIM 技术辅助施工模拟、复杂节点方案展示，现场施工交底更直观、准确、易懂，提升了生产能力，最终获得鲁班奖。

（2）节省成本：应用 BIM 碰撞检查发现图纸错误 2800 余个，提高了施工质量、避免返工，预计节省成本 350 万元。

（3）管理提升：基于 BIM 的进度管理、成本管理应用，是对传统的工作方式、工作流程、管理模式的一种变革，大大提升了现场管理能力。目前项目总体进度提前合同工期 40 天。

（4）数据积累：结合企业物资采购准入名单，利用软件特有功能，初步建立了企业级机电 BIM 构件库。

（5）应用提升：利用模型提取物资清单，加快物资计划—进场—使用动态管理，实现“零库存”。

（6）人才培养：项目 BIM 全面应用为企业培育了众多优良火种，培养的 BIM 人才已经分布到各个项目为全面推广 BIM 技术奠定了基石。

# 课 后 习 题

## 一、单项选择题

1. 1. BIM 技术中，支吊架的布置应用于项目建设的哪个阶段？（　　）

A. 施工准备阶段　　B. 施工阶段

C. 运维阶段　　D. 竣工验收阶段

2. 为了减少机电模型中因碰撞而进行管线调整的工作量，下列做法正确的是（　　）。

A. 搭建模型时，先在二维平面中进行初步的二维平面管线的综合排布

B. 搭建模型时，把所有专业的模型建在一个模型里面

C. 搭建模型时，使用一款可以绘制建筑、结构和专业模型的软件

D. 搭建模型时，由一个人来建立机电模型

3. 通过软件对管道系统的水力平衡计算运行模拟，结合设备的工况曲线参数，可以得到哪个参数？（　　）

A. 系统能耗　　B. 管件数量

C. 设备重量　　D. 阀门的开度

4. 对于物业管理部门，包含建筑工程信息的竣工模型的用途是（　　）。

A. 发现原始设计图纸中的问题，并利用模型进行管线综合排布调整

B. 导入物业运维管理系统中将模型和建筑物关联进行整体管理管控

C. 对综合管线模型直接布置支吊架模型并进行校核计算

D. 通过机电模型和建筑模型的配合，进行孔洞预留

5. 施工单位的机电 BIM 深化设计不包含下列哪项？（　　）

A. 碰撞检测　　B. 材料统计

C. 系统校核计算　　D. 钢筋算量

**参考答案：**

1. B　　2. A　　3. D　　4. B　　5. D

## 二、多项选择题

1. 企业选择 BIM 软件时应注意以下哪几方面？（　　）

A. 能够支持多种格式的输出输入，可以多专业配合的软件。

B. 软件功能是否能够满足企业所需要求。

C. 软件操作是否简单，修改是否方便快捷。

D. 价格高、所需硬件配置高。

2. 企业决定使用 BIM 技术进行深化设计时需要关注哪些方面的问题？（　　）

A. 使用 BIM 技术介入项目的时间点　B. BIM 软件、硬件的选用

C. 组建 BIM 实施团队　　D. 制定初期的 BIM 建模标准和流程

3. 下面说法哪些是错误的？（　　）

A. BIM 技术主要是三维建模，只要能够看到三维模型就已经完成了 BIM 的深化设计
B. BIM 技术不仅仅是三维模型，还应包含相关信息
C. 使用 BIM 技术进行深化设计，建筑、结构、机电所有专业只能用同一个软件搭建模型
D. 使用 BIM 技术进行深化设计，建筑、结构、机电各专业可以用不同软件搭建模型

**参考答案：**

1. ABC　　2. ABCD　　3. AC

**三、填空题**

1. 利用调整完毕的机电 BIM 模型生成的综合管线图指导施工，比传统二维图纸表达更明确体现在＿＿＿＿＿＿。

2. 在 BIM 模型调整完毕后，可以对综合管线模型支吊架受力进行＿＿＿＿＿＿，以检查所选支吊架是否满足要求。

**参考答案：**

1. 二三维结合出图
2. 校核计算。

**四、论述题**

1. 简述机电 BIM 深化设计时使用真实设备构件库的意义所在。
2. 简述机电专业使用 BIM 深化设计的必要性。
3. 使用 BIM 技术，在节约成本和现场管理方面能够给施工单位带来哪些效益？
4. 对比案例中风系统模型校核计算分析表 3.6-1 中的数据，判断设计院的设备选型是否能够完全满足深化设计后的系统运行？如不能满足，请指出哪些设备无法满足并分析产生这种情况的原因所在。
5. 在机电深化设计过程中，对于综合管线，支吊架的排布非常重要，在进行机电深化设计时，应考虑支吊架的内容，除支吊架的实体外观以外，还应该考虑哪些因素？

**参考答案：**

1. 真实设备构件模型的外形尺寸和现实使用尺寸一致，在深化设计阶段布置的设备构件尺寸和实际使用尺寸一致可以为建筑施工时的预留预埋提供依据；真实设备构件模型拥有设备运行的工况曲线参数，可以为设计师的设备选型提供依据，也可以供施工单位在后期系统调试中进行校核计算。

2. 智能化建筑的普及，对于机电安装施工的要求越来越高，传统深化设计已经无法满足施工要求，使用 BIM 进行机电深化设计可以避免施工过程中的交叉返工、材料浪费等的发生。

3. 成本节省方面：提供使用 BIM 技术，可以提前发现机电各专业间的管线交叉碰撞，利用模型进行管线综合调整，减少施工过程中的拆改返工情况的发生。另外，利用

BIM 模型可以直接指导现场施工以及工场预制件加工，同时还可以利用模型进行系统校核，指导现场系统调试，可以节省施工工期。

4. 有部分设备无法满足深化设计后的系统运行。X-1 和 X-4 无法满足要求。原因：深化设计过程中存在对管道系统布置的一些改动，包括一些翻弯避让的部位，这些位置的增加就导致管道系统中阻力损失的增大，相比于原来设计院提供的设备选型所提供的设备余压就无法满足原始的设计要求。其中 X-1 原始设备选型能够提供的余压为 350Pa，而经过深化设计后系统的阻力损失为 348Pa，相对于深化设计之前的 289Pa 增大了 59Pa，所以 X-1 所提供的余压已经无法满足系统的正常运行，设备 X-4 同理。

5. 支吊架布置完毕后，除对于支吊架位置的确认外，还需要对支吊架的选型进行校核计算，看所选支吊架是否能够满足管道的荷载要求。

（案例提供　游　洋）

## 【案例 3.7】北京某项目幕墙系统 BIM 案例

随着经济发展水平的提高、设计方法和设计理念的革新，建筑幕墙从简单化、规整化向多元化、复杂化发展。传统的二维图元已经无法满足这些复杂建筑幕墙的设计需求，需要借助 BIM 技术解决幕墙设计中的难点。幕墙 BIM 属于外立面 BIM 的主要部分，是 BIM 设计中重要的一个环节。可见，幕墙 BIM 可全程参与幕墙工程的全生命周期，为项目全生命周期的实施与管理提供更智能、更高效、更便捷的服务。本节案例主要以幕墙 BIM 在幕墙深化设计及施工阶段的实施加以分析，重点介绍本幕墙工程项目的难点以及相应的 BIM 解决方案。

**1. 项目背景**

北京某项目幕墙系统主要为石材幕墙，石材种类多，造型复杂。有单曲，双曲石石材。在 1～3 层大面石材为 100mm 厚，上部大面石材为 50mm 厚，部分石材厚度可达 300mm 甚至更大，这样就使得设计与施工难度特别大。按照传统设计模式很难用二维图纸表达出来，且成本与工期的控制难度大。正因为项目复杂，难度大，业主方将 BIM 技术引入本项目设计及施工阶段，全程用 BIM 管控项目的设计及施工，很好地保证了项目工期，节约了成本。

在实际应用中幕墙 BIM 与建筑外立面 BIM 之间的划分越来越模糊。幕墙工程按项目生命周期分为四个阶段：方案阶段，设计阶段，施工阶段以及后期运维阶段。在建筑方案阶段，幕墙 BIM 帮助建筑师研究复杂形体，包括外立面生成机理，外立面分格与优化。在幕墙设计阶段幕墙 BIM 帮助设计人员对幕墙构造进行研究，对造价算量进行指导。在幕墙施工过程中幕墙 BIM 可出构件加工图，指导材料加工厂商加工，提供定位数据与定位图纸指导现场工人进行幕墙安装。在幕墙工程后期运营维护阶段，运营管理人员运用 BIM 技术与运营维护管理系统相结合，对可能发生的问题进行预防，以及发生问题之后可以快速修复，降低运营维护成本，保证项目运营安全。

**2. BIM 应用内容**

（1）石材模型难点

本项目幕墙系统种类多，造型复杂，多系统之间及造型处收边收口处二维图纸难以明确表达，通过 BIM 建立三维模型能够准确直观地表达收口处的做法。

BIM 分析：在搭建 BIM 模型过程中发现诸多二维图纸表达不清及错处之处，根据 BIM 顾问的图纸审核报告，幕墙设计师与 BIM 工程师就报告中发现的问题进行细致的技术沟通和设计研究，对图面错误一一进行了修改，对影响外立面效果的设计问题与建筑师进行沟通，并根据模型提出改进建议（图 3.7-1）。

（2）石材施工难点

施工过程中发现在北立面门头位置结构偏差较大，结构与幕墙产生碰撞。

分析：通过碰撞检查向业主反馈及时调整，作出优化建议，保证施工的顺利进行。与其他专业配合过程中发现，泛光照明需要在石材上开大量洞，并且需要为景观工程提供景观施工所需的条件。通过 BIM 模型可以真实反映开洞石材的真实情况，为加工制造提供准确信息（图 3.7-2～图 3.7-6）。

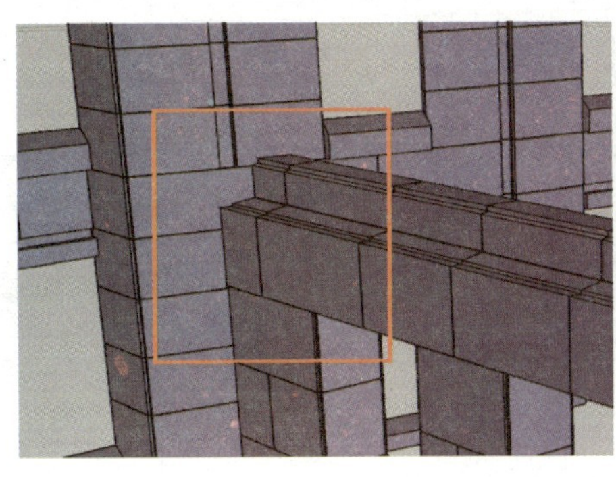
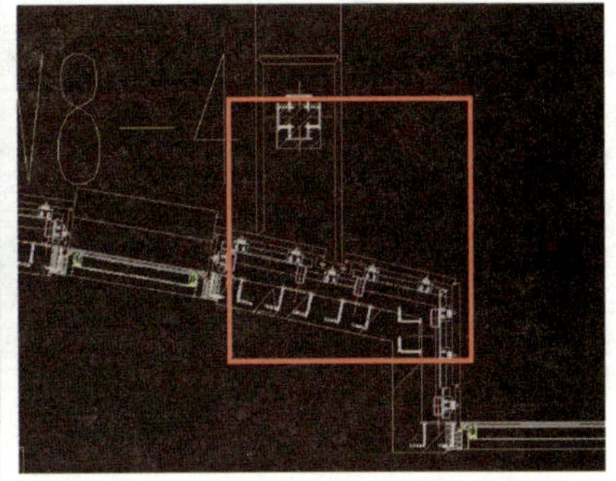

图 3.7-1　图纸检查

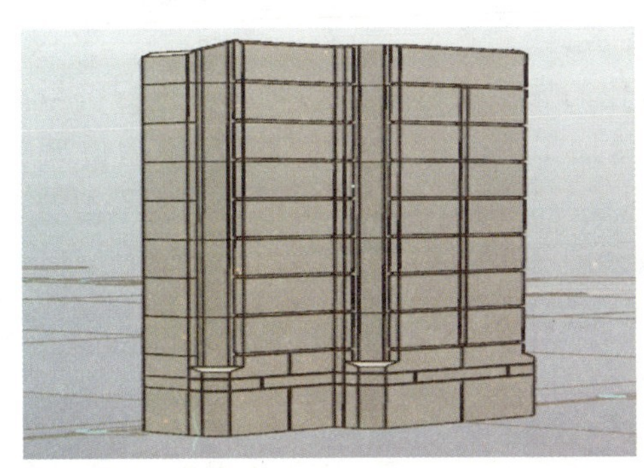
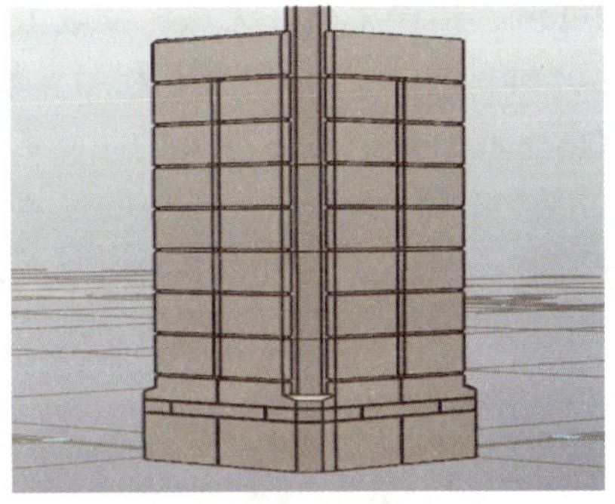

图 3.7-2　石材柱模型

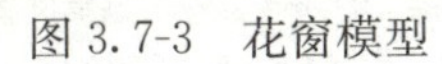

图 3.7-3　花窗模型

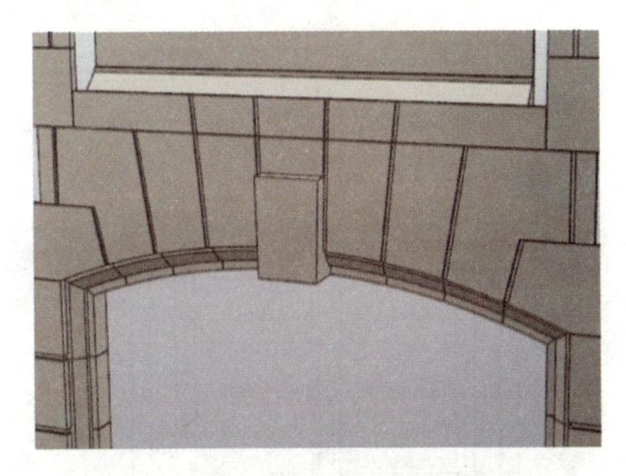

图 3.7-4　弧形门套

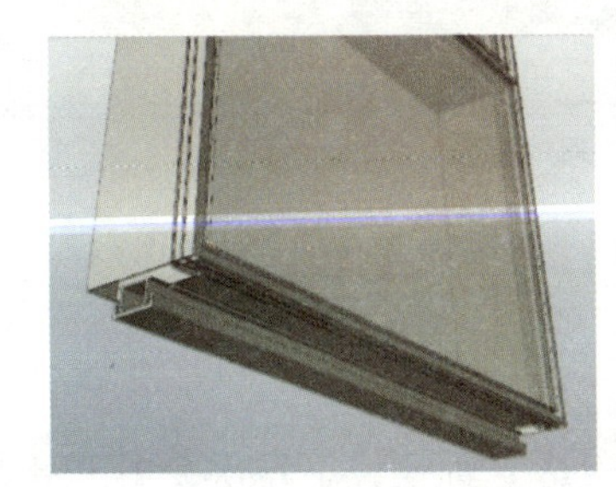
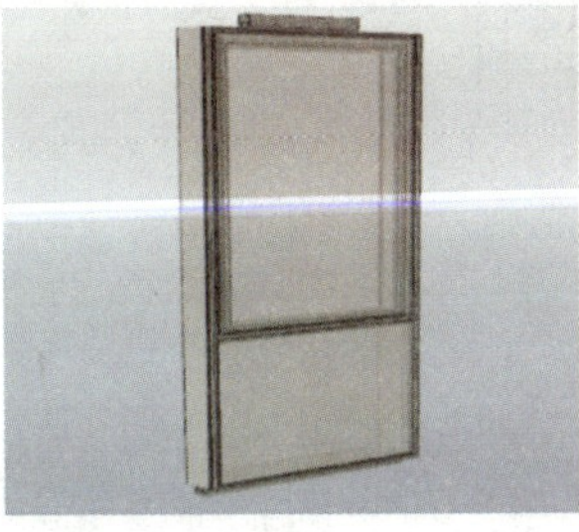
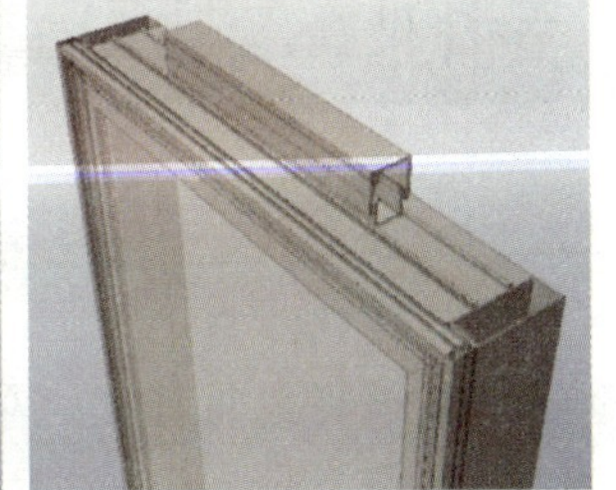

图 3.7-5　单元窗

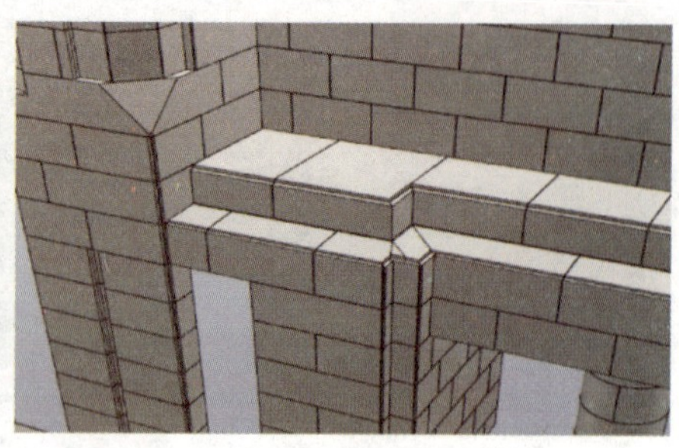

图 3.7-6　转角造型

（3）石材下料难点

由于石材种类多，数量多，造型复杂，对加工制造造成很大难度。按照常规方法耗时耗力，精度低、错误率高，无法保证施工要求。

BIM 分析：通过 BIM 模型，利用参数化的方法用程序自动对石材进行编号，提取石材加工数据生成料单。通过准确的三维石材加工单输出，石材加工厂不但提高了加工效率，更直接避免了因为石材加工单的尺寸错误导致的二次加工所造成的成本浪费，从而节省了大量成本，保证了工期要求（图 3.7-7～图 3.7-9）。

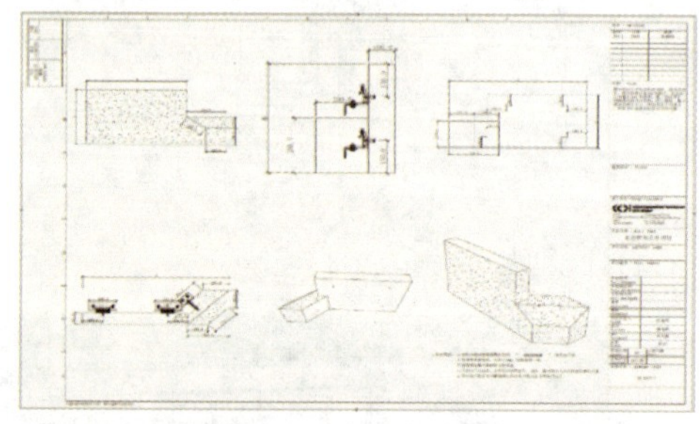
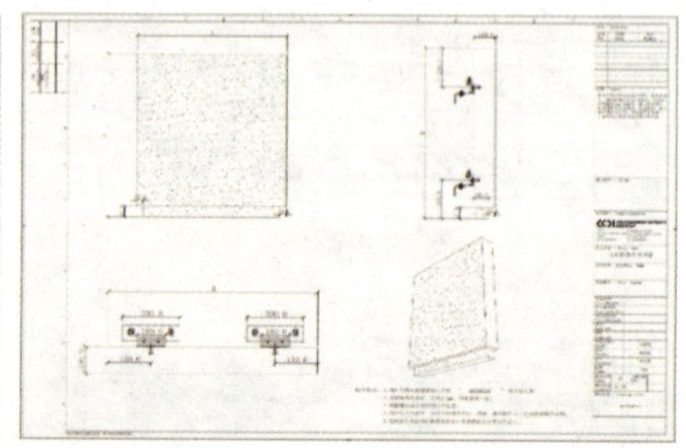

图 3.7-7　加工图

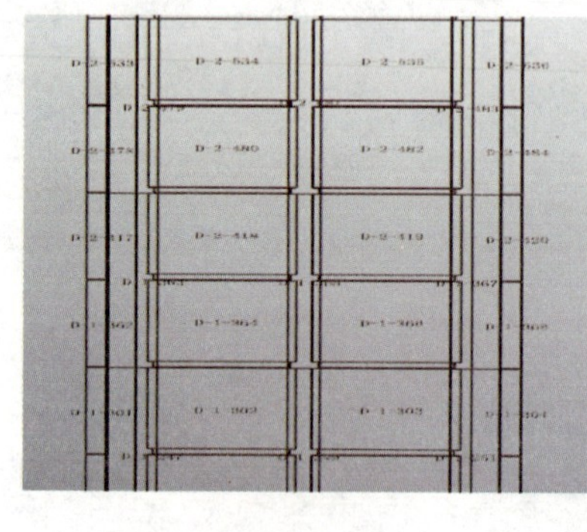
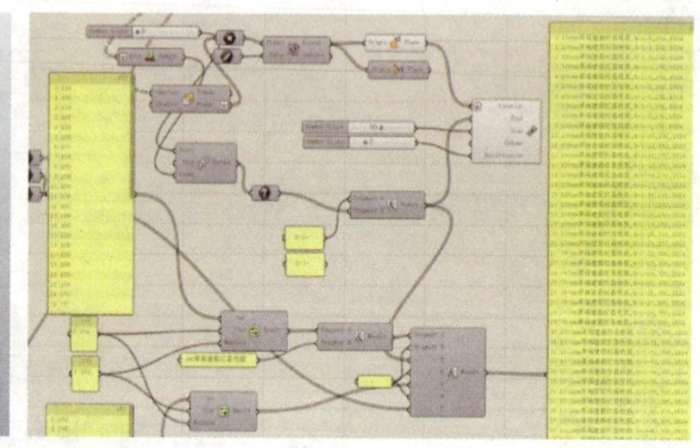

图 3.7-8　编号图数据提取

（4）龙骨开孔难点

难点：本项目龙骨开孔完全参照石材开孔规则，与石材加工图孔位一一对应，而本项目石材造型复杂，种类繁多，如果用传统的二维图纸来表达龙骨孔位，每次龙骨开孔都要找对应的加工图，而且如果有一种石材加工图修改，需要手动调整所有对应的龙骨开孔，这样效率会非常低下，往往会耗费很长的时间，需要更多的人工以及更多的时间，而且因

| 工程名称： | 桥苑艺舍东立面柱子 | | | 工程下料编号： | | 下单 | | 2014.12.1 |
|---|---|---|---|---|---|---|---|---|
| 加工要求： | 1、6面防护,注明石材使用部位、规格，标在石材侧面,所有货物需编号整个立面发货。2、请在发货清单上注明下料单编号，按编号整个立面加工齐全后发货到现场。 3、无掉角明显裂纹，石材±1mm，对角线需一致。4、请严格按照要求加工生产 | | | | | | | |
| 序号 | 石材名称（加工面） | 使用部位 | 石材编号 | 规格（mm） | | | | 加工要求及附图 |
| | | | | 长（A） | 高（B） | 半径 弦长 | 玄长 弓高 | |
| 190 | 130mm厚福建霞红荔枝面 | 柱子 | D-1-190 | 292 | 874 | | | QY-SCJG-3 |
| 191 | 130mm厚福建霞红荔枝面 | 柱子 | D-1-191 | 292 | 874 | | | QY-SCJG-3 |
| 192 | 244mm厚福建霞红荔枝面 | 柱子 | D-1-192 | 244 | 1127 | | | QY-SCJG-8 |
| 193 | 130mm厚福建霞红荔枝面 | 柱子 | D-1-193 | 1000 | 874 | | | QY-SCJG-10 |
| 194 | 244mm厚福建霞红荔枝面 | 柱子 | D-1-194 | 244 | 1127 | | | QY-SCJG-8 |
| 195 | 130mm厚福建霞红荔枝面 | 柱子 | D-1-195 | 292 | 874 | | | QY-SCJG-3 |
| 196 | 130mm厚福建霞红荔枝面 | 柱子 | D-1-196 | 292 | 874 | | | QY-SCJG-3 |
| 197 | 244mm厚福建霞红荔枝面 | 柱子 | D-1-197 | 244 | 1127 | | | QY-SCJG-8 |
| 198 | 130mm厚福建霞红荔枝面 | 柱子 | D-1-198 | 860 | 874 | | | QY-SCJG-10 |
| 199 | 30mm厚福建霞红荔枝面 | 柱子 | D-1-199 | 160 | 930 | | | QY-SCJG-11 |
| 200 | 130mm厚福建霞红荔枝面 | 柱子 | D-1-200 | 860 | 874 | | | QY-SCJG-10 |
| 201 | 244mm厚福建霞红荔枝面 | 柱子 | D-1-201 | 244 | 1127 | | | QY-SCJG-8 |
| 202 | 244mm厚福建霞红荔枝面 | 柱子 | D-1-202 | 244 | 1750 | | | QY-SCJG-9 |

图 3.7-9　下料单

为石材造型复杂，龙骨开孔定位正确率难以保证，从而导致项目人工成本增加，项目进度缓慢，给施工带来更多的麻烦。

分析：为了解决这个问题，本项目 BIM 工程师使用行业内最先进的技术，运用 CATIA 软件，搭建出数字化的三维模型，全关联参数化出图，最后提供给施工现场可以直接使用的二维图纸。

（5）龙骨模型搭建难点

难点：本项目石材种类复杂，对应的龙骨开孔类型多，且为保证结构承重安全，不同厚度、不同造型的石材所用挂件不同，从而在龙骨上开孔的孔距需要相应改变，造成龙骨模型搭建时孔位不容易控制，用传统的方式搭建三维模型效率低下，准确率低且不易修改。

分析：在项目进行过程中，BIM 团队用 CATIA 软件搭建出全参数化的龙骨三维模型，用 CATIA 建出的三维模型，所有的龙骨定位数据都是由参数控制，可调性好。在用 BIM 技术建三维模型时，不需要一块石材一块石材地布置龙骨开孔，而是计算机按照我们给定的开孔规则，自动批量实例化出来龙骨以及开孔，比传统的建三维模型大大节省了时间，而且开孔规则与石材开孔规则保持一致，这样建模不仅效率高，而且更加准确，大大节省了工期（图 3.7-10）。

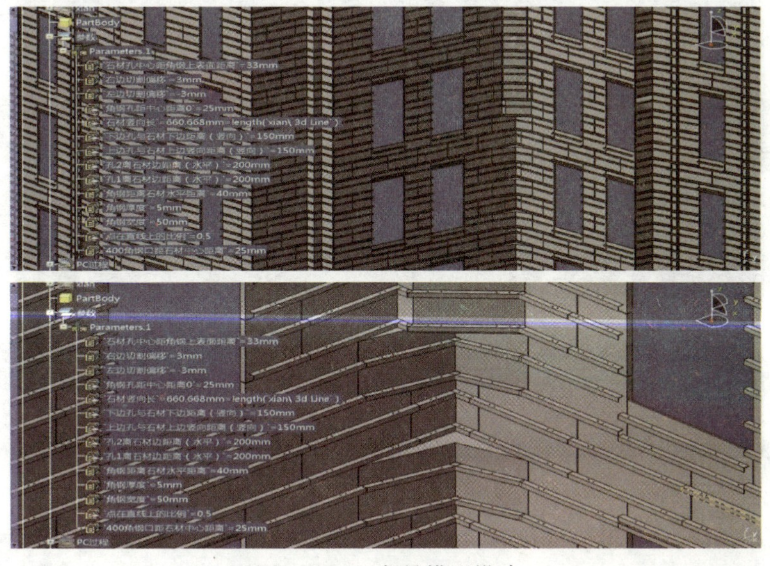


图 3.7-10　龙骨模型搭建

(6) BIM 模型出图

搭建出来龙骨的开孔模型，经检查无误之后，BIM 设计师用计算机从三维模型，出施工现场所需的二维定位图纸，用 CATIA 软件辅助，计算机按照设置好的程序自动出图，而且当三维模型更改之后，我们出的二维定位图纸也会进行相应的更改，减少了大量的重复工作，大大的节省了工期（图 3.7-11）。

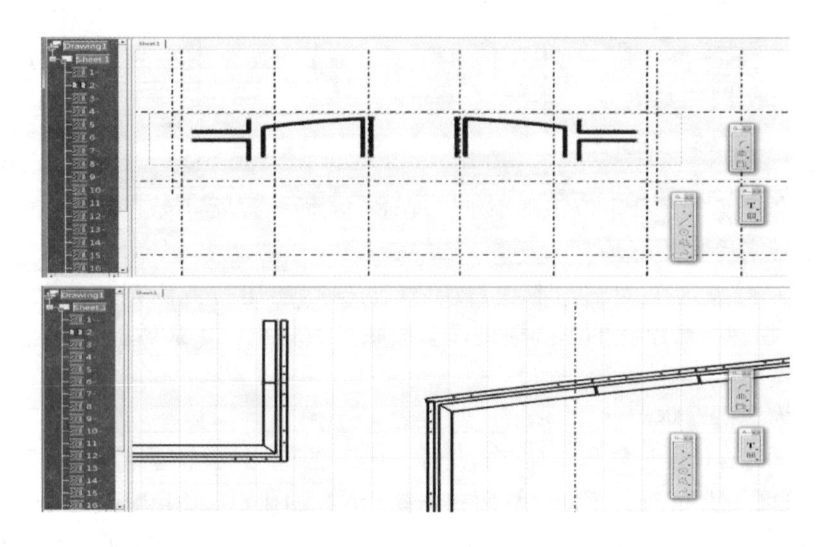


图 3.7-11 BIM 模型出图

导出 CAD 图纸，按照现场工人可以理解的方式进行尺寸标注、编号并提交给设计单位审核，审核完毕直接发往现场施工。

龙骨布置立面图（图 3.7-12）

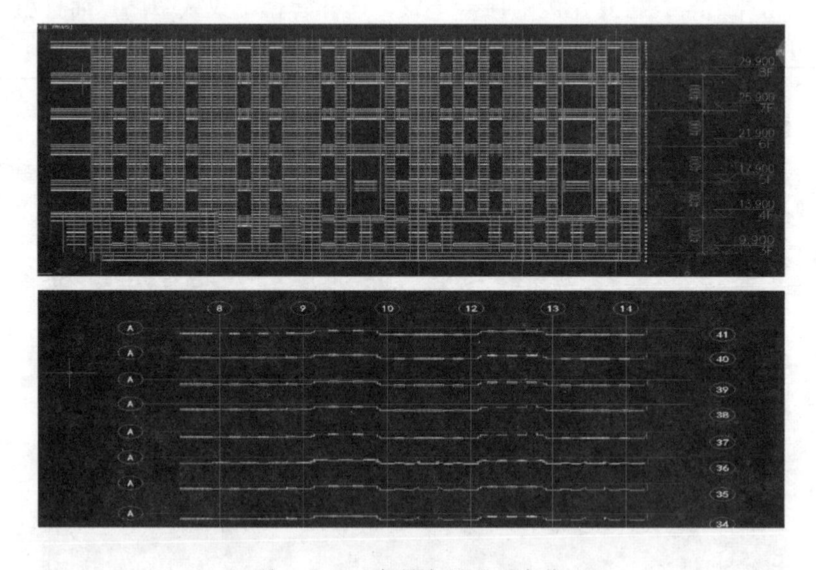


图 3.7-12 龙骨布置平面定位

## 课 后 习 题

1. CATIA在实例化龙骨时主要用到什么方法?
2. 通过模型出二维图纸是在哪个模块下进行?
3. 本项目幕墙BIM采用哪两款软件，两款软件之间通过哪种格式文件转换?
4. 为何本项目幕墙BIM使用两个软件?
5. 根据项目经验阐述在本项目中使用幕墙BIM相较于传统设计有何优势?

**参考答案：**

1. 运用超级副本能够快速实例化。
2. 工程图模块。
3. CATIA和RHINO（结合Grasshopper插件），可以通过IGES和STEP两种格式。
4. 使用两个软件可以相互检查校核进一步提高准确度。
5. BIM设计较传统设计优势：

（1）可视化参数设计，项目方案、设计、建造、运营和维护过程中的沟通、讨论、决策都在可视化的状态下进行。

（2）降低风险，提高质量，通过三维模型可以检查出二维图纸中设计的不足之处，特别是对二维图纸表达不清及难以表达的地方。对可能出现的问题提前预知，及时解决。

（3）提高精度，降低成本，传统的二维图纸往往会投入大量人力成本及时间成本，并且误差较大，错误率高，对后期施工也造了很大的影响。通过三维参数化设计，软件自动生成所需要的数据，提高了工作效率及精度，大大降低了成本，对后期施工提供了有力保障。

（案例提供：郭伟峰）

## 【案例 3.8】交通工程深化设计案例

BIM 技术通过数字信息来模拟建筑物的真实。近年来，建筑信息模型（BIM）在国内被越来越多的人所了解、接受，并尝试着开展各类应用，取得了一系列的进展和效益。所有的信息数据在 BIM 中的存储，主要以各种数字技术为依托，从而以这个数字信息模型作为各个项目的基础，去进行各个相关工作。

**1. 项目背景**

北京市某地铁车站项目，车站总长 153.8m，标准段总宽 20.900m，站台计算长度 118m，站台宽 12m。站厅公共区建筑面积 3334m²，站台公共区建筑面积 3334m²。这个项目采用了 BIM 动画展示，利用 BIM 技术强大的可视化能力，在不依靠专业动画公司的条件下快速形成项目可视化展示成果。

工作的可传递性，在于使用 BIM 技术贯穿整个建筑的生命周期，从设计阶段，到施工阶段，到后期运营阶段，BIM 模型不断深入，信息不断完善，用于指导各个阶段的工作。

设计阶段，运用设计可视化，可以直观设计环境，复杂区域出图，可以从模型中得到图纸，减少“错漏碰缺”；利用专业协调碰撞检查可以进行各专业模型之间的碰撞检查，提高设计质量；模拟人员应急疏散，还可以模拟人的视线，体验广告、标识设计效果。

在施工阶段，利用机电设备安装软件可以辅助深化设计，基于协调好的模型，模拟机电设备安装顺序，模拟管线安装顺序，避免安装错误，提高机电安装深化设计的准确度和效率；利用施工顺序模拟软件，可以剖切任意截面，地上地下剖切分析，模拟施工进度，进行基坑 4D 施工模拟。

在运营阶段，业主可以运用项目信息集成系统，集成各类相关信息，通过属性查询经行设备维护管理，对压力管线出现的故障进行应急处理；查询重要设备经行维护记录、资产信息管理、机房设备查询及维护、查找故障控制设备等。

**2. BIM 应用内容**

（1）BIM 在此工程案例中的基本方法

1）可视化设计

BIM 引入到地铁项目对提高设计生产率，减少设计返工，减少施工中曲解设计意图乃至提高地铁建设的整体水平具有积极的意义。BIM 在地铁中的应用具有广泛的意义，必将给我过的市政工程带来新的契机，BIM 的三维可视化表达非常精确，不存在歧义，BIM 生成的建筑模型在精确度和详细程度上令人惊叹。因此，期望将这些模型用于高级的可视化，如城市地铁项目的渲染，精确进行站内外光环境分析、Falcon 风环境分析、室内风环境分析、人体舒适度分析、结构云分析、管线综合等。

2）BIM 工作集中心文件 BIM

对于采用欧特克 Revit 作为 BIM 建模软件来说，多专业协同的最好方式肯定是工作集，工作集主要是提供一种工作共享的方式，将一个专业的设计快速反应到其他的专业中去，让自己的设计意图，设计进度反馈给其他专业并进行信息共享，比如一个 BIM 组包含建筑、暖通、给水排水、消防四位成员，小组以工作集的方式进行工作共享，那么，暖通工程师在进行自己的设计或建模过程中能在自己的项目文件中查看其他三个专业的进展情况，只需要将本地文件与中心文件同步即可，同样，自己对模型进行的任何修改都能通过同步到工作集的方式反馈到其他专业的项目文件中。最终的成果存在服务器上。

3）优化设计

针对地铁线路复杂，存在多条线路交会，以及周边市区管网复杂的工程，BIM 将整个项目整合到一个共享的三维建筑空间模型中，建筑结构与设备，设备与管线的空间关系可以在三维模型中任意查看，从而可以得到最佳的空间分配和管线安排，最终形成最优化的综合管线设计方案。

多专业模型进行碰撞检测，可以将冲突点结合三维空间信息，为设计人员提供二次优化的设计方案。

4）协同设计

协同设计是 BIM 实现提升工程建设行业全产业链各个环节质量和效率终极目标的重要保障工具和手段。协同分为协同设计和协同作业。协同设计是针对设计院专业内、专业间进行数据和文件交互、沟通交流等的协同工作。协同作业是针对项目业主、设计方、施工方、监理方、材料供应商、运营商等与项目相关各方，进行文件交互、沟通交流等的协同工作，如图 3.8-1 所示。设计师常说的协同更多的是指协同设计。

图 3.8-1　效果展示

5）自动碰撞检测

碰撞检查是指提前查找和报告在工程项目中不同部分之间的冲突。碰撞分硬碰撞和软碰撞（间隙碰撞）两种，硬碰撞指实体与实体之间交叉碰撞，软碰撞指实体间实际并没有碰撞，但间距和空间无法满足相关施工要求。

目前设计院全部都是分专业设计，机电安装专业甚至还要区分水、电、暖等专业。且大部分设计都是二维平面，要把所有专业汇总在一起考虑，还要赋予高度变成三维形态，这个对检查人员的素质等要求都很高，遇到大型工程更是难上加难。后来才诞生了利用系统和软件进行碰撞检查的方式。系统直接把二维图纸变成三维模型并整合所有专业，如门和梁打架，通过软件内置的逻辑关系可以自动查找出来，即所谓的碰撞检查。

（2）BIM 在轨道交通工程设计中的应用实例

1）建模成果

首先是利用 REVIT 把模型构建出来，实现设计过程三维可视化、复杂空间设计优化、全专业协同设计—信息模型图纸化、全专业协同设计—模型与图纸的一致性。

2）BIM 管线综合协调

在地铁车站项目的设计中，管线综合是重要而又繁琐的工作。管线综合问题处理得当，既有利于地下空间的充分、合理、有效使用，又有利于管线的施工安装和管理维护，同时还可以减少管线安装过程中的返工现象。否则会造成施工难度、施工周期、投资等的增加。

地铁车站综合管线十分复杂，主要包括通风空调、给水排水、消防给水、动力照明、FAS、BAS、供电、通信和信号等，通过 BIM 技术可以更加直观、全方位地查看各种管线的位置，走向、高度，从而作出最合理的修改和排布，其中设计环节中往往会忽略施工安装、运营维护等实际问题，通过模型可以很直观地发现这些在设计环节当中不容易发现的问题（图 3.8-2）。

图 3.8-2 虚拟和实际管线布置

3）BIM 车站室内设计

通过这个项目的 BIM 技术的实践，我们可以很好地将 BIM 技术运用到室内设计项目中，针对室内设计的项目要求，利用 BIM 技术，将工程做法、材料信息、设备信息整合在模型中，极大地方便了施工方施工，并向运营商提供了详尽的后期运营管理资料。我们将设计人员的信息也输入进模型中，针对在设计中出现的问题，直接查找信息，快速、准确地解决了各专业间对接的问题（图 3.8-3）。

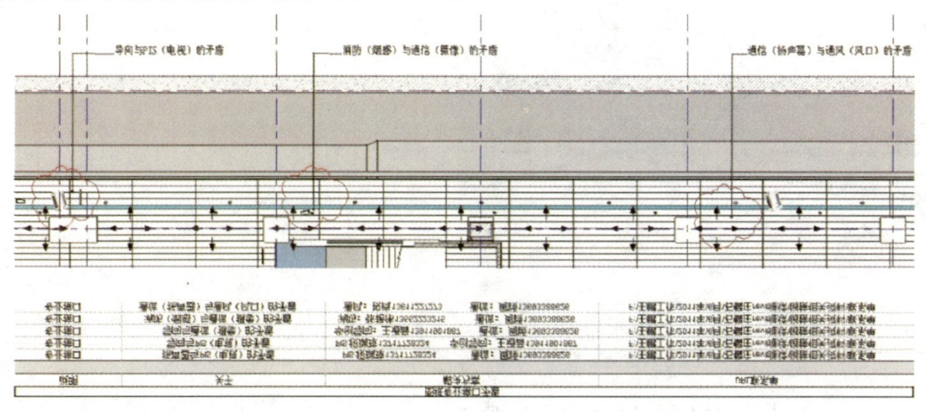


图 3.8-3 BIM 车站室内设计多专业协同

通过对多个地铁站的调研，我们发现近年来多数地铁站存在雨季雨水倒灌的现象，我部门在室内设计的过程中，增加了防淹挡板，既美观，又实用（图 3.8-4）。

通过模型的建立和施工进度信息的添加，可以使施工方和运营商直观地了解到施工进程，极大地方便了施工管理和设备采购。

针对交通轨道项目的设计要点，我们将模型导入到 Ecotect 软件中，进行采光和照明的分析，以此为依据合理地设置人工光源的级别和位置。

（3）BIM 在应用过程中的总结

该项目综合运用了 BIM 技术，将所有的项目信息集中在 BIM 模型中统一管理，在设计阶段优化设计、协同设计，并可以以可视化的方法应用于与业主、施工单位的前期沟通中，更加地直观、方便。应用于深化设计和多专业协同，包括性能分析等方面，提高设计品质和质量。

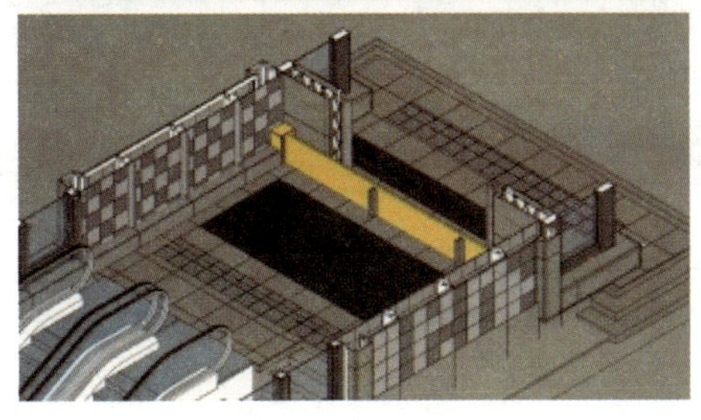

图3.8-4　BIM车站室内设计模型

在施工阶段BIM技术可以让设计和施工无缝沟通，帮助施工企业更直观、简单、高效地了解设计意图，而且如果设计阶段本身就采用了BIM技术，那么对于管线施工来说就有了很大的技术保障。

运营管理阶段是整个项目中时间最长、数据量最大的工作。通过BIM技术将车站数据高度集中到模型当中，比如某处风管可以记录它的截面尺寸、长度、流压系数、雷诺数等参数，也可以记录它的生产厂家、URL、价格、备件情况等数据。通过后台数据库与模型的链接还可以让需要检查、维护、更换的零部件自行显示在模型当中，BIM并不是一个软件或者几个软件的简单集合，而是一个全新的从设计开始一直贯穿施工运营的全新的工作方式。

## 课　后　习　题

1. 下面哪些是BIM在轨道交通项目中的应用场景？

A. 招标展示和可视化表达　　B. 优化设计

C. 优化施工流程　　D. 纯粹三维展示

2. 交通轨道项目是否需要利用BIM模型进行采光和照明分析？

A. 需要　　B. 不需要

3. BIM技术在轨道交通工程设计中的应用有哪些？

A. 轨道线路设计　　B. 三维可视化表达

C. 综合管线协调　　D. 运营维护

4. BIM技术在轨道交通工程在运营管理阶段的应用有哪些？

A. 管配件信息快速定位查询　　B. 设备可视化漫游巡检

C. 基于模型记录巡检情况　　D. 实现移动云维护

5. 请综合描述BIM在轨道交通设计中如何进行多专业协同？

**参考答案：**

1. ABC　　2. A　　3. BC　　4. ABCD

5. BIM在轨道交通设计中是针对项目相关专业，如结构、建筑、水暖电等进行基于REVIT中心文件的交互、沟通交流等协同工作，各方基于同一中心文件进行数据存储，便于进行设计校审、碰撞检测和关联设计。以此为基础，以加快设计速度、进行管线综合和优化设计为目的。

（案例提供：田东红）

## 第三节 BIM 在施工质量、安全中的应用案例

### 【案例 3.9】某体育中心利用 BIM 技术在施工质量中的应用

为了适应国家发展和人民物质生活水平的需要，大型综合体育场馆、会展中心等项目的建设日渐增多。而这类项目通常空间跨度大、悬挑长，体系受力复杂，形体关系相对复杂，常采用钢结构体系并配合预应力技术。大体量钢结构或预应力钢结构项目施工时存在很多难点和关键问题，如：由于施工过程是不可逆的，如何合理的安排施工进度；安装数量大，如何控制安装质量；如何控制施工过程中结构应力状态，使变形状态始终处于安全范围内等，这些都是传统的施工技术难以解决的。而为了满足预应力空间结构的施工需求，把 BIM 技术、仿真分析技术和监测技术结合起来，实现学科交叉，建立一套完整的全过程施工控制及监测技术，并运用到此类工程的建设和施工项目管理中，以保证结构施工的质量，是目前 BIM 应用中崭新的课题。

**1. 项目背景及应用目标**

（1）项目特点

某体育中心项目是集体育竞赛、大型集会、国际展览、文艺演出、演唱会、音乐会、演艺中心等功能于一体，是某市建设的 7 个大型公共建筑之一。其占地面积 591.6 亩，总建筑面积 20 万平方米。可以容纳 3.5 万人观看比赛。体育中心结构形式为超大规模复杂索承网格结构，平面外形接近圆形，结构尺寸约为 263m×243m，中间有椭圆形大开口，开口尺寸约为 200m×129m。

体育场结构最大标高约为 45.2m，雨篷共 42 榀带拉索的悬挑钢架，体育场雨篷最大悬挑长度约为 39.9m，最小悬挑长度约为 16m，下弦采用了 1 圈环索和 42 根径向拉索，环索规格暂定为 6$\phi$121，长度约为 587m；径向索规格为 $\phi$90、$\phi$100 和 $\phi$127 组成，另外在短轴方向中间各布置了 4 根斜拉索，斜拉索规格为 $\phi$70，拉索采用锌-5%铝-混合稀土合金镀层钢索。

（2）BIM 期望应用效果

该项目属索承网格结构并且跨度大，在国内的体育场馆中实属首例，在对预应力索体的吊装和安装方面对施工的质量要求高对钢结构构件的应力、应变有严格的控制，如处理不当将造成整个体系的失稳倾覆。所以在场馆的受力、位移监测方面采用全新的 BIM 技术进行配合及辅助，利用三维可视化的动态监测手段对体育中心的结构的应力、应变数据进行采集、汇总并实时反馈，确保预应力索体的工程质量，保证施工能顺利完成。

**2. BIM 应用概况及实施路线**

（1）BIM 平台建设总体框架

该项目采用 Revit 平台建立模型并结合 VDC 技术对项目的施工质量及应力、应变进行监测。通过二次开发生成相应的数据传输终端，利用模型直观展示施工过程中的应力、应变数据，对预应力钢结构构件的吊装过程和钢构件安装质量进行监控。

（2）实施路线流程

该项目在实施初期，就进行了 BIM 技术辅助的规划，从工程的设计阶段就利用 BIM

技术进行相应的辅助，对相应的钢结构构件都进行了参数化设计，并在工程施工的各个阶段不同程度的利用 BIM 技术参与项目建设，利用虚拟场景直观展示施工过程的各个环节，为项目的质量控制和顺利完工提供强有力的保障。实施基本路线如下：

① 制定 BIM 实施标准；

② 建立参数化族库；

③ 建模前期协同设计；

④ 构件碰撞检测；

⑤ 施工工序管理；

⑥ 施工深化设计；

⑦ 施工动态模拟及施工方案优化；

⑧ 安装质量管控及数据三维动态监测；

⑨ 三维扫描复查施工质量。

**3. BIM 应用内容及实施成果**

（1）BIM 标准制定

对于预应力钢结构来说，施工中构件的准确下料、各构件的施工顺序、索的张拉顺序严重影响着结构最后的成形及受力，决定着结构最后是否符合建筑设计与结构设计的要求。预应力钢结构的施工难度大，施工质量要求高，因此基于 BIM 软件技术进行项目模型的建立时族包含的信息就更多更大。该项目在预应力钢结构相关族建立时主要考虑了施工深化图出图的需要，模型的参数驱动需求以及体现公司特色的目标，因此在建立预应力钢结构族库的时候，运用企业自定义的族样板，在 Revit Structure 的原有族样板的基础上结合公司深化的经验与习惯，创建了适应公司预应力结构施工及日后维护的族样板作为族库建立的标准样板，在此标准样板中包含了尺寸、应力、价格、材质、施工顺序等在施工中必需的参数。

（2）相应参数化族库

体育场结构复杂，预应力钢结构族库建立是直观重要的步骤。根据项目的需求主要建立了耳板族，索夹族，索头族，索体族，及××体育场特有的复杂节点族，所建立的族如图 3.9-1、图 3.9-2 所示。图中的所建立的族具有高度的参数化性质，可以根据不同的工程项目来改变族在项目中的参数，通用性和拓展性强。

（3）建模前期协同设计

在建模前期，利用 BIM 技术的协同功能，对本工程的建筑、结构和机电等专业进行设计，确定钢构件，与下部混凝土看台的连接形式，确定钢网格单元的各方向的尺寸，确定索夹的安装位置和安装间距，避免在整体索体吊装时出现的索体位置变化。

同时利用协同，可以对场馆的结构和机电设备进行预先的定位，协调出二维局部剖面图，确定结构顶高及结构梁高度。建模前期协同设计的目的是，在建模前期就解决部分潜在的管线碰撞问题，对潜在质量问题提前预知。

从结构的剖面图（图 3.9-3）和平面图等可看出，该项目的结构形式复杂，而构件的准确安装定位是施工中最关键的一步，因此，如何准确地进行模型的定位也是 BIM 建模的关键技术。在模型定位上有大体有两种思路可以使用：根据计算分析软件 Midas 或 Ansys 中的节点和构件坐标在 Revit Structure 中进行节点的准确定位，这样比较费时；根据

图 3.9-1　参数化族库

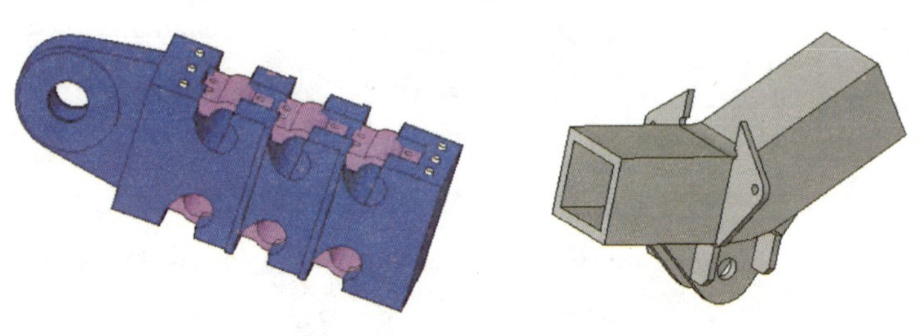

图 3.9-2　建立的参数化构件

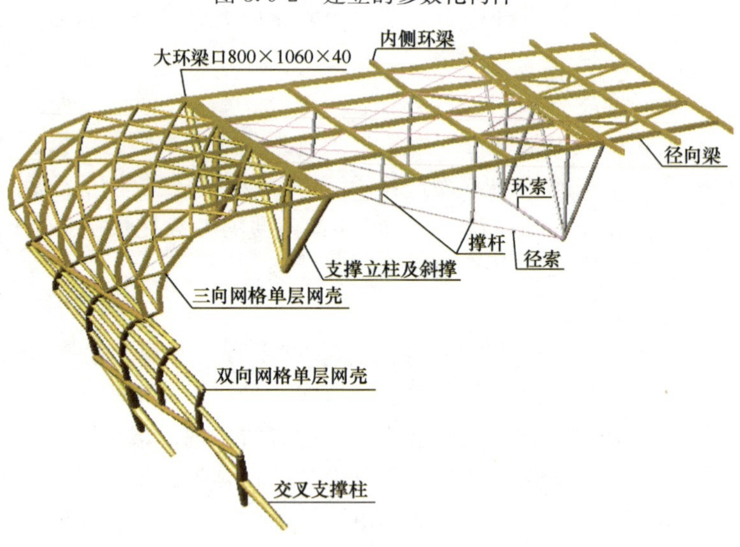


图 3.9-3　体育场钢结构剖面

Autocad 中的模型进行定位，将 Cad 中的模型轴线作为体量导入到 Revit Structure 中，导入前在 Revit Structure 中定好所要导入的轴线体量的标高，所导入的轴线体量即是构件的定位线。该奥体中心体育场所用的方法为先在 Revit Structure 中定好标高，然后导入

Autocad中的轴线，以导入的轴线作为定位线，这样既快捷又准确。

（4）构件碰撞检测

传统二维图纸设计中，在结构、水暖电力等各专业设计图纸汇总后，由总工程师人工发现和协调问题，人为的失误在所难免，使施工中出现很多冲突，造成建设投资巨大浪费，并且还会影响施工进度。施工过程中，这些碰撞的解决方案，往往受限于现场已完成部分的局限，大多只能牺牲某部分利益、效能，而被动地变更。

在对项目进行碰撞检测时，要遵循如下检测优先级顺序：首先，进行土建碰撞检测；然后，进行设备内部各专业碰撞检测；之后，进行结构与给排水、暖、电专业碰撞检测等；最后，解决各管线之间交叉问题。其中，全专业碰撞检测的方法如下：将完成各专业的精确三维模型建立后，选定一个主文件，以该文件轴网坐标为基准，将其他专业模型链接到该主模型中，最终得到一个包括土建、管线、工艺设备等全专业的综合模型。该综合模型真正地为设计提供了模拟现场施工碰撞检查平台，在这平台上完成仿真模式现场碰撞检查，并根据检测报告及修改意见对设计方案合理评估并作出设计优化决策，然后再次进行碰撞检测……如此循环，直至解决所有的硬碰撞，软碰撞剩下可接受的范围。

在读取并定位碰撞点后，为了更加快速地给出针对碰撞检测中出现的“软”、“硬”碰撞点的解决方案，我们可以将碰撞问题为以下几类：

① 重大问题，需要业主协调各方共同解决；

② 由设计方解决的问题；

③ 由施工现场解决的问题；

④ 因未定因素（如设备）而遗留的问题；

⑤ 因需求变化而带来新的问题；

针对由设计方解决的问题，可以通过多次召集各专业主要骨干参加三维可视化协调会议的办法，把复杂的问题简单化，同时将责任明确到个人，从而顺利地完成管线综合设计、优化设计，得到业主的认可。针对其他问题，则可以通过三维模型截图、漫游文件等协助业主解决。另外，管线优化设计应遵循以下原则：

① 在非管线穿梁、碰柱、穿吊顶等必要情况下，尽量不要改动。

② 只需调整管线安装方向即可避免的碰撞，属于软碰撞，可以不修改，以减少设计人员的工作量。

③ 需满足建筑业主要求，对没有碰撞，但不满足净高要求的空间，也需要进行优化设计。

④ 管线优化设计时，应预留安装、检修空间。

⑤ 管线避让原则如下：有压管让无压管；小管线让大管线；施工简单管让施工复杂管；冷水管道避让热水管道；附件少的管道避让附件多的管道；临时管道避让永久管道。

（5）施工工序管理

工序质量控制就是对工序活动条件即工序活动投入的质量和工序活动效果的质量及分项工程质量的控制。在利用BIM技术进行工序质量控制时能够着重于以下几方面的工作：

① 利用BIM技术能够更好地确定工序质量控制工作计划。一方面要求对不同的工序活动制定专门的保证质量的技术措施，作出物料投入及活动顺序的专门规定；另一方面要规定质量控制工作流程、质量检验制度。

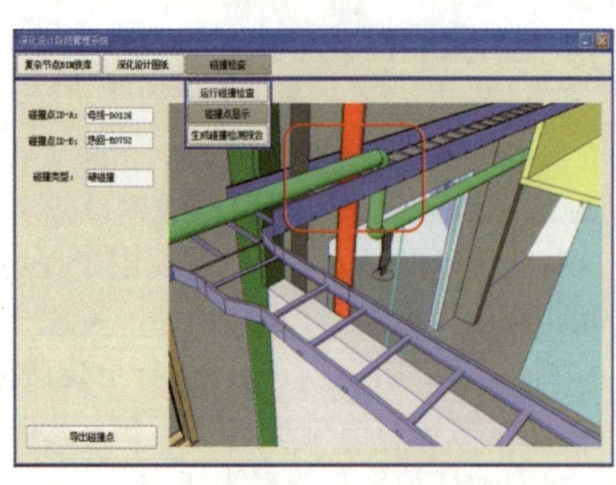

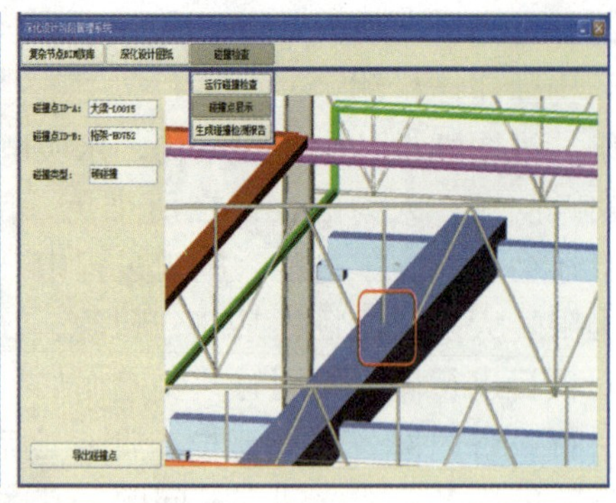


图 3.9-4　碰撞点查找

② 利用 BIM 技术主动控制工序活动条件的质量。工序活动条件主要指影响质量的五大因素，即人、材料、机械设备、方法和环境等。

③ 能够及时检验工序活动效果的质量。主要是实行班组自检、互检、上下道工序交接检，特别是对隐蔽工程和分项（部）工程的质量检验。

④ 利用 BIM 技术设置工序质量控制点（工序管理点），实行重点控制。工序质量控制点是针对影像质量的关键部位或薄弱环节确定的重点控制对象。正确设置控制点并严格实施是进行工序质量控制的重点。

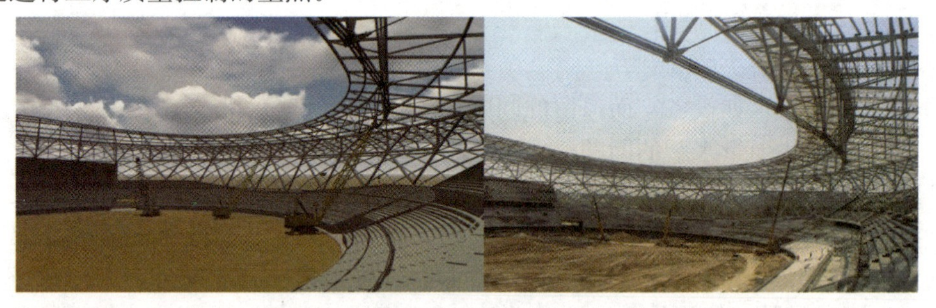

图 3.9-5　施工场地布置对比

（6）施工深化设计

该工程中预应力索体是通过索夹节点传递到结构体系中去的，所以索夹节点设计的好坏直接决定了预应力施加的成败。而本工程的钢拉索索力较大，需对其进行二次验算以确保结构的安全。将已建立好的环索索夹模型导入 Ansys 有限元软件中对其进行弹塑性分析，可以在保证力学分析模型与实际模型相一致的同时节省二次建模的时间。

（7）施工动态模拟及施工方案优化

该工程规模大、复杂程度高、预应力施工难度大，为了寻找最优的施工方案、为施工项目管理提供便利，采用了基于 BIM 技术的 4D 施工动态模拟，测试和比较不同的施工方案并对施工方案进行优化，可以直观、精确地反映整个建筑的施工过程，有效缩短工期、降低成本、提高质量。

实现施工模拟的过程就是将 Project 施工计划书、Revit 三维模型与 Navisworks 施工动态模拟软件加以时间（时间节点）、空间（运动轨迹）及构件属性信息（材料费、人工费等）相结合的过程。

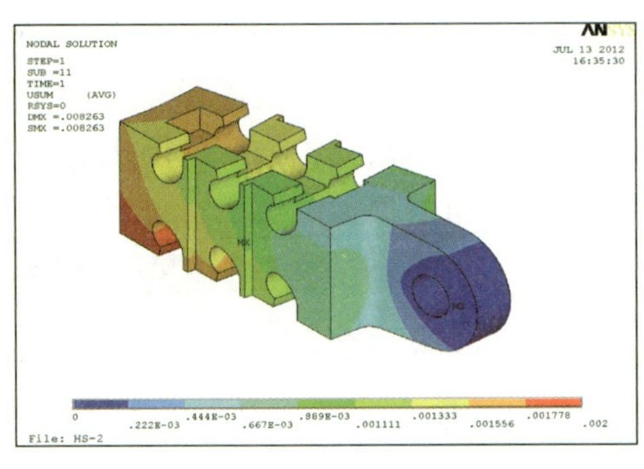


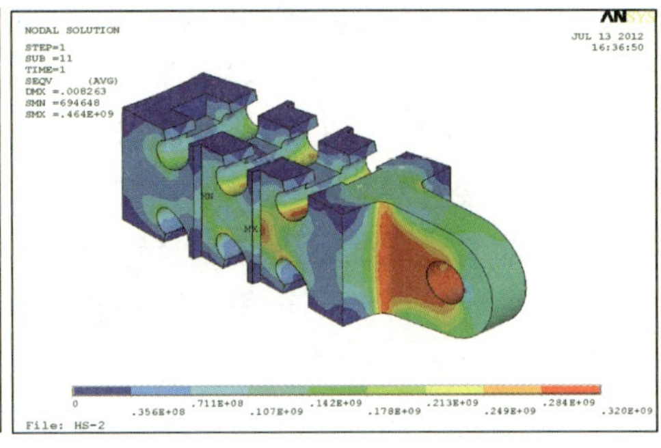


图 3.9-6 环索索夹弹塑性分型结果

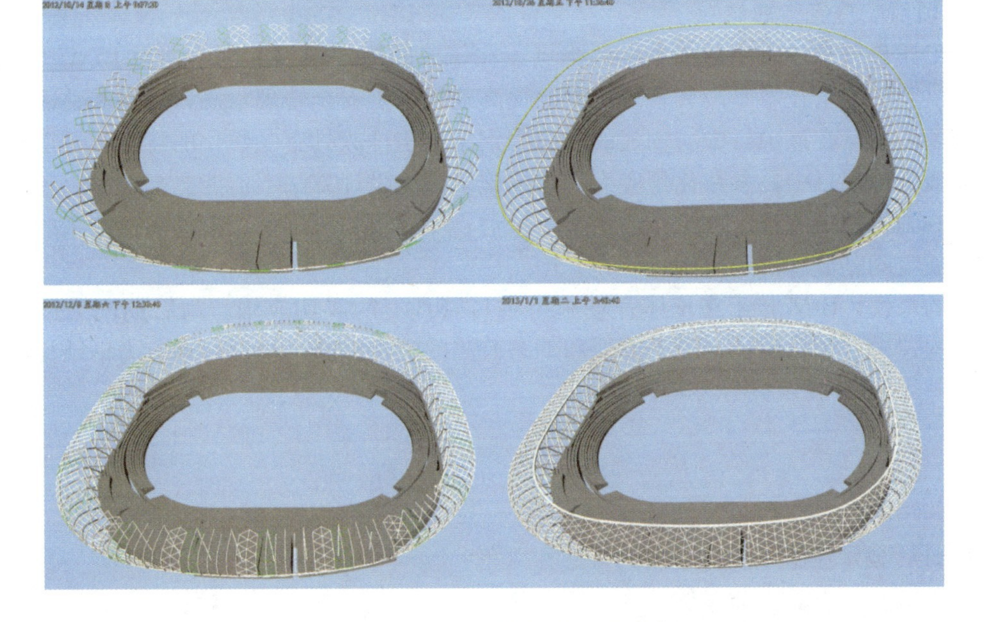

图 3.9-7 施工模拟各个过程截图

(8) 安装质量管控及三维动态化监测

对预应力钢结构而言，预应力关键节点的安装质量至关重要。安装质量不合格，轻者将造成预应力损失、影响结构受力形式，重者将导致整个结构的破坏。

BIM 技术在该工程安装质量控制中的应用主要体现在以下两点：一是对关键部位的构件，如索夹、调节端索头等的加工质量进行控制；二是对安装部位的焊缝是否符合要求、螺丝是否拧紧、安装位置是否正确等施工质量进行控制。将关键部位的族文件与工厂加工构件进行对比，检查加工构件的外形、尺寸等是否符合加工要求。

图 3.9-8 模型与真实场景对比

(9) 三维扫描复查施工质量

在场馆施工中,利用三维数字激光扫描仪,对在施及已施的建筑进行三维扫描。在场馆的不同方位架设扫描仪对场地中的建筑、结构实体进行扫描。扫描后将形成的建筑及结构的点云模型,接着对生成的点云模型进行拼合,将各角度扫描的模型,拼接成完整的场馆模型,再将前期建立的 BIM 模型导入点云模型中,对比实际建立的钢结构网格、索体与混凝土看台的相应位置是否偏差、各构件的垂直、水平、角度是否满足要求。如有不符合要求的位置,及时进行整改,确保后续的施工质量。

利用三维扫描校核施工质量,能对前期建立的 BIM 模型进行更充分的利用,同时也避免了 BIM 模型与实际建筑构件的不一致,从而将 BIM 技术的作用更好地发挥出来。

**4. 项目实施经验总结**

施工质量管理一直是施工单位的难点,在传统的施工项目管理中结合 BIM 技术能为施工提供新的安全技术手段和管理工具,提高建筑施工安全管理水平,促进和适应新兴建筑结构的发展。在该项目中所创建的预应力钢结构构件族具有参数化的特点,可以反复应用在类似施工项目中;参数化预应力钢结构施工深化设计方法不但能提高效率,还能降低出错率;施工模拟的技术也给企业带来了效益;所开发的三维可视化动态监测系统具有很大的拓展空间,值得推广应用。

总的来说,BIM 技术在该体育场施工项目管理上的成功应用,为后期同类型工程积累了结构建模、深化设计、施工模拟和动态监测的宝贵经验,对以后预应力钢结构施工项目管理应用 BIM 技术具有参考价值。

## 课 后 习 题

1. BIM 技术在施工质量控制的核心在哪里?
2. BIM 技术在施工质量管理中有哪些优势?

**参考答案:**

1. 在利用 BIM 技术进行施工质量控制时要制定明确的标准和流程,并且配合 BIM 技术将其辅助与指导的作用于施工现场的各个环节进行结合,通过三维模型,将施工生产的各个阶段进行串联,利用软件真实地模拟和合理的优化相应节点,以确保施工质量。

2. BIM 技术具有信息完备性、信息关联性、信息一致性、三维可视化、协调性、模拟性等特性。其在整个设计、施工、运营的过程中,其实就是一个不断优化的过程,没有准确的信息是做不出合理优化结果的。BIM 模型提供了建筑物存在的实际信息,包括几何信息、物理信息、规则信息,还提供了建筑物变化以后的实际存在。BIM 及与其配套的各种优化工具提供了对复杂项目进行优化的可能:把项目设计和投资回报分析结合起来,计算出设计变化对投资回报的影响,使得业主知道哪种项目设计方案更有利于自身的需求,对设计施工方案进行优化,可以很好地监督工程质量并提高施工的生产效率。

(案例提供:刘占省)

## 【案例 3.10】某大型公建利用 BIM 技术在施工安全中的应用

施工安全是工程建设的重要方面，也是建筑企业生产管理的重要组成部分。施工安全管理的对象包括施工生产中的人、物、环境的状态管理与控制，是一种动态管理。施工安全管理，主要是组织实施企业安全管理规划、指导、检查和决策，同时又是保证生产处于最佳安全状态的根本环节。本案例就某市在大型公共项目为例介绍在施工安全管理中的一些实际应用。

**1. 项目背景及应用目标**

（1）项目特点

该大型公共建筑项目总建筑面积为 206247m$^2$，地下 3 层，地上最高 23 层，最大檐高为 100m，结构形式为框架—剪力墙结构。

（2）BIM 期望应用效果

本项目属大型公共建筑，并属于某市的重点建设项目工程，在其建设过程存在一系列问题：用地面积大、体量大；工程的地理位置特殊，规划也具有很大的难度；施工的工作面小，施工工期要求紧，工程任务重；分包数量多；工程的机械使用多、人员多、消耗的材料量大等。为解决上述工程问题和确保项目的安全、高效的施工，采用 BIM 技术辅助项目实施。利用施工方案的模拟和动态漫游演示，展示施工中可能出现的安全隐患，利用数字化的手段标识潜在危险源，加强施工现场的安全管理，为工程顺利竣工提供保证。

**2. BIM 建设概况及实施路线**

在本工程主要使用的是 Autodesk 公司的 Revit 平台进行模型的搭建工作，并配合虚拟现实技术，经过二次开发，建立起一个项目级的专项安全管理平台。利用 BIM 技术三维可视化的特点，直观准确的展示施工过程中可能存在的安全隐患。将施工过程中存在安全风险的重点位置，利用模型加以标识和管理，并在施工交底和施工过程中进行演示，使工程人员，在进入现场前就对其由直观的认识和把控。

并且基于 BIM 技术的管理模式是创建信息、管理信息、共享信息的数字化方式，采用 BIM 技术，不仅能实现虚拟现实和资产、空间等管理，而且便于运营维护阶段的管理应用，如运用 BIM 技术，可以对火灾等安全隐患进行及时处理，从而减少不必要的损失，对突发事件进行快速应变和处理，快速准确掌握建筑物的运营情况。实施内容如下：

（1）施工准备阶段安全控制；

（2）深化设计；

（3）施工过程仿真模拟；

（4）施工动态监测；

（5）防坠落管理；

（6）施工风险预控。

**3. BIM 应用内容及实施成果**

（1）施工准备阶段安全控制

在施工准备阶段，利用 BIM 进行与实践相关的安全分析，能够降低施工安全事故发生的可能性，如：4D 模拟与管理和安全表现参数的计算可以在施工准备阶段排除很多建筑安全风险；BIM 虚拟环境划分施工空间，排除安全隐患（图 3.10-1）；基于 BIM 及相关信息技术的安全规划可以在施工前的虚拟环境中发现潜在的安全隐患并予以排除；采用 BIM 模型结合有限元分析平台，进行力学计算，保障施工安全；通过模型发现施工过程重大危险源并实现水平洞口危险源自动识别（图 3.10-2）。

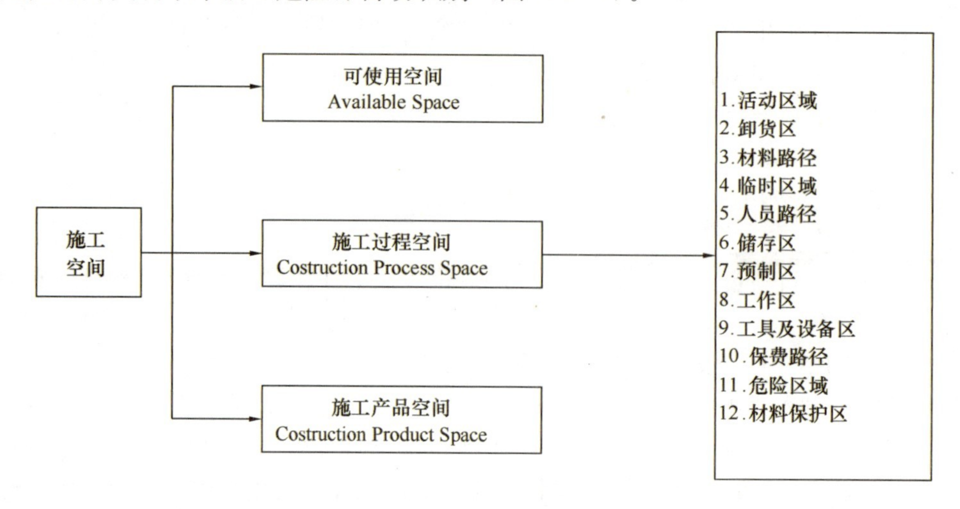


图 3.10-1　施工空间划分

图 3.10-2　利用 BIM 模型对危险源进行辨识后进行防护

（2）深化设计

由于设计院提供的施工图细度不够，与现场施工往往有诸多冲突，不具备指导实际复杂节点施工的条件，这就需要对其进行细化、优化和完善。该工程采用基于 BIM 技术的施工深化设计手段，提前确定模型深化需求，对土建专业、机电管线综合进行了碰撞检测及优化，对场馆大厅钢结构、幕墙及复杂节点钢筋布置进行了深化设计，并在深化模型确认后出具用于指导现场施工的二维图纸（图 3.10-3～图 3.10-4）。

（3）施工过程仿真模拟

本工程规模大、复杂程度高、工期紧，为了寻找最优的施工方案、给施工项目管理提供便利，采用了基于 BIM 的 4D 施工动态模拟技术对土建结构、对大厅钢结构及部分关键节点的施工过程进行模拟并制定多视点的模拟动画。施工模拟动画为施工进度、质量及安全的管理提供了依据（图 3.10-5）。

4D 仿真分析技术能够模拟建筑结构在施工过程中不同时段的力学性能和变形状态，

图 3.10-3　室内机电模型

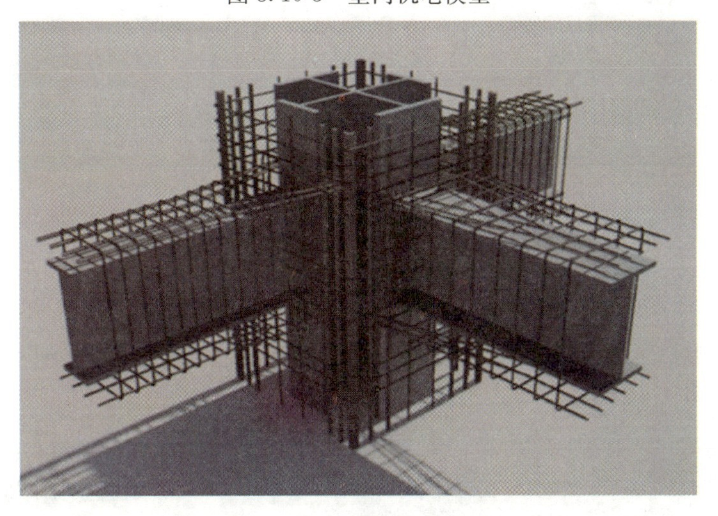

图 3.10-4　结构构件深化

为结构安全施工提供保障。通常采用大型有限元软件来实现结构的仿真分析，但对于复杂建筑物的模型建立需要耗费较多时间，在 BIM 模型的基础上，开发相应的有限元软件接口，实现三维模型的传递，再附加材料属性、边界条件和荷载条件，结合先进的时变结构分析方法，便可以将 BIM、4D 技术和时变结构分析方法结合起来，实现基于 BIM 的施工过程结构安全分析，能有效捕捉施工过程中可能存在的危险状态，指导安全维护措施的编制和执行，防止发生安全事故。

（4）施工动态监测

近年来建筑安全事故不断发生，人们防灾减灾意识也有很大提高，所以结构监测研究已成为国内外的前沿课题之一。对施工过程进行实时施工监测，特别是重要部位和关键工序，可以及时了解施工过程中结构的受力和运行状态。施工监测技术的先进合理与否，对施工控制起着至关重要的作用，这也是施工过程信息化的一个重要内容。为了及时了解结构的工作状态，发现结构未知的损伤，建立工程结构的三维可视化动态监测系统，就显得十分迫切。

三维可视化动态监测技术较传统的监测手段具有可视化的特点，可以人为操作在三维虚拟环境下漫游来直观、形象提前发现现场的各类潜在危险源，提供更便捷的方式查看监测位置的应力应变状态，在某一监测点应力或应变超过拟定的范围时，系统将自动采取报

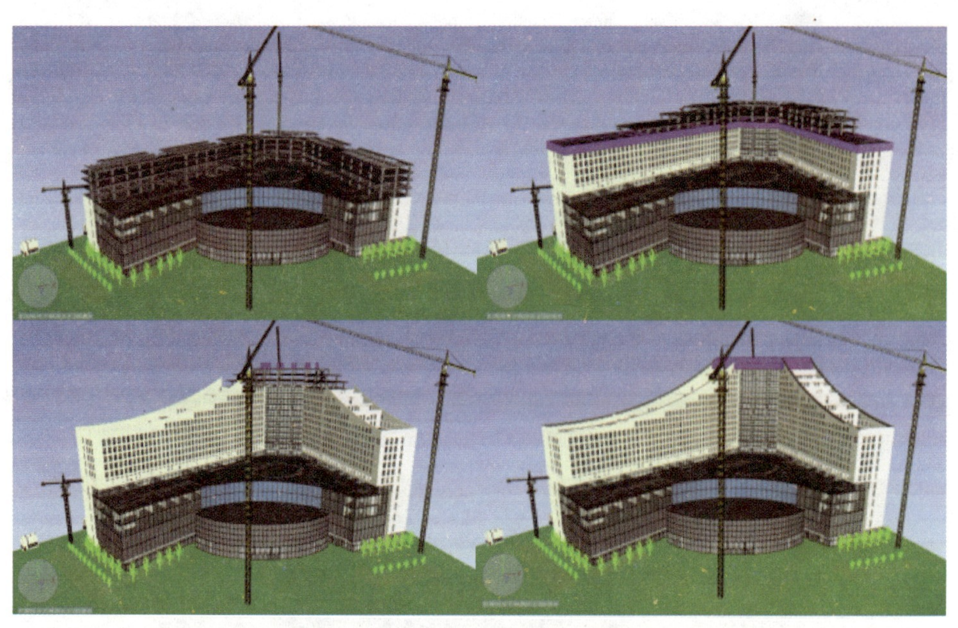

图 3.10-5　施工模拟动画截图

警给予提醒。

使用自动化监测仪器可进行基坑沉降观测，通过将感应元件监测的基坑位移数据自动汇总到基于 BIM 开发的安全监测软件上，通过数据分析，结合现场实际测量的基坑坡顶水平位移和竖向位移变化数据进行对比，形成动态的监测管理，确保基坑在土方回填之前的安全稳定性（图 3.10-6）。

(*a*)　　(*b*)

图 3.10-6　基于 BIM 的基坑沉降安全监测

（*a*）监测数据采集；（*b*）基坑模型

通过信息采集系统得到的结构施工期间不同部位的监测值，根据施工工序判断每时段的安全等级，并在终端上实时的显示现场的安全状态和存在的潜在威胁，给予管理者直观的指导。如表 3.10-1 所示。

**系统前台对不同安全等级的显示规则表**　　**表 3.10-1**

| 级别 | 对应颜色 | 禁止工序 | 可能造成的结果 |
|---|---|---|---|
| 一级 | 绿色 | 无 | 无 |
| 二级 | 黄色 | 机械进行、停放 | 坍塌 |

续表

| 级别 | 对应颜色 | 禁止工序 | 可能造成的结果 |
|---|---|---|---|
| 三级 | 橙色 | 机械进行、停放 | 坍塌 |
| | | 危险区域内人员活动 | 坍塌、人员伤害 |
| 四级 | 红色 | 基坑边堆载 | 坍塌 |
| | | 危险区域内人员活动 | 坍塌、人员伤害 |
| | | 机械进行、停放 | 坍塌、人员伤害 |

（5）防坠落管理

在施工过程中坠落危险源包括尚未建造的楼梯井和天窗等，通过在 BIM 模型中的危险源存在部位建立坠落防护栏杆构件模型，研究人员能够清楚地识别多个坠落风险；且可以向承包商提供完整且详细的信息，包括安装或拆卸栏杆的地点和日期等。

（6）施工风险预控

施工风险预控主要包括施工成本、进度、质量、安全的风险预控。为了有效实现对工程的风险预控，基于 BIM 模型，施工信息管理平台及自主研发的健康监测平台来深入探讨高层建筑的施工成本、进度、质量、安全监测。

通过平台的 BIM 模型综合管理，实现对工程成本、进度、质量的数据关联、分析与监测；通过研究建筑结构健康监测系统设计和监测数据的处理方法，集合 BIM 模型建立高层建筑施工监测系统，进行高层建筑施工安全性能分析和评价，两者结合，共同打造具有本项目特色的高层 BIM 风险预控方法，最大程度降低项目建造阶段的风险。

（7）塔吊安全管理

大型工程施工现场需布置多个塔吊同时作业，因塔吊旋转半径不足而造成的施工碰撞也屡屡发生。确定塔吊回转半径后，在整体 BIM 施工模型中布置不同型号的塔吊，能够确保其同电源线和附近建筑物的安全距离，确定哪些员工在哪些时候会使用塔吊。在整体施工模型中，用不同颜色的色块来表明塔吊的回转半径和影响区域，并进行碰撞检测来生成塔吊回转半径计划内的任何非钢安装活动的安全分析报告。该报告可以用于项目定期安全会议中，减少由于施工人员和塔吊缺少交互而产生的意外风险。某工程基于 BIM 的塔吊安全管理如图 3.10-7 所示，图中说明了塔吊管理计划中钢桁架的布置，黄色块状表示塔吊的摆动臂在某个特定的时间可能达到的范围。

图 3.10-7 塔吊安全管理

（8）灾害应急管理

利用 BIM 及相应灾害分析模拟软件，可以在灾害发生前，模拟灾害发生的过程，分析灾害发生的原因，制定避免灾害发生的措施，以及发生灾害后人员疏散、救援支持的应急预案，为发生意外时减少损失并赢得宝贵时间。本项目利用 BIM 模型对灾害发生后的人员疏散时间、疏散距离、有毒气体扩散时间、建筑材料耐燃烧极限、消防作业面等进行了模拟，并将其整合进施工管理平台中，在平台中集成了利用 BIM 模型生成的 3D 动画，用来同工人沟通应急预案计划方案。

应急预案包括五个子计划：施工人员的入口/出口、建筑设备和运送路线、临时设施和拖车位置、紧急车辆路线、恶劣天气的预防措施；利用 BIM 数字化模型进行物业沙盘模拟训练，训练保安人员对建筑的熟悉程度，再模拟灾害发生时，通过 BIM 数字模型指导大楼人员进行快速疏散；通过对事故现场人员感官的模拟，使疏散方案更合理；通过 BIM 模型判断监控摄像头布置是否合理，与 BIM 虚拟摄像头关联，可随意打开任意视角的摄像头，摆脱传统监控系统的弊端。

图 3.10-8　应急预案

**4. 项目实施经验总结**

BIM 技术在该公共建筑项目施工中的应用，达到了 BIM 的应用目标，实现整个项目的参数化、可视化，有效控制风险，提高施工信息化水平和整体质量。通过对 BIM 技术在本工程施工中的应用研究可以得出以下结论：

(1) BIM 模型的建立应符合 BIM 建模标准的要求，BIM 模型的应用需严格遵照 BIM 标准中的规定；

(2) 基于 BIM 的深化设计方法可以有效辅助施工，对复杂钢筋混凝土节点的施工具有指导意义；

(3) 通过 BIM 模型对施工方案进行前期规划，实现绿色施工；

(4) 基于 BIM 技术的施工管理平台，能更好地指导建筑结构施工和项目管理，可以有效地拓宽业务领域，有很好的市场前景。

(5) BIM 辅助总承包施工项目管理效果明显，其提供的协同工作平台可以提高工作效率、实现数据共享；

(6) BIM 技术的应用可以对施工成本、进度、质量及安全进行风险预控，有效降低项目风险。

## 课　后　习　题

1. BIM 在安全管理中作用？

2. BIM 在安全管理的步骤有哪些？

**参考答案：**

1. 对于安全管理，主要是利用 BIM 技术的三维可视，实体模拟的功能，利用模型真实详细的模拟施工过程中的各个环节是 BIM 安全管理的重要内容。在流程方面一定要注重时间节点，保证利用 BIM 技术模拟环境要优先于施工过程，其次要注重模型的精细程度，在施工过程中要着重对隐患出进行模拟，制定相应的检测方案，确保施工过程的顺利进行。

2. 首先制定详细合理规范的 BIM 实施规范；其次建立详细的 BIM 模型，精确的表现施工过程中的人、机、料、环境等环节；接着对施工过程进行 4D 模拟，对构件进行碰撞检测，对危险源或易发生安全事故的区域进行标识；最后，要在施工前进行相应的交底工作。

（案例提供：刘占省）

# 第四节 基于BIM技术的施工进度控制案例分析

## 【案例3.11】某综合性医院项目基于BIM的进度管理案例

随着信息技术的发展，3D数字化信息早已融入大众生活的方方面面，在影视传媒、工业制造、网络通信等领域带来的变革尤为明显。目前BIM技术已经在我国城市综合体、商场、道路桥梁等项目中有普遍成功的应用，而针对医院这类管线密集、设备种类繁多、各种流线功能分区要求严格的建筑，BIM技术的应用还比较少见。本案例就针对某综合性医院项目展开介绍，详细讲述如何利用BIM技术帮助项目实现进度可控、风险可控，进而提升工程质量，节约成本。

**1. 项目背景**

（1）项目特点

本项目是某区三级综合医院，始建于19世纪，具有悠久的历史。于2013年5月对原医院进行扩建，总建筑面积达70800m$^2$，地上10层，地下3层，是集门诊、急诊、医技和病房为一体的综合性医院项目。

（2）项目应用目标

该项目的机电管线设备复杂，存在大量新技术、新设备应用，施工难度大、成本风险高，工期安排紧张。针对上述情况，传统的施工管理模式已不能满足新的需求，针对国内设计与施工分离的现状，决定采用BIM技术提高施工管理水平。

**2. BIM应用内容**

（1）BIM平台总体框架

本项目通过采用某软件公司开发的BIM 5D系统，实现基于BIM技术的进度管理，是以BIM技术为核心，集成项目管理过程数据的项目管理系统，它适用于总承包项目现场管理。作为BIM 5D系统输入的模型，来自于不同专业的、基于BIM技术的设计模型和算量模型，由Revit、MagiCAD、广联达土建BIM算量等多家软件产生的模型集成；本BIM 5D系统提供协同平台，基于多专业集成模型为建设方、施工方等提供进度分析优化、工作面管理、5D过程管控、数字交付等应用（图3.11-1）。

（2）BIM实施计划

在项目开展初期，BIM技术人员就制订了相应里程碑节点的工作目标与计划，保证了后期项目顺利实施。具体实施计划如下：

① 自项目启动起7d内，完成BIM模型（设计模型与数据模型）标准建立。

② 在具备工作必须资料后起30d内，完成主要专业BIM主体模型的创建；剩余模型根据要求进行构建及整合。

③ 在具备工作必须资料后60d内，完成项目BIM综合数据平台的搭建、调整开发，打通设计与施工两大环节之间的数据交换（在系统接口开发不完备的情况下允许通过人工导出导入的方式实现数据交互），实现工程量统计、进度计划编排展示等BIM专业应用。

④ 在具备工作必须资料后90d内，完成项目BIM综合应用平台的设计及模型合并与分拆、模型版本与变更管理、施工设计信息浏览（3D方式）、进度计划及状态浏览（4D

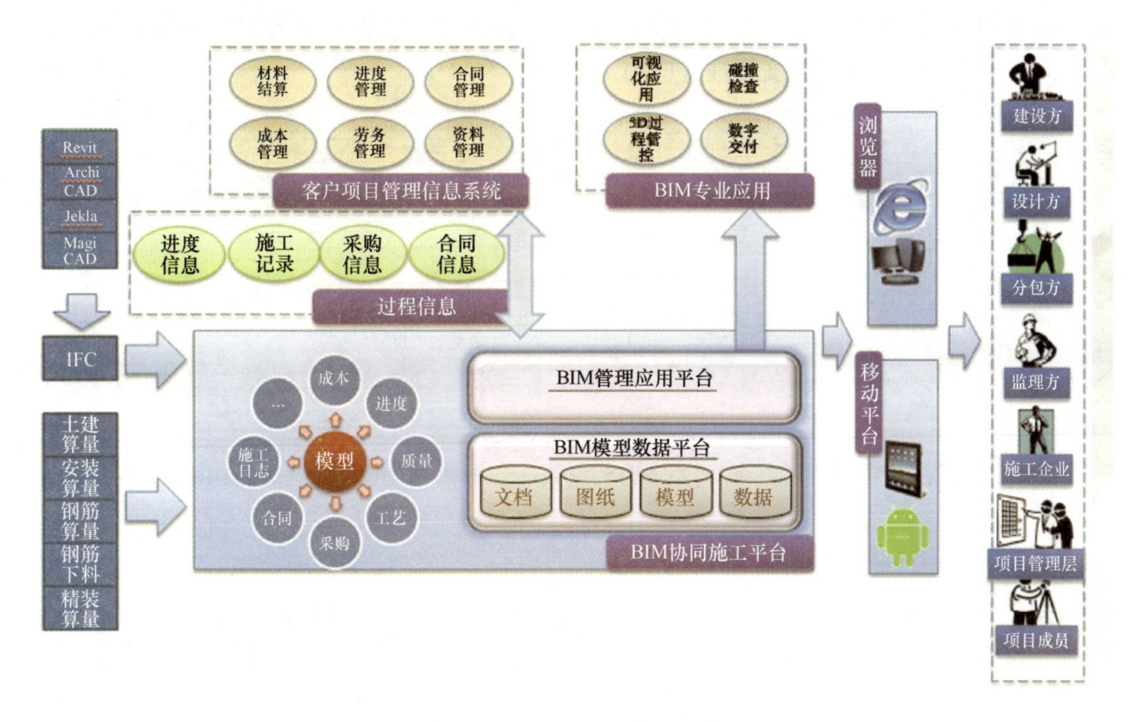


图 3.11-1　BIM 5D 管理系统

方式)、资源需求计划及耗用浏览（3D 方式）等功能的开发。

⑤ 在具备工作必须资料后 150d 内，完成项目 BIM 综合应用平台的设计及开发，实现基于 3D 可视化的预算、进度管理、资源消耗、成本核算等信息的浏览、分析、报表等综合应用功能。

⑥ 工程完工，取得甲方提供的完整施工竣工图纸及竣工资料后，30d 内完成竣工三维建筑信息模型。

（3）BIM 应用内容及实施成果

进度管理贯穿工程整个施工周期，是保证工程履约的重要组成部分。本项目 BIM 技术的应用重点在于如何在有限的施工时间里合理优化进度工期，确保项目保质保量顺利交付。通过对本项目的现场情况进行归纳总结，现将影响进度管控的因素列举如下：

① 施工工序较多，编制进度计划时未充分考虑劳动力情况，缺乏可操作性；

② 进度管理涉及项目几乎所有部门，进度管理信息传递时容易混乱与遗漏；

③ 现场进度信息分散、收集困难，难以时时跟踪计划并作出及时的决策；

④ 大量精力集中在现场协调管理，缺乏对阶段进度管理的总结与优化。

针对以上难点，要想做到精细化的进度管理，必须及时准确地收集整理大量的工程动态数据，而手工整合这些信息工作量大，重复性工作多，占用了管理人员大量精力，影响了进度管理的效率与效果。所以，该项目利用 BIM 5D 系统进行了进度的智能化管理，具体包括三个阶段：数据准备、计划跟踪分析、进度分析优化。

1）数据准备阶段

① 模型数据准备

本项目采用土建 BIM 算量、MagiCAD、Revit 等软件完成 BIM 各专业模型的搭建工作，通过 BIM 5D 系统完成各专业 BIM 模型的三维整合，集成后的模型统一保存在模型服务器中，便于支持后期进度管理等应用工作（图 3. 11-2）。

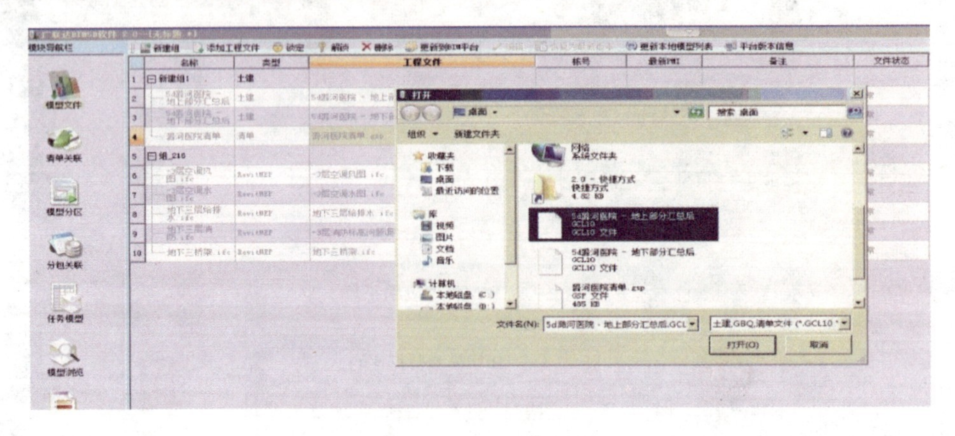

图 3. 11-2　模型数据准备

② 进度计划准备

本项目将微软的 Project 计划文件导入 BIM 5D 系统中，便于后期计划的管理（图 3. 11-3）。

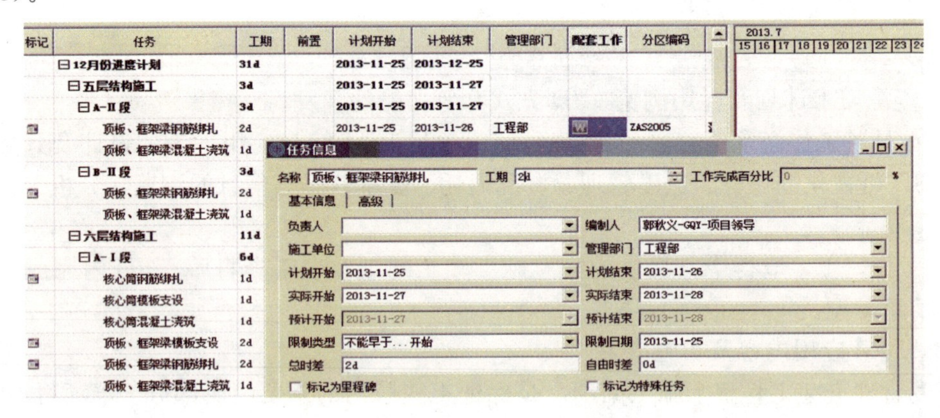

图 3. 11-3　进度计划准备

2）计划跟踪分析阶段

为了更好地管理项目进度，项目技术人员将工作细分并编制流程图，以此作为后期进度跟踪处理的依据（图 3. 11-4）。

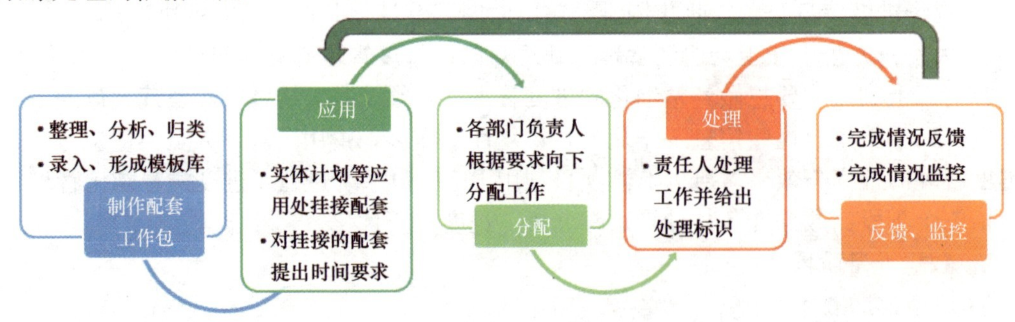


图 3. 11-4　进度跟踪分析流程图

① 模型与进度挂接

本项目根据实际施工流水段的划分情况以及进度计划的精细程度，在模型分区模块中划分分区，使模型构件与进度计划逐条对应，方便三维形象进度的生成及施工进度的管理（图 3.11-5）。

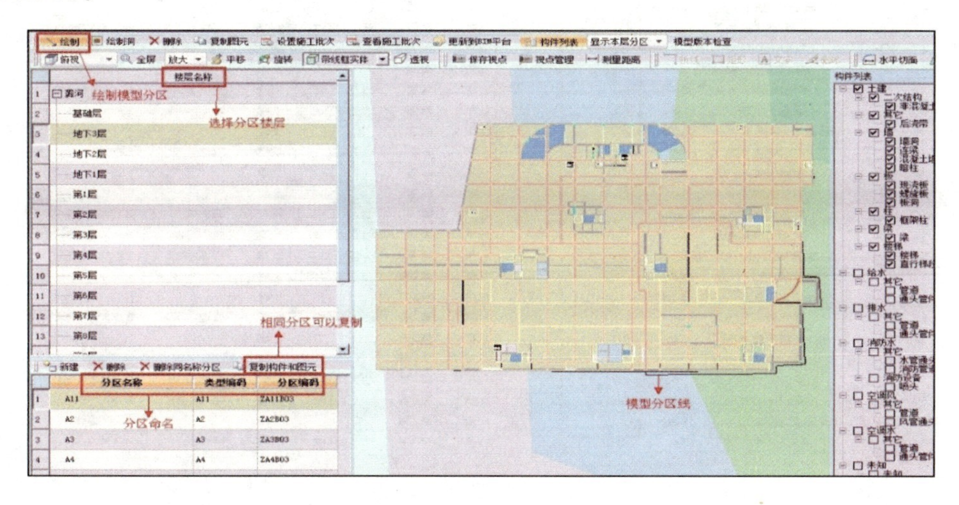


图 3.11-5　模型与进度挂接

② 配套工作维护管理

根据本项目实际情况建立配套工作库，对日常工作信息进行集中管理（图 3.11-6）。

我的桌面　配套工作处理　配套工作维护

配套工作库

| 名称 | 专业 |
|---|---|
| 进度 | |
| 钢结构 | 钢结构 |
| 幕墙 | 幕墙 |
| 土建 | 土建 |
| 混凝土工程 | 土建 |
| 模板工程 | 土建 |
| 钢筋工程 | 土建 |
| 图纸 | |
| 合同 | |

配套工作

| | 工作名称 | 工作类型 | 工作分类 | 相对开始时间 | 相对结束时间 | 重要 |
|---|---|---|---|---|---|---|
| 1 | 钢筋原材料进场 | 常规工作 | | s-10 | s-7 | 重要 |
| 2 | 钢筋原材料进场复试验收 | 常规工作 | | s-7 | s-5 | 重要 |
| 3 | 钢筋下料 | 常规工作 | | s-5 | s-3 | 重要 |
| 4 | 钢筋安装绑扎 | 常规工作 | | s-3 | f | 重要 |
| 5 | 钢筋劳务队伍进场工人安全教育 | 常规工作 | | s-7 | s-5 | 重要 |
| 6 | 钢筋工程技术交底 | 常规工作 | | s-5 | s-3 | 重要 |
| 7 | 过程巡检 | 常规工作 | | s | f | 重要 |
| 8 | 隐蔽验收 | 常规工作 | | f | f+1 | 重要 |
| 9 | 模板工程技术交底 | 常规工作 | | s-5 | s-3 | 重要 |
| 10 | 木工劳务队伍进场安全教育 | 常规工作 | | s-3 | s-2 | 重要 |
| 11 | 模板标高、尺寸检查 | 常规工作 | | s | f | 重要 |
| 12 | 混凝土预报方量 | 常规工作 | | s-5 | s-3 | 重要 |
| 13 | 混凝土进场验收 | 常规工作 | | s | f | 重要 |

图 3.11-6　配套工作维护

③ 配套工作与模型挂接

由于前面计划已经与模型挂接，现将计划与相应配套工作相关联，从而实现模型与配套工作相关联（图 3.11-7）。

④ 配套工作分派

实体计划挂接配套工作后，各管理部门负责人根据本部门实际情况及配套工作的时间要求，向下分配配套工作（图 3.11-8）。

⑤ 配套工作处理

具体项目责任人根据项目实际进度情况对配套工作进行处理，处理结果会与进度计划比对，反映出配套工作的执行状态（图 3.11-9）。

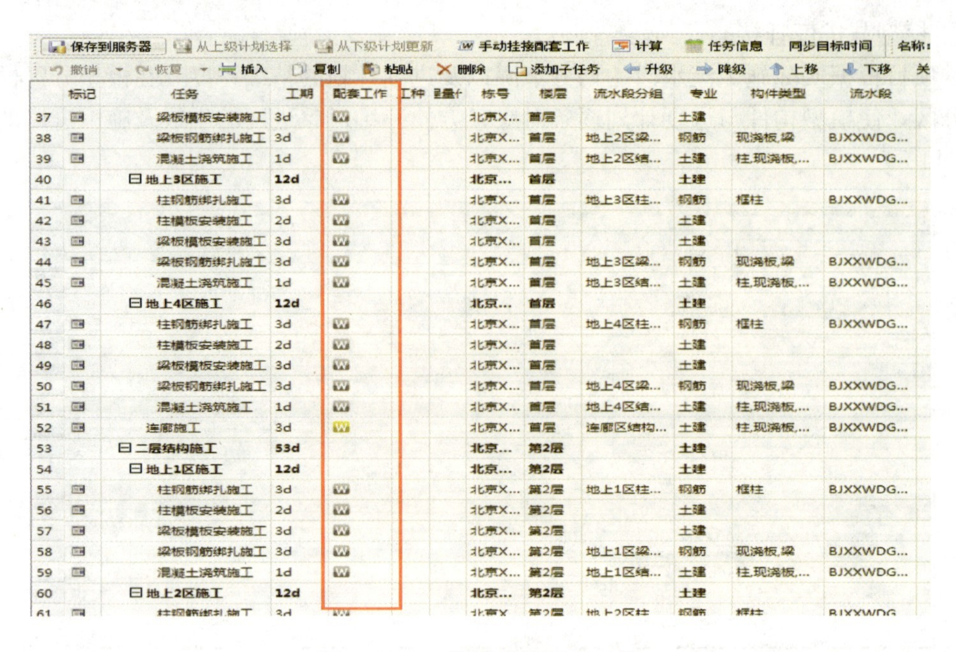

图 3.11-7　模型挂接配套工作

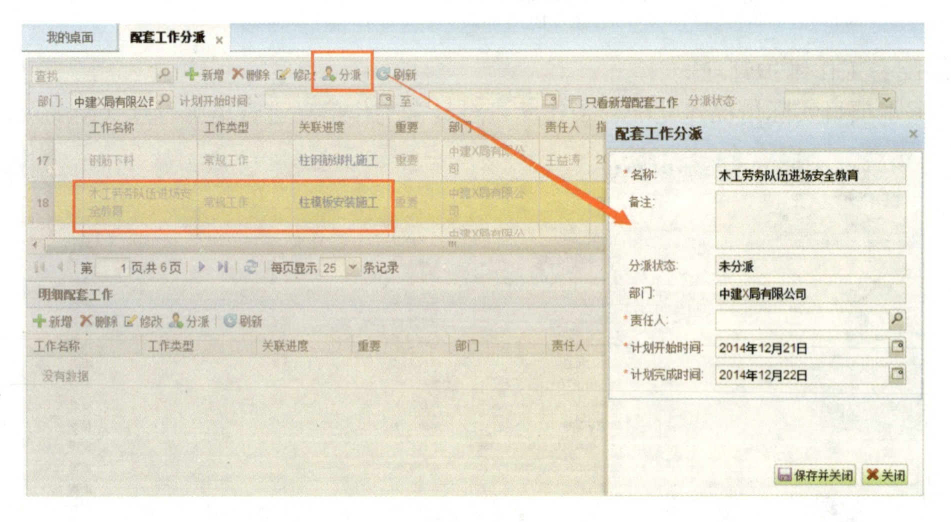

图 3.11-8　配套工作分派

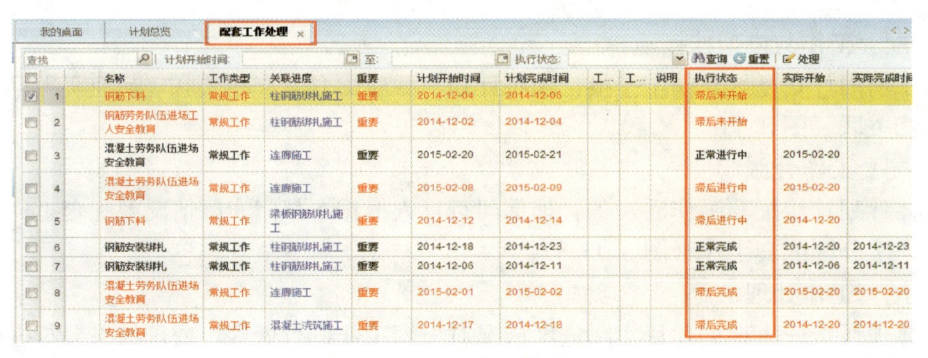

图 3.11-9　配套工作处理

⑥ 配套工作监控

配套工作分配、完成情况在个人门户中提醒，并反馈给应用者，同时部门负责人或项目负责人可以分别查看本部门或本项目配套工作进展情况，从而作出相应的决策（图 3.11-10、图 3.11-11）。

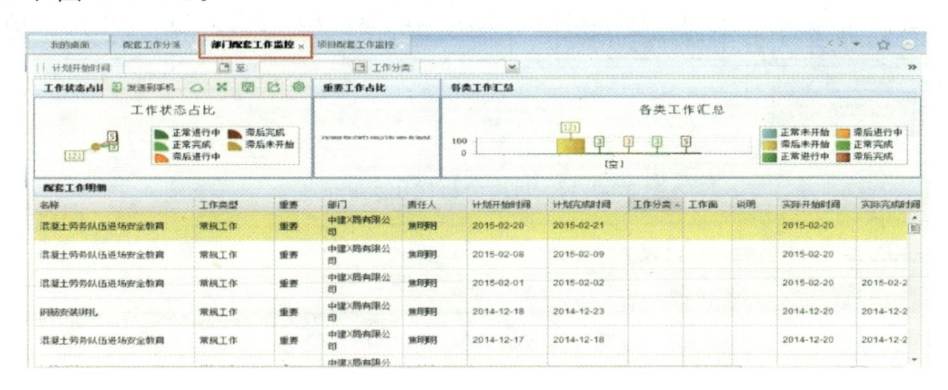


图 3.11-10　部门配套工作监控

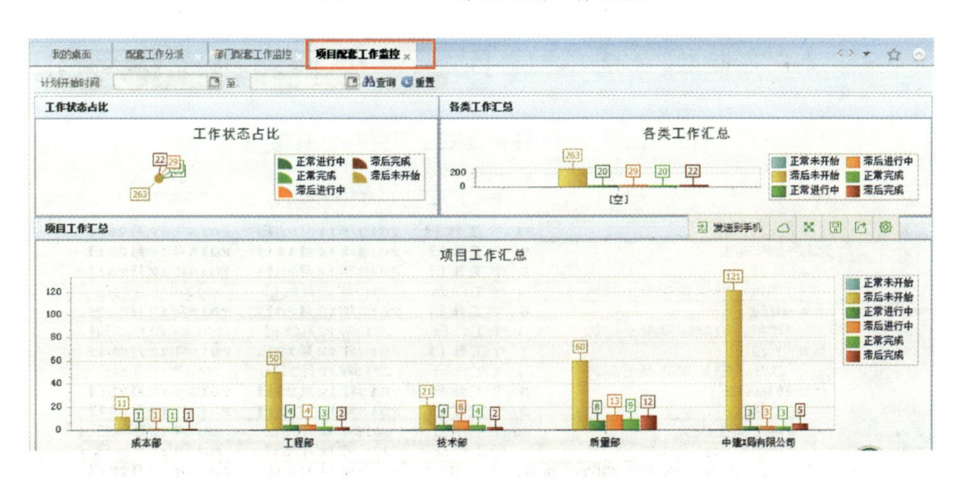


图 3.11-11　项目配套工作监控

⑦ 计划跟踪分析总结

本项目通过将各条进度计划对应的配套工作分派给相关责任人，实现了计划的落实；通过跟踪施工日志及分派任务的处理情况实现了对进度计划及各部门日常工作的跟踪与检查；通过将工程动态信息汇总于 BIM 平台并在平台上自动对特定信息进行整理汇总，从而方便了管理人员对进度情况的总结分析并作出合理调整。

3）进度分析优化阶段

本项目根据进度计划对应的相应工程量、施工时间以及工效定额计算出相应的劳动力数量，绘出劳动力分布曲线。通过分析这种理论的劳动力分布曲线，确定是否存在劳动力剧烈波动的现象，从而判断进度计划是否合理并作出相应优化（图 3.11-12）。

项目实施成果举例如图 3.11-13、图 3.11-14 所示。

(4) 项目实施经验总结

本项目 BIM 5D 系统平台的应用解决了现场数据收集难、管理难、分析难的问题，通

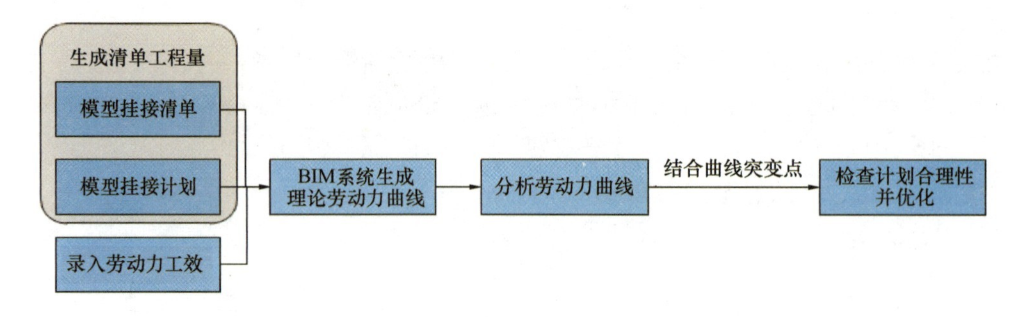


图 3.11-12　进度分析优化实施流程

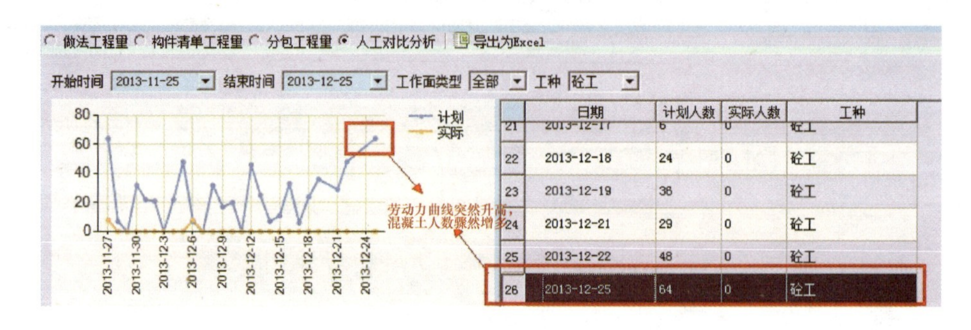


图 3.11-13　12 月份混凝土工劳动力曲线

| | 任务名称 | 工期 | 开始时间 | 完成时间 |
|---|---|---|---|---|
| 1 | ⊟ 12月份进度计划 | 31 个工作日 | 2013年11月25日 | 2013年12月25日 |
| 159 | ⊟ 九层结构施工 | 9 个工作日 | 2013年12月17日 | 2013年12月25日 |
| 170 | ⊟ A-Ⅱ段 | 6 个工作日 | 2013年12月20日 | 2013年12月25日 |
| 179 | 顶板、框架梁混凝土浇筑 | 1 个工作日 | 2013年12月25日 | 2013年12月25日 |
| 180 | ⊟ A-Ⅲ段 | 6 个工作日 | 2013年12月20日 | 2013年12月25日 |
| 189 | 顶板、框架梁混凝土浇筑 | 1 个工作日 | 2013年12月25日 | 2013年12月25日 |
| 190 | ⊟ B-Ⅰ段 | 7 个工作日 | 2013年12月19日 | 2013年12月25日 |
| 199 | 顶板、框架梁混凝土浇筑 | 1 个工作日 | 2013年12月25日 | 2013年12月25日 |
| 200 | ⊟ 十层结构施工 | 3 个工作日 | 2013年12月23日 | 2013年12月25日 |
| 201 | ⊟ A-Ⅰ段 | 3 个工作日 | 2013年12月23日 | 2013年12月25日 |
| 204 | 柱混凝土浇筑 | 1 个工作日 | 2013年12月25日 | 2013年12月25日 |
| 207 | 核心筒混凝土浇筑 | 1 个工作日 | 2013年12月25日 | 2013年12月25日 |
| 208 | 地下室北侧、东侧、南侧外墙防水施 | 31 个工作日 | 2013年11月25日 | 2013年12月25日 |
| 209 | 西侧、北侧肥槽回填施工 | 31 个工作日 | 2013年11月25日 | 2013年12月25日 |
| 210 | 地下室二层房心回填施工 | 31 个工作日 | 2013年11月25日 | 2013年12月25日 |

图 3.11-14　劳动力曲线突变点对应的进度计划

过对模型、计划、现场信息的集成及关联，实现了进度数据的可管理、追溯、分析、优化，保证了项目工期，提高了项目管理水平。后期项目技术人员对应用 BIM 技术的成效与传统项目管理模式对比，分析总结，整理出了一套基于 BIM 技术的项目管理应用方案，为后期类似项目推广提供了宝贵经验。

## 课　后　习　题

1. 本项目前期建模使用了哪些 BIM 建模软件？

A. 广联达土建 BIM 算量　　B. MagiCAD　　C. Tekla

D. Revit　　E. Catia　　F. ArchiCAD　　G. PKPM

2. 本项目哪个模块重点应用了 BIM 技术？

A. 深化设计　　B. 成本管理　　C. 质量安全管理

D. 图档管理　　E. 进度管理　　F. 运维管理

3. 本项目进度管理的难点有哪些？是如何通过 BIM 技术实现的？

4. 通过本案例，请简述 BIM 技术在本项目中的应用成效及价值？

**参考答案：**

1. ABD　　2. E

3. 项目难点如下：

① 施工工序较多，编制进度计划时未充分考虑劳动力情况，缺乏可操作性；

② 进度管理涉及项目几乎所有部门，进度管理信息传递时容易混乱与遗漏；

③ 现场进度信息分散、收集困难，难以时时跟踪计划并作出及时的决策；

④ 大量精力集中在现场协调管理，缺乏对阶段进度管理的总结与优化。

解决方法：

主要是通过计划跟踪分析与进度分析优化来实现的。具体工作如下。

① 定义配套工作模板库

实体计划挂接配套工作；模型挂接计划，从而挂接配套工作信息。

实体计划挂接配套工作，给出配套工作完成时间的要求，设定要求后将配套工作推送给各相关管理部门。

② 配套工作分配处理、反馈及监控

各管理部门负责人根据本部门实际情况及配套工作的时间要求，向下分配工作，具体责任人负责配套工作的开展、完成、反馈。

配套工作分配、完成情况在个人门户中提醒，并反馈给应用者，同时部门负责人或项目负责人可以分别查看本部门或本项目配套工作进展情况，从而作出相应的决策。

③ 进度分析优化

根据逐条进度计划对应的工程量、施工时间以及工效定额计算出相应的劳动力数量，绘出劳动力分布曲线。通过分析这种理论的劳动力分布曲线，确定是否存在劳动力剧烈波动的现象，从而判断进度计划是否合理并作出相应优化。

4. 利用 BIM 5D 系统进行快捷准确的进度计划管理，提高了项目日常工作的效率及准确性，合理安排了劳动力，为项目的管理及决策提供了全面、准确、及时的数据支持。

（案例提供：黄锰钢）

# 第五节 基于 BIM 的成本管理案例

## 【案例 3.12】广州某大型地标性建筑基于 BIM 的成本管理案例

我国正处于工业化和城市化的快速发展阶段，在未来 20 年具有保持 GDP 快速增长的潜力，房地产已经成为国民经济的支柱产业，住房和城乡建设部也提出了建筑业的十项新技术，其中包括信息技术在建筑业的应用。作为改变传统建筑行业的 BIM 技术，从 1990 年末概念提出，通过十多年的大型项目试点推广，到现在 BIM 技术已经由单业务应用向多业务集成应用转变，从标志性项目应用向一般项目应用延伸，事实证明，BIM 技术的推广应用已经如火如荼。本案例围绕施工阶段 BIM 技术全面应用展开，重点针对 BIM 技术如何在总承包管理中实现成本管控的降本增效。

**1. 项目背景**

该项目工程总高度 530m，总建筑面积 50.77 万 $m^2$，地下 5 层，地上 111 层。该项目于 2011 年 8 月 8 日开工，计划于 2015 年 11 月 6 日完工。塔楼主体是带加强层的框架—筒体结构，具体由 8 根箱形钢管混凝土巨柱、112 层楼层钢梁和 6 道环形桁架、四道伸臂桁架组成。

项目存在以下突出难点和关键点：

（1）工程复杂，体量大。混凝土用量 28.8 万 $m^3$，钢筋 6.5 万 t，核心筒首次使用双层劲性钢板剪力墙配以 C80 高强混凝土，墙内钢筋、栓钉、埋件密布，对混凝土施工提出全新的严苛要求；钢结构 9.7 万 t，用钢量巨大；周边场地极为狭小，主塔楼垂直运输量大。预计高峰期主塔楼同时间施工人数最多约为 3000 人；钢构件尺寸大，单件重，数量多，其中巨柱截面尺寸 3.5m×5.6m，单件最重达到 69t。存在超高测量难度大、技术要求高、超高层安全消防体系庞大等难点。

（2）分包众多，总包管理及协调工作繁重、复杂。该项目为超高层，不但涉及数十个专业及分包立体交叉施工，而且施工现场专业队伍多、材料多、工序复杂，总承包管理难点多。专业交叉频繁，进度编制困难，跟踪预控困难。成本管控方面，成本预算、成本核算、变更计算等工作量巨大，做好事前成本预控，避免成本管控以及事后核算分析的过往失误。各种合同、图纸、申报材料、洽商函等文件数量庞大，状态查询、汇总管理工作十分困难，做好杜绝各种风险项遗漏申报导致的经济损失。

基于上述原因，该项目希望建立一套基于 BIM 的数字化施工技术和管理系统，利用数据化的 BIM 模型，实现项目精细化、数字化的技术与经济的管理。

**2. BIM 应用内容**

（1）BIM 应用目标

该项目 BIM 系统的总体应用思路为建立以 BIM 为基础的信息化平台，实施数字化的技术、经济管理，具体描述如图 3.12-1 所示。

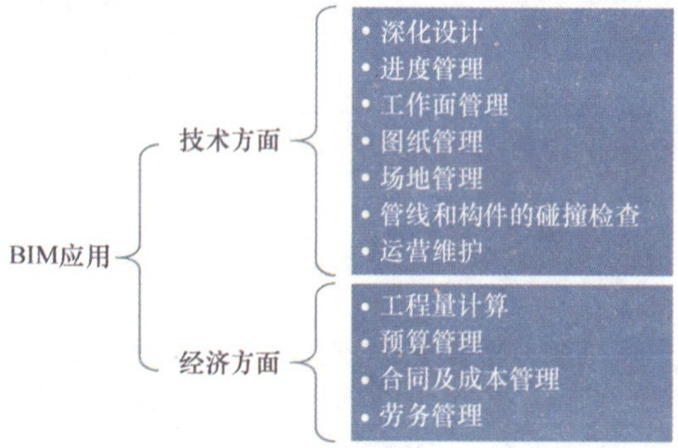

BIM应用
- 技术方面
  - 深化设计
  - 进度管理
  - 工作面管理
  - 图纸管理
  - 场地管理
  - 管线和构件的碰撞检查
  - 运营维护
- 经济方面
  - 工程量计算
  - 预算管理
  - 合同及成本管理
  - 劳务管理

图 3.12-1 BIM 应用内容

BIM 模型不仅仅包括三维模型，还包含进度、成本、合同、图纸等丰富的业务数据，通过 BIM 模型为技术方面和经济方面及时、准确地提供关键数据。

（2）本项目 BIM 应用挑战

① 软件之间数据交互难题。目前国内外主流 BIM 软件多为以专项应用为主，可解决单专业单业务问题；由于 BIM 数据标准缺乏，数据格式多样、不统一，软件之间数据交互困难，无法满足总包对各专业的综合管理需求。

② 无法充分利用各专业已有的深化模型。由于建模规则不统一，数据格式不互通，导致无法充分利用机电、钢结构等专业已有的深化模型。

③ 信息与模型挂接的难题。信息与模型关联难度大，仅实现一次性的“文档关联”，没有实现实时、动态的“信息关联”。比如：施工进度模拟软件只能实现模型与一份进度计划的关联，用于展示形象进度模拟功能，无法做到动态进度计划与模型的实时、自动关联，因此无法用于进度的日常管理。另外，清单与模型关联难度大，合同与图纸目前只能做到整份文档与模型的关联。

④ 目前市场上没有成熟的、适合中国国情、应用于施工管理的 BIM 软件。

⑤ 对于体量巨大的超高层建筑，各专业 BIM 模型集成后数据量巨大，目前软硬件很难一次性加载运行成功。

（3）BIM 应用方案策划

① 建立统一的 BIM 规范及信息关联规则。

② 用各专业软件分别进行深化设计及建模；针对各 BIM 应用产品专长不同的情况，该项目在广泛市场调研基础上，各专业选用适合专业情况的建模软件进行建模。土建专业主要应用广联达 GCL、GGJ；机电专业主要应用 MagiCAD；钢结构专业主要应用 Tekla。

③ 依照规则将各专业模型集成到统一平台。

④ 在项目管理系统中维护进度、合同、成本、变更、图纸等信息，按照预设的规则与模型进行信息关联。

⑤ 按照现场施工管理要求，系统从工作面、时间段等多角度为项目人员提供进度、集成模型、图纸、工程量、合同等全面信息及模拟，帮助管理人员进行决策。

（4）BIM 综合应用内容

该项目与国内 BIM 软件公司合作开发了“BIM 集成信息平台”。该平台具有开放的接口，可集成不同 BIM 工具软件模型，以及 Project、Word、Excel 等办公软件的数据。信息集成后可通过模型查询任意模型构件的进度、图纸、清单、合同条款等信息。基于该平台，结合施工现场项目管理业务需求，与项目管理系统实现数据互通（图 3.12-2）。

① BIM 规范及模型集成

制定符合项目需求的统一的土建、钢构、机电等各专业建模规则，不同专业建模软件可以建立模型，并能集成到统一的平台（图 3.12-3）。深化设计模型可为后续工程量统计、进度管理过程使用，解决各专业模型无法融合的难题。

② 模型集成

各专业、各层的模型集成到 BIM 5D 平台中，平台使用模型服务器技术，在大模型显示方式、加载效率等方面取得重大突破，可将十个专业的整楼模型加载到一个平台中，并且可按照应用要求几秒钟内按需加载指定楼层和专业（图 3.12-4）。

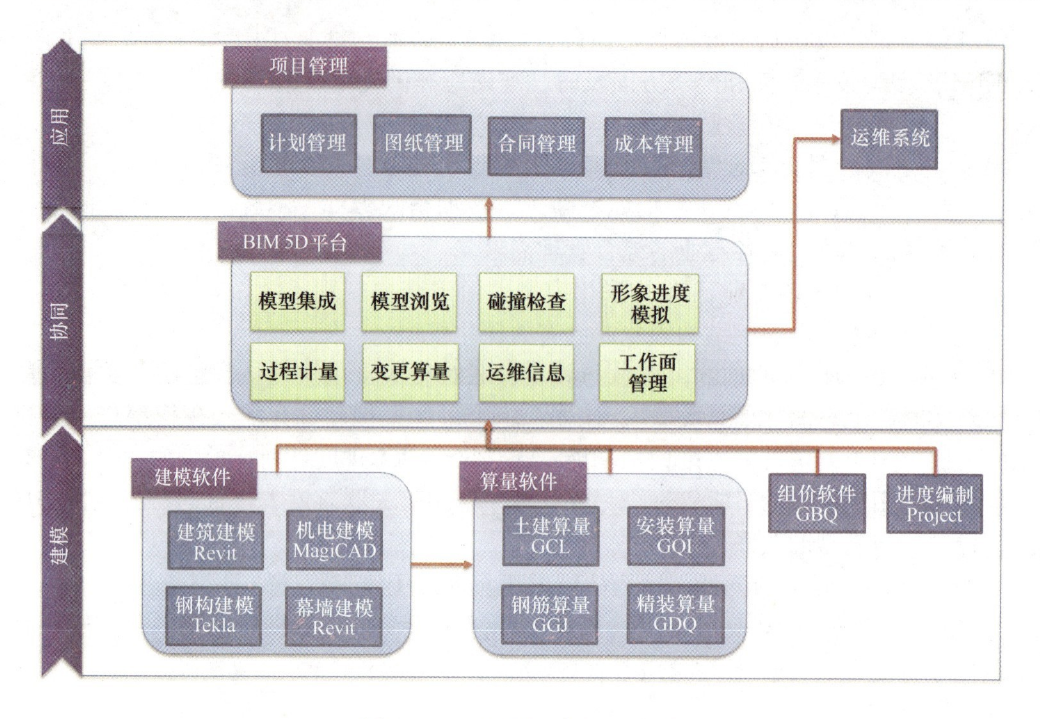


图 3.12-2　BIM 整体解决方案

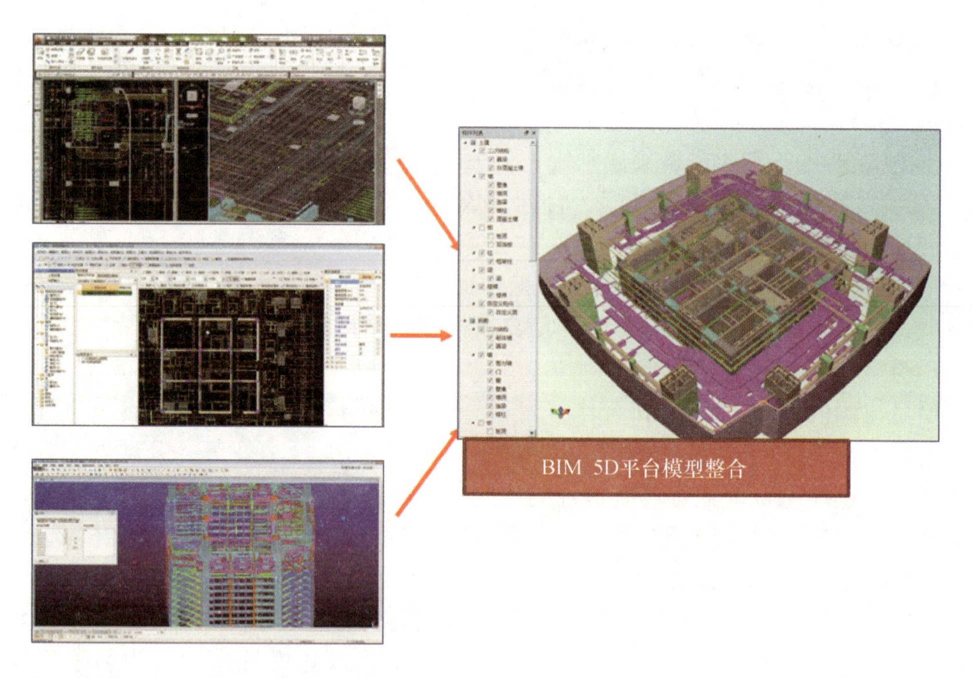


图 3.12-3　建模规范及多专业模型集成

③ 碰撞检查

项目将不同专业的模型集成到统一平台并进行自动的碰撞检查，帮助进行预留预埋、管线综合等多项深入优化（图 3.12-5）。

④ 模型与进度、图纸、清单、合同条款按照属性关联

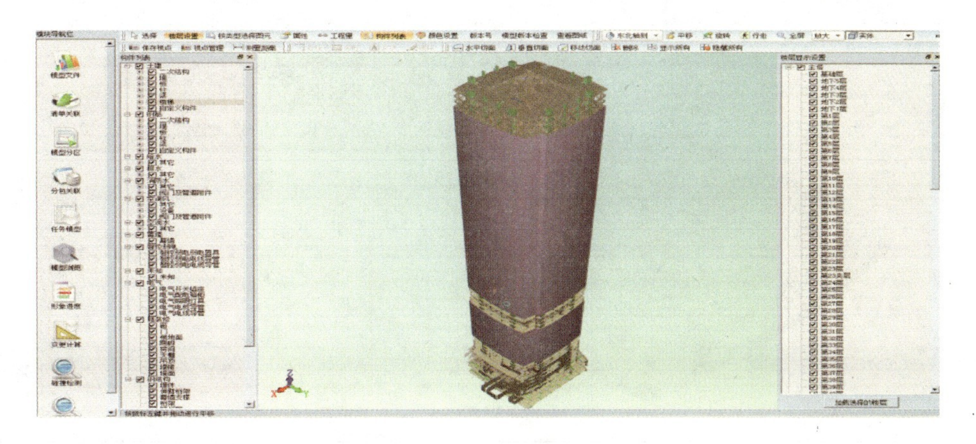

图 3.12-4　多专业超大模型集成

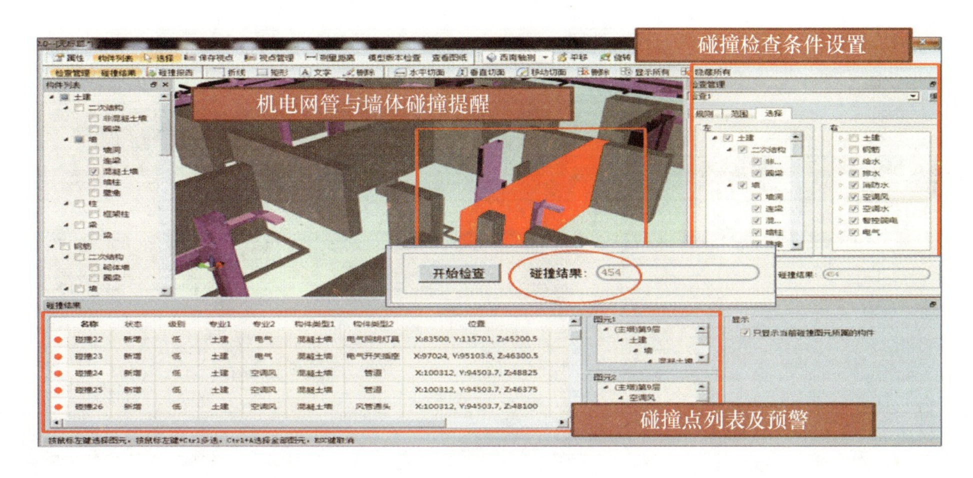


图 3.12-5　多专业模型碰撞检查

通过预设置的属性，将模型与项目管理系统的进度、图纸、清单、合同条款等进行自动关联，解决手动关联工作量极为繁杂的难题，可按模型查看相关信息，很好地解决数据交互问题（图 3.12-6）。

⑤ 工程量自动计算及各维度（时间、部位、专业）的工程量汇总

按照时间段、部位及流水段、专业等不同角度，对工程量进行统计，实现物资计划、备料、现场加工、垂直运输等精细管理（图 3.12-7）。

⑥ 设备信息维护及影响分析

系统可通过 Excel 批量导入设备的供应商、电话等信息，可查找设备的维护手册、维修计划，还能通过管线、设备的关联性分析水、电等系统，在管道损坏时应该关闭哪些阀门，将会影响到哪些房间（图 3.12-8）。

（5）BIM 在造价管理方面的应用内容

在该项目 BIM 系统中，造价管理方面的应用主要体现在合同管理、变更签证管理以及成本分析这三个方面。

在合同管理方面，通过合同条款的拆分，定义具体的合同条款分类和关键词，实现总分包合同的快速检索和查询。同时，实现通过 BIM 模型，快速获取指定构件的合同条款

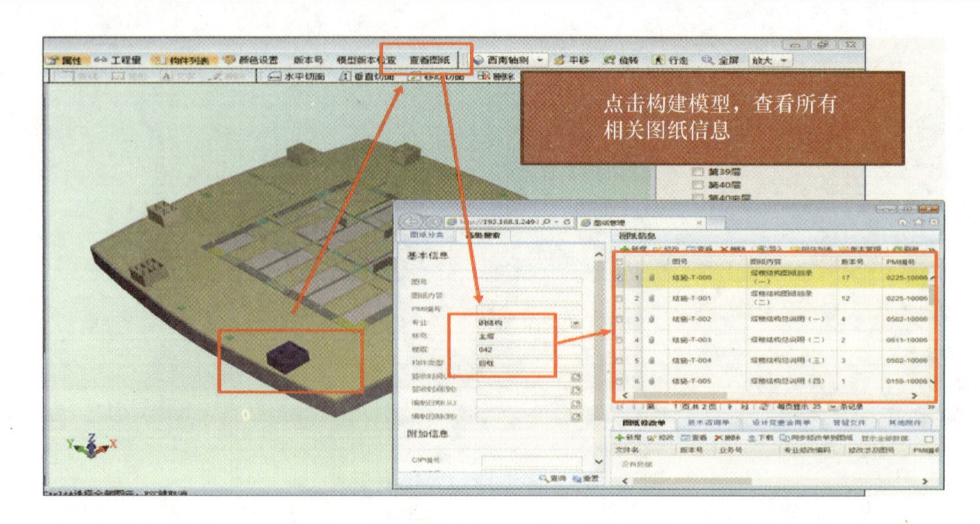


图 3.12-6　模型与其他信息关联

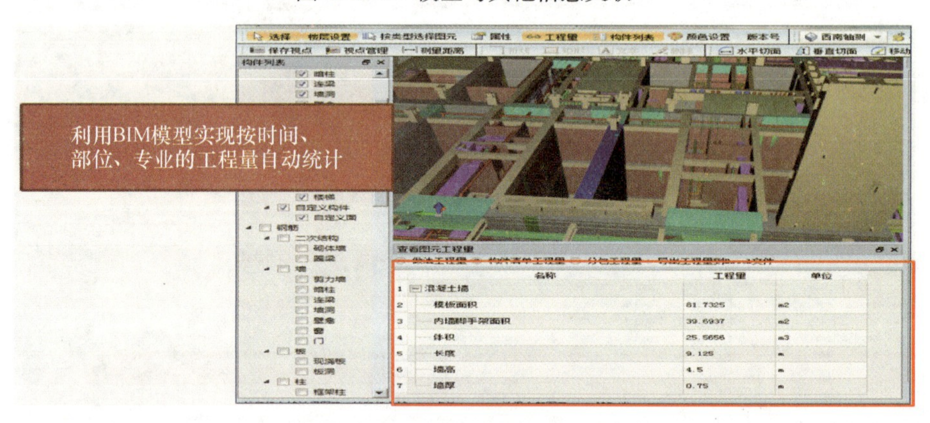


图 3.12-7　工程量统计

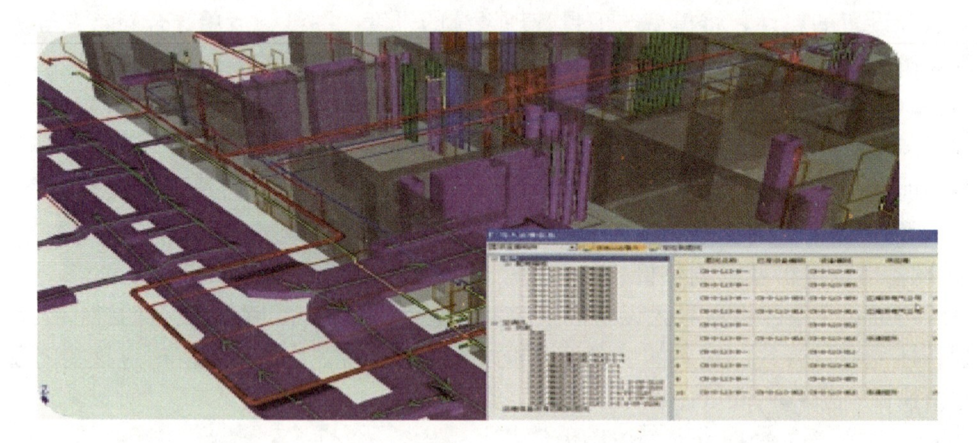

图 3.12-8　运维信息维护及影响分析

内容（图 3.12-9）。

在 BIM 系统合同管理模块中，根据收入和支出两条线，对各类合同的登记、变更签证、报量、结算的全过程执行情况进行管控。同时，可添加合同相关辅助工作，具体提醒

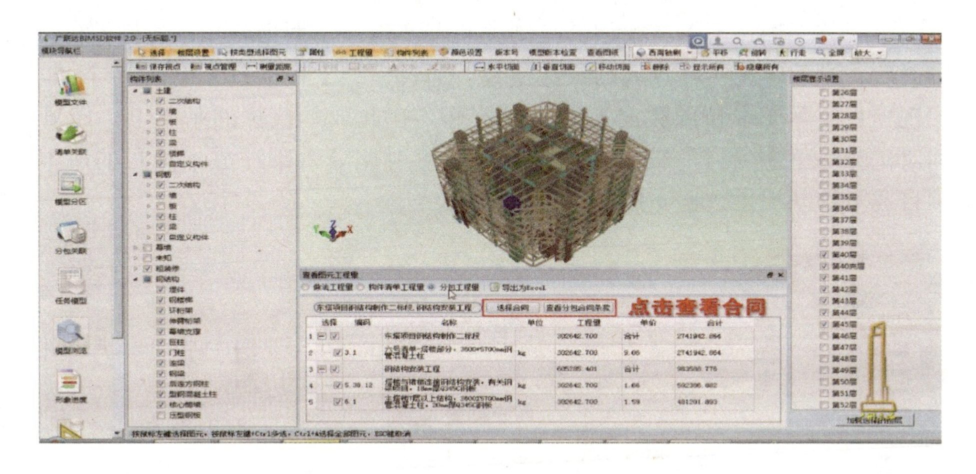


图 3.12-9　通过 BIM 模型查看合同信息

相关部门开展与合同相关的工作，并可设置具体的预警机制，针对每份合同的风险条款设置预警条件、预警等级、责任人、通知人，自动对相关责任人发送预警，避免人为疏漏所引起的损失。

在合同履约过程中，跟踪具体变更情况，在各类合同对应的变更、签证登记界面中编辑每份变更的时间、内容、量价等相关信息；并可上传相关附件，为变更索偿提供依据。同时，根据变更前后两个版本的模型文件，系统分析计算出清单工程量的变化，如新增、删除、调整等，并给出具体清单明细，用户根据系统提供的结果编制所需的预算文件（图 3.12-10）。

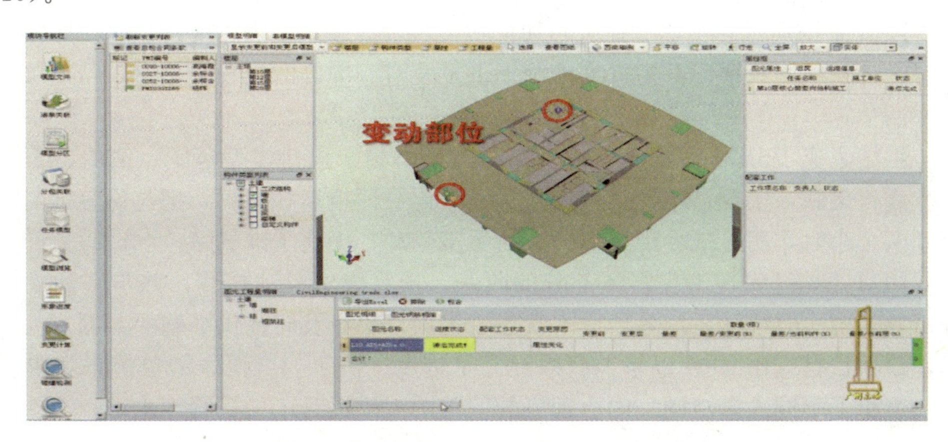


图 3.12-10　通过 BIM 模型提示变更部位并自动计算变更工程量

在向业主报量或审核分包报量的过程中，通过模型可自动获取每期进度的工程量，结合与模型具体构件关联清单的单价数据，可快速获得对应总费用；同时，亦可直接从 Excel 表格中导入已编制完成的每期工程量价信息。最后，在各类合同的结算页面中，可详细记录每份合同各期结算的具体日期、金额等信息。

基于上述数据信息，建立合同台账，可查看指定合同的详细执行情况及收支对比分析。

在成本管理方面，BIM 技术帮助该项目有效提高了成本核算和成本分析的工作效率。

在成本核算中，首先通过清单与模型的自动关联，实现以模型为载体，各构件价格和工程量数据的对应，进而实现实际收入的快速核算。通过模型工程量、分包报量与合同价格的对应，实现项目实际成本和预算成本的快速核算。在此成本核算的基础上，BIM 系统即可按时间对比分析整个项目的核算成本情况，并可对比分析某一成本项目的成本核算情况，为项目成本控制提供数据支撑（图 3.12-11）。

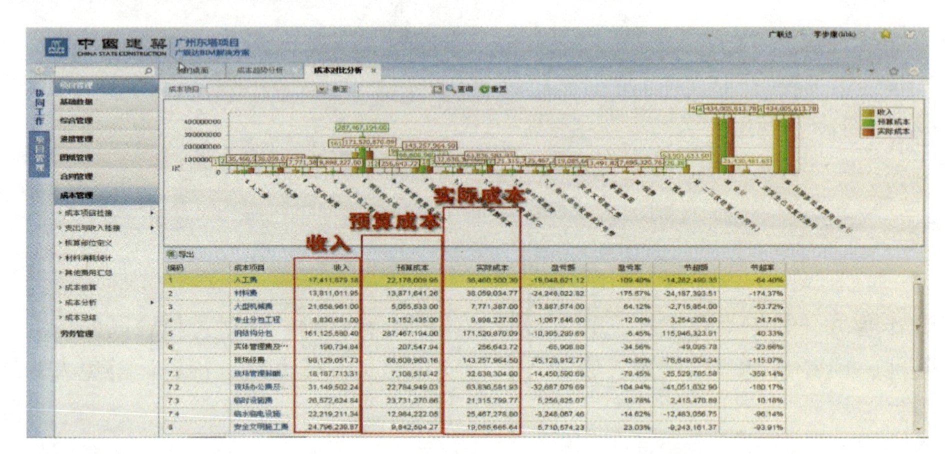


图 3.12-11　BIM 系统实现快速成本三算对比分析

**3. 应用成效及价值分析**

（1）该项目 BIM 应用实现了一个项目的大数量信息集成并提取应用，研发成果有效地提高了建筑施工信息传递的准确率和时效性。

（2）BIM 系统通过总包、专业分包协同进度编制，解决计划编制多专业协同难问题，大幅度提升计划编制效率，并为进度编制提供了及时、准确的工程量信息，帮助项目进行准确的工期估算。

（3）系统集成了 BIM 算量成果，将实际施工内容，包括模型范围、清单、工程量与合同条款进行关联，实现自动汇总中期报量、分包签证报量和结算，把每份签证时间从一天缩短到两个小时，明显减少现场商务人员手工劳动，提高了准确率。

（4）BIM 系统还实现工程实体部分的收入、预算成本自动核算，并与实际成本进行对比分析，实现实时统计系统各项成本状态，为项目决策及时提供准确的数据。

（5）该项目自应用 BIM 以来，有效提高了进度、图纸、合同、清单等条款内容交底的效率，避免了不同人员对同一内容理解的偏差，大幅提升了项目管理水平。

## 课　后　习　题

1. 本项目前期建模使用了哪些 BIM 建模软件？

A. 广联达 GCL　　B. 广联达 GGJ　　C. MagiCAD　　D. Tekla

E. Revit　　F. Catia　　G. ArchiCAD　　H. PKPM

2. 本案例中的“BIM 集成信息平台”实现了哪些业务数据与 BIM 模型挂接？

A. 图档数据　　B. 质量安全数据　　C. 合同数据　　D. 变更数据

E. 运维数据　　F. 进度计划数据

3. 本案例的BIM应用方案中都做了哪些工作?

4. 通过本案例，请简述BIM技术对施工企业带来的重要应用价值。

**参考答案:**

1. ABCD

2. ABCDEF

3. ①建立统一的BIM规范及信息关联规则。

② 用各专业软件分别进行深化设计及建模；针对各BIM应用产品专长不同的情况，该项目在广泛的市场调研基础上，各专业选用适合专业情况的建模软件进行建模。土建专业主要应用广联达GCL、GGJ；机电专业主要应用MagiCAD；钢结构专业主要应用Tekla。

③ 依照规则将各专业模型集成到统一平台。

④ 在项目管理系统中维护进度、合同、成本、变更、图纸等信息，按照预设的规则与模型进行信息关联。

⑤ 按照现场施工管理要求，系统从工作面、时间段等多种角度为项目人员提供进度、集成模型、图纸、工程量、合同等全面信息，帮助管理人员进行决策。

4. ① 三维立体展示：在本案例中将土建、机电、钢构等专业模型集成，在BIM平台中可从任一角度查看，给人以真实、直接的视觉冲击，三维立体的模型以及后期衍生的动画效果对于施工现场交底或是项目投标都是非常有效的表现建筑的方式。

② 碰撞检查，减少返工：在本案例中利用BIM的三维技术在前期可以进行碰撞检查，优化工程设计，减少在建筑施工阶段可能存在的错误损失和返工的可能性，而且优化净空，优化管线排布方案。最后，施工人员可以利用碰撞优化后的三维管线方案，进行施工交底、施工模拟，提高施工质量，同时也提高了与业主沟通的能力。

③ 快速算量，精度提升：在本案例中，在建模前期编制好建模规范，按照模型后期应用目的对BIM建模进行约束，比如对于算量属性的添加，方便了BIM各专业模型可以快速通过不同维度进行工程量的提取，提升施工预算的精度与效率。由于BIM数据库的数据粒度达到构件级，可以快速提供支撑项目各条线管理所需的数据信息，有效提升施工管理效率。

④ 多算对比，有效管控：在本案例中，将BIM模型与海量的施工业务数据集成并关联，实现任一时点上工程基础信息的快速获取，通过合同、计划与实际施工的消耗量、分项单价、分项合价等数据的多算对比，可以有效了解项目运营是盈是亏，消耗量有无超标，进货分包单价有无失控等问题，实现对项目成本风险的有效管控。

⑤ 虚拟施工，有效协同：三维可视化功能再加上时间维度，可以进行虚拟施工。随时随地直观快速地将施工计划与实际进展进行对比，同时进行有效协同，施工方、监理方、甚至非工程行业出身的业主领导都对工程项目的各种问题和情况了如指掌。本案例中就是通过BIM技术结合施工方案、施工模拟和现场视频监测，大大减少了建筑质量问题、安全问题，减少了返工和整改。

（案例提供：黄锰钢）

## 【案例 3.13】某市中环×路下匝道新建工程基于 BIM 的成本管理案例

伴随信息时代的发展，我国建筑行业管理方法也在不断改进。BIM 技术应用于建筑行业之后，多种多样的 BIM 工具被开发出来，并在工程项目中发挥独特的作用，这使 BIM 技术逐渐成为行业通用的工具。成本作为工程项目的重中之重，同样也是一大难题。如何使用 BIM 技术，来优化项目资源，避免不必要的浪费，加强控制的方式，使得成本控制更有效率？本案例以某匝道新建工程为例，阐述 BIM 在成本控制管理中的应用。

**1. 项目背景**

某市中环线内圈×路下匝道新建工程，将新建中环路内圈主线定向右转至×路匝道，改建×路地面道路。该匝道为两车道，设计时速为 40km/h。这将一定程度上分流×路下匝道的流量，缓解中环路主线和周围的交通压力。

本项目采用了达索系统 3D Experience 平台，BIM 工程师协同完成钢箱梁结构的建模，用于项目决策、设计、招标投标、施工与竣工等阶段，模型不断深化，用于帮助项目经理精确控制项目成本。

**2. BIM 应用内容**

（1）决策阶段

投资决策是项目建设的先决条件，优秀的决策是项目的保证，它与成本有着直接的关系，所以说，一个良好恰当的决策是完成成本控制的必要条件。

进行施工项目的决策时，造价人员根据初步的 BIM 施工模型，提取出一份大体的工程量数据，与企业内部施工定额相结合，预估出拟建项目的造价基本信息（图 3.13-1）。

| Material(string) | Object(string) | DS_Applicable(string) | Preference |
|---|---|---|---|
| Q345qD | 8mm | Thickness | YES |
| Q345qD | 10mm | Thickness | YES |
| Q345qD | 12mm | Thickness | YES |
| Q345qD | 14mm | Thickness | YES |
| Q345qD | 16mm | Thickness | YES |
| Q345qD | 18mm | Thickness | YES |
| Q345qD | 20mm | Thickness | YES |
| Q345qD | 22mm | Thickness | YES |
| Q345qD | 30mm | Thickness | YES |
| Q345qD | FL_100x10 | Section | YES |
| Q345qD | FL_120x10 | Section | YES |
| Q345qD | FL_150x10 | Section | YES |
| Q345qD | FL_250x10 | Section | YES |
| Q345qD | FL_120x12 | Section | YES |
| Q345qD | FL_140x12 | Section | YES |
| Q345qD | FL_180x12 | Section | YES |
| Q345qD | FL_220x16 | Section | YES |
| Q345qD | FL_220x22 | Section | YES |
| Q345qD | FL_260x22 | Section | YES |
| Q345qD | FL_300x19 | Section | YES |
| Q345qD | VS_316x250x8 | Section | YES |

图 3.13-1　型材和板材报表

在该项目中对于不同的板材和型材的定义，包括板材的厚度选项。型材主要是扁钢和 U 型钢，其中 U 型钢材是在建筑行业中特有的异形型材。通过对钢梁的界面和板材、型材的统计，就可以非常准备地预估项目的造价成本，帮助项目决策者作出正确的决策和规划。

（2）设计阶段

设计阶段是成本控制的紧要阶段。通过 BIM 技术，设计人员能直接在 BIM 模型数据库中选择与当前施工项目相类似的历史施工项目模型的相关设计指标，作出一个经济合理的限额设计，与此同时，造价人员能直接在 BIM 模型中提取工程量数据及项目参数，较为快捷地得到概算价格，这样一来，就能从施工项目的全生命周期角度出发控制施工项目的实际成本，有限地进行成本控制。

通过 BIM 模型，造价人员可以在项目开始阶段初步对施工项目的成本进行计算，然后进行成本控制。另一方面，通过 BIM 模型自带的以三维可视化模拟为基础的碰撞检测和模型虚拟建设，可以在实际施工项目开始前对设计失误和设施错误进行纠正，这大大地减少了施工设计变更及发生返工的几率，在前期成本控制中，它是一项非常有效的手段。

本项目通过达索 3D Experience Catia，采用了骨架驱动的方式进行设计。

第一步，绘制道路中心线，或者导入已经绘制好的中心线（图 3.13-2）。

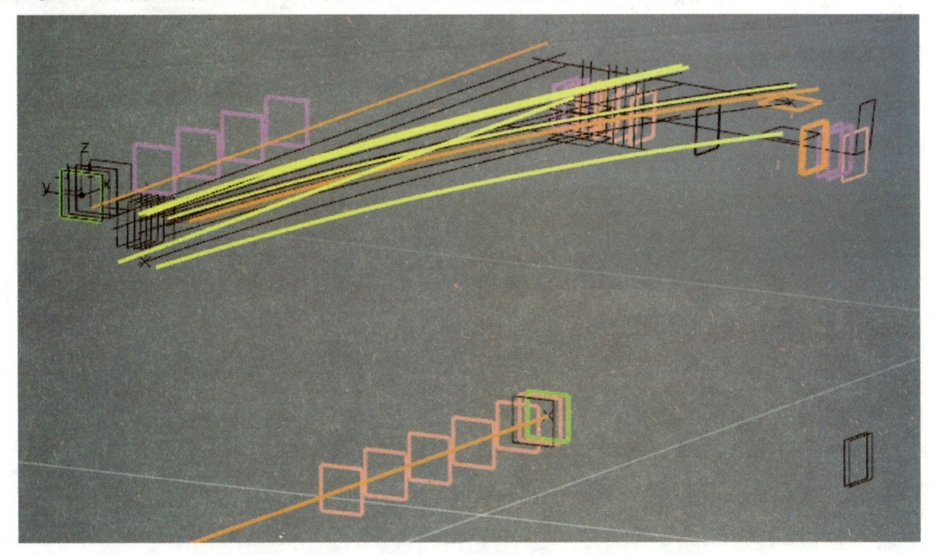

图 3.13-2　道路中心线导入

第二步，根据中心线偏移 3D 曲线，作为创建曲面的辅助线（图 3.13-3）。

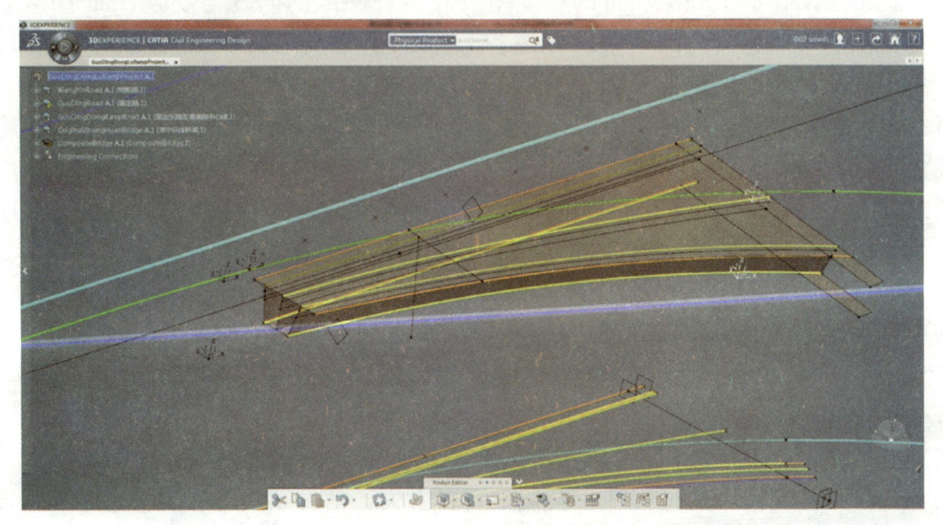

图 3.13-3　钢梁外形曲面

第三步，扫掠直纹面。基于钢梁外形可以做深化设计，如钢结构中的贯穿孔设计，如图 3.13-4。

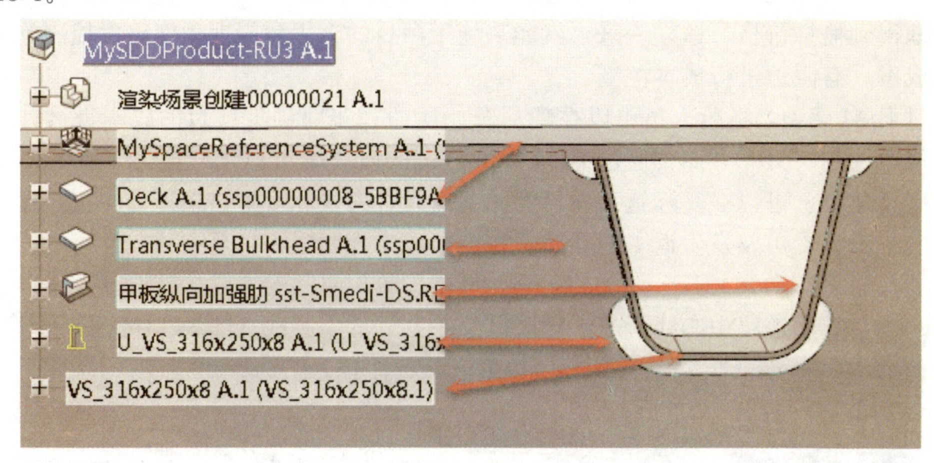


图 3.13-4　贯穿孔设计

(3) 招标投标阶段

国内建设项目招标投标模式普遍采用工程量清单计价，BIM 技术的应用推广将对招标投标程序产生重大的影响。通过 BIM 模型，造价人员可以及早且尽快地提取工程量数据，将其与施工项目的实际特点结合编制出较为精确的工程量信息清单，极大地减少漏项、重复及错算情况的出现，在项目开始前将可能因工程量数据问题而引起的纠纷情况降到最低。

本项目通过对 BIM 精确模型提取工程量，对面板模型和实体模型以及设计图纸的钢用量进行统计，实体模型统计的误差是最小的（图 3.13-5）。

(4) 施工建设阶段

在传统的模式中，当施工企业中标之后，以 2D 平面图纸为基础，设计、施工、建设、监理需要分专业、分方向、分阶段核对设计图纸，只针对各自需要，没有信息协同交流共享，就不能站在整个施工项目的角度上发现设计图纸的问题与缺陷。而 BIM 技术的核心就是提供一个信息交流的平台，方便各工种之间的工作协同和信息集中。以 BIM 为基础，将不同专业的数据进行汇总分析，在通过碰撞检测功能之后，可以直接对出现的问题进行纠正，这就尽可能地避免了因设计失误出现的施工索赔问题，对成本控制有着极大的好处。

通过 BIM 技术的应用，在施工组织设计的时候，对各项计划的安排，可以在 BIM 模型中进行试用调整，节约了人力、财力，并且根据模型的动态调整，实现动态成本实时监控和控制的目的。

本项目通过达索 Delmia 进行施工模拟，减少在施工组织设计阶段发生的软硬碰撞，及时调整施工方案，减少在后期施工中发生的错误，有效地节约了施工建设成本（图 3.13-6）。

(5) 竣工交付阶段

在竣工验收移交使用的过程中，会发生资料丢失、信息缺失等状况，这个阶段需要进行竣工结算，造价人员需要通过 2D 平面图纸和工程量计算书等一系列文件对结构逐件地

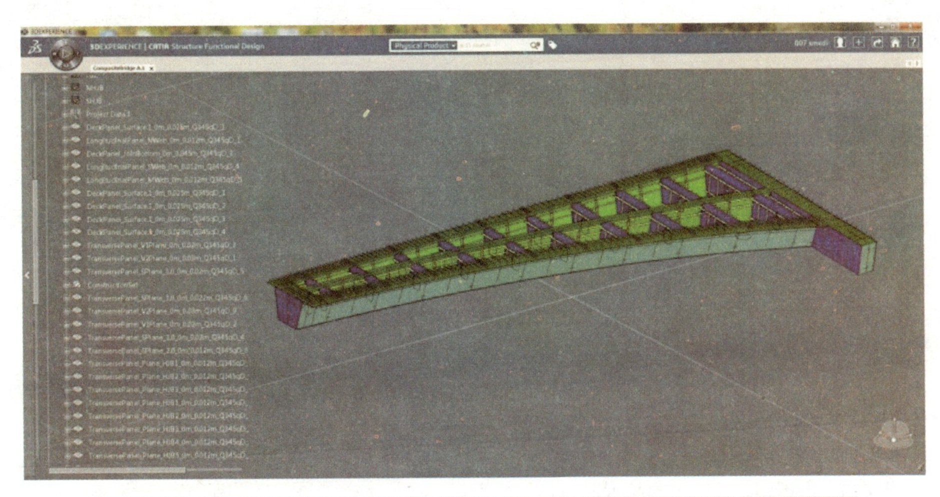

| | 面板模型 | 实体模型 | 设计图纸 |
|---|---|---|---|
| 钢结构重量(kg) | 100970.779 | 13156.2688 | 109325.77 |
| 误差百分比 | -2.12% | 0.00% | 5.98% |

图 3.13-5　最终模型阶段和钢结构用量比对

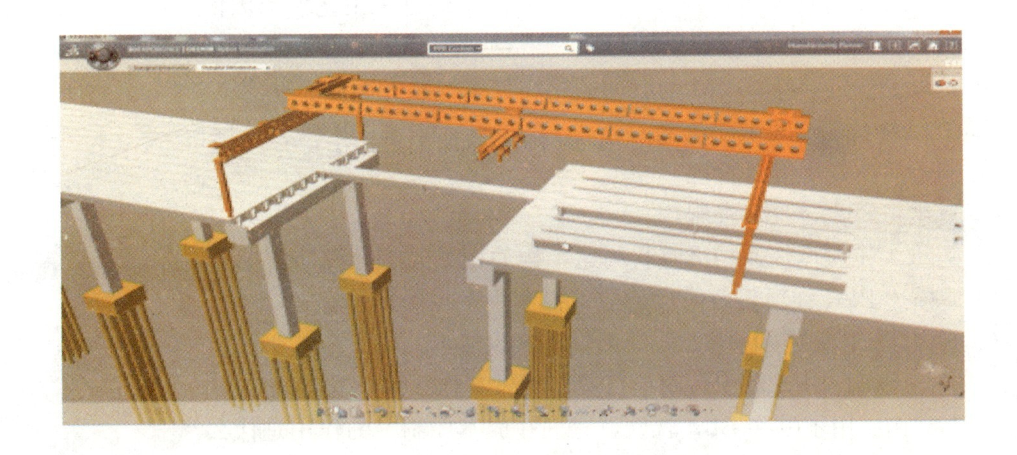

图 3.13-6　施工阶段精细化模拟

进行核对结算，在工作强度很大的情况下，易发生结算错误。BIM 技术的应用：在项目施工过程中，对 BIM 建筑模型不断完善，它所包含的工程信息已经代表项目工程实体，这对成本控制的最后阶段提供了强有力的保证。

在本项目中，通过交付 BIM 数据，每个构件都有自身的唯一身份证编号，能够帮助业主和运维工作人员快速精准地查找与这个构件相关的设计、施工、管养资料，同时可查看与任务相关的 3D BIM 模型和技术资料，领导层可随时随地查看、检索、巡查养护情况(图 3.13-7)。

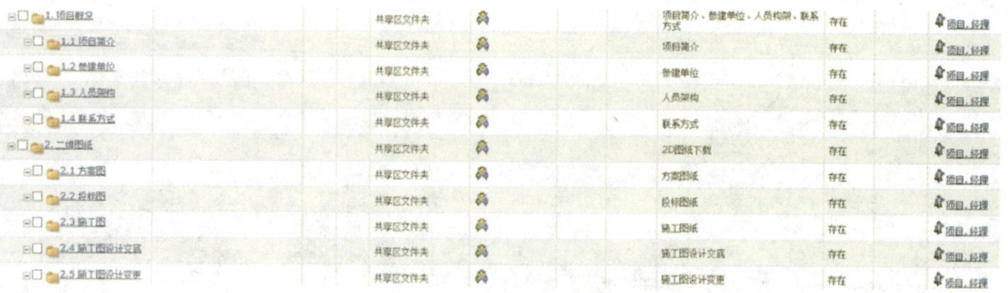

| | | | | |
|---|---|---|---|---|
| 1. 项目概况 | 共享区文件夹 | 项目简介、参建单位、人员构架、联系方式 | 存在 | 项目, 经理 |
| 1.1 项目简介 | 共享区文件夹 | 项目简介 | 存在 | 项目, 经理 |
| 1.2 参建单位 | 共享区文件夹 | 参建单位 | 存在 | 项目, 经理 |
| 1.3 人员架构 | 共享区文件夹 | 人员架构 | 存在 | 项目, 经理 |
| 1.4 联系方式 | 共享区文件夹 | 联系方式 | 存在 | 项目, 经理 |
| 2. 二维图纸 | 共享区文件夹 | 2D图纸下载 | 存在 | 项目, 经理 |
| 2.1 方案图 | 共享区文件夹 | 方案图纸 | 存在 | 项目, 经理 |
| 2.2 投标图 | 共享区文件夹 | 投标图纸 | 存在 | 项目, 经理 |
| 2.3 施工图 | 共享区文件夹 | 施工图纸 | 存在 | 项目, 经理 |
| 2.4 施工图设计交底 | 共享区文件夹 | 施工图设计交底 | 存在 | 项目, 经理 |
| 2.5 施工图设计变更 | 共享区文件夹 | 施工图设计变更 | 存在 | 项目, 经理 |

图 3.13-7　项目资料归档

# 课　后　习　题

1. BIM 在项目哪些阶段的成本控制中发挥作用？（　　）

A. 项目决策　　B. 设计阶段

C. 施工阶段　　D. 竣工阶段

2. 在项目成本统计中，基于（　　）方式计算工程量最准确。

A. 设计方案　　B. 精确 BIM 信息模型

C. 设计图纸　　D. 手工经验计算

3. 在施工阶段，BIM 如何帮助项目经理控制项目成本？（　　）

A. 施工场地可视化布置　　B. 施工工艺模拟优化

C. 资源消耗情况统计　　D. 三维碰撞检测报告

4. 在竣工移交阶段，BIM 的后期运用在成本控制方面有哪些意义？（　　）

A. 三维移交，避免纸质提交

B. 利于后期业主运营管理

C. 三维可视化，直观查阅

D. 运维工作人员快速精准查找与这个构件相关的三维设计信息

5. 请描述 BIM 在项目各阶段的成本控制中发挥的作用？

6. 请描述 BIM 在项目中如何帮助设计减少成本？

7. 本案例中，BIM 对于后期项目竣工交付有什么深层次意义？

8. 本案例使用了哪些 BIM 软件，它们在成本控制中的作用是什么？

**参考答案：**

1. ABCD　　2. B　　3. ABC　　4. ABCD

5. BIM 在项目决策、设计、招标投标、施工与竣工等阶段，通过三维模型和属性信息可以精确地统计工程造价，利用 BIM 模型可以进行施工模拟和优化，帮助项目经理精确控制项目成本。

6. 通过 BIM 模型，造价人员可以在项目开始阶段初步对施工项目的成本进行计算，然后进行成本控制。另一方面，通过 BIM 模型自带的以三维可视化模拟为基础的碰撞检测和模型虚拟建设，可以在实际施工项目开始前对设计失误和设施错误进行纠正，这大大地减少了施工设计变更及发生返工的几率，在前期成本控制中，它是一项非常有效的手段。

7. 本案例最终交付的是基于 3D Experience 数据库形式的 BIM 三维和过程数据。业主通过远程访问形式直接读取 BIM 数据库中的三维模型信息，包括项目过程信息。在数据库中每个构件都有自身的唯一身份证编号，能够帮助业主和运维工作人员快速精准地查找与这个构件相关的设计、施工、管养资料。

8. 本案例使用了 Catia 和 Delmia，Catia 通过三维模型和属性信息可以精确地统计工程造价，Delmia 利用 BIM 模型可以进行施工模拟和优化，帮助项目经理精确控制项目成本。

（案例提供：周健）

## 【案例 3.14】昆明某园内道路基于 BIM 的成本管理案例

本案例主要内容是利用BIM技术中的市政3D软件对道路建模后，基于智能联动的快速三维精确设计，从而对道路选线、路面竖向进行模拟分析、判断。读者应了解道路分析软件在道路投资造价前期的应用价值；理解道路模型深度要求；掌握相应软件的操作知识。

**1. 项目背景**

昆明某园内道路位于云南省昆明市，项目用地范围内地形变化大，边坡、挡墙较多。甲方要求对道路的投资造价严格控制。因此，在项目前期的方案比较中，建设单位组织设计人员应用市政3D软件（鸿业 Roadleader 及 Civil 3D 两款软件）进行方案设计比较。

**2. BIM 技术应用的内容**

（1）BIM 技术应用的内容

市政3D软件应用于本项目道路设计，基于智能联动的快速三维方案精确设计，软件的三维地形处理功能为道路的纵断面设计、横断面设计和土方设计提供了更加便捷、准确的数据基础。其结果与初步设计及后期施工图软件无缝衔接。在道路中输入表类结果时，往往输入逐桩坐标表、土方计算表、路基设计表、路基土石方计算表等表格样式（图3.14-1、图3.14-2）。

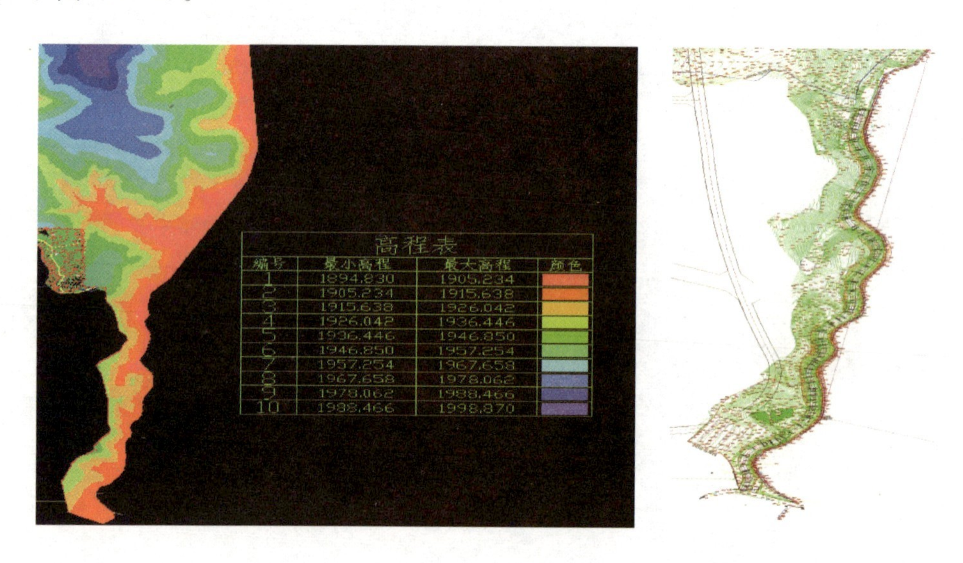


图 3-14-1 高程分析图及原始地形图

（2）组织流程及实施要求

市政3D道路设计软件的主要设计流程：地形处理—平面设计—纵断面设计—纵断面绘图—横断面设计—横断面计算绘图—道路土方统计出表—数据导出/效果图/平面图分幅出图。

方案一：采用水泥混凝土路面，总造价6194162.53元，每平方米造价553.87元（表3.14-1、图3.14-3）。

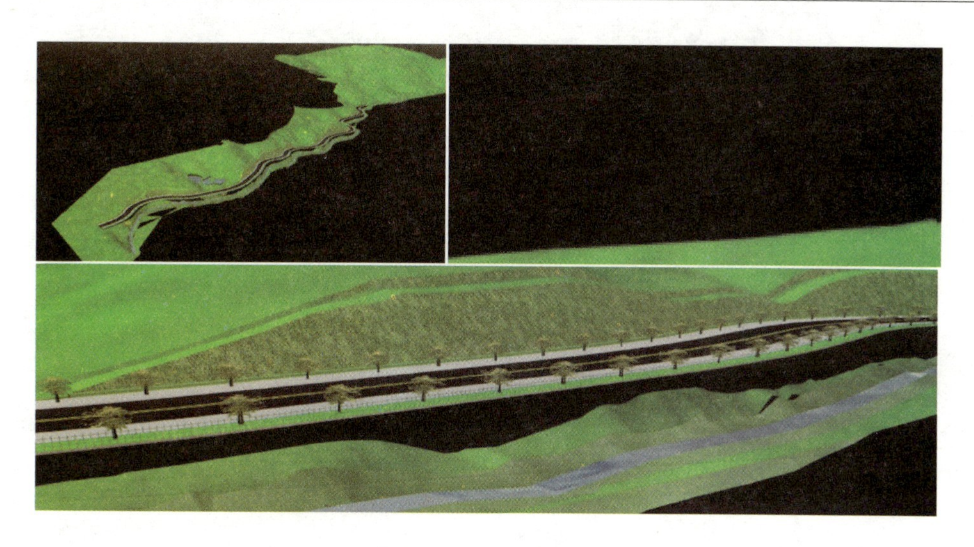

图 3-14-2　3D 模型图

**方案一**　　　　表 3.14-1

| 项　　目 | 单位 | 数量 | 预估价（元） | 备注 |
|---|---|---|---|---|
| 道路 | m | 931.96 | | 7m 宽 |
| C30 混凝土 | $10m^3$ | 123 | 132338.0031 | 22cm 厚 |
| 水泥稳定石屑 | $10m^3$ | 196 | 112286.7905 | 25cm 厚 |
| 土夹石 | $100m^3$ | 12 | 56148.99 | 15cm 厚 |
| 压实土路基 | $100m^3$ | 39 | 187163.21 | 50cm 厚 |
| 人行道 | m | 931.96 | — | 2.5m 宽 |
| 青石板 | $m^2$ | 5592 | 167860.16 | 5cm 厚 |
| M10 水泥砂浆 | $m^3$ | 168 | 46943.94 | 3cm 厚 |
| C20 混凝土 | $10m^3$ | 84 | 66169.00 | 15cm 厚 |
| 级配碎石 | $100m^2$ | 56 | 27663.11 | 10cm 厚 |
| 压实土路基 | $100m^3$ | 28 | 98037.92 | |
| 路缘石 | 100m | 22 | 10719.01 | |
| 填方 | $100m^3$ | 405.60 | 1939412.07 | |
| 挖方 | $100m^3$ | 193.95 | 927398.09 | |
| 绿化 | 株 | 414.00 | 372600.00 | 乔木 |
| 路灯 | 盏 | 62.00 | 620000.00 | |
| 工程其他费 | — | — | 1429422.12 | |
| 总造价 | — | — | 6194162.53 | |
| 每平方米造价 | — | — | 553.87 | |

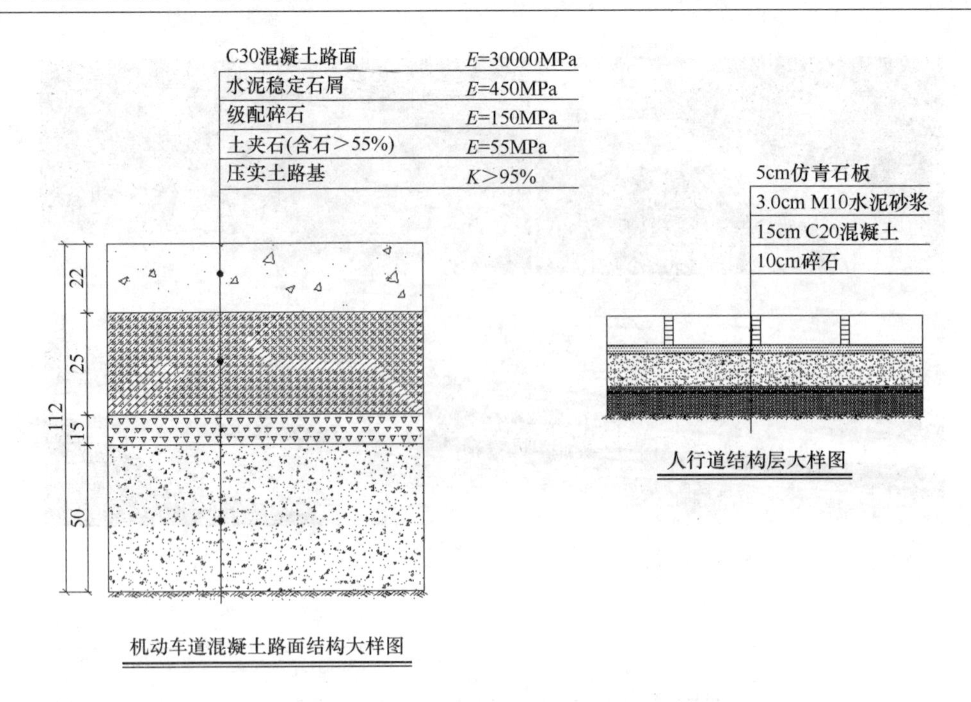


图 3.14-3　方案一：水泥混凝土路面

方案二：采用沥青混凝土路面，总造价 9557356.231 元，每平方米造价 854.59 元（表 3.14-12、表 3.14-4）。

**方案二**　　　　**表 3.14-2**

| 项　　目 | 单位 | 数量 | 预估价 | 备注 |
|---|---|---|---|---|
| 道路 | m | 931.96 | — | 7m 宽 |
| 中粒式沥青混凝土 | $m^2$ | 7828 | 939415.68 | 4cm 厚 |
| 乳化沥青粘层 | $m^2$ | 7828 | 234853.92 | |
| 粗粒式沥青 | $m^2$ | 7828 | 939415.68 | 6cm 厚 |
| 透层沥青 | $m^2$ | 7828 | 234853.92 | |
| 水泥稳定碎石 | $10m^3$ | 313 | 179658.86 | 40cm 厚 |
| 级配碎石 | $100m^2$ | 56 | 27663.11 | 15cm 厚 |
| 压实土质路基 | $100m^3$ | 39 | 137253.09 | |
| 人行道 | m | 931.96 | — | 2.5m 宽 |
| 青石板 | $m^2$ | 5592 | 167860.16 | 5cm 厚 |
| M10 水泥砂浆 | $m^3$ | 168 | 46943.94 | 3cm 厚 |
| C20 混凝土 | $10m^3$ | 84 | 66169.00 | 15cm 厚 |
| 级配碎石 | $100m^2$ | 56 | 27663.11 | 10cm 厚 |
| 土夹石 | $100m^3$ | 17 | 80212.85 | 30cm 厚 |
| 压实土路基 | $100m^3$ | 28 | 98037.92 | |
| 路缘石 | 100m | 8 | 2401.07 | |
| 填方 | $100m^3$ | 405.60 | 1939412.07 | |

续表

| 项　　目 | 单位 | 数量 | 预估价 | 备注 |
|---|---|---|---|---|
| 挖方 | $100m^3$ | 193.95 | 927398.09 | |
| 绿化 | 株 | 414.00 | 372600.00 | 乔木 |
| 路灯 | 盏 | 62.00 | 930000.00 | |
| 工程其他费 | — | — | 2205543.75 | |
| 总造价 | — | — | 9557356.231 | |
| 每平方米造价 | — | — | 854.59 | |

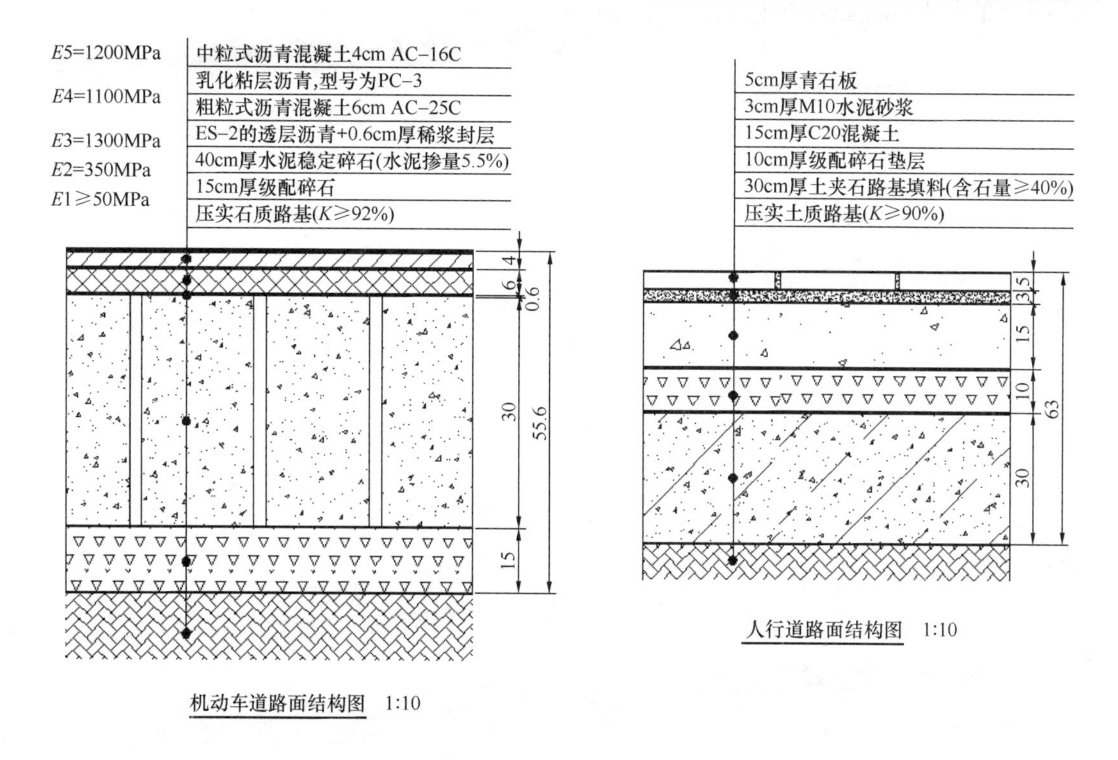


图 3.14-4　方案二：沥青混凝土路面

# 课　后　习　题

1. 国内外的市政 3D 软件在市政项目 BIM 技术应用中的主要功能及作用是什么？
2. 在道路 3D 软件中输入表类结果时，往往输入哪几种表格样式？

**参考答案：**

1. 3D 软件基于 BIM 理念，以脱离 dwg 图形的独立的 BIM 信息为核心，所有设计、三维、算量、出图等工作都紧密围绕这个核心进行。对数据有了精确把握，路基和边坡、路面结构层、缘石等都是拥有完整属性的整体对象，不再是传统的靠断面拼凑的数据，因此能够提供精确的工程算量数据。并且随着 BIM 概念在工程建设领域的推广应用，BIM 信息将成为衔接规划、设计、施工、运维整个工程全生命周期的信息载体。国内外的市政3D系列软件都旨在为市政道路设计人员和公路设计人员提供一套完整的智能化、自动化、三维化解决方案。软件比较完整地覆盖了市政道路设计和公路设计的各个层面，能够有效地辅助设计人员进行地形处理、平面设计、纵断面设计、横断面设计、边坡设计、交叉口设计、立交设计、三维漫游和效果图制作等工作。

但是，3D软件在道路设计中的缺点也同样较为明显，那就是道路平面设计部分。目前国内的城市道路平面设计基本都是设计人员用CAD手工绘制和标注完成的。之所以这么做，就是因为目前没有一款软件能够较为完善地处理这部分设计内容。这是道路设计软件所具有的共性问题。如果国内外市政3D软件能在今后的版本中将不足的方面不断完善、加强，未来将在国内道路设计软件的市场竞争中领先于其他对手。

2. 在道路3D软件中输入表类结果时，往往输入：逐桩坐标表、土方计算表、路基设计表、路基土石方计算表等。

（案例提供：杨华金）

# 第六节　BIM 项目的综合管理案例

## 【案例 3.15】某国际酒店 BIM 项目的综合管理案例

工程项目管理周期长，包含的信息量大，传统的管理手段不能满足企业项目化、信息化的要求。项目的综合管理就是确保对项目中涉及的各种要素进行正确、科学的协调。对工程项目进行综合管理的目的是为了保证项目的整体性，统筹、沟通、协调各方面的要求，解决项目实施过程中的各种矛盾冲突，并通过对工程项目的质量、进度、费用、安全等目标进行综合管理，确保工程项目总体目标的顺利实现。工程信息的创建与补充贯穿于建设工程的全过程，包含各个工程阶段和各参与方。项目综合管理系统以所建项目为管理对象，通过集中共享的多项管理平台，实施不同参与方、不同层级人员对项目集成化的职能管理，从而实现项目管理的标准化、规范化，提高项目管理工作的效率和效益。本案例探讨了工程项目综合管理的原则，提出了工程项目综合管理的方法，即沟通与协调，阐述了工程项目综合管理的内容，以保证项目的整体性，解决项目实施过程中的各种矛盾，确保工程项目总体目标的顺利进行。通过本案例学习，学员要熟悉工程项目综合管理的概念、基本原则；熟悉传统项目管理的不足，基于 BIM 项目管理的优势；掌握工程项目综合管理的过程、项目计划的制订、实施和控制；应用 BIM 技术进行全过程项目管理的步骤。

**1. 项目背景**

工程地点位于某省某市市政府正对面；是集商业、酒店、办公、居住为一体的大型城市综合体，占地 418 亩，总建筑面积达 118 万 $m^2$。本工程为国际酒店。

该工程总建筑面积为 112014.2$m^2$；地下 3 层，建筑面积为 35059.92$m^2$；地上 35 层，总建筑面积为 76954.28$m^2$。项目采用建筑信息模型（Building Information Modeling），又称 BIM 技术，提高施工的效率，保证项目施工的准确性和协调性。

**2. BIM 应用内容**

（1）模型要求

① BIM 模型应能用于定义各方工作界面。

② BIM 模型需合理组织和规划，确保能被各方应用。

③ BIM 模型应与项目实际一致，包含必要的钢结构构件数据，比如名称、构件编号、几何尺寸、材料规格、材质、横截面、节点类型等。

（2）传统项目管理存在的不足

① 二维 CAD 设计图形象性差，二维图纸不方便各专业之间的协调沟通，传统方法不利于规范化和精细化管理。

② 我国项目管理处于初级水平，参与各方对此没有足够的重视。精细化管理需要细化到不同时间、构件、工序等，难以实现过程管理。

③ 项目全寿命没有系统管理，各阶段分离脱节。前期的开发管理、过程中的施工管理和后期运维管理的分离造成的弊病，如仅从各自的工作目标出发，而忽视了项目全寿命的整体利益。

④ 由多个不同的参与方从各自角度出发，对项目进行管理，组织实施，造成信息

“孤岛”，会影响相互间的信息交流，也就影响了项目全寿命的信息管理等。

因此，我国的项目管理需要信息化技术弥补现有项目管理的不足，而 BIM 技术正符合目前的应用潮流。

（3）基于 BIM 技术的项目管理的优势

① 基于 BIM 的项目管理：工程基础数据如量、价等数据信息可随时查询调用，数据实现共享，更重要的是增强了项目相关方的信息共享，促进更有效的互动。三维信息模型 BIM 的表达形式更加直观、易读，从建设方、设计方、施工方、监理方、使用方等都能比较直观地掌握项目的全貌。降低了非专业人士对项目的理解难度，提升了不同专业间、不同参与方对项目的协同能力。

② 风险前置。二维设计由于其本身设计手段的局限，错漏碰缺在所难免，人们更多的是根据以往项目的经验总结来进行弥补。而后期运维中这些“隐形风险”，往往更加难以被及时发现，风险前置是 BIM 对项目管理最直接的优势。

③ 三维渲染动画，给人以真实感和直接的视觉冲击。建好的 BIM 模型可以作为二次渲染开发的模型基础，大大提高了三维渲染效果的精度与效率，给业主更为直观的宣传介绍，提升中标几率。根据各项目的形象进度进行筛选汇总，可为领导层更充分地调配资源、进行决策创造条件。

（4）本项目 BIM 应用

1）模型概况

使用基于 BIM 技术的 Revit 系列软件进行 BIM 模型的搭建，采用分部分项建模，确保模型整体化、细致化，最终建立三维模型（图 3.15-1～图 3.15-5）。

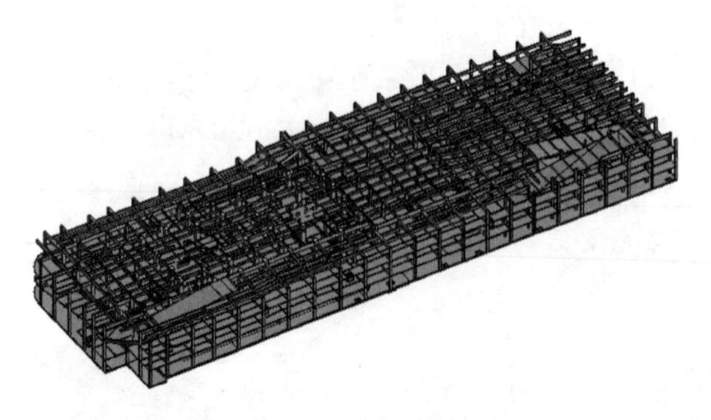

图 3.15-1　地下 3 层基础模型

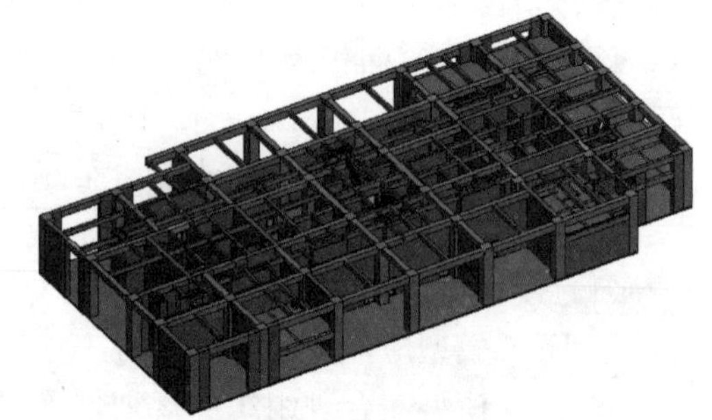

图 3.15-2　避难层模型

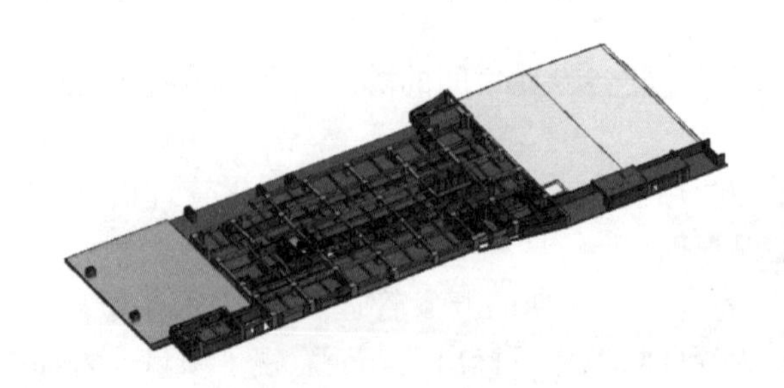

图 3.15-3　设备层模型

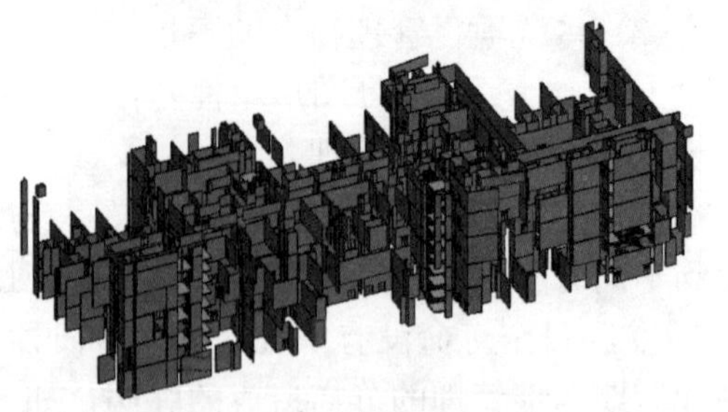

图 3.15-4　裙楼建筑模型

在建立以上各专业的三维模型之后，就可对××国际酒店项目整体进行 Revit 模型构建，从而可以平面区域布置图生成（图 3.15-6、图 3.15-7）。

2）工程项目综合管理的基本原则

① 实现总目标是综合管理工作的准绳。

② 沟通是工程项目综合管理的基本理念。

③ 保持工程项目各项工作的整体协调，有序运行。

3）BIM 模型的深化应用与综合管理

① BIM 模型深化应用

a. 机电深化设计

图 3.15-5 标准层结构框架

项目涉及许多的专业计算和分析，利用建立好的三维 BIM 模型，可以进行多方面的计算和分析，从而有针对性地进行优化设计。由于空间布局复杂、系统繁多，对设备管线的布置要求高，设备管线之间或管线与结构构件之间容易发生碰撞，给施工造成困难，无法满足建筑室内净高，造成二次施工，增加项目成本。基于 BIM 技术可将建筑、结构、机电等专业模型整合，再根据各专业要求及净高要求将综合模型导入相关软件进行碰撞检查，根据碰撞报告结果对管线进行调整、避让，对设备和管线进行综合布置，从而在实际工程开始前发现问题（图 3.15-8）。

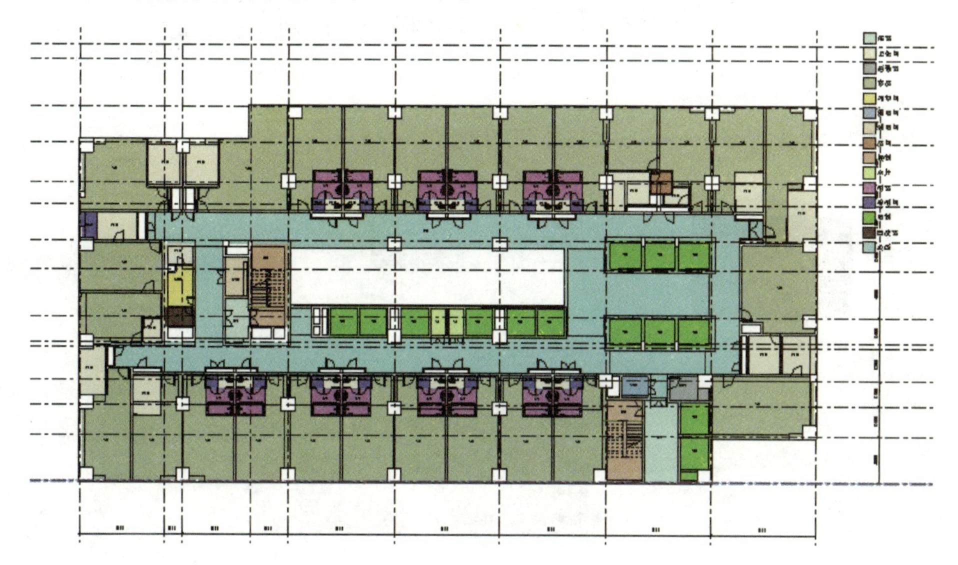

图 3.15-6 平面区域布置图

结合收集的 Revit 模型信息，导出该项目的碰撞报告，统计碰撞个数，提出图纸疑问单（图 3.15-9～图 3.15-11）。

利用 Revit 软件可以出管线综合报告。项目建设的管线综合平衡设计必不可少，为确保工程工期和工程质量，避免因各专业设计不协调和设计变更产生的“返工”等经济损失，通过对设计图纸的综合考虑及深化设计，在未施工前先根据所要施工的图纸利用

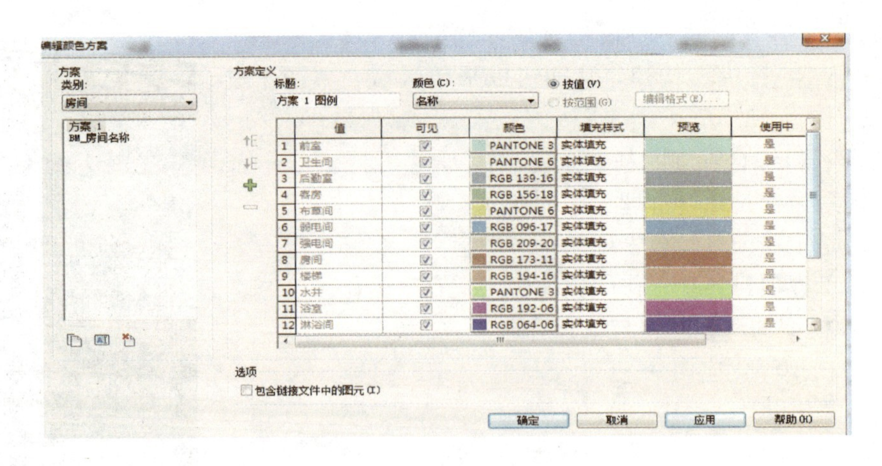


图 3.15-7 颜色布置方案

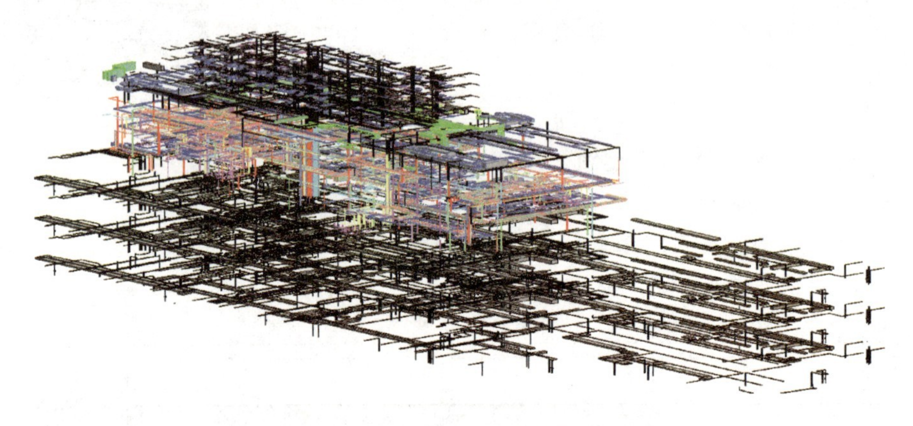

图 3.15-8 地下一层到地上十层机电模型

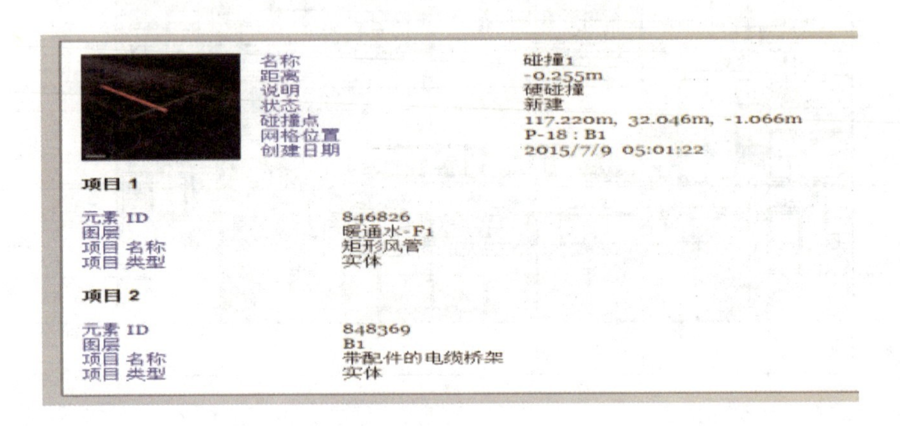


图 3.15-9 项目碰撞报告

BIM 技术进行图纸“预装配”（图 3.15-12）。

b. 结构深化设计

通过完整的项目三维模型，可以进行基于施工的深化应用。首先，利用 Revit 软件制作项目的结构模型并搜集 BIM 信息。具体表现为：利用结构 BIM 模型，在结构加工前对具体构件、节点的构造方式、工艺做法和工序安排进行优化调整，有效指导制造厂工人采

| | |
|---|---|
| 715 | 电缆桥架 : 带配件的电缆桥架 : 强电系统（槽式电缆桥架） - 标记 39 : ID 848367 |
| 716 | 电缆桥架 : 带配件的电缆桥架 : 强电系统（槽式电缆桥架） - 标记 39 : ID 848367 |
| 717 | 电缆桥架配件 : 槽式电缆桥架水平弯通 : 强电系统 - 标记 396 : ID 848370 |
| 718 | 电缆桥架 : 带配件的电缆桥架 : 强电系统（槽式电缆桥架） - 标记 44 : ID 848375 |
| 719 | 电缆桥架 : 带配件的电缆桥架 : 强电系统（槽式电缆桥架） - 标记 44 : ID 848375 |
| 720 | 电缆桥架配件 : 槽式电缆桥架水平弯通 : 强电系统 - 标记 443 : ID 848377 |
| 721 | 电缆桥架配件 : 槽式电缆桥架水平弯通 : 强电系统 - 标记 443 : ID 848377 |
| 722 | 电缆桥架 : 带配件的电缆桥架 : 强电系统（槽式电缆桥架） - 标记 46 : ID 848378 |
| 723 | 电缆桥架 : 带配件的电缆桥架 : 强电系统（槽式电缆桥架） - 标记 46 : ID 848378 |
| 724 | 电缆桥架 : 带配件的电缆桥架 : 强电系统（槽式电缆桥架） - 标记 46 : ID 848378 |
| 725 | 电缆桥架 : 带配件的电缆桥架 : 强电系统（槽式电缆桥架） - 标记 46 : ID 848378 |
| 726 | 电缆桥架 : 带配件的电缆桥架 : 强电系统（槽式电缆桥架） - 标记 47 : ID 848379 |
| 727 | 电缆桥架 : 带配件的电缆桥架 : 强电系统（槽式电缆桥架） - 标记 52 : ID 848387 |
| 728 | 电缆桥架 : 带配件的电缆桥架 : 强电系统（槽式电缆桥架） - 标记 52 : ID 848387 |
| 729 | 电缆桥架 : 带配件的电缆桥架 : 强电系统（槽式电缆桥架） - 标记 52 : ID 848387 |
| 730 | 电缆桥架 : 带配件的电缆桥架 : 强电系统（槽式电缆桥架） - 标记 57 : ID 848396 |
| 731 | 电缆桥架配件 : 槽式电缆桥架水平弯通 : 强电系统 - 标记 621 : ID 848419 |
| 732 | 电缆桥架配件 : 槽式电缆桥架水平弯通 : 强电系统 - 标记 630 : ID 848421 |
| 733 | 电缆桥架配件 : 槽式电缆桥架水平弯通 : 强电系统 - 标记 642 : ID 848428 |

图 3.15-10　项目碰撞个数统计

给排水疑问单

| 序号 | 位置 | 问题描述 | 解答 |
|---|---|---|---|
| 1 | 給水排水B1 | 平面图上有很多HYL系列雨水立管，且未标明管径，例如“HYL-1”，但是在系统图上找不到该系列立管，管径无法查明 | |
| | 給水排水B1 | “ZPL-5”平面图上未标明管径，系统图上有两根“ZPL-5”立管，且管径均未标明  | |
| | 給水排水B1 | “ZPL-4”“ZPL-6”“ZPL-7”平面图上未标明管径，系统图上找不到该立管 | |
| | 給水排水B1 | YL-1（DN100）、YL-2（DN100）和YL-3（DN100）会和之后的水平管道管径DN150，墙上预留套管也是DN150，是否应改为DN200套管 | |
| | 給水排水B1 | YL-4（DN100）和YL-7（DN100）会和之后的水平管道管径DN150，墙上预留套管也是DN150，是否应改为DN200套管 | |
| | 給水排水B1 | YL-26管径DN150，墙上预留套管也是DN150，是否应改为DN200套管 | |
| | 給水排水B1 | YWL-20、YWL-24、YWL-25管径DN150，墙上预留套管也是DN150，是否应改为DN200套管 | |

图 3.15-11　提出图纸疑问单

取合理有效的工艺加工，提高施工质量和效率，降低施工难度和风险（图 3.15-13）。

结构构件钢筋建模，利用三维可视化对钢筋排布密集区域进行检查，优化钢筋排布。BIM 模型借助 Tekla 软件进行钢结构连接节点模拟来解决专业交叉问题。使用 Tekla Structure 软件对深化设计模型进行碰撞校核，检测结构节点碰撞、预留管洞碰撞等信息。在检测出碰撞后，经过与结构设计沟通和二次优化，加以合理调整。

c. 多专业协调管理

各专业分包之间的组织协调是建筑工程施工顺利实施的关键。本项目通过 BIM 技术的可视化、参数化、智能化特性，进行多专业碰撞检查、净高控制检查和精确预留预埋，或者利用基于 BIM 技术的 4D 施工管理，对施工过程进行预模拟，根据问题进行各专业的

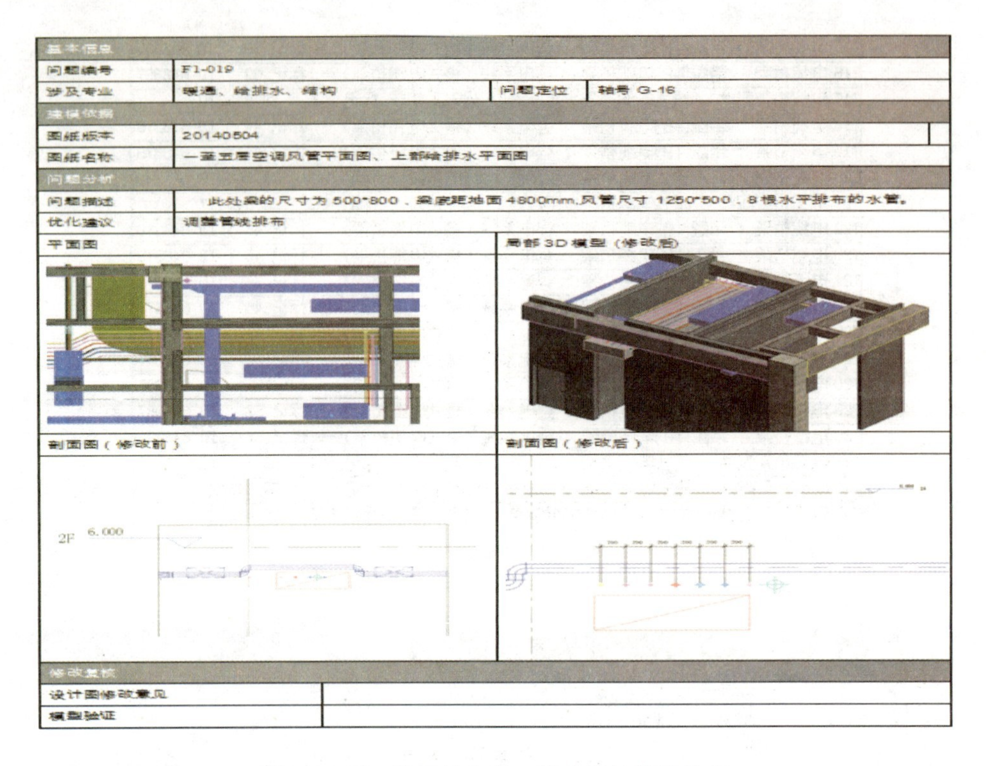

| 基本信息 | | | |
|---|---|---|---|
| 问题编号 | F1-019 | | |
| 涉及专业 | 暖通、给排水、结构 | 问题定位 | 轴号 G-16 |
| 建模依据 | | | |
| 图纸版本 | 20140504 | | |
| 图纸名称 | 一至五层空调风管平面图、上部给排水平面图 | | |
| 问题分析 | | | |
| 问题描述 | 此处梁的尺寸为 500*800，梁底距地面 4800mm,风管尺寸 1250*500，8 根水平排布的水管。 | | |
| 优化建议 | 调整管线排布 | | |
| 平面图 | | 局部 3D 模型（修改后） | |
| 剖面图（修改前） | | 剖面图（修改后） | |
| 修改复核 | | | |
| 设计图修改意见 | | | |
| 模型验证 | | | |



图 3.15-12　比较综合前、综合后的管线排布

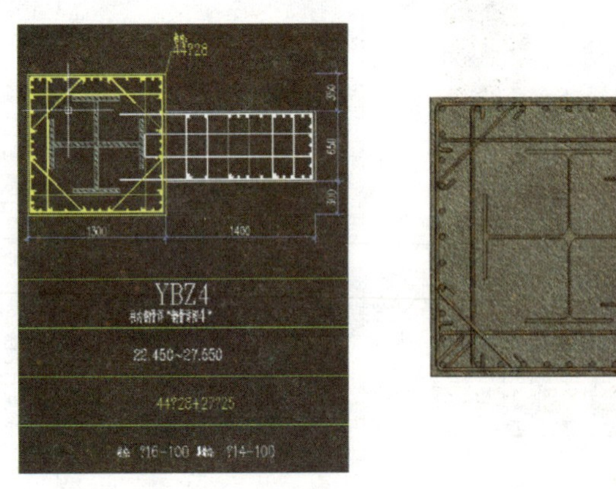



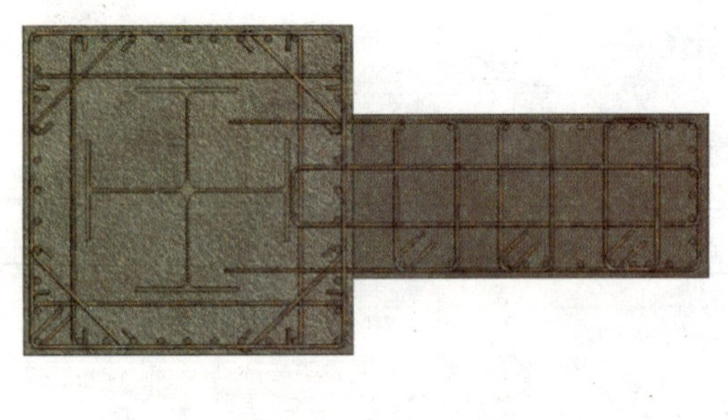

图 3.15-13　结构模型

事先协调等措施，可以减少因技术错误和沟通错误带来的协调问题，大大减少返工，节约施工成本。

d. 设备材料工程量统计

由于 BIM 模型包含了建筑物所有结构和设备的全部信息，因此能够准确、便捷地统计出建筑物的设备材料数据。设计材料统计方面，本项目利用 Revit 软件本身的明细表进行了很多研究和探索，在设计材料方面做了一个模板，通过该模板可以直接统计出建立施工方案的人想要的材料数据，同时，这些模板也可以直接应用。此外，Revit 软件的明细表还可以直接导入 Excel 表，帮助相关人员进行信息模块的梳理（图 3.15-14～图 3.15-17）。

矩形风管：加压送风系统（半径弯头/接头）
矩形风管：加压送风系统（半径弯头/接头）：21
矩形风管：排烟系统（半径弯头/T 形三通）
矩形风管：排烟系统（半径弯头/T 形三通）：8
矩形风管：排烟系统（半径弯头/接头）
矩形风管：排烟系统（半径弯头/接头）：107
矩形风管：排烟系统（斜接弯头/接头）
矩形风管：排烟系统（斜接弯头/接头）：81
矩形风管：排风系统（半径弯头/T 形三通）
矩形风管：排风系统（半径弯头/T 形三通）：44
矩形风管：排风系统（半径弯头/接头）
矩形风管：排风系统（半径弯头/接头）：25
矩形风管：排风系统（斜接弯头/接头）
矩形风管：排风系统（斜接弯头/接头）：27
矩形风管：送风/补风系统（半径弯头/T 形三通）
矩形风管：送风/补风系统（半径弯头/T 形三通）：56
矩形风管：送风/补风系统（半径弯头/接头）
矩形风管：送风/补风系统（半径弯头/接头）：28
矩形风管：送风/补风系统（斜接弯头/T 形三通）
矩形风管：送风/补风系统（斜接弯头/T 形三通）：20
矩形风管：送风/补风系统（斜接弯头/接头）
矩形风管：送风/补风系统（斜接弯头/接头）：48

图 3.15-14　各专业风管数量统计

管帽 - 排水：标准
管帽 - 排水：标准：18
管接头 - 常规：标准
管接头 - 常规：标准：3
管道类型：喷淋水管
管道类型：喷淋水管：3096
管道类型：地下室排水管
管道类型：地下室排水管：279
管道类型：地下室给水管冷水
管道类型：地下室给水管冷水：207
管道类型：排水
管道类型：排水：24
管道类型：污水管
管道类型：污水管：204
管道类型：消火栓管
管道类型：消火栓管：105
管道类型：热水管
管道类型：热水管：94
管道类型：锅房及地下室冷冻水供水
管道类型：锅房及地下室冷冻水供水：62
管道类型：锅房及地下室冷冻水回水
管道类型：锅房及地下室冷冻水回水：74
管道类型：锅房及地下室采暖水供水
管道类型：锅房及地下室采暖水供水：13

图 3.15-15　各专业水管数量统计

<风道末端明细表>

| A | B | C | D | E |
|---|---|---|---|---|
| 尺寸 | 族与类型 | 最大流量 | 流量 | 合计 |
| 210x60 | 送风口 - 单层 | 945.0 m³/h | 90.0 m³/h | 37 |
| 250x250 | 排风格栅 - 矩 | 1245.0 m³/h | 1245.0 m³/h | 39 |
| 320x320 | 排风格栅 - 矩 | 1245.0 m³/h | 2520.0 m³/h | 32 |
| 360x240 | 送风散流器 - | 1945.0 m³/h | 624.0 m³/h | 80 |
| 410x210 | 送风口 - 单层 | 540.0 m³/h | 741.6 m³/h | 20 |
| 420x240 | 送风散流器 - | 1945.0 m³/h | 1092.0 m³/h | 50 |
| 420x300 | 送风散流器 - | 2800.0 m³/h | 1931.8 m³/h | 57 |
| 480x240 | 送风散流器 - | 2800.0 m³/h | 1766.2 m³/h | 51 |
| 480x300 | 送风散流器 - | 3810.0 m³/h | 2591.8 m³/h | 50 |
| 480x360 | 送风散流器 - | 3810.0 m³/h | 3732.2 m³/h | 57 |
| 600x300 | 回风口 - 矩形 | 2700.0 m³/h | 2599.2 m³/h | 63 |
| 总计：536 | | | | |

图 3.15-16　风道末端数量统计

<风管附件明细表>

| A | B | C |
|---|---|---|
| 尺寸 | 族与类型 | 合计 |
| 250x200- | 排烟阀 - 矩形 | 123 |
| 250x200-250x20 | 蝶阀 - 矩形 - | 71 |
| 250x320-250x32 | 对开多叶调节 | 192 |
| 300x200-300x20 | 定风量阀 - 矩 | 41 |
| 500x400-500x40 | 电动风阀 - 矩 | 24 |
| 总计：451 | | |

图 3.15-17　风道附件数量统计

e. 工作平台库的完善与补充

企业工作库建立可以为投标报价、成本管理提供计算依据。打造结合自身企业特点的工作库，是施工企业取得管理改革成果的重要体现。针对本工程完善数据，最终形成企业工作库（图 3.15-18～图 3.15-20）。

名称

泵房基础
水箱3
酒店生活水箱
KTV水箱
水箱KTV
导流型半容积式水加热器
加热器
立式膨胀水罐
砂滤
变频稳压供水设备
循环泵
离心式冷水机组
分集水器
应急疏散指示灯 - 悬挂
感烟探测器

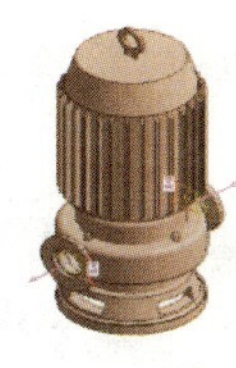

图 3.15-18　工作平台库

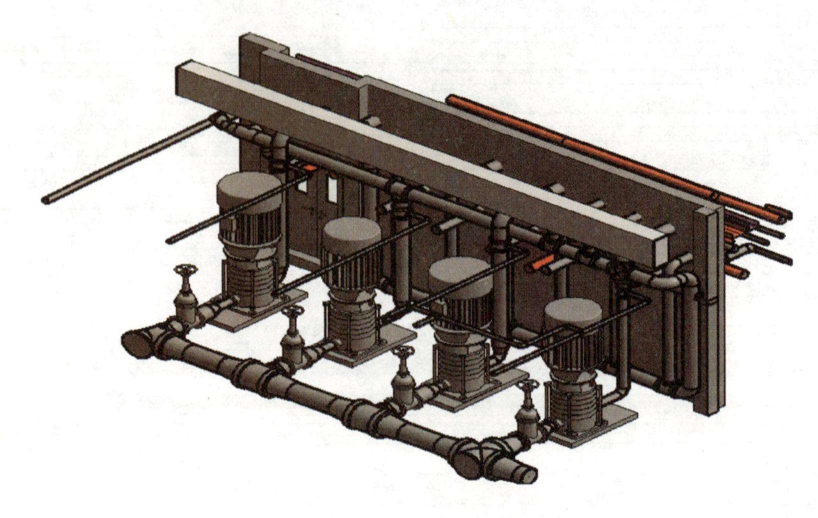

图 3.15-19 泵房模型

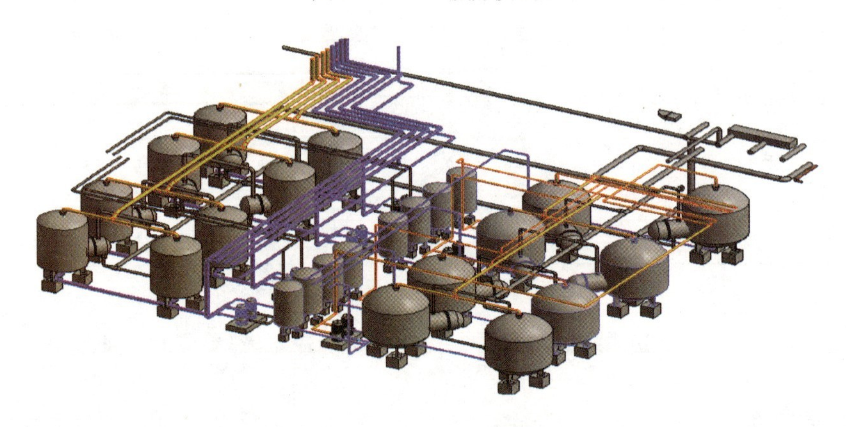

图 3.15-20 锅炉房模型

② 项目综合管理

利用 BIM 进行综合管理的步骤

应用 BIM 技术进行全过程项目管理的步骤：招标、采购、合同管理，成本控制，风险管理（图 3.15-21）。

借助 BIM 技术和常用的项目管理理念，项目工程师能够编制招标采购计划和相关的合同，并进行有效的成本控制和风险管理。

a. 造价管理

BIM 模型能够自动生成材料和设备明细表，为造价人员编制工程量清单提供依据。目前 Revit 等 BIM 软件在造价方面的功能尚有待完善，与广联达等造价软件也无法有效对接。BIM 在造价管理领域的发展空间和市场潜力很大。

b. 设计管理

结构：Revit 目前与 PKPM 和 Midas 尚无法实现数据互换（不确定），因此需要借助国外的软件进行结构分析，如 Etabs、SAP2000 等。这些软件的计算方法不符合中国规范，需根据中国规范进行校核。

专业协同，碰撞检查：模型数据以 dwf 格式传给 Navisworks Manage 软件，对 BIM

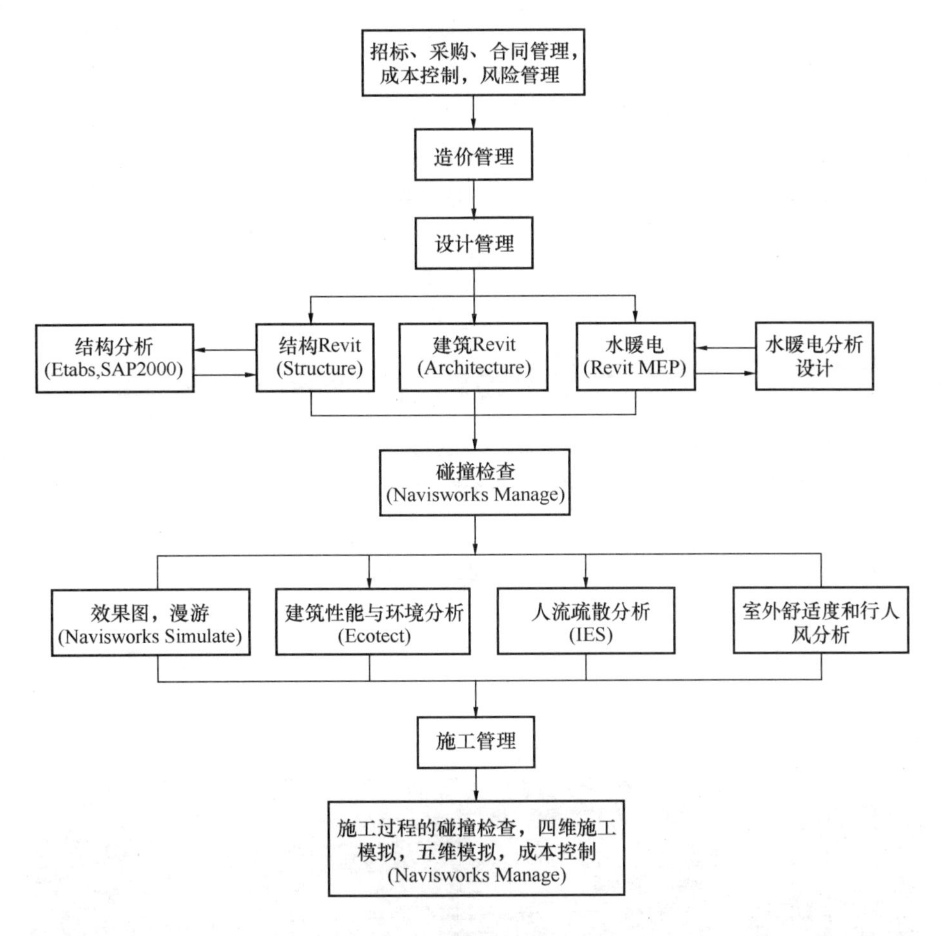


图3.15-21 利用BIM进行综合管理的步骤

模型的建筑构件、结构构件、设备、管线进行综合，并进行软碰撞、硬碰撞和净空检查，可以帮助业主出如下图纸：

a）综合管线图（经过碰撞检查和设计修改，消除了相应错误以后）。

b）综合结构留洞图（预埋套管图）。

c）碰撞检查侦错报告和建议改进方案。能有效提高设计阶段各专业之间的协同，减少碰撞的产生，提高效率。

d）效果图，漫游动画、建筑性能与环境分析、人流疏散分析、室外空间舒适度和行人风分析。

c. 施工管理

借助Navisworks软件，在三维模型中添加时间信息，进行四维施工模拟，将建筑模型与现场的设施、机械、设备、管线等信息加以整合，检查空间与空间，空间与时间之间是否冲突，以便于在施工开始之前就能够发现施工中可能出现的问题，来提前处理；也能作为施工的可行性指导，帮助确定合理的施工方案、人员设备配置方案等。在模型中加入造价信息，可以进行5D模拟，实现成本控制。另外，BIM使施工的协调管理更加便捷。信息数据共享和施工远程监控，使项目各参与方建立了信息交流平台。有了这样一个平台，各参与方沟通更为便捷、协作更为紧密、管理更为有效。

（5）本项目综合管理框架

工程项目综合管理是把工程项目各阶段工作的具体目标和任务同管理目标结合在一起进行的综合管理。工程项目综合管理的过程是按计划实施的动态管理过程，包括项目计划的制订、项目计划的实施和项目计划的变更控制。

本项目层数为地上 35 层，地下 3 层。管线模型多。本项目由于空间的限制，使得机电管线之间的错漏碰缺的现象比较多。机电模型在该项目中主要有两处比较复杂：一是屋架内各种管线的安装；二是机房内管线密集，设备管线难以协调。利用三维软件 Autodesk Navisworks 软件进行碰撞检测，使得进行管线综合的效率大大提升，并且能够直接用于指导施工。

1）机电管线种类较多，设计专业多，施工工种多

一般包含通风空调系统、空调水系统、给水排水系统、消防水系统、动力系统、供配电系统、弱电系统等。BIM 模型可以反映所有管线和设备在建筑内的信息和情况。例如，在关键的大厅、路口，利用 BIM 不仅仅可以进行碰撞检测，还可以实现空间优化。

解决方法：分层建立机电模型，然后汇总进行碰撞数量统计。

2）机房设备多，需要各类不同型号族

利用三维模型可使各类族根据形状进行深化，进而设计出合理的族。Revit 软件所反映出来的三维模型逼真、直观，即使遇到变更情况，也可以非常便利地对结构重新进行调整（图 3.15-22）。

| | | | | (m$^3$/hr) | (m$^3$/hr) | (Pa) | (kW) | (DB ℃) | (WB ℃) | (DB ℃) | (WB ℃) | (℃) |
|---|---|---|---|---|---|---|---|---|---|---|---|---|
| 1 | AHU-B1-1 | 卧式组合空调机组 | 地下一层 | 6000 | 3000 | 600 | 51.95 | 26.5 | 20.7 | 19.2 | 17.6 | 7/12 |
| 2 | AHU-B1-2 | 卧式组合空调机组 | 地下一层 | 10000 | 4200 | 600 | 56.69 | 26.5 | 20.7 | 19.2 | 17.5 | 7/12 |
| 3 | AHU-B1-3 | 卧式组合空调机组 | 地下一层 | 22000 | 9400 | 600 | 125.34 | 26.5 | 20.7 | 19.2 | 17.6 | 7/12 |
| 4 | AHU-B1-4 | 卧式组合空调机组 | 地下一层中庭 | 12000 | 2000 | 600 | 72.82 | 26.5 | 20.7 | 19.2 | 17.5 | 7/12 |
| 5 | AHU-B1-5 | 卧式组合空调机组 | 地下一层 | 22000 | 9400 | 600 | 125.34 | 26.5 | 20.7 | 19.2 | 17.6 | 7/12 |
| 6 | AHU-B1-6 | 卧式组合空调机组 | 地下一层 | 22000 | 9400 | 600 | 125.34 | 26.5 | 20.7 | 19.2 | 17.5 | 7/12 |
| 7 | AHU-L1-1 | 卧式组合空调机组 | 大厅预备室 | 10500 | 4200 | 570 | 74.2 | 28.3 | 23.0 | 17.2 | 15.5 | 7/12 |
| 8 | AHU-L2-1 | 卧式组合空调机组 | 二层多功能厅 | 13000 | 5400 | 500 | 110 | 28.6 | 23.2 | 16.5 | 15.5 | 7/12 |
| 9 | AHU-L2-2 | 卧式组合空调机组 | 二层多功能厅 | 13000 | 5400 | 500 | 110 | 28.6 | 23.2 | 16.5 | 15.5 | 7/12 |
| 10 | AHU-L2-3 | 卧式组合空调机组 | 二层中庭 | 24000 | 1800 | 600 | 90 | 26.6 | 19.5 | 15.8 | 14.5 | 7/12 |
| 11 | AHU-L2-4 | 卧式组合空调机组 | 二层中庭 | 24000 | 1800 | 600 | 90 | 26.6 | 19.5 | 15.8 | 14.5 | 7/12 |
| 12 | AHU-L6-1 | 卧式组合空调机组 | 七层主工作室 | 24000 | 3000 | 500 | 148.8 | 27.0 | 21.0 | 18.0 | 17.4 | 7/12 |
| 13 | AHU-L9-1 | 卧式组合空调机组 | 九层多功能厅 | 10500 | 4200 | 570 | 74.2 | 28.3 | 23.0 | 17.2 | 15.5 | 7/12 |

图 3.15-22　CAD 图纸中的机房设备

解决方法：建立参数化族，一族多用，简化修改族的过程（图 3.15-23）。

| 尺寸标注 | | | |
|---|---|---|---|
| 送风口宽度 | 404.0 mm | = | ☑ |
| 送风口高度 | 404.0 mm | = | ☑ |
| 送风口法兰宽度 | 476.0 mm | = | ☑ |
| 回风口宽度 | 1058.0 mm | = | ☑ |
| 回风口高度 | 743.0 mm | = | ☑ |
| 出口半径 | 20.0 mm | = | ☑ |
| 出口直径 | 40.0 mm | = 出口半径×2 | ☑ |
| 进口半径 | 20.0 mm | = | ☑ |
| 进口直径 | 40.0 mm | = 进口半径×2 | ☑ |

图 3.15-23　机房设备族

3）管线碰撞多，单层多达 1000 多个碰撞

碰撞检测与管线综合的目标是避免碰撞、解决吊顶冲突、明确管线位置标高以及辅助确定施工工艺等。利用 BIM 能够更直观地反映这些问题，提高此过程的效率（图 3.15-24）。

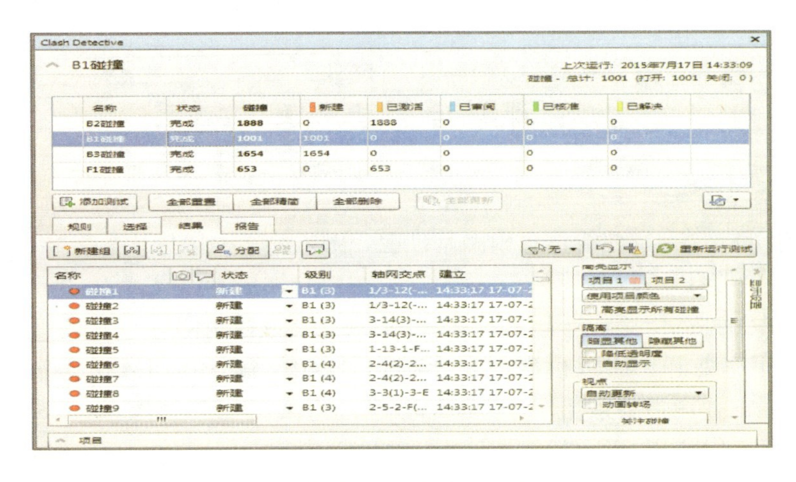


图 3.15-24　管线碰撞

解决方法：利用剖面框进行局部区域框选，增加机器运行速度，提高管线综合效率。

4）项目难点在于幕墙专业节点的深化

幕墙的布置与幕墙节点分析属于重点、难点，在 BIM 三维建模过程中既要考虑到项目施工阶段的流程，同时三维建模的难点也是技术上的一个难题（图 3.15-25～图 3.15-27）。

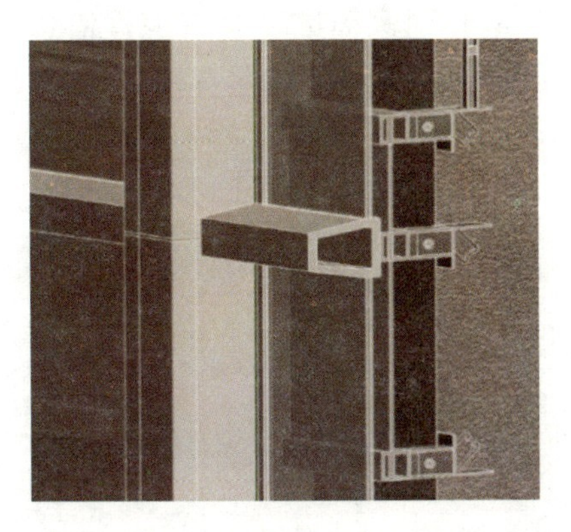

图 3.15-25　横向龙骨节点三维模型

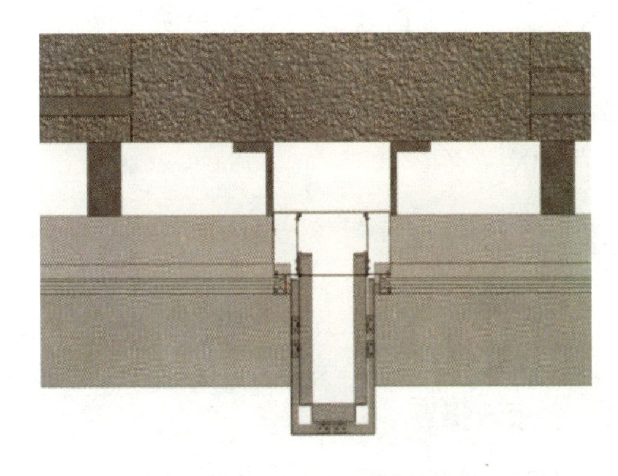

图 3.15-26　竖向龙骨节点三维模型

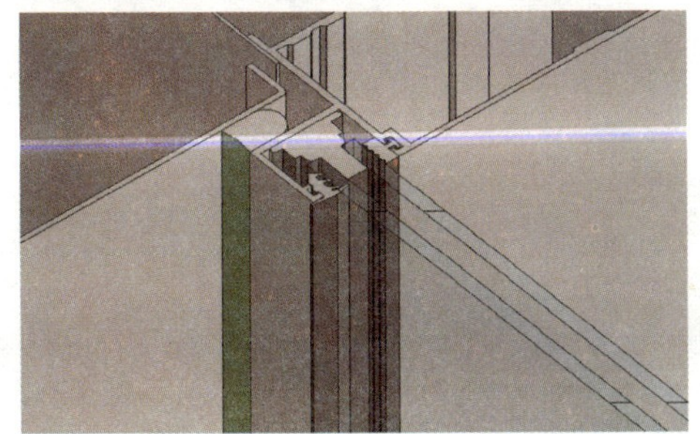

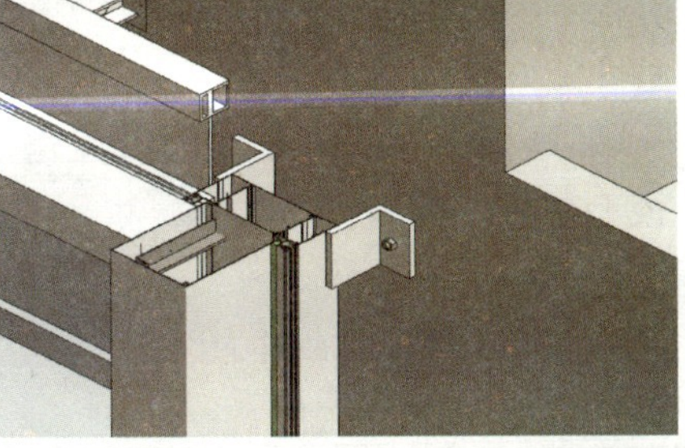

图 3.15-27　幕墙节点细节展示

根据设计说明，将墙面、地面分层添加材质，确保模型内外兼优。

应用 BIM 对建设项目进行实体对象实施过程化的集中管理，可以克服传统的管理模式和技术在很多方面存在的问题，实现如信息的传递渠道、累积方式等多方面根本性的变化。

## 课 后 习 题

### 一、单项选择题

1. BIM 的 5D 是在 4D 建筑信息模型基础上，融入(　　)信息。

A. 成本造价信息　　B. 合同成本信息

C. 项目团队信息　　D. 质量控制信息

2. BIM 的用途决定了 BIM 模型细节的精度，同时仅靠一个 BIM 工具并不能完成所有的工作，所以目前业内主要采用(　　)BIM 模型的方法。

A. 分布式　　B. 统一式　　C. 协调式　　D. 时效式

3. BIM 设计过程的三个基本维度不包括(　　)。

A. 资源　　B. 行为　　C. 使用　　D. 交付

4. 以下（　　）项不是基于 BIM 技术的项目管理的优势。

A. 数据共享、信息共享　　B. 风险前置

C. 三维渲染动画　　D. 绘图效率提升

5. 根据住房和城乡建设部 2012 年工程建设标准规范制定、修订计划（建标［2012］5 号）的要求，由中国建筑科学研究院会同有关单位编制国家标准《建筑工程信息模型应用统一标准》，创新性地提出了我国建筑信息模型（BIM）应用的一种实践方法，是(　　)。

A. P-BIM　　B. BIM 大数据　　C. BIM 平台　　D. BIM-FM

**参考答案：**

1. A　　2. A　　3. C　　4. D　　5. A

### 二、多项选择题

1. 利用 BIM 进行综合管理的目的是(　　)。

A. 更好地实现项目的预期功能　　B. 减少项目中的错误

C. 防止工作中的不可控事件　　D. 更精确地实现成本控制

E. 做性能好的项目

2. 与 CAD 相比，BIM 模型的特性是（　　）。

A. 模型信息的完备性　　B. 模型信息的关联性

C. 模型信息的一致性　　D. 计算机辅助设计

3. BIM 在项目管理过程中能实现的功能是（　　）。

A. 碰撞检查及设计优化

B. 四维施工模拟（可视化进度计划）

C. 成本管控

D. 主要材料管控

**参考答案：**

1. ABCD　　2. ABC　　3. ABCD

**三．论述题**

1. 应用BIM技术进行全过程项目管理的步骤。

2. 简述基于BIM技术的项目管理的优势。

**参考答案：**

1. 招标、采购、合同管理，成本控制，风险管理。

2. ① 基于BIM的项目管理：工程基础数据如量、价等数据信息可随时查询调用，数据实现共享，更重要的是增强了项目相关方的信息共享，促进更有效的互动。三维信息模型BIM的表达形式就更加直观、易读，从建设方、设计方、施工方、监理方、使用方等都能比较直观地掌握项目的全貌。降低了非专业人士对项目的理解难度，提升了不同专业间、不同参与方对项目的协同能力。

② 风险前置。二维设计由于其本身设计手段的局限，错漏碰缺在所难免，人们更多的是根据以往项目的经验总结来进行弥补。而后期运维中这些"隐形风险"，往往更加难以被及时发现，风险前置是BIM对项目管理最直接的优势。

③ 三维渲染动画，给人以真实感和直接的视觉冲击。建好的BIM模型可以作为二次渲染开发的模型基础，大大提高了三维渲染效果的精度与效率，给业主更为直观的宣传介绍，提升中标几率。根据各项目的形象进度进行筛选汇总，可为领导层更充分地调配资源、进行决策创造条件。

（案例提供：赵雪锋　张敬玮）

## 【案例 3.16】某公司科研楼项目 BIM 应用

BIM 通过仿真模拟建筑物所具有的真实信息而得到的所有数字信息的综合。对实际项目的施工过程，首先在虚拟建筑上进行分析模拟，得到最优方案，从而提高工作效率，避免和减少现场问题，不仅仅是简单的数字信息集成模型，还应该是一种数字信息的应用。国内在工程施工领域的 BIM 应用仍处于摸索阶段，本章通过一个项目的 BIM 应用情况，阐述现阶段 BIM 在施工阶段的主要应用点及所带来的价值。

**1. 项目背景**

项目由××集团投资，建筑面积 8.1 万 $m^2$，结构形式为钢筋混凝土框架剪力墙结构，地上 13 层，檐口高 60m。力求建成高效、绿色、节能、人性化、智能化的科研楼。与清华大学合作，进行全国首个 IPD 项目试点研究。项目于 2015 年 1 月 15 日开工，计划于 2017 年 1 月 30 日竣工交付使用。施工期间跨越 2014 年冬季，结构施工跨 2015 年雨季，季节性施工投入大和施工效率降低，工期紧。结构层高较高，首层大厅为超高大空间，高度 15m，四周悬挑结构较多，难以形成有效流水。周转材料一次性投入量大，周期长。现场护坡桩距红线最大距离不足 3m，周边场地只能用来搭设一栋办公室及小部分周转材料堆放。其他设施均需在场外租地，然后运至现场置放。要求达到“鲁班奖”标准及争创国优工程、北京市绿色安全样板工地，争创全国“AAA”级安全文明标准化工地，施工质量、安全文明施工标准高。在施工中积极推广应用新技术、新工艺，依托科技创新，提升施工质量。

**2. BIM 技术应用内容**

（1）碰撞检查及管线综合

作为全生命期的 BIM 实施项目，在承接设计和运维的基础上将 BIM 技术落地重点放在施工阶段。

在设计模型的基础上，BIM 技术人员进行了更深入的完善，通过将各专业模型进行整合，对各专业平、立、剖面图纸进行了校核，对 BIM 模型进行碰撞检查，出具了相关“碰撞检查报告”和“信息缺失报告”，并反馈给设计单位相关人员，避免了现场返工（图 3.16-1、图 3.16-2）。

（2）方案优化

项目 BIM 团队积极参与 IPD 模式，基于 IPD 的理念和激励机制调动参建各方的积极性，发挥 BIM 的基础支撑功能。设置 BIM 参与单位和人员集中办公场所，做到技术和成本问题不解决不出 BIM 办公室。

建筑结构施工中提前发现和解决各类问题 126 个，例如 B2 层东侧汽车坡道，设计模型中，结构比建筑高 0.025m，在施工前发现并解决此问题，后期返工基本杜绝，并为修改方案提供了可视化的有利于各方协调的方案（图 3.16-3）。

净高是否合理直接影响建筑物消防验收及使用舒适度，基于此，BIM 技术人员对每楼层每个房间都进行了净高分析，发现 B2 层有三处不满足净高的部位，向设计院反馈后在施工前解决了该问题（图 3.16-4）。

（3）方案模拟及交底

大空间模架安全是施工控制的重点，BIM 技术人员将模型导入模架软件，进行模架

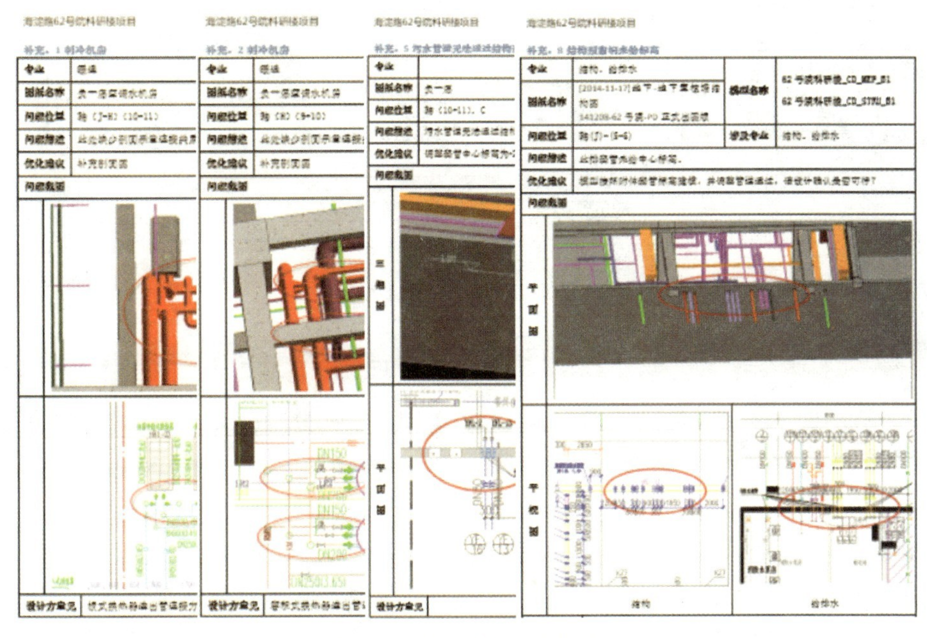

图 3.16-1　碰撞检查报告

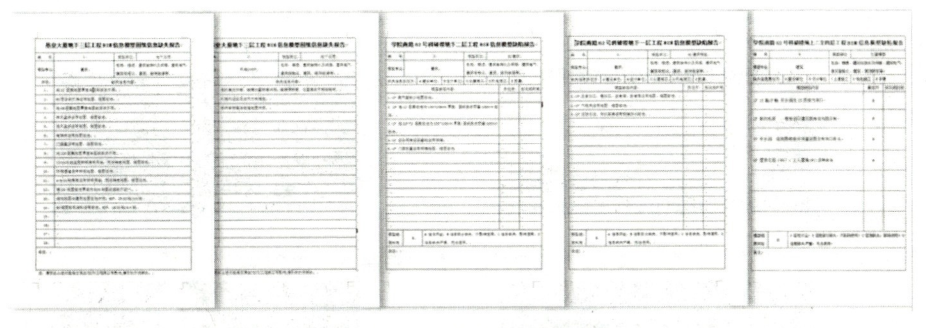

图 3.16-2　信息缺失报告

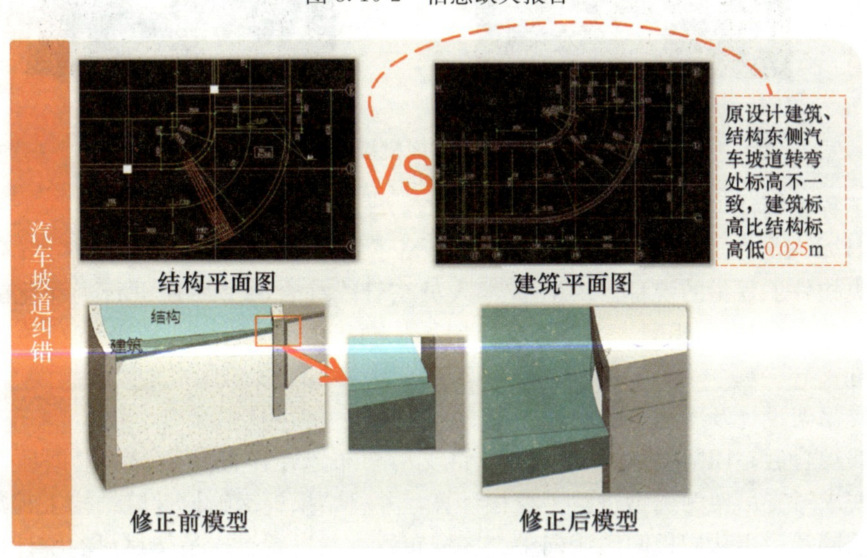


图 3.16-3　汽车坡道设计调整

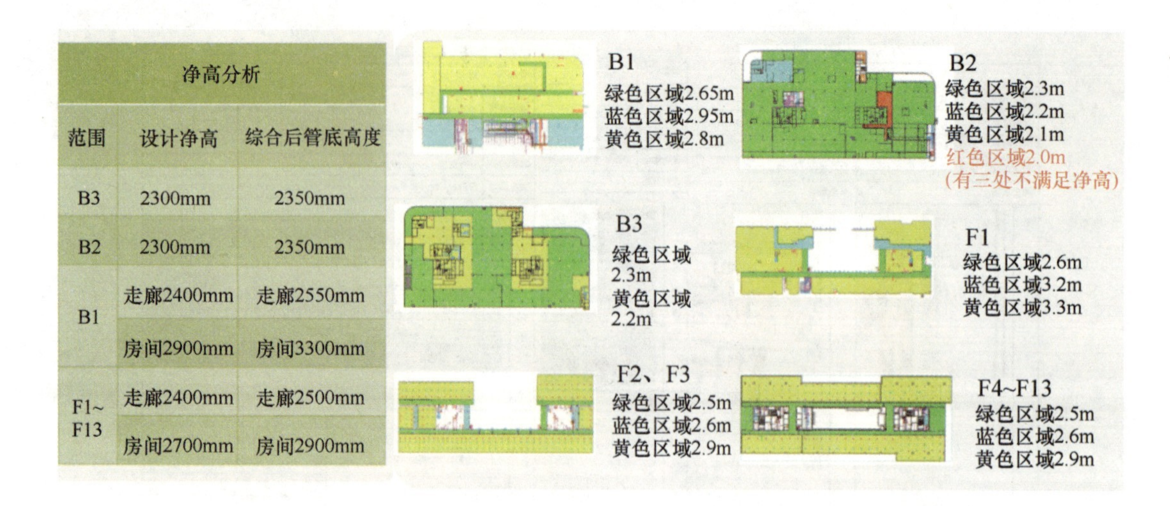

| 净高分析 | | |
|---|---|---|
| 范围 | 设计净高 | 综合后管底高度 |
| B3 | 2300mm | 2350mm |
| B2 | 2300mm | 2350mm |
| B1 | 走廊2400mm | 走廊2550mm |
| | 房间2900mm | 房间3300mm |
| F1~F13 | 走廊2400mm | 走廊2500mm |
| | 房间2700mm | 房间2900mm |



图 3.16-4 净空分析

虚拟建造，通过软件内置规则进行计算，判定安全范围，并出具材料清单，三维模型的建立使专家更快速、更直观地了解了本工程的高大空间模板方案（图 3.16-5）。

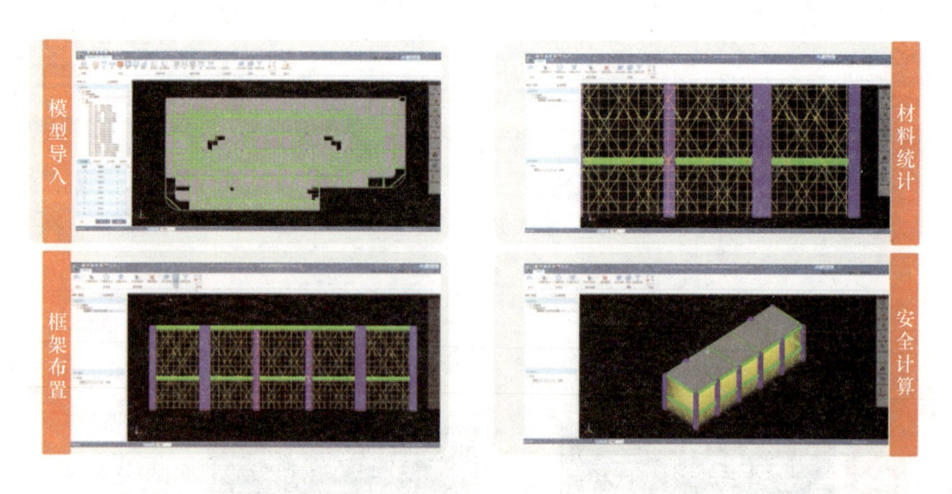


图 3.16-5 高大空间模板方案模拟

（4）工程量统计

BIM 技术人员在原有设计模型的基础上丰富了施工相关信息，并通过 Revit 建模软件完成了各类构件工程量的统计。BIM 技术人员在管线综合调整后还进行了深化前后工程量的对比，有效分析了 BIM 模型深化设计后带来的工程量的变化以及节约的成本（图 3.16-6、图 3.16-7）。

（5）支吊架设计及净空分析

在管线综合后，BIM 技术人员先尝试将支吊架布置在样板间位置，根据项目现场情况和图纸要求对支吊架的选型进行了校核计算，并将结果提交给设计院结构工程师，结构工程师审核同意后再从样板间区域向整个区域布置，并进行了支吊架材料的统计，给物资部提供了参考（图 3.16-8）。

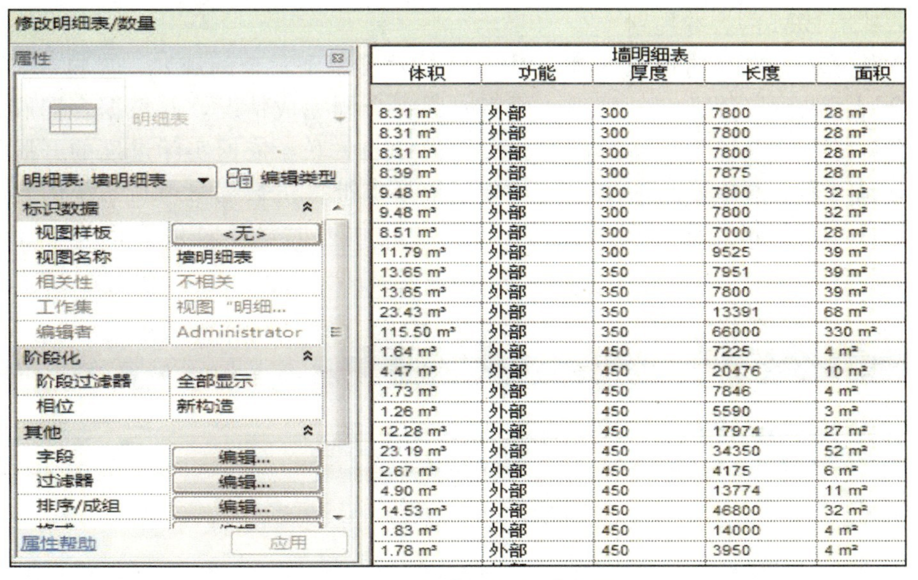


墙明细表

| 体积 | 功能 | 厚度 | 长度 | 面积 |
|---|---|---|---|---|
| 8.31 m³ | 外部 | 300 | 7800 | 28 m² |
| 8.31 m³ | 外部 | 300 | 7800 | 28 m² |
| 8.31 m³ | 外部 | 300 | 7800 | 28 m² |
| 8.39 m³ | 外部 | 300 | 7875 | 28 m² |
| 9.48 m³ | 外部 | 300 | 7800 | 32 m² |
| 9.48 m³ | 外部 | 300 | 7800 | 32 m² |
| 8.51 m³ | 外部 | 300 | 7000 | 28 m² |
| 11.79 m³ | 外部 | 300 | 9525 | 39 m² |
| 13.65 m³ | 外部 | 350 | 7951 | 39 m² |
| 13.65 m³ | 外部 | 350 | 7800 | 39 m² |
| 23.43 m³ | 外部 | 350 | 13391 | 68 m² |
| 115.50 m³ | 外部 | 350 | 66000 | 330 m² |
| 1.64 m³ | 外部 | 450 | 7225 | 4 m² |
| 4.47 m³ | 外部 | 450 | 20476 | 10 m² |
| 1.73 m³ | 外部 | 450 | 7846 | 4 m² |
| 1.26 m³ | 外部 | 450 | 5590 | 3 m² |
| 12.28 m³ | 外部 | 450 | 17974 | 27 m² |
| 23.19 m³ | 外部 | 450 | 34350 | 52 m² |
| 2.67 m³ | 外部 | 450 | 4175 | 6 m² |
| 4.90 m³ | 外部 | 450 | 13774 | 11 m² |
| 14.53 m³ | 外部 | 450 | 46800 | 32 m² |
| 1.83 m³ | 外部 | 450 | 14000 | 4 m² |
| 1.78 m³ | 外部 | 450 | 3950 | 4 m² |

图 3.16-6 墙体混凝土明细表

深化前强电专业材料清单

| Product group | Product | Width (mm) | Height (mm) | Amount | Length | 弯头延长米 (m) | 变径延长米 (m) | 三通延长米 (m) | 合计 (m) |
|---|---|---|---|---|---|---|---|---|---|
| 桥架 | Cable Tray, plate | 50 | 50 | 140 | 1062 | 93 | 7.5 | 35.25 | 1127.75 |
| 桥架 | Cable Tray, plate | 100 | 100 | 125 | 927 | 108 | 4.5 | 24.75 | 1064.25 |
| 桥架 | Cable Tray, plate | 200 | 100 | 36 | 329 | 21 | 4.5 | 12 | 366.5 |
| 桥架 | Cable Tray, plate | 300 | 100 | 60 | 528 | 25.5 | 11.25 | 22.5 | 587.25 |
| 桥架 | Cable Tray, plate | 400 | 100 | 50 | 493 | 28.5 | 4.75 | 21.75 | 548 |
| 桥架 | Cable Tray, plate | 500 | 100 | 18 | 166 | 7.5 | 0.75 | 12.75 | 187 |
| 桥架 | Cable Tray, plate | 600 | 100 | 10 | 44.4 | 1.5 | 0.75 | 7.5 | 54.15 |
| 桥架 | Cable Tray, plate | 700 | 100 | 4 | 23 | 1.5 | 0.75 | 7.5 | 32.75 |
| 桥架 | Cable Tray, plate | 800 | 100 | 3 | 12 | 1.5 | 0.75 | 7.5 | 21.75 |
| 弯头 (45 deg.弯头) | Cable Tray, plate | 50 | 50 | 45 | | | | | |
| 弯头 (90 deg.弯头) | Cable Tray, plate | 50 | 50 | 30 | | | | | |
| 弯头 (90 deg.弯头) | Cable Tray, plate | 50 | 50 | 1 | | | | | |
| 弯头 (45 deg.弯头) | Cable Tray, plate | 50 | 50 | 1 | | | | | |
| 弯头 (45 deg.弯头) | Cable Tray, plate | 100 | 100 | 50 | | | | | |
| 弯头 (90 deg.弯头) | Cable Tray, plate | 100 | 100 | 4 | | | | | |
| 弯头 (45 deg.弯头) | Cable Tray, plate | 100 | 100 | 1 | | | | | |
| 弯头 (45 deg.弯头) | Cable Tray, plate | 100 | 100 | 1 | | | | | |
| 弯头 (45 deg.弯头) | Cable Tray, plate | 100 | 100 | 4 | | | | | |
| 弯头 (90 deg.弯头) | Cable Tray, plate | 100 | 100 | 25 | | | | | |
| 弯头 (60 deg.上翻弯头) | Cable Tray, plate | 100 | 200 | 3 | | | | | |
| 弯头 (60 deg.上翻弯头) | Cable Tray, plate | 100 | 400 | 5 | | | | | |
| 弯头 (90 deg.弯头) | Cable Tray, plate | 100 | 100 | 3 | | | | | |
| 弯头 (90 deg.弯头) | Cable Tray, plate | 200 | 100 | 4 | | | | | |
| 弯头 (90 deg.弯头) | Cable Tray, plate | 200 | 100 | 3 | | | | | |
| 弯头 (90 deg.弯头) | Cable Tray, plate | 200 | 100 | 8 | | | | | |
| 弯头 (45 deg.弯头) | Cable Tray, plate | 200 | 100 | 1 | | | | | |
| 弯头 (90 deg.弯头) | Cable Tray, plate | 200 | 100 | 2 | | | | | |

深化后强电专业材料清单

| Product group | Product | Width (mm) | Height (mm) | Amount | Length (m) | 弯头延长米 (m) | 变径延长米 (m) | 三通延长米 (m) | 合计 (m) |
|---|---|---|---|---|---|---|---|---|---|
| 桥架 | Cable Tray, plate | 50 | 50 | 124 | 885.4 | 93 | 7.5 | 35.25 | 1021.15 |
| 桥架 | Cable Tray, plate | 100 | 100 | 105 | 773.2 | 108 | 4.5 | 24.75 | 910.45 |
| 桥架 | Cable Tray, plate | 200 | 100 | 30 | 274.6 | 21 | 4.5 | 12 | 312.1 |
| 桥架 | Cable Tray, plate | 300 | 100 | 50 | 440.2 | 25.5 | 11.25 | 22.5 | 499.45 |
| 桥架 | Cable Tray, plate | 400 | 100 | 41 | 410.9 | 28.5 | 4.75 | 21.75 | 465.9 |
| 桥架 | Cable Tray, plate | 500 | 100 | 15 | 138.7 | 7.5 | 0.75 | 12.75 | 159.7 |
| 桥架 | Cable Tray, plate | 600 | 100 | 7 | 37 | 1.5 | 0.75 | 7.5 | 46.75 |
| 弯头 (45 deg.弯头) | Cable Tray, plate | 50 | 50 | 36 | 54 | | | | |
| 弯头 (90 deg.弯头) | Cable Tray, plate | 50 | 50 | 24 | 36 | | | | |
| 弯头 (90 deg.弯头) | Cable Tray, plate | 50 | 50 | 1 | 1.5 | | | | |
| 弯头 (45 deg.弯头) | Cable Tray, plate | 50 | 50 | 1 | 1.5 | | | | |
| 弯头 (45 deg.弯头) | Cable Tray, plate | 100 | 100 | 41 | 61.5 | | | | |
| [illegible] | [illegible] Tray, plate | 100 | 100 | 3 | 4.5 | | | | |
| [illegible] | [illegible] plate | 100 | 100 | 1 | 1.5 | | | | |
| [illegible] | [illegible] | 100 | 100 | 1 | 1.5 | | | | |
| [illegible] | [illegible] plate | 100 | 100 | 3 | 4.5 | | | | |
| 弯头 (90 deg.弯头) | [illegible] Tray, plate | 100 | 100 | 21 | 31.5 | | | | |
| 弯头 (60 deg.上翻弯头) | Cable Tray, plate | 100 | 200 | 2 | 3 | | | | |
| 弯头 (60 deg.上翻弯头) | Cable Tray, plate | 100 | 400 | 4 | 6 | | | | |
| 弯头 (90 deg.弯头) | Cable Tray, plate | 100 | 100 | 2 | 3 | | | | |
| 弯头 (60 deg.弯头) | Cable Tray, plate | 200 | 100 | 2 | 3 | | | | |
| 弯头 (90 deg.弯头) | Cable Tray, plate | 200 | 100 | 1 | 1.5 | | | | |
| 弯头 (90 deg.弯头) | Cable Tray, plate | 200 | 100 | 6 | 9 | | | | |
| 弯头 (45 deg.弯头) | Cable Tray, plate | 200 | 100 | 1 | 1.5 | | | | |
| 弯头 (90 deg.弯头) | Cable Tray, plate | 200 | 100 | 2 | 3 | | | | |
| 弯头 (90 deg.弯头) | Cable Tray, plate | 300 | 100 | 1 | 1.5 | | | | |
| 弯头 (45 deg.弯头) | Cable Tray, plate | 300 | 100 | 5 | 7.5 | | | | |

深化前

深化后

图 3.16-7 深化前后工程量明细表

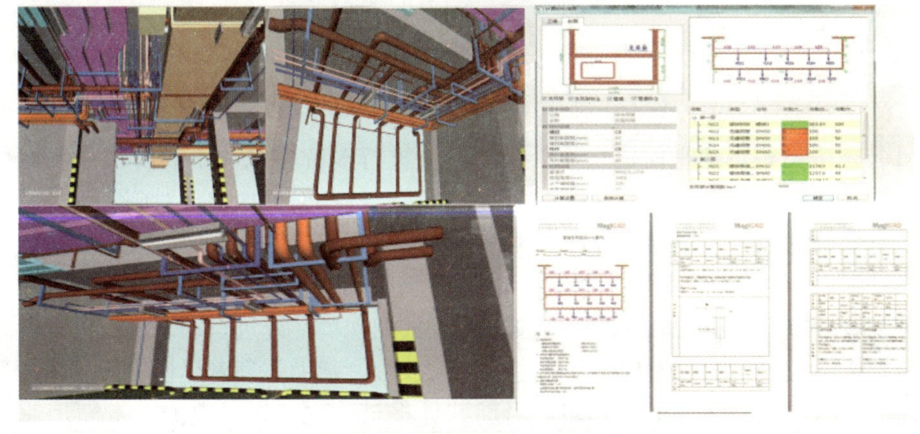

图 3.16-8 支吊架工程量明细表

（6）基于 BIM 的合约规划

BIM 技术人员在合约管理方面运用 BIM 技术实现了对合约规划、合同台账、合同登记、合同条款预警等方面的管理。可实时跟踪合同完成情况，并根据合同履行状况出具资金计划、资源计划。通过模型和实体进度的关联，依据实际进度的开展提取模型总、分包工程量清单，为业主报量及分包报量审批提供数据参考。系统内置合同条款预警信息，当合同完成情况及报量、签证出现偏差时，及时预警相关责任人（图 3.16-9、图 3.16-10）。

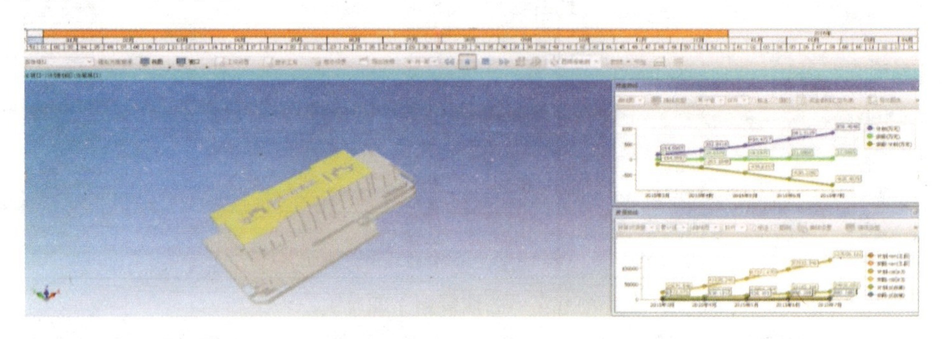

图 3.16-9　资金计划、资源计划

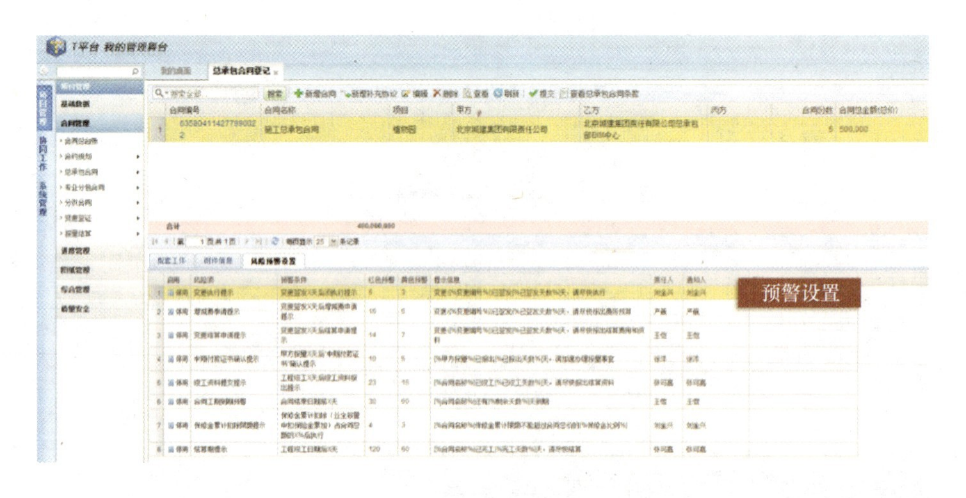


图 3.16-10　预警设置

（7）施工总平面布置规划

BIM 技术人员将场地平面建立三维模型，并进行漫游模拟和不同阶段的场地变化模拟，帮助狭小施工场地提前合理安排物料运送路线、物料设备摆放，对施工现场管理起指导作用，有效辅助施工组织设计合理安排（图 3.16-11）。

（8）基于 BIM 的进度管理

在进度管理方面，将计划与模型分别挂接，根据现场情况进行动态进度模拟，指导现场施工；根据系统设定的预警规则，将进度风险前移，帮助管理者尽快决策改正；通过模型辅助商务报量，减轻了商务工作量，目前共计报量五次，报量数据基本满足业主要求（图 3.16-12）。

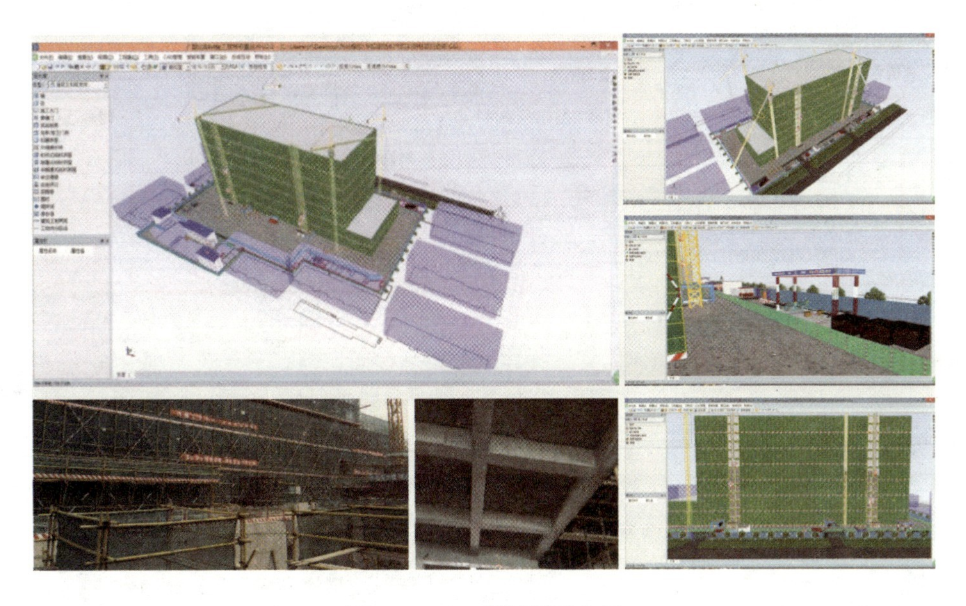

图 3.16-11　现场平面布置

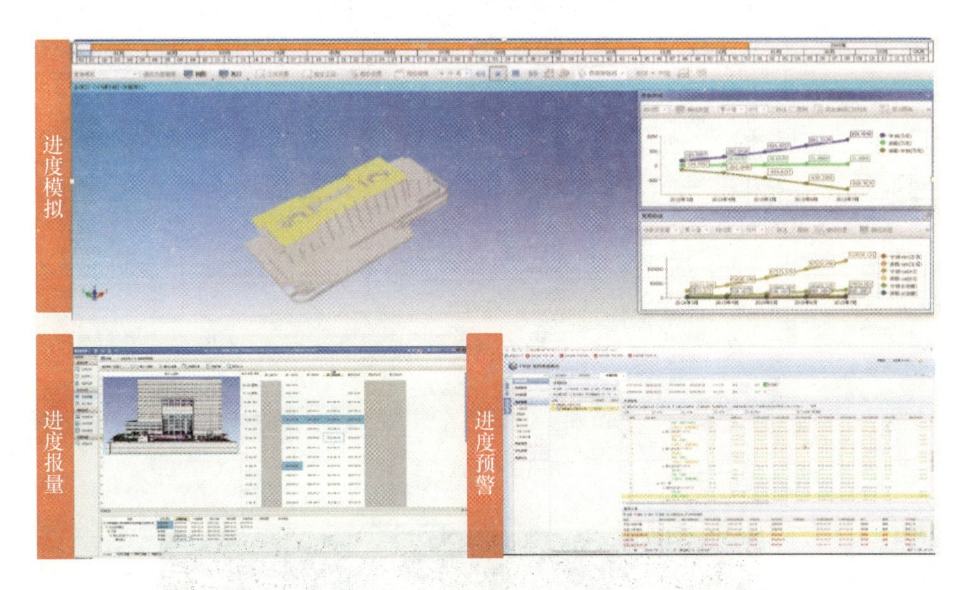


图 3.16-12　工程进度模拟

(9) 合同与成本管理

BIM 技术人员将 BIM 模型导入 BIM 系统平台，与预算、进度、合同等相关数据挂接，可以按时间、流水段、区域或自定义方式进行快速查询，并出具工程量表，指导商务报量和物资采购工作（图 3.16-13～图 3.16-16）。

BIM 模型与业务数据集成后，实现主、分包合同单价信息的关联。

BIM 模型与业务数据集成后，实现预算、收入、支出的三算对比。

(10) 图纸管理

除了进度和报量，BIM 技术人员还将项目中的图纸文件进行分类和版本管理，实现了图纸文件存储电子化，搜索智能化；而且对图纸的申报也作了相应管理，通过平台显示

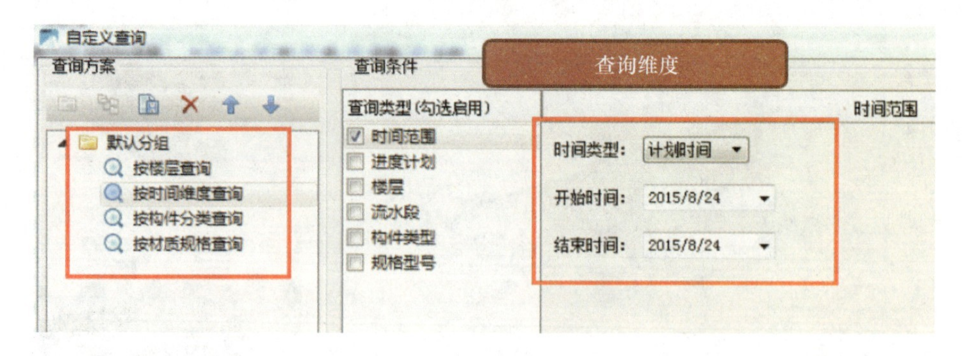


图 3.16-13　按时间查询

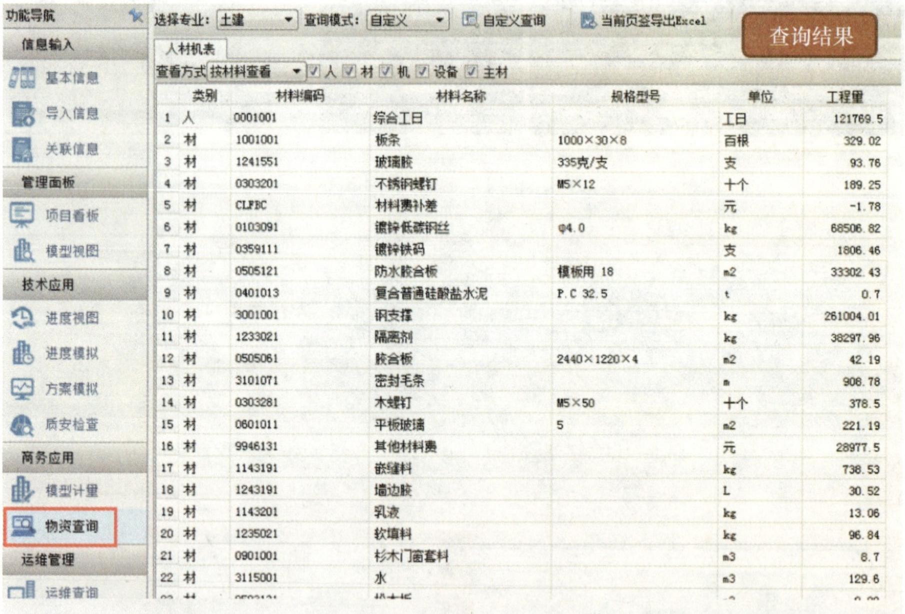

|  | 类别 | 材料编码 | 材料名称 | 规格型号 | 单位 | 工程量 |
|---|---|---|---|---|---|---|
| 1 | 人 | 0001001 | 综合工日 |  | 工日 | 121769.5 |
| 2 | 材 | 1001001 | 板条 | 1000×30×8 | 百根 | 329.02 |
| 3 | 材 | 1241551 | 玻璃胶 | 335克/支 | 支 | 93.76 |
| 4 | 材 | 0303201 | 不锈钢螺钉 | M5×12 | 十个 | 189.25 |
| 5 | 材 | CLFBC | 材料费补差 |  | 元 | -1.78 |
| 6 | 材 | 0103091 | 镀锌低碳钢丝 | φ4.0 | kg | 68506.82 |
| 7 | 材 | 0359111 | 镀锌铁码 |  | 支 | 1806.46 |
| 8 | 材 | 0505121 | 防水胶合板 | 模板用 18 | m2 | 33302.43 |
| 9 | 材 | 0401013 | 复合普通硅酸盐水泥 | P.C 32.5 | t | 0.7 |
| 10 | 材 | 3001001 | 钢支撑 |  | kg | 261004.01 |
| 11 | 材 | 1233021 | 隔离剂 |  | kg | 38297.96 |
| 12 | 材 | 0505061 | 胶合板 | 2440×1220×4 | m2 | 42.19 |
| 13 | 材 | 3101071 | 密封毛条 |  | m | 908.78 |
| 14 | 材 | 0303281 | 木螺钉 | M5×50 | 十个 | 378.5 |
| 15 | 材 | 0601011 | 平板玻璃 | 5 | m2 | 221.19 |
| 16 | 材 | 9946131 | 其他材料费 |  | 元 | 28977.5 |
| 17 | 材 | 1143191 | 嵌缝料 |  | kg | 738.53 |
| 18 | 材 | 1243191 | 墙边胶 |  | L | 30.52 |
| 19 | 材 | 1143201 | 乳液 |  | kg | 13.06 |
| 20 | 材 | 1235021 | 软填料 |  | kg | 96.84 |
| 21 | 材 | 0901001 | 杉木门窗套料 |  | m3 | 8.7 |
| 22 | 材 | 3115001 | 水 |  | m3 | 129.6 |

图 3.16-14　查询结果

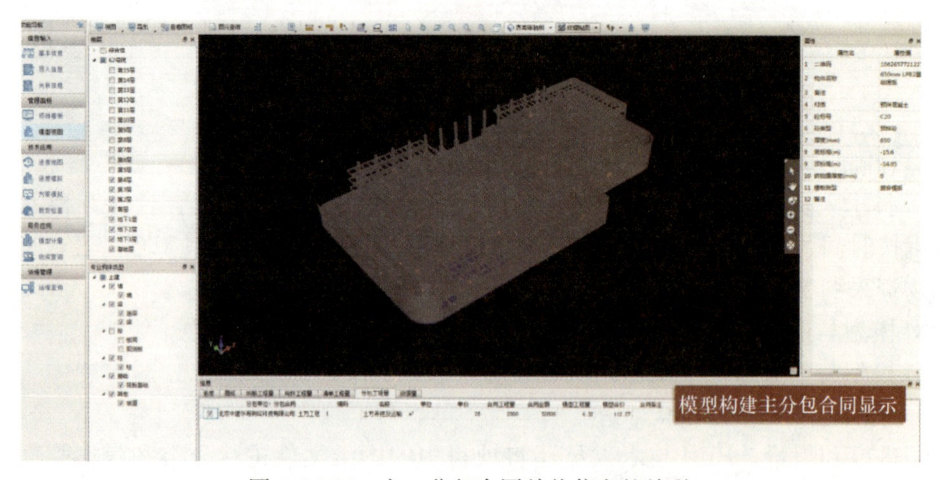


图 3.16-15　主、分包合同单价信息的关联

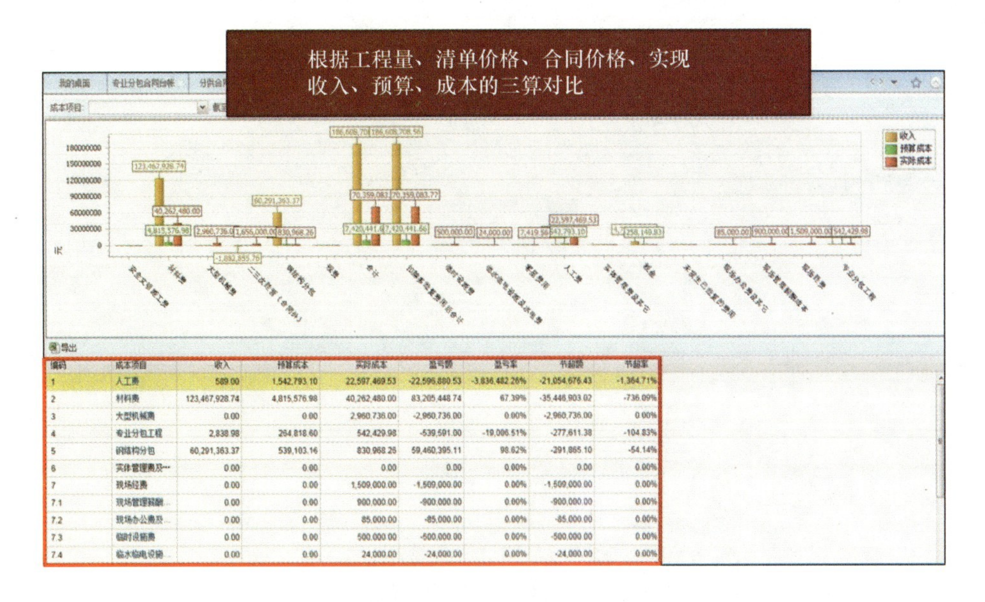


| 编码 | 成本项目 | 收入 | 预算成本 | 实际成本 | 盈亏额 | 盈亏率 | 节超额 | 节超率 |
|---|---|---|---|---|---|---|---|---|
| 1 | 人工费 | 589.00 | 1,542,793.10 | 22,597,469.53 | -22,596,880.53 | -3,836,482.26% | -21,054,676.43 | -1,364.71% |
| 2 | 材料费 | 123,467,928.74 | 4,815,576.98 | 40,262,480.00 | 83,205,448.74 | 67.39% | -35,446,903.02 | -736.09% |
| 3 | 大型机械费 | 0.00 | 0.00 | 2,960,736.00 | -2,960,736.00 | 0.00% | -2,960,736.00 | 0.00% |
| 4 | 专业分包工程 | 2,838.98 | 264,818.60 | 542,429.98 | -539,591.00 | -19,006.51% | -277,611.38 | -104.83% |
| 5 | 钢结构分包 | 60,291,363.37 | 539,103.16 | 830,968.26 | 59,460,395.11 | 98.62% | -291,865.10 | -54.14% |
| 6 | 实体管理费及… | 0.00 | 0.00 | 0.00 | 0.00 | 0.00% | 0.00 | 0.00% |
| 7 | 现场经费 | 0.00 | 0.00 | 1,509,000.00 | -1,509,000.00 | 0.00% | -1,509,000.00 | 0.00% |
| 7.1 | 现场管理薪酬… | 0.00 | 0.00 | 900,000.00 | -900,000.00 | 0.00% | -900,000.00 | 0.00% |
| 7.2 | 现场办公费及… | 0.00 | 0.00 | 85,000.00 | -85,000.00 | 0.00% | -85,000.00 | 0.00% |
| 7.3 | 临时设施费 | 0.00 | 0.00 | 500,000.00 | -500,000.00 | 0.00% | -500,000.00 | 0.00% |
| 7.4 | 临水临电设施… | 0.00 | 0.00 | 24,000.00 | -24,000.00 | 0.00% | -24,000.00 | 0.00% |

图 3.16-16　预算、收入、成本的三算对比

的数据，项目领导可以一目了然地洞察各类报审信息（图 3.16-17）。

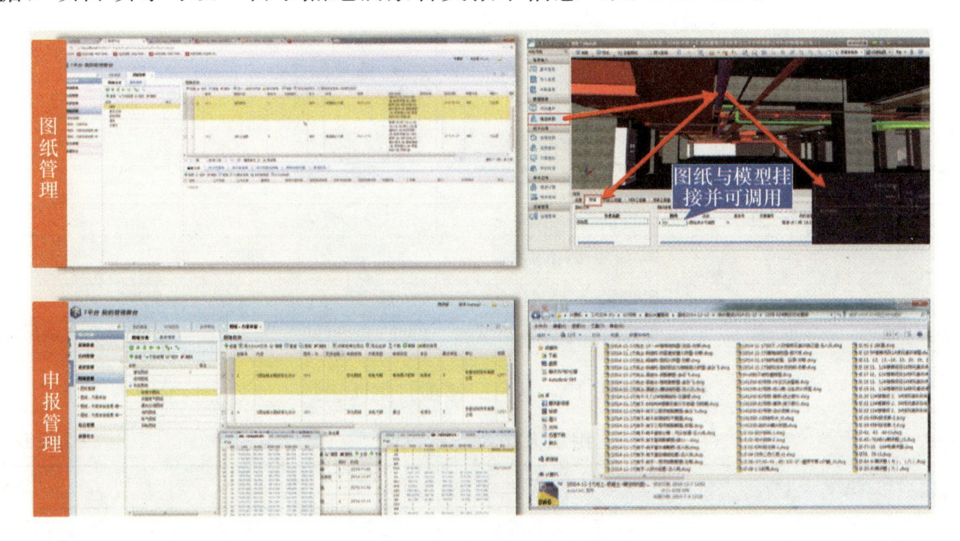


图 3.16-17　图纸管理

（11）劳务管理

BIM 技术人员将参与某科研楼项目的各劳务队信息与人员信息输入管理系统，真实管理劳务人员的进出场信息，严格把控考勤管理，落实了劳务队伍的精细化管理，保障了现场各工作有序开展（图 3.16-18）。

**3. 项目组织流程及实施要求**

（1）人员组织架构及职责

某科研楼项目团队组织见图 3.16-19。

组织人员及职责说明见表 3.16-1。

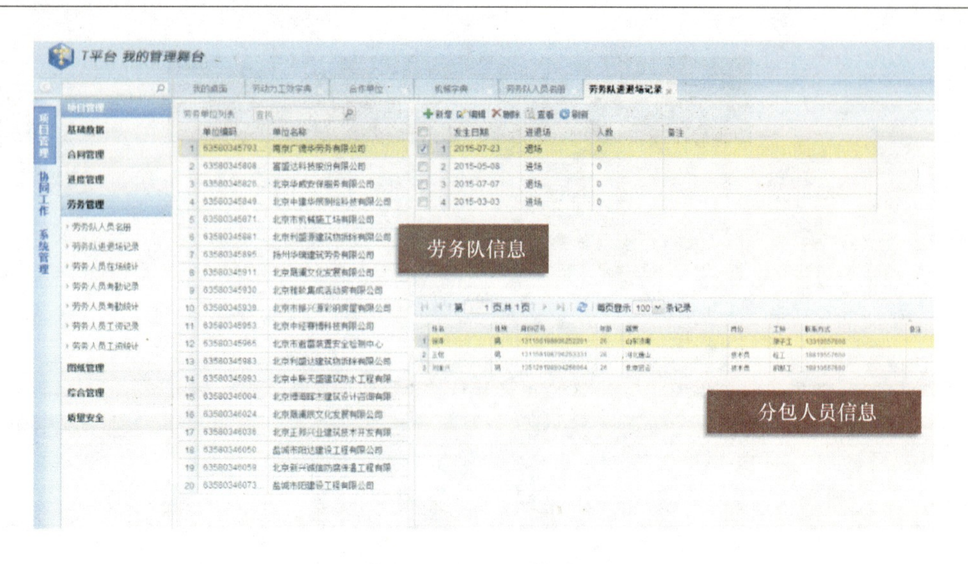


图 3.16-18 劳务管理

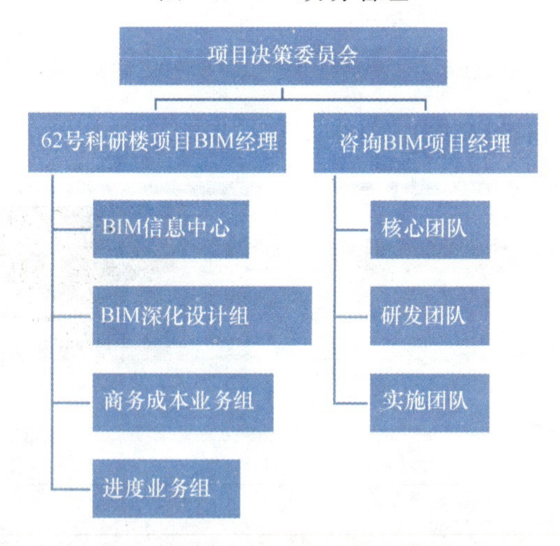


图 3.16-19 某科研楼项目团队组织

**组织人员及职责说明** **表 3.16-1**

| 岗位/组织 | 职 责 |
| --- | --- |
| 项目决策委员会 | 由甲乙双方人员组成，对项目的重大事件进行决策并对项目全过程进行监督及协调，负责研发、实施过程中授权范围之内的决策、变更处理 |
| 某科研楼项目团队 | |
| 某科研楼项目 BIM 项目经理 | BIM 项目团队负责人。负责组织项目相关部门配合需求调研、组织需求评审、组织用户测试、实施、验收等工作 |
| 信息中心 | 负责搭建软硬件环境、系统安装、日常的用户培训、系统交付后的系统维护等 |
| 深化设计组 | 负责建筑结构 BIM 模型的建立，钢结构、机电、三维模型的整合 |
| 商务成本业务组 | 前期配合商务、成本业务的需求调研、业务讨论，后期在日常工作中应用模块、BUG 反馈 |
| 进度业务组 | 前期配合进度业务的需求调研、业务讨论，后期在日常工作中应用进度等模块、BUG 反馈 |

续表

| 岗位/组织 | 职　责 |
| --- | --- |
| 咨询 BIM 团队 | |
| 咨询 BIM 项目经理 | 领导咨询 BIM 项目组，项目研发、实施的直接执行负责人，负责项目的实施，组织、协调并监督各组的工作情况及进度。负责计划与控制、人员配置管理和工程进度等工作 |
| 研发核心团队 | 向项目经理汇报，负责开发日常管理、内部评审、决策工作 |
| 研发团队 | 负责具体需求分析、技术方案设计、开发、测试工作 |
| 实施团队 | 负责具体实施方案设计及实施工作 |

（2）实施目标

本项目 BIM 实施的总体目标为：通过 BIM 应用，支撑某科研楼项目的总承包项目管理，达到提高深化设计的质量和效率、提高总承包进度计划的管理能力、提高现场施工方案的合理性与科学性、提高分包的协调管理能力和信息沟通效率、提高商务合约管理的可靠性等。具体目标如下：

① 创建并维护施工阶段 BIM 深化设计模型；

② 整合各分包 BIM 深化设计模型，形成全专业 BIM 深化设计模型，并实施各专业协调、碰撞检查、可视化管控等专业化应用；

③ 搭建并实施项目的总承包管理 BIM 应用平台；

④ 培养出一支具有施工阶段独立实施 BIM 应用的 BIM 团队；

⑤ 申报并获得各类 BIM 奖项和科技成果；

⑥ 满足项目甲方对 BIM 的要求。

（3）实施要求（表 3.16-2）

**实施要求**　　　　**表 3.16-2**

| | | |
| --- | --- | --- |
| 1 | 合同工期 | 合同工期 859 日历天，即：2014 年 8 月 26 日开工，2016 年 12 月 31 日竣工 |
| 2 | 工程质量目标 | 结构、竣工长城杯“金杯” |
| 3 | 安全目标 | 确保无重大工伤事故，杜绝死亡事故；轻伤频率控制在 3‰以内 |
| 4 | 施工现场管理目标 | 创“北京市绿色安全样板工地” |
| 5 | 消防目标 | 消除现场消防隐患，无任何消防事故发生 |
| 6 | 环保目标 | 达到 ISO14001 国际环保认证的要求 |
| 7 | 降低成本目标 | 2% |

（4）实施流程

某科研楼项目的实施内容主要包含：BIM 模型创建、建模软件培训、建模分包管理、工程量核查、施工项目动态管理等，具体工作流程分为“实施规划、方案设计、系统建设、上线准备、应用验收”五个阶段，如图 3-16-20 所示。

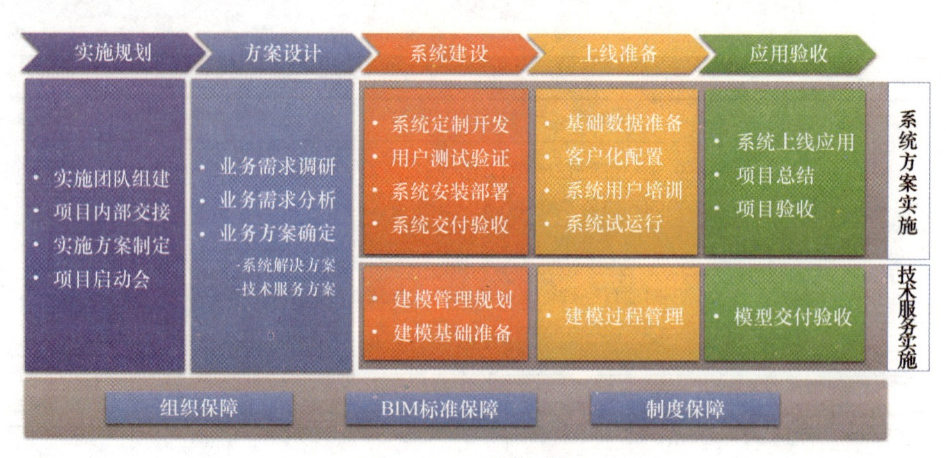


图 3.16-20　实施流程

① 实施规划阶段

实施规划阶段是结合项目的要求和实际情况，确定项目实施目标、BIM 应用范围，制订项目实施计划的重要阶段。做好项目实施规划，将极大地降低项目实施过程中的风险，实施工作开展起来也会事半功倍。实施规划阶段包含实施团队组建、项目内部交接、实施方案制订、项目启动会四个关键任务（表 3.16-3）。

**实施规划**　　**表 3.16-3**

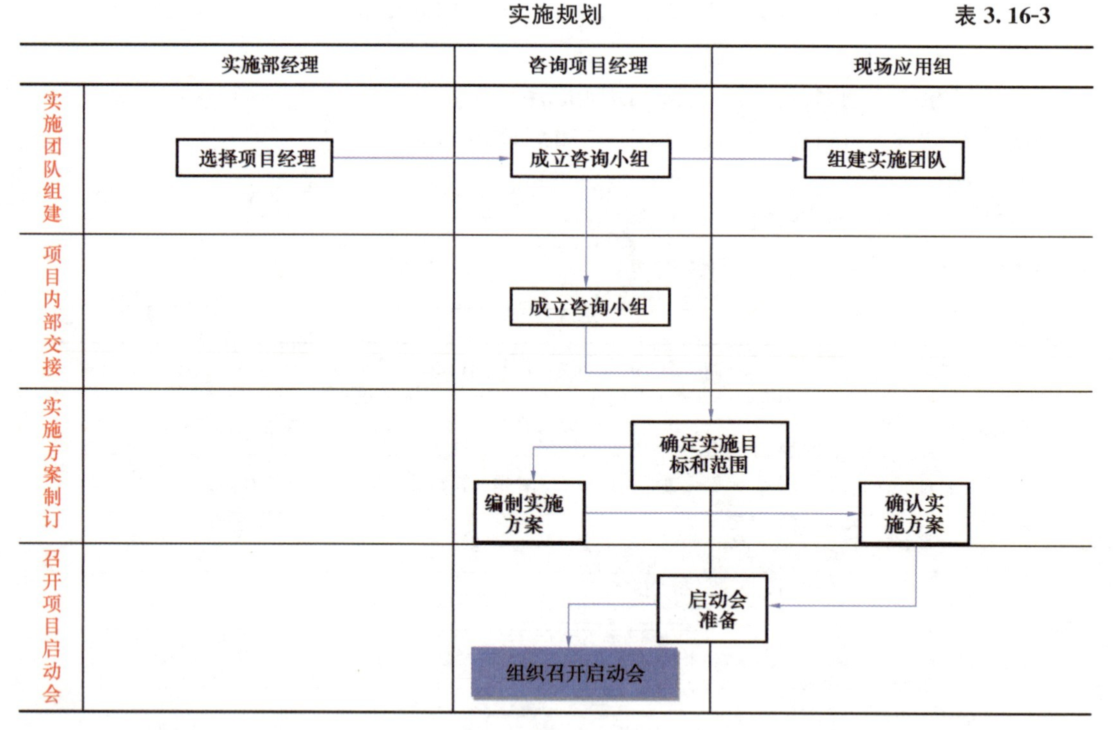


② 方案设计阶段

方案设计阶段是对客户业务需求进行调研和分析，并根据需求和分析结果输出业务解决方案的阶段。在本阶段，顾问将对客户的实际业务流程和应用需求进行详细的调研、分析，针对客户的详细需求设计有针对性的方案和实施策略，最终形成业务解决方案并与客户确认达成一致（表 3.16-4）。

方案设计　　表 3.16-4

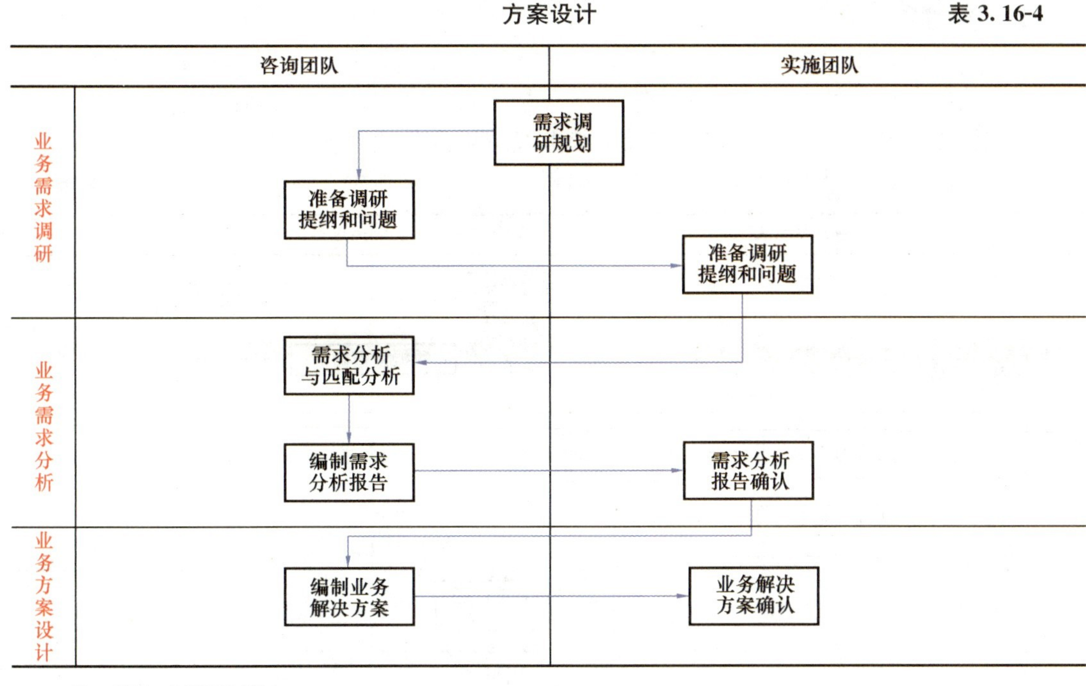


③ 系统建设阶段

系统建设阶段将根据系统解决方案中确定的产品需求和业务流程，满足项目必要的个性化需求，对产品进行客户化改造和开发、集成测试和产品部署，直到系统产品达到系统上线所需条件，完成产品交付验收的过程（表 3.16-5）。

系统建设　　表 3.16-5

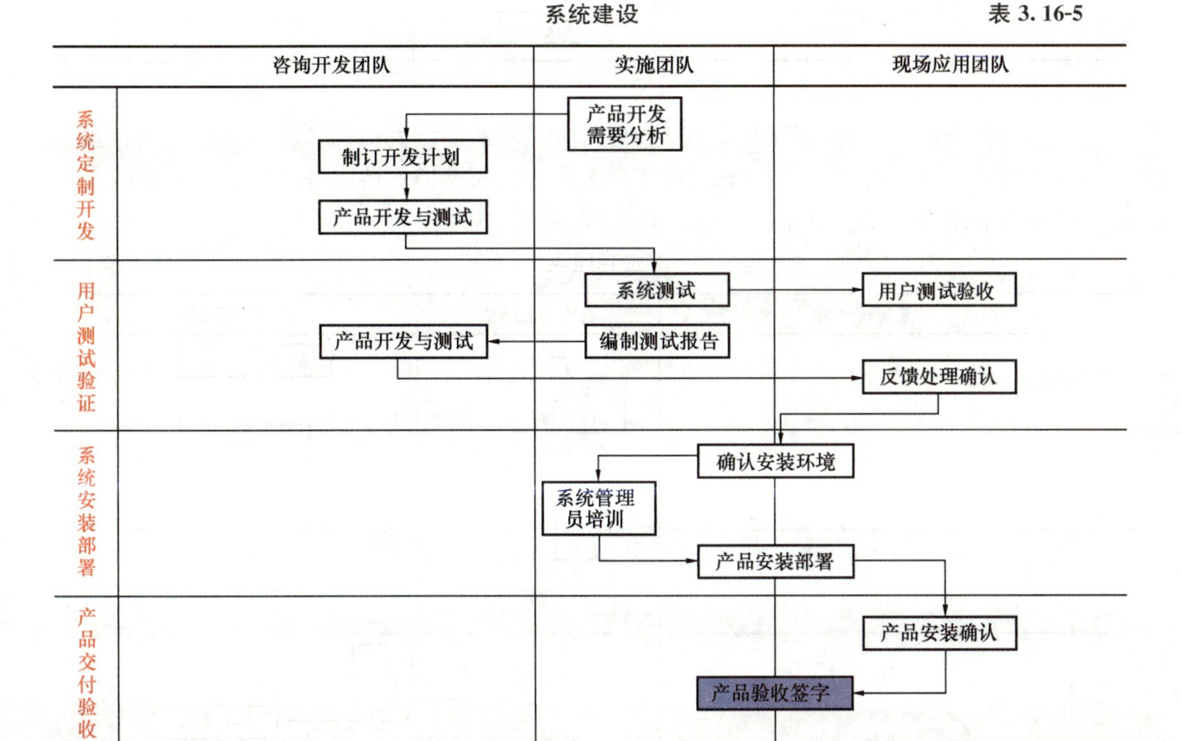

④ 上线准备阶段

上线准备阶段需要完成人员、数据、系统三方面的准备工作，如完成各项基础数据和业务数据的准备，按照客户项目的实际需求对系统进行客户化配置，辅导各业务部门用户熟悉系统操作，开展系统试运行，完成系统上线应用的各项准备工作（图 3.16-6）。

**上线准备**　　**表 3.16-6**

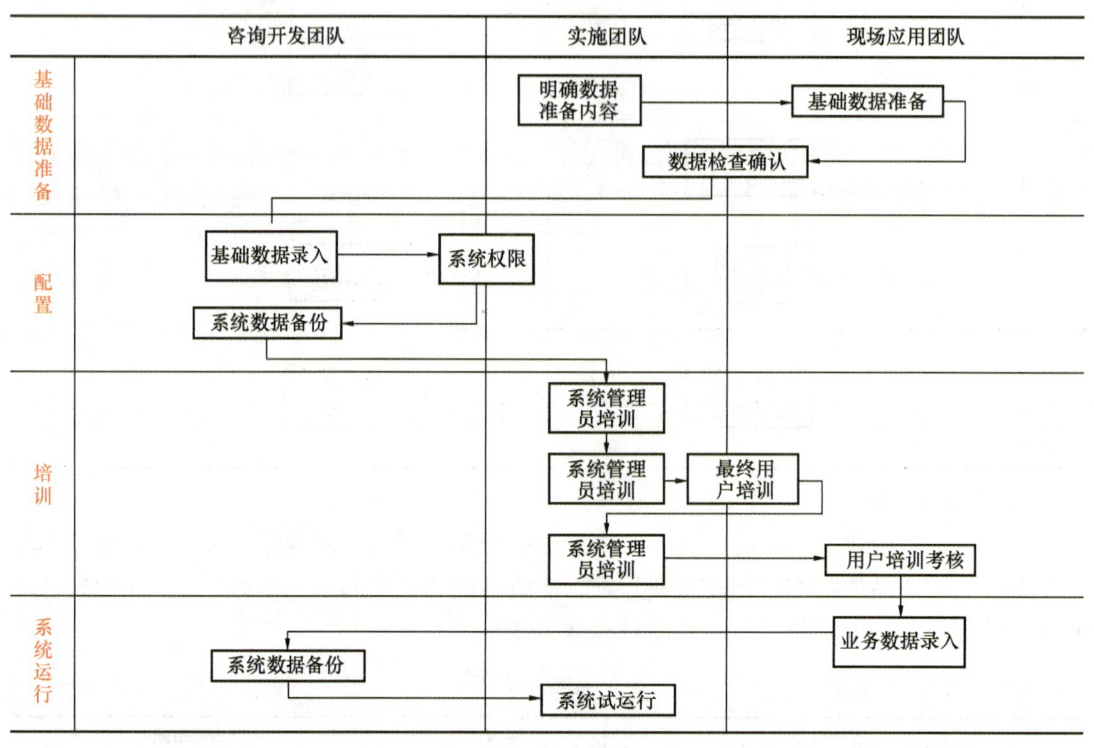


⑤ 应用验收阶段

应用交付阶段是经过系统试运行的检验和演练，系统、人员等各方面条件达到正式上线应用要求，完成系统的正式上线。通过对项目持续的维护支持服务，达到项目验收条件后开展项目总结和项目验收工作，标志着 BIM 项目实施的正式完成（表 3.16-7）。

**应用验收**　　**表 3.16-7**

|  | 系统管理员 | 咨询实施团队 | 现场应用团队 |
| --- | --- | --- | --- |
| 系统应用上线 |  | 现场运行支持<br>实施人员撤场 | 系统应用上线<br>建立内部支持 |
| 项目总结 |  | 编制项目总结 |  |
| 项目验收 |  |  | 编制项目验收<br>项目验收 |

## 课 后 习 题

1. 案例工程中有哪些方面应用了 BIM 技术？

2. 进度管理应用中，需要哪些部门的人员协同配合工作开展？

3. 使用 BIM 技术，能够给施工单位带来哪些效益？

4. BIM 算量结果能否直接用于报量结算？如可以，请阐明理由，如不能，仍需要进行哪些工作。

**参考答案：**

1. 本案例工程中主要在两方面应用了 BIM 技术。一方面是模型基础应用：主要体现在管线综合、碰撞检查、净高优化、高大模架模拟、工程量计算、总平面布置规划。一方面是模型的综合应用，体现在施工的动态进度管理、图纸管理、合同与成本管理、劳务管理等。

2. 在总承包的动态施工管理中想要做好进度的管理需要项目多个部门配合，如：需要 BIM 中心的人提供各专业整合的 BIM 模型，需要 BIM 中心进行部门间的协调；需要工程部提供项目进度计划；需要各劳务队伍提供每天的施工日报；需要现场的班组提供现场实际工程进展情况；需要项目管理部门作进度整体规划，对出现进度偏差的情况作出决策处理。

3. BIM 技术对投资方、设计方、建设方、运维方等参建各方都具有非常多的价值，针对建筑施工企业在工程施工全过程的关键价值主要有：虚拟施工、方案优化；碰撞检查、减少返工；形象进度、4D 虚拟；精确算量、成本控制；现场整合、协同工作；数字化加工、工厂化生产；可视化建造、集成化交付（IPD）。

4. BIM 算量结果可以直接用于报量结算。在本项目中，应用的是某 BIM 系统，可以直接用于报量的前提在于：①BIM 模型是不断随着设计图纸及变更变化更新的，并且项目现场是根据 BIM 模型来施工的；②系统平台中流水段的划分与现场流水施工一致；③系统中清单与业主报量中清单保持一致；④系统中进度计划与现场进度情况保持一致；⑤系统中将 BIM 模型与进度计划、清单、流水段相关联，这样就可以保证 BIM 模型的算量结果可以直接用于报量结算。

（案例提供：刘金兴、马艺彬）

## 【案例 3.17】某大厦项目施工阶段 BIM 应用案例

BIM 是以工程三维模型为载体，完成系统性集成、分析、处理各项相关信息，并通过数字信息仿真技术进行建筑物所具有信息的真实模拟。近年来，随着计算机技术的高速发展，BIM 技术在工程领域的应用也得到不断深化。企业通过 BIM 技术改变传统施工方式，能够有效地提升工程质量、节约工程成本、深化项目的精细化管理程度。

**1. 项目背景**

某大厦项目，工程地块面积 $10042m^2$，容积率不大于 1.85，绿化率不小于 22%。建筑物地上 6 层，地下 2 层，建筑总高 24m。总建筑面积 $30504m^2$，其中地上 $18578m^2$，地下 $11926m^2$。建成后，主要用于公司办公及软件研发，可容纳 1200 人办公。

**2. BIM 应用内容**

（1）总体应用情况概述

该项目 BIM 应用内容包括三维方案设计选型、建筑能耗分析、碰撞检查、BIM 5D 应用、基于 BIM 的进度管理、基于 BIM 的合同成本管理等。大厦的建设管理过程中，施工方和业主都积极探索了 BIM 技术的应用模式、应用点来辅助项目管理的进行。本文将重点从如何借助 BIM 5D 软件辅助进行工程项目整体施工管理的方面加以介绍。

（2）项目 BIM 模型的创建

BIM 模型是应用 BIM 的基础，该项目采用 Revit Architecture/Structural/MEP 软件创建工程项目的土建、机电专业模型，采用三维场地 GSL 软件创建场布模型，如图 3.17-1 所示。

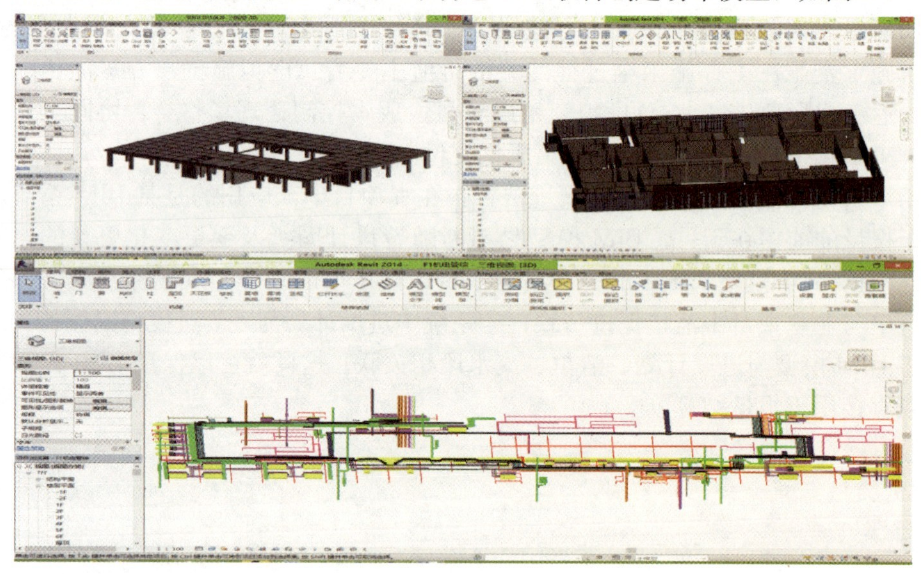

图 3.17-1　一层结构、建筑、机电模型

（3）模型集成浏览

BIM 5D 软件可以集成土建、钢筋、机电、场地等全专业模型用于进行 BIM 应用。项目将 BIM 前期建立的土建、机电模型及场布 BIM 模型导入到 BIM 5D 软件中，完成各 BIM 模型的集成工作，如图 3.17-2、图 3.17-3 所示。项目可以对 BIM 模型中的模型信息进行快速查询。

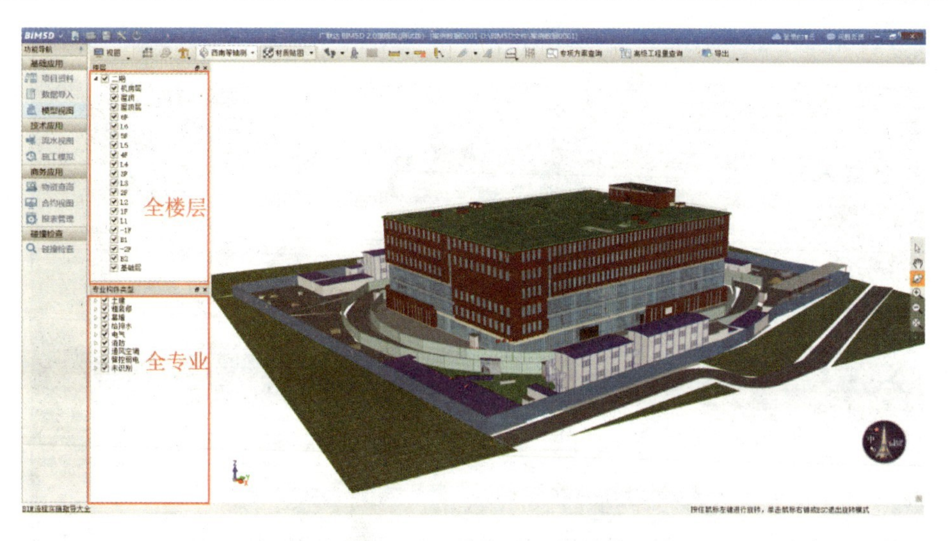


图 3.17-2　全专业模型集成

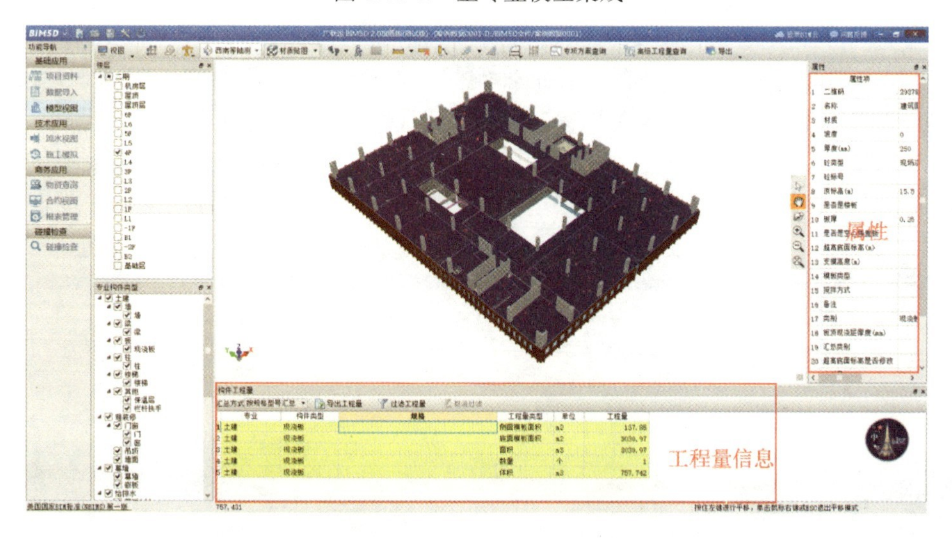


图 3.17-3　模型信息查看

（4）基于 BIM 的碰撞检查

各个专业之间，如结构与水暖电等专业之间的碰撞是一个传统二维设计难以解决的问题，往往在实际施工时才发现管线碰撞、施工空间不足等问题，造成大量变更、返工，费时、费力。

项目基于 BIM 技术进行多专业协同及碰撞检测很好地解决了这个问题。将集成后的模型导入广联达 GMC 软件进行碰撞检查，检查出集成后的各专业模型的碰撞问题，除了能发现结构与机电、机电各个专业之间的各类碰撞，还能发现门窗开启、楼梯碰头、保温层空间检查等建筑特有软碰撞。在施工前快速、全面、准确地检查出设计图纸中的错误、遗漏及各专业间的碰撞问题。通过分析，找出多达 9000 处的碰撞问题，对于碰撞位置，可以通过 GMC 软件直接定位、返回模型进行修改，从而减少施工中的返工，提高建筑质量，节约成本（图 3.17-4）。

（5）流水段管理

图 3.17-4　基于 BIM 的碰撞检查

在计划安排中规避施工现场的工作面冲突是生产管理的重要内容。BIM 5D 中，通过流水段划分等方式将模型划分为可以管理的工作面，并且将进度计划、分包合同、甲方清单、图纸等信息按照客户工作面进行组织及管理，可以清晰地看到各个流水段的进度时间、钢筋工程量、构件工程量、质量安全、清单工程量、所需的物资量、定额劳动力量等，帮助生产管理人员合理安排生产计划，提前规避工作面冲突（图 3.17-5）。

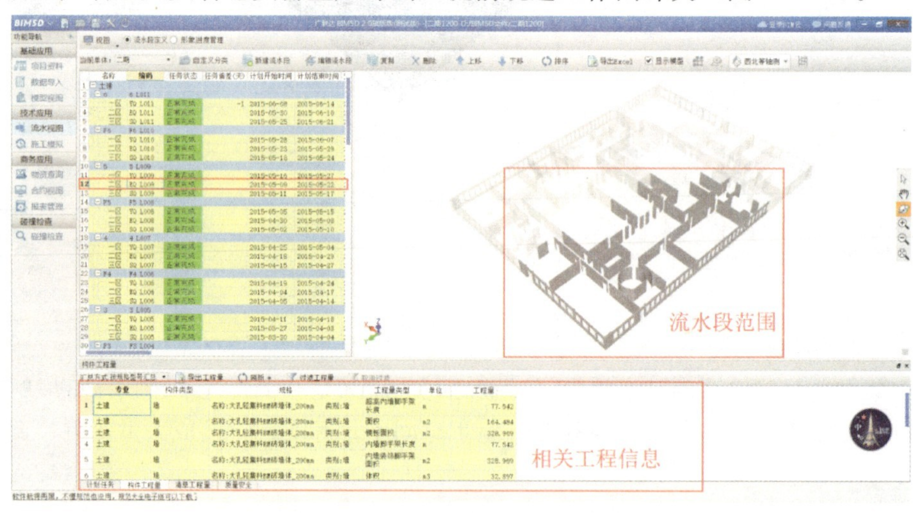


图 3.17-5　流水段管理

（6）项目物资管理

BIM 模型上记载了模型的定额资源，如混凝土、钢筋、模板等用量，项目现场人员可以按照楼层、流水段、时间、专业类别统计所需的资源量，在做项目总控物资计划、月备料计划和日提量计划、节点限额前应用 BIM 5D 软件，快速提取对应的物资量，作为物资需用计划、节点限额的重要参考，提交相应部门审核，将物资管控的水平提高到楼层、流水段级别（图 3.17-6）。

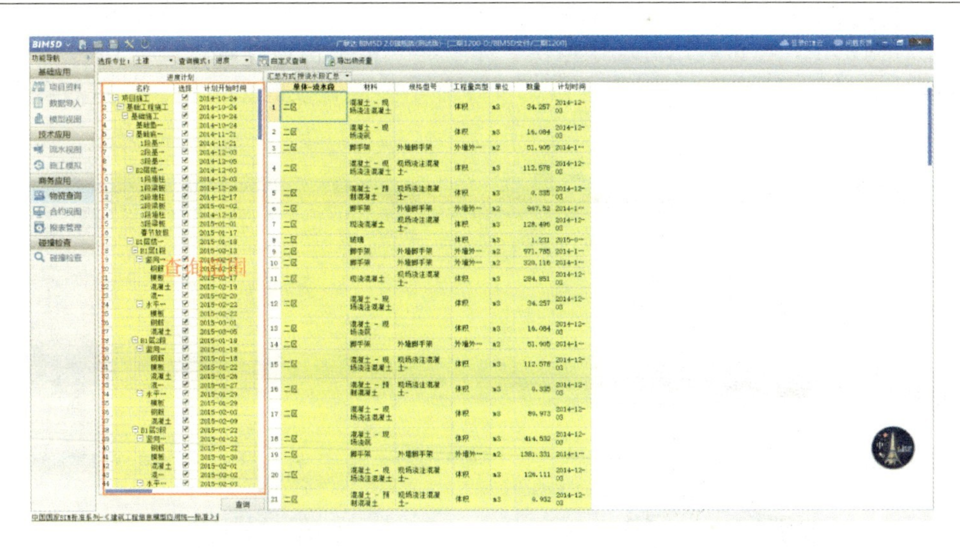


图 3.17-6　项目物资管理

（7）工程量集成及过程计量

项目利用 BIM 5D 软件集成土建、机电、场布模型，并以 BIM 集成模型为载体，对施工过程中的进度、合同、成本、工艺、质量、安全、图纸、材料、劳动力等信息进行集成管理，使集成后的 BIM 模型中的每一个构件都具备了应有的物理信息和功能特性数据。

以土建专业为例，在施工过程中可以从进度计划、楼层、流水段类型、专业构件类型多个角度，查询所需的工程量，为施工的技术方案优化、生产备料等多个环节及时提供准确的工程量（图 3.17-7）。

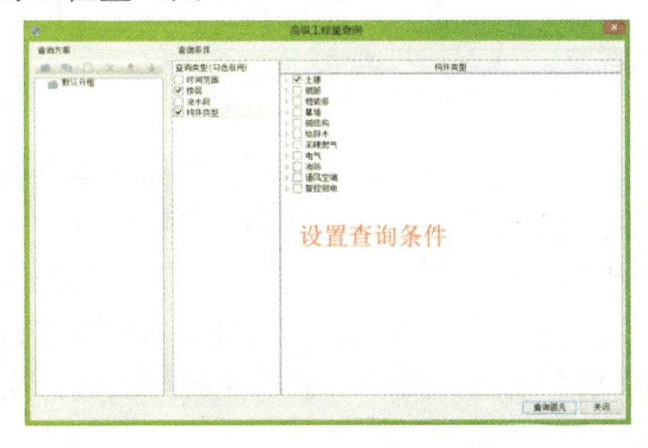


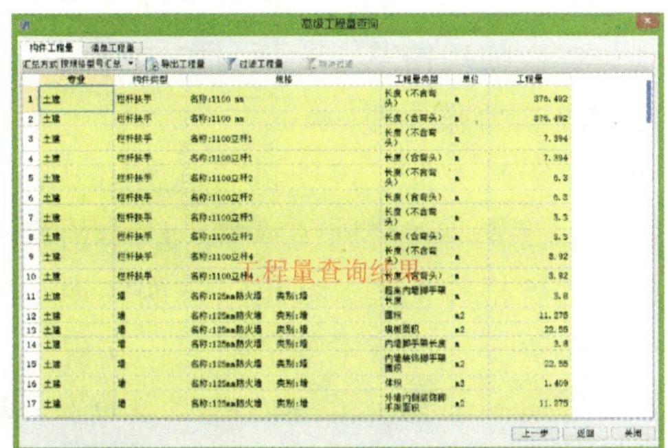


图 3.17-7　工程量集成及过程计量

（8）施工动态模拟

该项目在完成施工进度计划编制后，将进度计划（project 文件）导入到 BIM 5D 软件中。通过任务项与模型构件相关联，赋予模型中每个构件进度信息。导入项目预算文件，通过清单匹配功能或手动套用清单，赋予模型中每个构件预算的量、价属性。项目人员完成模型构件与进度、成本关联后，即可通过模型获取准确的进度范围、位置、工程量等信息。

① 进度模拟

项目人员利用 BIM 5D 软件中的进度模拟功能，根据实际需要，选择施工过程中任一时间段进行施工模拟。对于施工进度的提前或延迟，软件会以不同颜色予以显示（颜色可调整），并设置不同的视口同时对项目进行多角度的进度模拟，为项目的进度管控提供参考。

在工程施工中，项目利用进度模拟使全体参建人员很快地理解进度计划的重要节点；同时进度计划通过实体模型的对应表示，发现施工差距，及时采取措施，进行纠偏调整（图 3.17-8）。

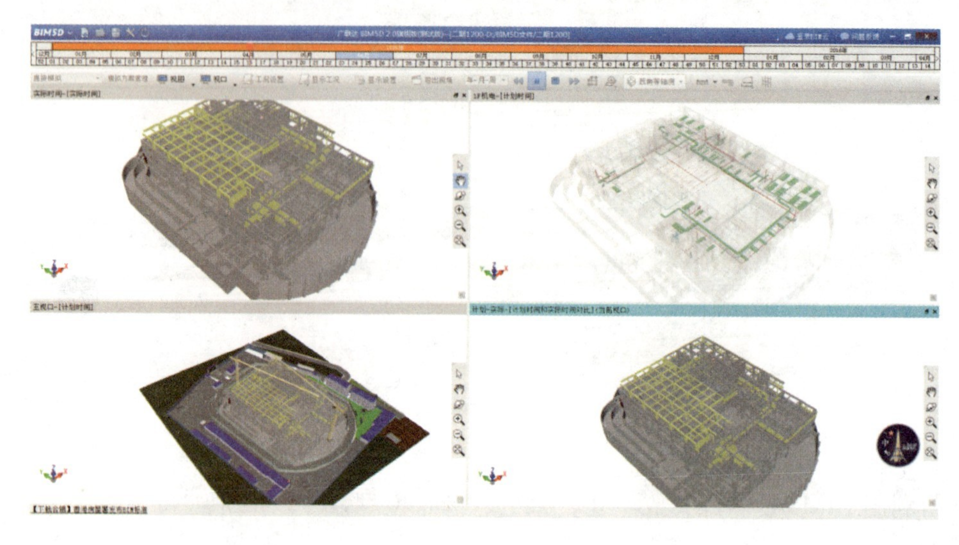

图 3.17-8 进度模拟

② 资金与资源曲线

在进度模拟过程中，项目利用 BIM 5D 软件提供动态的资金曲线、资源曲线图表（支持曲线图与柱形图两种方式），并可以按月、周、日（粒度）分别显示各个时间节点的资金、资源累计值和当前值。项目管理人员通过资金与资源曲线，了解施工过程中不同时间的资金与资源使用情况，为项目资金计划和物资采购计划提供参考（图 3.17-9）。

（9）成本动态管理

在成本管理方面，该项目通过使用 BIM 5D 软件有效地提高了成本核算和成本分析的工作效率。首先通过合同预算书、成本预算书与模型的自动关联，实现以模型为载体，集成各构件的价格和工程量数据，进而实现工程成本的快速结算。通过对各施工范围内工程量、构件单价、合计成本等的对应，实现项目实际成本与预算成本、合同成本的快速核算对比，掌握每一个施工范围内的“盈亏”、“节超”情况，为项目成本控制提供数据支撑（图 3.17-10）。

**3. BIM 组织及实施流程**

（1）团队的组成

该项目的 BIM 实施，由建设方牵头，组织设计、施工、监理、绿色咨询多方共同使用 BIM 技术，并聘请了 BIM 咨询团队进一步保障和指导 BIM 技术在项目全过程的应用。

（2）实施流程

从实施流程上，项目组按照以下四个步骤循序渐进地推进：

① 准备工作：成立 BIM 工作小组，制订实施目标与计划；

② BIM 需求分析：需求调研与分析；

③ 制定标准与规范：建模标准、应用规范、技术标准；

④ 应用与持续优化：产品培训、应用上线、维护与升级。

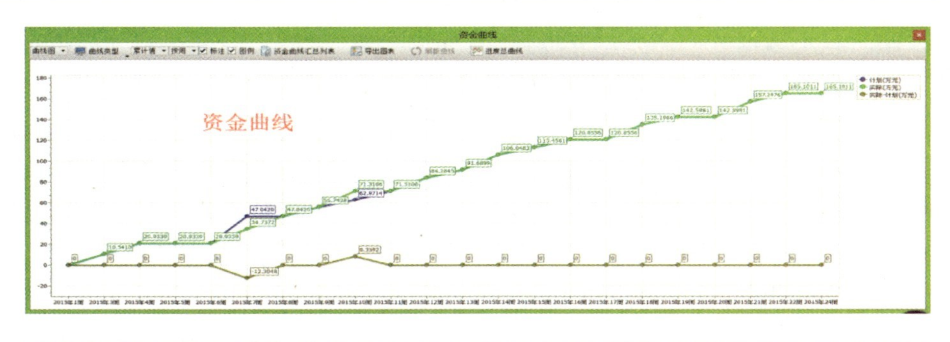


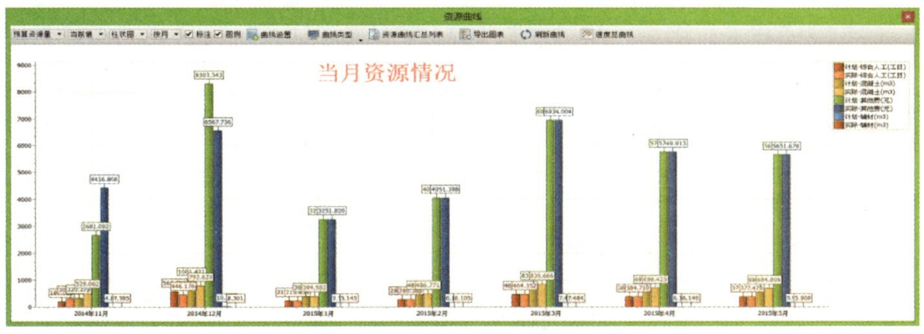


图3.17-9 资金与资源曲线

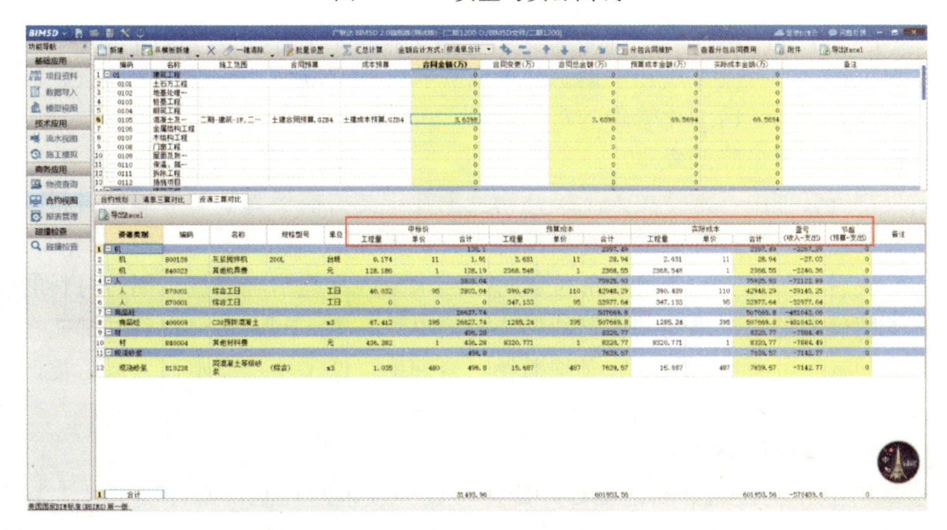

图3.17-10 成本动态管理

同时，配套了组织保障、标准保障、制度保障、资金保障四方面的支持。

**4. 主要应用难点及解决方法**

（1）参建各方之间存在博弈

BIM技术提供了一个集成管理与协同工作环境，并且一个完善的信息模型，能够连接建筑项目生命期不同阶段的数据、过程和资源，是对工程对象的完整描述，可被建设项目各方普遍使用。BIM技术虽然很好，但是各参与方往往出于各自的利益考虑，不愿提供BIM模型、不愿精确透明，无形中为BIM技术的推广制造了障碍。为此该项目在招标投标阶段就明确要求各投标单位具备BIM技术应用能力，不但要在项目上使用BIM技术还要提供 BIM 模型数据。

（2）BIM 模型和工程数据的准确性有待提高

基于 BIM 技术辅助进行工程项目管理，虽然可以提供更加直观高效的管理手段，但是如果所依据的数据不够准确，就无法真正做到利用 BIM 技术指导现场施工作业。为此项目在展开 BIM 应用前对工程 BIM 需求进行分析，确定建模精细化标准及工程进度计划等相关数据的精度规范，保证后期 BIM 应用过程中所提供的数据满足指导现场施工需要。

**5. BIM 技术应用价值及成效**

（1）精细化进度管控缩短工期

在本项目 BIM 技术应用中，将进度与 BIM 模型深度结合，项目应用人员每周的进度计划都是在 BIM 5D 软件中做计划管理、施工协调等工作。以往，管理人员每周都需要耗费一天的时间，做计划的分解排布，根据计划提取相应工程量等工作，现在只需要在 BIM 5D 软件中点击鼠标，轻松地管理计划，节约了工程师的宝贵时间。同时，通过施工模拟，可以实时合理利用现场资源，缩短总工期，保障了对业主工期的承诺。

（2）流水段合理划分提升施工精细化管理

在以往项目中，流水段管理都是通过工程部区域负责人的方式来管理现场的流水进度、流水提量、流水计划管理等工作，即使专人负责，也很难做到管理到位，总是因为前期备量不足、工序交叉等原因造成流水施工不顺畅。在应用 BIM 5D 软件后，按现场实际将模型按流水段划分，划分后，现场提量、核量非常方便快捷，全项目流水施工的工作，不需要专人负责，所有流水段相关信息都可以在软件中提取到，通过提前备量、流水施工模拟等功能提升了施工精细化管理的水平。

（3）物资精确提量降低成本

在项目物资管理中，常常由人工统计物资消耗，类似模板脚手架等周转材料无法做到现场的实时调配，施工过程中的非必要消耗很大，增加了工程成本。在应用 BIM 5D 软件物资查询模块后，每个专业、每个部位、每个流水分区都能精确查量，周转材料的进出场时间也有了精确的记录，每周的物资消耗都清晰可见，每天的周转材料调配都能在软件中查询，极大地减少了项目材料的非必须损耗，合理地降低了项目成本，为以后类似项目的投入提供了可靠的参考依据。

（4）全专业碰撞检查减少返工

通过 BIM 技术的应用，利用全专业碰撞检查实现事前控制，设计变更大大减少，变更结算的费用仅占合同金额的 6.8%，整个项目相比传统管理模式，约减少设计变更 40%，并且整个施工过程实现零返工。

BIM 技术有效贯穿了该项目的整个施工过程，更好地帮助项目的完成，缩短了项目周期，确保了项目质量，降低了项目成本。该项目 BIM 的全面应用备受瞩目，建设期间接待了业内专业人士上百次的参观，并荣获首届工程建设 BIM 应用大赛一等奖。

## 课　后　习　题

### 一、选择题

1. BIM 与传统方式相比在实施应用过程中是以（　　）为基础，进行工程信息系统的分析、处理工作的。

A. 工程 CAD 图纸　　　　B. 三维模型

C. 各专业 BIM 三维模型　　　　D. 工程土建模型

2. 在设计阶段或施工前期可以通过 BIM 应用中的（　　）功能，及时发现管线在设计阶段存在的问题，及时整改，避免施工过程中带来的损失。

A. 碰撞检查　　　　B. 流水段划分

C. 工程量查询　　　　D. 分包合同管理

3. 在下列建模软件中，不能进行安装专业建模的是（　　）。

A. Revit MEP　　　　B. MagiCAD

C. GQI 软件　　　　D. Tekla

**参考答案：**

1. C　　2. A　　3. D

**二、填空题**

1. 在 BIM 信息整合过程中可以利用广联达 GCL 软件创建的____模型与 Project 软件创建的____文件实现 BIM 模型与____信息的集成整合工作。

2. 在 BIM 应用过程中，实现通过 BIM 模型查询相关成本信息的前提是将____ 与工程____信息进行一一关联。

3. 在项目的不同阶段，不同利益相关方通过在 BIM 中插入、提取、更新和修改信息，以支持和反映其各自职责的____作业。

**参考答案：**

1. 土建　工程进度计划　进度　2. 模型　成本　3. 协同

**三、论述题**

简述 BIM 技术在工程施工阶段的应用意义？

**参考答案：**

工程项目实施人员运行 BIM 技术以 BIM 集成模型为载体，将施工过程中的进度、合同、成本、工艺、质量、安全、图纸、材料、劳动力等信息进行集成管理，使集成后的模型中的每一个构件都具备了应有的物理信息和功能特性数据。使用者可以利用 BIM 多维度施工模拟，提前了解工程任一阶段应用完成项目及所需人力、机械器具和后勤分配等信息。使用者不仅能够统计所有工程物料的数量，并计算出总价，且在施工过程中，可以清楚地检查每一个阶段物料的进出用量，对应阶段经费和总经费的情况，还可清晰了解工程实施过程中的质量、安全问题及工程进行信息。工程施工阶段运用 BIM 技术能够有效地提升工程质量、节约工程成本、深化项目的精细化管理程度。

（案例提供：李步康）

## 【案例 3.18】某越江隧道新建工程 BIM 应用实践

BIM 技术在建筑、机械、电子等行业的运用日趋成熟，并带来了革新性的变化。但在隧道等关乎民生等工程中的应用尚没有非常深入。在本案例中，以达索系统为技术支持，介绍了 BIM 技术应用于隧道设计和施工阶段中的技术路线。实践表明，BIM 技术的应用促使隧道设计由传统的 2D 向 3D 转变，由粗放向精细转型，提升了传统设计的精细度，实现了设计成果的方案优化，同时设计阶段的成果可以有效地为后期深化设计、施工工艺优化作铺垫，为解决后期各阶段信息集成、碰撞检验等相关问题提供了有效的技术保障。

### 1. 项目背景

上海市某越江隧道新建工程是上海一条穿越黄浦江连接浦东与浦西的隧道工程。该工程共分 2 段明挖隧道、2 个工作井和 1 段盾构隧道 3 部分，全长 4.45km，其中盾构段长约 2.57km，外径 14.5m。隧道主体为双向四车道，设计行车隧道车速 60km/h，隧道净空高度 4.5m。越江隧道工程建设包括明挖段及工作井土建施工、盾构推进施工、隧道内部结构施工、机电安装、隧道装修、竣工验收等程序，涉及设计、施工、监理等众多单位。

工程建设环境复杂、参与单位众多，建设周期紧、任务重，因此，对于其总体筹划及里程碑节点的设定及其可实施性提出了较高要求。

影响工程安全、质量、进度、投资控制等多个目标的因素主要包括：

（1）管线情况复杂，如明挖段结构施工或者盾构推进过程中突然出现不明管线，方案调整有时会严重影响工期。

（2）设计管理问题，特别是机电设计多专业、多系统相互交叉，接口及界面不清晰，各专业设计协调不到位，导致设计深度不够，反映到安装施工中会出现错碰与缺漏，导致大量变更，影响工期及投资。

（3）明挖段基坑施工安全，若发生变形超标或者透水等重大风险，甚至会导致工程停工；盾构进出洞及旁通道施工推进过程中遇到障碍物及灾害地质等。

（4）隧道出入口明挖段及风井等附属设施因涉及管线搬迁和道路翻交，往往竣工时间比较滞后，影响通车进度，应及早筹划。

### 2. BIM 期望应用效果

工程隧址沿线环境保护要求高，难度大，在大体量的工程施工中，传统的二维设计很难解决“错、漏、碰、缺”等难点，需要一个全新的设计手段来进行“协同”设计与管理，让业主第一时间参与到工程项目中，发挥其管理的作用，组织设计、施工、监理等单位在一个大环境下协同工作，贯穿项目的全寿命周期。

通过对该项目 BIM 核心信息模型设计、施工、运维等方面的沟通，把握 BIM 核心信息模型中存放的是有必要的模型和信息，而不是所有模型和信息。例如，施工过程中仿真用的设备模型是不会放入 BIM 核心模型中的，因为后期没有具体应用的情况。模型在施工阶段是一直变更的，对于源自设计的全息模型，到了施工阶段就比较乱了，所以在竣工的时候，总体要对模型进行整理，形成 BIM 竣工模型。

### 3. BIM 建设框架及实施路线

本项目方案采用 B/S 架构进行管理，服务器环境要求比较高，所以不宜存放在工地现场，因此中心服务器在 BIM 总体单位端。通过 VPN 远程登录，可以根据权限范围访问服务器资源。其整体架构如图 3.18-1 所示，整个服务器存放在单位机房，保证安全、可靠、可控。其他地点可以通过 VPN 接入服务器读取信息模型数据。本项目采用达索系统 3D Experience 平台，它是集 Catia 三维建模、Delmia 四维施工仿真、Simulia 安全分析以及 Enovia 多项目协同管理一体化的平台。在设计和施工仿真以及施工安全分析中发挥重要作用。

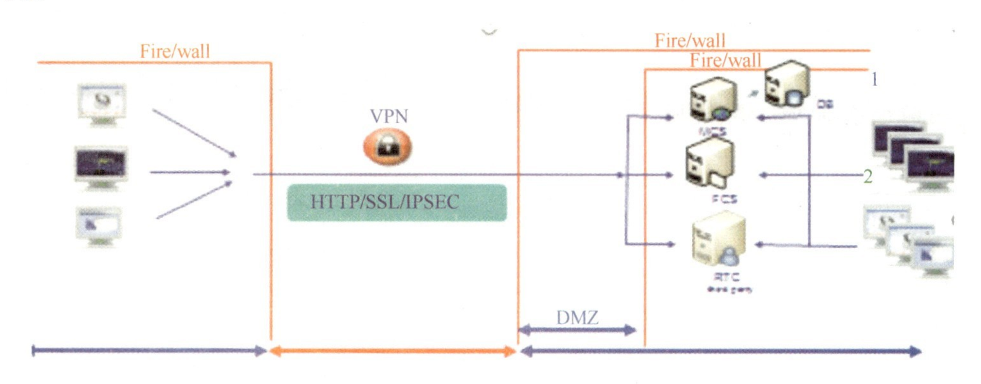


图 3.18-1　BIM 应用服务器和网络架构

**4. BIM 技术应用内容**

（1）工程前期应用

工程前期阶段，通过 BIM 平台真实地反映工程实体与周边环境之间的关系，有效地辅助指导前期的工程管理工作，主要包括（图 3.18-2）：

1）直观地看到工程周边环境、地形地貌等情况，以利于业主方便、直观地对线路及相关方案进行优化；

2）对工程风险提前进行识别、标识，并能够采取相关措施规避或减少风险，例如避免穿越风险较大的危楼、危房及其他较大障碍物。

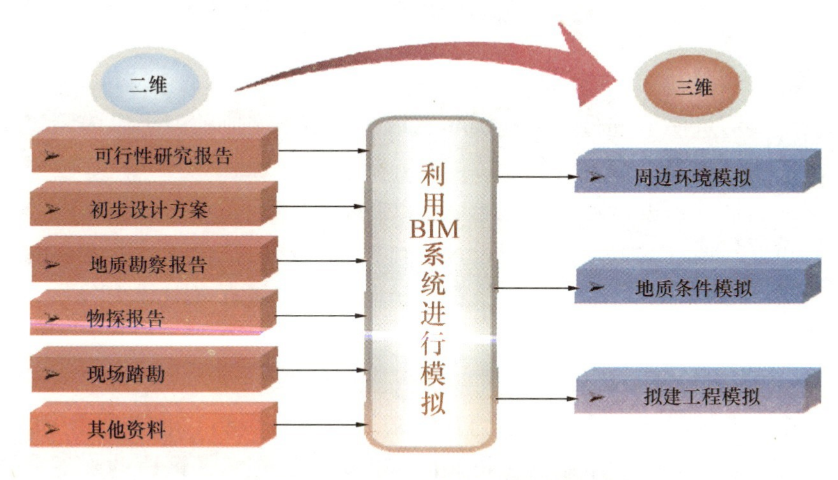


图 3.18-2　工程周边环境模拟

（2）施工 BIM 模型建立

1）施工 BIM 模型深化

设计模型主要体现的是项目建成后的最终状态，它是一个静态的模型，为指导施工和设计阶段的计算分析，其精细度要求较高，模型整体性也较高。而施工模型需要对施工过程进行模拟，是一个动态的模型，因此它的模型需要根据不同施工阶段进行分段，同时为确保动画的流畅，它仅需保留结构构件的外形信息，无须达到设计的精度。因此，需对设计单位发过来的施工图深度的信息模型进行深化设计。深化设计阶段的模型，要能满足精细化施工的要求，模型的深化程度要体现施工的工艺过程。将精确的模型进行整理后，能够准确地指导施工，同时将构件赋予时间参数，能够直观地反映施工单位的工程进度。并且将施工信息记录并传递下去。Catia 是基于模型树、数据库方式进行全局协同的，非常方便，可以根据施工的要求进行。

根据施工模拟和管理需要，明确设计模型深化要求。调整后的设计模型，进行施工仿真可行性验收后，进入施工模型深化阶段。

施工阶段的模型深化内容（图 3.18-3）：

① 进行施工 4D 模拟所需的机械设备建模；

② 进行施工 4D 模拟所需的场地布置建模；

③ 将设计提供的可调参模型与施工机械、场地布置模型按工艺进行互动；

④ 关联，指导施工。××隧道施工现场模型中包含了机械设备、场地布置和隧道管片等内容。

图 3.18-3　施工深化模型

2）设计意图展现

用统一的建筑信息模型进行虚拟现实和展示，在施工完成前就可以体验建成后的效果和功能，提前发现问题，包括美观和使用问题，展示设计理念。

利用虚拟现实技术，进行隧道内标志、标线的虚拟体验。在信息模型内，完成真实的标志、标线的布置，通过虚拟驾驶，对设计进行检验，从而优化设计方案，就是对该隧道进行模拟，隧道环境、管线、标志、标线都很清晰，非常逼真（图 3.18-4）。

（3）施工 BIM 模型深化分析

1）动态工程施工管理

在本工程中，明挖段施工涉及复杂的管线搬迁与道路翻交。通过运用 BIM 技术的三维可视化手段，为施工方案的编制提供可靠的依据。比如在××区段的施工，结合浜底清淤安全放坡的情况，运用 BIM 模拟围堰断流，南北侧箱涵设置与明挖施工之间复杂的关系，如图 3.18-5 所示，就是这一区段管线搬迁和道路翻交 BIM 技术的应用和方案的模拟。其优势在于：

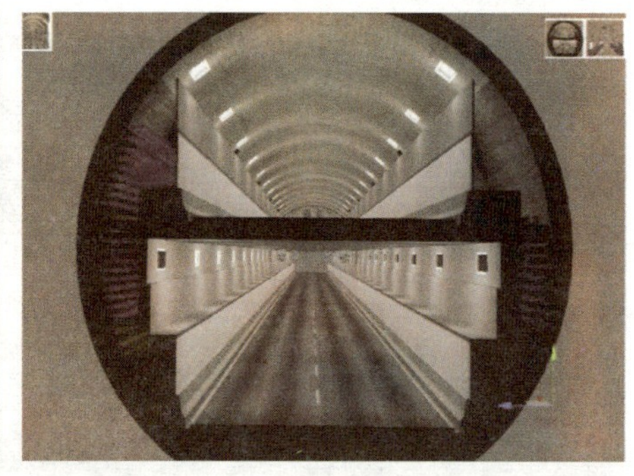

图 3.18-4 隧道设计意图展示

① 便于前期各方进行有效协同，方便方案的制订；

② 便于指导施工人员工作，提高施工质量。

图 3.18-5 管线搬迁和道路翻交

在确保管线资料真实、准确的前提下，通过 BIM 的虚拟建造，可以直观地反映各类市政管线的空间位置关系，便于进行管线搬迁设计方案的优化、施工方案可行性的判定，以及相关管线搬迁单位进场搬迁顺序的协调和确定。盾构上方以及周围的管线众多，种类也繁多，多达六种，其中涉及的单位也很多很复杂，通过 BIM 技术可以直观地表达，以利于方案的选择和进度的安排，以及不同单位的进场施工顺序排列。

另外，在模型中加上阶段化的明挖段隧道模型，可以同时反映不同阶段管线搬迁的状态和明挖段隧道建设状态，使得管线搬迁方案的目的性更加明确、直观，可以检验管线搬迁的方案是否最优，是否存在不必要的多搬、漏搬、误搬的情况。

2）重大专项施工方案分析模拟

本工程项目中，以盾构机头吊装施工、盾构掘进施工、管片拼装方案进行精细模拟，以揭示方案中的风险点，提高工程质量，确保施工安全（图 3.18-6）。

施工过程中存在诸多不可预估的因素，例如天气、环境、人员、设备故障等，因此无法完全精确地模拟出施工过程。通过 BIM 技术可以实现模型与施工进度相关联，可以达到降低施工风险、提高工程质量、合理化施工工艺、降低资源浪费。制订方案计划→了解施工工艺→整理深化设计模型→建立施工机械设备模型→利用 BIM 软件进行 4D 模拟→利用模拟结果合理化方案编制→将施工进度信息与模拟动画关联→根据现场情况调整模拟

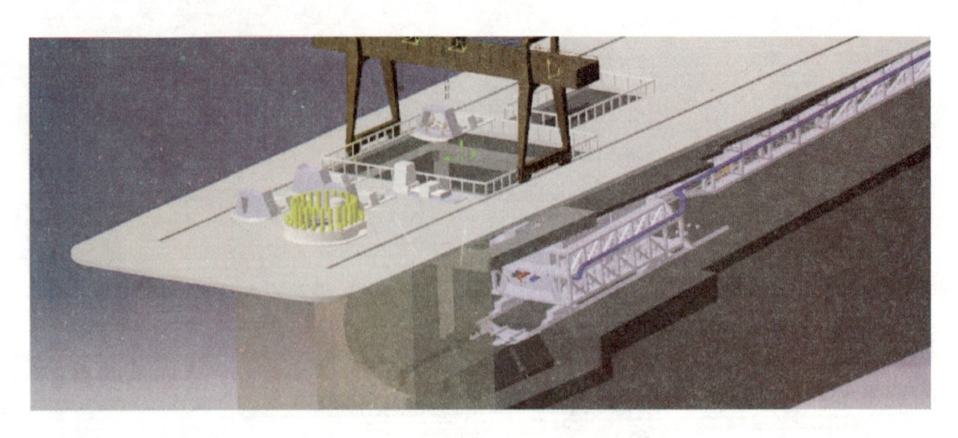

图 3.18-6　盾构机头吊装仿真

参数→指导施工顺利完成。

通过对主线段盾构隧道施工进行 4D 模拟，在项目前期，合理编排盾构隧道同步施工工艺，从而精确地进行施工筹划协调、安排，减少不必要的工期浪费。在项目实施过程中，根据现场实际情况，对模拟动画进行时间属性调整，实现在第一时间检查调整后施工筹划的合理性，达到动态控制、协调工程筹划的效果。

同时，将盾构机头吊装施工、盾构掘进施工等重大节点施工进度信息与管理系统同步，达到了解实际进度与计划进度误差的目的，方便进行远程管理。实现盾构机运行的工艺及工期总览，盾构机头吊装工艺及工期总览（图 3.18-7）。

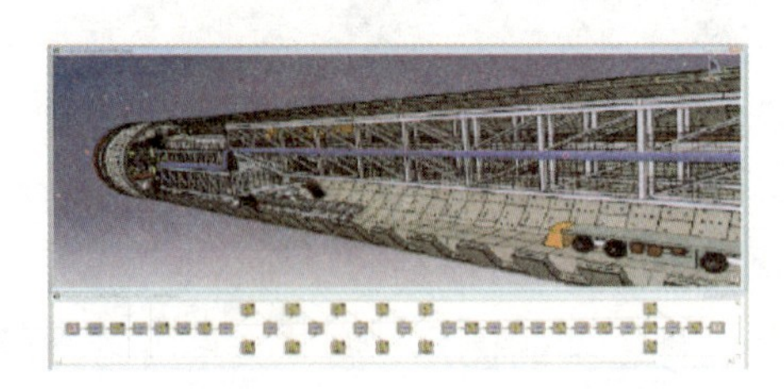

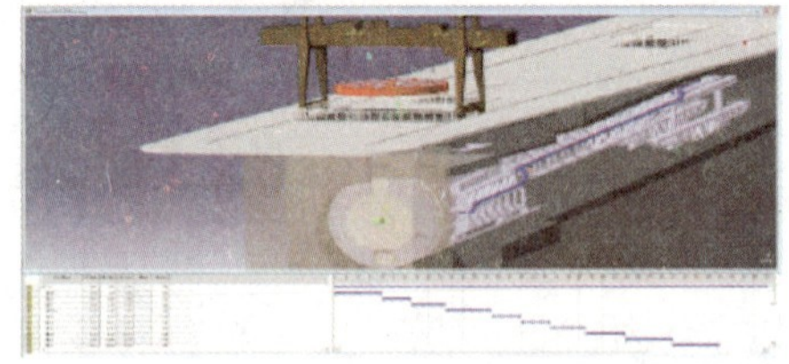

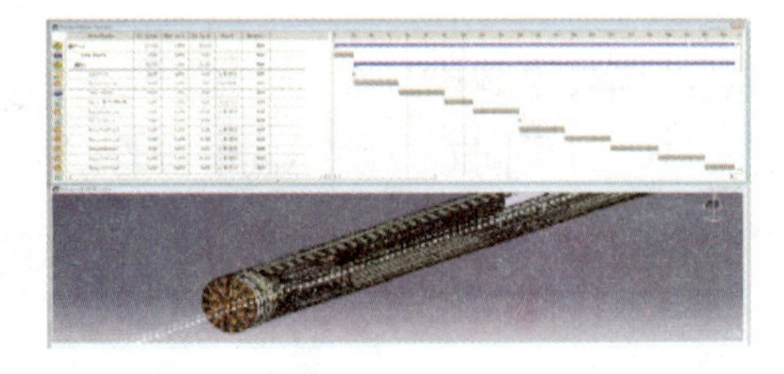

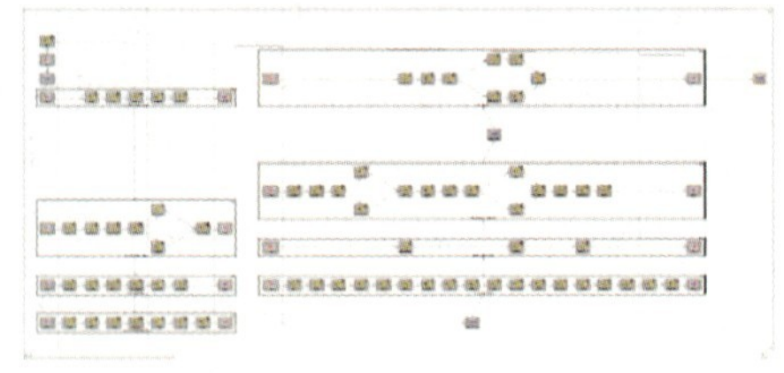

图 3.18-7　BIM 模型与进度计划的结合

3）施工信息管理系统

利用 BIM 模型，将隧道管片信息与信息管理系统结合，实现的可视化管理技术，确保信息的可追溯性（图 3.18-8）。

4）检测数据可视化预警

在本工程中，针对主线盾构段隧道纠偏及明挖段基坑的沉降变形，将检测数据与 BIM 模型进行联动，并将这个带有检测数据信息的模型与设计的理论模型进行比对，将

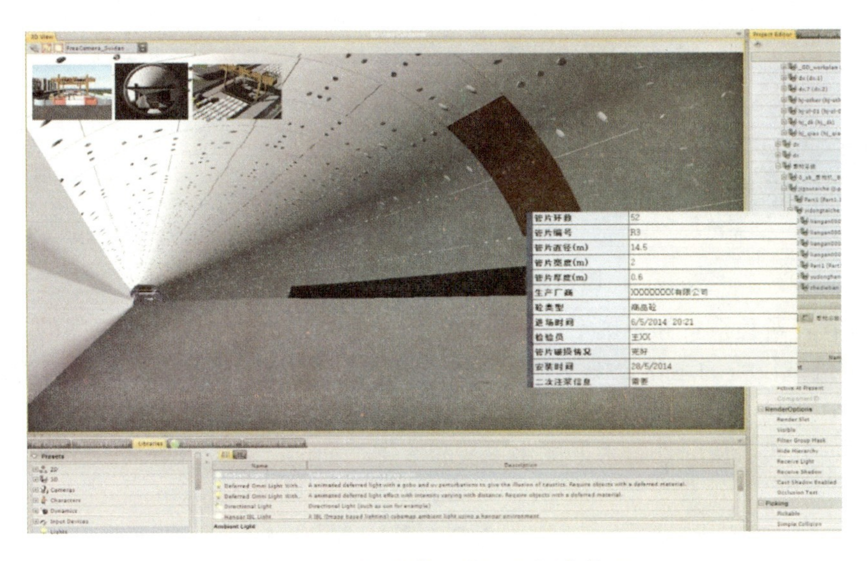


图 3.18-8　BIM 模型实现可视化管理

偏差超出允许值的部位可视化展示，警示相关工程技术人员，及时采取纠偏措施，实现监测数据的可视化预警（图 3.18-9）。

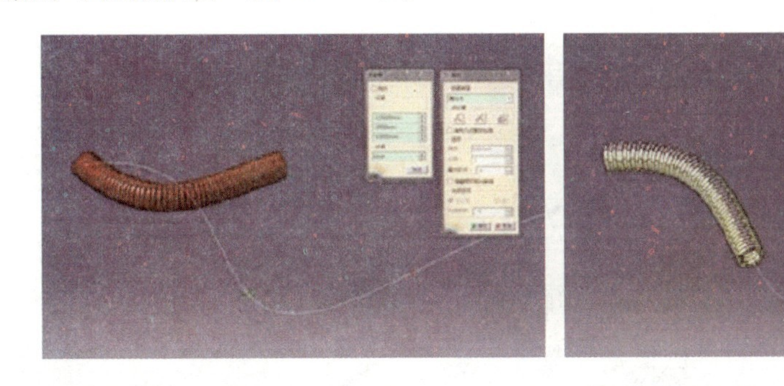

图 3.18-9　BIM 隧道线性控制示意图

**5. 某隧道项目实施经验总结**

（1）协同设计

首要的是建立协同环境，结合 BIM 应用要求，结合标准化管理流程制定 BIM 隧道工程的标准，由标准再形成各种不同软件和硬件之间的接口，真正做到智能化建设、施工管理。协同环境是实施整个项目的关键，达索系统平台提供了很好的协同设计环境，帮助实现施工企业 BIM 的协同工作。

（2）大型施工设备 BIM 建模和管理

市政项目工程的施工往往依赖于许多大型的专业机械设备，施工企业对于 BIM 模型的应用往往是在建造过程中，因此需要将这些专业的机械设备进行建模，并与设计的主体结构进行互动关联。在该项目越江隧道中，我们除了对双头卡车、混凝土搅拌车、龙门式起重机等常规设备进行建模外，还对整个盾构机进行了建模，并运用机构模型让这些静止的模型具备了物理运动的特性（图 3.18-10）。

（3）施工方案优化

施工优化在于建立真实的项目环境，通过对实际施工方案的模拟优化，再调整模拟优

图 3.18-10　盾构机模型示意图

化的迭代过程，避免浪费和不确定性因素。各施工工艺甚至于施工专业之间的“硬碰撞”、“软碰撞”（机械设备的运作、施工流水的布局等）问题光靠甘特图是很难算清的，通过 BIM 技术的四维仿真分析可以将这一过程直观地表现出来，为项目运作的方案讨论提供了便利的沟通方式，从细处着手来优化工艺和节省工期。

## 课　后　习　题

1. 下面的描述哪些是施工企业应用 BIM 的内容？（　　）

A. 施工建模　　　　B. 施工深化设计

C. 施工工法模拟　　　　D. 运行维护

2. 下面的描述哪些是为了在工程前期应用 BIM 做好工程管理工作？（　　）

A. 直观地看到工程周边环境、地形地貌等情况

B. 对工程风险提前进行识别、标识

C. 利于业主方便、直观地对线路及相关方案进行优化

D. 施工深化设计，便于查阅工程情况

3. 结合轨道 BIM 应用的施工阶段模型深化的内容有哪些？（　　）

A. 进行施工 4D 模拟所需的机械设备建模

B. 进行施工 4D 模拟所需的场地布置建模

C. 将设计提供可调参模型与施工机械、场地布置模型按工艺进行互动

D. 关联，指导施工

4. 对于盾构隧道 BIM 的应用，需要建立哪些 BIM 模型实现施工模拟？（　　）

A. 盾构机　　　　B. 场地模型

C. 施工设备　　　　D. 隧道模型

5. 施工工艺流程仿真方法如何建立？

**参考答案：**

1. ABC　　2. ABC　　3. ABCD　　4. ABCD

5. 首先建立施工 BIM 模型，同时建立施工机械设备，以及场地布置等模型，然后根据施工工艺计划，关联 BIM 模型，进行进度模拟，对于复杂的施工步骤可进行精细化的模拟仿真，避免施工过程中的问题和错误。

（案例提供：丁永发）

## 【案例 3.19】某综合楼机电项目 BIM 应用

BIM 技术应用点：本工程通过应用 BIM 技术获得了准确的实用工程量，为工程量的预算和工程量的决算提供了可靠的计算依据。在虚拟的三维环境下迅捷地发现了设计中的碰撞冲突，合理地优化了管线排布；从而大大提高了管线综合的施工效率。通过运用 BIM 的施工模拟技术合理制订了施工计划；运用 4D（3D+时间）技术精确地掌握了施工进度；根据施工进度制订了周详的材料采购计划，进一步提升了施工材料的应用率；同时依据材料进场的时间段科学地布置了施工场地。

借助 BIM 对施工组织的模拟，能够非常直观地了解整个施工安装环节的时间节点和安装工序，并清晰地把握在安装过程中的难点和要点，可以进一步对安装方案进行优化和改善，提高施工效率和施工方案的安全性。与此同时，BIM 技术的应用实现了建筑物构件的工厂化预制（例如综合支吊架预制、管段预制等），这些通过工厂数控机床技术制造出来的构件不仅降低了建造误差，并且大幅度提高了构件制造的生产率，使得整个建筑建造的工期缩短并且容易掌控。学习中学员应了解 BIM，了解 BIM 技术应用的整体涉及范畴，理解 BIM 技术在施工进度、质量安全方面的管理，以及工厂预制化加工，熟悉和掌握 BIM 技术在施工中的应用工程量统计、管线综合、施工组织模拟等内容。

**1. 项目背景**

本工程为北京市××项目，位于北京市亦庄经济开发区××路与××路交叉口处；为含商业、住宅的综合项目，地下 $X$ 层，地上 $Y$ 层，其中 1、2 层以下为商业部分，地下两层与××项目的地下车库相连接。总建筑面积 50386m$^2$。结构形式为框架剪力墙结构，现浇混凝土楼板。工程机电施工内容包含电气（强电、弱电、电梯）、给水排水、暖通（防排烟、通风、采暖）等专业系统；分包单位比较多，专业配合默契需求高，穿插作业施工难度大，现场空间有限，为各个专业都能堆放材料，需要根据施工进度节点周密地统筹规划。

**2. BIM 技术应用的内容**

（1）管线综合应用

根据各专业内部的排布规则，不同专业相互间的排布规则，以及与结构建筑的间距要求，检修空间等，具体规划管线水平、垂直方向的分布。

1）碰撞检查

碰撞检查一般由软件检查和“人为”检查两部分组成。“人为”检查可以借助 Navisworks 软件进行漫游检查；或者利用 Fuzor 软件。这两款软件与 Revit 都有完美的结合。实施细则：

① 土建建立完轴网标高，设置好项目基点后，将这些基础信息转交于各分包单位；各专业在土建的项目基点以及轴网标高的基础上，建立自己专业的模型。

② 各专业建立好模型后，打开各自的模型清除项目未使用选项，清除完毕后保存。（为了在碰撞检测时提高电脑的运行速率）

③ 碰撞检测前还需要给各专业系统的管线配色；这个暂时没有规定，由企业内部自己出配色方案，以便于在碰撞检测后查找问题。

④ 碰撞检测流程：

a. 新建一个项目样板，设置好过滤器，将整个项目中的各个专业系统分别添加过滤器（其中包含各个专业管线颜色设置）。完毕后，链接结构模型进入项目样板，然后再链接建筑样板进入，链接绑定（图 3.19-1）。

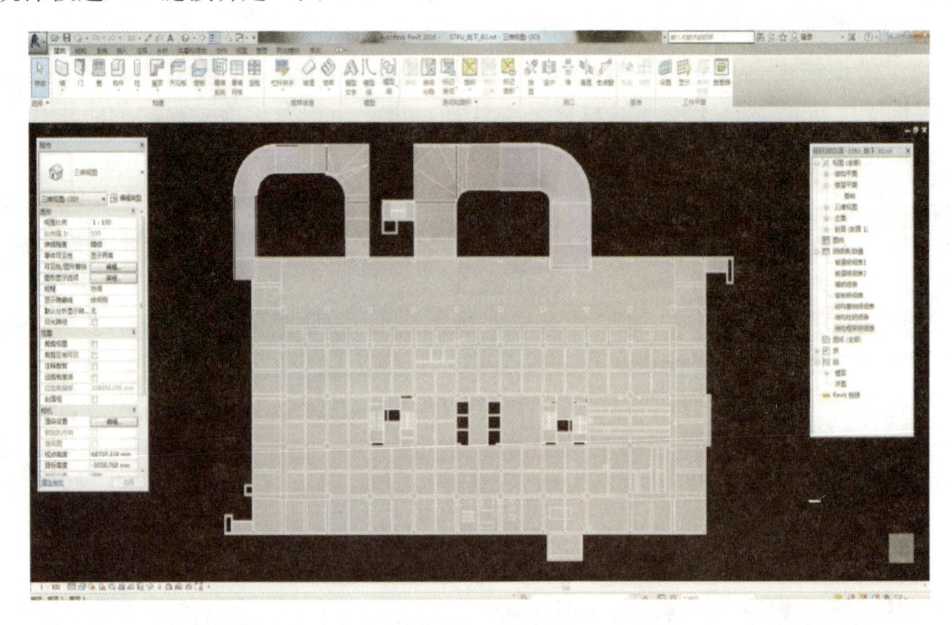

图 3.19-1　结构、建筑模型的链接导入

b. 按照各专业在整理空间上的垂直分布，首先导入暖通系统，碰撞检查完毕，将暖通与先前的结构建筑模型继续绑定为一个整体（图 3.19-2）。

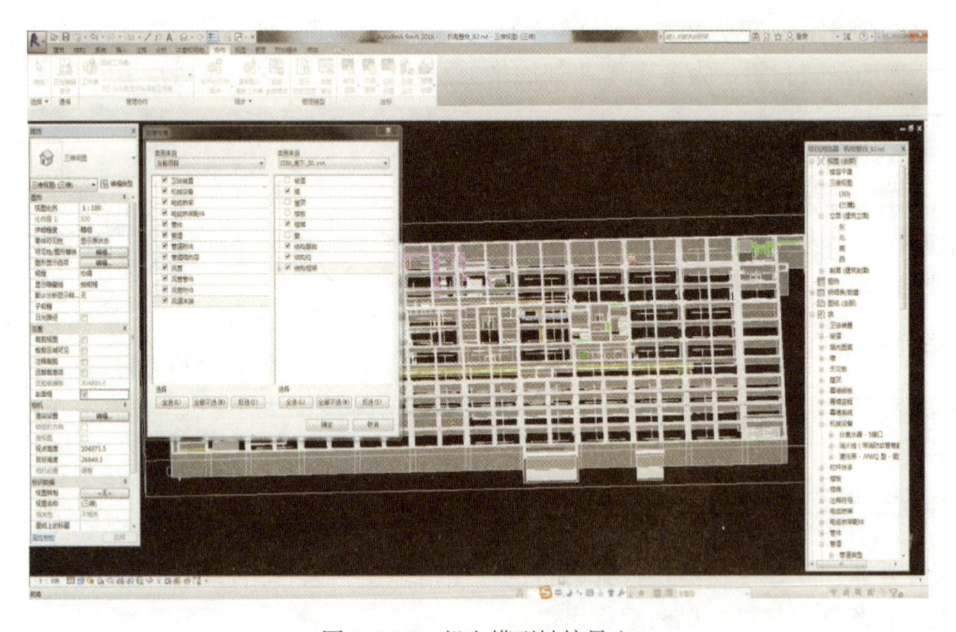

图 3.19-2　机电模型链接导入

c. 一般工程上先处理最先导入的专业，在满足国家规范要求的空间距离下，尽可能

为电气、给水排水专业管线腾出空间。首先解决它与结构、建筑模型之间的碰撞问题（找出有效碰撞点，机器检查只是其中一部分，还需要以人的视角进入三维模型中作进一步检查）（图 3.19-3）。

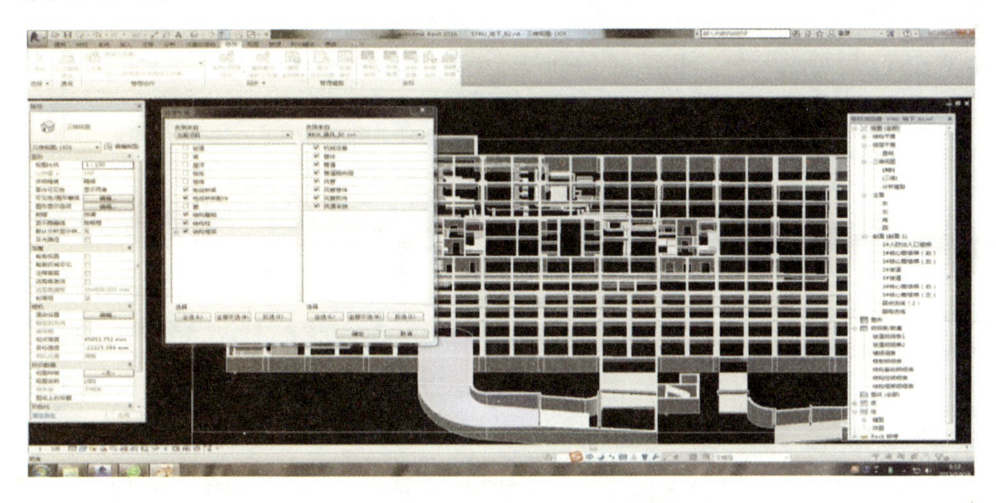

图 3.19-3 暖通与结构的碰撞检测

d. 用同样的方法把电气系统和给水排水系统导入进行碰撞检查。

⑤ 碰撞检测后的结果暂时不处理，根据碰撞检测报告整理各专业与结构和专业间的冲突问题；将问题罗列上报甲方，然后与设计单位协商，也可以自行针对相关问题提出解决办法，待设计单位同意，甲方和监理审批，四方签字确认后方可施工。

碰撞检查报告见图 3.19-4、图 3.19-5。

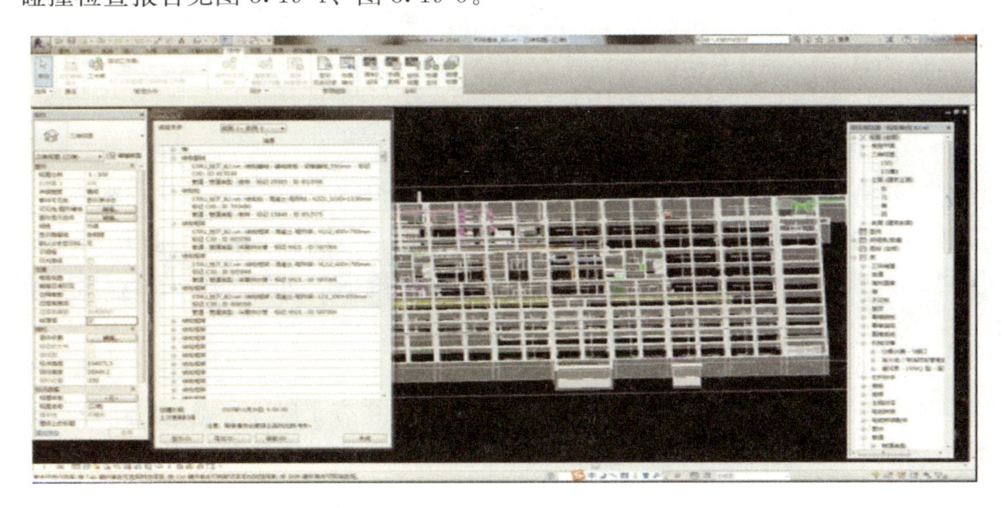

图 3.19-4 碰撞检测报告 1

2）优化排布（优化排布的基本性原则）

① 大管优先，小管让大管。

② 有压管让无压管。

③ 常温管让高温、低温管。

④ 可弯管线让不可弯管线，分支管线让主干管线。

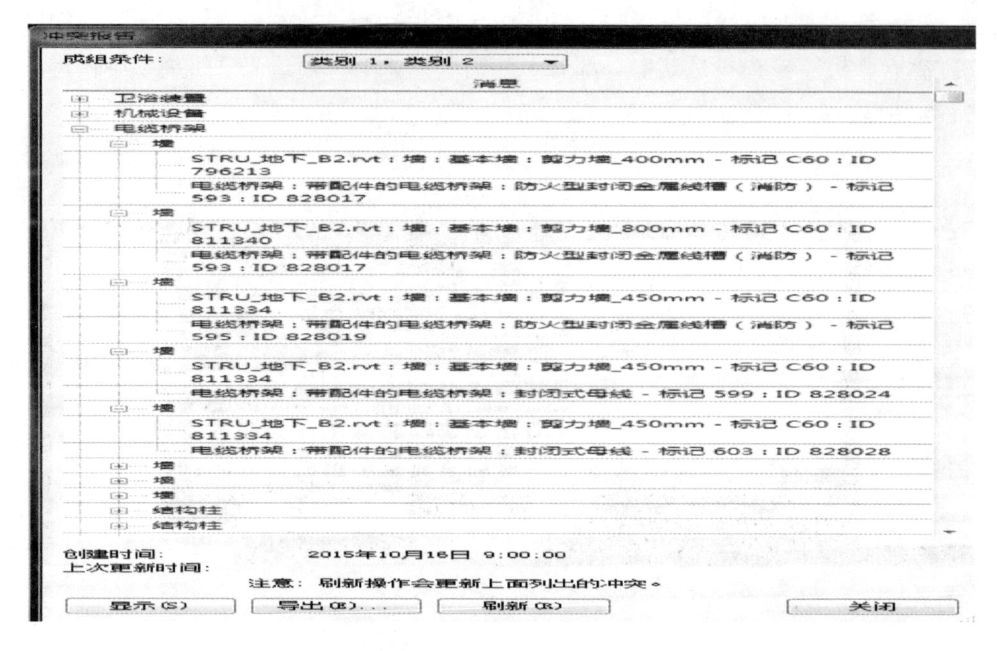


图 3.19-5　碰撞检测报告 2

⑤ 附件少的管线避让附件多的管线。

⑥ 电气管线避热避水，在热水管线、蒸汽管线上方及水管的垂直下方不宜布置电气线路。

⑦ 安装、维修空间不小于 500mm。

⑧ 预留管廊内柜机、风机盘管等设备的拆装距离。

⑨ 管廊内吊顶标高以上预留 250mm 的装修空间。

⑩ 租赁线以外 400mm 距离内尽可能不要布置管线，用作检修空间。

⑪ 管廊内靠近中庭一侧预留卷帘门位置。

⑫ 各防火分区处，卷帘门上方预留管线通过的空间，如空间不足，选择绕行。

⑬ 管线布置还需根据国家规范要求，各专业之间、专业内部应满足间距要求。

⑭ 可进一步确定地下室各位置及地上部分净高要求，明确 BIM 与设计协调配合方向。

3）竣工模型

待碰撞检测完毕，经设计单位审批同意相关修改，甲方予以签字确认后，各专业按照修改审批表的方案修改模型；修改完毕交给总承包单位，由总承包单位将各专业模型整合为一个整体的机电模型。特别要注意，建模开始必须对所应用的机械设备、管线、桥架等元件进行系统归类，并进行参数化、信息化，以达到竣工模型的要求（图 3.19-6）。

（2）土建预留应用

1）建筑预留

结构完毕后，二次砌筑工程中，应用竣工模型，对照机电管线路径标高、图纸尺寸定位信息，对其相应的孔、洞、预埋件进行预留预埋。凭借 BIM 技术三维可视化的特点，BIM 模型能够直观地表达出需要流动的具体位置，不仅不容易遗漏，还能做到精

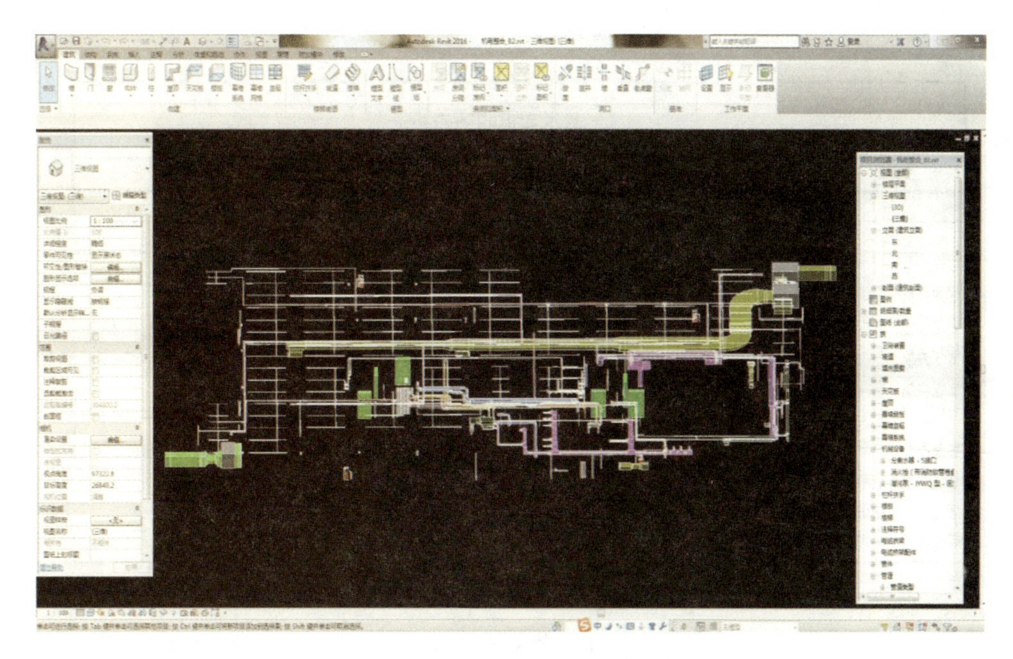

图 3.19-6 机电模型整合图

确定位，有效地解决了与设计人员沟通预留孔洞时的诸多问题；大大提高了预留孔洞的施工效率。

2）结构预留

预留预埋不到位将直接影响安装质量的好坏，甚至影响结构的质量和安全及使用寿命。借助 BIM 的施工模拟技术，可以提升预留预埋的准确性。

依据竣工模型中机电管线的排布，在结构墙体、楼板、梁、围护等相应的位置处预留空洞或者预埋件。并且分类对其进行编排、统计，以便于在实际工程中作精准的预留预埋。

（3）工程量统计应用

通过应用 BIM 技术可以精准地统计材料用量；在建模时，只要把每一个部件参数化、数字化，需要什么参数就赋予给它（当运用到非系统族的时候，还需要通过建立共享参数的方式统计），然后从所需要统计的材料明细表中就可以得到工程中所有应用的材料的详细信息（人工费和机械费单独根据定额计算）。当工程发生设计变更时，要及时更新模型，并更新变更部分的工程量。

1）预算工程量

设计方考虑的是用什么材料；甲方考虑的是用了多少材料；而施工单位则需要考虑材料如何用。材料是成本的基础，如果施工单位在材料成本上不能把控，则工程成本已处于失控状态。通过应用 BIM 技术，在虚拟建造过程中可以统计工程所有应用到的材料；结合国家预算相关工程定额，最终可以形成预算的绝对依据。图 3.19-7、图 3.19-8 所示是工程统计材料明细表。

2）实际工程量

通过虚拟建造生成的工程量是实际工程量的参考依据；我们只需考虑实际应用时的损

修改明细表/数量

| A | B | C | D | E |
|---|---|---|---|---|
| 〈空调水管道明细表〉 | | | | |
| 族与类型 | 尺寸 | 材质 | 长度 | 合计 |
| 管道类型：空冷却水供水 | 300 mm | 钢，碳钢 | 20060 | 6 |
| 管道类型：空冷却水回水 | 300 mm | 钢，碳钢 | 21632 | 4 |
| 管道类型：空冷（热）供水 | 200 mm | 钢，碳钢 | 31014 | 8 |
| 管道类型：空冷（热）供水 | 250 mm | 钢，碳钢 | 26666 | 6 |
| 管道类型：空冷（热）回水 | 200 mm | 钢，碳钢 | 16243 | 4 |
| 管道类型：空冷（热）回水 | 250 mm | 钢，碳钢 | 11508 | 5 |
| 管道类型：空热回水 | 250 mm | 钢，碳钢 | 2740 | 2 |
| 管道类型：空热回水 | 300 mm | 钢，碳钢 | 13300 | 3 |
| 管道类型：采暖供水管 | 40 mm | PE 63 | 27472 | 4 |
| 管道类型：采暖回水管 | 40 mm | PE 63 | 14840 | 4 |
| 总计：46 | | | 185475 | 46 |

图 3.19-7　空调水管道明细表

修改明细表/数量

| A | B | C |
|---|---|---|
| 〈强电电缆桥架配件明细表〉 | | |
| 族与类型 | 尺寸 | 合计 |
| 槽式电缆桥架异径接头：强电 | 200 mmx200 mm-200 mmx100 mm | 11 |
| 槽式电缆桥架异径接头：强电 | 300 mmx100 mm-200 mmx100 mm | 1 |
| 槽式电缆桥架异径接头：强电 | 400 mmx200 mm-400 mmx100 mm | 2 |
| 槽式电缆桥架异径接头：强电 | 600 mmx200 mm-400 mmx200 mm | 1 |
| 槽式电缆桥架水平三通：强电 | 200 mmx100 mm-200 mmx100 mm-200 mmx100 mm | 5 |
| 槽式电缆桥架水平三通：强电 | 300 mmx100 mm-300 mmx100 mm-200 mmx100 mm | 1 |
| 槽式电缆桥架水平三通：强电 | 400 mmx200 mm-400 mmx200 mm-200 mmx200 mm | 2 |
| 槽式电缆桥架水平三通：强电 | 600 mmx200 mm-600 mmx200 mm-200 mmx200 mm | 9 |
| 槽式电缆桥架水平三通：强电 | 600 mmx200 mm-600 mmx200 mm-400 mmx200 mm | 2 |
| 槽式电缆桥架水平三通：强电 | 600 mmx200 mm-600 mmx200 mm-600 mmx200 mm | 2 |
| 槽式电缆桥架水平弯通：弱电 | 200 mmx200 mm-200 mmx200 mm | 4 |
| 槽式电缆桥架水平弯通：弱电 | 1600 mmx200 mm-1600 mmx200 mm | 3 |
| 槽式电缆桥架水平弯通：强电 | 200 mmx100 mm-200 mmx100 mm | 8 |
| 槽式电缆桥架水平弯通：强电 | 400 mmx200 mm-400 mmx200 mm | 1 |
| 总计：52 | | 52 |

图 3.19-8　强电电缆桥架配件明细表

耗率，以及人工费、机械费，和设计变更等相关费用；最终就可以得到实际发生的工程量。

（4）预制件加工应用

1）构件加工

对于机电各个专业管线的复杂弯头、大小管连接件、不同形状管线的连接件，通过应用 BIM 技术，可以提前加工预制。这样可以提升机电系统的安全性能，预制件的加工大大提高了效率，缩短了工期，节省了成本（图 3.19-9～图 3.19-12）。

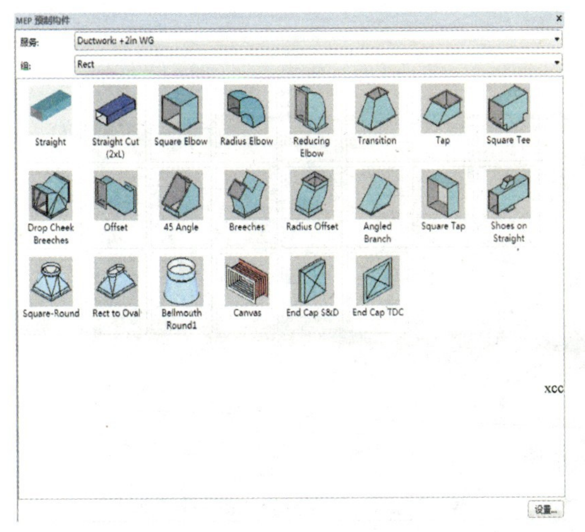


图 3.19-9　送风管预制件

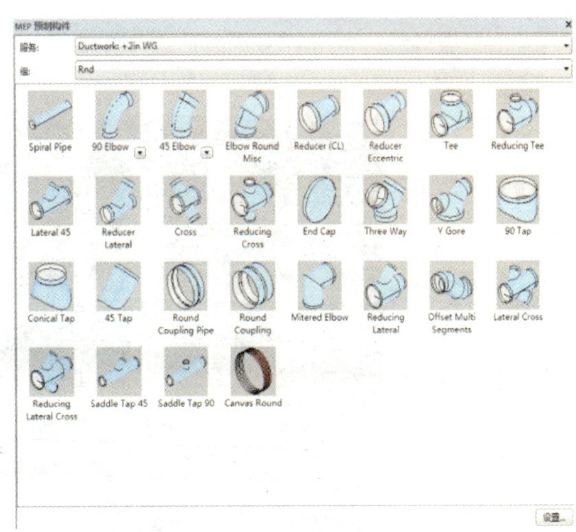


图 3.19-10　给水排水预制件

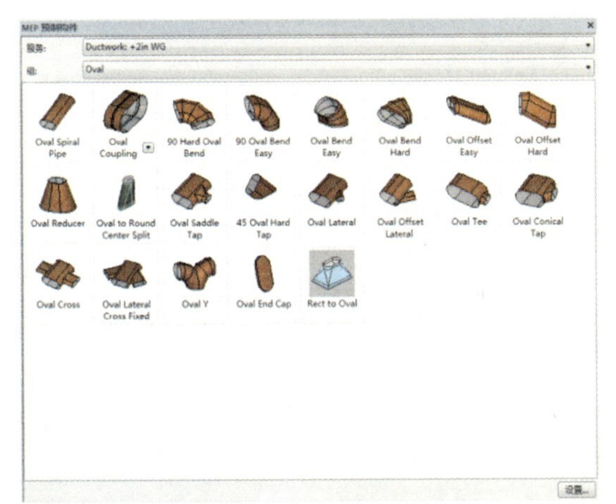


图 3.19-11　排烟管预制件

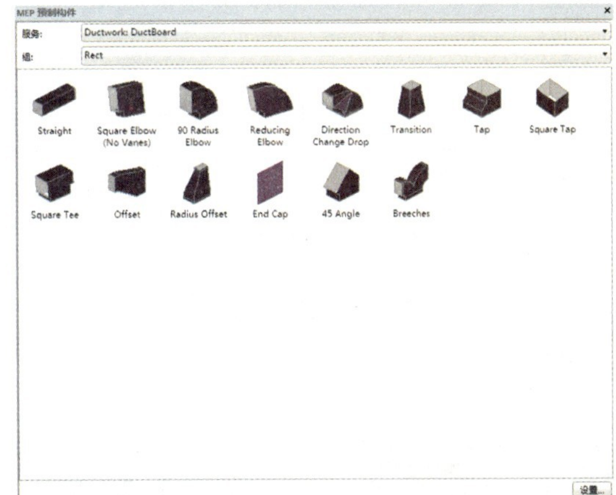


图 3.19-12　新风管预制件

2）管段加工

根据模型系统管段路由的排布，在什么地方需要什么尺寸的管段，包括支吊架，我们都可以从竣工模型得知，可以根据 BIM 施工总计划，规划施工节点，逐一细分，便可知晓什么时间应该提前准备什么。然后与供货商洽谈定尺加工问题；为供货商提供 BIM 模型明细表，此明细表必须符合加工订货单的注释条目要求，明细表中需要体现 BIM 技术定位信息的相关文字标注。材料进场后，施工人员可以根据进场材料标识，明辨材料的用途以及使用方式、安装位置等。

3）综合支吊架加工

根据实际工程的需要，在交叉区域含有多个专业系统管线时，可以采用综合支吊架。综合支吊架需要考虑分段荷载量，支吊架的规格尺寸需要通过一定的计算。确定好综合支吊架的分布间距以及支吊架的规格，然后根据系统管线走向布设（图 3.19-13）。

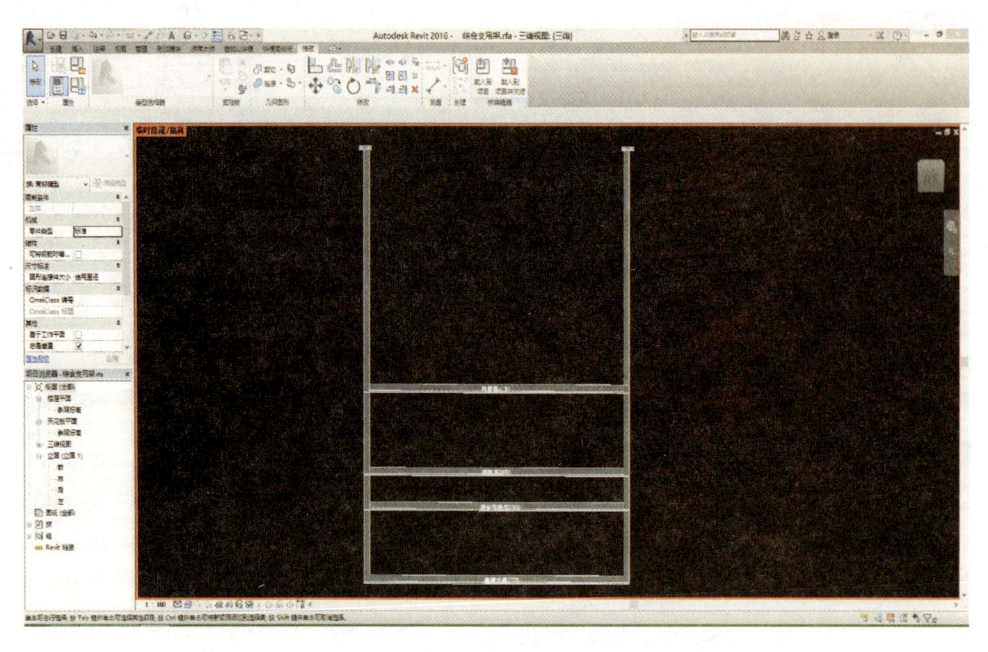

图 3.19-13　预制综合支吊架

**3. 组织流程及实施要求**

（1）工作计划流程

1）计划

BIM 工作计划不单单要从单一专业制订，而且要有一个大的工作框架；各个专业根据在此框架中承担的工作内容，依据整体规划安排，然后再制订自己专业的计划。

机电内部计划：

① 根据甲方的整体项目节点时间要求制订机电专业的施工计划节点。

② 图纸深化设计。

③ 建模；完成设备、材料的统计。

④ 机电管线综合。

⑤ 3D 漫游及三维可视化交流。

⑥ 设计变更、洽商预先评估。

⑦ 根据优化方案协同更新模型。

⑧ 专业深化设计复核。

⑨ 变更工程量统计。

⑩ 施工模拟。

⑪ 施工监督和验收。

2）流程

① 熟悉各专业图纸：各专业先进行内部图纸会审，找出图纸中显而易见的错误或者由于设计者的疏忽，遗漏设计的内容，与设计方及时沟通解决各专业内部问题。

② 设计院将施工单位提出图纸会审的问题在电子版图上更正后，交给施工单位建模（如果设计院自行应用 BIM 设计则施工单位直接利用模型施工，应用 BIM 设计本身就可

以避免碰撞检测的一些问题，或者可以说这个过程已由设计院完成）。

③ 施工单位可以综合各专业图纸，在图纸上详细整理各专业管线的标高，根据施工工艺要求以及建模标准绘制模型。

④ 管线综合：应用碰撞检测功能，统计有效碰撞点，提出优化方案（碰撞检测结果的修正方案要经过监理、业主审批；审批合格才能按照方案进行调整优化）。

⑤ 根据审批的结果进行调整优化。

⑥ 调整优化完毕，三方签字确认，总包方备案存档。

⑦ 打印出具施工图。

⑧ 三维技术交底，拆分模型，根据施工节点进行下一步施工安排。

图 3.19-14 所示为机电工程 BIM 施工组织大体流程图。

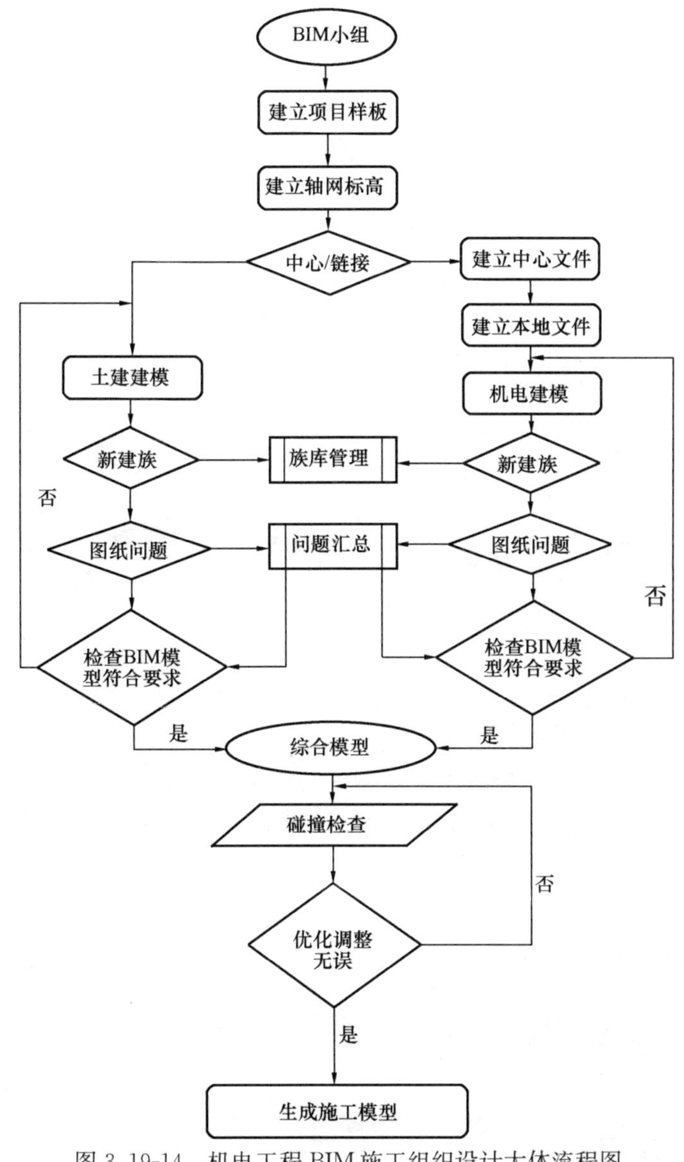


图 3.19-14 机电工程 BIM 施工组织设计大体流程图

（2）拆分规定

1）一般规定

① 按分区；

② 按楼号；

③ 按施工缝；

④ 按单个楼层或一组楼层；

⑤ 按系统、子系统。

2）特殊规定

一般而言，等竣工模型形成后，各专业需要应用竣工模型指导施工。总承包单位应将竣工模型复制一份给各分包单位，以便于各分包单位在施工中运用。各专业不能随意打开别的专业的模型组，最好把别的专业全部锁定；然后在应用时打开自己专业的模型组，根据专业系统逐一拆分模型（拆分亦即临时隐藏）。根据施工节点计划，控制模型的拆分段，应用完毕，应该及时关闭自己专业的模型组。需要根据施工节点来应用模型；把建造阶段、待建造阶段、拆除阶段划分清楚；配合土建施工进度做好机电安装相应的具体工作。

（3）模型规则

明确本项目用于建立模型的软件产品名称、版本、导入导出格式、执行的标准。采用不同软件产品进行各专业模型的建立、细化后，按照什么统一标准进行模型整合，确保整合效果。各系统的命名须与图纸一致；影响管线综合的一些设备、末端须按图纸要求建出，必须考虑管道检修空间。最后需要注意为各专业管线、构件、配件等建立它们的非几何参数信息。例如：管道管材、材质保温信息；设备材料的工程量统计信息；设备或者管线的性能参数等。

1）暖通专业模型规则

① 一般情况下，保证无压管的重力坡度，无压管放在最下方。

② 风管和较大的母线桥架，一般安装在最上方；风管与桥架之间的距离要不小于 100mm。

③ 对于管道的外壁、法兰边缘及热绝缘层外壁等管路最突出的部位，距墙壁或柱边的净距应不小于 100mm。

④ 通常风管顶部应距离梁底 50～100mm。距离下方管道至少 50mm。

⑤ 如遇到空间不足的管廊，可与设计师沟通，将断面尺寸改扁，便于提高标高。

⑥ 暖通的风管较多时，一般情况下，排烟管应高于其他风管；大风管应高于小风管。两个风管如果只是在局部交叉，可以安装在同一标高，交叉的方式为小风管绕大风管。

⑦ 空调水平干管应高于风机盘管。

⑧ 冷凝水应考虑坡度，吊顶的实际安装高度通常由冷凝水的最低点决定。

⑨ 软管接头间距通常按照 300cm 考虑。变径管通常按照 45°考虑，没边加 10cm。

⑩ 三通总长度为大风管直径的 2 倍，风阀按照 300cm 考虑，风管弧度通常为风管直径的 1 倍。（无特殊说明情况下）

2）给水排水专业模型规则

① 管线要尽量少设置弯头。

② 给水管线在上，排水管线在下。保温管道在上，不保温管道在下。小口径管路应

尽量支撑在大口径管路上方或吊挂在大口径管路下面。

③ 冷热水管净距 15cm，且水平高度一致，偏差不得超过 5mm（其中对卫生间淋浴及浴缸龙头严格执行该标准进行检查，其余部位的可以放宽至 1cm）。

④ 除设计提升泵外，带坡度的无压水管绝对不能上翻。

⑤ 给水引入管与排水排出管的水平净距不得小于 1m。室内给水与排水管道平行敷设时，两管之间的最小净距不得小于 0.5m；交叉铺设时，垂直净距不得小于 0.15m。给水管应铺设在排水管上面，若给水管必须铺设在排水管的下方时，给水管应加套管，其长度不得小于排水管径的 3 倍。

⑥ 喷淋管尽量选在下方安装，与吊顶间距保持至少 100mm。

⑦ 各专业水管尽量平行敷设，最多出现两层上下敷设。

⑧ 污水排水、雨水排水、废水排水等自然排水管线不应上翻，其他管线避让重力管线。

⑨ 给水 PP-R 管道与其他金属管道平行敷设时，应有一定的保护距离，净距不宜小于 100mm，且 PP-R 管宜在金属管道的内侧。

⑩ 水管与桥架层叠铺设时，要放在桥架下方。

⑪ 管线不应该遮挡门、窗，应避免通过电机盘、配电盘、仪表盘上方。

⑫ 管线外壁之间的最小距离不宜小于 100mm，管线阀门不宜并列安装，应错开位置，若需并列安装，净距不宜小于 200mm。

⑬ 管道间的距离出于整齐考虑，一般遵循：大管间间距大，小管间间距小。

⑭ 三通弯头一般按 $2D$ 考虑长度。

⑮ 消防卡箍比管道外径大 5cm，多条消防管道并排走保证 150cm 距离。

⑯ 消火栓口距离地面一般为 1.1m。

⑰ 热水冷水管道并排时一般遵循热左冷右、热上冷下的规则。

⑱ 套管比不保温管大 1～2cm，如有保温层应当考虑保温层厚度，比保温管大 5cm 左右。

⑲ 阀门长度：

蝶阀＝管径长度；

截止阀＝止回阀＝2 倍管径长度；

闸阀＝1.5 倍管径长度。

⑳ 水管与墙（或柱）的间距，见表 3.19-1。

**水管与墙间距** **表 3.19-1**

| 管径范围 | 与墙面的净距（mm） | 管径范围 | 与墙面的净距（mm） |
|---|---|---|---|
| $D \leqslant DN32$ | ≥25 | $DN75 \leqslant D \leqslant DN100$ | ≥50 |
| $DN32 < D \leqslant DN50$ | ≥35 | $DN125 \leqslant D \leqslant DN150$ | ≥60 |

㉑ 机房中布管一般遵循以下原则：

a. 大小头软管接头长度一般和阀门一样长；

b. 泵出水口泵管布置一定要整齐有序；

c. 泵前泵后要保证泵机的抽芯解体距离；

d. 泵与泵之间至少保证 60cm 的通过距离。

3）电气专业模型规则

① 电缆线槽、桥架宜高出地面 2.2m 以上；线槽和桥架顶部距顶棚或其他障碍物不宜小于 0.3m。

电缆桥架应敷设在易燃易爆气体管和热力管道的下方，当设计无要求时，与管道的最小净距，应符合表 3.19-2 所示要求。

**电缆桥架与管道的净距要求**　　　　**表 3.19-2**

| 管道类别 | | 平行净距（m） | 交叉净距（m） |
|---|---|---|---|
| 一般工艺管道 | | 0.4 | 0.3 |
| 易燃易爆气体管道 | | 0.5 | 0.5 |
| 热力管道 | 有保温层 | 0.5 | 0.3 |
| | 无保温层 | 1.0 | 0.5 |

② 在吊顶内设置时，槽盖开启面应保持 80mm 的垂直净空，与其他专业之间的距离最好保持在不小于 100mm。

③ 电缆桥架与用电设备交越时，其间的净距不小于 0.5m。

④ 两组电缆桥架在同一高度平行敷设时，其间净距不小于 0.6m，桥架距墙壁或柱边净距不小于 100mm。

⑤ 电缆桥架内侧的弯曲半径不应小于 0.3m。

⑥ 电缆桥架多层布置时，控制电缆间不小于 0.2m，电力电缆间不小于 0.3m，弱电电缆与电力电缆间不小于 0.5m，如有屏蔽盖可减少到 0.3m，桥架上部距顶棚或其他障碍不小于 0.3m。

⑦ 电缆桥架不宜敷设在腐蚀性气体管道和热力管道的上方及腐蚀性液体管道的下方。

⑧ 通信桥架距离其他桥架水平间距至少 300mm，垂直距离至少 300mm，防止其他桥磁场干扰。

⑨ 桥架上下翻时要放缓坡，桥架与其他管道平行间距不小于 100mm。

⑩ 桥架不宜穿楼梯间、空调机房、管井、风井等，遇到后尽量绕行。

⑪ 强电桥架要靠近配电间的位置安装，如果强电桥架与弱电桥架上下安装时，优先考虑强电桥架放在上方。

4）机电建模应该注意的问题

① 首先要确定主要机房或机房区域的建模尺寸以及它的定位信息输入。

② 在风井、电井、水井等管道密集的地方注意管道的排布要与系统主要路由相匹配。

③ 注意项目中应该先确定设备的位置（冷却塔、锅炉、换热设备、变压器、配电箱柜、燃气调压设备、消火栓、水泵、空调机组、风机、智能化系统控制设备等），再按先干管后支管的顺序按照系统路径建模。

④ 注意设备机房、各专业井道系统管线的几何连接尺寸，定位信息的建立。

⑤ 注意在各个系统的末端（风口、喷头、烟感探测器、空调末端）管线的连接以及模型尺寸定位信息。

⑥ 注意各专业系统管线上智能控制装置的布置，建模时需考虑如何实现智能化控制。

⑦ 最后需要注意为各专业管线、构件、配件等建立它们的非几何参数信息。例如：管道管材、材质保温信息；设备材料的工程量统计信息；设备或者管线的性能参数等。

⑧ 应用软件时需要先进行机械设置，载入相应的连接件、接头等构件。

## 课 后 习 题

### 一、选择题

1. Revit 软件操作中最常用的对齐命令快捷键是什么？（　　）

A. AD　　B. AL　　C. AS　　D. AK

2. 导入 CAD 图纸进入 Revit 时，如何定位图纸？（　　）

A. 中心到中心　　B. 中心到圆点　　C. 圆点到圆点　　D. 圆点到中心

3. 有保温层的热力管道平行间距为（　　）m。

A. 0.3　　B. 0.4　　C. 0.5　　D. 0.6

4. 一般工艺管道的交叉间距为（　　）m。

A. 0.3　　B. 0.4　　C. 0.5　　D. 0.6

5. 管线优化时，机电专业从上到下在管廊的垂直分布顺序是（　　）。

A. 电气—暖通—给水排水　　B. 电气—给水排水—暖通

C. 暖通—给水排水—电气　　D. 暖通—电气—给水排水

6. 作碰撞检测，链接各专业模型到项目样板中时，如何定位链接进入的模型？（　　）

A. 中心到中心　　B. 中心到圆点

C. 圆点到圆点　　D. 圆点到中心

**参考答案：**

1. A　2. C　3. C　4. A　5. D　6. A

### 二、问答题

1. 管线综合的基本原则有哪些？
2. 碰撞检测的工作流程是什么？
3. 如何使用明细表统计工程量，使用明细表功能时应该注意哪些问题？
4. 机电专业建模需要注意的问题有哪些？

**参考答案：**

1. ① 大管优先，小管让大管。

② 有压管让无压管。

③ 常温管让高温、低温管。

④ 可弯管线让不可弯管线，分支管线让主干管线。

⑤ 附件少的管线避让附件多的管线。

⑥ 避让要以净高空间优先考虑，尽量避免管道翻弯。

⑦ 要考虑检修空间、保温层以及国家规范要求的布线间距。

2. ① 根据结构项目样板的基点、轴网标高建立各专业模型。

② 建立模型完毕，清除各自模型中的项目未使用项。

③ 做一个整合的机电项目样板文件，在过滤器中定义各专业系统管线的颜色。

④ 链接模型（注意链接顺序，以及链接方式，链接完毕后要绑定链接）。

⑤ 运行碰撞检测（详细过程见上面的分解步骤）。

⑥ 统计碰撞检测报告，初步处理碰撞问题。

3. ① 根据项目材料的属性，确定需要统计的参数信息。

② 必须遵循《建筑工程设计信息模型分类和编码标准》统一的信息编码原则。

③ 在建族或者应用系统族库时，根据确定的参数信息赋予模型本身（注意：当一些非几何信息或者别的一些信息不能在明细表中显示时，需要借助共享参数功能统计）。

④ 生成明细表后，根据统计工程量的表格样式，对明细表排序/成组，以及格式、字段等方面进行编排。

4. ① 首先要确定主要机房或机房区域的建模尺寸以及其定位信息输入。

② 在风井、电井、水井等管道密集的地方注意管道的排布要与系统主要路由相匹配。

③ 注意项目中应该先确定设备的位置（冷却塔、锅炉、换热设备、变压器、配电箱柜、燃气调压设备、消火栓、水泵、空调机组、风机、智能化系统控制设备等），再按先干管后支管的顺序按照系统路径建模。

④ 注意设备机房、各专业井道系统管线的几何连接尺寸，定位信息的建立。

⑤ 注意在各个系统的末端（风口、喷头、烟感探测器、空调末端）管线的连接以及模型尺寸定位信息。

⑥ 注意各专业系统管线上智能控制装置的布置，建模时需考虑如何实现智能化控制。

⑦ 最后需要注意为各专业管线、构件、配件等建立它们的非几何参数信息。例如：管道管材、材质保温信息；设备材料的工程量统计信息；设备或者管线的性能参数等。

（案例提供：邹　斌）

## 【案例3.20】BIM放样机器人在深圳某大型工程中的应用

作为能把BIM模型真正带入到施工过程中，直接使用BIM模型数据进行施工放样的硬件系统，天宝BIM放样机器人已经成为众多建筑施工企业的新宠。从BIM模型中获取现场控制点坐标和建筑物结构点坐标分量作为BIM模型的复合对比依据，从BIM模型中创建放样点。施工团队进入现场之后，所有的放样点将导入Trimble Field Link for MEP软件中，开始使用BIM放样机器人进行楼层贯通点和挂钩预埋件的放样。BIM放样机器人通过激光自动照准现实点位，实现“所见点即所得”，从而将BIM模型中的点精确地放样到施工现场，加强深化设计与现场施工的联系，保证施工精度，提高效率。

**1. 项目背景及应用目标**

(1) 项目背景

该工程属于超高层建筑，总建筑面积40多万平方米。业主在项目前期即对工程建设提出了高目标，希望成为真正的精品工程，确保工程质量获得多项国家优质工程奖项（图3.20-1）。

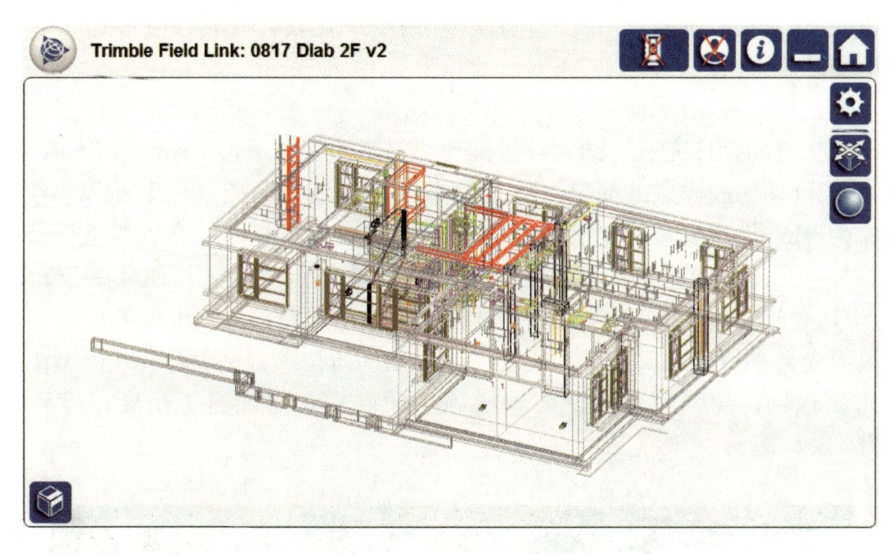


图3.20-1 模型三维视图

超高层项目机电安装量大，综合管线多，塔楼设备层多，垂直运输高度高，设备吊装的风险控制难度大，过程中往往会面临因施工错误而造成的返工情况，延误工期，降低效率。该建筑结构空间复杂，机电系统众多，施工精度要求高，面临着更高难度的挑战。这不仅为机电管线综合设计与施工带来了重大考验，也对机电总承包单位提出了高度要求。传统机电安装施工方法将面临许多难以解决的问题：如现场施工误差造成返工及设计变更；施工队的传统工作方法无法满足精度与效率要求；传统验收过程相对粗糙，信息检查核准不够完善等。作为机电总承包单位应如何应对以上难题，顺利完成专业间协作，保障高难度机电施工顺利进行，将是个高难度的施工挑战。

(2) BIM期望应用效果

近年来，伴随信息化发展浪潮，BIM作为一项带来行业革命性的新技术，已成为推动建设行业智慧发展，实现创新项目管理的重要工具。同时，BIM技术也为提高施工效率、确保施工质量带来了新的突破点。

据该项目总工程师介绍，项目业主非常重视BIM技术在项目实施及后期运营维护过程中的应用，在招标投标阶段即明确提出BIM应用任务，这也为施工单位的BIM解决方案选择、BIM应用实施水平带来考验。业主希望交付的机电施工BIM模型能用于项目后期运维管理，这对BIM应用的深度提出了相当高的要求。除了运用BIM技术实现常规的管线碰撞检查、支吊架布置、管线复核、方案优化等内容，还需要将施工过程中建立的BIM模型不断完善、精细化。施工单位需要把机电管线设备的参数、零部件更换维修时间周期等信息全部输入BIM模型，与智能楼宇管理系统相连接，从而形成基于BIM的运维管理平台，未来将简化后期机电系统的运维操作难度，更便捷地去查找机电系统故障原因、锁定零配件更换位置、快速找到系统维修方案。

**2. 项目BIM应用的内容及成效**

该项目的最大挑战之一是需要在最短的时间内，在每层楼3000多$m^2$的空间里定位数百个点，因此任何错误和返工对于超高层建筑施工都是巨大的时间浪费，施工时必须把验证过的BIM模型带到工地，并快速准确地放样，才能保证施工质量和效率。他们采用了国外先进的BIM放样机器人系统，并将其应用于深化设计、管线安装施工、施工验收等整个机电安装施工阶段。

（1）深化设计，现场放样

在机电和管道的设计完成协同并被批准后，施工团队可通过Trimble Point Creator软件进行2D和3D现场放样点的创建，从BIM模型中获取现场控制点坐标和建筑物结构点坐标分量作为BIM模型复核对比依据，根据BIM模型中的机电综合管线坐标及尺寸数字信息创建放样点。施工团队进入现场之后，所有的放样点将导入Trimble Field Link for MEP软件中，开始使用BIM放样机器人进行楼层贯通点和挂钩预埋件的放样。BIM放样机器人通过激光自动照准现实点位，实现"所见点即所得"，从而将BIM模型中的点精确地放样到施工现场，加强深化设计与现场施工的联系，保证施工精度，提高效率（图3.20-2、图3.20-3）。

图3.20-2 天宝BIM放样机器人

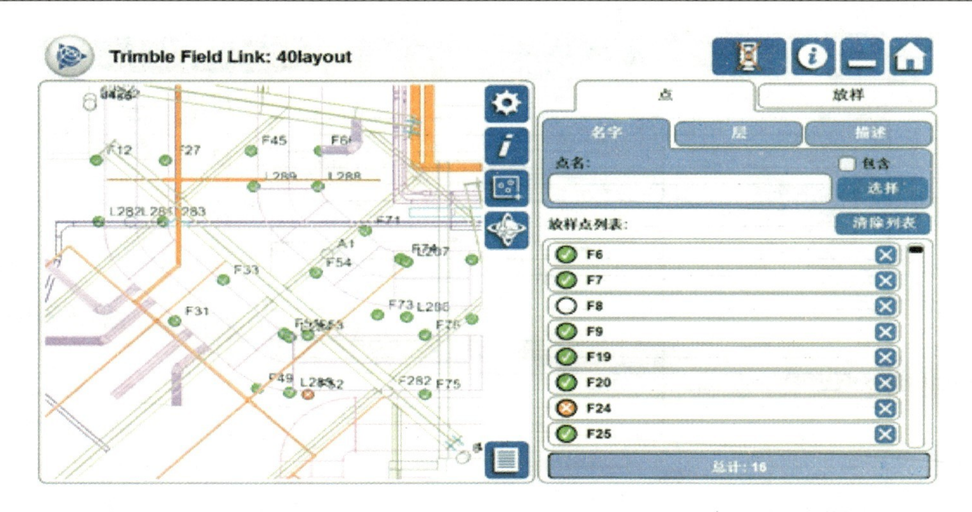


图3.20-3　软件放样视图

在标准层施工过程中，即使设计过程中已经应用BIM技术解决了很多碰撞问题，但由于专业协调施工问题以及实际工艺偏差，导致管线碰撞和净空标高控制困难等问题，面对这种情况，机电施工BIM团队要尽可能保证模型信息地真实准确度，从而尽可能地减少变更。相比传统放样方法，BIM放样机器人范围更广，每一个标准层都能实现300～500个点的精确放样，并且所有点的精度都控制在3mm以内，超越了传统施工精度。同时，天宝BIM放样机器人可操作性比较强，技术门槛比较低，人员投入也相对简单，单人一天即可完成300个放样点的精确定位，效率达到传统方法的6～7倍，精度更有保障（图3.20-4）。

（2）工厂预制，安装施工

该项目施工现场周边被建筑紧密包围，无形中加大了项目施工的难度。在这样的施工条件下，项目团队选择采用工厂化预制－现场组合装配的工作流程，以优化施工流程，确保施工效率。

技术人员采用BIM放样机器人与BIM模型相结合的方式进行现场定位放样，通过精确的三维模型信息完成施工深化设计、结构复核，继而在电脑中预先制作出装配图纸，在工厂完成模型构件预制，运输到现场直接安装，实现工厂与现场的无缝拼接。这种创新工作流程简化了以往的施工工艺程序，人员投入简单，降低现场劳动力成本，构件组合拼装更精准，有效提高了工作效率。

根据BIM放样机器人反馈的精确三维信息，运用BIM模型指导构件加工，尺寸非常精确，大大减少了现场人工作业所带来的错误与不便。该项目机电设备多数构件都实现了工厂加工，现场组装。项目几乎所有的构件都是根据BIM模型下料，从工厂预制好，实际施工时只需要通过BIM放样机器人自动放样，根据风管分段安装图，利用BIM放样机器人测点放线确定安装位置，确保安装成功率。

（3）辅助施工验收

在施工验收阶段，应用天宝BIM放样机器人实测实量，采集现场施工成果的三维信息，通过设计数据与实际数据的一系列简单对比分析来检查管线、设备的安装施工质量。通过BIM放样机器人辅助施工，既能够确保管线和设备安装的较高精度，也能够实现对

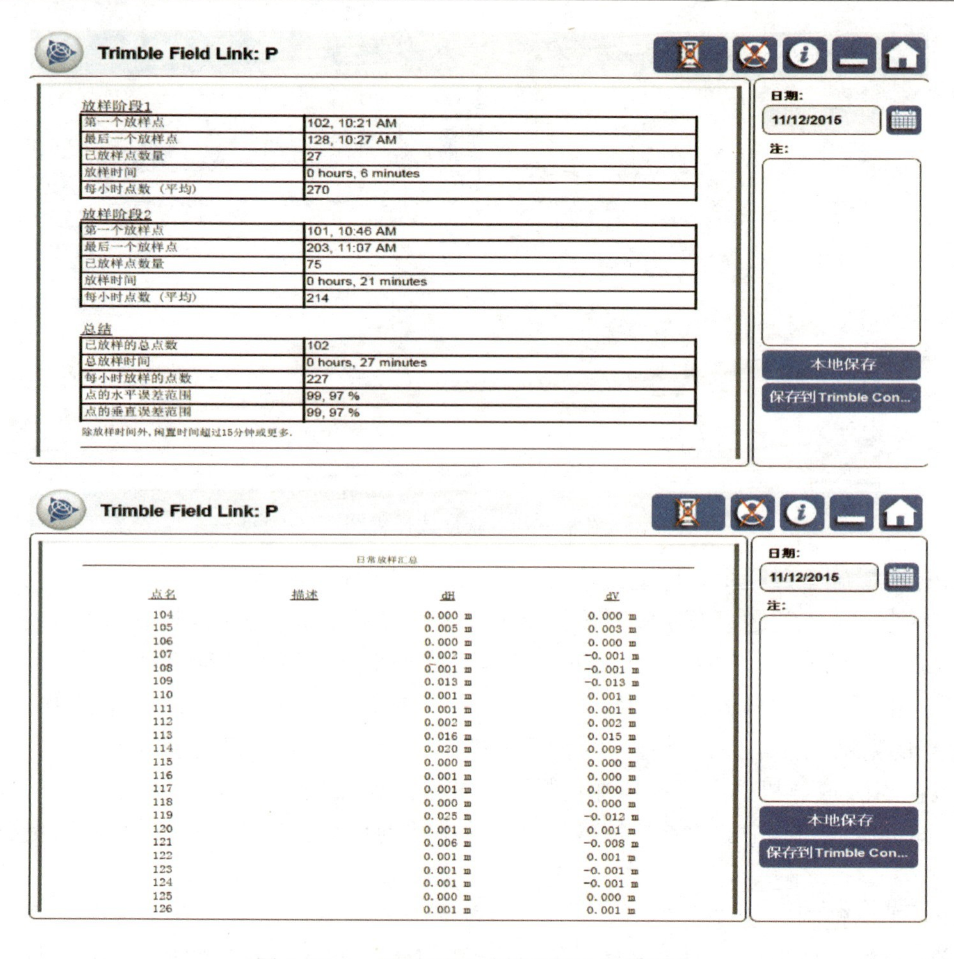


放样阶段1

| | |
|---|---|
| 第一个放样点 | 102, 10:21 AM |
| 最后一个放样点 | 128, 10:27 AM |
| 已放样点数量 | 27 |
| 放样时间 | 0 hours, 6 minutes |
| 每小时点数（平均） | 270 |

放样阶段2

| | |
|---|---|
| 第一个放样点 | 101, 10:46 AM |
| 最后一个放样点 | 203, 11:07 AM |
| 已放样点数量 | 75 |
| 放样时间 | 0 hours, 21 minutes |
| 每小时点数（平均） | 214 |

总结

| | |
|---|---|
| 已放样的总点数 | 102 |
| 总放样时间 | 0 hours, 27 minutes |
| 每小时放样的点数 | 227 |
| 点的水平误差范围 | 99, 97 % |
| 点的垂直误差范围 | 99, 97 % |

除放样时间外，闲置时间超过15分钟或更多.

日常放样汇总

| 点名 | 描述 | dH | dV |
|---|---|---|---|
| 104 | | 0.000 m | 0.000 m |
| 105 | | 0.005 m | 0.003 m |
| 106 | | 0.000 m | 0.000 m |
| 107 | | 0.002 m | −0.001 m |
| 108 | | 0.001 m | −0.001 m |
| 109 | | 0.013 m | −0.013 m |
| 110 | | 0.001 m | 0.001 m |
| 111 | | 0.001 m | 0.001 m |
| 112 | | 0.002 m | 0.002 m |
| 113 | | 0.016 m | 0.015 m |
| 114 | | 0.020 m | 0.009 m |
| 115 | | 0.000 m | 0.000 m |
| 116 | | 0.001 m | 0.000 m |
| 117 | | 0.001 m | 0.000 m |
| 118 | | 0.000 m | 0.000 m |
| 119 | | 0.025 m | −0.012 m |
| 120 | | 0.001 m | 0.001 m |
| 121 | | 0.006 m | −0.008 m |
| 122 | | 0.001 m | 0.001 m |
| 123 | | 0.001 m | −0.001 m |
| 124 | | 0.001 m | −0.001 m |
| 125 | | 0.000 m | 0.000 m |
| 126 | | 0.001 m | 0.001 m |

图 3.20-4　天宝 BIM 放样机器人放样报告

施工成果更加全面、细致的验收。

以往通过传统的施工验收方法验收精度为厘米级，而使用 BIM 放样机器人辅助，验收精度可突破性地达到毫米级，更有利于提高施工验收的质量。同时，BIM 放样机器人可通过无线网络将现场验收情况实时传递到办公室，实现远程验收同步保存实时的影像记录，确保验收过程精确可靠。

BIM 放样机器人在该项目中实现了令人满意的高精度、高效率。管道套管的架设如果出现任何精度问题，会导致一系列后续问题。项目要求精度在 1～2cm 之间，而实际精度已达到毫米级，大大高于预期，天宝“把模型带到工地”的技术真正为该项目解决了精度问题。

**3. BIM 放样机器人系统技术简介**

（1）外业的 3D 工作数据

①3D 可视化，可在 3D 环境中进行现场点的放样，例如：墙壁穿透点、吊架位置点、电缆桥架点和突出点。

②通过模型的查看功能，可轻松地切换图层和背景清楚地查看问题区域。

③将设计文件导入到 Trimble Field Link 外业软件，外业人员可以在顶层设计文件中轻松地创建放样点。

（2）直观的放样接口

①放样点列表可以帮助外业人员轻松地跳过不需要放样的放样点。

②用户可定制放样视图，视图可为全屏模式、列表模式、2D 视图和 3D 视图。

③放样模式“Bullseye”视图可以在棱镜靠近放样点时显示水平和垂直误差。

（3）Trimble Vision 视频控制

① 通过安装于 Trimble 外业平板电脑上的 Trimble Field Link 软件传输回来的实时视频，用户可实现远端的查看、控制和测量。

② Trimble Field Link 软件能够显示精确的设计文件和现场影像，包含点和线的任务数据可以显示在影像上面。

Trimble Vision 技术——Trimble 空间成像传感器强大的可视化工作方式。Trimble Vision™的设计是为了改善数据采集和前线测量人员交付数据的时效，从外业测量到办公室决策，体现在整个工作流程中。采用控制器屏幕亮丽的实时活动图像，用户可用点击屏幕方式快速容易地识别和捕获相关数据。Trimble Vision 可提供实时参考，显示已经完成和仍需进行的工作。Trimble Vision 视觉文件工具还通过提供真实可视的相关文字数据，为各种业务和各种客户担当助手（图 3.20-5）。

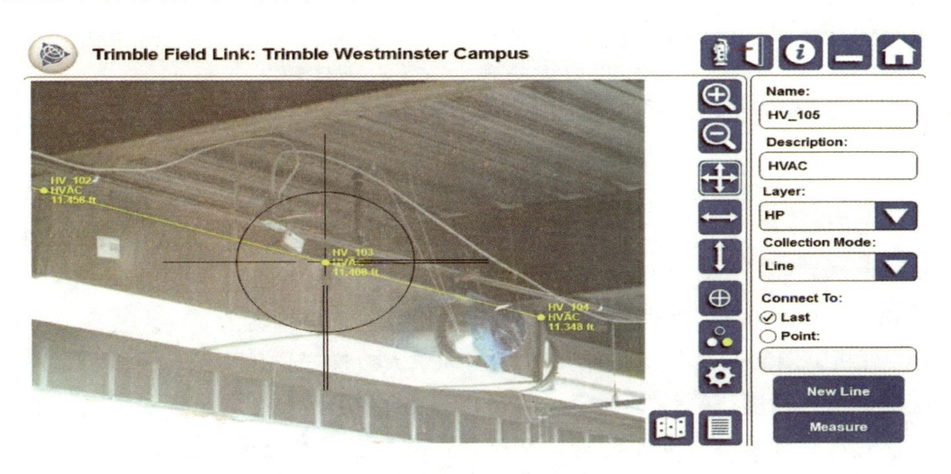


图 3.20-5　Vision 技术软件界面

（4）数据分层显示，图像化指导放样

可从 dxf 文档直接建立放样点，增加蓝图背景功能：例如点和线的编辑和输入，根据图层来选择点进行放样。以图形的方式显示目前测站、棱镜和放样点三者之间的关系，并指出前进方向和距离，快速、准确地找到放样点。

（5）MEP 放样

MEP 放样模块具有各种强大的计算功能可以轻松放样点，线，弧，任意选择你想选择的放样点。在地面往楼底或屋底进行开孔或悬挂点进行放样时，可以使用 BIM 放样机器人免棱镜的测量功能，BIM 放样机器人配有红色定位光直接投放所在的位置，无需把放样点从地面转射至顶部。

（6）质量检测，放样误差报告，更新 BIM 模型

BIM 放样机器人自动采集实际建造数据，能够使现场环境被准确测量，出具放样误差报告，并可以用实际建造数据去更新设计 BIM 模型，为下一步工作提供精准数据。

**4. 总结及展望**

在建筑生命周期中，施工阶段是承上启下的关键环节，BIM 技术是实现项目全生命周期管理的优秀平台和手段，施工阶段项目总承包商 BIM 团队基于 BIM 技术不断开展深化应用研究，后期将为业主提供一套实用的运维管理模型，从而为项目建成后的物业设施管理提供有效保障。天宝 BIM 放样机器人的引入，将 BIM 设计数据直接带入施工现场，不仅为施工环节的精确实施提供保障，同时也为精细化施工管理带来了新的思路。BIM 技术具有非常广泛的功能与潜力，在机电施工领域的深入应用值得期待。

## 课 后 习 题

1. BIM 放样机器人免棱镜模式的距离是（　　）m 以内。

A. 300　　B. 500

C. 1000　　D. 3000

2. 下列哪一项不是现代 BIM 放样机器人系统的优点？（　　）

A. 支持数字数据　　B. 可以单人放样操作

C. 一致的精度和结果　　D. 减少人为误差

3. BIM 放样机器人系统是否可以提高施工效率？为什么？

4. 简述 BIM 放样机器人系统所涵盖的技术要点。

**参考答案：**

1. A　分析：在施工现场，在一个便利的、具有良好视野的位置上设置放样机器人，可对距离棱镜 3000m 内的位置进行测量、放样。在危险或者难以到达的位置点，可通过免棱镜方式对距离 300m 内的位置进行测量。因此本题正确答案为 A。

2. A　分析：BIM 放样机器人系统可以实现单人放样操作，无纸化作业，数据直接导入到系统中运行，精度高，性能稳定，且可以现场直接出具放样报告。因此答案 B、C、D 都是符合的，只有答案 A 是早先的全站仪具备的特点。本题正确答案为 A。

3. BIM 放样机器人系统是可以提高施工效率的。具体分析如下：总体来说，BIM 放样机器人可以在保证施工精度的前提下很大程度上提高效率。从人员的角度考虑，传统放样至少需要两人配合，而 BIM 放样机器人单人即可进行放样；从时间的角度考虑，传统放样内业需要先做好数据，然后现场放样的时候，逐个点进行顺序放样，而 BIM 放样机器人可以直接将 BIM 模型导入并进行放样，并且配合可视化镜头能做到直观放样，相同的工作量比传统放样设备时间缩短很多，尤其是在一些复杂的结构放样时，体现得更明显；其他方面，比如结合工厂预制吊装，以及与其他系统协同工作等，BIM 放样机器人对施工效率的提高，都是显而易见的。

4. 要点包括以下几点：①外业的 3D 工作数据；②直观的放样接口；③Trimble Vision 技术；④数据分层显示，图像化指导放样；⑤专业的 MEP 放样；⑥现场可直接出具电子放样报告。

（案例提供：关书安）

# 【案例3.21】高速三维激光扫描仪在北京某现代化建筑项目中的应用

当一个复杂的建筑物，由很多不规则的形状构成时，到底施工和设计一样还是不一样呢？很难用肉眼去分辨，哪怕拿着图纸，也无法准确地判断。而利用三维激光扫描仪则可以把现场实景事无巨细地，把所能看到的数据都采集到电脑里去，形成每个点准确到毫米级精度的三维坐标的点云数据，再利用点云数据和BIM模型来作对比。所有的问题，包括施工的差异、错漏等均可实现一目了然。利用这种高科技手段，提高了交付建筑物的可靠性，达到了原来的设计目的，对建筑物带来更好的提升，并为业主带来更多的服务。

**1. 项目背景及应用目标**

（1）背景

该项目位于北京市朝阳区，占地面积10多万平方米，规划总建筑面积50多万平方米。项目由3栋集办公和商业为一体的高层建筑和3栋低层独栋商业楼组成，最高一栋高度达200m。

（2）目标

业主非常注重项目的品质，因此近年来，引入第三方单位，采用先进的技术手段进行工程质量监督检查。现在的建筑物越来越宏大，越来越复杂，传统的工作方式已经不能适应建筑物的复杂程度，利用BIM模型，或者CAD的数据，配合精准的硬件测量设备来进行数据采集，通过软件自动进行数据处理并找出施工与设计的偏差的方法是非常先进的。

**2. 项目BIM应用的内容及成效**

BIM首先要有模型，目前在施工阶段模型的建立方式有两种。一是将设计的BIM模型直接导入到施工阶段相关软件，实现设计阶段BIM模型的有效利用，不需要重新建模。但是由于设计阶段的BIM软件与施工阶段的BIM软件不尽相同，而且BIM从设计阶段到施工阶段的转化，本身就是一个复杂的动态过程，这时候有些设计阶段的BIM无法直接用于施工指导，就需要利用最新的天宝三维激光扫描仪快速对工作现场进行扫描，获取精确到毫米的现场建造数据逆向建立现状建造模型，用于补充和完善BIM模型，从而满足施工要求（图3.21-1）。二是可以用扫描获得的动态现状建造模型直接与设计阶段的BIM模型进行比对，进行碰撞分析、优化净空、优化管线排布方案、施工交底、施工模拟等工作。

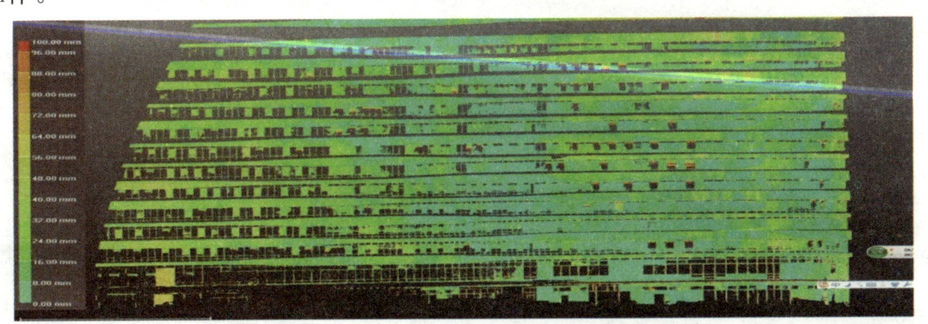

图3.21-1 实际施工模型与设计BIM模型的比对

建筑施工是一个快速动态的过程，工地每天都有很大变化，如果信息更新不及时，那么前一个环节的变化可能会影响到后一个环节。而这些变化的来源也很广泛，比如随着施工进度而发生的现状变化，比如钢结构发生的变形，甚至一些施工错漏等。单纯拿着设计图纸，很难有效地进行施工管理，此时施工动态现状数据的获取是非常重要的。而三维激光扫描仪正是快速获取现状数据的利器。在一些关键的施工节点，或者一些重点监测的施工区域，尤其是当决策者需要有效信息作为决策判断的依据时，我们可以利用三维激光扫描仪，将施工现状信息快速、准确地扫描获取，然后进行建模，进而使用 BIM 现状模型作为施工管理的依据。

施工完成后，用三维激光扫描仪将施工结果数据扫描下来，可以作为竣工验收的资料，也可以为后期运营维护提供翔实数据。尤其是对于一些隐蔽工程，如管线等的扫描数据，会为后期运维节省很大的成本。

**3. 扫描仪系统技术简介**

（1）实现三维扫描的基本原理

三维激光扫描仪的机身在水平方向上以缓慢的速度进行 360°旋转，反射镜在竖直方向上以高速进行 360°旋转。但由于仪器的架设和正下方的遮挡，扫描仪水平扫描范围是 360°，垂直扫描范围是 300°（图 3.21-2）。

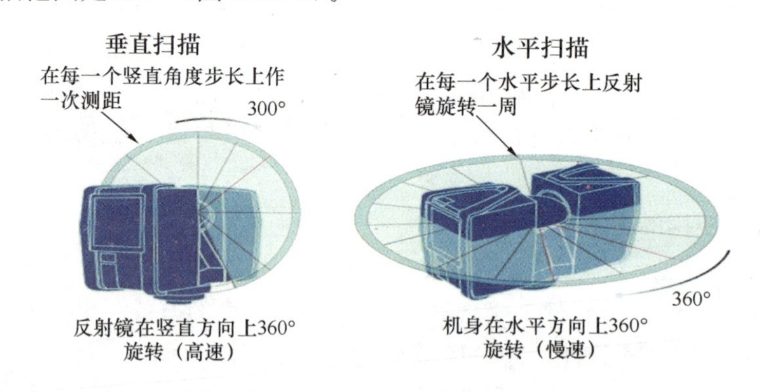


图 3.21-2　三维激光扫描仪工作原理

（2）超高集成度硬件

一台设备包含有：伺服系统、激光测距系统、角度系统、彩色相机系统、用户控制系统、供电系统、数据存储系统、温度、高度、方位角、水准器等感应器（图 3.21-3）。无须外接任何装置即可独立运行，兼具更高效率，节省成本与时间。

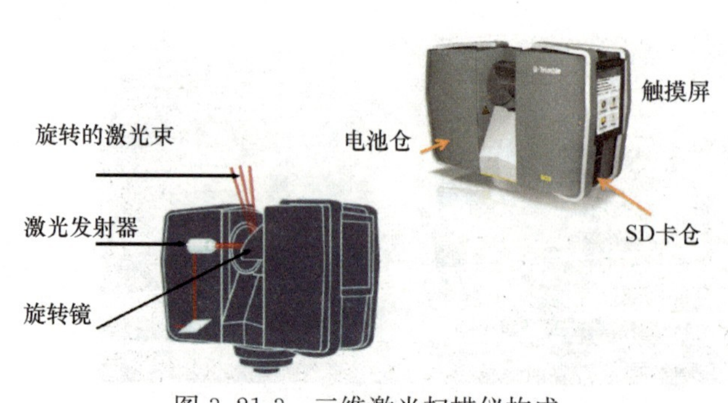


图 3.21-3　三维激光扫描仪构成

（3）内置彩色数码相机

内置彩色数码相机加上 Trimble Scene 技术，可以轻松将色彩与激光反射高亮度信息叠加到点云上，获取精确逼真的扫描成果（图 3.21-4）。

（4）强大的三维后处理软件

自动识别球状目标、黑白平面目标，多种方式自动配准点云；支持大地坐标配准点云及导入导出。

能够发布浏览器格式文件，方便多部门的协同工作。

支持和 BIM 文件交互检查，提供现场点云（现状）和 BIM 文件（设计）的多种比较工具。

建筑物实测实量工具：标高检测、净空检测；平整度检测、垂直度检测、阴阳角检测、门洞大小位置检测、窗户大小位置检测、预留孔位置检测等多种工具。

图 3.21-4　点云图像技术

建筑物基坑检测、形变检测工具；一键式容积/体积计算，方便土方测量。

可与 SketchUp 无缝集成，能实现基于点云，以框选、点选等模式一键式、智能化地提取地物特征点、特征线和特征面，在 SketchUp 平台中快速建立三维模型，同时支持所建立的三维模型无缝导入点云显示与管理平台，对模型进行相关编辑。

多种快捷的几何测量工具，包括但不限于：距离测量、平距测量、垂距测量、自动净空测量、点到拟合面距离测量、拟合圆柱体直径测量、点到图形距离测量、各种角度测量、点坐标测量、方向测量等。

**4. 总结与展望**

现在，在建筑设计阶段已经有越来越多的设计师使用 BIM 技术，施工单位也在逐渐尝试将 BIM 模型进行深化并应用于施工阶段，而在施工完成后，使用三维激光扫描仪对建筑物进行全面的扫描，将实际的建造点云数据用专业的点云处理软件进行处理并生成三维模型，不但可以与设计模型比对进行查漏找错，还可以将最终的模型作为后期运营维护阶段的依据，成功地将整个建筑的生命周期串联起来。

在建筑项目的各个阶段，天宝都有相应的技术工具来解决用户面临的问题。通过这些强大的技术工具之间的无缝集成，天宝正在转变客户的工作方式，为客户提供全面高效的解决方案，帮助客户实现更多目标。

## 课　后　习　题

1. 天宝三维激光扫描仪都包含以下哪些系统？（　　）

A. 伺服系统　　　　B. 激光测距系统

C. 角度系统　　　　D. 彩色相机系统

E. 电台系统

2. 天宝三维激光扫描仪水平、垂直分别可以扫描到的角度最大范围是（　　）。

A. 300°、360°　　　　B. 360°、300°

C. 300°、300°　　　　D. 360°、360°

3. 简要论述三维激光扫描仪在施工阶段的作用。

**参考答案：**

1. ABCD　分析：一台设备包含有：伺服系统、激光测距系统、角度系统、彩色相机系统、用户控制系统、供电系统、数据存储系统、温度、高度、方位角、水准器等感应器。无须外接任何装置即可独立运行，兼具更高效率，节省成本与时间。不包含电台系统，因此正确答案是 A、B、C、D。

2. B　分析：三维激光扫描仪的机身在水平方向上以缓慢的速度进行 36°旋转，反射镜在竖直方向上以高速进行 360°旋转。但由于仪器的架设和正下方的遮挡，扫描仪水平扫描范围是 360°，垂直扫描范围是 300°。本题正确答案为：B。答案 A 和 B 正好相反，而 C 和 D 是明显错误的。

3. ① 模型深化、施工模拟的数据来源。

设计阶段的 BIM 软件与施工阶段的 BIM 软件不尽相同，BIM 从设计阶段到施工阶段的转化，本身就是一个动态的过程，这时候有些设计阶段的 BIM 无法直接用于施工指导，就需要利用最新的天宝三维激光扫描仪快速对工作现场进行扫描，获取精确到毫米的现场建造数据逆向建立现状建造模型，用于补充和完善 BIM 模型，从而满足施工要求。可以用扫描获得的动态现状建造模型直接与设计阶段的 BIM 模型进行比对，进行碰撞分析、优化净空、优化管线排布方案、施工交底、施工模拟等工作。

② 施工动态模型数据快速获取。

建筑施工是一个快速动态的过程，工地每天都有很大变化，如果信息更新不及时，那么前一个环节的变化可能会影响到后一个环节。而这些变化的来源也很广泛，比如随着施工进度而发生的现状变化，比如钢结构发生的变形，甚至一些施工错漏等。单纯拿着设计图纸，很难有效地进行施工管理，此时施工动态现状数据的获取是非常重要的。而三维激光扫描仪正是快速获取现状数据的利器。在一些关键的施工节点，或者一些重点监测的施工区域，尤其是当决策者需要有效信息作为决策判断的依据时，我们可以利用三维激光扫描仪，将施工现状信息快速、准确地扫描获取，然后进行建模，进而使用 BIM 现状模型作为施工管理的依据。

③ 竣工验收模型数据获取。

施工完成后，用三维激光扫描仪将施工结果数据扫描下来，可以作为竣工验收的资料，也可以为后期运营维护提供翔实数据。尤其是对于一些隐蔽工程，如管线等的扫描数据，会为后期运维节省很大的成本开支。

（案例提供：王　媛）

## 【案例 3.22】北欧某土木工程巨头通过全彩 3D 打印扩大其领先地位

在很多大制作的电影中，我们能够看到很多 3D 打印技术带给我们的视觉震撼和意想不到。同样，3D 打印技术和 BIM 技术的碰撞，也会出现很多火花。建筑设计师可以通过 3D 打印技术将复杂、抽象的三维设计理念呈现出来，工程师可以直接将一些结构件打印出来，甚至一些超级打印机可以直接打印建筑物。所以，这个 3D 打印的时代几乎没有什么是不可能的了。

**1. 项目背景及应用目标**

总部位于丹麦哥本哈根的某集团是北欧地区领先的设计和咨询公司，拥有多位学科专家，员工近 10000 人，在北欧、印度和中东的市场中占有重要地位。它为基础设施、电信、建筑、医疗、工业、石油/天然气、能源、环境、IT 和管理行业提供全面的咨询服务，其在 19 个国家内设立有 200 个办事机构，强调本土经验与全球知识基础的结合。经过不断的努力，力争提供令人鼓舞的精准解决方案，为客户、最终使用者和社会的整体带来真正不同的感受。

虽然该公司有令他们引以为豪的设计理念，但是在潜在客户心里令人信服的、生动的设计与其背后的文字、图纸、图片是分离的。尽管成功地创造了纪录，但也面临着新业务的激烈竞争。从业务关系开始，公司必须提供令人信服的优势给客户。

**2. 项目 BIM 应用的内容及成效**

真实的模型相比于蓝图及计算机模型更能够激发人们的热情。3D 打印已经成为一个独特的竞争优势，对于该公司，使用这个 3D 打印工具最终使他们的客户受益。建筑设计师认为，在空间方面，3D 打印的真实模型可以弥补他们和把设计变成现实的建筑师之间的分歧。有一个 3D 模型，建筑师可以看到具体的概念并且能够很容易地在三维空间里设想。

全彩的、动态的 Projet460 在更短的时间内生产三维建筑模型和工程模型，并且在大多数情况下比传统手工制作成本少得多。由于其精致、多彩的细节，该模型能够生动地传达其独特的设计理念。打印机能够在物体表面打印图像，赋予模型逼真的、独特的触觉，当展示基础设施模型时尤其重要。例如，工程师能够打印纹理，比如墙上的瓷砖，或者航拍的地形模型。

新的能力提升了该公司在新项目上的成功率。在购买 3D Systems 公司彩色 3D 打印机后不久，他们角逐丹麦国内一个引人注目的桥梁工程。该公司能够如实地描绘特殊的 V 形桥墩，比传统的垂直支柱耗费更少的空间和材料。这个模型传达创新的概念，并且帮该公司赢得了这个项目。

除了确保新业务，3D 打印还节约了该公司的资金。例如，最近需要一个 12 层的公寓建筑模型，发现用全彩 3D 打印一个模型比传统手工制作节约 1/3 的费用。此外，用 Projet460 打印模型非常简单。工程师可以直接通过微型工作站或 3D Max 软件设计出的数字模型导入打印机直接打印。

设定一个适当的打印比例，很快就可以建立一个全彩物理模型。如果设计是三维的，则需要做一个 3D 模型。有时必须优化模型，以便缩放比例允许打印，但在许多情况下，不需要如此做。这是和制作手工模型完全相反的，制作重要的细节会消耗大量的生产时间。换句话说，当操作一个项目时，3D 打印让我们的想法更有创意和空间，可以轻松地打印不同阶段的模型进行比较。

在另一个项目中，该公司需要联系一个纽约的建筑师针对哥本哈根弗雷斯德区的景观计划，为此，他们有一个多层次的工程合同。建筑师不用飞到丹麦，他们打印一个景区的 3D 模型，带着模型和纽约的建筑师开会。3D 模型为建筑师提供一个清晰、简洁的景观，和他访问的网站一样有用，网站的访问会浪费各参与方的时间，3D 模型将非常便利地帮助建筑师纵观整个项目。

建筑设计师认为，在空间方面，3D 模型可以弥补他们和负责将设计变为现实的工程师之间的分歧。一个 BIM 模型，工程师能够看到具体的概念，并且很容易想象自己的三维空间。通过提高工程师的空间理解，避免了不必要的时间、费用及尴尬的发生。BIM 模型采用 3D 打印的形式，是一种激发热情的方式，这是图纸和计算机文件做不到的。因此，3D 模型已经成为该公司一个独特的竞争优势，最终，提供给他们的客户显著的好处（图 2. 22-1）。

Model of a water plant renovation project in Kaliningrad,Russia

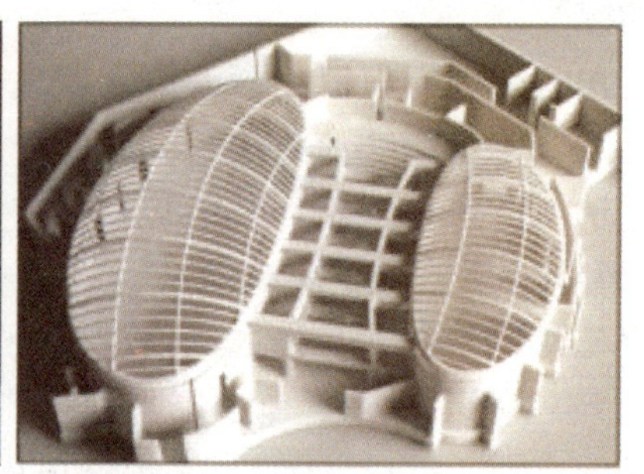

Model of a glass-domed elephant house at the Copenhagen Zoo

图 3. 22-1 3D 打印模型

## 参考文献

刘宇辰. 数字化助力超级工程建设［EB10L］. 筑龙网.

## 课后习题

根据本案例，谈谈你对 3D 打印技术在建筑模型制作方面是如何理解的?

**参考答案：**

首先，3D 打印是一种高科技的现代化的手段，它能够比较容易地实现原来会花很多时间也比较难完成的事情，比如本案例所说的建筑缩小比例模型，尤其是对于一些异形结构的建筑来说，使用 3D 打印技术让模型制作变得简单多了。

其次，建筑模型制作，之所以迫切地需要 3D 打印这种技术，是因为每个建筑都有自己的风格，设计都是不一样的，而如果所有的建筑都千篇一律，那么模型也都是可复制或批量化生产的了。

再次，一个好的设计作品的诞生，要经历无数次的修改，尤其是复杂的建筑，往往是由一个设计团队来完成的，并且在设计的过程中，需要多次与甲方进行沟通，而使用 3D 打印出的模型沟通显然比用图纸沟通来得直观、有效。

最后，随着 3D 打印技术的发展，彩色打印、多材料打印等，都能为建筑模型制作乃至其他方面的应用带来越来越丰富的选择。总之，3D 打印技术对于建筑模型制作非常适用。

（案例提供：关书安）

## 【案例3.23】基于BIM的运维在SOHO的探索

随着全球建筑行业日趋规模化、复杂化、快速化，BIM技术在建筑行业日益成熟并逐步推广开来。但是我们也能发现，BIM技术的应用大都集中于建造项目的前期设计、施工阶段，投入大量人力、物力、财力的BIM模型，在建筑完工交付后大量闲置。本文将结合应用案例，探讨BIM在运维方面的应用。一些国内领先的私营开发商敏锐地意识到了这一点，投资的低效应用也导致运营管理问题层出不穷，他们在吸纳国内外的BIM运维经验后，进行了大胆尝试，在3D能效管理平台的基础之上为运维管理量身打造，将BIM与能源管理系统进行融合。项目中还有更多的系统逐步接入BIM运维平台，为物业管理提供更多的帮助，为整体市场基于BIM的运维作出了新的尝试。在不远的将来，BIM除了覆盖物业管理，也将会延伸至商业管理中，也许将整合建筑物整个生命周期的建筑信息及应用也未可知。

**1. 项目背景**

（1）运维单位介绍

北京博锐尚格节能技术股份有限公司是国内最早专注建筑能源管理解决方案开发、实施、运营的企业之一。致力于在大型公共建筑管理领域为更多客户提供最好的建筑管理系统、产品和服务。其拥有一支专业的BIM运维项目团队，团队成员根据客户提出的设计要求进行针对性开发，经历了从方案初设到大数据应用的全过程，开发出了一套全新的基于BIM的物业管理系统，并将其使用到实际案例中。目前其产品已被广泛应用于商业建筑、政府办公楼、写字楼、校园、医院、酒店、大型园区、数字城市等领域。

（2）运维项目介绍

项目地址位于东二环朝阳门桥西南角，拥有总建筑面积33万多$m^2$，包含166000$m^2$的写字楼及86000$m^2$的商业区域，全新的工作休闲空间使项目与周边枢纽的联通趋于完美化。贯穿建筑群南北的中央大道及地下商城向北面与朝阳门SOHO（一期与二期）及地铁站出入口相连，同时向东通过横跨东二环的天桥与外交部大楼毗邻。

望京SOHO位于北京市朝阳区望京街与阜安西路交叉路口，由世界著名建筑师扎哈·哈迪德（Zaha Hadid）担纲总设计师，占地面积115392$m^2$，规划总建筑面积521265$m^2$，望京SOHO办公面积总计为364169$m^2$，项目由三栋集办公和商业为一体的高层建筑和三栋低层独栋商业楼组成，最高一栋高度达200m。2014年建成后，望京SOHO是从首都机场进入市区的一个引人注目的高层地标建筑，誉称“首都第一印象建筑”。

**2. BIM运维实施目标及方案**

（1）BIM运维实施目标

SOHO项目通过使用多项绿色建筑的先进技术，比如高性能的幕墙系统、日光采集、百分之百的地下停车、污水循环利用、高效率的采暖与空调系统、无氟氯化碳的制冷方式以及优质的建筑自动化体系，为客户提供智慧能源与精细化设备设施管理的服务。

（2）BIM运维实施方案

SOHO中国作为国内知名的地产集团，一直致力于将新的技术与建筑进行融合，提升商业价值的同时，为客户提供更好的体验。2013年6月，SOHO中国推动旗下的银河

SOHO、望京 SOHO 建设能源管理系统，而博锐尚格大胆地将能源管理系统与 BIM 技术相融合，为项目提供具有更高价值的整体物业管理解决方案——iSagy BIM，基于 BIM 的物业管理系统。这套基于 BIM 的整体解决方案，使空间信息与实时数据融为一体，物业管理人员可以通过 3D 平台更直观、清晰地了解楼宇信息、实时数据等相关节能情况，最终完成 3D 能效管理平台向 BIM 运维管理平台的成功转型。该项创新将对公共建筑的全生命周期管理起到革命性作用（图 3.23-1）。

图 3.23-1　银河 SOHO、望京 SOHO

该项目是对 BIM 技术、云计算、物联网等的综合运用，涉及信息总览、水力平衡系统、机械通风系统、感测系统、照明系统、电梯系统、温度分布系统、视频监控系统等的物业管理系统，用于建筑运营维护阶段的建筑信息管理。

**3. BIM 运维内容及实施成果**

（1）机械通风

机械通风系统通过与 BIM 技术相融合，可以在 3D 基础上更为清晰、直观地反映每台设备、每条管路、每个阀门的情况。根据应用系统的特点分级、分层次，可以使用其整体空间信息，或是聚焦在某个楼层或平面局部，也可以利用某些设备信息，进行有针对性的分析（图 3.23-2）。

图 3.23-2　机械通风模型

管理人员通过 BIM 运维界面的渲染即可以清楚地了解系统风量和水量的平衡情况，各个出风口的开启状况。特别当与环境温度相结合时，可以根据现场情况直接进行风量、水量调节，从而达到调整效果实时可见。在进行管路维修时，物业人员也无须为复杂的管路而发愁，BIM 系统清楚地标明了各条管路的情况，为维修提供了极大的便利。

（2）垂直交通

3D 电梯模型能够正确反映所对应的实际电梯的空间位置以及相关属性等信息。电梯的空间相对位置信息包括门口电梯、中心区域电梯、电梯所能到达的楼层信息等；电梯的相关属性信息包括直梯、扶梯、电梯型号、大小、承载量等。3D 电梯模型中采用直梯实体形状图形表示直梯，并采用扶梯实体形状图形表示扶梯（图 3.23-3）。

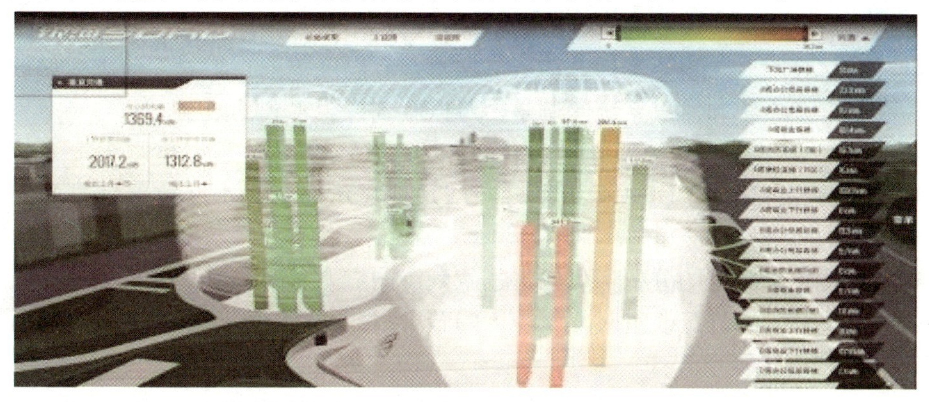


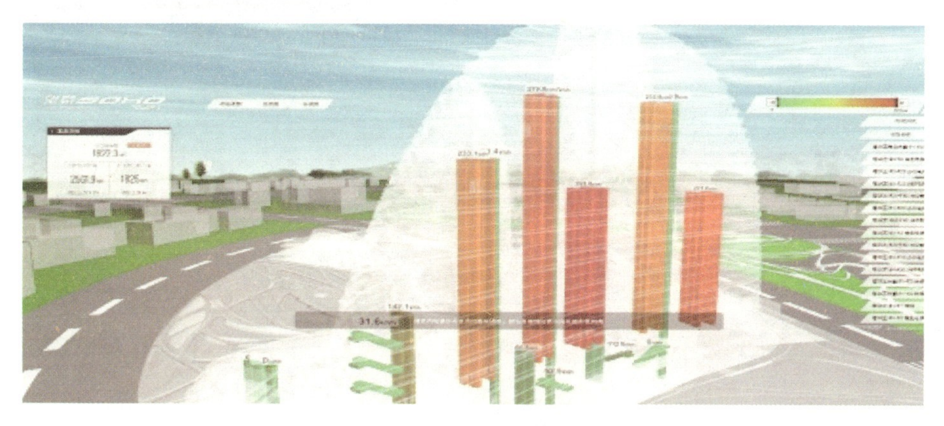

图 3.23-3　垂直交通模型

BIM 运维平台对电梯的实际使用情况进行了渲染，物业管理人员可以清楚、直观地看到电梯的能耗及使用状况，通过对人行动线、人流量的分析，可以帮助管理者更好地对电梯系统的策略进行调整。

（3）温度监测

从 BIM 运维平台中可以获取建筑中每个温度测点的相关信息数据（图 3.23-4），同

图 3.23-4　温度监测

样，还可以在建筑中接入湿度、二氧化碳浓度、光照度、空气洁净度等信息。

温度分布页面将公共区域的温度测点用不同颜色的小球直观展示，通过调整观测的温度范围，可将温度偏高或偏低的测点筛选出来，进一步查看该测点的历史变化曲线，室内环境温度分布尽收眼底。物业管理者还可以调整观察温度范围，把温度偏高或偏低的测点找出来。结合空调系统和通风系统的调整，可以收到意想不到的效果。

（4）水平衡

通过与水表进行通信，BIM 运维平台在清楚地显示建筑内水网位置信息的同时，更能对水平衡进行有效判断。

通过对整体管网数据的分析，可以迅速找到渗漏点，及时维修，减少浪费。而且当物业管理人员需要对水管进行改造时，无须为隐蔽工程而担忧，每条管线的位置都清楚、明了（图 3.23-5）。

图 3.23-5　水平衡

（5）租户信息

BIM 运维平台不仅提供了对租户的信息管理，更提供了对租户能源使用及费用情况的管理（图 3.23-6）。

图 3.23-6　租户信息

这种功能同样适用于商业信息管理，与移动终端相结合，商户的活动情况、促销信息、位置、评价可以直接推送给终端客户，提高租户使用程度的同时也为其创造了更高的价值。

(6) 地下室设备

清晰显示地下室设备信息及工作状况，迅速对设备进行定位（图3.23-7）。

图3.23-7　地下室设备

一般建筑中，设备用房、电力用房大多设于地下室。通过BIM运维平台，可以对这些设备的运行情况、设备信息、备品备件、维修信息等进行管理。同时，与智能停车系统相结合，还可以清楚地显示停车状况，帮助客户寻找车位、寻找车辆，帮助物业人员进行车库的统一管理。

(7) 视频监控

与视频监控系统对接可以清楚地显示出每个摄像头的位置，单击摄像头图标即可显示视频信息。同时也可以和安防系统一样，在同一个屏幕上同时显示多个视频信息，并不断进行切换（图3.23-8）。

与传统的系统相比，其位置信息更为清晰，视频信息连续调用的程度更高，可以大大提升原有系统的功能。

(8) 数据分析

数据分析页面将银河SOHO的能耗按照树状能耗模型进行分解，从时间、分项等不同维度剖析建筑能耗及费用，还可以对不同的分项进行对比分析，使管理者可以从这种带有韵律的可视化数据中发掘更深层次的含义（图3.23-9）。

**4. 项目实施经验总结**

BIM运维平台的应用场景远远不止上文提到的功能，它是建筑内最顶层的平台，与建筑内各个系统对接的同时，还可以横跨建筑的物业管理、商业管理等多个领域。而且在BIM平台高可视化的基础上，可能一个很小的技术创新就可以带给客户更好的应用体验。试想当我们的客户不再需要为寻找车位而烦恼，不再为孩子在商场内乱跑而担心，不再为去哪家店而难以抉择的时候，他们可以把更多精力放在商家为他们提供的用户体验上，从而为商家创造更多的关注和价值。

在上文的案例中，我们也在和SOHO的管理者不断探讨如何使管理提升到更高的程度，如何让建筑本身焕发出更高的价值。与能源管理系统、BA系统、停车管理系统等的对接仅仅是建设BIM运维平台的第一步，在此基础上还可以整合更多的信息与应用，如对商家的信息管理（如活动信息推送、定位、介绍等）、客户信息管理（防走失、儿童看

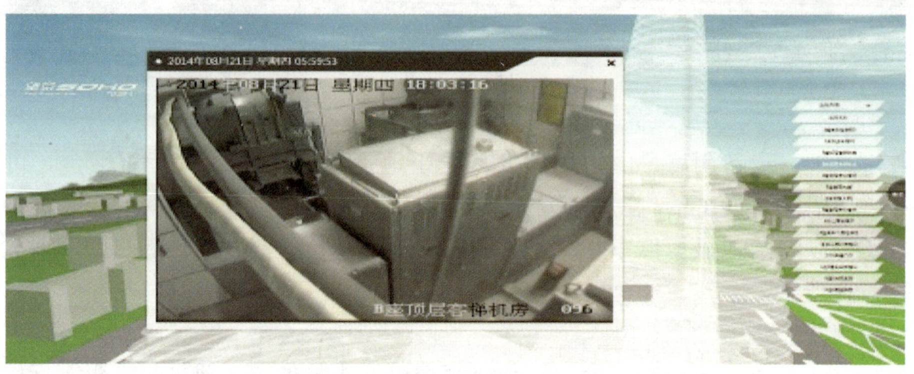

图 3.23-8 视频监控

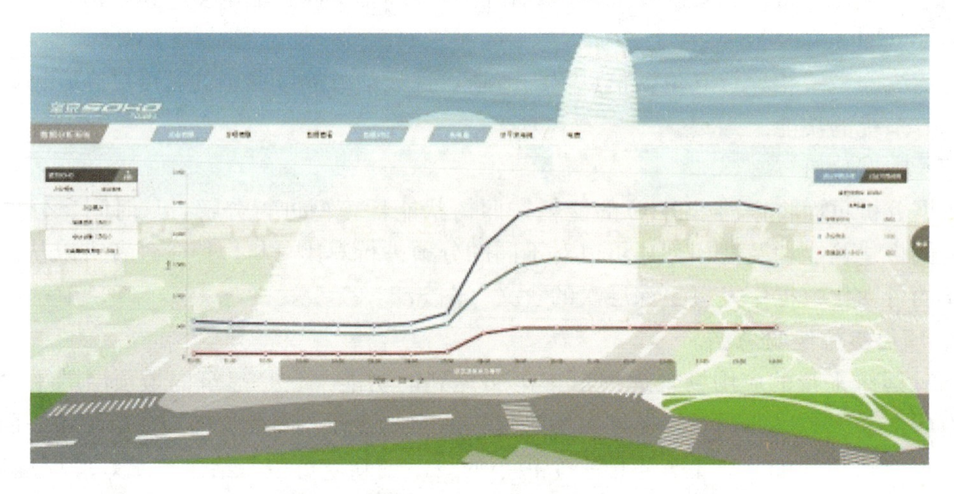

图 3.23-9 数据分析

护等)、设备的台账管理、系统运行的管理等。

BIM 是一个可视程度非常高的一体化平台，与传统系统结合后可以大大提升原有系统的应用程度，而且通过将定位系统、信息系统等包含进来，就可以创造更多、更有价值的用户体验。在 SOHO 项目的应用，仅仅是我们对 BIM 运维的初步尝试，未来这种技术将会推广到如商业、办公、机场、博物馆等更多的公共设施中去。而且随着 BIM 技术更广泛的应用，BIM 运维必将为更多的建筑管理者提供更好的管理手段与体验。

# 课 后 习 题

**一、选择题**

1. 该项目BIM运维系统实现了（　　）应用?

A. 垂直交通管理　　B. 温度检测

C. 租户信息管理　　D. 视频监控

2. 该项目是对BIM技术、云计算、（　　）等的综合应用。

A. 物联网　　B. 互联网+

C. 虚拟现实　　D. 增强现实

3. 该项目BIM运维系统与智能停车系统相结合，能实现显示停车状况、（　　），帮助物业人员进行车库的统一管理。

A. 自动泊车　　B. 实时查看车辆视频

C. 帮助客户寻找车位、寻找车辆　　D. 实时查看停车费用

**参考答案：**

1. ABCD　　2. A　　3. C

**二、论述题**

简述BIM技术在运维阶段的应用意义?

**参考答案：**

建筑物的全生命周期包含规划、设计、施工及使用维护，其设备维护与管理一直是件复杂的工作。当建筑物完工后的维护动作，因管理知识与经验的有限与每年管理委员会及管理服务人改选制度，各种管理实务经验传承不易，缺乏咨询对象或实务性的参考，容易在执行作业流程上发生问题，形成一种恶性循环。BIM主要功能在建筑物生命周期中，建立并使用内部共通可存取与项目相关的信息，在这经整合过的数字环境中，前者输入之数据可供后续其他人员使用，有助于提高项目质量、节省时间、减低成本与错误；透过BIM建立的图说及相关信息，将建筑物相关设施数据自BIM中撷取出来，以建立设施管理的数据库，作为设施管理的主要内容，透过管理软件可查询相关设施的数据，能降低维修之不便病避免错误，让使用者在使用阶段的维护管理更方便且更有效率。

（案例提供：吴思漩）

## 【案例 3.24】BIM 工程中心应用案例

随着 BIM 技术的应用逐步拓展及深入，供需矛盾愈显突出，靠一家厂商的软件及服务已很难满足用户的需求，更多时候，需要的是多种软件、不同服务商的集成，所以，BIM 工程中心的出现就成为了必然。

BIM 工程中心是一个联合办公平台和工程项目价值产业链聚合体。我们可以把它视为 BIM 技术的研究、开发、咨询、服务的载体，也是贯穿工程项目全生命周期应用的展示平台。这是我们的一个尝试，利用 BIMSPace＋iTWO 5D 打通设计与施工之间数据壁垒，并通过预建造完成设计的优化和施工过程的模拟。

**1. BIM 工程中心介绍**

（1）BIM 工程中心简介

BIM 工程中心来自三位建设工程行业的 BIMer 在一个小咖啡馆的聚会共同碰撞出的火花，并于 2015 年 7 月 11 日首先在浦东陆家嘴软件园正式挂牌成立“上海 BIM 工程中心”!

因当下互联网＋、WeWork 创新模式的趋势，为整合各地 BIM 资源，提供 BIM 全生命周期的咨询与服务的需求，上海 BIM 工程中心顺势诞生。

上海 BIM 工程中心是全国第一家以 BIM 为主题的联合办公平台，以 BIM 全生命周期产业链条入驻的各家企业将提供 BIM 的核心价值，也希望把 BIM 技术在建筑领域的应用推向一个新的高潮。

（2）BIM 工程中心背景介绍

BIM 技术的出现和应用将精益建造、信息化虚拟建造带入建筑行业，必将彻底颠覆这个行业的传统生态。但众所周知，BIM 的应用贯穿建筑全生命周期，应用点也随着行业、用户、项目的不同而难以胜数，所以，不可能由一个软件、一家公司包打天下。之所以目前国内的 BIM 应用形势很热，公司与产品令人眼花缭乱，但实际应用推进却相对缓慢，很重大的一个制约因素就是用户的体验感不强，难以找到真正适合他们个体需求的产品与服务商。有鉴于此，鸿业科技与业内同道萌发了联合打造区域性的 BIM 工程中心的设想。

在我们的规划中，BIM 工程中心就是一个 BIM 业界厂家、产品、服务的聚集平台，是一个能提供专业 BIM 支持、项目实施服务的窗口，为用户提供灵活多样、可信可行、经济适用、差异化且可持续发展的 BIM 解决方案。目前，入驻上海 BIM 工程中心的企业涵盖从事设计、施工、运维，软件开发，咨询服务等各方精英提供商，相信今后还会有更多不同的生态链条上的公司参与进来。

（3）BIM 工程中心的服务内容

BIM 工程中心定位于基于 BIM 的联合办公平台，是一个供大家研究探讨 BIM 应用的沟通交流平台，在这个平台上，通过众多厂家、产品、服务提供商的汇聚与灵活组合，可以从战略方向及目标的把握、解决方案的制定、系统工具的支撑、人才队伍的培养这四个层面入手，给客户展现一个全方位的项目管理实施体系，从项目规划、设计、施工、运维各个阶段给予专业的方案支持、软硬件支持及高端咨询顾问人才支持，为不同的用户提供差异化的基于 BIM 技术的全生命周期的整体解决方案。

(4) BIM 工程中心的优点

BIM 工程中心作为一个中立性的组织角色，发挥了其独特的优势，一来让参建各方从竞争者变为合作者，群策群力共同促进 BIM 技术的深入研究及健康发展；二来通过合作伙伴的紧密交流，有效地汇集各方信息，资源共享，拓展市场；最后，为用户提供了更为直观、灵活的 BIM 体验，使得他们能迅速打造出适合自身需求的 BIM 实施方案。

(5) BIM 工程中心的作用

BIM 工程中心定位为一个区域性、本地化的 BIM 组织平台，可以发挥其本地的特色，如与当地政府合作制定各阶段 BIM 标准，可以作为政府的 BIM 展示中心来对外展示和宣传当地的先进建设方案，也可以作为当地政府或企业的指定 BIM 培训基地及咨询服务提供商。

BIM 工程中心的成员都是当地与 BIM 相关的单位组织，代表着当地 BIM 应用的能力状态，大家可以在一起不断地进行思想交流、技术碰撞，共同提高 BIM 技术应用的能力，共同推动 BIM 技术在当地建设行业的发展。

(6) BIM 工程中心的资源配置

BIM 工程中心为了更好地展示基于 BIM 技术的全生命周期解决方案，配有高端服务器、工作站，在中心内设立中央控制中心、中央处理单元、功能支持矩阵，方便工作汇报和项目问题沟通交流。

在软件建设方面，目前上海 BIM 工程中心初步搭建了以 VDC、EPC 实施理念支撑的软件体系，设计阶段配有 BIMSpace 软件，可以进行三维协同设计、快速建模、机电深化及性能分析；在施工阶段采用先进的 iTWO5D 项目管理系统进行项目虚拟建造；在建筑工业化领域，安装预制标准化设计软件“ALLplan”，这样从传统现浇领域和预制拼装领域都有一个完整的解决方案；在 FM 管理阶段，也有先进的 FM 管理系统 ArchiBUS。但是，这些毕竟还是不能涵盖用户的广泛需求，比如，场地管理、安全管理、质量管理、钢结构、幕墙等，所以今后，将会引进更多的平台、应用软件。

在上海 BIM 工程中心，鸿业科技和同济大学、浙江大学、英国诺丁汉大学、北京绿色建筑产业联盟、德国内梅切克集团、德国 RIB 集团、美国 ArchiBUS 集团一起合作，作为 BIM 软件、BIM 人才、高端 BIM 项目管理和企业管理的培训机构，组织安排高端项目管理课程和精益化建造课程，也是 BIM 人才的一个输出基地。

(7) BIM 工程中心成立的意义

BIM 工程中心是一个开放的平台，成员既有业内著名公司，也有刚刚成立的中小微企业，大家在这个平台上可以整合资源，信息共享，优势互补，共同提高。这些，不但符合共享经济的发展思路，也符合我国提倡万众创新、万众创业的精神，更会积极促进 BIM 技术的研究发展，并为用户带来更好的服务。

**2. BIM 工程中心项目方案介绍——基于 BIM 数据的精益化建造方案**

(1) 实施理论体系——VDC 模式

VDC (Virtual Design + Construction)，虚拟设计与施工。利用已集成了多学科的信息模型组织按照流程来制造生产，三者间的约束条件就是用更好的质量、更短的工期、更低的造价实现产品的功能，通过动态管理来协调优化产品生产。它代表了信息技术对建筑业集成化管理的新的方向（图 3.24-1）。

图 3.24-1　VDC 工作流程图

（2）实施组织架构

在项目设计初期，已经建立了从设计到施工的主要项目管理人员队伍，使大家在项目设计阶段就可以参与项目的实施、方案的讨论，从不同的角度和工作岗位上提出自己的观点，从而避免后期项目风险。

在设计阶段改变传统的管理思路，设计阶段不仅仅是设计师的事情，而是全员参与的事情，大家在设计阶段就要不断地讨论可能发生的问题和解决这些问题。

在项目前期建立的项目组，其成员需要从设计到施工协同工作，及时规避和排查风险（图 3.24-2）。

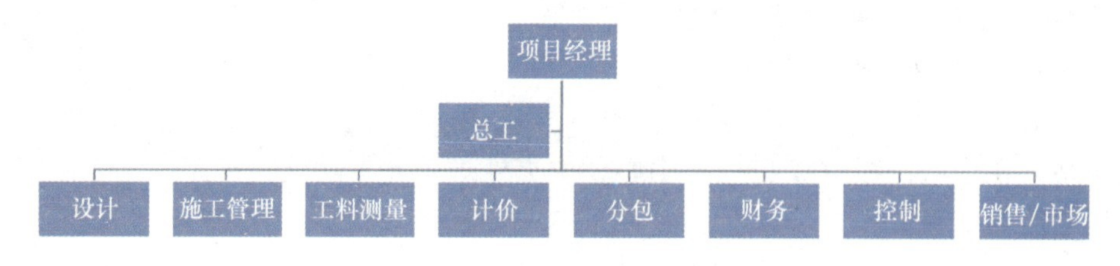


图 3.24-2　组织架构图

（3）实施人员配置

在 BIM 工程中心，我们都会组织一个强大的 COE 精英管理团队，里面聚集着除项目组成员之外的当地的各条线专家，主要有 BIM 专家、财务专家、建筑专家、进度专家、成本控制专家、公关专家、风险管控专家、物业管理专家、市场营销专家等，他们可以利用自己多年的工作经验加上对当地项目环境的认识和了解，对我们的实施方案提出专业的建议，保证项目方案的顺利实施。

注意：一个强大的 COE 精英团队的建设，是保证项目实施的重要支撑。

（4）实施流程

在 BIM 工程中心实施的项目，都有非常完善的项目实施流程，每个阶段谁主导，谁辅助，都列得非常明确，从而保证在每个实施环节都可以按照正常进度有条不紊地顺利进行。

（5）保障措施

在 BIM 工程中心设立有“功能支持矩阵”区域，此区域专门供项目参建各方实施人员使用，不同的功能区域有不同的专业人员处理项目事务，大家在一起集中办公，并利用 iTWO 系统进行数据化协同工作，使大家的沟通效率大大提高，从而保证在实施过程中发现问题时可以得到相应人员的支持并及时解决问题。

在 BIM 工程中心设立“中央处理单元”和“中央控制中心”，这两个区域可以将我们的虚拟建造方案实时地展现出来，供所有人员讨论参考，发现问题及时解决。

项目组每天集中沟通讨论，每次都有相应的会议记录和问题跟踪节点，保证每次发现的问题都可以及时解决，落实到部门，落实到岗位，落实到人员。

每个项目都配有项目经理和项目总工，负责项目整体项目资源协调和技术把握，保证项目的顺利进行。

（6）项目实施全流程整体架构

在 BIM 工程中心，我们有两个维度的项目实施流程，一个是虚拟建造流程，一个是实体建造流程，两个流程的各个项目环节都是一一对应的。我们利用 VDC 技术，利用 iTWO 系统虚拟地把项目方案进行模拟，模拟出整个建设过程中每一个时间周期的人工、材料、机械等各类资源，模拟出所有的进度安排和资金计划，利用这些数据来指导项目施工实体建设，通过实际建设过程中的实际数据反馈，继续在工程中心进行模拟数据调整，及时调整下一步的计划数据，保证实体建造可以按照原先定好的虚拟建造方案顺利进行。

为了更好地确保虚拟建造和实体建造可以同步进行，实体建造数据可以及时采集和反馈到系统分析校核，我们利用 iTWO 控制塔来进行现场数据的控制，简单易用，易、采集，保证数据的真实性和时效性，大家在 BIM 工程中心讨论方案，就好比一个 5D 实验室，在这个实验室中完成我们的项目成果（图 3.24-3～图 3.24-4）。

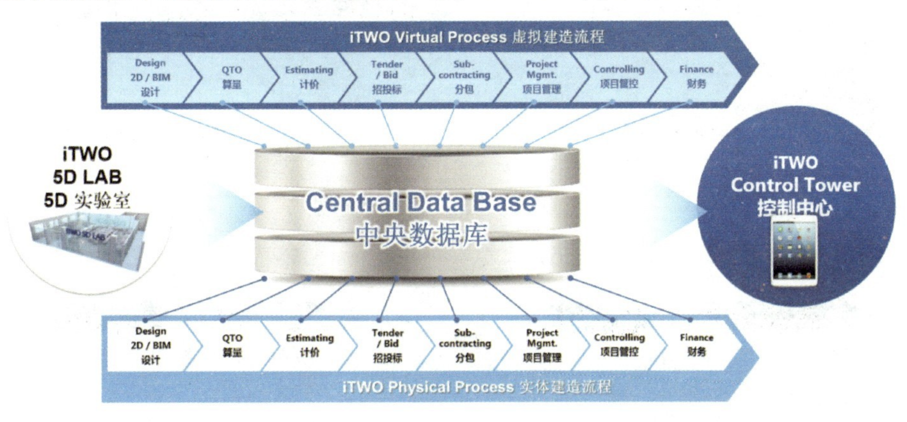


图 3.24-3　虚拟设计+施工体系架构

图 3.24-4　BIMS 设计协同平台架构

（7）项目实施主要表现形式——5D 数字化建造

在 BIM 工程中心，大家秉承“虚拟＝实体”的理念和精神，进行数字化 5D 虚拟建造，利用项目每天会发生的各类资源（即人工、材料、机械）数据，按照既定的进度计划进行虚拟推送，实现三维可视化的虚拟建造模拟，以 5D 表现的方式模拟项目进展，对项目各类实施方案进行对比分析，保证我们使用的都是最佳实施方案，做到成本和进度的节约（图 3.24-5）。

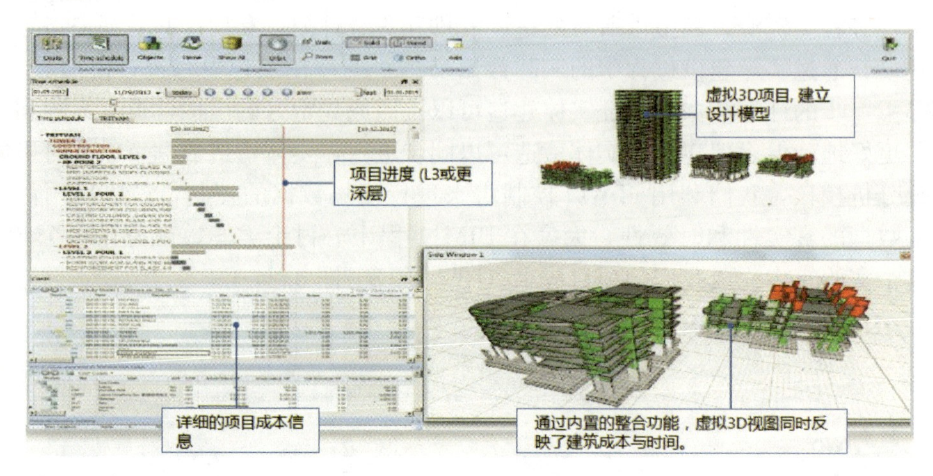


图 3.24-5　5D 数字化模拟

（8）硬件及网络配置（图 3.24-6）

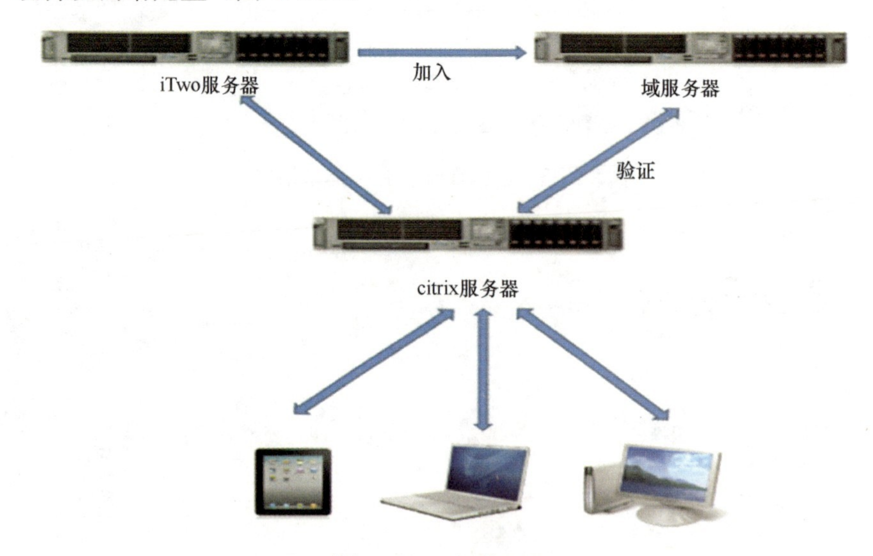


图 3.24-6　网络配置

（9）项目总结评价

在 BIM 工程中心，每一个项目实施的数据都是 BIM 工程中心虚拟建造新项目的重要参考依据，我们在项目实施结束后把数据进行分析评价，形成有效、真实的项目数据库，并且将项目数据进行分类归档，形成企业项目数据库，这个将成为下一个开发项目的重要参考指标，也是一个企业核心竞争力的重要手段（图 3.24-7）。

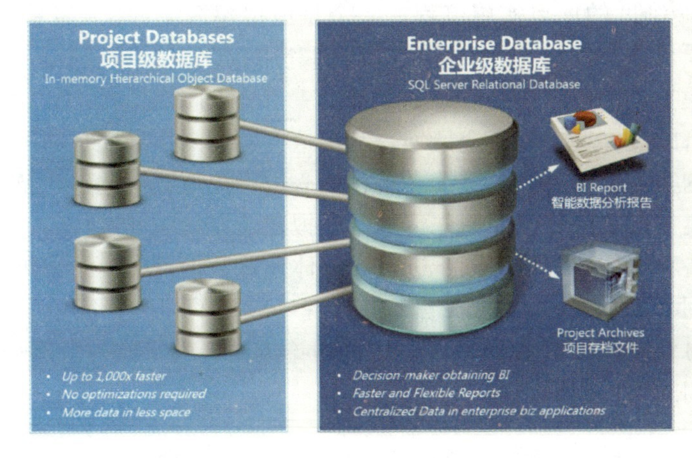


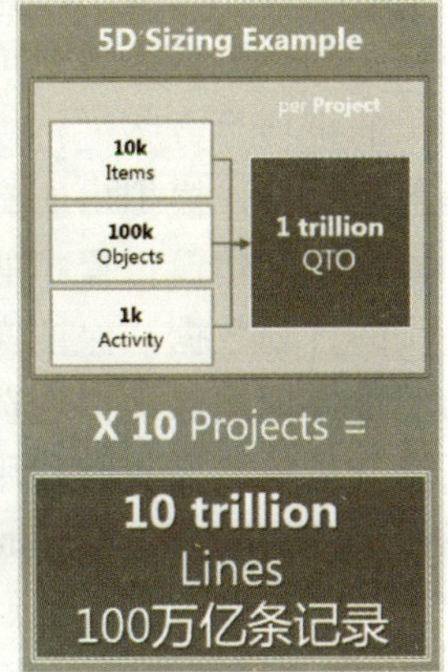


图 3.24-7　企业数据库积累

## 课　后　习　题

1. 在 BIM 工程中心的基本资源配置中，不包含的是（　　）

A. 中央控制中心　　B. 中央处理单元

C. 功能支持矩阵　　D. 多功能展示厅

2. VDC 的工作流程是（　　）

A. 设计—施工—运维　　B. 设计—施工

C. 设计—预建造—施工　　D. 预建造—设计—施工

3. VDC 模式是利用集成多学科信息模型组织按照流程来制造生产，通过（　　）来协调优化产品生产。

A. 动态管理　　B. 组织

C. 流程　　D. 信息模型

4. 简述一下 VDC 虚拟建造与实体建造的实施架构。

**参考答案：**

1. D　2. C　3. A

4. VDC（Virtual Design+Construction），虚拟设计与施工。利用已集成了多学科的信息模型组织按照流程来制造生产，三者间的约束条件就是用更好的质量、更短的工期、更低的造价实现产品的功能，通过动态管理来协调优化产品生产。它代表了信息技术对建筑业集成化管理的新的方向。

在项目设计初期，我们已经建立从设计到施工的主要项目管理人员，使大家在项目设计阶段就可以参与项目的实施、方案的讨论，从不同的角度和工作岗位上提出自己的观点，从而避免后期项目风险。

在设计阶段改变传统的管理思路，设计阶段不仅仅是设计师的事情，而是全员参与的事情，大家在设计阶段就要不断的讨论可能发生的问题和解决这些问题。

在项目前期建立的项目组成员需要从设计到施工一起讨论，及时规避不利风险。

在 BIM 工程中心，有两个维度的项目实施流程，一个是虚拟建造流程，一个是实体建造流程，两个流程的各个项目环节都是一一对应的。我们利用 VDC 技术，利用 iTWO 系统虚拟的把项目方案进行模拟，模拟出整个建设过程中每一个时间周期的人工、材料、机械等各类资源，模拟出所有的进度安排和资金计划，利用这些数据来指导项目施工实体建设，通过实际建设过程中的实际数据反馈，继续在工程中心进行模拟数据调整，及时调整下一步的计划数据，保证实体建造可以按照原先定好的虚拟建造方案顺利进行。

为了更好地确保虚拟建造和实体建造可以同步进行，实体建造数据可以及时采集和反馈到系统分析校核，我们利用 iTWO Tower 控制塔来进行现场数据的控制，简单易用易采集，保证数据的真实性和时效性，大家在 BIM 工程中心讨论方案，就好比一个 5D 实验室，在这个实验室中完成我们的项目成果。

（案例提供：杨永生、贾斯民、张永锋）

# 第四章　BIM 项目建模案例

## 【案例 4.1】北京某商业综合体项目

本案例通过对北京某商业综合体项目 BIM 应用案例的介绍，详述一个项目在设计阶段从建模到模型基本应用的过程。

**1. 项目背景**

北京某商业综合体项目，总建筑面积 85862m$^2$；地下 3 层，建筑面积 50133m$^2$。地下二、三层为车库，地下一层至地上六层为商业。商业整体定位为房山区一站式生活广场，规划业态丰富，包括超市、购物中心、影院、餐饮、娱乐等，能满足消费者购物、休闲、娱乐、生活等多方面需求，建成后将成为房山区新的地标性商业中心。

本项目从设计阶段介入，和各专业配合以 BIM 技术配合项目实施，在建筑设计阶段、施工阶段，利用 Autodesk Revit 系列软件进行协同设计，完成建筑、结构、设备、电气施工图模型设计优化，指导现场施工，节约施工成本，缩短工期。

**2. BIM 技术应用的内容**

(1) 施工图基础模型构建

从初步设计阶段便介入 BIM 工作，依据初步设计图纸构建了建筑、结构、设备、电气专业的模型（图 4.1-1），以设计单位所提交的终版施工图为准并及时更新，构建的 BIM 模型足够精确，能满足本项目工作开展的基础要求。

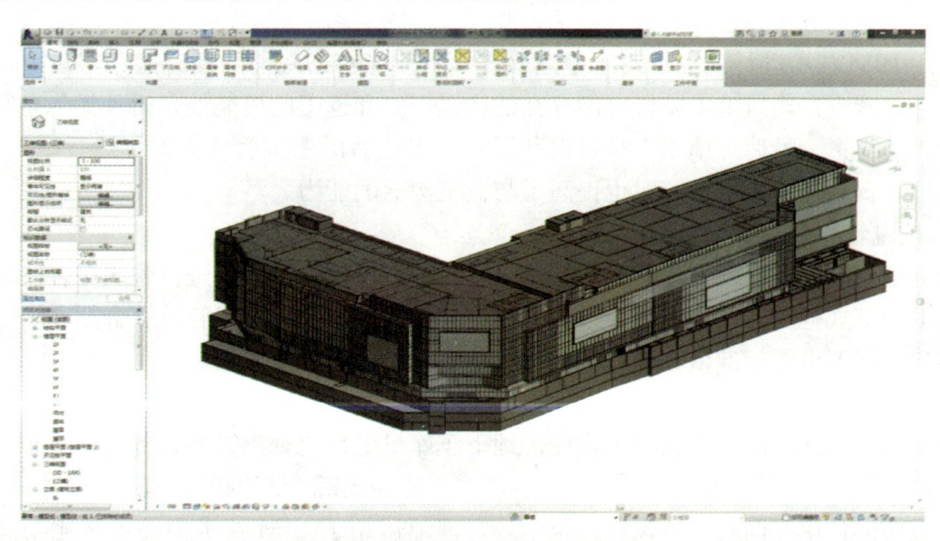

图 4.1-1　施工图阶段全专业模型

(2) 管线碰撞及综合优化

通过专业软件可完成整个项目中不同系统之间、不同构件之间的碰撞，这些数据组成了一个综合的数据库，并且在模型的不同视图中的修改都会直接反映在数据中，从而消除模型内部和模型之间的各种碰撞，使得模型数据信息更加完整、准确，与此同时，对于项目的成本管控起到了一个很好的监督和推动作用，减少了人员和经济方面的损失。

① 机电管线碰撞检查报告

基于施工图模型内的所有内容，进行碰撞检查服务。通过三维方式发现图纸中的错漏碰缺与专业间的冲突。编制提交《碰撞检查报告》。《碰撞检查报告》应包括模型截图、碰撞的位置、碰撞的专业等必要信息（图 4.1-2）。

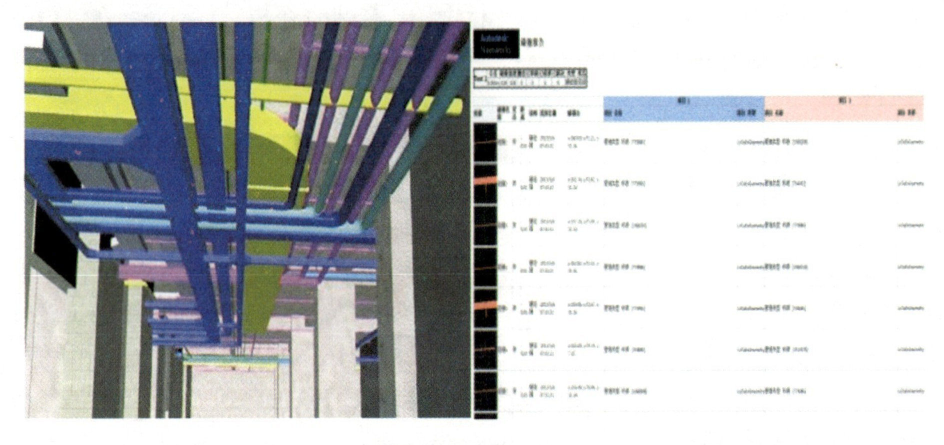

图 4.1-2　全专业碰撞检查报告及三维可视化漫游截图

传统的二维图纸设计中，在结构、水暖电等各专业设计图纸汇总后，由总工程师人工发现和解决不协调问题，这将耗费建筑结构设计师和安装工程设计师大量的时间和精力，影响工程进度和质量。由于采用二维设计图来进行会审，人为的失误在所难免，使施工出现返工现象，造成建设投资的极大浪费，并且还会影响施工进度。

应用 BIM 技术进行三维管线的碰撞检查，不但能够彻底消除硬碰撞、软碰撞，优化工程设计，减少在建筑施工阶段可能存在的错误损失和返工的可能性，而且优化净空，优化管线排布方案。最后，施工人员可以利用碰撞优化后的三维管线方案，进行施工交底、施工模拟，提高施工质量，同时也提高了与业主沟通的能力。

② 机电管线综合及优化设计

根据施工图模型以及设计调整后的机电管线图纸及修改意见，进行管线综合及优化设计。依据国家规范进行模型调整，形成管线综合及优化模型，完成管道综合图和结构留洞图。结构留洞图出图标准依据国家规范，且能充分说明结构留洞要求。

在项目中，由于其包括了商业和住宅以及地下车库，建筑类型不同且项目面积大，对于管线布置以及外线的分布增加了难度。地下车库机电系统种类繁多，各系统排布要求也各有不同，并且要满足净高要求以及行车要求。为实现综合管网的合理排布，BIM 技术发挥了重要的作用。同时，在设计过程中，合理地运用了 BIM 技术中的可视化功能以及自动检测碰撞功能，以最快、最准确的方式展现管道碰撞部位，从而缩短了 10%的发现问题时间，减少现场大约 8%以上的不必要返工，节约了大量费用，最终达到了降低成本和提高效率的目的。

(3) 工程量统计

BIM 中的构件信息是可运算的信息，借助这些信息，计算机可以自动识别模型中的不同构件，并根据模型内嵌的几何和物理信息对各种构件的数量进行统计。基于 BIM 的自动化算量方法可以更快地计算工程量，BIM 的自动化算量比传统计算方法更准确，也更加客观，BIM 技术的自动化算量方法可以更好地应对设计变更；而传统的成本核算方法，一旦发生设计变更，造价工程师需要花费大量的时间成本去重新核算，延误了项目的工期。BIM 技术的应用大大提升了工程的完成效率，BIM 软件与算量软件进行了一致关联，自动检测出发生变更的内容，直观地显示出变更结果，并将结果及时反馈给设计人员，节约了大量的时间，提高了成本核算的准确性。

(4) 4D 施工模拟

4D 施工模拟可以直观地将工程建筑与实际工程对比（图 4.1-3），考察理论化与实际的差距和不合理性。同时，三维模型的对比可以使业主对施工过程及建筑物相关功能进行进一步评估，从而提早反应，对可能发生的情况作及时的调整。其价值体现在，随时随地都可以直观、清晰、快速地知道计划是什么样的，实际进展是什么样的。无论是项目的开发单位，施工方、监理方，还是其他部门，都能对项目的情况了如指掌，更好地协调各方间的合作，节约沟通上的时间成本。

图 4.1-3　4D 施工模拟视频与施工现场对比图

(5) 工程变更洽商预先评估

施工过程中，对施工图的设计变更、洽商在拟定阶段利用 BIM 模型进行预先评估。预先计算施工成本以及对预计到的施工重点、难点进行预先集中攻克。

(6) 商业室内部分可视化漫游

商业室内部分漫游，根据设计敲定的最终方案，目的为项目营销策划提供可互动式的展示方式。漫游文件同时可以导入至 IPad 等移动终端设备，方便在项目施工现场对设计成果作即时验证，辅助完成工程验收检查。

(7) 物业管理配合

为了满足物业配合需要，我们会再根据设计变更、洽商类文件和图纸，对模型进行更新。更新频率可根据工作实际情况进行调整，但应保证模型在使用时为更新后的最新模型，以保证模型可以辅助完成竣工图纸并在项目运营阶段继续使用。之后根据物业运营方对项目投入运营后所需的工程信息进行统计整理，配合运营阶段的使用。

**3. 组织流程及实施要求**

（1）项目实施组织流程

项目实施推进中，我们首先完成了模型的搭建，模型是 BIM 技术应用的起点、也是基础，所以优秀正确的模型是项目开展的最重要环节。之后我们进行了管线碰撞优化工作。通过 Navisworks 软件完成全系统间的碰撞报告，并自动生成材料统计明细表，分析并提出管线优化设计，以便设计人员及时准确地修改，将有可能带来巨大损失的管线碰撞问题解决在开发初期，将有可能带来的损失降到最低。同时，根据完全与设计相符的三维模型，可以直接生成招标投标明细表，无须再像以往，需要额外的时间去整理招标投标资料，节省了大量的项目工期。在本项目中，由于其包括了商业和住宅以及地下车库，建筑类型不同且项目面积大，对于管线布置以及外线的分布增加了难度。地下车库机电系统种类繁多，各系统排布要求也各有不同，并且要满足净高要求以及行车要求。为实现综合管网的合理排布，BIM 技术发挥了重要的作用。同时，在设计过程中，合理地运用了 BIM 技术中的可视化功能以及自动检测碰撞功能，以最快、最准确的方式展现管道碰撞部位，从而缩短了 10%的发现问题时间，减少了现场大约 8%以上的不必要返工，节约了大量费用，最终达到了降低成本和提高效率的目的。

工程量计算是节约、控制成本的重要依据，通过 BIM 软件我们取得了更精确、更快捷的数据支持。本项目中，BIM 算量与传统工程算量软件计算结果差异率基本在 2%以内。为达到算量结果的精确度，结合多年的 BIM 应用经验和项目实际情况，我们开发了将 BIM 模型转换为 GSM 和 GFC 的转换插件，模型转化率达 98%。并且使用的是最广泛的算量软件，业主和施工方都能够直接上手，生成所需工程量，使项目的设计量、招标量、竣工量基本一致，缩短了招标投标周期的同时，使项目的可控性增加，受到业主的一致认可。

本项目工程量的统计是在模型全部搭建完成后对整个项目进行的管道的工程量统计以及钢筋量统计、混凝土统计。依据 BIM 技术强大的软件支持，通过自行研发的插件将模型转换到钢筋算量软件完成钢筋、混凝土的算量工作，并直接生成算量表格，对于前期预算、策划提供了准确有效的依据，从宏观上把控了材料的使用状况，对于成本的控制起到了至关重要的作用。

4D 施工模拟在确定准确施工进度、流水段施工顺序以及墙柱梁板的浇筑顺序，以及在中途出现建筑结构模型的更改时及时修正 4D 施工模拟模型，以保证模型信息的准确性，为施工方提供施工指导。由于本项目面积很大，同时包括住宅和公建，因此，做一个施工模拟可能会导致细节部分无法全部看到，因此，将施工模拟分为两个部分，分别是住宅及地下车库的施工模拟和商业部分的施工模拟，最终在完成后进行整合。

4D 施工模拟的内容和成果，可以通过数据传输到移动终端 IPad 中，方便施工人员实时对比、参考施工进度和材料控制。IPad 模型携带方便、操作简单，更适应于在施工人员间的使用（图 4.1-4）。

（2）项目实施要求

项目实施的要求以推进项目进程为宗旨，查找施工项目中常见的问题进行综合总结，

图 4.1-4　移动设备机电专业模型显示图

寻找 BIM 技术在项目中的突破点。

① BIM 模型将所有专业放在同一模型中，对专业协调的结果进行全面检验，专业之间的冲突、高度方向上的碰撞是考量的重点。模型均按真实尺度建构，传统表达予以省略的部分（如管道保温层等）均得以展现，从而将一些看上去没问题，而实际上却存在的深层次问题暴露出来。

② 土建及设备全专业建模并协调优化，全方位的三维模型可在任意位置剖切大样及轴测图大样，观察并调整该处管线的标高关系。

③ BIM 软件可全面检测管线之间、管线与土建之间的所有碰撞问题，并反提给各专业设计人员进行调整，理论上可消除所有的管线碰撞问题。

④ 对管线标高进行全面精确的定位，同时以技术手段直观反映楼层净高的分布状态，轻松发现影响净高的瓶颈位置，从而优化设计，精确控制净高及吊顶高度。

⑤ 除了传统的图纸表现，再辅以局部剖面及局部轴测图，管线关系一目了然。三维的 BIM 模型还可浏览、漫游，以多种手段进行直观的表现。由于 BIM 模型已集成了各种设备管线的信息数据，因此还可以对设备管线进行精确的列表统计，部分替代设备算量的工作。

（3）项目实施软硬件环境

在选用软件时，应统一软件版本，升级时也应统一升级，并应向软件厂商咨询升级后的新旧兼容问题。本阶段选用的软件名称及版本如下：

① 二维绘图软件：AutoCAD 2013；

② 土建三维绘图软件：Autodesk Revit 2014；

③ 机电三维绘图软件：Autodesk Revit 2014；

④ 4D 模拟软件：Autodesk Naviswork 2014；

⑤ 虚拟漫游及动画软件：LUMION 4.5.1；

⑥ 操作系统：Microsoft Windows 7 Professional 64 位。

基于本项目的 BIM 实施内容及工期要求，我方在本项目的实施过程中，建议各 BIM 参与方使用配置较高的桌面工作站，项目实施人员应用工作站的基本配置如下。

① DELL Precision T3610 系列工作站

CPU：英特尔®至强™处理器 E5-1607 v2

内存：8GB (2×4GB) 1866MHz DDR3 ECC RDIMM

显卡：1GB NVIDIA Quadro K600

硬盘：1TB 3.5in Serial ATA (7200 Rpm)

② DELL Precision T5610 系列工作站

CPU：英特尔®至强™处理器 E5-2609 v2

内存：16GB (4×4GB) 1866MHz DDR3 ECC RDIMM

显卡：2GB NVIDIA Quadro K2000

硬盘：1TB 3.5in Serial ATA (7200 Rpm)

③ DELL Precision T7610 系列工作站

CPU：英特尔®至强™处理器 E5-2630 v2

内存：32GB (4×8GB) 1866MHz DDR3 ECC RDIMM

显卡：4GB NVIDIA Quadro K5000

硬盘：2TB SATA 7200 1st HDD

根据项目具体分工对工作站硬件要求的不同点，我方建议模型搭建人员选用 DELL Precision T3610 及 DELL Precision T5610 系列工作站，应用实施人员选用 DELL Precision T5610 及 DELL Precision T7610 系列工作站，驻场实施人员选用 DELL Precision T3610 或 DELL Precision T5610 工作站。

(4) 项目实施交付物

保证项目模型质量，模型质量控制方式，通过对各类构件进行抽检的方式进行，对每层模型所包含的各类构件进行抽检，根据检查结果确定模型是否通过验收。

BIM 实施方根据工作完成情况提交成果验收申请，提交申请时，应根据成果内容准备以下资料：

① 成果文件；

② BIM 成果验收记录表；

③ 模型质量检查表或相应的应用交付表；

④ 其他成果相关资料文件；

⑤ 合格。

## 课 后 习 题

1. 下面哪个命令可将填充样式从一个项目复制到另一个项目中？(　　)

A. 保存到库中　　B. 传递项目标准

C. 导出　　D. 另存为

2. 为幕墙上所有的网格线加上竖梃，选择哪个命令？(　　)

A. 单段网格线　　B. 整条网格线

C. 全部空线段　　D. 按住 TAB 键

3. 显示剖面视图描述最全面的是（　　）。

A. 从项目浏览器中选择剖面视图

B. 双击剖面标头

C. 选择剖面线，在剖面线上单击鼠标右键，然后从弹出菜单中选择“进入视图”

D. 以上皆可

4. 如何在顶棚上建立一个开口？（　　）

A. 修改顶棚上，将“开口”参数的值设为“是”

B. 修改顶棚上，编辑它的草图，加入另一个闭合的线回路

C. 修改顶棚上，编辑它的外侧回路的草图线，在其上产生曲折

D. 删除这个顶棚上，重新创建，使用坡度功能

5. 在 BIM 项目基础建模操作过程中，通常使用多个工作集形式区分不同属性的模型构件，来进行有序的分类，下面关闭哪种工作集状态是无法看到此工作集内模型构件的？在协同工作的条件下，通常哪种方式更建议选择？为什么？

**参考答案：**

1. B　2. C　3. D　4. B

5. 在 BIM 项目基础建模操作过程中，通常使用多个工作集形式区分不同属性的模型构件，来进行有序的分类，可以选择两种有可行有效的方式，即：关闭“已打开”状态、关闭“在所有视图中可见”状态。在协同工作的条件下，通常建议选择关闭“已打开”状态的方式进行操作，因为实施此操作时，关闭的是个人的视图显示，而关闭“在所有视图中可见”状态的方式被选择时，在文件同步后，会影响到其他协同的工作人员。

（案例提供：贾　冉、纪弘焱）

## 【案例4.2】鸿业BIMSpace在暖通专业的应用

鸿业BIMSpace2015系列软件基于Revit平台，涵盖了建筑、给水排水、暖通、电气的所有常用功能，并结合基于AutoCAD平台的鸿业系列施工图设计软件，向用户提供完整的施工图解决方案。软件内置符合中国标准规范的不同建筑类型预制的设计样板和丰富的本地化族库，并且集成了乐建建筑设计软件、给水排水、暖通、电气设计软件、施工深化设计软件、族立得构件库管理软件、资源管理、文件管理、能耗分析、负荷计算等大量的专业应用功能。并提供了设备快速布置、卫生间自动化设计、设备管道批量快速连接、楼梯坡道参数化建模、带坡度管道的修改调整、管道碰撞处理、局部三维显示等高效的建模辅助工具；以及批量标注、平面图、系统图、轴测图等符合中国出图规范的自动成图工具和能耗分析、水力计算等专业计算工具。其开放的体系架构，可支持其他BIM软件顺畅接入，为全生命周期的BIM应用提供强有力的技术支撑。

本章以实际案例为流程，通过鸿业BIMSpace2015系列软件中暖通空调的设计流程，帮助理解机电设计的整体流程与应用。

**1. 案例背景**

本项目为某部队综合服务楼，建筑总面积14176$m^2$，地下一层，地上五层，局部六层。地下一层局部设人防，战时为六级人防物资库，平时为汽车库和库房、设备用房等，非人防部分为设备用房、库房等；地上一层为餐饮、酒店大堂、配套服务用房等；二至五层为商务酒店；局部六层为独立办公用房。

**2. 暖通设计应用内容**

针对本项目，暖通空调部分主要进行风系统和采暖系统的设计。鸿业BIMSpace2015暖通系列软件内置符合中国标准规范的暖通设计样板和丰富的本地化族库，并提供了设备快速批量布置、设备管道批量快速连接、管道编辑、管道升降、管道碰撞处理、局部三维显示等高效的建模辅助工具；以及平面图、系统图、轴测图等符合中国出图规范的自动成图工具，提供负荷计算、水力计算等专业计算工具。可以快速实现管道类型标注、管径标注和设备材料统计等，极大地提高了建模的效率。

**3. 风系统设计流程**

本节以“某部队综合楼”地下一层通风系统为例，介绍创建风系统的具体步骤。

（1）基本设置

点击【风系统】→“系统设置”，选中鸿业样式，根据“某部队综合楼”CAD图纸对系统类型信息进行修改，如图4.2-1所示。

在视图平面“建模一地下一层空调风管平面图”中键入“VV”，在弹出的“可见性/图形替换”选项卡中进行过滤器设置，以便控制各系统的可见性，详细步骤可参考Revit中的过滤器设置，设置前后的界面如图4.2-2所示，点击“确定”完成设置。用户也可在如图4.2-1所示的最下方，在系统设置的同时创建对应的过滤器。

（2）风管绘制

在平面上绘制风管，点击【风系统】→“风管”，激活“修改｜放置风管”选项卡和选项栏，如图4.2-3所示。同时还可以在左侧的属性栏对风管进行设置，选择相应的风管系统类型，具体详细操作可参考Revit中的【风管】命令。

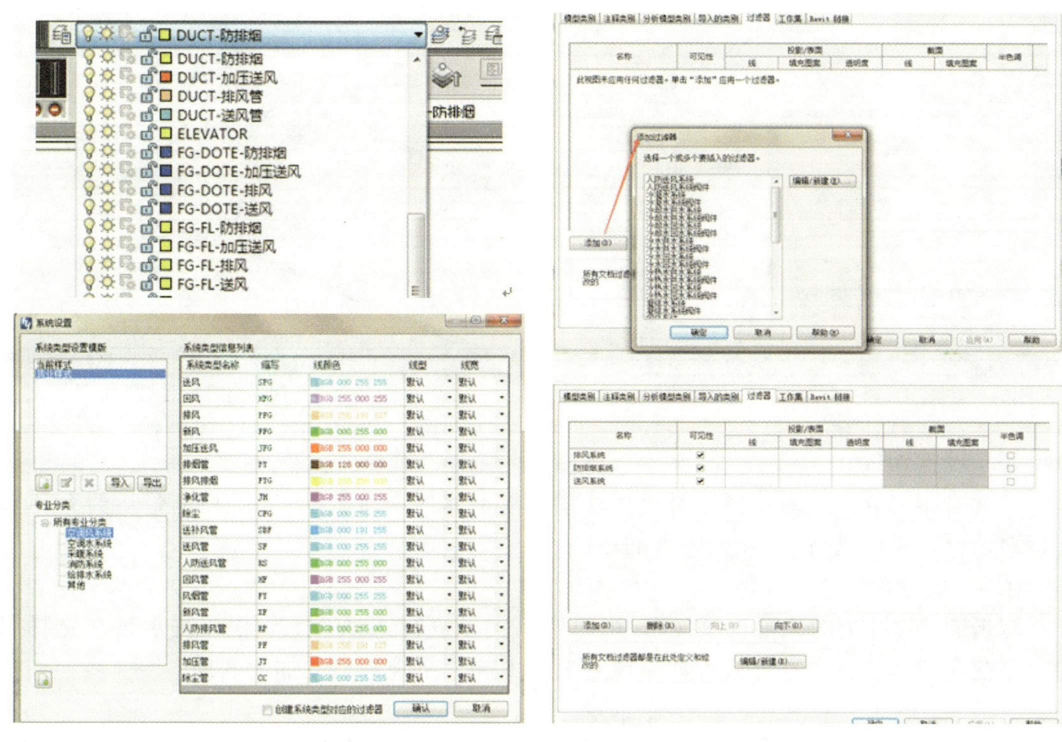


图 4.2-1　系统设置　　　　图 4.2-2　过滤器设置

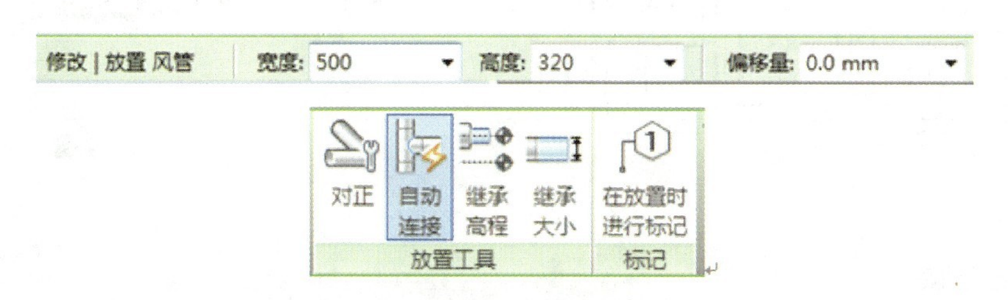


图 4.2-3　风管绘制

在平面上绘制立管，点击【风系统】→“立管”，根据系统提示选择源风管，激活“绘制风管立管”对话框，如图 4.2-4 所示，可以对立管尺寸、系统类型、起始和终止标高进行修改，绘制结果如图 4.2-5 所示，其中风管 1 为源风管，风管 2 为绘制的立管。

地下一层风系统绘制结果如图 4.2-6、图 4.2-7 所示。

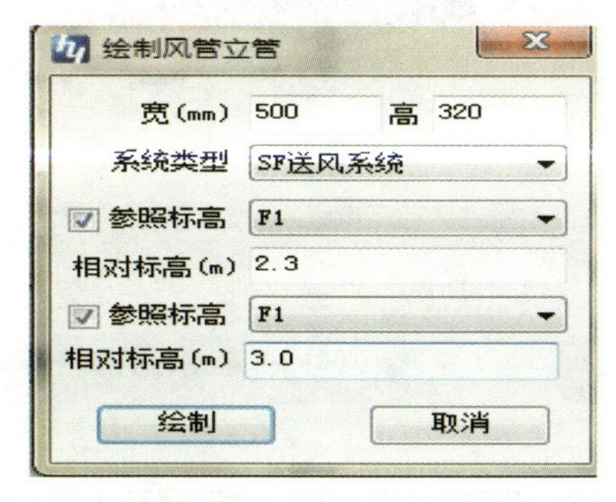


图 4.2-4　绘制立管

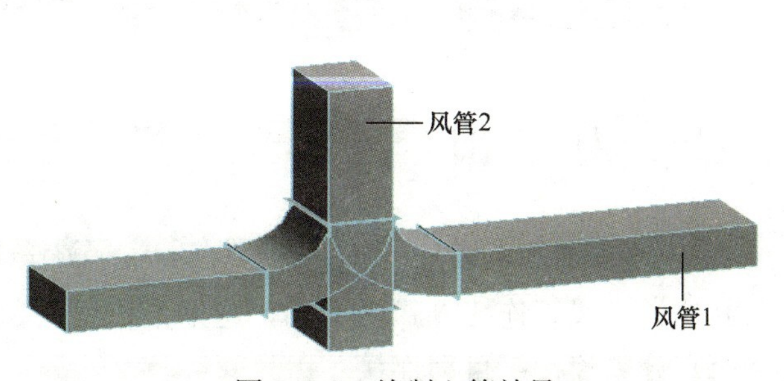


图 4.2-5　绘制立管效果

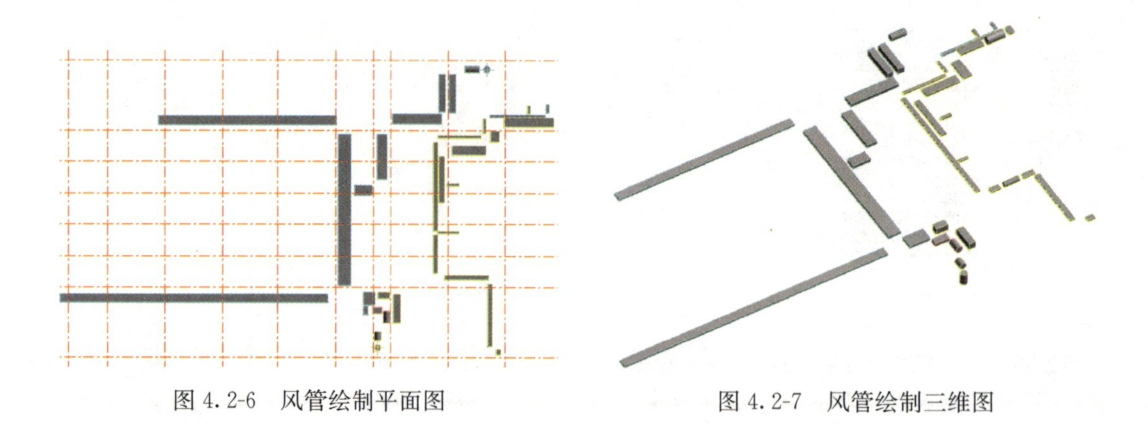

图 4.2-6　风管绘制平面图　　　　图 4.2-7　风管绘制三维图

(3) 风管连接

风管绘制完成后，需要将风管进行连接，点击【风系统】→“风管连接”，打开风管连接对话框，可以进行2～4根风管的连接。

① 弯头连接

双击图4.2-8中的“弯头连接”，可对弯头类型进行选择，之后根据提示依次选择风管，系统会自动进行风管连接，如果风管尺寸不同，系统会自动加上变径。

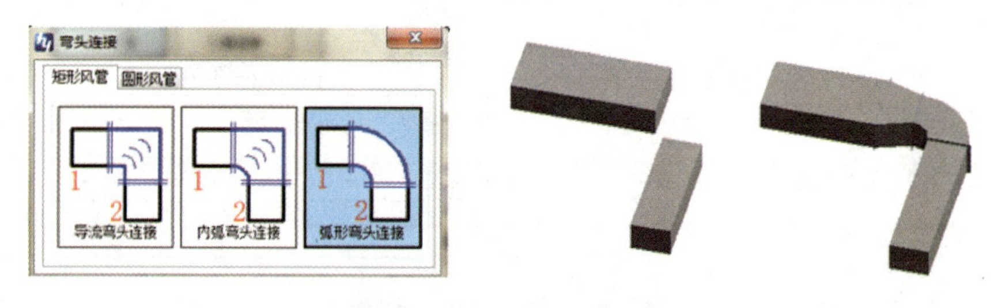


图 4.2-8　弯头连接

② 三通连接

双击图4.2-9中的“三通连接”，可选择三通的类型，按照如图4.2-9左图的提示依次选择风管，即可完成三通连接。

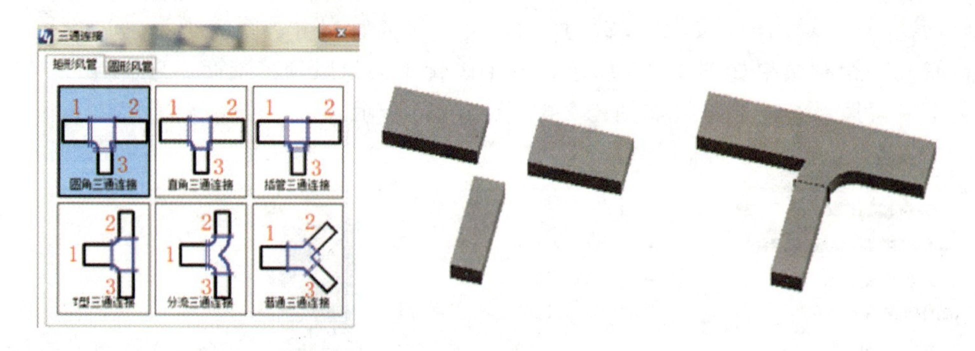


图 4.2-9　三通连接

其他类型风管连接方式同上例，这里不再赘述。

(4) 分类连接与自动连接

点击【风系统】→“分类连接”或“自动连接”，如图 4.2-10 所示。前者可实现两组风管的批量连接，要求风管系统类型一致，连接前后的效果如图 4.2-11 所示；后者可实现多根风管的直接连接，多用于风管管件删除后的重新连接。

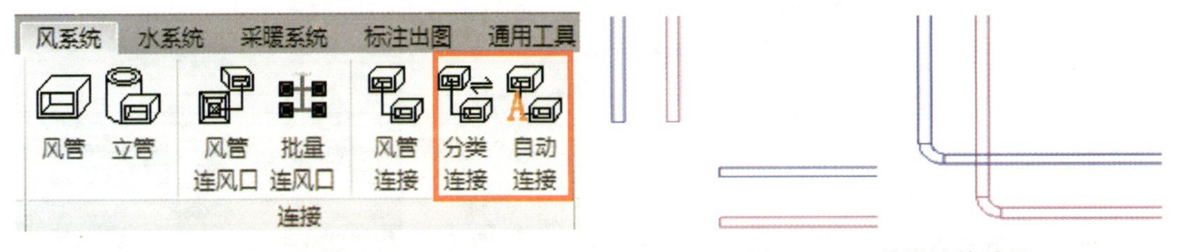


图 4.2-10　分类连接界面　　　　图 4.2-11　分类连接效果

其他连接完成后的风管系统如图 4.2-12、图 4.2-13 所示。

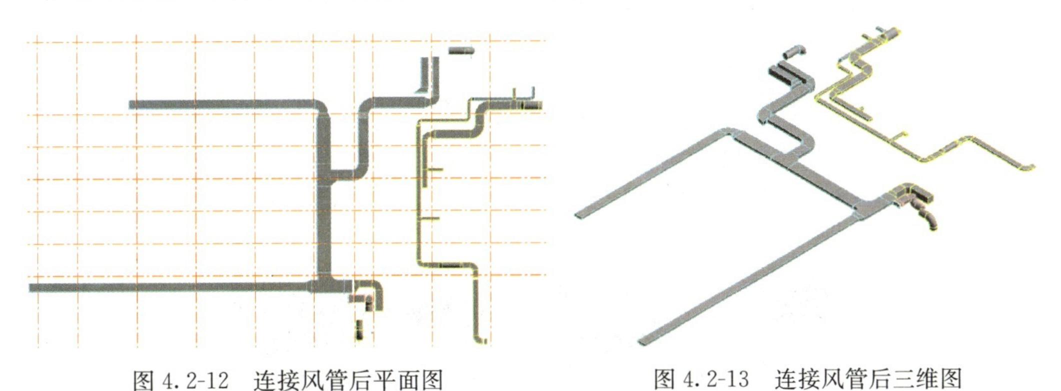

图 4.2-12　连接风管后平面图　　　　图 4.2-13　连接风管后三维图

(5) 风口布置及连接

点击【风系统】→“布置风口”，参照 CAD 设计图纸，在打开的对话框中可以对风口参数进行设置，如图 4.2-14 所示，设置完成后点击单个布置。风口布置完成后，点击【风系统】→“风管连风口”，即可实现单个或两个风口跟风管直接的连接，如图 4.2-15 左图所示，软件提供了四种风口连接方式，可以根据实际需求进行选择，案例中 D 轴和 14 轴相交处风口和风管连接前后如图 4.2-15 右图所示。

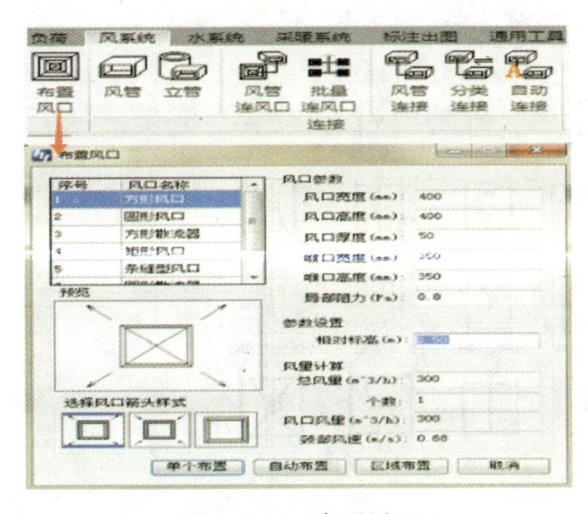


图 4.2-14　布置风口

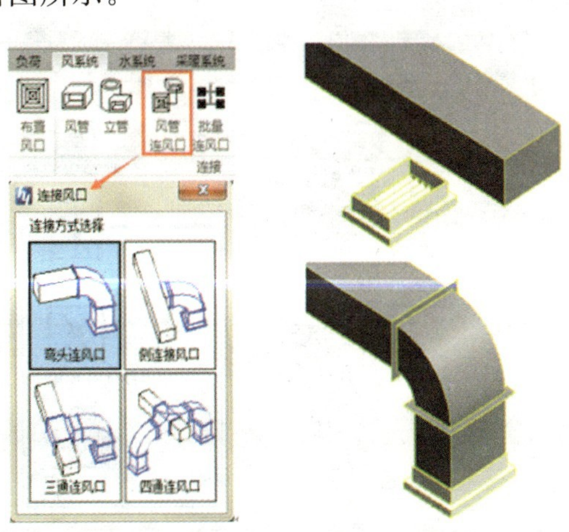


图 4.2-15　连接风口

（6）布置风机

点击【风系统】→“布置风机”，在弹出的布置风机对话框中点击风机图片，可以选择需要的风机类型，如图 4.2-16 左图所示，这里选择轴流式管道风机，点击布置后，选中风机，可以在属性栏里对风机参数进行修改，如图 4.2-16 右图所示。

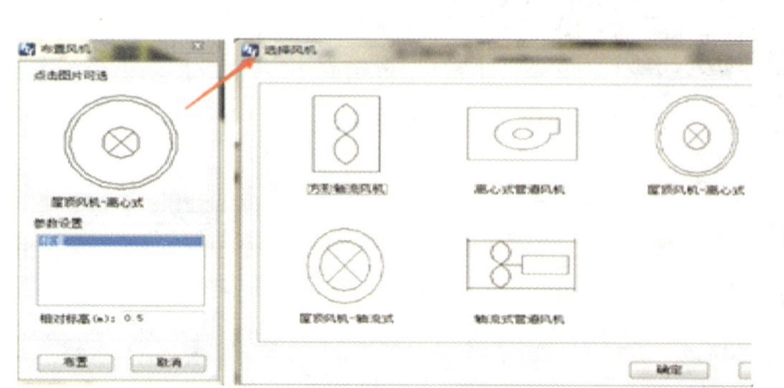


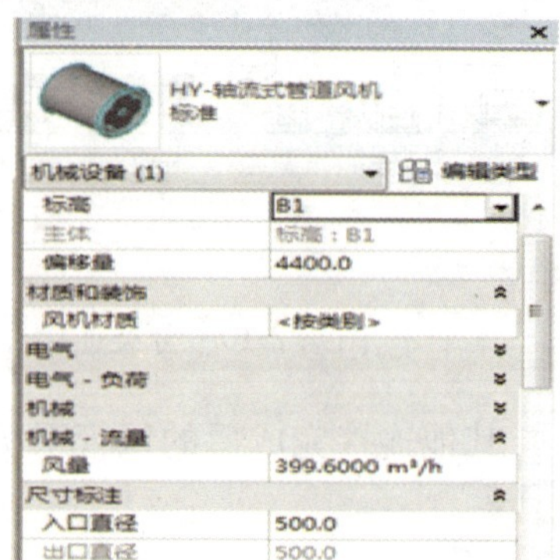


图 4.2-16　布置风机

风机布置完成后，点击【风系统】→“连接风机”，框选需要连接的风机和风管，软件会根据所框选的风机与风管接口方向自动进行连接，如图 4.2-17 所示。

图 4.2-17　连接风机

（7）布置风阀及机械设备

① 风管阀件

点击【风系统】→“阀件”→“风管阀件”，激活风阀布置选项卡，在风阀图例列表中选择相应的风阀，如图 4.2-18 所示，点击布置，系统会根据风管尺寸自动进行风阀尺寸调整，如图 4.2-19 所示。

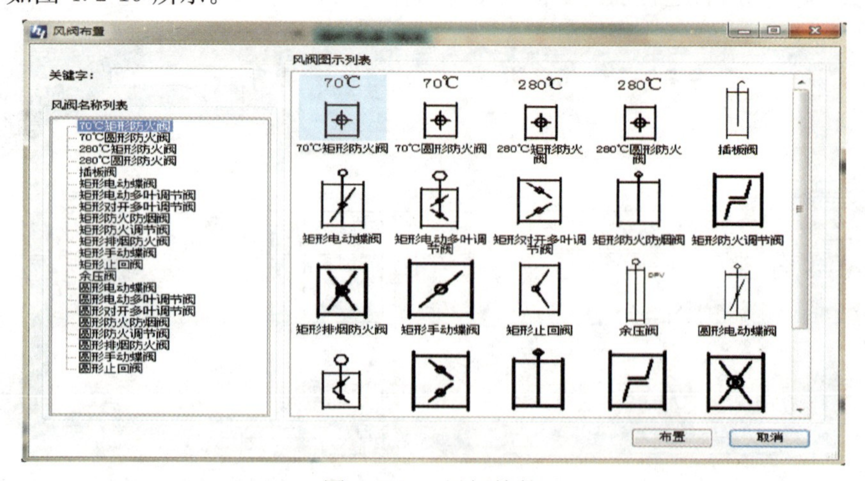


图 4.2-18　风阀管件

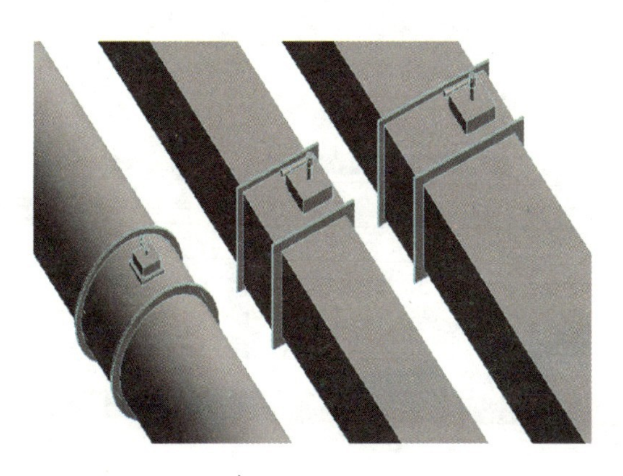

图 4.2-19　风阀管件效果

② 静压箱的布置

点击【通用工具】→“族立得”，打开族库管理对话框，选择“暖通”→“设备”→“静压箱”，选取需要的静压箱类型，点击“布置”，如图 4.2-20 所示，即可在项目中布置静压箱，其他在【风系统】中无法获取的机械设备也可以按照上述方法进行布置。布置完成的风系统效果如图 4.2-21 所示。

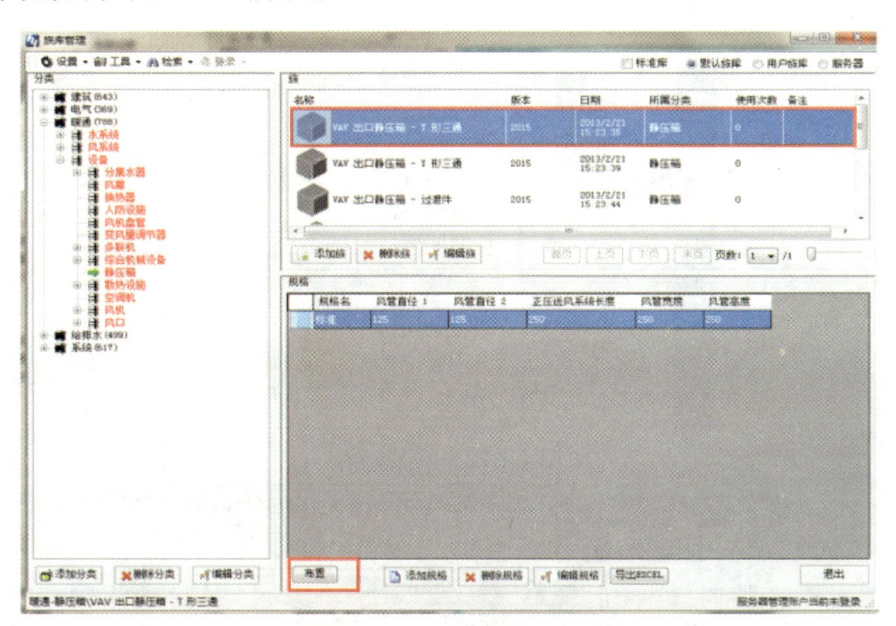


图 4.2-20　布置静压箱

(8) 水力计算

选取送风系统为例进行水力计算，点击【风系统】→“风管编辑”，选择 11 轴右侧的两根纵向风管，打开风管编辑选项卡，勾选“附加风量”，将其设置为 7000，如图 4.2-22 所示，点击“修改”，即完成风管风量设置，其他风管根据实际情况进行风量设置。

上述过程完成后，点击“水力计算”，选择第一段管道起始端，弹出“风管水力计算”界面，可点击查看每根风管的风速、阻力等数据，如图 4.2-23 所示。点击按钮，即可自动生成鸿业风系统水力计算书，如图 4.2-24 所示。

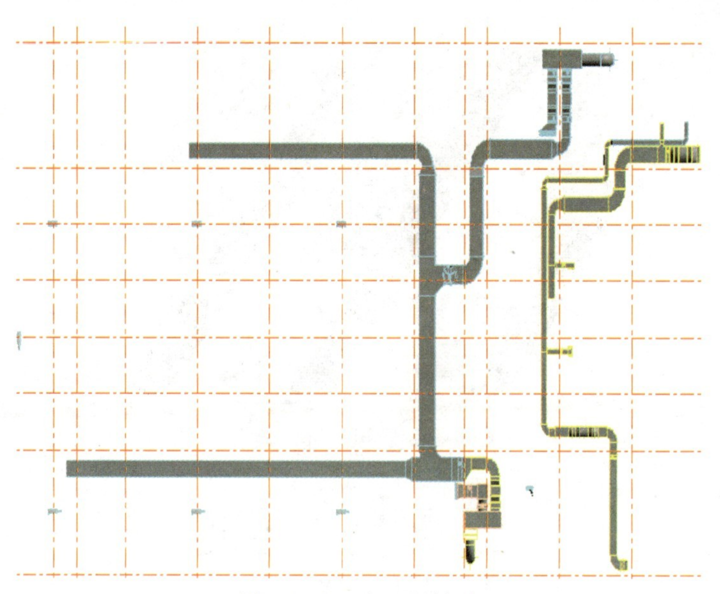

图 4.2-21　布置后效果

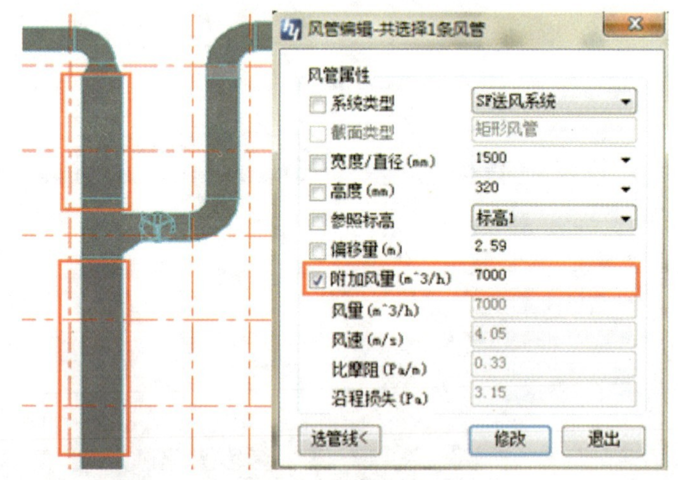


图 4.2-22　风管编辑

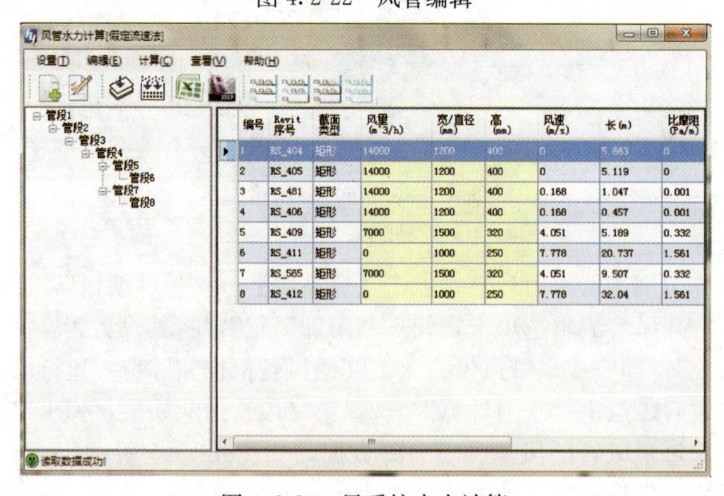


| 编号 | Revit 序号 | 截面类型 | 风量 (m^3/h) | 宽/直径 (mm) | 高 (mm) | 风速 (m/s) | 长(m) | 比摩阻 (Pa/m) |
|---|---|---|---|---|---|---|---|---|
| 1 | RS_404 | 矩形 | 14000 | 1200 | 400 | 0 | 5.863 | 0 |
| 2 | RS_405 | 矩形 | 14000 | 1200 | 400 | 0 | 5.119 | 0 |
| 3 | RS_481 | 矩形 | 14000 | 1200 | 400 | 0.168 | 1.047 | 0.001 |
| 4 | RS_406 | 矩形 | 14000 | 1200 | 400 | 0.168 | 0.457 | 0.001 |
| 5 | RS_409 | 矩形 | 7000 | 1500 | 320 | 4.051 | 5.189 | 0.332 |
| 6 | RS_411 | 矩形 | 0 | 1000 | 250 | 7.778 | 20.737 | 1.561 |
| 7 | RS_565 | 矩形 | 7000 | 1500 | 320 | 4.051 | 9.507 | 0.332 |
| 8 | RS_412 | 矩形 | 0 | 1000 | 250 | 7.778 | 32.04 | 1.561 |

图 4.2-23　风系统水力计算

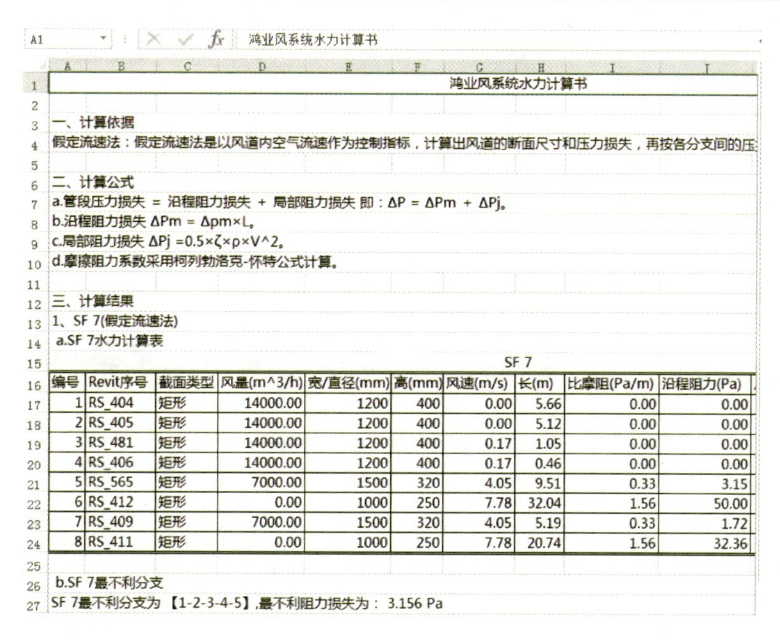

鸿业风系统水力计算书

一、计算依据

假定流速法：假定流速法是以风道内空气流速作为控制指标，计算出风道的断面尺寸和压力损失，再按各分支间的压

二、计算公式

a.管段压力损失 = 沿程阻力损失 + 局部阻力损失 即：ΔP = ΔPm + ΔPj。

b.沿程阻力损失 ΔPm = Δpm×L。

c.局部阻力损失 ΔPj =0.5×ζ×ρ×V^2。

d.摩擦阻力系数采用柯列勃洛克-怀特公式计算。

三、计算结果

1、SF 7(假定流速法)

a.SF 7水力计算表

SF 7

| 编号 | Revit序号 | 截面类型 | 风量(m^3/h) | 宽/直径(mm) | 高(mm) | 风速(m/s) | 长(m) | 比摩阻(Pa/m) | 沿程阻力(Pa) |
|---|---|---|---|---|---|---|---|---|---|
| 1 | RS_404 | 矩形 | 14000.00 | 1200 | 400 | 0.00 | 5.66 | 0.00 | 0.00 |
| 2 | RS_405 | 矩形 | 14000.00 | 1200 | 400 | 0.00 | 5.12 | 0.00 | 0.00 |
| 3 | RS_481 | 矩形 | 14000.00 | 1200 | 400 | 0.17 | 1.05 | 0.00 | 0.00 |
| 4 | RS_406 | 矩形 | 14000.00 | 1200 | 400 | 0.17 | 0.46 | 0.00 | 0.00 |
| 5 | RS_565 | 矩形 | 7000.00 | 1500 | 320 | 4.05 | 9.51 | 0.33 | 3.15 |
| 6 | RS_412 | 矩形 | 0.00 | 1000 | 250 | 7.78 | 32.04 | 1.56 | 50.00 |
| 7 | RS_409 | 矩形 | 7000.00 | 1500 | 320 | 4.05 | 5.19 | 0.33 | 1.72 |
| 8 | RS_411 | 矩形 | 0.00 | 1000 | 250 | 7.78 | 20.74 | 1.56 | 32.36 |

b.SF 7最不利分支

SF 7最不利分支为 【1-2-3-4-5】,最不利阻力损失为： 3.156 Pa

图 4.2-24　生成计算书

（9）材料表

① 图面格式

点击【风系统】→“材料表”，打开材料统计选项卡，如图 4.2-25 所示，点击按钮，新建方案名称，在打开的材料表对话框中进行基本信息、统计类别、表头统计等设置，分别如图 4.2-26～图 4.2-29 所示，其中“表头设计”可以进行模板和技术参数设置。

设置完成后，点击“确定”，新的方案便被添加到系统中，如图 4.2-30 所示，点击“统计”，在平面视图中框选需要统计的区域，弹出如图 4.2-31 所示的选项卡，输入视图名称，点击“确定”，将生成的材料表放置在新生成的视图中，部分数据如图 4.2-32 所示。

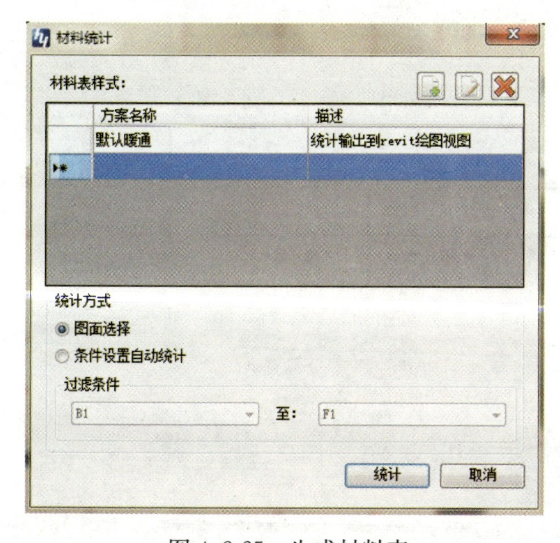


图 4.2-25　生成材料表

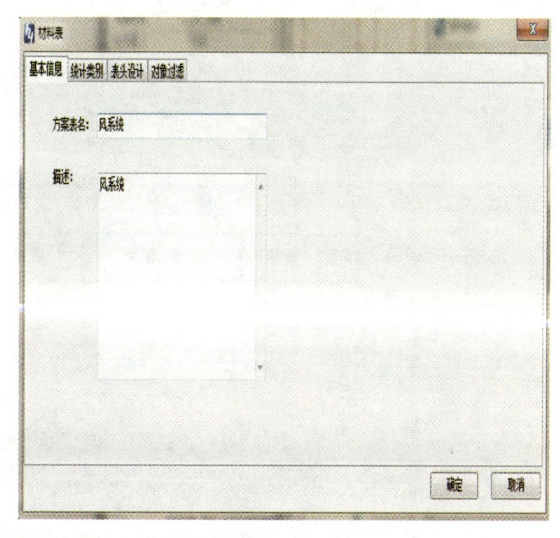


图 4.2-26　基本信息设置

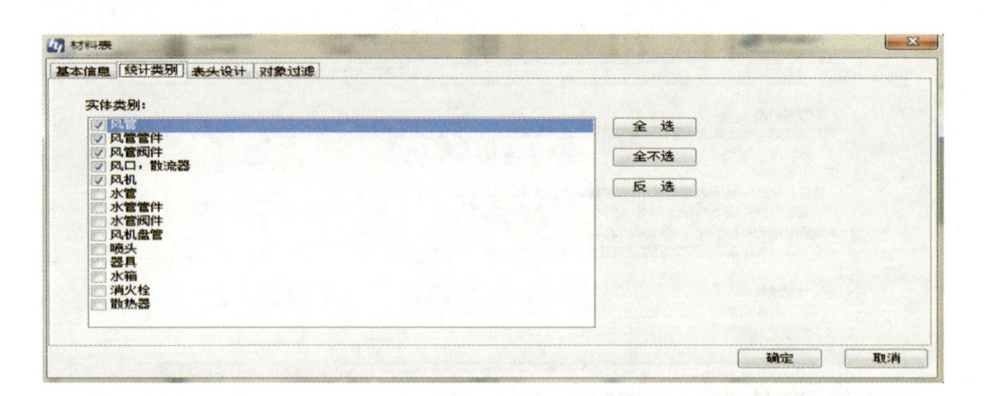


图 4.2-27　统计类别设置

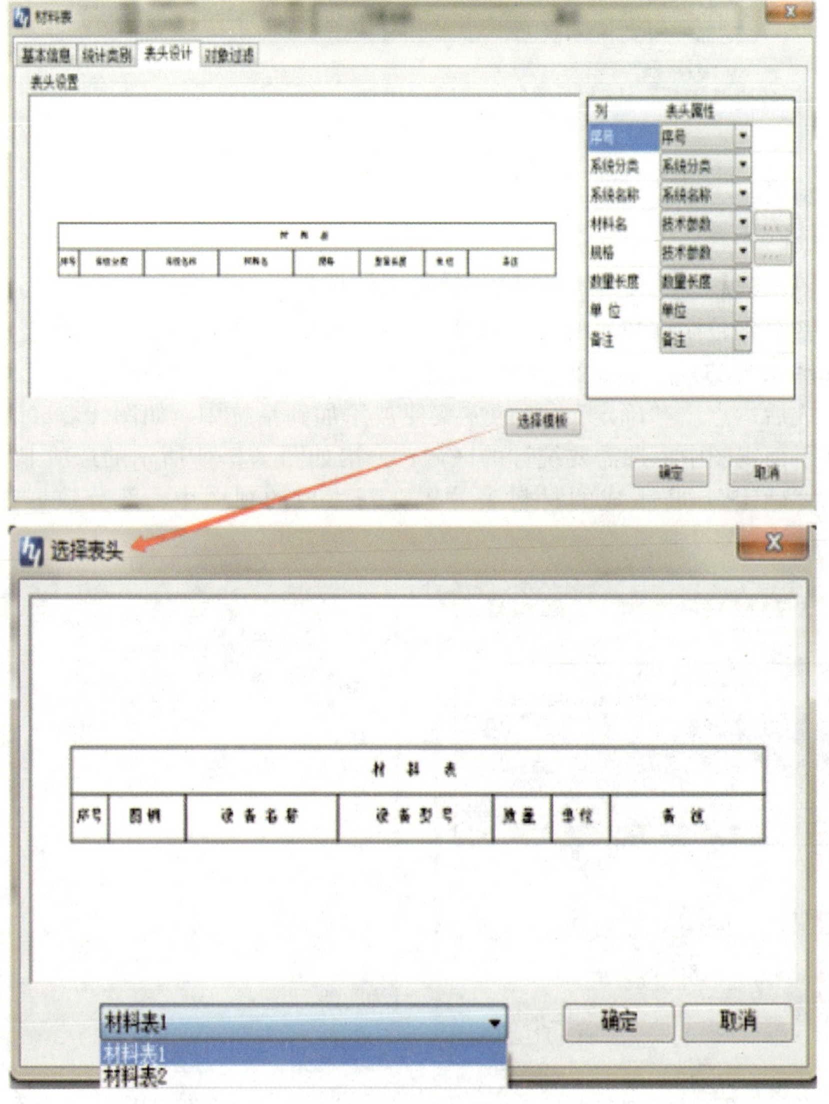


图 4.2-28　表头设置

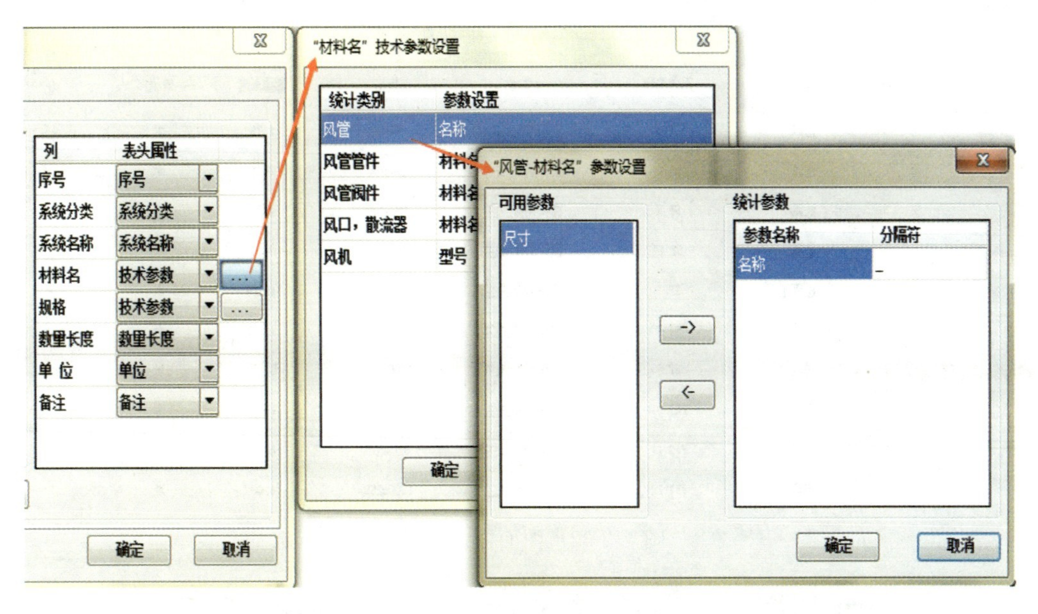


图 4.2-29　表头项目设置

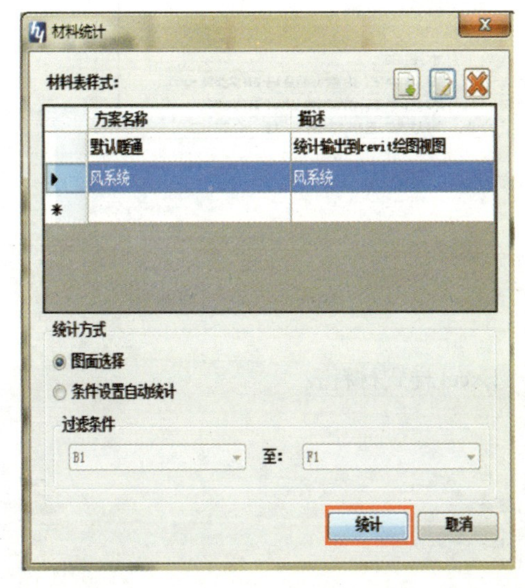

图 4.2-30　统计方式设置

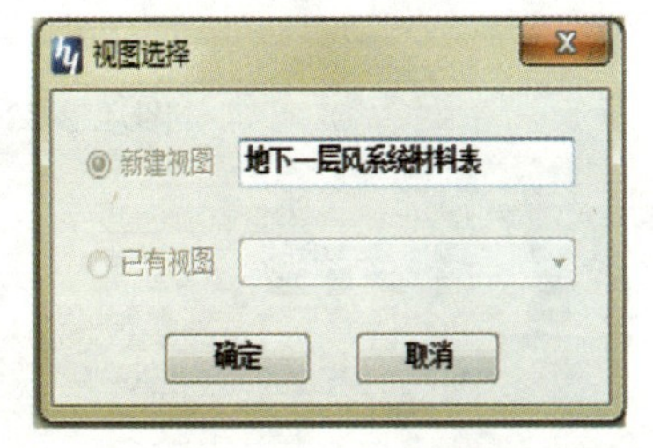


图 4.2-31　视图选择

② Excel 格式

在平面视图中点击【风系统】→“Excel 材料表”，打开如图 4.2-33 所示的选项卡，点击“统计”，框选地下一层风系统，文件命名后选择表格存放位置，即可将 Excel 材料表导出。

(10) 系统标注

切换视图至“出图-地下一层空调风管平面图”，点击【标注出图】→“风系统标注”，可以进行风管、风口、设备等的标注，系统会自动拾取风管、设备等信息，如图 4.2-34 所示，其他标注如标高、引线标注等，请参照建筑部分，最终的标注结果如图 4.2-35 所示。

材　料　表

| 序号 | 系统分类 | 系统名称 | 材料名 | 规格 | 数量长度 | 单 位 |
|---|---|---|---|---|---|---|
| 1 | 送风 | SF 1 | 自带保温的玻美复合风管 | 800ø | 1.79 | 米 |
| 2 | 送风 | SF 14 | 镀锌钢板_法兰 | 750x750 | 2.07 | 米 |
| 3 | 送风 | SF 7 | 镀锌钢板_法兰 | 750x750 | 4.36 | 米 |
| 4 | 送风 | SF 14 | 镀锌钢板_法兰 | 1500x600 | 0.11 | 米 |
| 5 | 送风 | SF 7 | 镀锌钢板_法兰 | 1200x400 | 12.29 | 米 |
| 6 | 送风 | SF 7 | 镀锌钢板_法兰 | 1500x320 | 15.57 | 米 |
| 7 | 送风 | SF 7 | 镀锌钢板_法兰 | 1000x250 | 51.82 | 米 |
| 8 | 排风 | FPY 11 | 镀锌钢板_法兰 | 500x200 | 14.99 | 米 |
| 9 | 排风 | FPY 11 | 镀锌钢板_法兰 | 320x200 | 8.39 | 米 |
| 10 | 排风 | FPY 12 | 镀锌钢板_法兰 | 1000x250 | 8.08 | 米 |

图 4.2-32　图面样式材料表

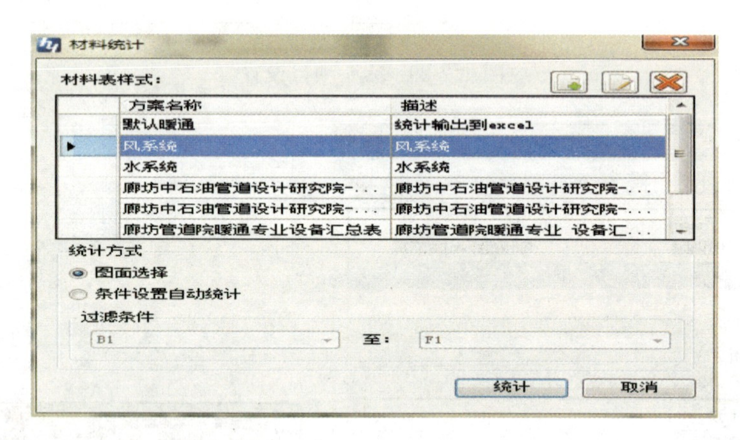


图 4.2-33　Excel 样式材料表

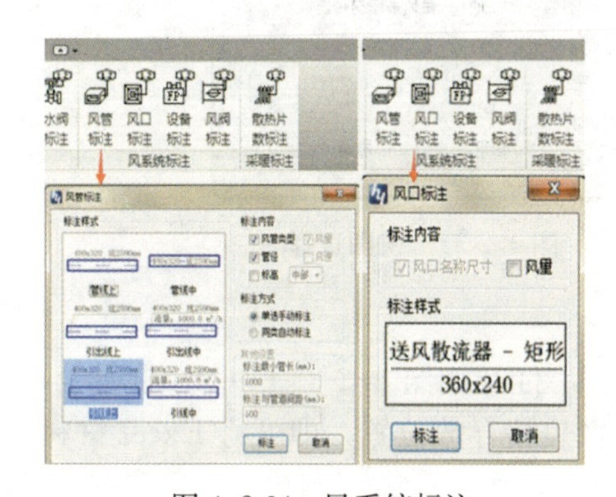


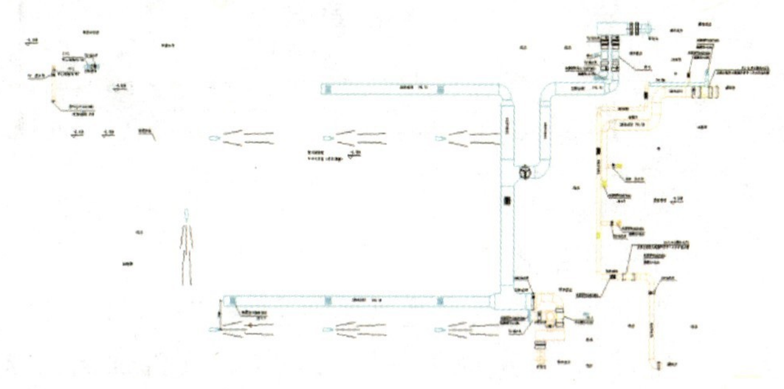

图 4.2-34　风系统标注

图 4.2-35　风系统标注效果

**4. 设计成果表达**

（1）碰撞检查

水暖电设计提交之前，需要进行管线综合，找出并调整有碰撞的管线（风管、管道、线管、电缆桥架）和设备等。使用“碰撞检查”功能，能快速、准确地确定某一项目中图元之间或主体项目和链接模型间的图元之间是否相互碰撞。

点击“碰撞检查”命令下的“运行碰撞检查”命令，打开“碰撞检查”对话框，如图 4.2-36 所示。以给水排水专业为例，选择左边和右边的“类别来自”都为“当前项目”，全选所有的选择，点击“确定”，即可在当前项目间进行管道碰撞检查。在弹出的“冲突报告中”点击“显示”按钮即可查看碰撞的地方，如图 4.2-37 所示。

在进行过该项目间的碰撞检查后，还需与其他专业间进行碰撞检查。同链接建筑模型文件一样，首先把其他专业的模型文件链接到该项目中，在选择“类别来自”时，其中一栏选择“当前项目”，另一栏选择链接的暖通或者其他项目文件。需要注意的是，不能同时选择链接进来的两个文件进行碰撞检查。

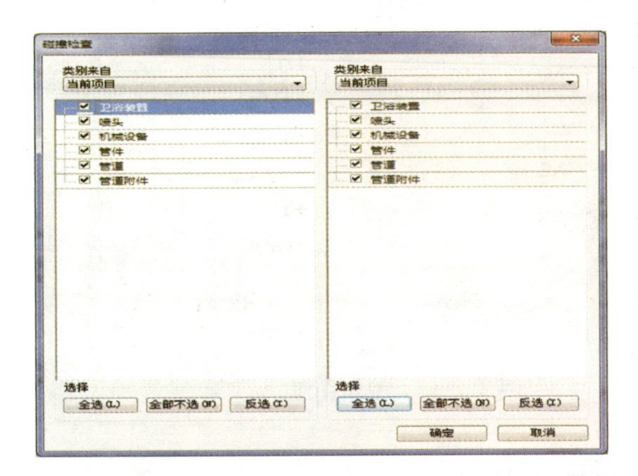


图 4.2-36　碰撞检查

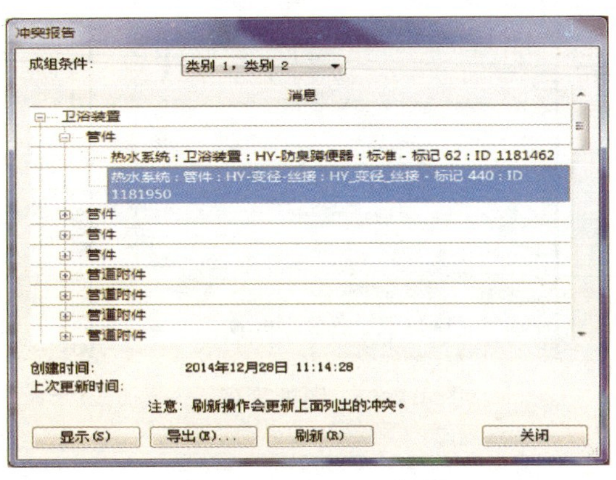


图 4.2-37　冲突报告

在检查出来各种碰撞以后，需要对碰撞的管道进行处理。在【给水排水】模块“管线调整”面板中，有“升降偏移”和“自动升降”两个命令可以用来调整管道的碰撞。点击“升降偏移”命令，打开“升降偏移”对话框，如图 4.2-38 所示。“升降”选项是在垂直方向上进行管线的调整，“偏移”选项则是在水平方向进行管道的调整。在这两个选项中都可以进行距离、角度和是否两侧等参数的设置。调整后的管线局部视图如图 4.2-39 所示。

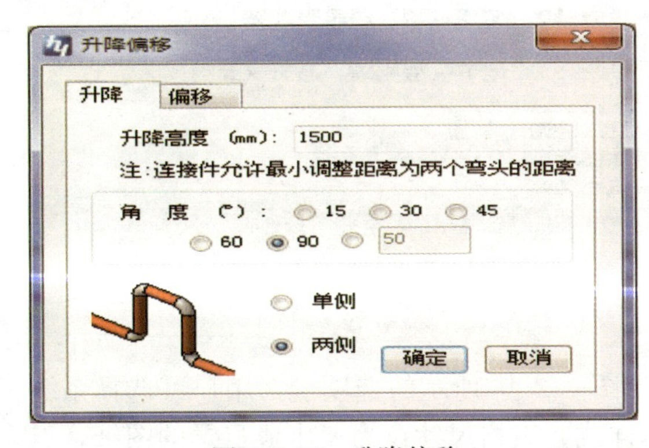


图 4.2-38　升降偏移

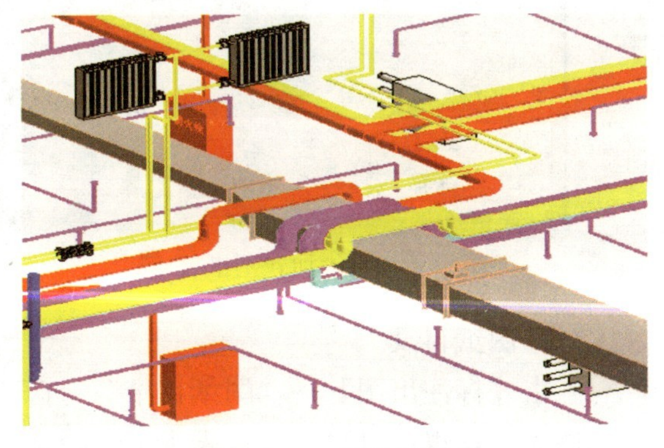

图 4.2-39　偏移后效果

(2) 图纸管理

点击【标注出图】→“图纸管理”，打开“图纸管理”选项卡，如图 4.2-40 所示，点击按钮进行图纸添加，在弹出的编辑图纸对话框中编辑图纸名称、编号和图框标准，如图 4.2-41 所示，设置完成后点击“确定”，新的图纸便被添加到系统中，如图 4.2-42 所示。用户可以点击查看相应的图纸，并对默认的图框进行修改。

按照上述方法依次添加其他需要出图的图纸，添加完成的图纸在“项目浏览器”下的“视图”中可以进行查看，如图 4.2-43 所示。

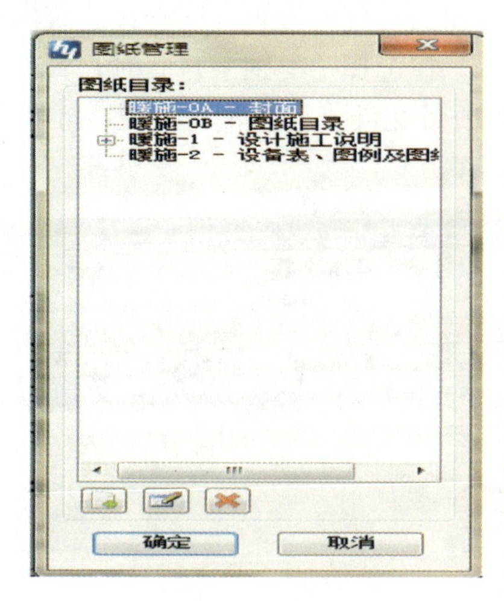


图 4.2-40 图纸管理

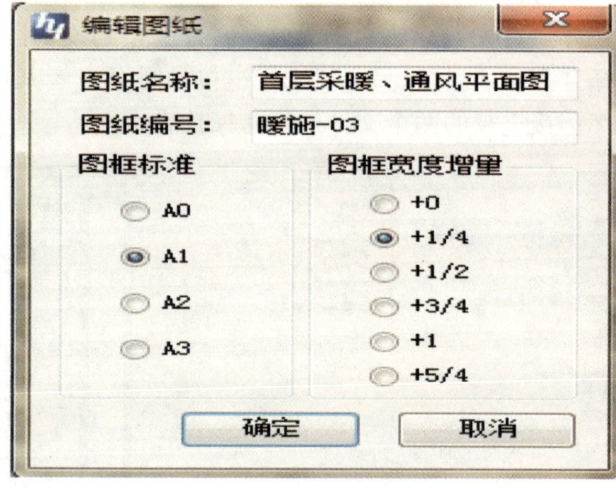


图 4.2-41 编辑图纸

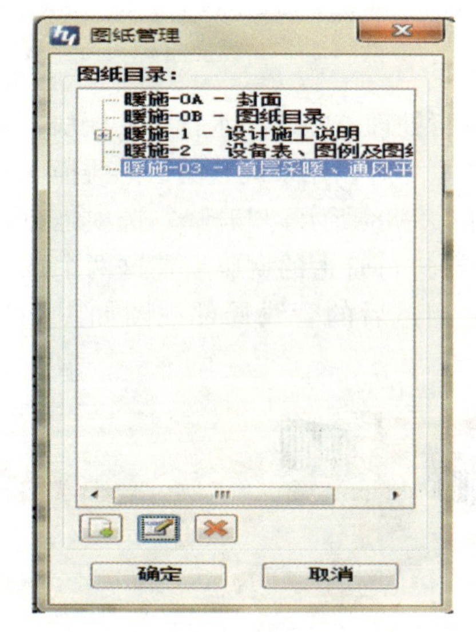


图 4.2-42 添加新图纸

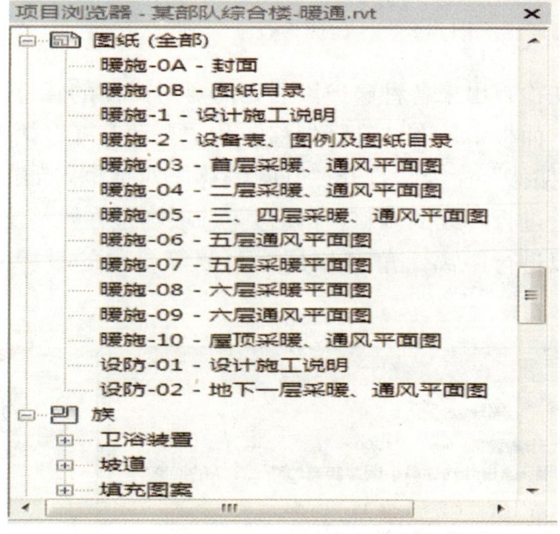


图 4.2-43 添加后视图

(3) 图纸目录

点击【标注出图】→“图纸目录”，打开如图 4.2-44 所示的选项卡，用户可选择系统默认族表头，也可以自行设置表头，选择字体样式、表格尺寸及需要生成目录的图纸，点击“绘制目录”，在打开的“视图选择”对话框中编辑视图名称，如图 4.2-45 所示，点击“确定”，即可自动生成图纸目录，用户可对生成的目录双击进行文字及表格样式的修改，如图 4.2-46 所示。

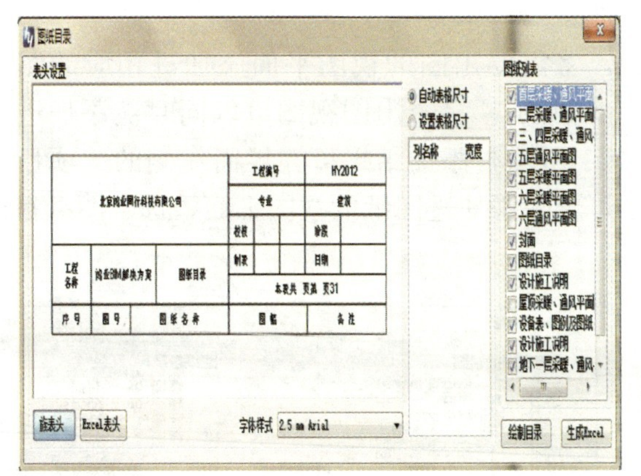


图 4.2-44　图纸目录

图 4.2-45　视图选择

| 图 纸 目 录 | | | | |
|---|---|---|---|---|
| 序号 | 图号 | 图 纸 名 称 | 图幅 | 备 注 |
| 1 | 暖施-0A | 封面 | 设计者 | 审核者 |
| 2 | 暖施-0B | 图纸目录 | 设计者 | 审核者 |
| 3 | 暖施-1 | 设计施工说明 | 设计者 | 审核者 |
| 4 | 暖施-2 | 设备表、图例及图纸目录 | 设计者 | 审核者 |
| 5 | 暖施-03 | 首层采暖、通风平面图 | 设计者 | 审核者 |
| 6 | 暖施-04 | 二层采暖、通风平面图 | 设计者 | 审核者 |
| 7 | 暖施-05 | 三、四采暖、通风平面图 | 设计者 | 审核者 |
| 8 | 暖施-06 | 五层通风平面图 | 设计者 | 审核者 |
| 9 | 暖施-07 | 五层采暖平面图 | 设计者 | 审核者 |

图 4.2-46　生成图纸目录

（4）设计说明

切换视图至“暖施－01－设计施工说明”平面，点击【标注出图】→“设计说明”，打开如图 4.2-47 所示选项卡，选择暖通模板，点击“确定”，即可自动生成设计说明模板，可在文字模板上直接进行格式及文字的修改，完成的设计说明如图 4.2-48 所示。

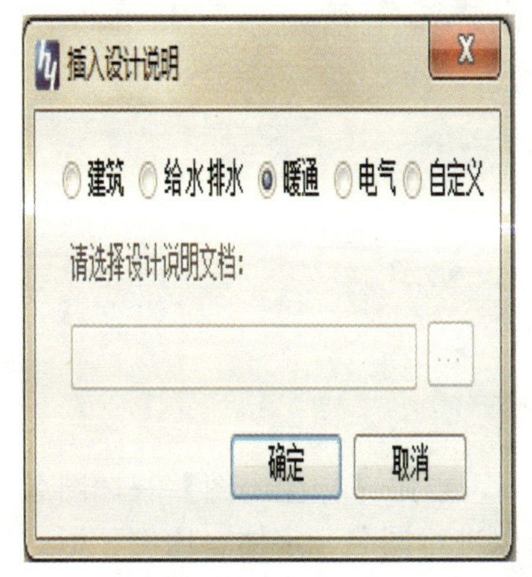


图 4.2-47　设计说明

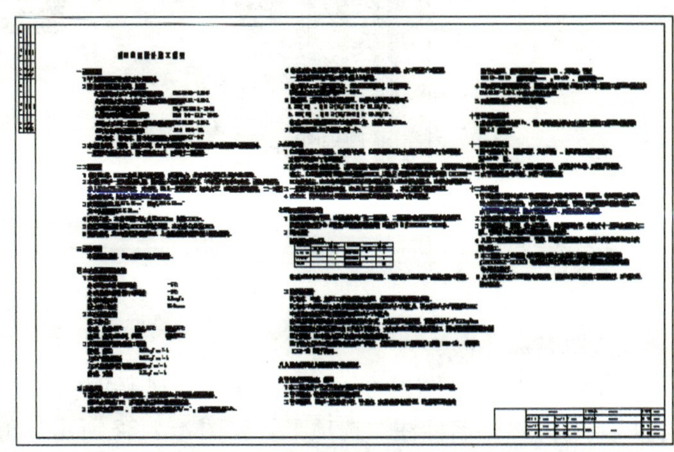

图 4.2-48　设计说明效果

(5）图纸生成

① 点击【标注出图】→“自动成图”，将需要出图的视图平面添加进相应的图纸目录，添加前后的结果如图 4.2-49、图 4.2-50 所示，多个出图视图可以同时被添加进同一张图纸中，以满足设计的需要，如图 4.2-51 所示，添加结果可在界面左侧的“项目浏览器”→“图纸”中查看。使用同样的方法可删除添加进图纸的视图平面，选中图纸目录下的多余视图平面，点击删除即可。

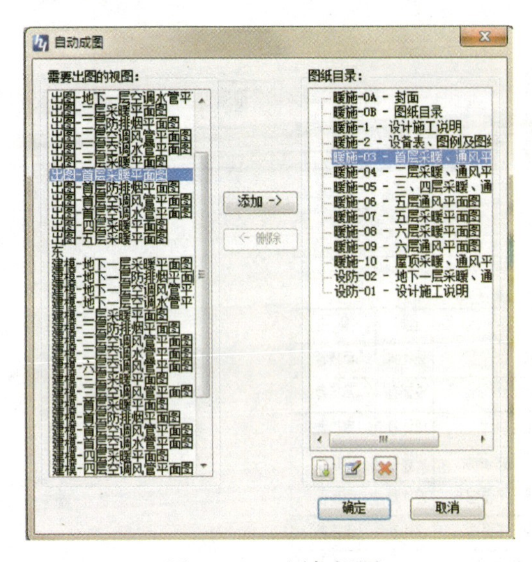


图 4.2-49　添加视图

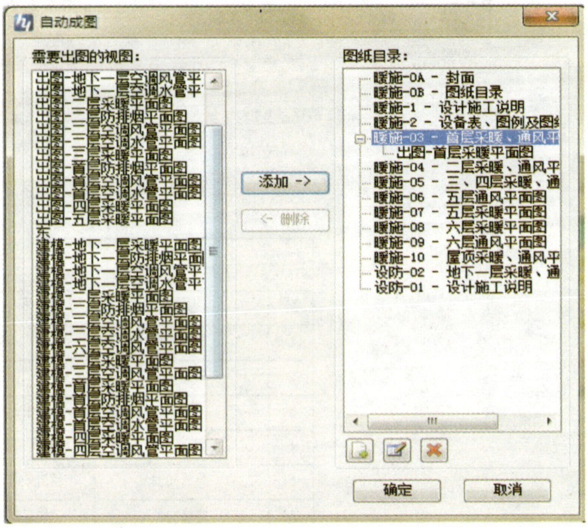

图 4.2-50　添加视图后

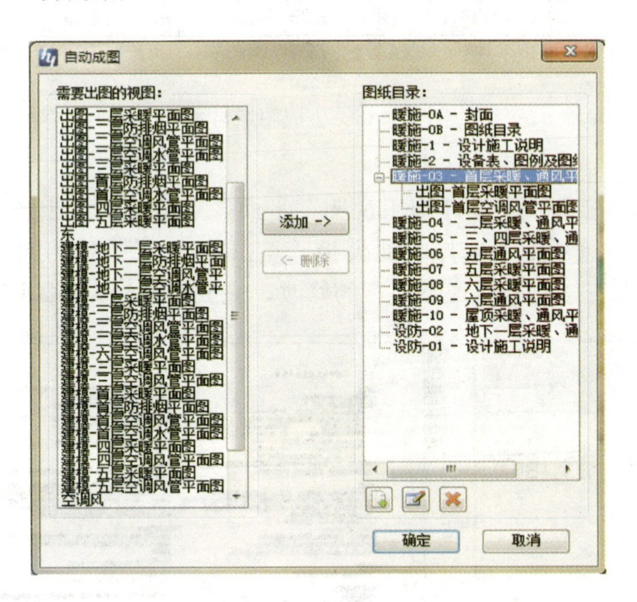


图 4.2-51　多个视图添加

② 图名标注：

切换视图至“暖施－3－首层采暖、通风平面图”平面，点击【标注出图】→“图名标注”，打开“图名标注”选项卡，如图 4.2-52 所示，可以进行图名、字体、比例、形式的修改，选项卡上还附带四种符号标记供选择，设置完成后点击“确定”，选择图名放置位置即可完成图名标注。至此，就完成了"首层采暖、通风平面图"的出图工作，如图4.2-53所示，其他视图的出图方式同上。

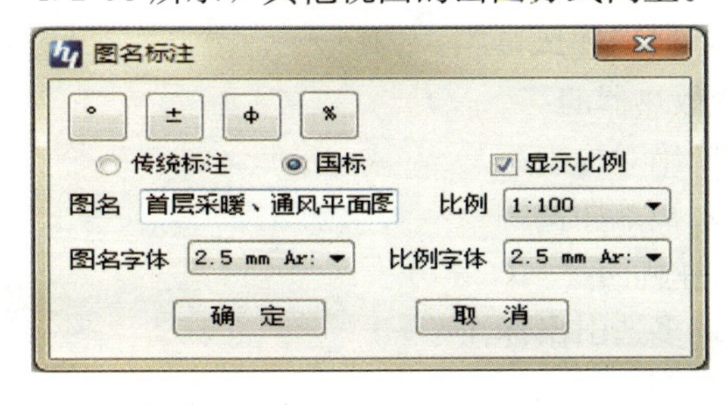


图4.2-52 图名标注

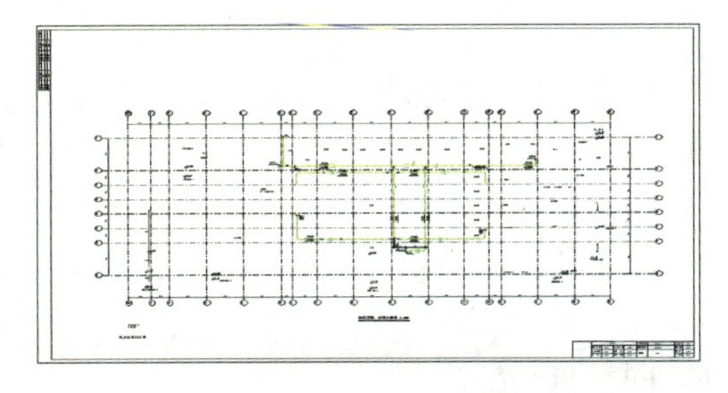

图4.2-53 图名标注效果

## 课 后 习 题

### 一、单项选择题

1. 框选一组风口和风管，使其自动连接的命令是（　　）。

A. 风管连接　　B. 自动连风口

C. 批量连风口　　D. 分类连接

2. 将不同系统的多条风管按各自系统自动连接的命令是（　　）。

A. 风管连接　　B. 自动连接

C. 批量连接　　D. 分类连接

3. 需要将散热器自动连接到采暖供、回水管的命令是（　　）。

A. 布置风盘　　B. 水管阀件

C. 管道附件　　D. 平行管道

4. 在【材料统计】命令中，除了可以用图面选择的方式进行统计，还可以用（　　）的方式进行统计。

A. 手动修改　　B. 手动设置

C. 手动统计　　D. 条件设置自动统计

5. 管道需要作升降调整时，除了可以用自动升降命令，还可以使用（　　）命令。

A. 手动升降　　B. 手动修改

C. 升降偏移　　D. 手动偏移

**参考答案：**

1. C　2. D　3. B　4. D　5. C

### 二、多项选择题

1. 在【布置风口】命令中，按区域布置的方式，可以选择哪几种布置方式？（　　）

A. 沿线布置　　B. 辅助线焦点

C. 矩形布置　　D. 居中布置

2. 在【风管连风口】命令中，可选择的连接方式有（　　）。

A. 弯头连风口　　B. 侧连接风口

C. 三通连风口　　D. 四通连风口

3. 在【布置散热器】命令中，可以预先设置散热器的（　　）。

A. 类型　　B. 绝对标高

C. 相对标高　　D. 离墙距离

4. 在【风管标注】命令中，标注方式可以选择哪两种？（　　）

A. 单选手动标注　　B. 多选引出标注

C. 同类自动标注　　D. 多选手动标注

5. 在【风管标注】命令中，其他设置中的参数设置包含了哪两种？（　　）

A. 标注最小管长　　B. 标注与管道间距

C. 标注最大管长　　D. 标注与管道高差

**参考答案：**

1. ABCD　　2. ABCD　　3. ACD　　4. AC　　5. AB

（案例提供：邹　斌）

# 【案例 4.3】用 Revit 插件来快速创建 BIM 施工模型

BIM 在建筑行业的发展不平衡，很少有设计单位使用 BIM 模式来进行设计，但业主和总承包企业对 BIM 的使用需求非常强烈。这个现状导致从设计的二维施工图制作 BIM 模型的工作必不可少，这也是当前业界 BIM 工作最重要的工作内容。建立 BIM 模型花费了大量的人力和时间，在有限的 BIM 人力资源下，真正投入精力从 BIM 模型来挖掘 BIM 的价值这块投入的时间很少，没有充分发挥 BIM 的使用价值。橄榄山软件针对这个 BIM 使用问题，研发出来了橄榄山快模软件，解决了建模时间太长的问题。

橄榄山快模软件是基于 Revit 平台上的快速建模工具，扩展增强了 Revit 的使用功能，使用户创建模型更加便捷、高效。本文主要介绍建筑模块从初期建模到修改的快速应用，不仅解决了建模人员如何快速建模，也对图纸快速修改进行了补充，满足了图纸交付的需求，使建模工作达到事半功倍的效果。

拿到建筑图的 dwg 文件以后，如何才能使用橄榄山快模软件将建筑模型快速、准确地搭建呢？下面就开始具体介绍操作步骤。以下以橄榄山快模 4.2 版本为例来介绍。

**1. 从 dwg 自动创建 Revit 模型**

首先在 AutoCAD 里打开建筑物的建筑设计图纸，如图 4.3-1 所示，是一个食堂的一层平面。

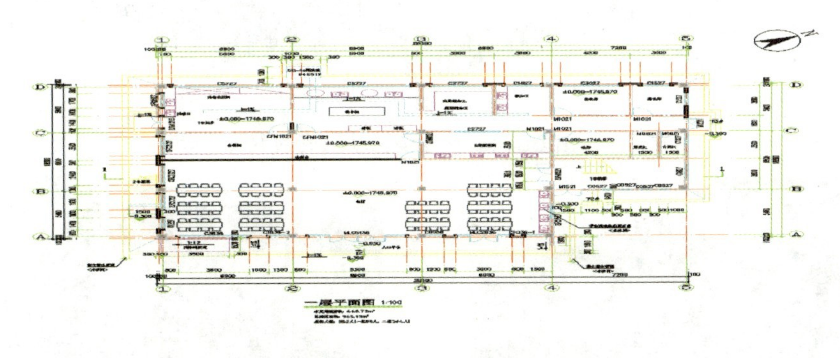

图 4.3-1　一层平面图

使用橄榄山软甲提供的天正 T3 图前处理功能，批量整理图层信息，将图纸里面的门窗转换成天正实体，整理后如图 4.3-2 所示。然后使用橄榄山快模软件导出建筑 dwg 数据命令，指定墙、轴线、轴号、门窗、房间文字等图元所在的图层后，创建图框范围就导出建筑物的构件数据，导出的数据自动保存在一个扩展名是 GlsA 的文件里，如图 4.3-3。(注：快模 4.2 版无需转换成天正 T3 以上格式，因此转换功能和前处理不是必须执行的)

打开 Revit 默认建筑样板，启动橄榄山快模软件的“建筑翻模”命令，使用橄榄山快模中间数据文件，全自动生成建筑模型，如图 4.3-4 所示。

**2. 构件扣减**

由于刚导入模型时，部分图元之间会有碰撞重叠，这时候可以使用橄榄山快模模型深化的一键扣减功能，快速扣减掉重叠图元。图 4.3-5 所示是构件扣减之前的模型，图 4.3-6 所示是使用橄榄山一键扣减之后的模型，构件之间没有重叠。

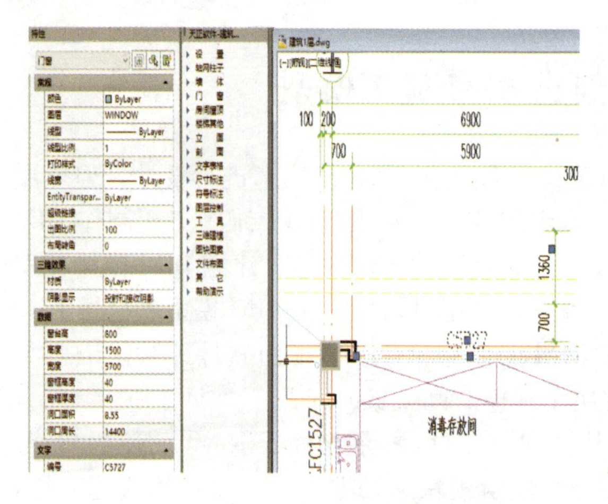


图 4.3-2　转换成天正实体的平面图

图 4.3-3　导出构件数据到 GlsA 文件中

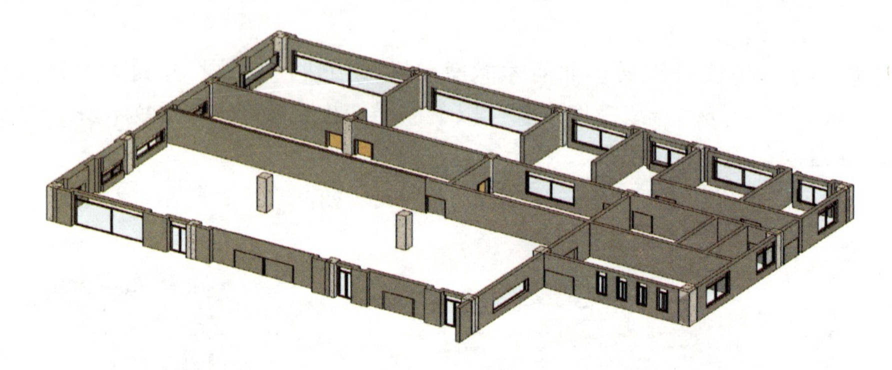

图 4.3-4　橄榄山快模软件全自动生成的 Revit 模型

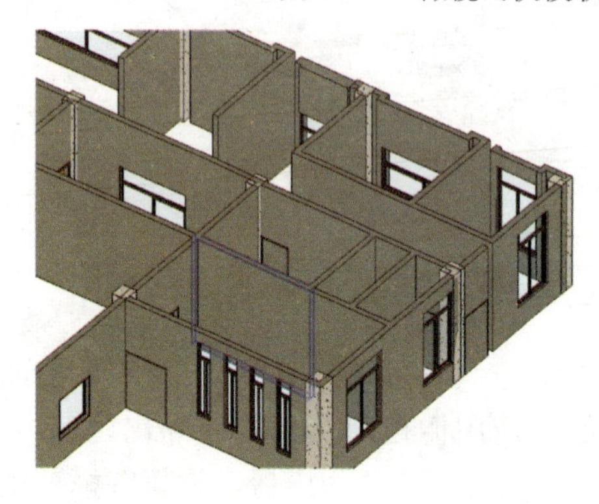

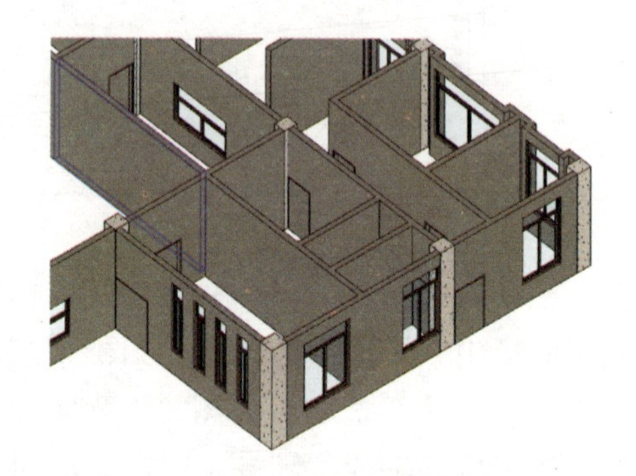

图 4.3-5　一键扣减命令之前的模型图

图 4.3-6　扣减后的模型墙柱不再重叠

**3. 构件重命名**

重叠部分处理过后，由于初始创建模型时，图元名称与实际应用不符，这时我们需要对图元的命名进行重新处理，打开橄榄山模型深化的族批改名功能，如图 4.3-7 所示。将常规－200mm 改为砌块墙－200mm，分别如图 4.3-8 和图 4.3-9 所示。

**4. 批量创建房间以及房间填色**

命名修改完成后打开一层建筑平面图，我们会看到部分房间没有名称，这里可以使用橄榄山批量建房间功能，快速地布置房间，如图 4.3-10 所示。

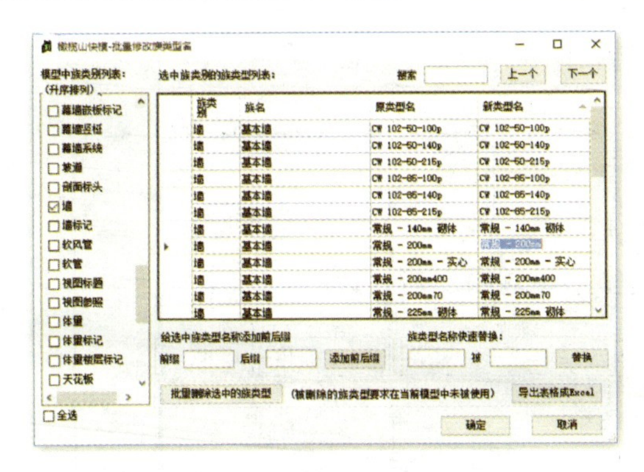

图 4.3-7　构件类型批量改名

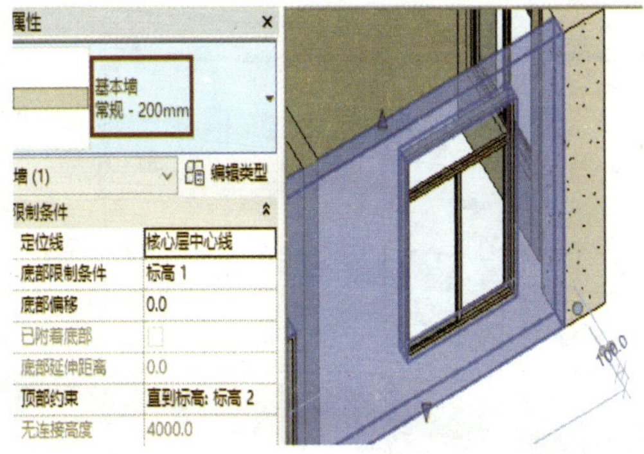


图 4.3-8　墙类型原名常规一200mm

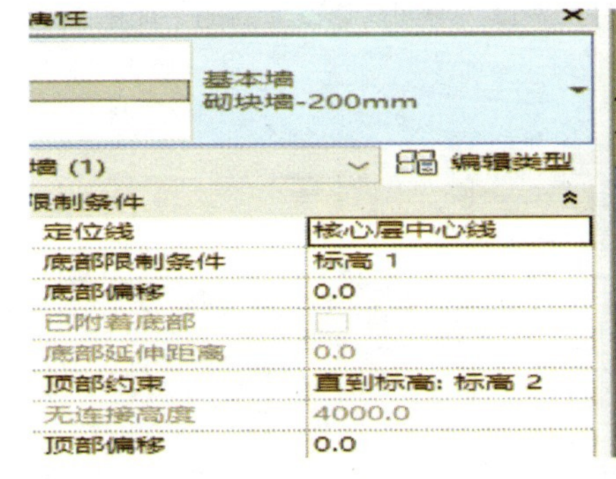


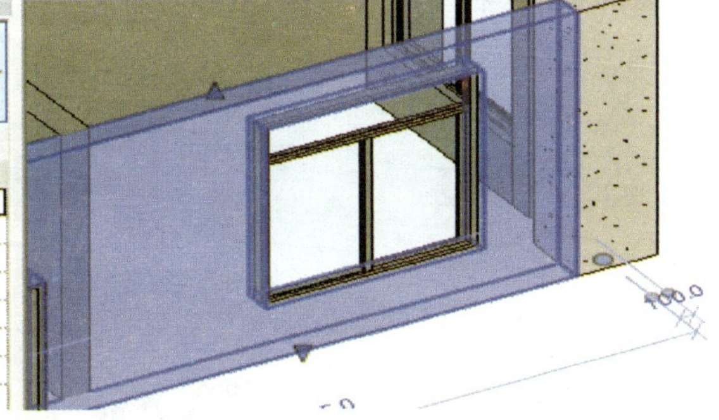

图 4.3-9　使用族类型批量改名后得到的名字

图 4.3-10　Revit 平面缺少房间命名

创建完成后，可以按照 CAD 图纸对里面的房间名称进行更改，如图 4.3-11、图 4.3-12 所示。后面需要给不同房间设置不同颜色，可以使用 Revit 建筑菜单里面的颜色方案功能，如图 4.3-13 所示。

这里我们需要将方案类别改成房间（A），方案定义为方案 1 图例（B），颜色命名要使用名称类型（C），如图 4.3-14 所示。点击确定完成，后面需要找到分析菜单里面的颜色填充方案功能。插入方案 1，确定生成，效果如图 4.3-15 所示。

**5. 批量智能创建添加圈梁和构造柱**

房间名称改完后，我们需要对建筑墙体增加墙中圈梁，使用模型深化功能里的圈梁功能，一键对墙体快速布置，如图 4.3-16 所示。墙中圈梁创建完成，我们可以给门窗加入过梁和压顶，使用模型深化功能里的过量压顶功能进行快速建模，如图 4.3-17 所示。

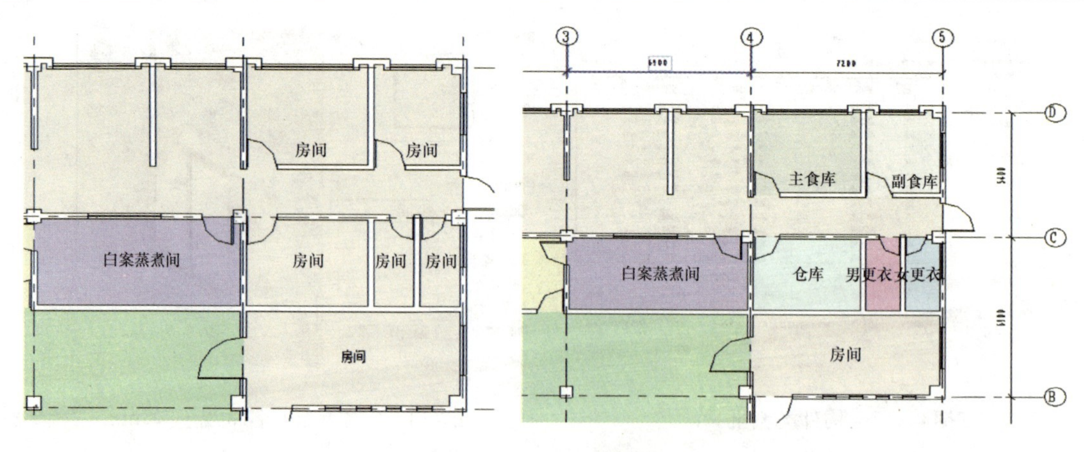


图 4.3-11　修改完成后的房间平面图　　　　图 4.3-12　房间名修改完后的平面图

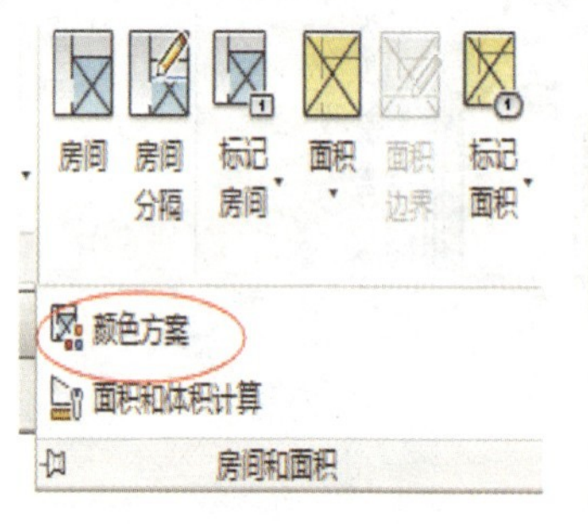


图 4.3-13　房间设色

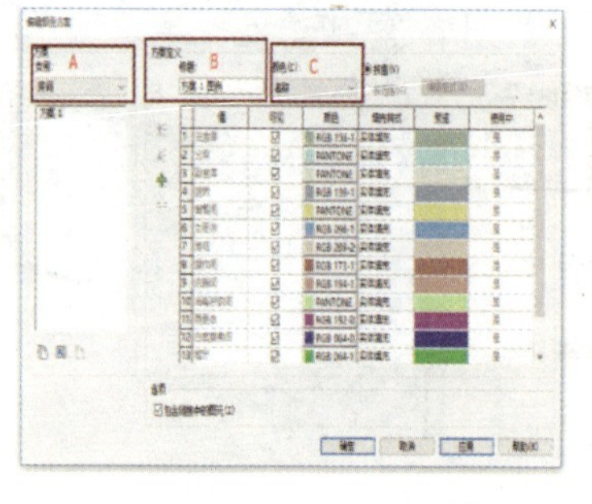

图 4.3-14　方案修改

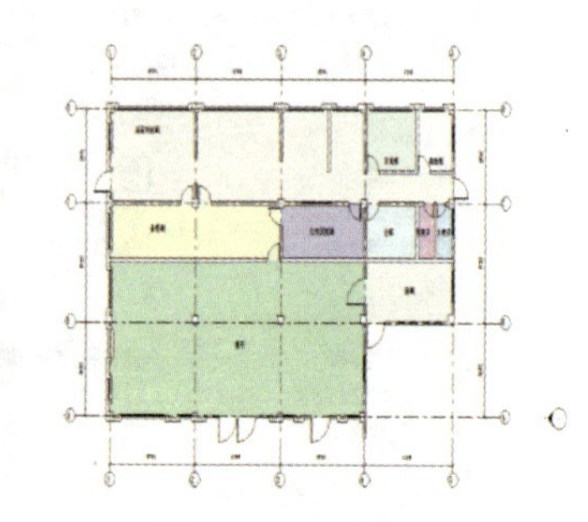

图 4.3-15　效果图

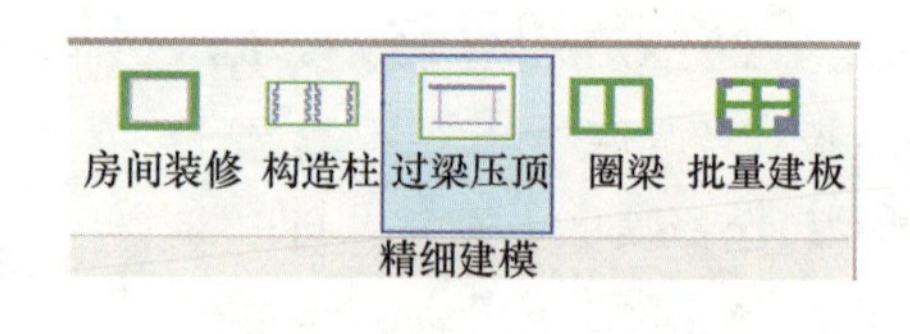


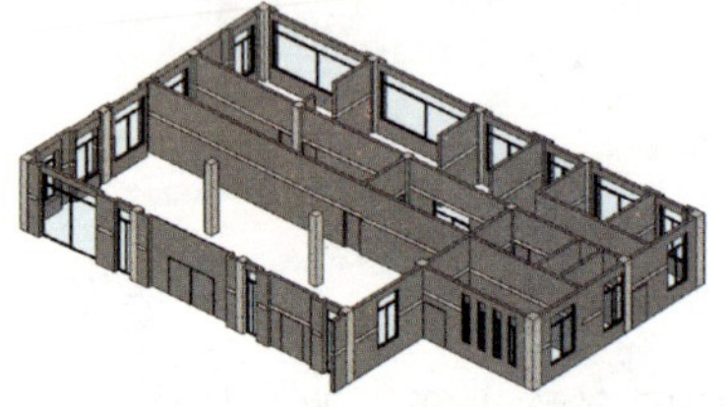

图 4.3-16　圈梁创建后的完成图

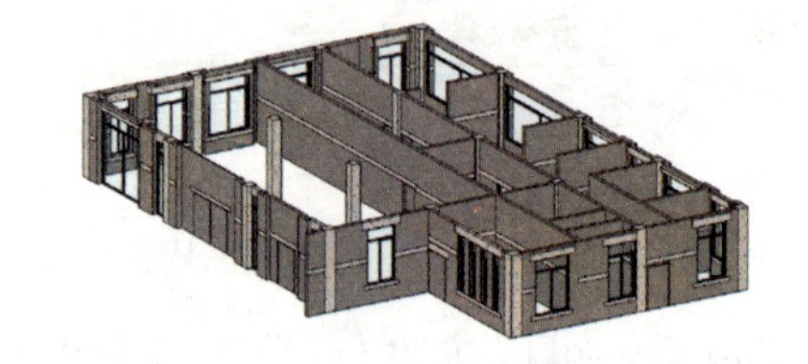

图 4.3-17　压顶过梁完成后的模型图

最后我们针对建筑墙体，增加构造柱；这里选择部分墙体，使用模型深化的构造柱功能，快速对墙体增加构造柱，如图 4.3-18 所示。经过了对模型圈梁、过梁压顶、构造柱的设置，深化建筑模型终于完成，具体效果如图 4.3-19 所示。

由于篇幅的原因，这里仅仅介绍一层楼的创建过程，没有说明创建完整的一栋楼的过程。在有 CAD 图纸的情况下，通过橄榄山快模这个软件的使用，可以将建模和用模效率提高数倍，BIM 使用门槛大幅降低，减少了招标投标等时间紧急的工作的压力，以及简单需求时建模人员的数量。短时间内可以承接更多的项目和工程，腾出更多的精力投入到 BIM 模型创造价值的应用上。

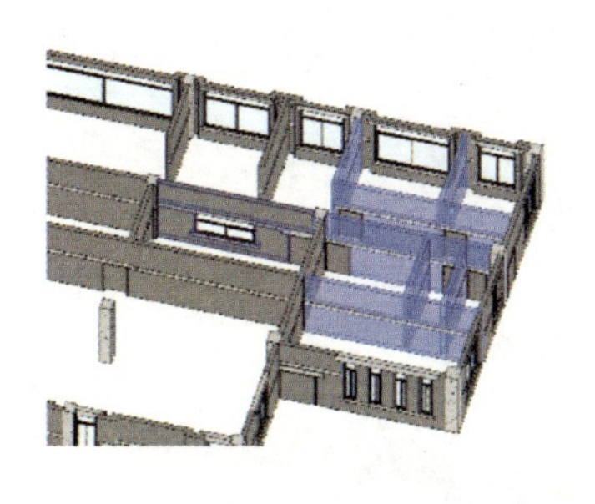

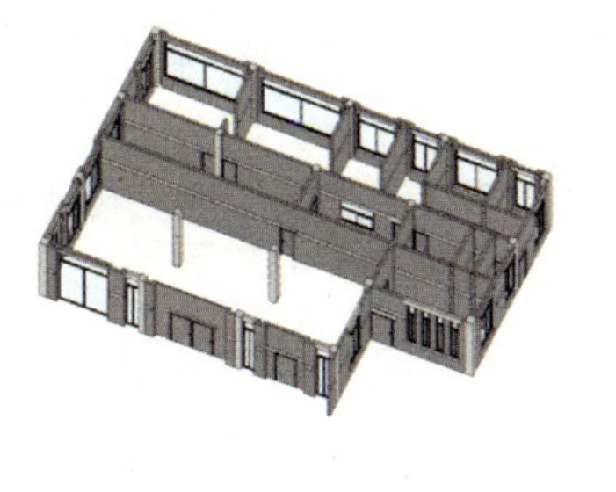

图4.3-18 选择需要生成构造柱的墙体前后

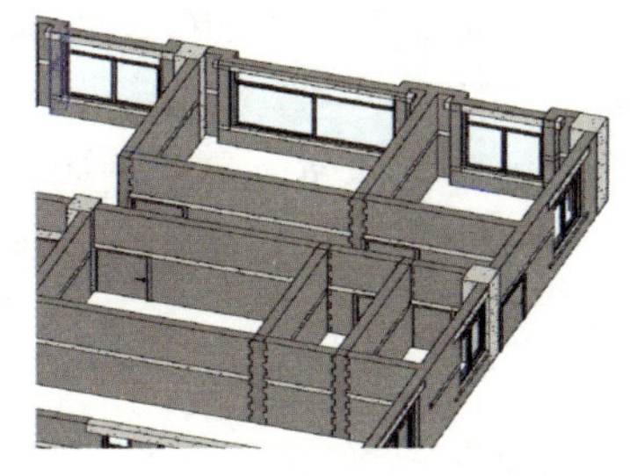

图4.3-19 一层完成的建筑模型

# 课 后 习 题

## 一、单项选择题

1. 下面表述正确的是（ ）。

A. 目前（2015年）施工单位的BIM模型都是来自于设计单位

B. 施工单位BIM使用需求强烈

C. 设计单位BIM应用情况领先施工单位

D. 以上都不对

2. 为何要做从二维图来创建BIM模型工作？（ ）

A. 因为翻模工作效益高

B. 因为现在设计院一般无法提供BIM模型

C. 因为行政审批需要

D. 因为绿色建筑施工的需要

3. 关于橄榄山快模软件错误的是（ ）。

A. 快模软件是Revit上的插件，需要在Revit上运行

B. 用快模软件能将二维施工DWG直接转成Revit模型，大幅提高BIM建模效率

C. 快模软件能在模型上创建LOD更高的构件，比如圈梁、构造柱等

D. 该软件不能做族类型的批量重命名

4. 橄榄山BIM翻模过程，下面正确的是（ ）。

A. 在AutoCAD里根据二维图创建三维CAD模型。然后将CAD三维模型导出成中间数据。最后在Revit里用插件将数据转成BIM模型

B. 在AutoCAD里用导出施工图的信息，保存为中间文件，最后在Revit里用插件将中间数据文件翻成BIM模型。

C. 在Revit里导入DWG文件，然后用Revit插件直接根据导入DWG中的线条翻成BIM模型

D. 以上都不对

5. 橄榄山的BIM翻模流程的优点表述错误的是（ ）。

A. 大图度提高BIM模型创建效率

B. 避免导入DWG文件到Revit中，不给Revit模型增加图元，避免Revit运行速度降低

C. 能将建筑、平法结构、喷淋二维施工图DWG转成Revit模型

D. 以上都不正确

**参考答案：**

1.B　2.B　3.D　4.B　5.D

**二、多项选择题**

1. 橄榄山快模可将BIM模型进行深化，他能实现下面哪些功能？（　　）

A. 批量创建房间　　B. 批量创建圈梁

C. 批量创建构造柱　　D. 批量创建楼板

2. 为何需要对BIM模型进行深化处理？（　　）

A. 使模型的工程量更准确

B. 模型更细致，满足施工的过程管理需要

C. 使模型看起来更真实

D. 满足施工安全的需要

3. 使用BIM自动建模软件的价值点有哪些？（　　）

A. 无须很多的建模工程师，因为软件效率很高

B. 加速模型的创建，尽早完成BIM模型。工程师有时间来做使用BIM模型工作

C. 软件翻模，忠实于原图，构件的位置坐标不会有错误

D. 操作简单，一次框选一层楼的方式，将梁柱墙窗轴线等导出并在Revit创建成功。

**参考答案：**

1. ABCD　2. ABC　3. ABCD

（案例提供：叶雄进、苑铖龙）

# 第五章　国外 BIM 项目案例

## 【案例 5.1】某国医疗中心 BIM 应用案例

本案例为 A 国 BIM 应用获奖案例。从案例中，我们了解到国外相当规模的工程在 BIM 应用上的组织结构及工作流程，理解在国外常用项目管理模式中，是如何发挥出在进度、成本、质量控制等管理工作中的 BIM 作用。掌握组建项目 BIM 团队，以及项目 BIM 团队在工程设计、施工、运维实施中，是如何协作支撑建设项目完美向业主展示自己的水平，获得好的 BIM 效果，以及获得优秀的建筑产品。

**1. 项目背景**

这是 A 国一个占地 7.4 万 $m^2$ 的医疗综合区，包括一个 4.7 万 $m^2$ 的医院，一个 2 万 $m^2$ 的医疗办公室，以及一个 6000$m^2$ 的癌症中心。医院有 117 张住院病床，与危急、紧急护理室，两个高压供氧舱，手术、膀胱镜成像检查间，剖腹产房，内窥镜检查室，诊断成像和测试 s 室。医院设计包括一个提供浓郁生活气息的康复环境病房，儿科区设置小动物园和宁静花园。本建筑融合了混凝土结构和钢结构，以及定制预制构件、砖和玻璃幕墙系统。高科技材料满足了医院的恒湿恒温的要求。

医院的隔振系统远超过现行技术规范。本项目最具特色的绿色环保措施是雨渗系统，雨水通过天然的土壤这一“过滤层”，进入到一个雨水池。其他绿色措施还包括能够自动关闭的水龙头和感应式自动采光窗户。在施工过程中，回收废旧物资率达 84%。建设目标是为业主交付一个为病人提供极致关怀的医疗中心。

管理模式背景：A 国工程建设广泛采用 CM at-risk（风险施工管理）模式。在项目初期聘任一个 CM 公司，签订合同后，从规划设计到施工运营开始，工程整体的成本、进度、质量等风险均由这家公司负责承担。它是一种基于业主信任的管理制度，CM 公司即使为业主在最高保证价格下完成建设，其结余部分也归业主所有。CM 公司要做到的是对成本、进度、质量有一个很好的平衡控制，不能相互损害。CM 公司需要由此营造参与方共同为业主提供优质产品的管理机制和氛围。

**2. BIM 应用内容**

（1）业主代表（业主找的 CM 公司）的理解

需要在工程规划初期组建一个紧密团结的工程实施团队，管理好参建各方包括分包咨询商（设计和监理的专业分包）、分包单位（机电、幕墙等施工单位）。团队必须在业界拥有最好的管理模式和技术措施，专注于不断创新，具有合作精神，以提高设计和建造所有过程的管理水平。

积极利用建筑信息模型（BIM），始终采用并率先推进据此而来的新的交互方式，使参建各方进行有效的沟通。在运营阶段采用高仿真 BIM 模型对医院设施进行管理。BIM 应用还能够制订诚实的、稳健的、高科技的解决方案，为项目合作伙伴设定高标准，使参建各方通力合作、高效交流，最终促使这个项目能够高效地完成，确保能够交付一个满足业主需求的医疗综合设施（图 5.1-1）。

图 5.1-1　机电系统的建模和安装对照图

（2）建筑师的理解

业主为应对周边社区日益增长的医疗需求，促使我们设计出能够更加满足以病人为中心的医疗服务综合体。至少发挥了以下作用：

① 从选址开始，BIM 便最大程度地参与到了这个项目中，有效地提高了建筑的容积比。

② 当为医疗中心选址时，BIM 模型提升了社区的反馈和支持力度。

③ BIM 为重新改造人工池塘提供了数据支持。

④ BIM 细化后的幕墙设计使得本地企业可以制造。

⑤ 规划设计更加合适、可靠、人性化。对于协同病人护理，BIM 整合了相对独立的建筑设施。住院部、医疗办公楼和癌症中心通过隧道紧密地连接到一起。BIM 为远期规划提供了更加完美的对接方案，扩建时可以不用中断医院运营。

⑥ 使用 CAD 可以使各个科室的功能得到充分的发挥。而 BIM 的使用可以进一步使各个科室的功能得到完善，并且部门间的联系得到了加强和优化。员工的生活和工作可以非常通畅地转换。BIM 帮助绘制车辆、行人和建筑系统，体现了建筑物的最佳功能和成本效益。

⑦ BIM 将视觉愉悦和治疗经验完美地结合，所得到的最终产品是创新的、充满活力的、使用最好的人员和医疗技术的医疗中心，交织出这繁荣健康的社区。

（3）承包商的理解

图 5.1-2　早期设计中的医疗中心的透视图

① 该医疗中心是该公司负责承建过的进度最短的项目，是新挑战和新机会。通过建造 BIM 模型，可以提供行业领先的建筑承包服务。

② 中标后，与参建各方紧密团结，以 BIM 为平台，达成共识，使利益相关者的集体理解、整体构想沟通这一愿景得到实现。BIM 和团队化管理的模式，使我们能够向业主高效、高质、超预期地交付一个完美的医疗设施。

图 5.1-3　连接器通道

③ 按时交付项目的核心是需要行业领先的建筑工具和流程控制技术。BIM 提供的量化解决方案，提升了整个项目的质量，并帮助保持进度和预算。BIM 是项目各阶段和各层面进行有效沟通的平台，无论是与业主、业主代表、建筑师亦或是建筑工人（图 5.1-3～图 5.1-5）。

图 5.1-4　转角细节

图 5.1-5　大厅

**3. BIM 化的项目组织机构**

项目实施中，BIM 是凝聚团队的整合科技。任何一个项目成功的关键是参建方公开透明的交流、高度的共识和通力合作的意愿。

BIM 集成了项目参建方信息，在整体设计和施工中起了至关重要的作用。在项目业主代表的领导下，建筑师、工程师、施工经理或分包商，都将自己纳入到了这个有凝聚力、协作、高执行力的项目团队中。运用 BIM，团队可以无阻地进行视觉沟通和信息交流。从设计到竣工，通过 BIM，团队成员达成了一个以视觉理解为基础的交流共识。建筑中的每个设计和建造的构件都被精心地编制到模型中，并且大大地缩短了建造的时间。类似规模的项目，不利用 BIM 的，需要 36 个月的建设时间。该工程仅历时 23 个月（图 5.1-6～图 5.1-8）。

图 5.1-6　中央机房内部

BIM 作为通信工具，捆绑所有项目相关者一起。基于共同的目标，每个团队使用他们的首选软件平台来创建自己的图纸和虚拟表示。随后这些图纸或模型有选择性地集成到数据库中。

协调过程全程由施工经理管理。各方面在设计和施工阶段被纳入 BIM 和虚拟建筑环境。在施工之前，团队实际上已经完成了设计、系统工作协调等工作，为成功交付该医疗中心项目提供了模型保障。

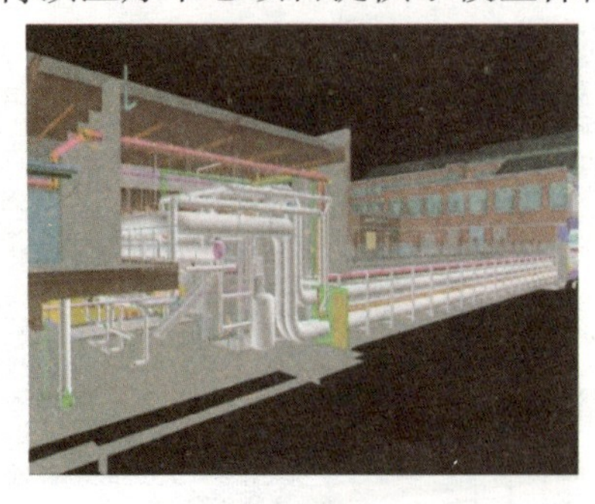

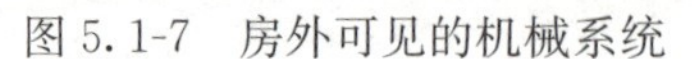

图 5.1-7　房外可见的机械系统

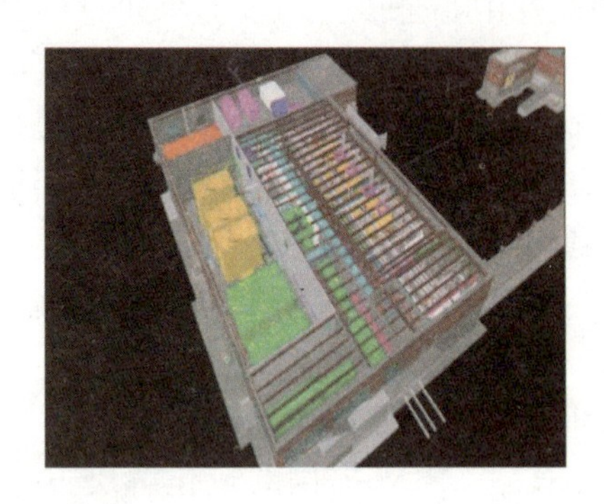

图 5.1-8　中央机房的机电系统

团队通过服务器站点将各种信息共享到网络中，信息是在参与各方中自由交换的。信息索取单、建设公告和虚拟模型，包括设计变更和协调更新，都持续上传给所有项目组成员（图 5.1-9）。

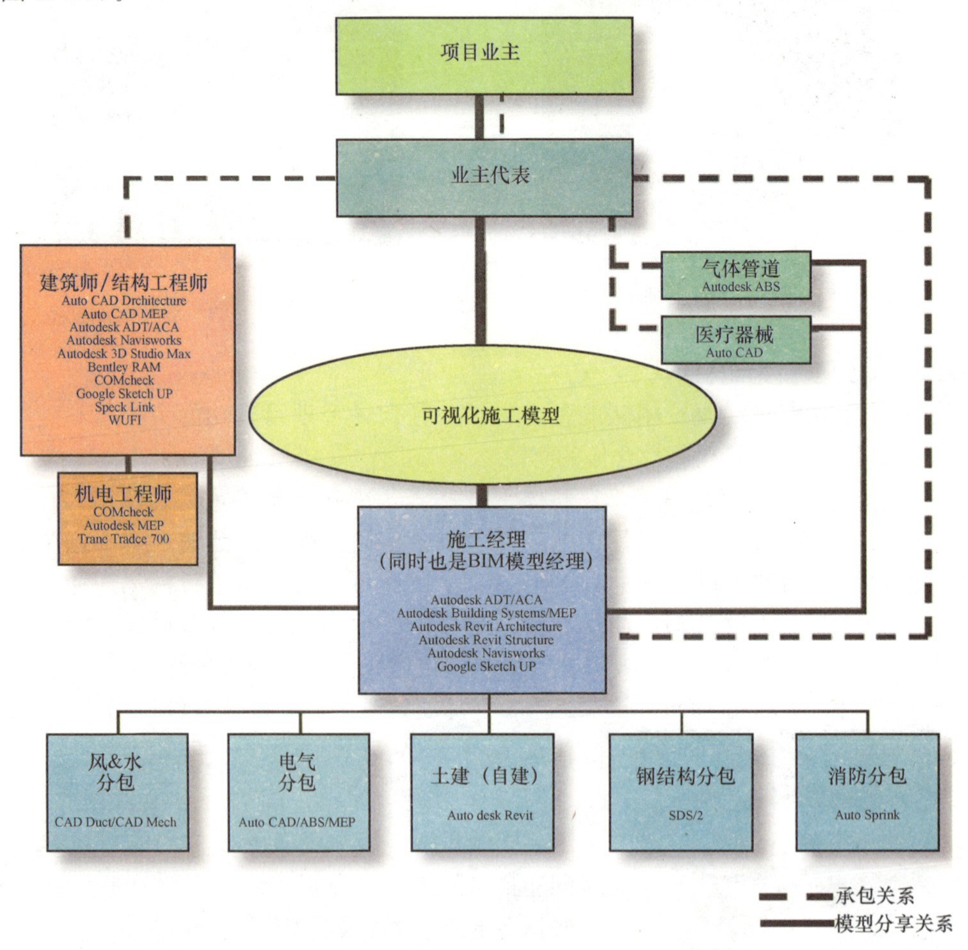


图 5.1-9　组织结构

**4. 设计阶段的 BIM 应用**

（1）建筑设计

初步设计阶段，建筑师通过虚拟模型传达设计方案给业主代表和业主。BIM 数据链接到建筑师的渲染图可视化解决方案（基于欧特克 3D Max 软件）工作室，并行处理设计团队变更，BIM 数据更新和渲染即时更新。材料特性不变时，只让新的处理对象进入虚拟环境。设计、业主代表、业主在交付时有良好的沟通基础。

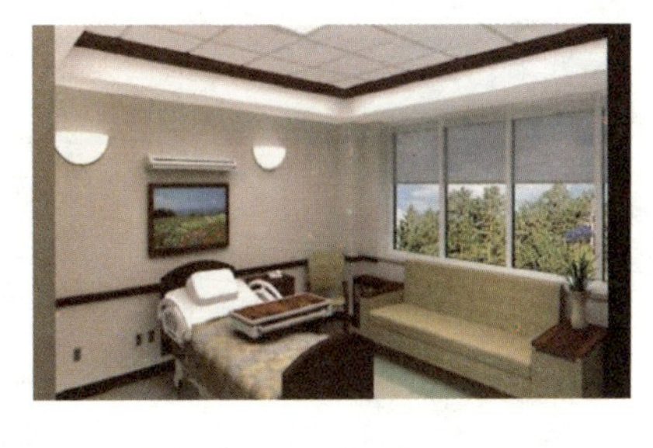

图 5.1-10　住院区病房

BIM 模型从最初的设计到施工阶段都可以使用，从而减少了重复建模的不必要劳动（图 5.1-10～图 5.1-12）。

图 5.1-11　医疗办公室入口

图 5.1-12　护士站

（2）结构设计

① 结构设计

三维结构模型的建立是为了协助设计和分析结构系统。更新的文件实时上传到 FTP 站点与其他团队成员分享。特定构件信息如支撑位置、深梁和超大非典型柱等被列入到这些模型中。

为了确保设计中的不合理之处被检查鉴定并解决，在设计的早期阶段，将这些信息迅速和项目各方包括承包商协调，例如部位、顶棚高度、龙骨、密肋梁等（图 5.1-13）。

② 结构分析

三维结构模型是基于 AutoCAD 建筑的图纸，并与 Bentley 的 RAM 进行融合，作出结构系统的分析。BIM 作为一个渐进的交互式三维设计和数据交换工具，最终生成施工图文件。将这些 BIM 的信息与施工经理以及钢结构加工单位进行协同，为今后的深化设计做好准备（图 5.1-14、图 5.1-15）。

（3）节能设计

基于 BIM 模型数据的能源效益设计。COMcheck 是 A 国能源部基于能源效益规定开发的软件（一款基于 BIM 技术的软件）。该软件简化了网络上进行各种手续办理的流程，包括幕墙能耗检测、采光和供暖系统。其中，幕墙能耗测试和相关手续的办理是在网络上由 COMcheck 分析，实时同步处理的（图 5.1-16）。

（4）恒湿设计

基于模型的室内气候设计。WUFI®（Wärme UND Feuchte Instationär）是由德国的弗劳恩霍夫建筑物理学会（IBP）开发的系列软件。它实现了瞬态的实际计算。

图 5.1-17（*a*）所示是一个典型的墙组合在 WUFI 5.0 中分析的情况。每一道墙都被分配了材质和厚度。圆圈代表用于确定温度、相对湿度、水分含量和在任何给定的时间整

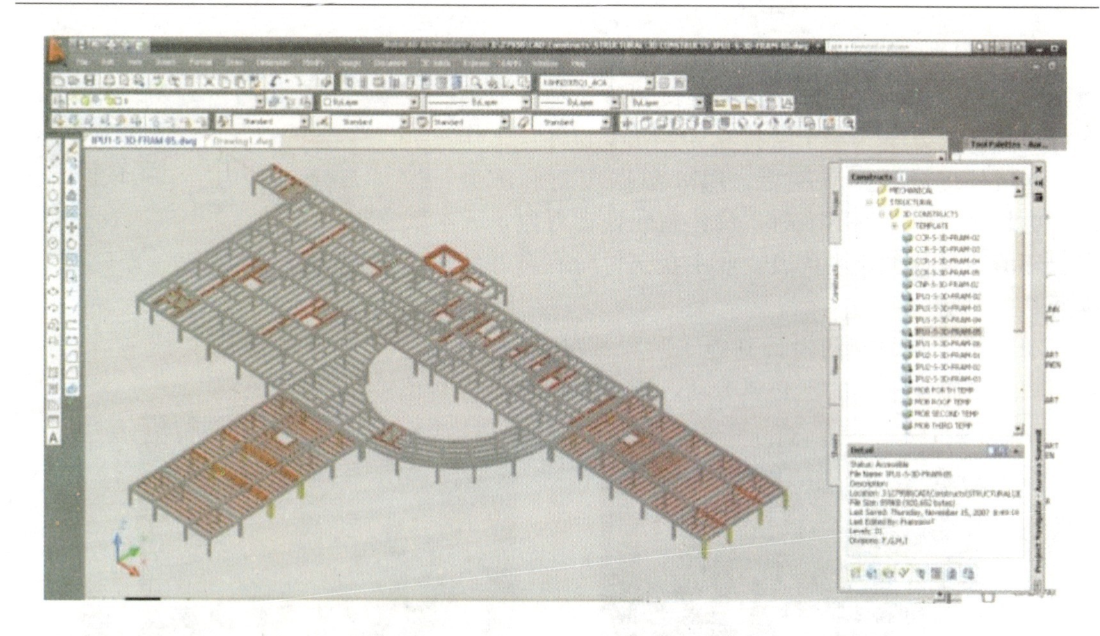

图 5.1-13　住院区 A 单元 4 楼混凝土设计结构分析模型

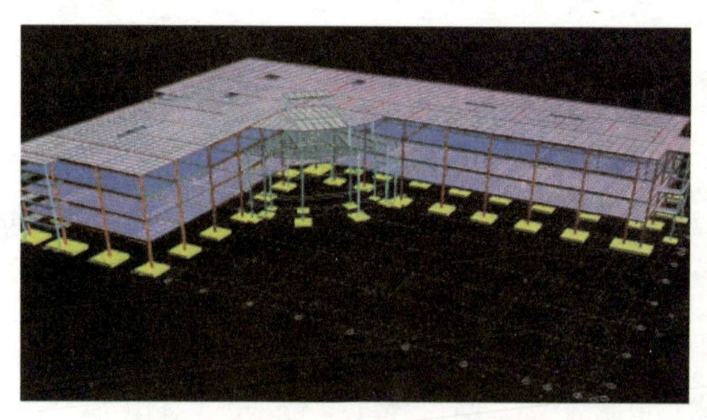

图 5.1-14　医疗办公室的 3D RAM 模型

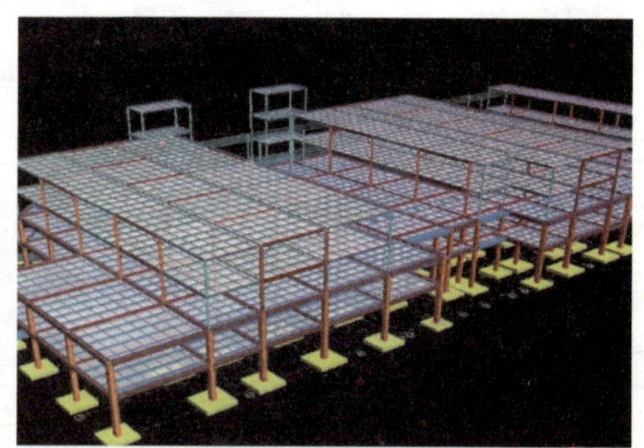

图 5.1-15　住院区 1 单元远期规划 3D RAM 分析模型

个装配露点的监测点。此外，WUFI 将计算 $R$ 值，这有助于依据能源需求选择装配墙系统。在某些地点该医疗中心的 $R$ 值已超过 30 日。

图 5.1-17（*b*）所示是一个常年典型的墙组合的热能传输图。影响因素包括材料、室内室外气候条件、倾斜程度和方位。输出包括了外壁的温度和露点。

图 5.1-17（*c*）所示的图形输出表示该温度总是比露点高，在墙组合内表面——这意味着有潜力凝聚在这面。

（5）温控设计

基于模型的墙和幕墙设计。WUFI 软件提供的数据被用于优化墙和幕墙设计，它能反映出各个专业设计协调外墙幕墙 BIM 模型的创建和更改，以及依据供应商提供的作了设计调整的保温材料、釉面幕墙、预制构件和空气阻力数值等。这些测试对壁厚、结构、外观和施工排序都产生了积极的影响。BIM 构件对快速、准确地砌墙，屋顶材料的使用率，甚至是复杂多面幕墙都提供了指导。COMcheck 为一体的综合设计探索出了多种设计

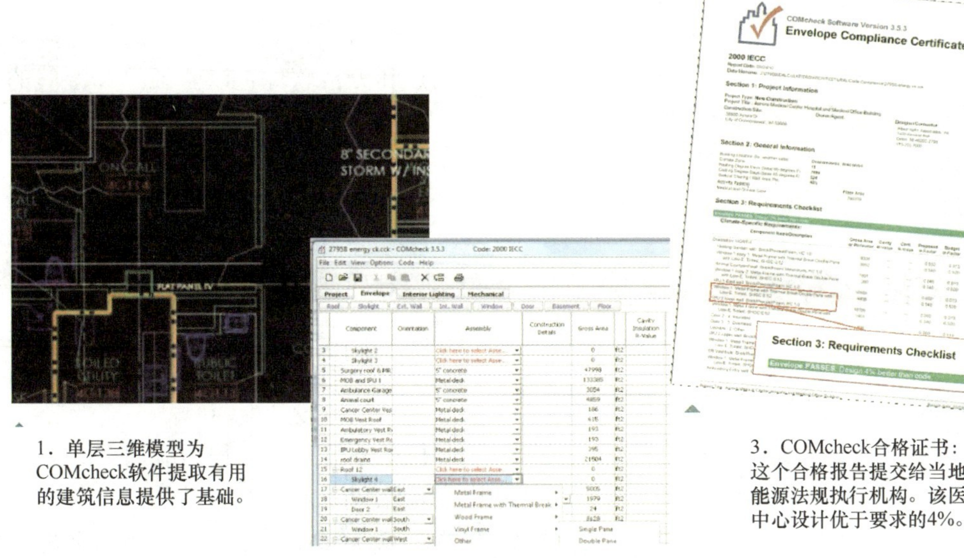

1．单层三维模型为COMcheck软件提取有用的建筑信息提供了基础。
2．COMcheck输入画面：特殊的幕墙，室内照明及供暖数据输入到COMcheck软件。这包括特定的材料部件，如天窗和屋顶排水管。材料特性、建筑面积、门窗导热性也都包括在内。
3．COMcheck合格证书：这个合格报告提交给当地的能源法规执行机构。该医疗中心设计优于要求的4%。
Envelope Compliance Certificate
Section 3: Requirements Checklist


图5.1-16　节能设计

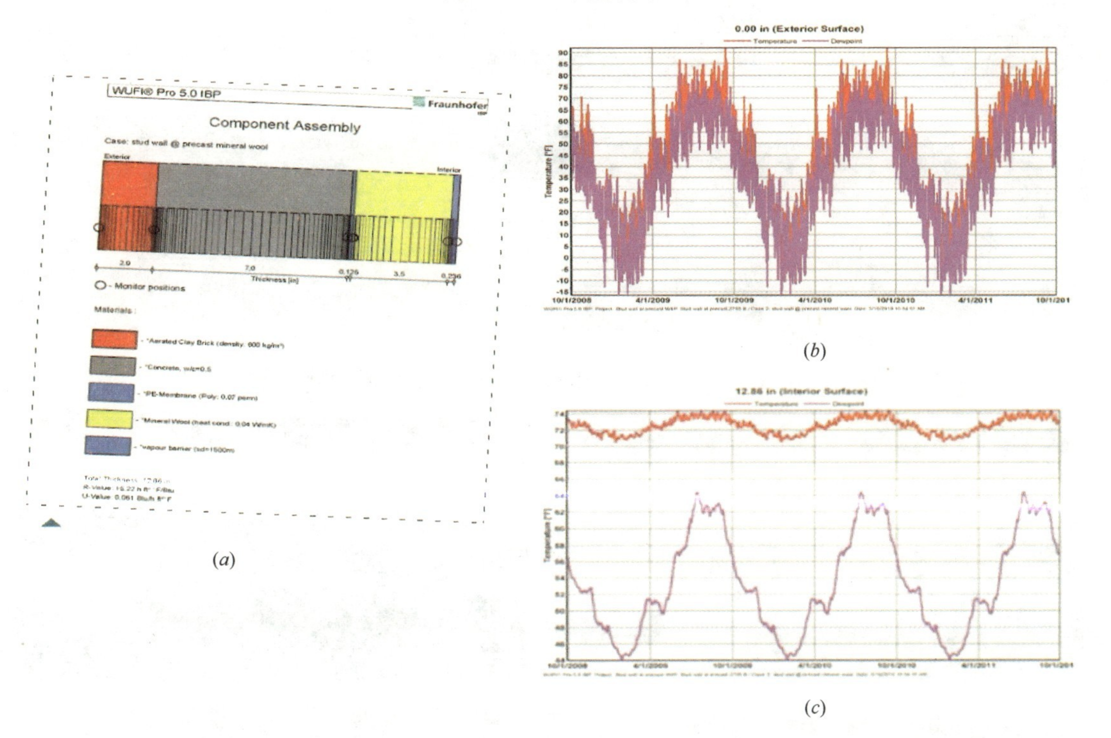


图5.1-17　恒湿设计

方案。

Therm5 分析：三维模型被转换成附加的热和分析软件，以验证热和湿气的设计。2D 细节：三维模型转化为二维细节在施工文件和分析软件的使用，如图 5.1-18 所示。

建立分离试验模型中的特殊构件 3D 模型，对外部组件的具体细节进行建模，如栏杆、玻璃和砖头布置的 3D 模型细节（图 5.1-19）。

（6）机电设计

机电系统设计工程师应用 BIM，将机电设计流程中的建筑、结构、电气、给水排水、暖通统筹到了一起。团队准确地计算出来符合实际情况的使用效率。建筑工程师统一协调各个专业布局。BIM 帮助设计团队解决了可能的各种碰撞。在各施工专业进场之前，碰撞就已经提前解决了，提高了施工的效率。BIM 提供了设计和施工需要的参数和设备准确安装的地点，并为未来设备需求提供了可能的空间（图 5.1-20、图 5.1-21）。

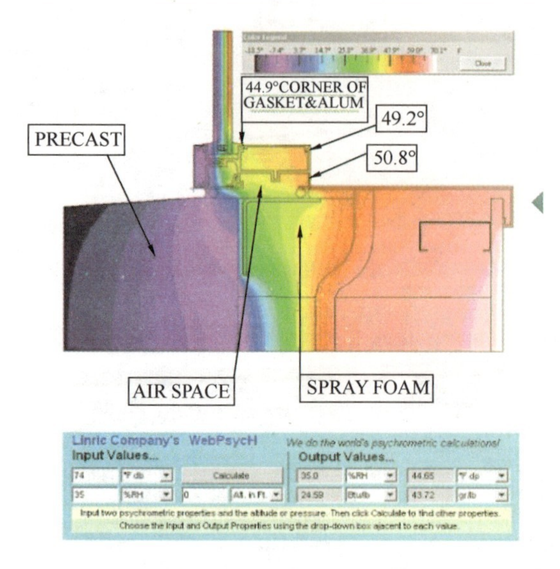


图 5.1-18　Therm5 分析

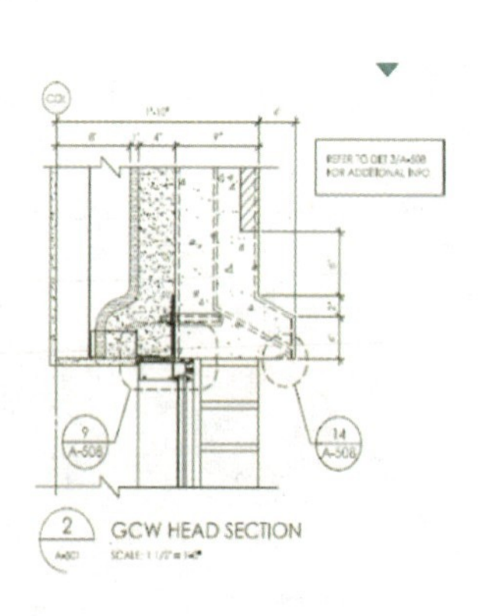


图 5.1-19　分离试验模型中的特殊构件 3D 模型

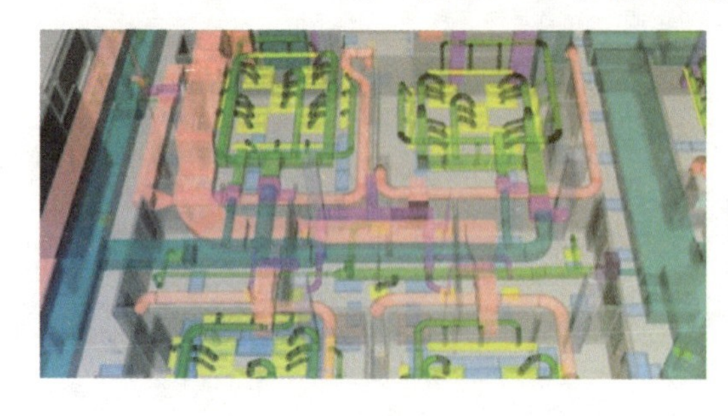

图 5.1-20　协调手术室的模型

图 5.1-21　机房布置图

在系统设计时，BIM 允许更好地协调各专业的定位，以适应随时可能产生的变更。

从项目一开始便建立的 BIM 模型，为建成后业主的维修团队提供了信息支持。设计工程师利用 BIM 在施工之前来确定设备参数。BIM 还使未来设备扩建时的空间规划变得更加便利（图 5.1-22）。

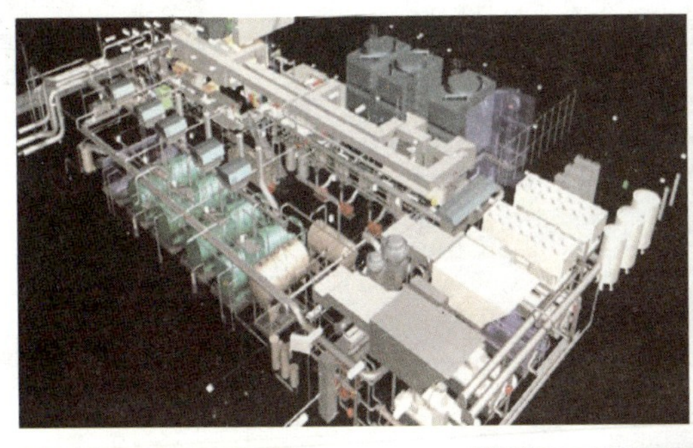
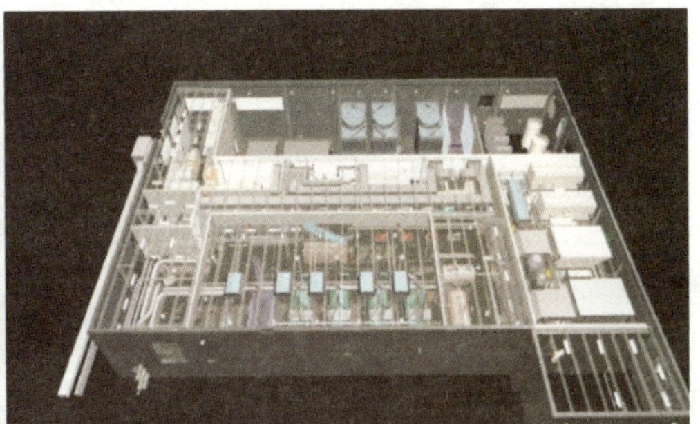

图 5.1-22 空间规划

**5. 施工阶段的 BIM 应用**

（1）场地布置

在施工开始之前，施工经理使用 BIM 进行场地总体规划和协调。团队利用 BIM 计算出每个塔式起重机的位置和使用量、最佳规模。该模型保证了起重机能够使用于所有混凝土浇筑、预制构件和大型机械设备的吊装（图 5.1-23）。

图 5.1-23 利用 BIM 进行场地规划

（2）优化土建和钢构施工中的配合

该医学中心的虚拟构造允许从设计到施工的无缝过渡。在设计的早期阶段，混凝土结构模型的使用，确保了未来的构件可以很轻松地设置到现有设计之中，并且能够实现边浇筑边结构深化设计。在 Navisworks 中进行漫游检查结构、钢结构、地下管线模型的配合（图 5.1-24～图 5.1-26）。

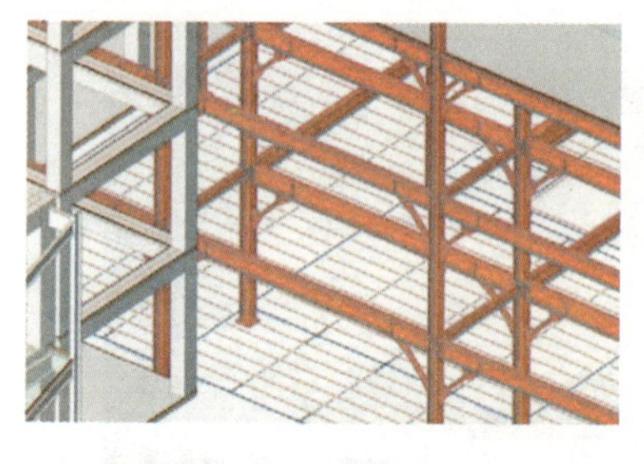

图 5.1-24　Revit Stucture 模型与钢结构加工模型的配合

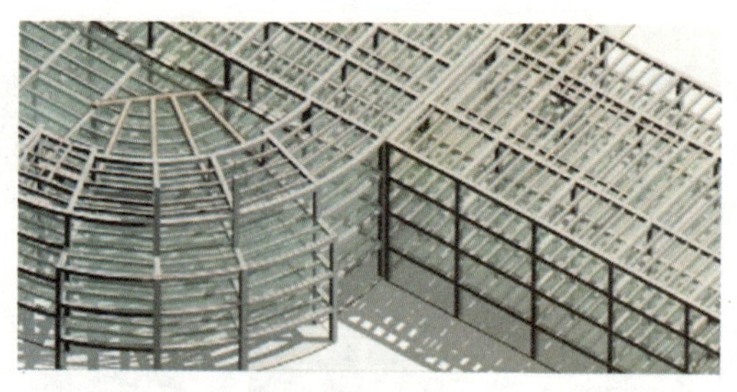

图 5.1-25　Revit 中的混凝土模型

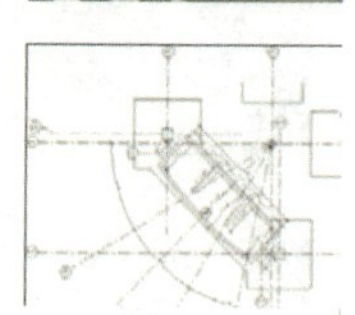

图 5.1-26　圆弧区结构施工图由 Revit 直接导出

（3）混凝土工程施工模拟

从 Revit Structure 模型生成的浇筑施工图，成为施工班组领班手中唯一的施工依据。这个过程允许快速动员和加快混凝土浇筑。模型中可以非常容易地进行套管设计可视化的变更，避免了在结构施工完成后，为了安装套管而对结构进行打眼，这样的误操作会非常昂贵（图 5.1-27～图 5.1-29）。

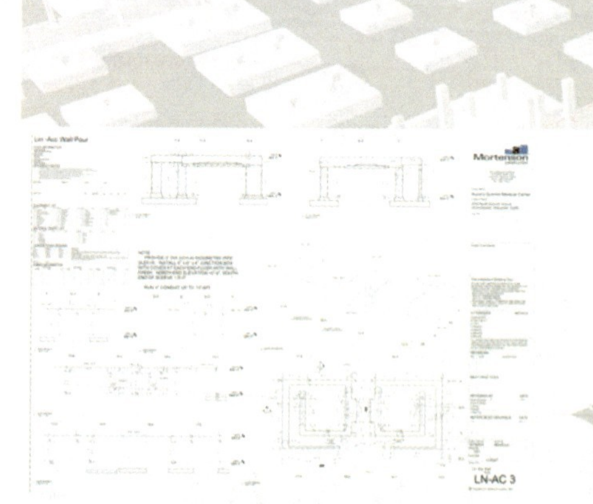

图 5.1-27　直线加速器底座的混凝土浇筑图

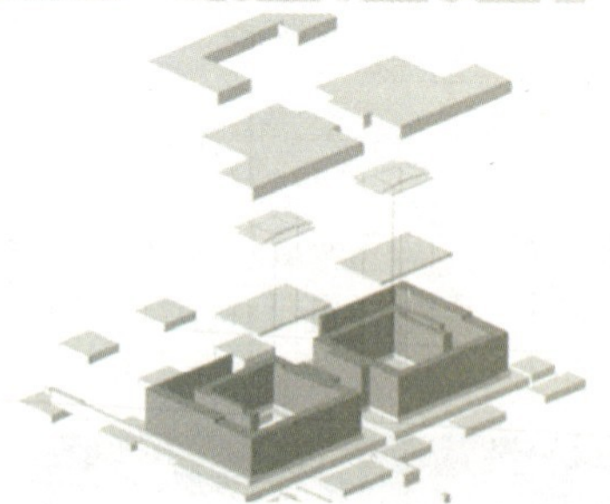

图 5.1-28　直线加速器底座混凝土结构的模型拆分，方便浇筑施工

图 5.1-29　模型直观地展现了独立基处的复杂性，模型使得详细的规划和沟通变得更加容易

（4）地基休止角与地下管线的碰撞检测

在施工准备阶段，阶梯形独立基础与地下线管、水暖管道进行可视化碰撞检测。模型能确保所有的混凝土底座保持结构良好，地下管线安装可行（图 5.1-30）。

（5）幕墙工程

所有的三维模型最终都会生成施工图以确保施工符合设计意图。场外预制加工，设计更改，快速安装，编制了构件编号且设定了统一的流程。BIM 模型大大提升了施工进度。

在施工中，由于暖通设计进气量变更，以及幕墙上的大楼标志变更，造成施工困难。但借助于 BIM，多个针对变更的解决方案直观地展现在业主代表和业主面前。最终业主

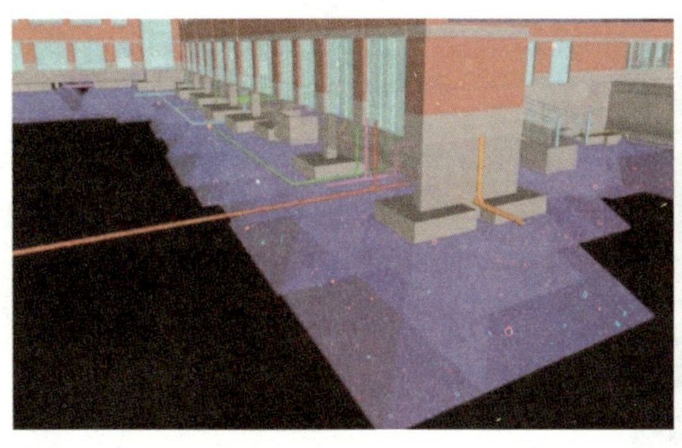
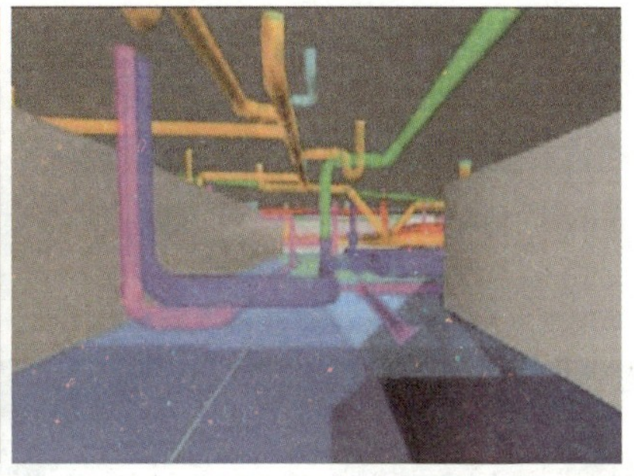

图 5.1-30 混凝土地基和地下管线碰撞检测

选择了最美观的解决方案（图 5.1-31）。

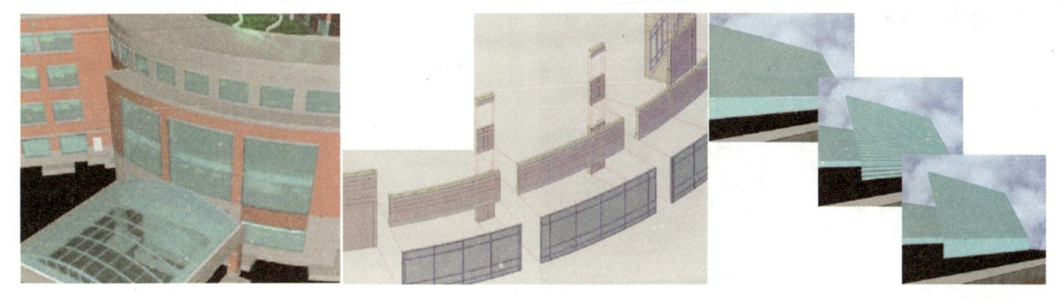

图 5.1-31 外幕墙节点施工图

（6）机电系统管道碰撞

施工经理的 BIM 协调员精确地协调与建筑师、设计工程师和分包商的模型，并把他们的模型整合成一个总模型。整合后的模型，在协调工作中应用成效显著，会使必要的更改很迅速地进行（图 5.1-32、图 5.1-33）。

图 5.1-32 中央机房漫游（这张照片包括雨排水渗透系统、锅炉、管道还有协调共用的桥架）

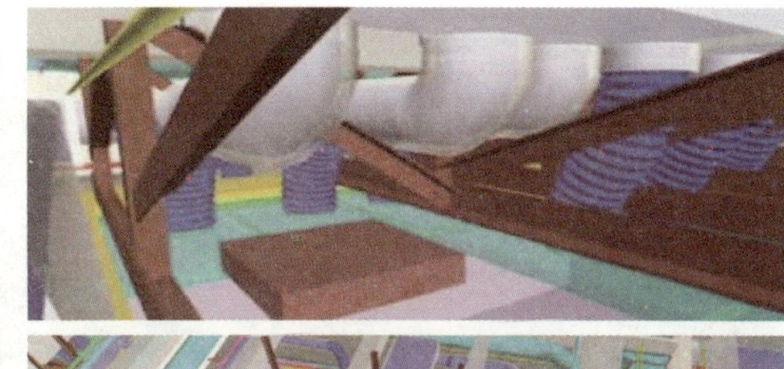
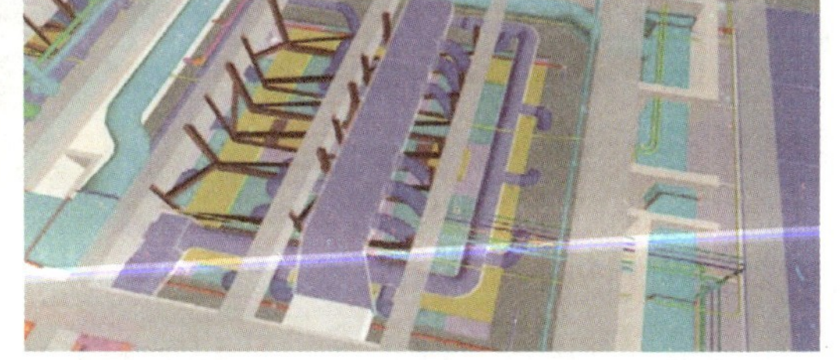

图 5.1-33 控制机房的钢结构与机电系统

（7）机电系统施工中的团队配合

这个项目非常独特的一个地方是，建筑设计、工程设计、施工队伍，以及所有主要的分包商 BIM 的人员，都集中在现场办公。集中协作的团队进行了 9 个月的日常沟通协调工作。小组将建筑分为 39 个管理区进行整体协调，以加快完成 23 个月的施工进度。

此外，该医疗中心的远期运维管理经理也在现场参与到整个建设，并直接参与到设计和施工 BIM 团队合作的过程。他绘制出建筑机电系统将来的维护关键线路图，给双方提供了允许和更容易的协调努力和模型更改，如酒店内的无障碍设施等（图 5.1-34）。

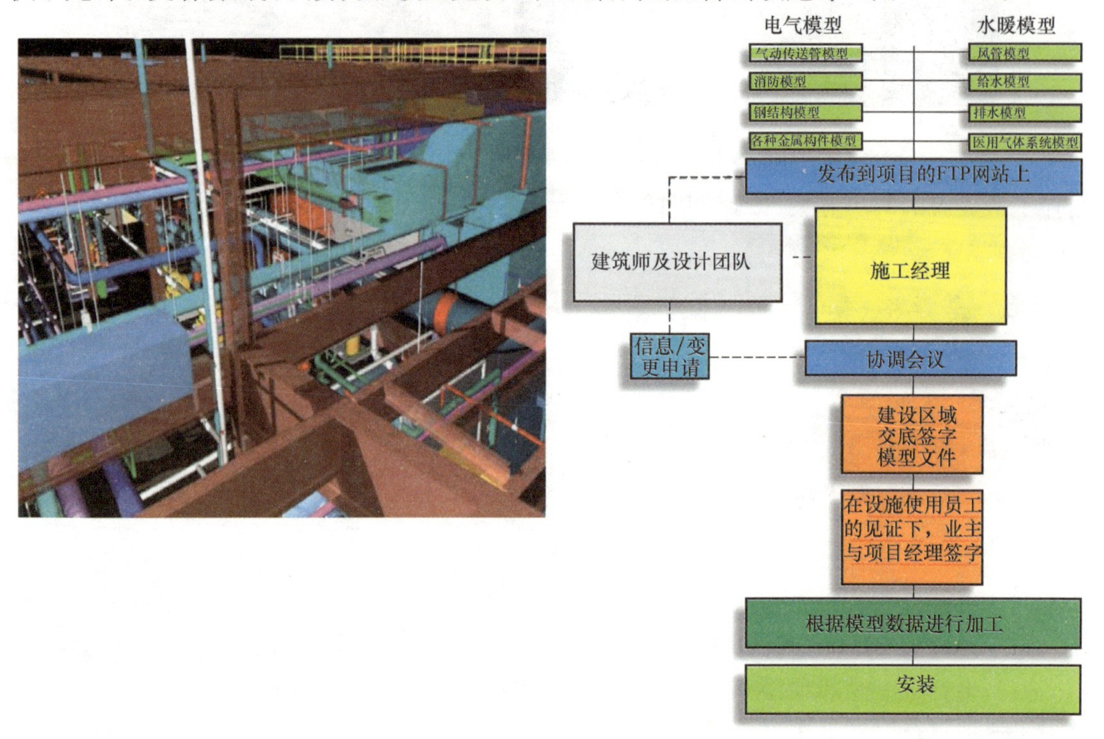


图 5.1-34　所有团队成员在造型上不断地协调与配合

（8）装修工程与机电管道碰撞检测

顶棚以上机电管道系统的协调是由装修工程师实施的，同样是通过 BIM 来实现协调。在这个协调工作中主要是兼顾工程的可行性和室内装修的审美。灯光设备、壁挂式设备、家具选择、生命安保设备都是在安装前进行协调。可移动式防火门（WON）在 BIM 模型中和建筑、机电系统相互配合，使用者今后也可以非常容易地使用。室内建筑元素，如顶棚、龙骨、灯光照明的 BIM 综合协调，在这种规模的医学中心建设中还尚属首例（图 5.1-35）。

**6. 运维阶段的 BIM**

建筑设计师使用 BIM 对设施的使用管理人员进行现场生命保护措施使用和各个系统使用的培训和演练。除了在设计和施工中对 BIM 模型的使用，业主更是将 BIM 模型运用到了竣工后的日常维护之中，帮助他们甄别各种管线和消防设施。构件位置及建筑构件的关系也将作为今后装修和扩展的宝贵资源（图 5.1-36）。

**7. BIM 应用总结**

在这个医疗中心项目中，BIM 的应用对整个项目管理的成功起到了至关重要的作用。从设计开始，到工程竣工投入使用，BIM 始终为工艺和技术提供着有力的支持。

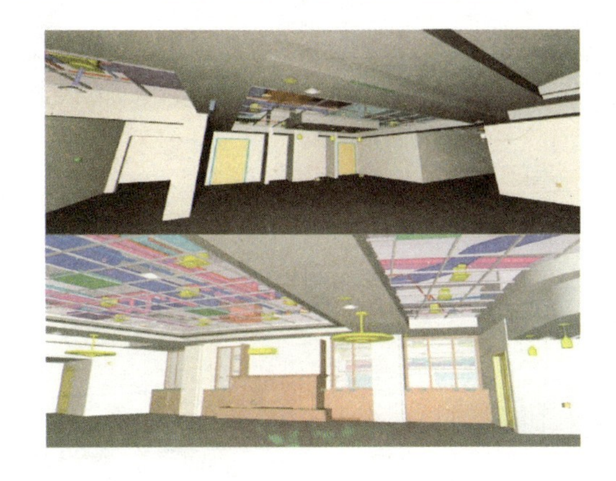

图 5.1-35　装修工程与机电管道碰撞检测

图 5.1-36　运维阶段的 BIM

归因于合作和协同定位，设计和施工队伍的 BIM 工作人员投入了巨大的精力，项目各方都可以便捷地访问模型信息，提供快速、创新的解决方案，同时确保满足设计意图。也使该项目团队能够快速提出新的解决方案，实现技术提升基础生产效率，保证质量，并满足项目进度。这是如何利用 BIM 非常好的案例，在该医疗中心项目的各个阶段带来实实在在的好处。

BIM 生产定量可衡量的社会及经济效益包括：

（1）满足极高要求的工程进度表：传统的施工进度，平均约 36 个月，这个团队仅用 23 个月就交付了该医疗设施。更快的交付速度是 BIM 的一个直接成果。

（2）增加了浇筑作业的效率：这个团队总共制作了 100 幅左右的混凝土浇筑拆分施工图，为业主节约了 200000～225000 美元。

（3）设计方案的可视化：更多的可视化设计方案在这个项目中得以实施。一个例子是幕墙的可视化。业主代表和业主成功地改变了进气的设计，同时保留了带有商标的幕墙。业主选择了一个能够满足设计意图，而又显著地节省了材料、节约了设计时间的方案。

（4）更容易操作和安全区域：协调能容 1200 套 VAV 设备的项目安全区域，以确保有足够的空间进行预防性维护；一个清晰的设备路径以及已建成的 BIM 模型将节省业主显著的时间和金钱。

（5）通过预制生产形成节约：由于几何模型和数据被直接转移到分包商的制造设备，

节约了总的 MEP/ FP 成本的 10%，采用直接到场安装的组件是由于预制生产速度更快。

（6）第一时间建立模型：结合成熟的系统协调，BIM 使得项目设计变更更加快捷。同时通过提供详细的模型，误解的返工量被提前消除。

## 课 后 习 题

1. 本案例中涉及的 A 国工程项目常用的管理体系名称是（　　）。

A. CMAtrisk（风险施工管理）模式　　B. DBB（设计-招标-建造）模式

C. DB（设计-建造）模式　　D. PP（项目伙伴制）模式

E. IPD（综合项目交付）模式

2. 本案例中，BIM 成功实施，业主代表做的最重要的，也是他们认为最成功的一件事是什么？（　　）

A. 组建了从项目一开始即在一起配合，和设计、施工、运维等管理经验丰富的掌握 BIM 技术的团队

B. 应用 BIM 建模，表达设计意图

C. 积极应用 BIM 解决问题

D. 设施管理经理的提前介入

3. 不属于案例中 BIM 生产定量可衡量的社会及经济效益是（　　）。

A. 满足极高要求的工程进度表，团队仅用 23 个月就交付了该医疗设施

B. 增加了浇筑作业的效率，团队制作了混凝土浇筑拆分施工图，为业主节约了 200000～225000 美元

C. 设计方案的可视化，更多的可视化设计方案在这个项目中得以实施，方便业主选择满足设计意图，而又显著地节省了材料、节约了设计时间的方案

D. 项目安全区域，预防性维护空间，清晰的设备路径以及已建成的 BIM 模型，将节省业主显著的时间和金钱

E. 通过预制，比现场制作和安装组件生产速度更快。通过建模编码、二维码技术和可视化终端，使构建更加可靠地运到指定位置，并可靠安装到位

F. 通过第一时间建立模型，使返工量完全消除在设计阶段

**参考答案：**

1. A　　2. A　　3. EF

（案例提供：张正、刘铸伟）

# 第六章　全流程 BIM 应用综合案例

## 【案例 6.1】某办公楼项目 BIM 项目应用案例

设计—采购—施工总承包（Engineering-Procurement-Construction，即 EPC）是指总承包商按照合同约定，完成工程设计、设备材料采购、施工、试运行等服务工作，实现设计、采购、施工各阶段工作合理交叉与紧密配合，并对工程的安全、质量、进度、造价全面负责。EPC 总承包模式是当前国际工程中被普遍采用的承包模式，也是我国政府和现行《建筑法》积极倡导、推广的一种承包模式。

本项目利用鸿业 BIMSpace 一站式 BIM 设计解决方案和 iTWO 施工管理解决方案，实现 BIM 模型信息从设计阶段到施工阶段的传递，同时，将项目信息与企业信息管理系统对接，形成了一套基于 BIM 的 EPC 解决方案。通过该项目，帮助学员理清基于 BIM 的工程总承包业务板块之间的协作关系，提高总包项目协作和管理水平，优化项目范围、进度、成本等管理过程，逐步实现业务精细化管理，搭建一个规范、整合的流程框架。

**1. 项目背景及 BIM 应用目标**

EPC 总承包模式是我国政府和现行《建筑法》积极倡导、推广的一种承包模式，具有以下三个方面的基本优势：

（1）强调和充分发挥设计在整个工程建设过程中的主导作用。对设计在整个工程建设过程中的主导作用的强调和发挥，有利于工程项目建设整体方案的不断优化。

（2）有效克服设计、采购、施工相互制约和相互脱节的矛盾，有利于设计、采购、施工各阶段工作的合理衔接，有效地实现建设项目的进度、成本和质量控制符合建设工程承包合同约定，确保获得较好的投资效益。

（3）建设工程质量责任主体明确，有利于追究工程质量责任和确定工程质量责任的承担人。

但是在传统工作模式下，在项目不同阶段及各个子系统之间，如设计、算量、计价、招标投标、客户数据等系统无法实现信息互通，形成了一个个信息孤岛。同时，各子系统也不能很好地与原来的财务系统相融合，无法给企业现金流的分析带来帮助，不能更好地配合企业长远发展（图 6.1-1）。

BIM 技术允许用户创建建筑信息模型可以导致协调更好的信息和可计算信息的产生。在设计阶段早期，该信息可用于形成更好的决策，这时这些决策既不费代价又具有很强的影响力。此外，严格的建筑信息模型可以减少异议和错误发生的可能性，这样可减少对设计意图的误解。建筑信息模型的可计算性形成了分析的基础，来帮助进行决策。

在项目生命周期的其他阶段使用 BIM 技术管理和共享信息同样可以减少信息的流失并且改善参与方之间的沟通。BIM 技术不仅关注单个的任务，而且把整个过程集成在一起。在整个项目生命周期里，它协助把许多参与方的工作最优化。

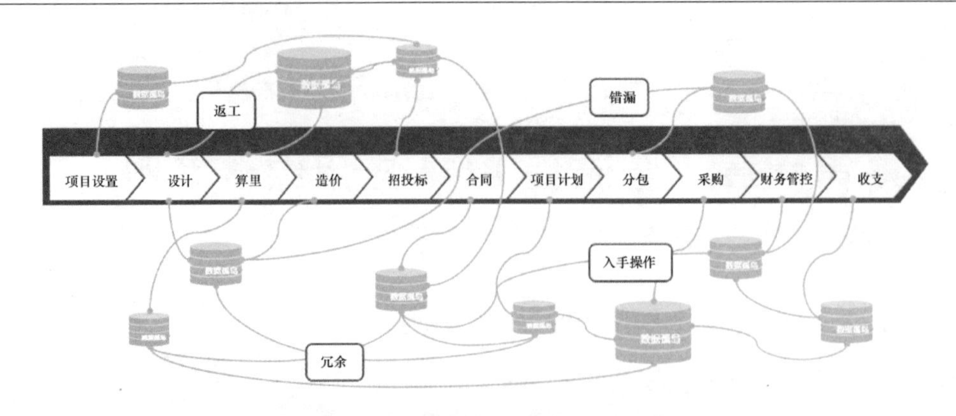


图 6.1-1　传统建造流程的信息孤岛

由此可以看出，BIM 技术的应用将在项目的集成化设计、高效率施工配合、信息化管理和可持续建设等方面有重要的意义和价值。

该案例项目结构采用框架剪力墙，地下 4 层，地上 20 层，分为南北两栋塔楼，塔楼间过渡采用中庭连廊，外墙采用铝板、陶板和高透玻璃幕墙，整体通透。

通过该案例，旨在探索利用 BIM 技术，打通设计、施工阶段的信息传递，同时理清公司工程总承包业务板块之间的协作关系，优化总包项目协作和管理水平，优化项目范围、进度、成本等管理过程，逐步实现业务精细化管理，搭建一个规范、整合的流程框架。

**2. BIM 系统整体顶层设计思路**

BIM 系统整体顶层设计，是利用系统思想，优化公司业务战略和运营模式。

系统思想是一般系统论的认识基础，是对系统的本质属性（包括整体性、关联性、层次性、统一性）的根本认识。系统思想的核心问题是如何根据系统的本质属性使系统最优化。"系统科学中，有一条很重要的原理，就是系统结构和系统环境以及它们之间的关联关系，决定了系统的整体性和功能。也就是说，系统整体性与功能是内部系统结构与外部系统环境综合集成的结果，也就是复杂性研究中所说的涌现（Emergence）。"涌现过程是新的功能和结构产生的过程，是新质产生的过程，而这一过程是活的主体相互作用的产物。

应用 BIM 技术进行顶层设计，可以从起点避免信息孤岛，为跨阶段、跨业务的数据共享和协同提供蓝图，为合理安排业务流程提供科学依据。

基于对本企业总承包业务战略和运营模式的理解，对公司 6 个核心流程模块和 6 个支持流程模块进行了重新梳理和设计，见图 6.1-2。

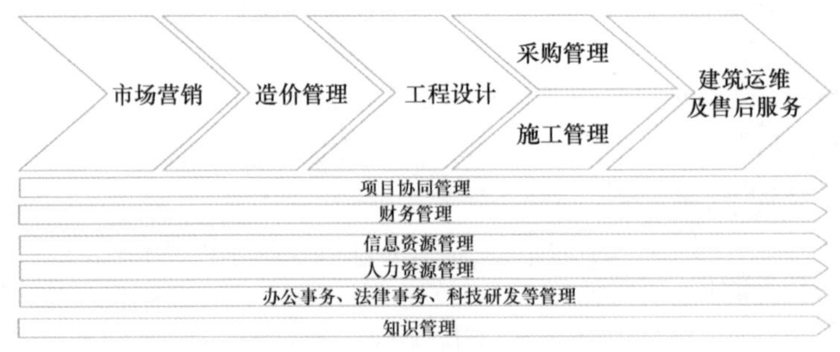


图 6.1-2　总承包企业业务战略

根据 BIM 信息的特性，一个完善的信息模型，能够连接建筑项目生命周期不同阶段的数据、过程和资源，是对工程对象的完整描述，可被建设项目各参与方普遍使用。BIM 具有单一工程数据源，可解决分布式、异构工程数据之间的一致性和全局共享问题，支持建设项目生命周期中动态的工程信息创建、管理和共享。利用 BIM 信息的优势，将 PM-BOK 的九大知识体系作为流程切入点，融入总包项目管理经验，优化总包项目管理的过程和要素，根据设计结果，总承包业务总体流程框架如图 6.1-3 所示。

**3. 软件环境支撑**

根据顶层设计，为了实现基于 BIM 技术的总承包业务总体流程框架，对于设计、施工软件以及信息交互方面都提出了新的要求。

经过多方调研，最后选择鸿业公司基于 BIM 的 EPC 整体解决方案：在设计阶段采用鸿业 BIMSpace 软件，施工阶段采用 iTWO 软件，同时项目信息可以与企业现有 ERP 及综合管理信息管理系统进行集成和完成交互，形成基于 BIM 的（BIMSPace＋iTWO）EPC 解决方案。

设计阶段使用的鸿业 BIMSpace 软件包括以下功能：

（1）涵盖建筑、给水排水、暖通空调、电气的全专业 BIM 设计建模软件。

（2）可以进行基于 BIM 的能耗分析、日照分析、CFD 和节能计算。

（3）符合各专业国家设计规范和制图标准。

（4）包含族及族库管理、建模出图标准和项目设计信息管理支撑平台。

（5）设计模型信息可以完整传递到施工阶段。

施工阶段采用的 iTWO 软件主要包括以下模块：

（1）3D BIM 模型无损导入，进行全专业冲突检测，完成模型优化。

（2）根据三维模型进行工程量计算和成本估算。

（3）可以进行电子招标投标、分包、采购以及合同管理。

（4）进行 5D 模拟，管理形象进度，控制项目成本。

（5）能够与各种第三方 ERP 系统整合；根据企业管理层的需要，生成需要的总控报表。

**4. 设计阶段 BIM 应用**

（1）设计阶段 BIM 规划

BIM 的价值在于应用，BIM 的应用基于模型。

设计阶段的 BIM 实施目标为，利用鸿业 BIMSpace 软件完成建筑、给水排水、暖通、电气各专业的 BIM 设计工作，探索 BIM 设计的流程，提升 BIM 设计过程的协同性和高效性。其主要实施内容如下。

① 可视化设计

基于三维数字技术所构建的 BIM 模型，为各专业设计师提供了直观的可视化设计平台。

② 协同设计

BIM 模型的直观性，让各专业间设计的碰撞直观显示，BIM 模型的“三方联动”特质使平面图、立面图、剖面图在同一时间得到修改。

③ 绿色设计

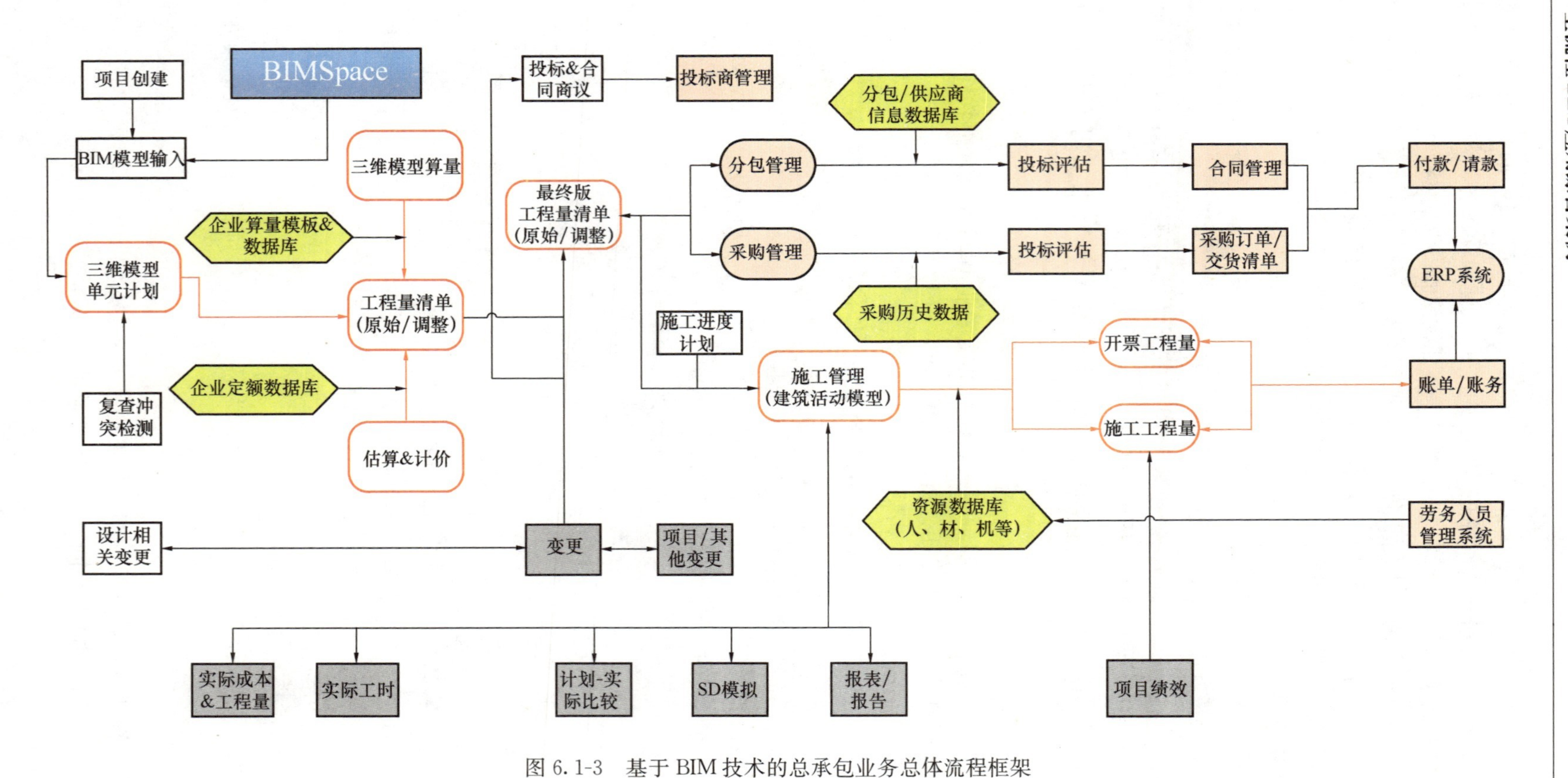

图 6.1-3　基于 BIM 技术的总承包业务总体流程框架

在 BIM 工作环境中，对建筑进行负荷计算、能耗模拟、日照分析、CFD 分析等环节模拟分析，验证建筑性能。

④ 三维管线综合设计

进行冲突检测，消除设计中的“错漏碰缺”，进行竖向净空优化。

⑤ 族库管理平台

族库管理平台方便设计师调用族，同时，通过管理流程和权限设置，保证族库的标准化和族库资源的不断积累。

⑥ 限额设计

需要借助成本数据库中沉淀的经验数据，进行成本测算，将形成的目标成本作为项目控制的基线，依据含量指标进行限额设计。

（2）设计阶段工作流程

设计阶段利用鸿业一站式 BIM 设计解决方案 BIMSpace 进行建筑、给水排水、暖通、电气各专业的设计、建模工作。同时，结合 iTWO 软件的模型冲突检测功能和算量计价模块，在设计过程中进行限额设计、修改优化设计方案。具体工作流程如图 6.1-4 所示。

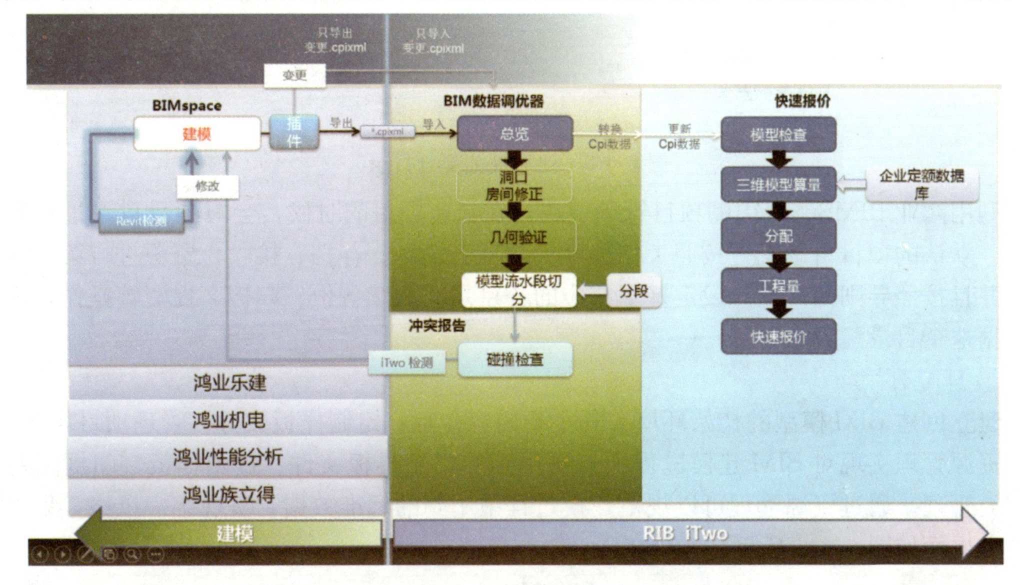


图 6.1-4 设计阶段工作流程

（3）设计阶段建模规则

考虑到与 iTWO 软件的算量模块对接，iTWO 模型规则使用《2013 新清单计价规范》，按照清单算量规则，鸿业编制了《鸿业 iTWO 建模规范》，规范部分目录见图6.1-5。根据规范建立的模型，导入 iTWO 软件中可以快速进行三维算量和计价。

（4）基于 BIM 的工程设计

1）准备工作

① 建立标准

建模标准的制定关系着设计阶段的团队协同，也关系着施工和运维阶段的平台协同和多维应用。其基本内容包括：文件夹组织结构标准化，视图命名标准化，构件命名标准化。

果管理和快速建模。软件界面如图 6.1-7 所示。

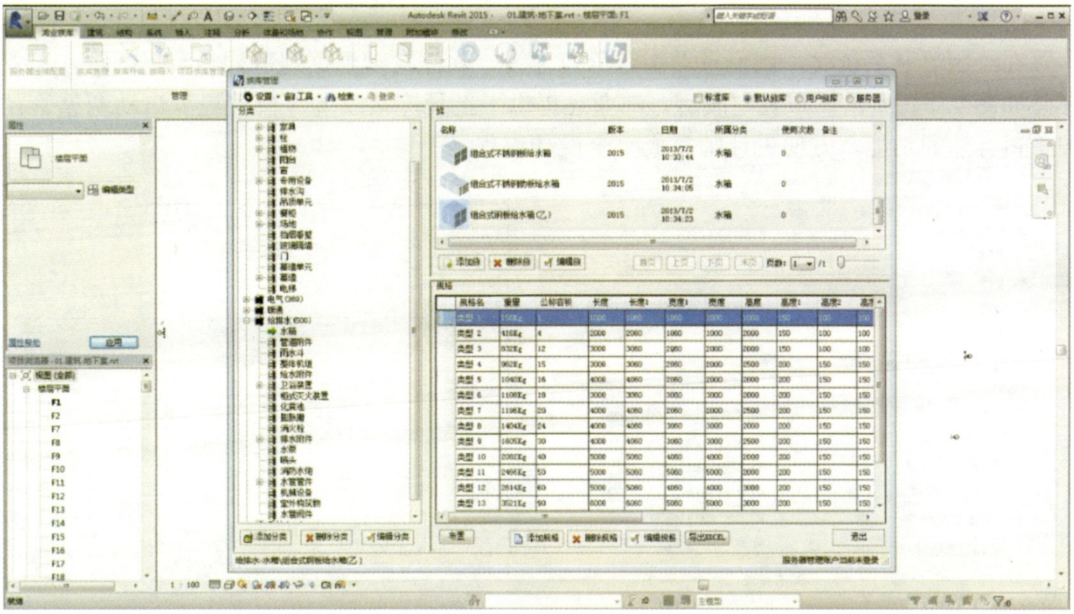

图 6.1-7　鸿业族立得软件界面

③ 建立协同

BIM 是以团队的集中作业方式在三维模式下的建模，其工作模式必须考虑同专业以及不同专业之间的协同方式。建立协同的内容包括：拆分模型、划分工作集以及创建中心文件。

2）建筑设计

利用 Revit 平台的优势，借助鸿业 BIMSpace 中的乐建软件，进行可视化、协同设计。

鸿业乐建软件根据国内的建筑设计习惯，在 Revit 平台上对整个设计流程进行了优化，同时将国内的标准图集和制图规范与软件功能结合，让设计师的模型和图纸能够符合出图要求。这样，减少了设计师学习 BIM 设计的学习周期，同时也提高了设计效率。

考虑到建筑模型在施工阶段的应用，鸿业乐建软件中还提供了构件之间剪切关系的命令，方便施工阶段的工程量计算。

3）机电设计

由于 Revit 平台在本地化方面的不足，比如模型的二维显示、水力计算等均不满足国内的规范要求，致使国内大部分机电专业的 BIM 设计还停留在进行管线综合、净空检测等空间关系的调整上，并没有进行真正的 BIM 设计。

本工程决定使用在 Revit 平台上进行二次开发的鸿业 BIMSpace 的机电软件进行设计。该软件针对水暖电专业的设计，从建模、分析到出图做了大量的本地化工作，可以更方便、智能地对给水排水系统、消火栓及喷淋系统、空调风系统、空调水系统、采暖系统、强弱电系统进行设计和智能化的建模工作。帮助用户理顺协同设计流程，融合多专业协同工作需求，实现真正的 BIM 设计。

下面从喷淋和暖通系统两个方面帮助学员理解利用鸿业 BIMSpace 进行机电设计的

过程。

① 喷淋系统设计

在绘制喷淋系统时，用户只需指定危险等级，软件自动根据规范调整布置间距，布置界面如图 6.1-8 所示。布置完成后，鸿业还提供了批量连接喷淋、根据规范自动调整管径和管道标注的功能，方便设计师完成整个设计流程。

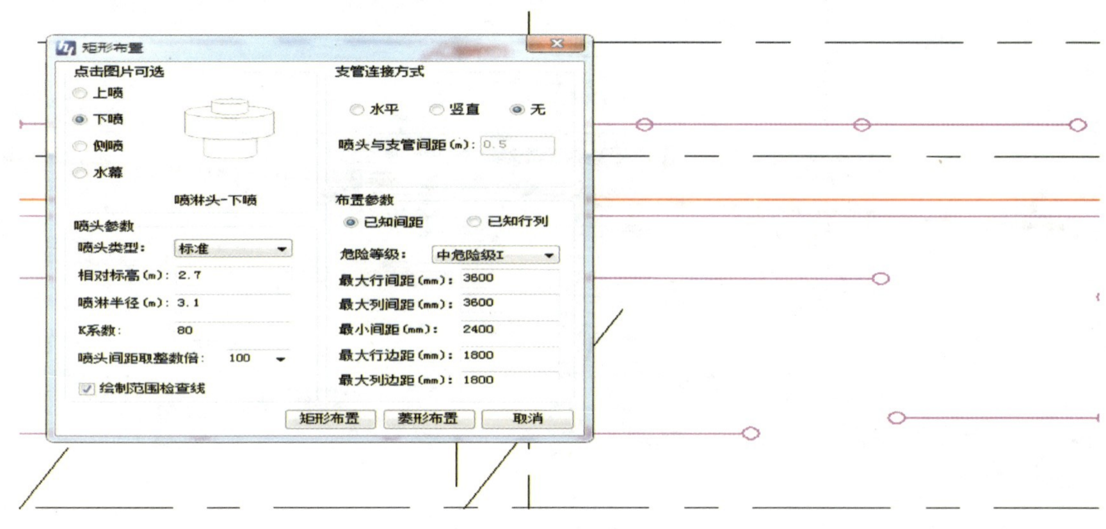


图 6.1-8　喷淋布置命令

② 暖通系统设计

在绘制暖通系统时，利用鸿业 BIMSpace 机电软件中的风系统、水系统和采暖系统模块，可以方便、快速地完成设备布置、末端连接等工作。同时，鸿业 BIMSpace 中的水力计算功能，可以直接提取模型信息，进行水力计算，最后将计算结果自动赋回到模型中。水力计算的界面如图 6.1-9 所示。

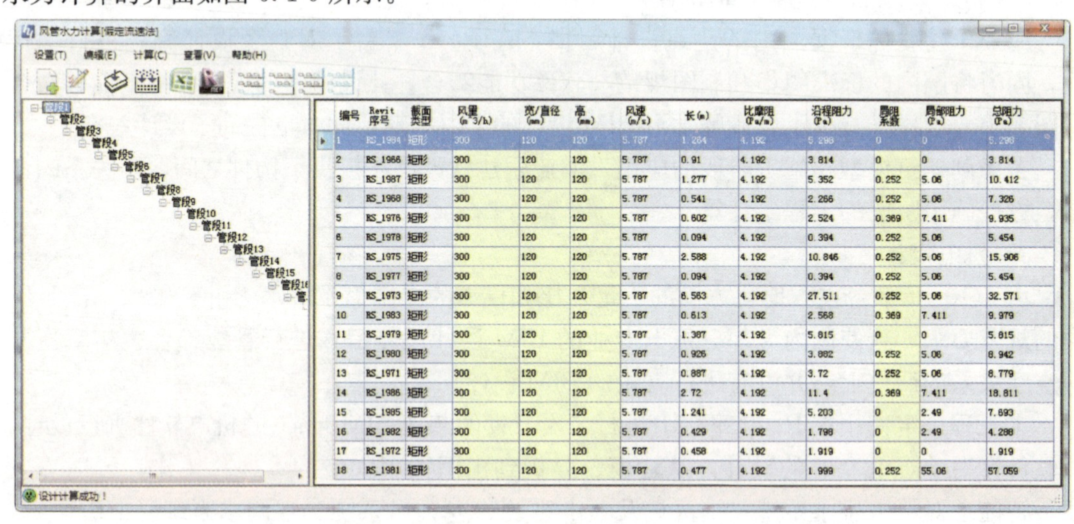

| 编号 | Revit序号 | 截面类型 | 风量(m^3/h) | 宽/直径(mm) | 高(mm) | 风速(m/s) | 长(m) | 比摩阻(Pa/m) | 沿程阻力(Pa) | 局阻系数 | 局部阻力(Pa) | 总阻力(Pa) |
|---|---|---|---|---|---|---|---|---|---|---|---|---|
| 1 | RS_1984 | 矩形 | 300 | 120 | 120 | 5.787 | 1.264 | 4.192 | 5.298 | 0 | 0 | 5.298 |
| 2 | RS_1966 | 矩形 | 300 | 120 | 120 | 5.787 | 0.91 | 4.192 | 3.814 | 0 | 0 | 3.814 |
| 3 | RS_1987 | 矩形 | 300 | 120 | 120 | 5.787 | 1.277 | 4.192 | 5.352 | 0.252 | 5.06 | 10.412 |
| 4 | RS_1968 | 矩形 | 300 | 120 | 120 | 5.787 | 0.541 | 4.192 | 2.266 | 0.252 | 5.06 | 7.326 |
| 5 | RS_1976 | 矩形 | 300 | 120 | 120 | 5.787 | 0.602 | 4.192 | 2.524 | 0.369 | 7.411 | 9.935 |
| 6 | RS_1978 | 矩形 | 300 | 120 | 120 | 5.787 | 0.094 | 4.192 | 0.394 | 0.252 | 5.06 | 5.454 |
| 7 | RS_1975 | 矩形 | 300 | 120 | 120 | 5.787 | 2.588 | 4.192 | 10.846 | 0.252 | 5.06 | 15.906 |
| 8 | RS_1977 | 矩形 | 300 | 120 | 120 | 5.787 | 0.094 | 4.192 | 0.394 | 0.252 | 5.06 | 5.454 |
| 9 | RS_1973 | 矩形 | 300 | 120 | 120 | 5.787 | 6.563 | 4.192 | 27.511 | 0.252 | 5.06 | 32.571 |
| 10 | RS_1983 | 矩形 | 300 | 120 | 120 | 5.787 | 0.613 | 4.192 | 2.568 | 0.369 | 7.411 | 9.979 |
| 11 | RS_1979 | 矩形 | 300 | 120 | 120 | 5.787 | 1.387 | 4.192 | 5.815 | 0 | 0 | 5.815 |
| 12 | RS_1980 | 矩形 | 300 | 120 | 120 | 5.787 | 0.926 | 4.192 | 3.882 | 0.252 | 5.06 | 8.942 |
| 13 | RS_1971 | 矩形 | 300 | 120 | 120 | 5.787 | 0.887 | 4.192 | 3.72 | 0.252 | 5.06 | 8.779 |
| 14 | RS_1986 | 矩形 | 300 | 120 | 120 | 5.787 | 2.72 | 4.192 | 11.4 | 0.369 | 7.411 | 18.811 |
| 15 | RS_1985 | 矩形 | 300 | 120 | 120 | 5.787 | 1.241 | 4.192 | 5.203 | 0 | 2.49 | 7.693 |
| 16 | RS_1982 | 矩形 | 300 | 120 | 120 | 5.787 | 0.429 | 4.192 | 1.798 | 0 | 2.49 | 4.288 |
| 17 | RS_1972 | 矩形 | 300 | 120 | 120 | 5.787 | 0.458 | 4.192 | 1.919 | 0 | 0 | 1.919 |
| 18 | RS_1981 | 矩形 | 300 | 120 | 120 | 5.787 | 0.477 | 4.192 | 1.999 | 0.252 | 55.06 | 57.059 |

图 6.1-9　水力计算界面

4）深化设计

基于 BIM 模型，可在保证检修空间和施工空间的前提下，综合考虑管道种类、管道标高、管道管径等具体问题，精确定位并优化管道路由，协助专业设计师完成综合管线深化设计。

由于该工程应用的 BIM 设计工具不只 Revit 平台，幕墙设计利用 Catia，传统的碰撞检测软件不能满足要求。于是，该工程将全专业模型导入 iTWO 软件中进行碰撞检查和施工可行性验证，根据 iTWO 生成的冲突检测结果，调整优化模型。iTWO 软件的模型检测界面如图 6.1-10 所示。

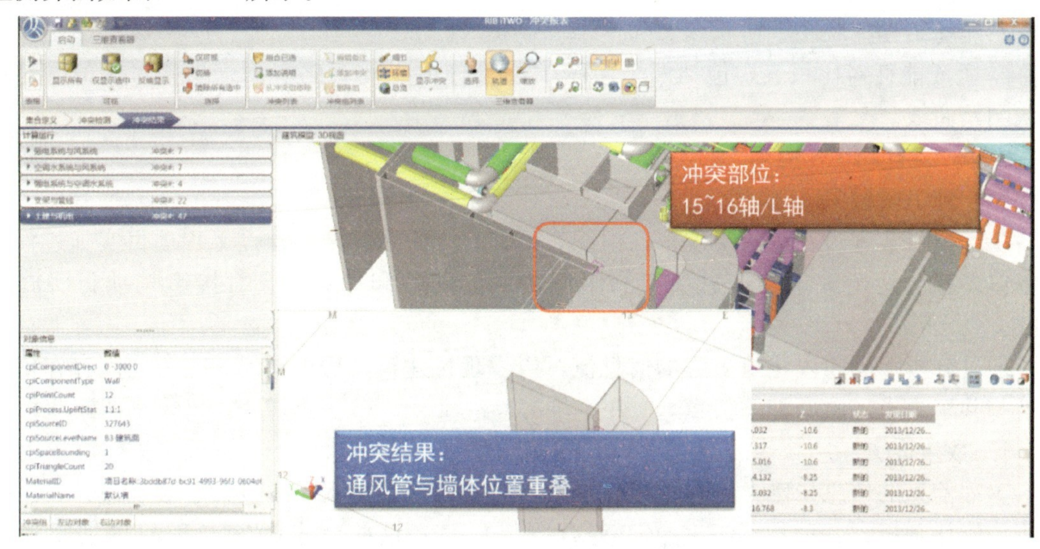


图 6.1-10　iTWO 碰撞检测

5）性能分析

① 冷、热负荷计算

利用鸿业 BIMSPace 中的负荷计算命令，根据建筑模型中的房间名称自动创建对应的空间类型，完成冷、热负荷计算。同时，鸿业负荷计算还可以根据用户定义直接出冷、热负荷计算书。负荷计算的界面如图 6.1-11 所示。

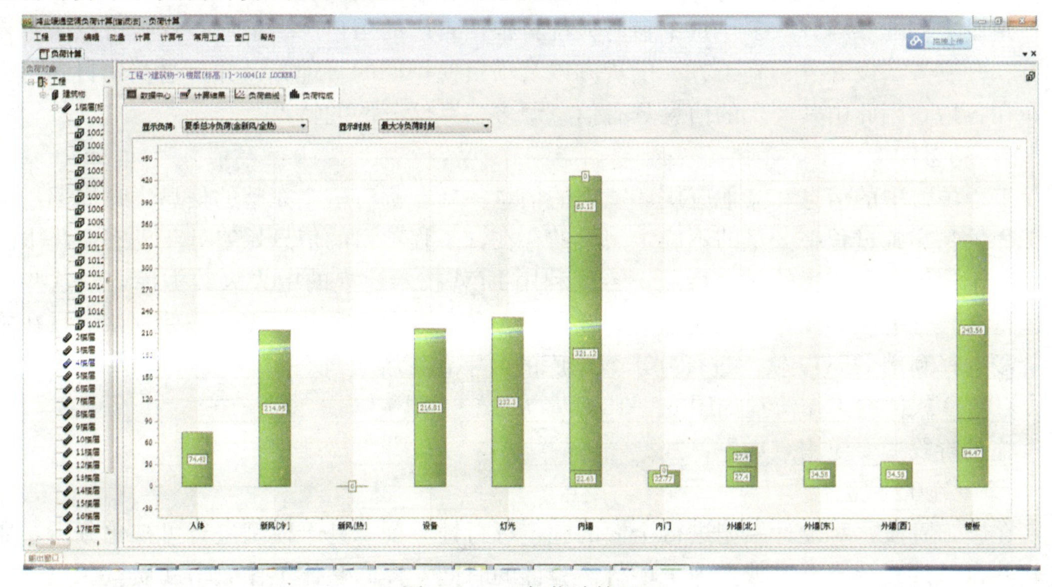

图 6.1-11　负荷计算界面

② 全年负荷计算和能耗分析

利用鸿业全年负荷计算及能耗分析软件（HY-EP）进行全年负荷计算和能耗分析。HY-EP 是以 EnergyPlus（V8.2）为计算核心，可以对建筑物及其空调系统进行全年负荷计算和能耗模拟分析的软件。具体应用如下：

a. 全年 8760h 逐时负荷计算，生成报表及曲线。

b. 生成建筑能耗报表，包括空调系统、办公电器、照明系统等各项能耗逐时值、统计值、能耗结构柱状图、饼状图。

c. 生成能耗对比报表，包括两个系统的逐月分项能耗对比值、总能耗对比值、对比柱状图及曲线。

**5. 施工阶段 BIM 应用**

（1）施工阶段 BIM 应用规划

工程项目实施过程参与单位多，组织关系和合同关系复杂。建设工程项目实施过程参与单位多就会产生大量的信息交流和组织协调的问题和任务，会直接影响项目实施的成败。

通过分析不同阶段建筑工程的信息流可以发现，建筑工程不同的参与方之间存在信息交换与共享需求，具有如下特点。

1）数量庞大

工程信息的信息量巨大，包括建筑设计、结构设计、给水排水设计、暖通设计、结构分析、能耗分析、各种技术文档、工程合同等信息。这些信息随着工程的进展呈递增趋势。

2）类型复杂

工程项目实施过程中产生的信息可以分为两类，一类是结构化的信息，这些信息可以存储在数据库中便于管理。另一类是非结构化或半结构化信息，包括投标文件、设计文件、声音、图片等多媒体文件。

3）信息源多，存储分散

建设工程的参与方众多，每个参与方都将根据自己的角色产生信息。这些可以来自投资方、开发方、设计方、施工方、供货方以及项目使用期的管理方，并且这些项目参与方分布在各地，因此由其产生的信息具有信息源多、存储分散的特点。

4）动态性

工程项目中的信息和其他应用环境中的信息一样，都有一个完整的信息生命周期，加上工程项目实施过程中大量的不确定因素的存在，工程项目的信息始终处于动态变化中。

基于建筑工程施工的以上特点，希望利用 BIM 技术建立的中央大数据库，对这些信息进行有效管理和集成，实现信息的高效利用，避免数据冗余和冲突。最后，该项目在施工阶段选择利用 iTWO 软件进行基于数据库的数字化工程管理。

iTWO 软件的工作流程如图 6.1-12 所示。

施工阶段主要应用点如下：

① 可施工性验证。

在施工阶段，对设计模型进行全面的施工可行性验证，基于模型进行可视化分析，通过软件自动计算及检查，减少施工可行性验证的时间，提高整体工作效率和质量。

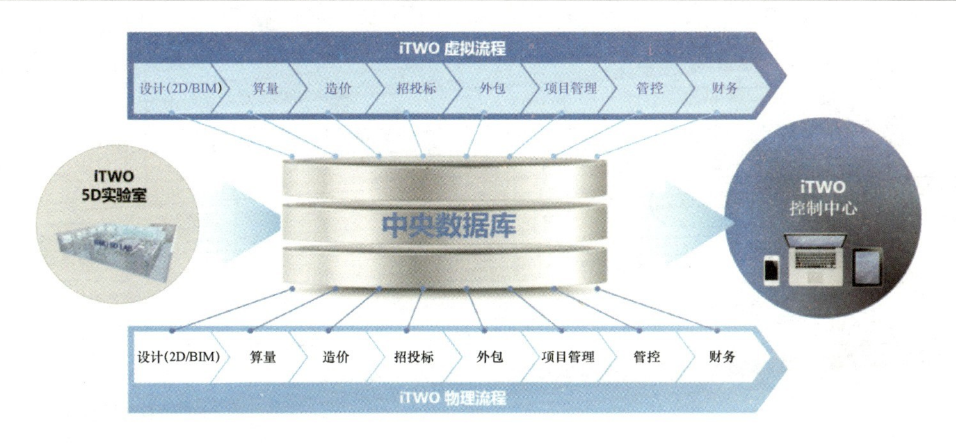


图 6.1-12 iTWO 软件的工作流程

② 工程量计算可视化。

③ 工程计价可视化。

④ 招标投标、分包管理及采购。

⑤ 5D 模拟。

⑥ 现场管控。

(2) 设计模型导入与优化

通过与建筑、结构和机电（MEP）模型整合，iTWO 可以进行跨标准的碰撞检测。iTWO 中的碰撞检测并不限定于某一种类型或某一个特定的 BIM 设计工具，现在能够与目前流行的大部分 BIM 设计工具整合，如 Revit、Tekla、ArchiCAD、Allplan、Catia 等。

本项目，设计阶段主要用 BIMSpace 软件，可以将模型数据无损导入 iTWO 进行模型施工可行性验证和优化。

iTWO 在施工可行性验证中相对于传统验证的优势体现在以下几个方面：

① 审查时间减少 50%。

② 审查量提高 50%。

③ 提高检查精度。

④ 自动计算以及检查。

⑤ 提高整体工作效率以及质量。

(3) 工程量计算

在 iTWO 软件中，算量模块包括两个部分，工程量清单模块和三维模型算量模块。

工程量清单模块支持多种方式的工程量清单输入，用户自定义工程量清单结构，以及预定义和用户定义的定量计算方程式。

三维算量模块能快速、精确地从 BIM 模型计算工程量，并且能够通过对比计算结果和模型来核实结果。

如果发生设计更改，iTWO 能够迅速重新计算工程量以及自动更新工程量清单。

工程量计算的工作流程如图 6.1-13 所示。

经过项目实践，为了更好地进行基于 BIM 的工程量计算，在工程量清单编制中，应该注意以下几个问题：

① 对于主体项目工程，建议按常规原始清单进行编制，对于装饰工程或精装修工程

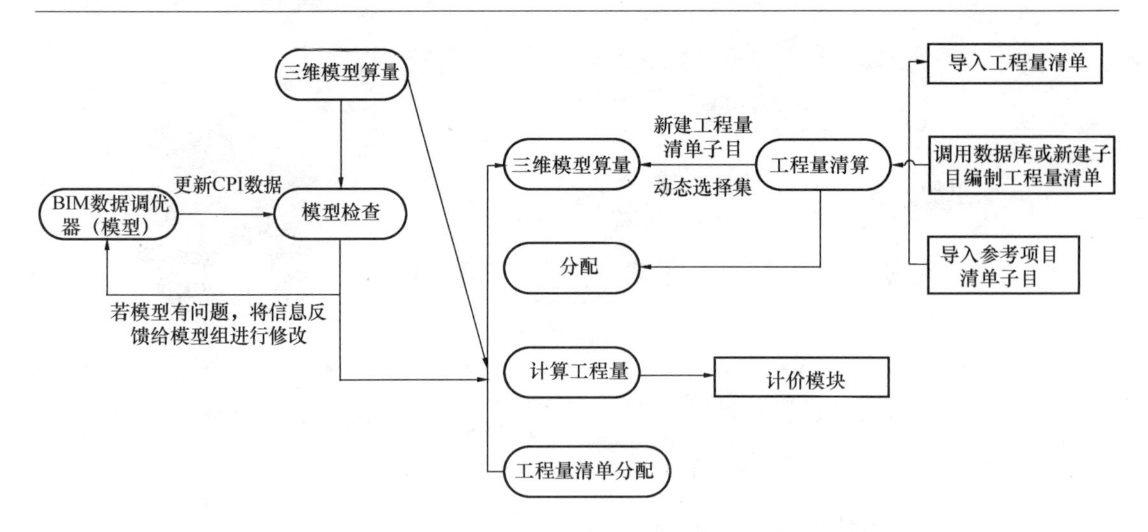

图 6.1-13 工程量计算流程

建议按房间进行编制为宜。

② 对于非主体工程即措施项目清单，建议进行按项分解编制，好处是对于施工管理模块便于施工计划均摊挂接，便于总控对比分析及成本控制。

③ 对于管理费等费用，建议放入综合单价组价进行编制或单独列项进行编制，好处是便于总控对比分析及报表输出，需与成本部门、财务部门沟通后确定管理模型。

工程量清单编制完成后，三维模型算量功能可以将工程量清单子目与三维模型进行关联，同时可以根据各个需求对每个工程量清单子目灵活地编辑计算公式，不仅可以根据直观的图形与说明进行公式的选择，还可以根据需要选择对应的算量基准，算量公式涵括基准，构件的几何形状、大小、尺寸和工程属性。

(4) 成本估算

使用iTWO软件进行成本估算，通过将工程量清单项目与三维的BIM模型元素关联，估算的项目将在模型上直观地显现出来。iTWO使用成本代码计算直接成本。成本代码能存储在主项目中作为历史数据，以供新项目用作参考数据。一旦出现设计变更，iTWO能够快速更新工程量、估价及工作进度的数据。

该模块业务流程如图6.1-14所示。

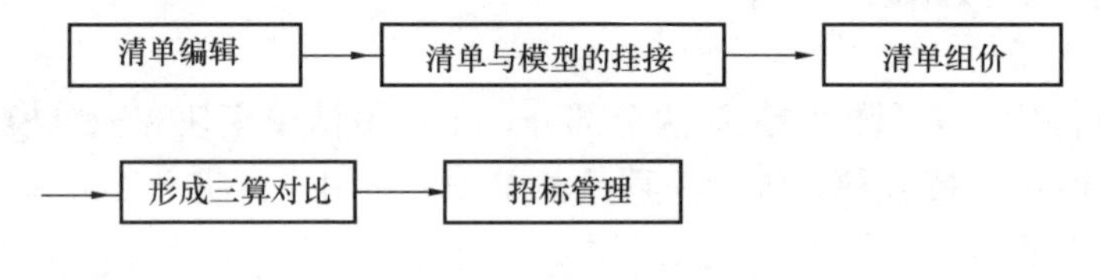

图 6.1-14 成本估算流程

本项目中，iTWO软件的系统估算模块的应用点主要体现在以下几点。

① 控制成本

通过iTWO的成本估算模块，通过导入企业定额编制施工成本，这样的施工成本真实反映了企业在施工中发生的人、材、机、管，反映企业的施工功效，使企业更好地控制成本。

但是，这里控制成本的前提是，需要基于公司自己的企业定额来编制成本。iTWO软件可以根据以前项目的历史数据，建立企业自己的定额库，这样，为后续项目控制成本提供了坚实的依据。

② 三算对比

利用该模块，我们在实际使用中可以很直观地形成三算对比：中标合同单价、成本控制单价、责任成本，使我们可以直观地看出盈亏。

③ 分包管理

利用成本估算模块，首先创建子目分配生成分包任务，选择要分包的清单项并导出清单发给分包单位，再由分包进行报价，报价返回后我们要进行数据分析，也就是报价对比，确定我们要选择的分包单位。

同时，iTWO 还提供了电子投标功能，支持投标者和供应商管理。iTWO 的电子投标使用了标准格式，提供一个免费的 e-Bid 软件（电子报价工具）来查阅询价和提交投标者的价格。当收到来自分包的价格资料时，iTWO 的分包评估功能会比较价格并根据本项目的特点自定义显示结果。这样，大大提高了分包管理的整体工作效率和质量。

④ 设计变更管理

利用成本估算模块，我们在实际项目中发现还可以对设计变更作很好的管理，可以把清单和设计变更单做成超链接，在点击清单时会直接看到设计变更，很好地了解到是什么原因作的变更，变更内容是什么，省去了我们在想查看时再去档案室翻查资料的时间，提高了我们的工作效率。

（5）五维数字化建造

RIB iTWO 五维数字化建造技术，在三维设计模型上，加入施工进度和成本，让项目管理全过程更精准、更透明、更灵活、更高效。

iTWO 为不同的项目管理软件如 MS Project 和 Primavera 等提供双向集成，这样我们可以把用 MS Project 排定的进度计划直接导入 iTWO 软件中。在工程量清单和估价的基础上，iTWO 能够自动计算工期和计划活动所需的预算，从而可完成 5D 模拟，识别影响工程的潜在风险（图 6.1-15）。

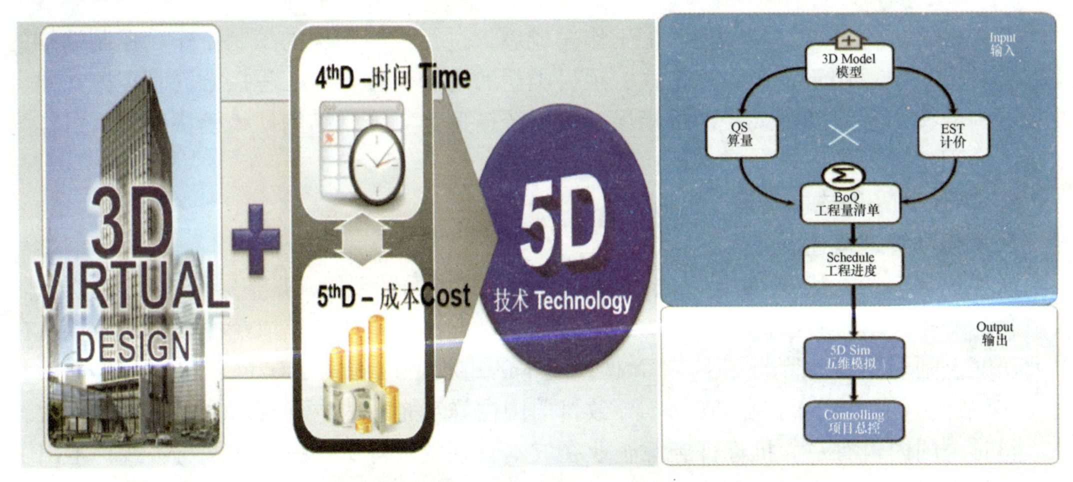


图 6.1-15　五维数字化建造技术及 5D 模拟示意图

本项目在 iTWO 软件中，将每一层级的计价子目/工程量清单子目与施工活动子目灵活地建立多对多、一对多、多对一的映射关系。这就满足了不同的合同需求，既可将计价按照进度计划的安排产生映射关系，也可将进度计划按照计价的需求完成映射关系。对应的成本与收入也会随着映射关系关联到施工组织模块中。这样，我们在考核项目进度时，不仅可以如传统方式那样得到相关的报表分析、文字说明，还可以利用三维模型实现可视化的成本管控与进度管理。

在项目前期，我们基于不同的施工计划方案建立不同的五维模拟，通过比较分析获得优化方案，节省了在工程施工中的花费。

（6）项目总控

在本项目中，通过 iTWO 控制中心，可随时随地利用苹果系统和安卓系统的平板设备管理建筑项目，并且可以深入查阅到详细、具体的项目细节。同时，利用仪表盘让所有相关的项目参与方能快速及时地查阅相关项目报告，促进项目团队作出更快速的决策和更好的运用实时信息。

iTWO 总控流程配置如图 6.1-16 所示。

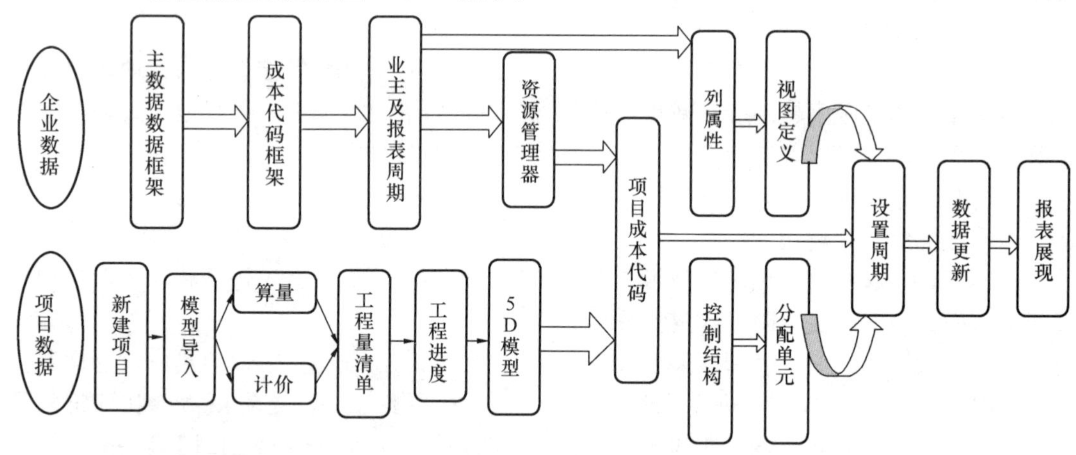


图 6.1-16　iTWO 总控流程配置

在算量、计价和进度与模型匹配工作完成后，进行控制结构的编制工作。控制结构的编制需要有一个适用于企业管理模式、项目类型的管理流程。本工程按合同管理方式建立控制结构或按工程管理模式：即按楼层、按系统模型建立控制结构，该模块确定后可作为本企业的固定管理模板。

**6. 基于 BIM 的成本管理**

（1）成本管理概述

纵观建筑市场，从 2000 年以前的 30～50％的暴利阶段到 2014 年 3％左右的利润点阶段利润的变化，不难看出高额利润的由高走低的过程。建筑市场获取超额利润的时代，在很大程度上削弱了建筑企业和施工企业对成本的重视，也催生了建企老总“重开源（营销）、轻节流（成本）”的短时观念，导致目前国内施工企业成本管理水平整体相对落后。

同时，国内也有一大批标杆施工企业在成本管理中进行了积极的探索与实践，走出了一条创新之路，并形成了中国施工企业成本管理的典型阶段——由传统的成本管理方式转变到成本管控。

始于 2003 年的成本核算阶段、到 2006 年的在实现大成本管理理念下的成本精细化管控。从关注“算得清，算得准”转变到成本的“可知，可控”。

从 2006 年起强调的成本控制阶段到 2009 年的成本策划阶段；成本策划依靠最新技术的支撑，得以逐步实现从 2010 年开始形成的，基于 BIM 技术支持的精细化管理 5D 成本管理，实现成本管理的精细化与可视化。

（2）基于 BIM 的造价解决思路

在 BIM 中造价模型有两种模式，第一种是扩展 BIM 维度，附加造价功能模块，在 BIM 建模软件上直接出造价，BIM 与造价相互关联，模型变，造价随之而变。但是这种方法与我国现行的计价规则有很大的差异，也就是我们上面所提到的计算规则的问题，这就不能把工程量精确计算出来，误差很大。第二种是造价模块与 BIM 模型分离，把 BIM 中的项目信息抽取出来导入造价软件中或与造价软件建立数据链接。

在以前国内算量软件的操作模式是：先建模，再定义构件属性，之后是套定额，然后计算，最后得到工程量数据。而当前基于 BIM 理论，应该把建模与算量软件分开。早在 1975 年，被誉为“BIM 之父”的 Chuck Eastman 教授就提出未来不是一款软件能解决所有问题。首先，建模软件的专业化是任何算量软件不能比拟的，能精确表达虚拟项目尺寸，各个构件之间有逻辑关系，能充分表达现实当中的工程项目。其次，在一个 BIM 软件中扩展维度算量，对于这种情况数据量是非常大的，对于软件的运行以及硬件的要求非常高。

本项目采用的 iTWO 软件采用第二种造价模式，即造价模块与 BIM 模型分离，这种模式代表了未来造价技术的发展方向，与 BIM 5D 概念是一脉相承的。

（3）基于 BIM 的成本管理的应用

成本管理分为成本核算、成本控制、成本策划三个阶段：

① 成本核算阶段重核算，属于事后型，强调算得快，算得准。

② 成本控制阶段强调对合理目标成本的过程严格控制，追求成本不突破目标，属于事中型，落地的关键在于，将目标成本分解为合同策划，用于指导过程中合同的签订及变更，并在过程中定期将目标成本与动态成本进行比对。

③ 成本策划阶段解决的是前期目标成本设置的合理性问题，强调“好钢用在刀刃上”、“用好每分钱”、“花小钱办大事”，追求结构最优。

成本预测是成本管理的基础，为编制科学、合理的成本控制目标提供依据。因此，成本预测对提高成本计划的科学性、降低成本和提高经济效益，具有重要的作用。加强成本控制，首先要抓成本预测。成本预测的内容主要是使用科学的方法，结合中标价，根据各项目的施工条件、机械设备、人员素质等对项目的成本目标进行预测。

成本策划到目标实现，过程的动态掌握，使得成本管理可知、可控和可视。由知道“该花多少钱，到花了多少钱”全过程全貌信息的掌控，真正实现从“不忘本”到“知本家”的转化和升级。

本项目利用基于 BIM 技术的造价控制是工程造价管理领域的新思维、新概念、新方法，从管理一个点扩展到一个大型“矩阵”，为造价控制提供全面的解决方案和技术支持。算量模块完成各专业工程量的计算和统计分析。计价模块作为造价管理平台，更多的日常造价管理活动将在此平台上展开，实现对海量工程材料价格信息的收集和积累，完成工程造价数据的采集、汇总、整理和分析。通过建立项目全过程的造价管理及项目成本控制，通过项目积累，在基于模型的成本数据库中沉淀经验数据，进行成本测算。

在设计阶段，快速进行成本估算，形成目标成本作为项目控制的基线，根据含量指标进行限额设计。

在招标采购环节，材料价格库则是现场材料价格认定的重要依据。

在施工阶段，基于 BIM 技术支持的精细化管理、5D 成本管理，可以实现成本管理的精细化与可视化。

实现基于 BIM 的工程造价，iTWO 软件中，可以得出六组工程量和四组单价（表 6.1-1）。

**六组工程量和四组单价**　　**表 6.1-1**

| 序号 | 工程量 | 序号 | 单　价 |
|---|---|---|---|
| 1 | 清单工程量 | A | 综合单价 |
| 2 | 图纸净量 | B | 定额价 |
| 3 | 优化工程量 | C | 目标成本价 |
| 4 | 实际工程量 | D | 分包单价 |
| 5 | 进度款申请工程量 | | |
| 6 | 分包工程量 | | |

在六组工程量和四组单价基础上，可以得出 15 种成本数据分析（表 6.1-2）。

**15 种成本数据分析**　　**表 6.1-2**

| 序号 | 数据分析单元 | 组合公式 |
|---|---|---|
| 1 | 投标报价 | 1×A |
| 2 | 投标初始成本 | 1×B |
| 3 | 核算总预算 | 2×A |
| 4 | 核算初始成本 | 2×B |
| 5 | 公司对项目的目标成本 | 2×C |
| 6 | 预计结算最低价 | 3×A |
| 7 | 公司自身可接受最低价 | 3×B |
| 8 | 项目部可接受最低目标成本（对公司） | 3×C |
| 9 | 项目部分包目标成本 | 3×D |
| 10 | 应收进度款 | 4×A |
| 11 | 公司应分配项目部进度款 | 4×C |
| 12 | 已消耗成本 | 4×D |
| 13 | 进度款申请额 | 5×A |
| 14 | 项目部自身目标成本 | 6×C |
| 15 | 分包应收款 | 6×D |

本案例中，成本管理具体的应用点如下：

① 实现模型与造价信息之间的双项“数据流”，使得 BIM 模型能够附加从计价模块

中返回的详细造价信息。

② 得到详细的造价信息后，与进度信息结合，随着形象进度的动态展示，可以实时生成 5D 模拟，进行成本与进度的动态评估与分析。

③ 应用采集器完成成本数据采集，将工程实际过程中采用的数据，与计划数据进行直观的对比分析。

④ 自动绘出：BCWS、ACWP、BCWP 曲线。

⑤ 计算费用偏差 $CV$ 和进度偏差 $SV$。

⑥ 生成评估和分析需要的报告。

⑦ 为施工现场和传播管控提供直观可视的解决方案。

⑧ 为工程量和进度提供直观的数据统计功能。

工程的计量工作在全过程造价控制中，不仅工作量大而且计算难度大，要在项目全周期不断地统计、拆分、组合和分类汇总各时间段和施工段工程量数据更是困难，造价工程师专业性是无法取代的，所以工料测量师和造价工程师不会消失，但是会随着 BIM 的技术成熟提高工作效率，并且使造价工程师的专业丰富度更高、更广。其次，造价 BIM 模型的完善和成熟度责任主体依然在于造价咨询机构，需要对设计 BIM 模型进行完善和修正。

## 课 后 习 题

1. 下列哪些工作内容不属于 EPC 工程总承包的内容？（　　）

A. 初步设计　　B. 施工图设计　　C. 项目建议书　　D. 施工

2. 五维数字化建造不包括下面哪一个维度？（　　）

A. 三维模型　　B. 进度　　C. 成本　　D. 质量

3. 本案例中的 BIM 解决方案主要包括哪些软件？（　　）

A. BIMSPace　　B. iTWO　　C. BIM 5D　　D. Bentley

E. ArchiCAD

**参考答案：**

1. C　　2. D　　3. AB

（案例提供：杨永生、孔凯）

## 【案例 6.2】某大学新建图书馆项目 BIM 技术应用案例

管理信息系统的建设不仅仅是为了工程项目实施过程，同时应考虑管理信息系统在工程竣工后纳入企业运行阶段的应用，这样既可以满足业主实际工作的需要，又为业主、最终用户、承包商、分包商、监理机构、施工方等提供了一些后期总结数据。BIM 涉及整个建筑工程全寿命周期各环节的完整实践过程，但它不局限于整个实践过程贯穿后才能实现其价值，而是可以由工程设计先行并实现阶段性的价值。了解项目选用 BIM 软件的方法和步骤：掌握建筑安装工程 BIM 技术在设计阶段的应用的历程、内容及要求。掌握建筑安装工程 BIM 技术在施工阶段的应用内容。掌握建筑安装工程 BIM 技术在运维阶段的应用价值、思路及应用点。

**1. 项目背景**

（1）项目基本概况

工程位置：项目位于校区西北角。北侧为××路，西侧为××路，南侧为已经建成的主教学楼，东侧为已建成的学院××号楼。建筑概况：建筑高度 23.5m，总建筑面积 30501$m^2$，地上建筑面积 18005$m^2$，地下建筑面积 12496$m^2$，地下 2 层，地上 5 层。用途：地下二层为汽车库，地下一层为展览及多功能厅，地上 5 层用于图书阅览、新书发布等。

（2）项目工期及目标

自开工至竣工历经 736d。工程目标：鲁班奖。

① 图书馆工程土建模型：包括建筑模型和结构模型，以及由建筑和结构专业的 3D 模型产生的平立剖图，以及和现有工程图纸一样的施工图视图。

② 图书馆工程设备模型：包括电气、暖通、给水排水、消防等专业模型，例如：整个工程的管线排布，屋顶及机房设备的布置。由此模型可以产生各专业的平立剖施工图。精细建模，指导精细施工。

③ 图书馆工程整体模型：包括所有专业的单一工程模型，能真实反映各专业的空间分布和交叉关系，以及工程量的提取。

④ 碰撞检查、管线综合：进行单专业、全专业碰撞检测，统筹反映设备各专业的模型，反映各专业之间的布线情况和交叉状态，提前解决问题，避免盲目施工带来的风险，最大程度地提高效率。

⑤ 施工工艺方案模拟：对新工艺“玻璃纤维增强预制混凝土装饰挂板（GRPC）”的安装，外幕墙全隐框玻璃幕墙的安装过程进行了方案模拟，用于指导工人的安装，方便沟通。

⑥ 图书馆 5D 进度模拟：附加进度和成本信息，用三维形式表示出项目各时间点的状态，辅助进行工期和成本管理。

⑦ 质量资料管理：将建筑构件相关信息与三维模型链接起来，在三维模型中可直接查看构件的相关性息。

⑧ 精装修模拟：精细建模，预先精细模拟图书馆装修布置情况，用于指导精装修施工，保证安装质量达到鲁班奖工程要求。

⑨ 移动端应用：将 BIM 信息模型导入到平板电脑中，用于 BIM 工程师现场指导和查

看施工情况。

（3）项目特点

① 项目参与方

本项目工程量大，工期长，需要多方参与。建设单位为××大学，勘察单位为××市××工程勘察有限公司，设计单位为××建筑设计研究院，监理单位为××工程顾问有限公司，质量监督单位为××市××区建设工程质量监督站，施工总承包单位为××建设集团有限公司。

② 项目分支系统

建筑：五大功能综合区（地下汽车库，展览厅，多功能厅，图书阅览室，新书发布区）；

结构：两个结构体系（幕墙结构，框架混凝土结构）；

机电：四个子系统（给水排水专业，暖通专业，电气专业，消防专业）。

③ 项目面临的重难点及挑战

项目难点在于该项目拥有幕墙施工，幕墙的布置与幕墙节点分析属于重点、难点，在BIM三维建模过程中既要考虑到项目施工阶段的流程，同时三维建模难点也是技术上的一个难题。精装修部分，体现本图书馆项目外观表现，Lumion渲染耗时多；智能排砖方面，真实地统计出所需要的工程量；碰撞检测方面，现场利用三维激光扫描仪器进行实时扫描，将扫描的三维模型数据进行导出，和现场的建筑专业（如墙、楼板）、结构专业（如柱等框架）、机电专业各子系统进行对比，并使用移动终端（ipad、手机、笔记本电脑等）进行模型的对比，对存在的碰撞问题一一排查和整改。施工流程工艺多，关键节点工艺复杂，模拟耗时量大。

**2. BIM应用内容**

（1）BIM技术软件平台应用

1）BIM应用软件

项目中运用的软件有Autodesk Revit、Navisworks Manage、Lumion，均为最新版本，以及Microsoft Project、BIM 360 Glue。Autodesk Revit符合项目建模要求，Navisworks Manage运用于施工模拟和碰撞检测等，Lumion用于场景渲染，Microsoft Project用管理项目资料，BIM 360Glue用于在现场进行移动终端查看。

项目中的BIM软件选择是企业BIM应用的首要环节。在选用过程中需要采取相应的方法和措施，以保证符合本项目整个流程的运作和实施。软件选择的步骤如下。

① 第一步，先进行调研和初步筛选

全面考察和调研市场上现有的国内外BIM软件及应用状况。结合本项目的项目需求和人员使用规模，筛选出可能适用的BIM软件。筛选条件包括软件功能、数据交换能力和性价比等。

② 第二步，分析及评估

对每个软件进行分析和评估。分析、评估考虑的因素包括是否符合企业整体的发展战略规划，工程人员接受的意愿和学习难度，特别是软件的成本和投资回报率以及给企业带来的收益等。

③ 第三步，测试及试点应用

对参与项目的工程人员进行 BIM 软件的测试，测试包括适合企业自身要求，软件与硬件兼容；软件系统的成熟度和稳定度；操作容易性；易于维护；支持二次开发等。

④ 第四步，审核批准及正式应用

基于 BIM 软件的调研、分析和测试，形成备选软件方案，由企业决策部门审核批准最终软件方案，并全面部署。

2）BIM 应用的硬件配置和网络

项目 BIM 应用的硬件配置较高，公司 BIM 小组计算机机房拥有满足配置要求的计算机 10 台，全套 Autodesk 最新版本的 BIM 系列正版软件。计算机均为 i7 双核处理器，内存 16G。

针对施工企业的 BIM 硬件环境包括：客户端（个人计算机）、服务器、网络及存储设备等。BIM 应用硬件和网络在企业 BIM 应用初期的资金投入相对集中，对后期的整体应用效果影响较大。

鉴于 IT 技术的快速发展，硬件资源的生命周期越来越短。所以，施工企业 BIM 应用对硬件资源环境的建设不能盲目，既要考虑 BIM 对硬件资源的要求，也要将企业的未来发展与现实需求相结合，避免后期投入资金过大或不足导致资源不平衡的问题。

（2）BIM 技术应用目标

① 设计质量

BIM 技术的设计，在复杂形体、管线综合和碰撞检测中起到了核心的作用。该图书馆项目在幕墙和框架体系复杂的节点设计，参数化的三维模型为整个项目解决了技术难题。在管线错综复杂的排布和定位等设计中，进行了调整，更好地为后期的施工等其他阶段服务。为更好地提高设计质量，采用 BIM 技术的设计，有效、合理地解决了碰撞检测方面的难题。

② 施工管理

围绕 BIM 建筑信息模型，对施工阶段物料的投资和采购、材料的统计和招标投标管理等进行全方位的管控，有效控制成本。施工现场建造时，对施工方案探讨、4D 施工模拟和施工现场监控等进行合理管理与布局，从而更好地管控施工现场错乱的情况。

③ 运维管理

运维管理阶段，设备信息维护和空间使用变更等，是 BIM 建筑信息模型在交付后后期管理的重要环节，因此，建筑信息模型是基础，而运维管理才是整个 BIM 体系的重中之重。

（3）BIM 技术应用效果

项目在 BIM 应用方面取得了很好的效果。在 BIM 团队建立的初期，就制定了很好的 BIM 技术框架路线。整个团队从拿到原设计图纸开始，就分层分专业建模。大体分为两个方向，一个是土建专业（建筑、结构），另一个是机电专业（电气、暖通、给水排水、消防等），分别单专业参数化建模，回归到模型整合，单专业碰撞检测和发现问题，返回整改，完成了最终的模型，并得出最终的模型和成果，包括各专业施工图、工程量数据表、施工工艺模拟、精装修模型、BIM5D 模拟、移动端应用。

以本项目为试点，BIM 技术应用的技术路线如图 6.2-1 所示。

（4）设计阶段的应用

1）BIM 技术在设计阶段历程

① 方案设计阶段

在初步设计阶段，由于模型很大，加上我们各参与方专业范畴不同，所以必须各专业分开建模，然后把所有模型进行叠合和碰撞检查。在碰撞检查的基础上，对模型进行修正。参与方建出来的模型，还存在一些问题。这时，业主就要推动 BIM 顾问把模型进行整合和修正。在整合时需考虑甲方要求以及不同单位模型标准不统一的情况。

通过模型和效果图的对比可以看出，推敲后的模型结果和效果图还是非常相似的，均采用模型沟通，模型也为双方沟通提供了便利。

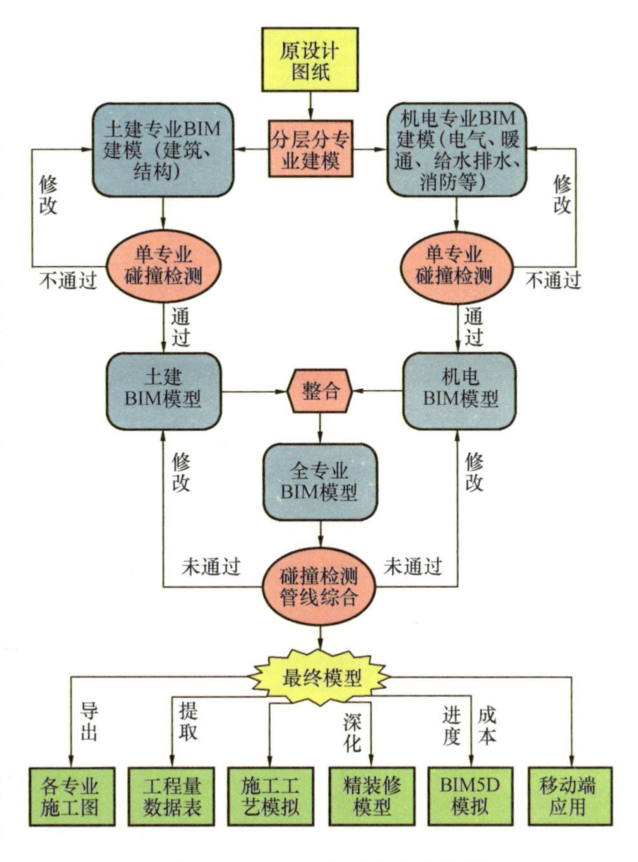


图 6.2-1　BIM 应用的技术路线

② 初步设计阶段

初步设计提交完整合模型以后，进行碰撞检查，所有参与方拿到模型后对自己负责的部分进行反思和检测。其中确实出了大量的问题，可以看出 BIM 的作用之大。具体工作顺序为：首先是建筑的一些细节和形体的推敲；接下来是结构；再接下来是机电专业，这是一步一步来的，前面的工作完不成，后边的工作做了也是徒劳，因为做完之后前面的内容可能又变了。

把分专业检查完模型后发现要修正的内容提交给各个参与方，这非常有效，避免了大量以后可能出现的问题。在工作过程中作了一些漫游，通过漫游可以清晰地看到自己专业具体存在的问题，在里面检查出大量的碰撞，一些在平面图上很难甄别的碰撞在模型上作一个筛选就可以找出来；还有一些没有检修空间，只需设定检修数值，即刻就可以找出来，这个帮助很大；对于净高的检测和控制、机电管底不满足要求等问题，在初步设计合模以后就可以发觉；另外，我们还检测出一些综合性问题，包括图书馆屋顶和人身高的对比，以及汽车库净高不够，都可以通过模型检测出来。

③ 施工图设计阶段

施工图设计阶段，我们基本也维系这么一个体系。施工图首先要进行深化，设计模型到了施工图阶段还有很大的空间要去完善，包括精度、各个参与方的工作内容不一致，在施工图阶段就可以全部细化，落实到可以出施工图的深度。施工图过程和初步设计差不多，全专业模型叠合和碰撞检查也很重要。除此以外还会抽出工程量清单给合约采购部门，下一步的采购工作就可以和 BIM 挂钩。

在施工图模型的深化工作中，通过 BIM 非常有效地发现问题，这些问题在平面图上很难发觉。随着模型的深入，对初步设计过程中的一些专业问题可以不断进行修正；验证设计修改和深化中的专业协调；同时避免新的专业间碰撞及空间问题产生，还有一些特殊部位，尤其在设计中容易出现问题的区域，通过模型可以进行深入的设计复核。合模以后对所有的专业进行综合（展示车的模拟动画），车的模拟主要是检查车沿着车道下去后空间适不适当，包括上面的管线和结构部件是否要进行检查，这在平面图里很难发觉。

2）BIM 技术在设计阶段应用内容

① 参数化设计

参数化设计，为整个项目体量的调整和细节的参数化模型赋予更高效的整合，使得每一个构件每一个复杂节点都能够可调和参控。Revit 软件平台在实现参数化设计中起到了核心作用。在幕墙专业中参数化幕墙竖梃示例如图 6.2-2 所示。

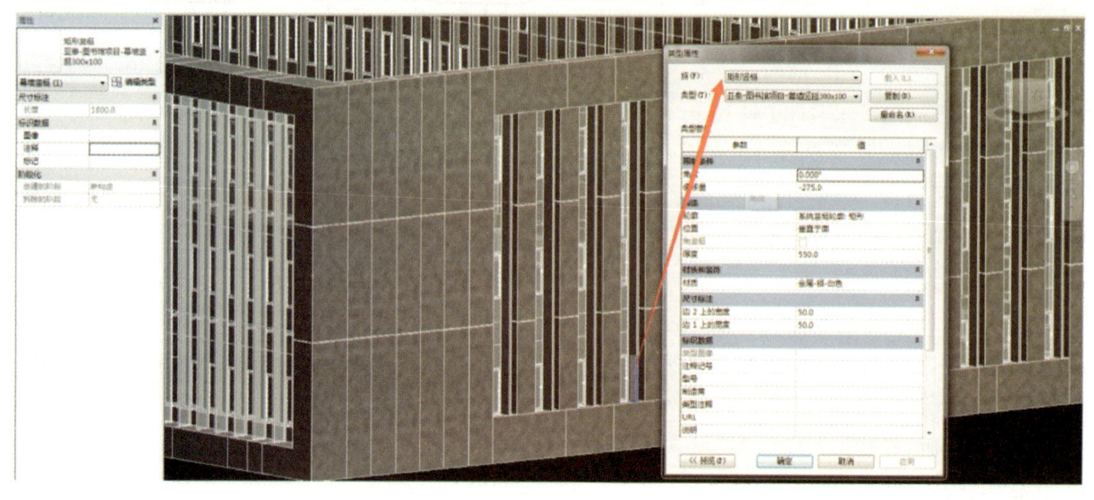

图 6.2-2　BIM 参数化设计阶段

玻璃幕墙中的幕墙嵌板和幕墙节点也都起到了很大的作用（图 6.2-3、图 6.2-4）。

② 可视化设计

建筑设计的可视化通常需要根据平面图、小型的物理模型、艺术家的素描或彩画展开丰富的想象。观众理解二维图纸的能力、呆板的媒介、制作模型的成本或艺术家渲染画作的成本，都会影响这些可视化方式的效果。

3D 和三维建模技术的出现实现了基于计算机的可视化，弥补了上述传统可视化方式的不足。带阴影的三维视图、照片级真实感的渲染图、动画漫游，这些设计可视化方式可以非常有效地表现三维设计，目前已广泛用于探索、验证和表现建筑设计理念。

大多数建筑设计工具（包括基于 Revit 的应用）都具有内置或在线的可视化功能，以便在设计流程中快速得到反馈。然后可以使用专门的可视化工具（如 Autodesk 3D Max 软件）来制作高度逼真的效果及特殊的动画效果。这就是当前可视化的特点：与美术作品相媲美的渲染图，与影片效果不相上下的漫游和飞行。对于商业项目（甚至高端的住宅项目），这些都是常用的可视化手法——扩展设计方案的视觉环境，以进行更有效的验证和沟通（图 6.2-5）。

如果设计人员已经使用了 BIM 解决方案来设计建筑，那么最有效的可视化工作流程

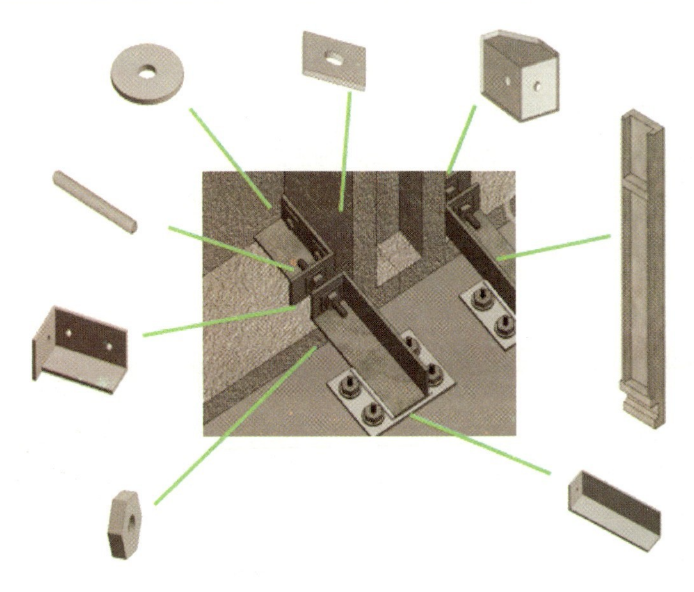

图 6.2-3　玻璃纤维增强预制混凝土装饰挂板（GRPC）——安装节点模型

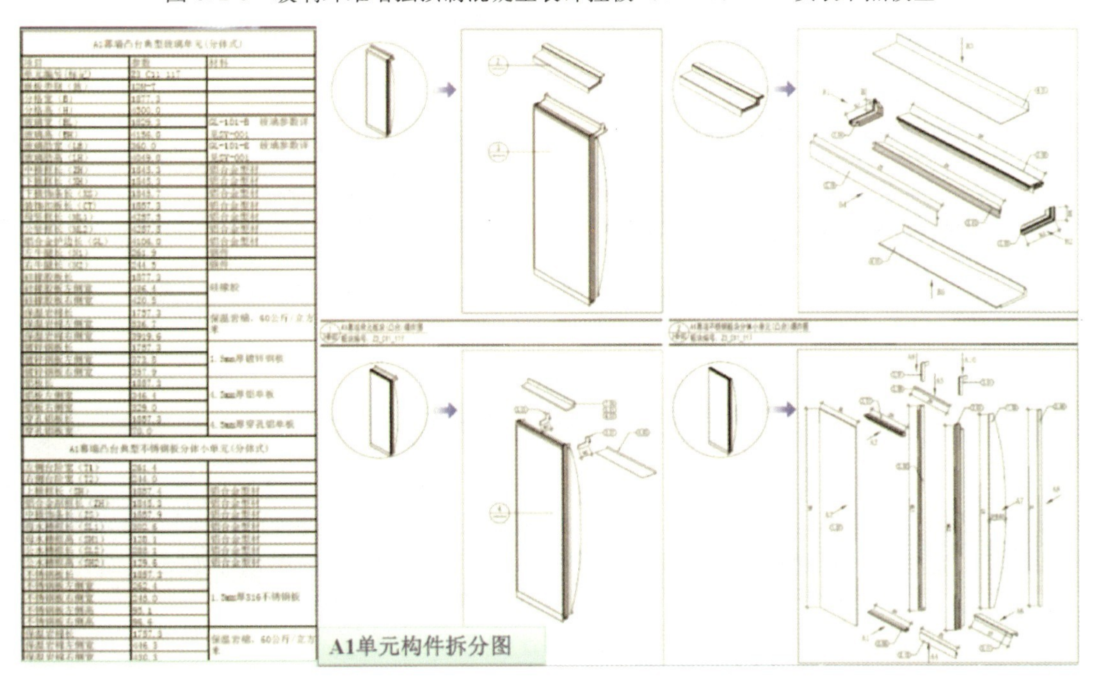


图 6.2-4　幕墙 A1 单元构件——明细表和构件拆分

就是重复利用这些数据，省却在可视化应用中重新创建模型的时间和成本。此外，保留冗余模型（建筑设计模型和可视化模型）也浪费时间和成本，增加了出错的概率。

在设计同一建筑时，还会用到类似的建筑应用，如结构分析或能耗分析应用；有些应用利用建筑信息模型来进行相关的建筑分析，避免了使用冗余模型。同样，设计可视化工具（如 3D Max）也利用建筑信息模型进行视觉效果分析。

本项目中基于 Autodesk Revit 平台的可视化设计是三维建模中的目的之一，易于沟通和理解，模型具有唯一性和整体感（图 6.2-6）。

图 6.2-5　图书馆可视化设计——馆内视觉效果组图

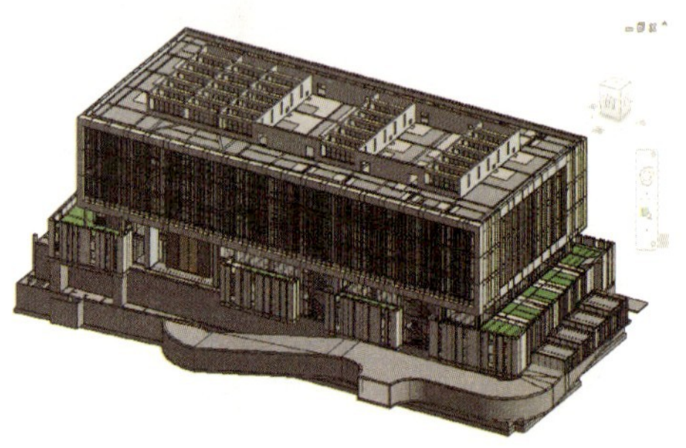

图 6.2-6　建筑模型可视化

③ 可持续设计

我们都知道，人类只有一个地球。我们拥有的一切资源总有一天会枯竭。然而，我们的行动没有体现这一认识，人们继续无知地消耗资源。设计师的角色在我们的日常生活中日益重要。常常，我们目光短浅，选择实现短期目标。我们宁愿牟取暴利，迎合流行趋势，解决眼下关心的问题，而非制定宏图，考虑长远的影响。

我们应当考虑每一个设计对社会、经济，尤其是生态环境的影响。一件产品问世，它不仅要解决生活中的不便，还应照顾到它所造成的长期问题。比如，生产这一产品的工厂，会不会向大气层排放有毒物质？当我们处理掉这件产品的时候，是不是又向堆积如山的垃圾处理站增添了一笔废物？遗憾的是，过去的已经过去，我们没有办法磨灭这些错误。但是，我们从中学到了知识，吸取了教训，可以为将来制订更完善的计划。

在设计中，这种知识、教训以一种新的思维方式出现——可持续设计。“可持续”是指我们能够保持并且持续很久。这意味着，设计的产品必须在其整个存在阶段，造福整个世界，而不仅仅是满足人的需要。

项目基于可视化设计，将对未来社会资源的优化和合理使用等因素都考虑在内，这为后期整个建筑的使用和运维中的监控等起到了资源合理利用和成本管控的作用，为节约社

## 目　录

一、基本要求说明……2
1、读图以及分析……2
2、分工建模……2
二、项目文件归类……2
1、项目文件命名规则……2
2、建立中心文件……2
三、土建专业建模要求……3
1、柱……3
2、梁……4
3、墙……5
4、板……6
5、基础……7
6、基础垫层……8
7、楼梯……8
8、门窗……10
9、房间……11
10、其他……11
11、构件位置关系重叠扣减建模要求……12
三、MEP 建模要求……13

图 6.1-5　建模规范部分目录

利用鸿业 BIMSpace 中的项目管理模块，在新建项目的时候，会对项目目录进行默认配置。默认的项目目录配置按照工作进程、共享、发布、存档、接收、资源进行第一级划分，并且按照导则的配置，设定好了相应的子目录。后续备份、归档、提资等操作，都默认依据这个目录配置。

② 建立环境

建立创建 BIM 模型的初始环境，其主要内容包括：定制样板文件，管理项目族库。

资源管理实现对 BIM 建模过程中需要用到的模型样板文件、视图样板、图框图签进行归类管理。通过资源管理可以规范建模过程中用到的标准数据，实现统一风格，集中管理。主界面如图 6.1-6 所示。

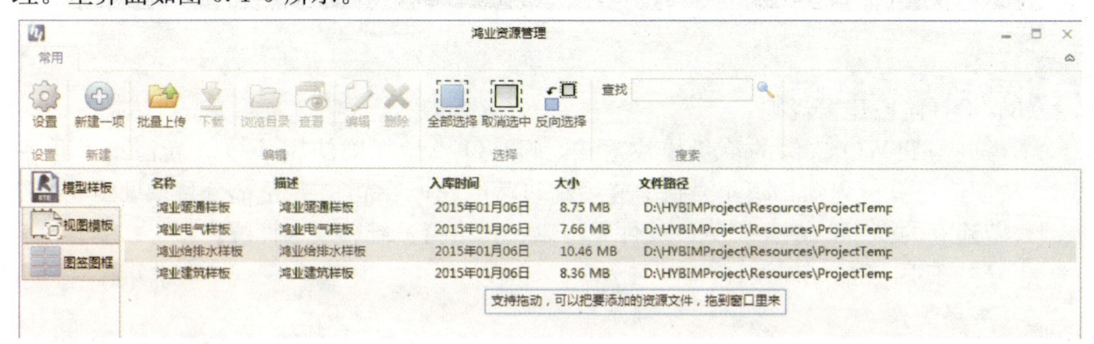

图 6.1-6　鸿业资源管理软件界面

同时鸿业的族立得提供族的分类管理、快速检索、布置、导入导出、族库升级等功能。利用内置的本地化族 3000 余种，10000 多个类型，实现族库管理标准化、自建族成会公共资源放足长远的眼光。以本项目中馆内的精装修为例子，在选材、用材方面既要考虑符合图书馆内部的建筑美学和室内设计要求，同时也要考虑到材料的利用（图 6.2-7）。

图 6.2-7　图书馆内部精装修组图

④ 多专业协同

项目充分运用 BIM 技术实现工程设计方法的改变，建立以 BIM 为核心的多专业协同设计，对推动行业设计水平的提高起到了典范作用。基于 Autodesk Revit 软件的各专业位于同一平台，通过权限的明确划分，使各专业设计者能够同时工作而不互相干扰，实现资料的实时交互，同步构建整体项目的 BIM 三维项目信息模型，一旦发现设计问题，各专业设计师能够实时进行讨论和修正，在设计过程中可以主动地消除各专业的碰撞问题，而不必全部依赖于设计后校审的碰撞检查。多专业同时工作，将整个设计流程整合起来，大大提高了设计效率。这样做虽然增加了前期的设计时间，但免去了后期人工进行统计和检查的时间，大大提高了项目的设计质量，加快了项目设计进度。通过与模型实时关联的材料统计功能，精确统计材料量，不需要另外的设计人员再专门进行统计，为项目采购提供了精确的数据，避免了采购方面的浪费（图 6.2-8～图 6.2-10）。

图 6.2-8　图书馆项目多专业协同碰撞检测 1

3）BIM 技术在设计阶段应用小结

① 设计阶段规范要求

方案设计（可行性研究）：简单的系统描述、照明、简单描述，最多附一次图。其实应该有方案比较，用于报批，配合工程估算。

设计文件：以设计说明书为核心，电专业仅为“施工技术方案”这一章提供内容及设

图 6.2-9　图书馆项目多专业协同碰撞检测 2

图 6.2-10　图书馆项目多专业协同碰撞检测调整

计文件附件（设计说明书以技术附件方式提供）。

达到要求：仅在工程选址，强、弱电的工程需求与外部条件间差距及解决的可能，能耗、工期、技术经济等方面配合整个项目做好方案决策工作。

初步设计：文字说明，布置图，高低压系统图，主要设备表，工程概算。

设计文件：以设计说明书为核心，仅为“施工方案技术”这一章提供内容。但设计图样单独列为设计文件或作为附件。

深度要求：经过方案比较选择确定最终采用的设计方案；根据选定的设计方案，满足主要设备及材料的订货；根据选定的设计方案，确定工程概算，控制工程投资；作为编制施工图设计的基础。

② 施工图设计

设计文件：以设计图样统一反映设计思想，为采购、安装、施工及调试提供依据，严防“漏、误、含糊及重叠、彼此矛盾”。

深度要求：指导施工和安装；修正工程概算或编制工程预算；安排设备、材料的具体订货；非标设备的制作、加工。

③ 专业协调性问题

对××图书馆项目进行项目检测，从项目设计阶段，就进行设计的可视化、能耗和生命周期的模拟分析，紧接着就是对结构专业、管综等专业进行碰撞协调性分析，直至施工阶段的模型信息的使用和工程量的统计，BIM 的全流程运用，使得整个项目能够进行全方位的协调与管控。

（5）施工阶段的应用

1）施工 BIM-3D 协调

在施工阶段，要进行施工的协调。本项目在 BIM 施工阶段现场的机械设备的布置，依照现场的实际情况，搭建临时结构，增加后浇带，放置大型机械设备如塔式起重机等，对制作好的设备模型进行有规划和合理的布置，进行 BIM-3D 现场协调，从而指导机械设备进场后的有效作业（图 6.2-11）。

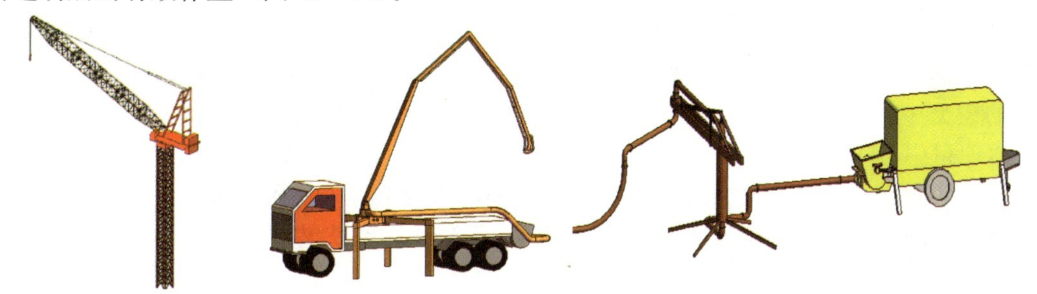

图 6.2-11 施工现场塔式起重机与泵车

2）可视化最佳施工方案

当现场进驻大型设备时，应该与模型整体协调才可以完全利用好整个施工现场。因此，在软件平台的基础上，进行场布及协调，比如塔式起重机的施工范围利用率，要受场地大小和周围环境的影响。

3）施工模拟

将时间和资金成本结合三维模型，模拟实际施工，以便于在早期设计阶段就发现后期真正施工阶段所会出现的各种问题，来提前处理，为后期作业打下坚固的基础。在后期施工时能作为施工的实际指导，也能作为可行性指导，以提供合理的施工方案及人员、材料的配置，从而在最大范围内实现资源的合理运用（图 6.2-12）。

4）工程量自动统计

施工企业会计是完全以工程项目为其主要对象的，甚至于项目收入是其全部收入。比如工程款，其一批批进账的工程进度款几乎完全要与其完成的工程量挂钩，因而这部分的工程量统计方式应与开发商（及其工料测量师或造价咨询师）是完全一致的。至于施工成本，则有着非常大的不同，那是一种从原材料到最终制成品的全程考虑下的复杂的计算体系，非常需要社会定额所提供的那些（独立于净量之外的）材料消耗量等内容。

BIM 是一个包含丰富数据、面向对象的、具有智能化和参数化特点的建筑设施的数字化表示。BIM 中的构件信息是可运算的信息，借助这些信息，计算机可以自动识

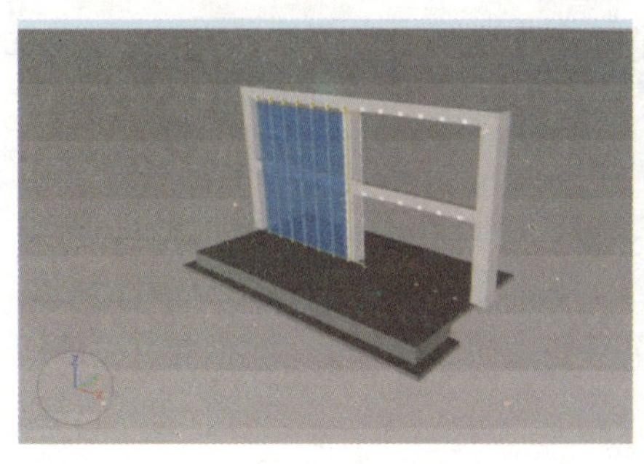
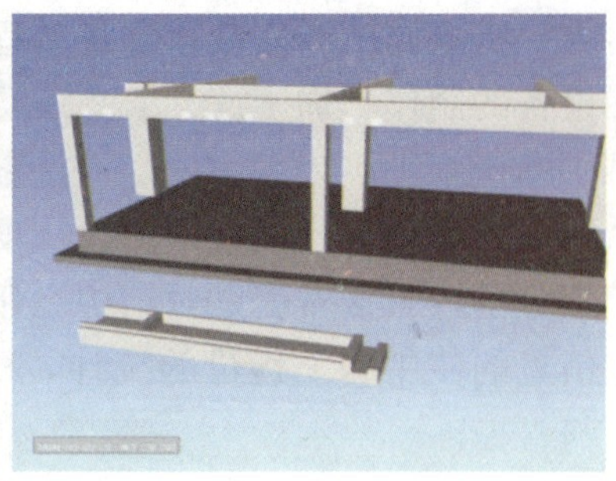

图 6.2-12　5D 施工模拟

别模型中的不同构件，并根据模型内嵌的几何和物理信息对各种构件的数量进行统计。以墙体的计算为例，计算机可以自动识别软件中墙体的属性，根据模型中有关该墙体的类型和组分信息统计出该段墙体的数量，并对相同的构件进行自动归类。因此，当需要制作墙体明细表或计算墙体数量时，计算机会自动对它进行统计。使用模型来取代图纸，所需材料的名称、数量和尺寸都可以在模型中直接生成。而且这些信息将始终与设计保持一致。在设计出现变更时，如窗户尺寸缩小，该变更将自动反映到所有相关的模型中。

本项目中 BIM 工程量的统计是施工企业需要看到的最终成果。当把工程统计放大到繁复庞杂的建材工业范围来看时，材料明细表中，造价工程师使用的所有材料名称、数量和尺寸也会随之变化。使用模型代替图纸进行成本计算的优势显而易见（表 6.2-1～表 6.2-4）。

**超限厚重预制混凝土外墙挂板工程量统计**（1）　　**表 6.2-1**

| 类　型 | 体积 | 标高 | 合计 |
|---|---|---|---|
| | | | |
| 亚泰-图书馆项目-坡道屋顶铝板 | 0.59 | 1F 0.000 | 3 |
| 亚泰-图书馆项目-坡道屋顶铝板-侧面 | 0.19 | 1F 0.000 | 2 |
| 亚泰-图书馆项目-坡道屋顶铝板-侧面 2 | 0.18 | 1F 0.000 | 6 |
| 亚泰-图书馆项目-坡道屋顶铝板-北 | 0.84 | 1F 0.000 | 1 |
| 亚泰-图书馆项目-坡道屋顶铝板-南 | 0.97 | 1F 0.000 | 1 |
| 亚泰-图书馆项目-大门 | 164.81 | 1F 0.000 | 1 |
| 亚泰-图书馆项目-幕墙 MQ3 外围墙 | 16.98 | 1F 0.000 | 1 |
| 亚泰-图书馆项目-幕墙 MQ10 外围墙 | 18.18 | 1F 0.000 | 1 |
| 亚泰-图书馆项目-混凝土外墙挂板 A-1 | 1.57 | 1F 0.000 | 65 |
| 亚泰-图书馆项目-混凝土外墙挂板 A-2 | 2.72 | 1F 0.000 | 64 |
| 亚泰-图书馆项目-混凝土外墙挂板 A-3 | 4.97 | 1F 0.000 | 13 |
| 亚泰-图书馆项目-混凝土外墙挂板 A-4 | 5.60 | 1F 0.000 | 12 |
| 亚泰-图书馆项目-混凝土外墙挂板 A-5 | 5.40 | 1F 0.000 | 2 |
| 亚泰-图书馆项目-混凝土外墙挂板 A-6 | 7.39 | 1F 0.000 | 2 |

超限厚重预制混凝土外墙挂板工程量统计（2） 表 6.2-2

| 类型 | 体积 | 标高 | 合计 |
|---|---|---|---|
| | | | |
| 亚泰-图书馆项目-幕墙夹胶玻璃 | 0.62 | 3F 9.300 | 78 |
| 亚泰-图书馆项目-幕墙灰色铝板 | 1.56 | 6F 22 800 | 1 |
| 亚泰-图书馆项目-幕墙灰色铝板（下） | 1.56 | 3F9.300 | 1 |
| 亚泰-图书馆项目-混凝土外墙挂板-东西侧 | 1.03 | 3F 9.300 | 26 |
| 亚泰-图书馆项目-混凝土外墙挂板-东西侧-1 | 0.85 | | 52 |
| 亚泰-图书馆项目-混凝土外墙挂板 B-1（900） | 0.18 | 23.700 | 2 |
| 亚泰-图书馆项目-混凝土外墙挂板 B-1（1200） | 0.24 | 23.700 | 13 |
| 亚泰-图书馆项目-混凝土外墙挂板 B-1（3600） | 0.73 | 23.700 | 19 |
| 亚泰-图书馆项目-混凝土外墙挂板 B-2（900） | 0.24 | 23.700 | 2 |
| 亚泰-图书馆项目-混凝土外墙挂板 B-2（2400） | 0.84 | 23.700 | 8 |
| 亚泰-图书馆项目-混凝土外墙挂板 B-2（3600） | 0.96 | 23.700 | 10 |
| 亚泰-图书馆项目-混凝土外墙挂板 B-3（900） | 0.34 | 23.700 | 2 |
| 亚泰-图书馆项目-混凝土外墙挂板 B-3（1200） | 0.45 | 23.700 | 18 |
| 亚泰-图书馆项目-混凝土外墙挂板 B-3（3600） | 1.35 | 23.700 | 19 |
| 亚泰-图书馆项目-混凝土外墙挂板 B-4（1200） | 0.23 | 3F 9.300 | 7 |
| 亚泰-图书馆项目-混凝土外墙挂板 B-4（2400） | 0.47 | 3F 9.300 | 7 |
| 亚泰-图书馆项目-混凝土外墙挂板 B-4（3600） | 0.70 | 3F 9.300 | 4 |
| 亚泰-图书馆项目-混凝土外墙挂板 B-5（875） | 0.24 | 3F 9.300 | 1 |
| 亚泰-图书馆项目-混凝土外墙挂板 B-5（900） | 0.24 | 3F 9.300 | 1 |
| 亚泰-图书馆项目-混凝土外墙挂板 B-5（1200） | 0.32 | 3F 9.300 | 6 |
| 亚泰-图书馆项目-混凝土外墙挂板 B-5（2400） | 0.65 | 3F 9.300 | 6 |
| 亚泰-图书馆项目-混凝土外墙挂板 B-5（3600） | 0.97 | 3F 9.300 | 6 |
| 亚泰-图书馆项目-混凝土外墙挂板 B-6（900） | 0.29 | 3F 9.300 | 2 |
| 亚泰-图书馆项目-混凝土外墙挂板 B-6（2400） | 0.76 | 3F 9.300 | 8 |
| 亚泰-图书馆项目-混凝土外墙挂板 B-6（3600） | 1.14 | 3F 9.300 | 10 |
| 亚泰-图书馆项目-混凝土外墙挂板 B-7（900） | 0.32 | 3F 9.300 | 2 |
| 亚泰-图书馆项目-混凝土外墙挂板 B-7（1200） | 0.43 | 3F 9.300 | 18 |
| 亚泰-图书馆项目-混凝土外墙挂板 B-7（3600） | 1.28 | 3F 9.300 | 19 |
| 亚泰-图书馆项目-混凝土外墙挂板 C-1 | 1.64 | 3F 9.300 | 24 |
| 亚泰-图书馆项目-混凝土外墙挂板 C-2 | 1.19 | 3F 9.300 | 24 |
| 亚泰-图书馆项目-混凝土外墙挂板 C-3 | 1.43 | 3F 9.300 | 24 |
| 亚泰-图书馆项目-混凝土外墙挂板 D-1（北侧） | 2.35 | 6F 22.800 | 2 |
| 亚泰-图书馆项目-混凝土外墙挂板 D-1（南侧） | 3.07 | 6F 22.800 | 2 |
| 亚泰-图书馆项目-混凝土外墙挂板 D-2 | 1.93 | 3F 9.300 | 2 |
| 亚泰-图书馆项目-混凝土外墙挂板 D-2（北侧） | 1.46 | 3F 9.300 | 2 |
| 亚泰-图书馆项目-混凝土外墙挂板 D-3（北侧） | 2.13 | 6F 22.800 | 2 |
| 亚泰-图书馆项目-混凝土外墙挂板 D-3（南侧） | 3.10 | 6F 22.800 | 2 |
| 总计：439 | | | |

**机电管线设备工程量统计（1）**　　**表 6.2-3**

〈喷头明细表〉

| A | B | C | D |
|---|---|---|---|
| 类型 | 直径 | 合计 | 族 |
| | | | |
| BLO-231-74 | | 5 | 喷头-ELO 型 |
| BLO-231-74 | | 1103 | 喷头-ELO 型 |
| BLO-231-74 | | 611 | 喷头-ELO 型 |
| 总计：1719 | | | |

**机电管线设备工程量统计（2）**　　**表 6.2-4**

〈风管明细表〉

| A | B | C | D | E | F |
|---|---|---|---|---|---|
| 类型 | 系统名称 | 尺寸 | 长度 | 隔热层类型 | 隔热层厚度 |
| | | | | | |
| 半径弯头/T 形 | 机械 排烟 1 | 1000×250 | 8704 | | 0□ |
| 半径弯头/T 形 | 机械 排烟 1 | 1000×250 | 5987 | | 0□ |
| 半径弯头/T 形 | 机械 排烟 1 | 1000×250 | 4228 | | 0□ |
| 半径弯头/T 形 | 机械 排烟 1 | 1000×250 | 1384 | | 0□ |
| 半径弯头/T 形 | 机械 新风 1 | 800×400 | 145 | | 0□ |
| 半径弯头/T 形 | 机械 新风 1 | 800×400 | 120 | | 0□ |
| 半径弯头/T 形 | 机械 排风 1 | 500×400 | 1011 | | 0□ |
| 半径弯头/T 形 | 机械 排风 1 | 500×400 | 2954 | | 0□ |
| 半径弯头/T 形 | 机械 排风 1 | 500×400 | 1337 | | 0□ |
| 半径弯头/T 形 | 机械 回风 1 | 500×400 | 781 | | 0□ |
| 半径弯头/T 形 | 机械 回风 1 | 800×320 | 965 | | 0□ |
| 半径弯头/T 形 | 机械 回风 2 | 400×200 | 142 | | 0□ |
| 半径弯头/T 形 | 机械 新风 1 | 800×400 | 2940 | | 0□ |
| 半径弯头/T 形 | 机械 回风 3 | 400×200 | 891 | | 0□ |
| 半径弯头/T 形 | 机械 回风 4 | 630×400 | 2427 | | 0□ |
| 半径弯头/T 形 | 机械 排风 2 | 400×200 | 2220 | | 0□ |
| 半径弯头/T 形 | 机械 排风 2 | 400×200 | 621 | | 0□ |
| 半径弯头/T 形 | 机械 新风 1 | 800×400 | 68 | | 0□ |
| 半径弯头/T 形 | 机械 新风 1 | 800×400 | 3537 | | 0□ |
| 半径弯头/T 形 | 机械 排烟 1 | 1000×250 | 248 | | 0□ |
| 半径弯头/T 形 | 机械 排风 2 | 400×200 | 171 | | 0□ |
| 半径弯头/T 形 | 机械 排风 1 | 500×400 | 239 | | 0□ |

① 基于 BIM 的自动化算量方法将造价工程师从烦琐的劳动中解放出来，为造价工程

师节省更多的时间和精力用于更有价值的工作，如：询价、评估风险等，并可以利用节约的时间编制更精确的预算。

② 基于 BIM 的自动化算量方法比传统的计算方法更加准确。工程量计算是编制工程预算的基础，但计算过程非常烦琐，造价工程师容易因人为原因造成计算错误，影响后续计算的准确性。BIM 的自动化算量功能可以使工程量计算工作摆脱人为因素影响，得到更加客观的数据。

③ 基于 BIM 的自动化算量方法可以更快地计算工程量，及时地将设计方案的成本反馈给设计师，便于在设计的前期阶段对成本的控制，传统的工程量计算方式往往因耗时太多而无法及时地将设计对成本的影响反馈给设计人员。

④ 可以更好地应对设计变更。在传统的成本核算方法下，一旦发生设计变更，造价工程师需要手动检查设计变更，找出对成本的影响，这样的过程不仅缓慢，而且可靠性不强。BIM 软件与成本计算软件的集成将成本与空间数据进行了一致关联，自动检测哪些内容发生了变更，直观地显示变更结果，并将结果反馈给设计人员，使他们能清楚地了解设计方案的变化对成本的影响。

（6）运维阶段的应用

1）运维阶段的价值点与实现思路

① 对 BIM 运维的理解与应用现状

BIM 运维管理通常被理解为：将 BIM 技术与运营维护管理系统相结合，对建筑的空间、设备资产进行科学管理，对可能发生的灾害进行预防，降低运营维护成本。在具体的实现技术上往往会联合物联网技术、云计算技术等，通常将 BIM 模型、运维系统与 RFID、移动终端等结合起来应用。最终实现了诸如设备运行管理、能源管理、安保系统、租户管理等应用。

② BIM 运维的价值点与实现思路

要实现 BIM 的某一应用会付出巨大的代价，但是相应的产出却寥寥可数，最后做出来的东西像是某种“昂贵的玩具”，除了用于对外宣传和向上级汇报，并没有多大的实际价值，日常运维还是用传统的方式在完成。这一问题在施工过程中也容易出现，往往导致了 BIM 应用和施工过程是毫不相关的两条线的尴尬局面。

第一种方式是分步走。第一步，按运维的实施要求进行，先得到 BIM 模型或者数据库。第二步，利用 BIM 模型或者数据库作 BIM 运维。二者的衔接需要市场环境成熟方可实施。在“高端虚拟房产”或者“智能管家”这些高端技术平台，目前的大环境条件不成熟，需要先实施第一步，等到具有相关数据接口和达到相关深度的模型，积累基础数据，才可达到第二步。

第二种方式需要一步到位。但是初期就需要该项目必须明确运维目标和可实现途径。如娱乐场所、高端星级酒店、交通枢纽的运维等，需要在项目初期就明确好每一步实施的目的和下一步的跟进。达到整个 BIM 模型不存在碰撞的前提。

2）物业管理数据集成

运营维护数据累积与分析。商业地产运营维护数据的积累，对于管理来说具有很大的价值。可以通过数据来分析目前存在的问题和隐患，也可以通过数据来优化和完善现行管理。例如：通过 RFID 获取电表读数状态，并且累积形成一定时期的能源消耗情况；通过累积数据分析不同时间段的空余车位情况，进行车库管理。

BIM 技术与物联网技术对于运维来说是缺一不可，如果没有物联网技术，那运维还是停留在目前靠人为简单操控的阶段，没有办法形成一个统一高效的管理平台。如果没有 BIM 技术，运维没有办法跟建筑物相关联；没有办法在三维空间中定位；没有办法对周边环境和状况进行系统的考虑。

基于 BIM 核心的物联网技术应用，不但能为建筑物实现三维可视化的信息模型管理，而且为建筑物的所有组件和设备赋予了感知能力和生命力，从而将建筑物的运行维护提升到智慧建筑的全新高度。

BIM 技术与物联网技术是相辅相成的，两者的结合将为项目的运营维护带来一次全面的信息革命。

3）设备监控应急与维护

① 设备远程控制

把原来商业地产中独立运行并操作的各设备，通过 RFID 等技术汇总到统一的平台上进行管理和控制。一方面了解设备的运行状况，另一方面进行远程控制。例如：通过 RFID 获取电梯运行状态，是否正常运行，通过控制远程打开或关闭照明系统。

② 设备运行监控

设备信息。该管理系统集成了对设备的搜索、查阅、定位功能。通过点击 BIM 模型中的设备，可以查阅所有设备信息，如供应商、使用期限、联系电话、维护情况、所在位置等；该管理系统可以对设备生命周期进行管理，比如对寿命即将到期的设备及时预警和更换配件，防止事故发生；通过在管理界面中搜索设备名称，或者描述字段，可以查询所有相应设备在虚拟建筑中的准确定位；管理人员或者领导可以随时利用 4D-BIM 模型，进行建筑设备的实时浏览。

设备运行和控制。所有设备是否正常运行在 BIM 模型上直观显示，例如绿色表示正常运行，红色表示出现故障；对于每个设备，可以查询其历史运行数据；另外，可以对设备进行控制，例如某一区域照明系统的打开、关闭等。

（7）总结与展望

1）BIM 技术的工程收获

以本项目作为试点，经过反复修正，总结出了一套符合企业特色的 BIM 实施规范，涵盖了项目施工阶段的各个应用，以此为蓝本，初步建立了 BIM 应用制度及技术框架，为下一步 BIM 技术的深入推广积累了宝贵的经验，同时实现公司管理升级，提升了公司核心竞争力。

锻炼培养了一批 BIM 应用的复合型技术团队，积累了一套准确的海量数据库，为今后在其他项目中推广 BIM 技术提供了充足的技术保障。

主要经验教训在于系统集成方面和文件格式无损转换方面：基于 BIM 的精益建造关键要靠技术集成实现，5D 模型、项目管理系统等企业自有管理信息系统如何与 BIM 技术相互融通、相辅相成，海量数据如何有效复用，需提前规划。另外，参数化模型与预算造价、甚至渲染软件在互导的过程中存在数据大量丢失问题，应在实施前先行计划，制订好解决方案。

另一方面是建模规则的确定是模型集成成功的关键，提前制定人员协作机制是保证

BIM 系统发挥作用和价值的重要前提。

① 成本包括人材机的管控

BIM 技术应用于整个项目中，在人材机成本输出方面大大地节约了成本的支出。本项目参与方较多，所以很多人工费用、机械成本和材料的购置等能够利用 BIM 信息模型进行一个全方位的管控，从而得知成本输出的每一个方向，达到成本管控的目的。

② 管理及项目协同方面的优化

项目进行后，需要多方进行管理和项目协同，所以，BIM 信息模型的模拟，结合 5D 施工模拟，可以很好地在施工前就能够提前预演此预案的把控，在真正实施的时候，就能使整个施工段井然有序地进行，达到项目协同方面的优化。

③ 进度与项目结果的准确性

根据 BIM5D 的施工模拟，结合 MS Project 的施工工期管控，全面地反映出整个工期的全况和不同阶段不同子项目中的进度。结合 BIM 信息模型，与实际的项目周期进行对比，排除不可抗性因素的影响，完全能接近项目的工期。

2）BIM 在案例应用中未能解决的问题

① 三维扫描得到的数据不完全，导致未能全部还原整个实际现场。

② BIM 信息模型在实际工程中技术和管理结合的效果还不是很好。

③ 信息在传递中出现错误、缺失等现象。

④ 无法储存多个项目的 IFC 文件，缺少支持 IFC 文件格式的专业软件。

3）建筑安装工程 BIM 技术应用与展望

① BIM 软件在复杂节点的优化

a. 玻璃幕墙节点优化；

b. 在复杂节点配筋设计优化；

c. 在空间网架球节点的技术运用；

d. 预应力张拉索膜结构中的节点运用。

② BIM 在工程管理中的信息化

a. 全生命周期的项目管理，打破信息孤岛；

b. 基于数据，实现数据共享；

c. 全新的 5D 模型；

d. 事先模拟分析。

## 课　后　习　题

### 一、单项选择题

1. 以下哪一项不是 BIM 技术在设计阶段的历程？（　　）

A. 方案设计阶段　　　　B. 初步设计阶段

C. 可行性研究阶段　　　D. 施工图设计阶段

2. 以下哪一项不是 BIM 技术在施工阶段的应用？（　　）

A. 施工 BIM-3D 协调　　B. 可视化最佳施工方案

C. 工程量自动统计　　　D. 设备监控应急与维护

3. 该项目中，以下哪个软件用于管理项目资料？（ ）

A. Microsoft Project　　B. BIM 360 Glue

C. MS Project　　D. Navisworks Manage

4. 设施管理，是运用多学科专业，集成人、场地、流程和技术来确保楼宇良好运行的活动。简称为（ ）。

A. FM　　B. HIM　　C. P-BIM　　D. IFC

5. RFID 指的是（ ）。

A. 射频识别技术　　B. 虚拟现实技术　　C. 虚拟原型技术　　D. 地理信息系统

**参考答案：**

1. C　2. D　3. C　4. A　5. A

## 二、多项选择题

1. 该项目的 BIM 技术应用得出的最终模型和成果，包括（ ）。

A. 各专业施工图　　B. 工程量数据表　　C. 施工工艺模拟　　D. 精装修模型

E. BIM5D 模拟　　F. 移动端应用

2. BIM 技术在运营阶段主要用于对施工阶段进行记录建模，具体包括（ ）。

A. 制订维护计划　　B. 进行建筑系统分析

C. 场地使用规划　　D. 资产管理

E. 空间管理/跟踪

3. 一般我们将全建筑生命周期划分为（ ）。

A. 规划阶段　　B. 设计阶段　　C. 施工阶段　　D. 运营阶段

**参考答案：**

1. ABCDEF　2. ABDE　3. ABCD

## 三、问答题

1. 项目选用 BIM 软件的步骤是什么？

2. 简要列举建筑安装工程 BIM 技术在运维阶段的应用点。

**参考答案：**

1. ① 先进行调研和初步筛选：全面考察和调研市场上现有的国内外 BIM 软件及应用状况。结合本项目的项目需求和人员使用规模，筛选出可能适用的 BIM 软件。筛选条件包括软件功能、数据交换能力和性价比等。

② 分析及评估：对每个软件进行分析和评估。分析评估考虑的因素包括是否符合企业整体的发展战略规划，工程人员接受的意愿和学习难度，特别是软件的成本和投资回报率以及给企业带来的收益等。

③ 测试及试点应用：对参与项目的工程人员进行 BIM 软件的测试，测试包括适合企业自身要求，软件与硬件兼容；软件系统的成熟度和稳定度；操作容易性；易于维护；支

持二次开发等。

④ 审核批准及正式应用：基于 BIM 软件的调研、分析和测试，形成备选软件方案，由企业决策部门审核批准最终软件方案，并全面部署。

2. ① 物业管理数据集成：运营维护数据累积与分析。可以通过数据来分析目前存在的问题和隐患，也可以通过数据来优化和完善现行管理。BIM 技术与物联网技术对于运维来说是缺一不可的，如果没有物联网技术，那运维还是停留在目前靠人为简单操控的阶段，没有办法形成一个统一高效的管理平台。如果没有 BIM 技术，运维没有办法跟建筑物相关联；没有办法在三维空间中定位；没有办法对周边环境和状况进行系统的考虑。

基于 BIM 核心的物联网技术应用，不但能为建筑物实现三维可视化的信息模型管理，而且为建筑物的所有组件和设备赋予了感知能力和生命力，从而将建筑物的运行维护提升到智慧建筑的全新高度。

BIM 技术与物联网技术是相辅相成的，两者的结合将为项目的运营维护带来一次全面的信息革命。

② 设备监控应急与维护：a. 设备远程控制。把原来商业地产中独立运行并操作的各设备，通过 RFID 等技术汇总到统一的平台上进行管理和控制。一方面了解设备的运行状况，另一方面进行远程控制。b. 设备运行监控。

（案例提供：赵雪锋　张敬玮）

## 【案例 6.3】某市城市轨道交通线 BIM 应用案例

BIM 在国内的应用大多局限于项目的某一个阶段，无法进行全流程的应用、实现整个项目的全生命周期管理。本案例介绍 BIM 在项目全流程的应用，从设计阶段、施工阶段、竣工阶段到运维阶段全面解析 BIM 的应用价值。

**1. 项目背景**

××项目是某市城市轨道交通网络中串联西部与东北部的直径线，将成为纵贯中心城区“西南—东北”轴向的主干线，其重要性不言而喻。该线的机电安装工程分为××路站及相邻区间、东兰路站及相邻区间的通风空调工程、给水及消防工程、动力照明工程的安装及调试工作。

**2. BIM 应用内容**

（1）总体简介

1）设计阶段

在设计阶段 BIM 技术充分发挥了其优势，为协同设计提供底层支撑，充分发挥达索系统 3D Expeirence Catia 软件在协同设计方面的作用，使分布在不同地理位置的不同专业的设计人员通过网络的协同展开设计。设计人员、审核人员等在任何时间段可通过不同权限从模型上直接获得相关信息，如专业视图、设计进度、设计质量等信息。此外，借助 BIM 的技术优势，协同的范畴也从单纯的设计阶段扩展到建筑全生命周期。

在设计阶段中后期，利用软件自带的功能对模型进行管线碰撞检查、大型设备后期安装以及维护路径的设计研究，从而优化净空、优化管线排布方案、优化工程设计，减少在建筑施工阶段可能存在的错误损失和返工的可能性。在设计阶段利用 BIM 技术解决施工阶段的常见问题，如消除管线碰撞，进行施工交底、施工模拟等，从而提高施工质量（图 6.3-1）。

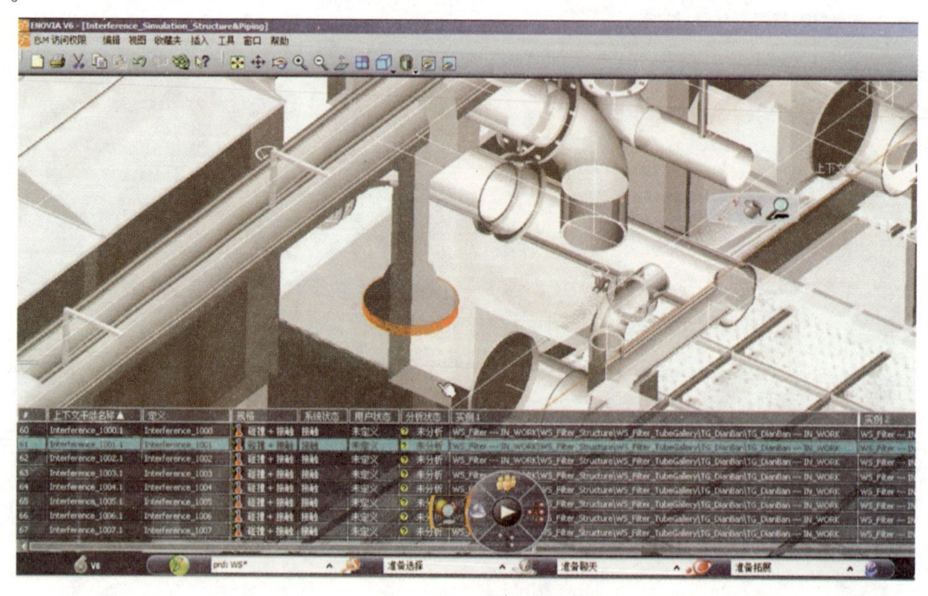


图 6.3-1　碰撞检测列表

2）施工图设计

施工图设计阶段，施工图首先要进行深化，设计模型到了施工图阶段还有很大的空间要去完善，包括精度，在施工图的部分就可以全部细化，落实到可以出施工图的深度。施工图过程和初步设计差不多，全专业模型叠合和碰撞检查也很重要。除此以外，还会抽出工程量清单给合约采购部门，下一步的采购工作就可以和 BIM 挂钩。

在施工图模型的深化工作中，通过 BIM 能非常有效地发现问题，这些问题在平面图上很难发觉。随着模型的深入，对初步设计过程中的一些专业问题可以不断进行修正；验证设计修改和深化中的专业协调；同时避免新的专业间碰撞及空间问题产生；还有一些特殊部位，尤其在设计中容易出现问题的区域，我们通过模型可以进行深入的设计复核。合模以后对所有的专业进行综合（展示车的模拟动画），车的模拟主要是检查车沿车道下去后空间适不适当，包括上面的管线和结构部件是否要进行检查（图 6.3-2）。

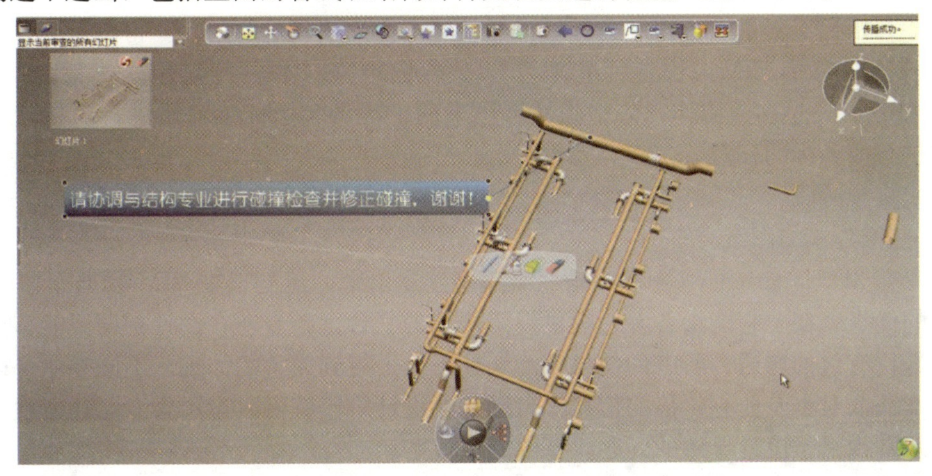


图 6.3-2　碰撞审查

（2）施工阶段

1）投标阶段

随着越来越多的 BIM 技术应用被研发出来，BIM 技术的应用会贯穿项目管理的整个生命周期。施工企业要想获得最大的 BIM 技术应用投入产出比，在投标阶段即开始应用是非常必要的。施工企业投标阶段的 BIM 技术应用阶段特别在以下几个方面得到体现：

① 体现更好的技术方案；

② 获得更好的结算利润；

③ 提升竞标能力，提升中标率。

本项目通过应用 BIM 技术展示了非常独特的施工技术方案，非常直观方便，为施工单位赢得项目奠定了基础。BIM 在招标阶段可以有效地为施工单位的商务标和技术标带来价值。业主希望通过 BIM 实现价值，BIM 技术现在的能力已经为施工企业的全过程精细化管理带来了巨大的益处，该技术为节约工期、提高工程质量发挥作用，大幅提升客户价值。

2）技术标

BIM 技术的 3D 功能对技术标的表现带来很大的提升，更好地展现技术方案。通过

BIM 技术的支持，可以让自己的施工方案更为合理，同时也可以展现得更好，获得加分。

BIM 技术的应用，提升了企业解决技术问题的能力。建筑业长期停留在 2D 的建造技术阶段，很多问题得不到及时发现，未能第一时间给予解决，造成工期损失和材料、人工浪费，3D 的 BIM 技术有极强的能力提升对问题的发现能力和解决能力：

① 碰撞检查：减少返工、节约工期、降低建造成本；

② 虚拟施工：通过模型提前预知施工难点，提出切实可行的施工方案；

③ 优化安全文明施工方案；

④ 利用 BIM，做到分区域统计材料用量，材料运输一次到位，加快施工进度；

⑤ 提交运维 BIM 模型，方便业主管理。

3）商务标

招标单位一般给施工单位的投标时间为 15～20d。如按传统方式，这么短的时间内，不太可能对招标工程量进行详细复核，只能按照招标工程量进行组价，得出总价以后进行优惠报价。但有了 BIM，快速、准确算量不再是难事。本项目采用达索系统 3D Expeience 技术，通过多人协作，将精确核算出来的工程量和招标工程量进行对比，帮助施工单位进行商务标的核对。

（3）实施阶段

1）三维建模与图纸会审

首先在 3D Experience Catia 中把三维模型建立出来，建立三维 BIM 数据库，BIM 技术最大的优点就在于它能给各专业提供一个协作的平台。各专业在设计初期便能够通过这个平台进行有效的沟通，所有的信息都能够在平台上得到完整的体现，不同专业可以通过信息共享获取对本专业有价值的信息，特别是在设计阶段就可以运用各专业碰撞检查、漫游等功能减少由于设计导致的问题，节约施工成本。

通过对三维模型的审查，可以帮助业主或参与方，以及科室领导进行图纸会审，避免了二维表达不准确、不直观的问题，避免错误和漏洞。本项目在达索 3D Experience 平台上直接实现对三维和其对应二维的审查工程流程（图 6.3-3）。

2）BIM 模型维护及场地布置

BIM 是将该轨道交通项目的所有信息纳入到一个三维的数字化模型中。这个模型不是静态的，而是随着建筑生命周期的不断发展而逐步演进，从前期方案到详细设计、施工图、建造和运营维护等各个阶段的信息都可以不断集成到模型中，因此可以说 BIM 模型就是真实建筑物在电脑中的数字化记录。当设计、施工、运营等各方人员需要获取建筑信息时，例如需要图纸、材料统计、施工进度等，都可以从该模型中快速提取出来。本项目利用 3D Experiencf 数据版本管理功能将不同阶段的数字模型在系统中进行维护并不断深化，整个修改过程都记录在案，便于日后查找。

该项目处于闹市区，场地有限，施工难度大，施工前对现场机械等施工资源进行合理的布置尤为重要。利用 BIM 模型的可视性进行三维立体施工规划，可以更轻松、准确地进行施工布置策划，解决二维施工场地布置中难以避免的问题，如：大跨度空间钢结构的构件往往长度较大，需要超长车辆运送钢结构构件，因而往往出现道路的转弯半径不够的状况；由于预应力钢结构施工工艺复杂，施工现场需布置多个塔式起重机同时作业，因塔式起重机旋转半径不足而造成的施工碰撞也屡屡发生。

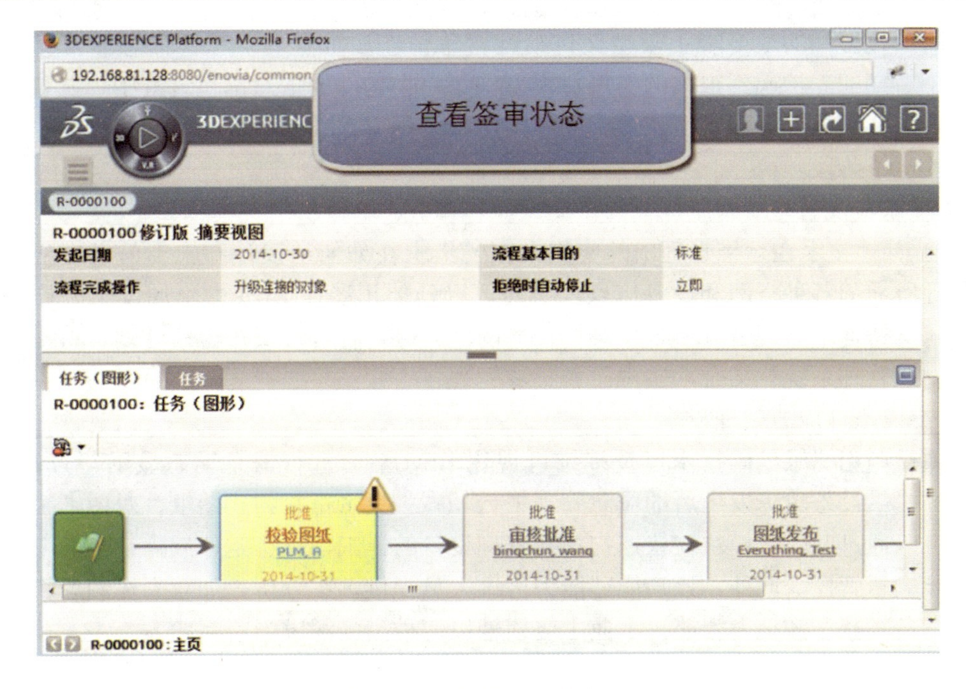


图 6.3-3　签审流程和审查

3）项目预算部应用

该项目利用 BIM 技术实现将成本中的物料信息与模型构件对象进行了关联，即当现场负责人决定做某一项建筑构件的工作时，能清晰地知道完成该项工作应投入满足企业施工水平的人工、材料、机械的数量。在做投标成本或者是目标成本时，是基于企业内的成本管控代码进行管理，那么当项目实际施工之后，施工企业向各分包或经销商支付工资或者材料费时，能够更加符合企业的特性，准确地给劳务分包公司、材料供应商支付工资或材料费。这样便于项目预算部门对于整个项目的投资进行准备的预估，避免项目费用风险和资金链问题。

4）进度管理

为了寻找最优的施工方案、为施工项目管理提供便利，采用了基于 BIM 技术的 4D 施工动态模拟，测试和比较不同的施工方案并对施工方案进行优化，可以直观、精确地反映整个建筑的施工过程，有效缩短工期、降低成本、提高质量。同时，对于现场的实测数据可以反馈到系统中来，将实测数据和设计数据进行对比，可以发现施工的误差，对于后期进度管理有一定的借鉴意义。

（4）竣工结算

1）结算审计

工程结算审计是指总包、监理、造价咨询单位及建设单位对各承包单位提交的工程结算资料所进行的审计活动。工程量是决定工程造价的主要因素，核定施工工程量是工程竣工结算审计的关键。BIM 技术的算量软件在竣工结算审计中使用颇多，可以大幅度提高审计效率，各不同专业可以共用一个模型并实现互导，同时也可使审计人员快速、方便地发现送审工程量的“水分”。

2）BIM 竣工模型

不断深化得到的最终竣工模型交付给运营单位作运维管理，三维信息非常直观、透明。对于后期的养护起到很大的作用，模型中每一个构件的信息都包含其中，并且所有的养护记录都和该构件挂钩，真正做到物尽其用，发挥 BIM 的最大价值。

（5）运维阶段

1）设备集成管理

目前 BIM 技术在运维管理中的应用，主要集中在如何从设计和施工信息模型中提取运维管理所需的各种空间和设备信息，从而可以延伸拓展在 BIM 中附加设施的检测和维修记录，支持运维管理者分析各个维修任务的优先级，合理地安排检修计划，将设备监控信息和物业管理系统相结合，实现设备集成管理。

2）突发事件应急处理

该项目利用二维编码技术以及多维可视化 BIM 平台进行信息动态显示与查询分析，为业主方提供设备故障发生后的应急管理平台，省去大量重复的找图纸、对图纸工作。运维人员可以通过此功能模块，快速扫描和查询设备的详细信息、定位故障设备的上下游构件，指导应急管控。此外，该功能还能为运维人员提供预案分析，如总阀控制后将影响其他哪些设备，基于知识库智能提示业主应该辅以何种措施解决当前问题。

## 课　后　习　题

1. 请综合描述 BIM 在整个项目中的哪些方面发挥作用?

2. BIM 技术在投标阶段有哪些重要作用?

**参考答案：**

1. BIM 在整个项目的各个阶段都发挥着重要的作用：

设计阶段，优化设计，从多专业协同角度发现设计中的不合理处，包含了施工图设计阶段；

施工阶段，利用施工模型，优化施工场地布局，施工方案，减少施工中的不确定因素，避免潜在的风险；

运维阶段，利用竣工模型，可以进行整个设备的集成管理和维修保养管理，对于后期应对突发事件能进行非常直观的辅助，避免灾难等发生。

2. 对于技术标和商务标都有非常大的作用。

BIM 技术的 3D 功能对技术标表现带来很大的提升，更好地展现技术方案。通过 BIM 技术的支持，可以让自己的施工方案更为合理，同时也可以展现得更好，获得加分。

BIM 可以出工程量，对于商务标的工程造价有一定的作用，辅助进行商务标的确定。

（案例提供：周　健）